中 国 国 家 标 准 汇 编

2008 年修订-88

中国标准出版社　编

中 国 标 准 出 版 社
北　京

图书在版编目（CIP）数据

中国国家标准汇编：2008年修订.88/中国标准出版社编.—北京：中国标准出版社，2009
ISBN 978-7-5066-5581-1

Ⅰ.中… Ⅱ.中… Ⅲ.国家标准-汇编-中国-2008
Ⅳ.T-652.1

中国版本图书馆CIP数据核字（2009）第203971号

中国标准出版社出版发行
北京复兴门外三里河北街16号
邮政编码:100045
网址 www.spc.net.cn
电话:68523946 68517548
中国标准出版社秦皇岛印刷厂印刷
各地新华书店经销
*
开本 880×1230 1/16 印张 35 字数 1 057 千字
2009年12月第一版 2009年12月第一次印刷
*
定价 200.00 元

出 版 说 明

1.《中国国家标准汇编》是一部大型综合性国家标准全集。自 1983 年起，按国家标准顺序号以精装本、平装本两种装帧形式陆续分册汇编出版。它在一定程度上反映了我国建国以来标准化事业发展的基本情况和主要成就，是各级标准化管理机构，工矿企事业单位，农林牧副渔系统，科研、设计、教学等部门必不可少的工具书。

2.《中国国家标准汇编》收入我国每年正式发布的全部国家标准，分为“制定”卷和“修订”卷两种编辑版本。

“制定”卷收入上年度我国发布的、新制定的国家标准，顺延前年度标准编号分成若干分册，封面和书脊上注明“20××年制定”字样及分册号，分册号一直连续。各分册中的标准是按照标准编号顺序连续排列的，如有标准顺序号缺号的，除特殊情况注明外，暂为空号。

“修订”卷收入上年度我国发布的、被修订的国家标准，视篇幅分设若干分册，但与“制定”卷分册号无关联，仅在封面和书脊上注明“20××年修订-1,-2,-3,……”字样。“修订”卷各分册中的标准，仍按标准编号顺序排列（但不连续）；如有遗漏的，均在当年最后一分册中补齐。需提请读者注意的是，个别非顺延前年度标准编号的新制定的国家标准没有收入在“制定”卷中，而是收入在“修订”卷中。

读者配套购买《中国国家标准汇编》“制定”卷和“修订”卷则可收齐上一年度我国制定和修订的全部国家标准。

3. 由于读者需求的变化，自 1996 年起，《中国国家标准汇编》仅出版精装本。

4. 2008 年制修订国家标准共 5946 项。本分册为“2008 年修订-88”，收入新制修订的国家标准 24 项。

中国标准出版社

2009 年 10 月

出版说明

目　　录

ICS 35.100.70
L 79

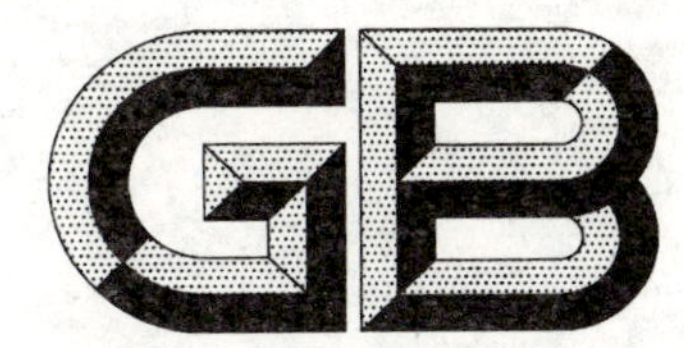

中华人民共和国国家标准

GB/T 16264.6—2008/ISO/IEC 9594-6:2005
代替 GB/T 16264.6—1996

信息技术　开放系统互连　目录
第6部分:选定的属性类型

Information technology—Open Systems Interconnection—The Directory—Part 6:Selected attribute types

(ISO/IEC 9594-6:2005 Information technology—Open Systems Interconnection—The Directory:Selected attribute types,IDT)

2008-08-06 发布　　2009-01-01 实施

中华人民共和国国家质量监督检验检疫总局
中国国家标准化管理委员会　发布

前　言

GB/T 16264《信息技术　开放系统互连　目录》,包括以下10个部分:

第1部分:概念、模型和服务的概述;

第2部分:模型;

第3部分:抽象服务定义;

第4部分:分布式操作规程;

第5部分:协议规范;

第6部分:选定的属性类型;

第7部分:选定的客体类;

第8部分:公钥和属性证书框架;

第9部分:复制(待发布);

第10部分:公用目录管理机构的系统管理用法(待发布)。

本部分是GB/T 16264的第6部分。

本部分等同采用ISO/IEC 9594-6:2005《信息技术　开放系统互连　目录:选定的属性类型》,仅有编辑性修改。

本部分代替GB/T 16264.6—1996。

本部分与GB/T 16264.6—1996的差异在于:

——增加了匹配规则;

——增加了上下文。

本部分的附录A是规范性附录,附录B、附录C、附录D和附录E是资料性附录。

本部分由中华人民共和国信息产业部提出。

本部分由全国信息技术标准化技术委员会归口。

本部分起草单位:中国电子技术标准化研究所。

本部分主要起草人:徐冬梅、郑洪仁、郭楠、胡顺。

本部分于1996年首次发布,本次为第一次修订。

引　言

GB/T 16264 的本部分连同本标准其他部分是为方便信息处理系统之间的互连以提供目录服务而制定的。所有这些系统的集合，连同它们所拥有的目录信息可被视为一个整体，被称为“目录”。目录所拥有的信息，总称为目录信息库(DIB)，典型地被用于方便客体之间的通信、与客体的通信或有关客体的通信等，这些客体如应用实体、个人、终端和分布列表等。

目录在开放系统互连中扮演了重要角色，其目标是，在它们自身的互连标准之外做最少的技术约定的情况下，允许下述各种信息处理系统之间的互连：

——来自不同生产厂商；

——具有不同的管理；

——具有不同的复杂程度，以及

——有不同的年代。

本部分定义了一定数量的属性类型(它们在目录的一定范围的应用中可能是有用的)以及一定数量的标准属性语法和匹配规则。这里所定义的许多属性的一种特殊用途是用于名(称)格式中，尤其是用于 GB/T 16264.7—2008 中定义的客体类。

本部分提供了一个基础框架，在此框架基础上，其他标准化组织和业界论坛可以定义工业配置集。在本框架中定义为可选的许多特性，可通过配置集的说明，在某种环境下作为必选特性来使用。目前 ISO/IEC 9594 的第 5 版是原有国际标准第 4 版的修订和增强，但不是替代。在系统实现时仍可以断言为遵循第 4 版。然而，在某些方面，将不再支持第 4 版(即不再消除一些报告上来的错误)。建议在系统实现时尽快遵循第 5 版。

第 5 版详细定义了目录协议的第 1 版和第 2 版。

第 1 版和第 2 版仅定义了协议第 1 版。本版(第 5 版)中定义的许多服务和协议被设计为可运行在第 1 版下。然而，一些增强的服务和协议，如署名错误，只有包含在操作中的所有的目录条目都协商支持协议第 2 版时才可运行。无论协商的是哪一版，第 5 版中所定义的服务之间的差异和协议之间的差异，除了那些特别分配给第 2 版的外，都可以使用 GB/T 16264.5—2008 中定义的扩展规则调节。

本部分使用术语“第 1 版系统”来指遵循国际标准第 1 版的所有系统，即 ISO/IEC 9594:1990 版本；本部分使用术语“第 2 版系统”来指遵循国际标准第 2 版本的所有系统，即 ISO/IEC 9594:1995 版本；本部分使用术语“第 3 版系统”来指遵循国际标准第 3 版的所有系统，即 ISO/IEC 9594:1998 版本；本部分使用术语“第 4 版系统”来指遵循国际标准第 4 版的所有系统，即 ISO/IEC 9594:2001 版本的第 1 部分到第 10 部分；本部分使用术语“第 5 版系统”来指遵循国际标准第 5 版的所有系统，即 ISO/IEC 9594:2005 版本。

GB/T 16264—1996 是参照 ISO/IEC 9594:1990 而制定的。我国没有制定与国际标准第 2 版、第 3 版、第 4 版对应的国家标准。本部分提到的版本号是指国际标准的版本号。

附录 A 是规范性附录，提供了定义属性、属性语法和匹配规则的完整模块的 ASN.1 表示。

附录 B 是资料性附录，提供了一个属性类型表，以便于参考。

附录 C 是资料性附录，提供了本系列目录规范中建议使用的上界值。

附录 D 是资料性附录，按照字母表顺序列出了本目录规范中定义的属性和匹配规则。

附录 E 是资料性附录，给出了与区匹配定义相关的示例。

信息技术　开放系统互连　目录
第6部分:选定的属性类型

第一篇　概述

1　范围

GB/T 16264的本部分定义了在各种目录应用中都很有用的若干属性类型和匹配规则。

属性类型和匹配规则可分为三类,描述如下:

某些属性类型和匹配规则可用于各种应用,或由目录本身辨别和/或使用它们。

注:在适合应用的时候,建议在生成一个新的属性类型之前,优先使用本部分中定义的属性类型或匹配规则。

某些属性类型和匹配规则在国际上已经标准化,但又是某个特殊的应用。这些属性类型和匹配规则都在与所涉及的应用有关的标准中定义。

任何管理机构可以出于任何目的规定自己的属性类型和匹配规则。它们不被国际标准化,如果创建它们的管理机构之外的机构要使用它们,仅能通过双边协商来使用。

2　规范性引用文件

下列文件中的条款通过GB/T 16264的本部分的引用而成为本部分的条款。凡是注日期的引用文件,其随后所有的修改单(不包括勘误的内容)或修订版均不适用于本部分,然而,鼓励根据本部分达成协议的各方研究是否可使用这些文件的最新版本。凡是不注日期的引用文件,其最新版本适用于本部分。

GB/T 2659—2000　世界各国和地区名称代码(eqv ISO 3166-1:1997)

GB/T 9387.1—1998　信息技术　开放系统互连　基本参考模型　第1部分:基本模型(idt ISO/IEC 7498-1:1994)

GB/T 16262.1—2006　信息技术　抽象语法记法一(ASN.1)　第1部分:基本记法规范(ISO/IEC 8824-1:2002,IDT)

GB/T 16262.2—2006　信息技术　抽象语法记法一(ASN.1)　第2部分:信息客体规范(ISO/IEC 8824-2:2002,IDT)

GB/T 16262.3—2006　信息技术　抽象语法记法一(ASN.1)　第3部分:约束规范(ISO/IEC 8824-3:2002,IDT)

GB/T 16262.4—2006　信息技术　抽象语法记法一(ASN.1)　第4部分:ASN.1规范的参数化(ISO/IEC 8824-4:2002,IDT)

GB/T 16264.1—2008　信息技术　开放系统互连　目录　第1部分:概念、模型和服务的概述(ISO/IEC 9594-1:2005,IDT)

GB/T 16264.2—2008　信息技术　开放系统互连　目录　第2部分:模型(ISO/IEC 9594-2:2005,IDT)

GB/T 16264.3—2008　信息技术　开放系统互连　目录　第3部分:抽象服务定义(ISO/IEC 9594-3:2005,IDT)

GB/T 16264.4—2008　信息技术　开放系统互连　目录　第4部分:分布式操作规程(ISO/IEC 9594-4:2005,IDT)

GB/T 16264.5—2008 信息技术 开放系统互连 目录 第5部分:协议规范(ISO/IEC 9594-5:2005,IDT)

GB/T 16264.7—2008 信息技术 开放系统互连 目录 第7部分:选定的客体类(ISO/IEC 9594-7:2005,IDT)

ISO 639-2:1998 语言名称表示代码 第2部分:Alpha-3代码

ISO/IEC 9594-8:2005 信息技术 开放系统互连 目录:公钥和属性证书框架

ISO/IEC 9594-9:2005 信息技术 开放系统互连 目录:复制

ISO/IEC 9594-10:2005 信息技术 开放系统互连 目录:公用目录管理机构的系统管理用法

ISO/IEC 9834-8:2005 信息技术 开放系统互连 OSI登记机构的操作规程:全球唯一标识符(UUID)的产生和注册及其作为ASN.1客体标识符组件使用

ISO/IEC 9945-3:2003 信息技术 可移植的操作系统接口 第3部分:命令与实用程序

ISO/IEC 10021-4 信息技术 消息处理系统(MHS):消息传送系统 抽象服务定义和规程

ISO/IEC 10646:2003 信息技术 通用多八位编码字符集(UCS)

ITU-T 建议 E.123:2001 国家和国际电话号码、电子邮件地址和Web地址的记法

ITU-T 建议 E.164:2005 国际公共远程通信编号计划

ITU-T 建议 F.1:1998 国家公共电报服务的操作规定

ITU-T 建议 T.30:2005 通用交换电话网中文档传真传送规程

ITU-T 建议 T.62:1993 智能用户电报和第4组传真业务的控制规程

ITU-T 建议 X.121:2000 公共数据网的国际编号方案

CCITT 建议 F.31:1988 电报中继系统

CCITT 建议 F.401:1992 报文处理服务:公共报文处理服务的命名和编址

IETF RFC 3377:2002 轻量级目录访问协议(v3):技术规范

IETF RFC 3454:2002 国际化串的准备

Unicode社团 Unicode标准 第4版(Reading,MA,Addison-Wesley,2003. ISBN 0-321-18578-1)

Unicode标准附录#15 Unicode规范格式

3 术语和定义

下列术语和定义适用于GB/T 16264的本部分。

下列术语在GB/T 16264.2—2008中定义:

a) *属性类型* *attribute type*

b) *客体类* *object class*

c) *匹配规则* *matching rule*

d) *上下文* *context*

4 约定

术语“目录规范(或本目录规范)”指的是GB/T 16264-6。术语“系列目录规范”指的是GB/T 16264(或者ISO/IEC 9594)的所有部分。

本目录规范使用术语“第1版系统”来指遵循系列目录规范第1版的所有系统,即GB/T 16264—1996版本。本目录规范使用术语“第2版系统”来指遵循系列目录规范第2版本的所有系统,即ISO/IEC 9594:1995版本。本目录规范使用术语“第3版系统”来指遵循系列目录规范第3版的所有系统,即ISO/IEC 9594:1998版本。本目录规范使用术语“第4版系统”来指遵循系列目录规范第4版的所有系统,即ISO/IEC 9594:2001版本的第1部分到第10部分。

本目录规范使用术语“第5版系统”来指遵循系列目录规范第5版的所有系统,即GB/T 16264—

2008 版本的第 1 部分到第 7 部分以及 ISO/IEC 9594-8:2005、ISO/IEC 9594-9:2005 和 ISO/IEC 9594-10:2005。

本目录规范使用粗体字体来表示 ASN.1 符号。若在常规文本中要表示 ASN.1 的类型和值时，为了区别于常规文本，使用了粗体字表示。为了表示过程的语义而引用过程名时，为了区别于常规文本，使用了粗体字表示。访问控制许可使用斜体字表示。

在本部分中定义的属性类型，匹配规则和上下文类型分别使用了 GB/T 16264.2—2008 中所定义的信息客体类ATTRIBUTE、MATCHING-RULE 和CONTEXT。

对属性类型用法的示例使用一种非正式的符号来描述，在这种符号中，属性类型和值对的表示包括一个属性类型的首字母缩略语，后跟一个等于号（"="），再后跟该属性的一个示例值。

第二篇　选定的属性类型

5　选定的属性类型的定义

本目录规范定义了一定数量的属性类型，它们在目录一定范围的应用中是有用的。

本目录规范中定义的很多属性都基于一个通用的 ASN.1 语法：

```
DirectoryString { INTEGER : maxSize } ::=CHOICE {
    teletexString        TeletexString (SIZE (1..maxSize)),
    printableString      PrintableString (SIZE (1..maxSize)),
    bmpString            BMPString (SIZE (1..maxSize)),
    universalString      UniversalString (SIZE (1..maxSize)),
    uTF8String           UTF8String (SIZE (1..maxSize)) }
```

目录的某些实现可不支持UniversalString、BMPString 或UTF8String，且因此不能产生、匹配、影像或显示具有此语法类型的属性。

5.1　系统属性类型

5.1.1　知识信息

*知识信息*属性类型规定了人可读的，由某个特定 DSA 所掌握的知识的累积描述。

注：这一属性目前已经废除不用。

```
knowledgeInformation ATTRIBUTE ::={
    WITH SYNTAX                DirectoryString {ub-knowledge-information}
    EQUALITY MATCHING RULE     caseIgnoreMatch
    ID                         id-at-knowledgeInformation }
```

5.2　标记属性类型

这些属性类型与通过加标记进程与客体显式关联的客体信息相关。

5.2.1　名(称)　name

*名(称)*属性类型是一个属性上级类型，可典型地用于构成命名的串属性类型。

```
name ATTRIBUTE ::={
    WITH SYNTAX            DirectoryString {ub-name}
    EQUALITY MAT           CHING RULE caseIgnoreMatch
    SUBSTRINGS MAT         CHING RULE caseIgnoreSubstringsMatch
    ID                     id-at-name }
```

5.2.2　公共名(称)　common name

*公共名(称)*属性类型规定了某个客体的标识符。公共名(称)不是目录名(称)；它可能是有二义性的，通过该名(称)，客体在有限范围(如在一个组织内)内都知道的客体，并且符合该国的命名习俗或所

关联的文化背景。

公共名(称)的一个属性值是由它所描述的个人或组织所选择的一个串,或者对于设备和应用实体而言,是由对它所描述的客体负责的组织所选择的一个串。例如,一个英语国家的人,其典型名(称)包括一个个人头衔(如先生、女士、博士、教授、阁下、爵士)、名(称)、中间名(称)、姓、代限定符(如果有的话,如 Jr.)以及勋章和奖励(如果有的话,如 QC)等。

举例:

CN="Mr. Robin Lachlan McLeod BSc(Hons) CEng MIEE";

CN="Divisional Coordination Committee";

CN="High Speed Modem"。

任何变量都应作为独立的和可替代的属性值与被命名的客体关联起来。

其他一些通用的变量也应允许,如将中间名(称)作为首选的名(称)使用;使用"Bill"代替"William",等等。

```
commonName ATTRIBUTE ::={
    SUBTYPE OF          name
    WITH SYNTAX         DirectoryString {ub-common-name}
    ID                  id-at-commonName }
```

5.2.3 姓 surname

*姓*属性类型指定某个个体从其父亲或配偶继承而来的语言结构,通过姓,该个体被人们普遍知晓。

姓的一个属性值是一个串,如"McLeod"。

```
surname ATTRIBUTE ::={
    SUBTYPE OF      name
    WITH SYNTAX     DirectoryString {ub-surname}
    ID              id-at-surname }
```

5.2.4 给定名 given name

*给定名*属性类型规定了一种语言学结构,它通常由某个个体的父母为该个体给出,或者由个体本人选择,或者通过该名(称),该个体被人们普遍知晓。

给定名的一个属性值是一个串,如"David"或"Jean Paul"。

```
givenName ATTRIBUTE ::={
    SUBTYPE OF        name
    WITH SYNTAX       DirectoryString {ub-name}
    ID                id-at-givenName }
```

5.2.5 首字母 initials

*首字母*属性类型包含某个个体名(称)的除姓以外的其他某些或全部名(称)的首字母。

首字母的一个属性值是一个串,如"D"或"D."或"J. P."。

```
initials ATTRIBUTE ::={
    SUBTYPE OF      name
    WITH SYNTAX     DirectoryString {ub-name}
    ID              id-at-initials }
```

5.2.6 代限定符 generation qualifier

*代限定符*属性类型包含一个用于提供"代"信息的串,以便限定该个体的名(称)。

代限定符的一个属性值是一个串,如"Jr."或"II"。

```
generationQualifier ATTRIBUTE ::={
    SUBTYPE OF          name
```

```
        WITH SYNTAX               DirectoryString {ub-name}
        ID                        id-at-generationQualifier }
```

5.2.7 唯一标识符 unique identifier

*唯一标识符*属性类型规定了一个标识符，当某个辨别名被重复使用时，该标识符可用来区分客体引用。例如，它可能是一个编码后的客体标识符、证书、日期、时戳或可证明该辨别名有效性的其他一些形式。

唯一标识符的一个属性值是一个比特串。

```
uniqueIdentifier ATTRIBUTE ::={
        WITH SYNTAX                        UniqueIdentifier
        EQUALITY MATCHING RULE             bitStringMatch
        ID                                 id-at-uniqueIdentifier }
UniqueIdentifier ::=BIT STRING
```

5.2.8 可辨别名限定符 DN qualifier

*可辨别名限定符*属性类型规定了要增加到某个条目的相对辨别名中的无二义性信息。它将被用于在多个 DSA 中都拥有的那些条目中，如果不增加该限定符，则这些条目将具有相同的名(称)，并且在某个给定的 DSA 内，对于要加入该信息的所有条目而言，该限定符的值是相同的。

```
dnQualifier ATTRIBUTE ::={
        WITH SYNTAX                        PrintableString
        EQUALITY MATCHING RULE             caseIgnoreMatch
        ORDERING MATCHING RULE             caseIgnoreOrderingMatch
        SUBSTRINGS MATCHING RULE           caseIgnoreSubstringsMatch
        ID                                 id-at-dnQualifier }
```

5.2.9 序列号 serial number

*序列号*属性类型规定了某个客体的序列号的标识符。

序列号的一个属性值是一个可打印的串。

```
serialNumber ATTRIBUTE ::={
        WITH SYNTAX                        PrintableString (SIZE (1..ub-serial-number))
        EQUALITY MATCHING RULE             caseIgnoreMatch
        SUBSTRINGS MATCHING RULE           caseIgnoreSubstringsMatch
        ID                                 id-at-serialNumber }
```

5.2.10 假名 pseudonym

*假名*属性类型为某个客体规定了一个假名。如果已经很明确客体的名(称)是一个假名时，则使用假名来对客体进行命名。

```
pseudonym ATTRIBUTE ::={
        SUBTYPE OF                name
        WITH SYNTAX               DirectoryString {ub-pseudonym}
        ID                        id-at-pseudonym }
```

5.2.11 全球唯一标识符对 universal unique identifier pair

*全球唯一标识符对*属性类型规定了一对全球唯一标识符(UUID)，如同在 ISO/IEC 9834-8 中规定的那样。该对共同表示了一个发起者/服从者关系，这种关系的特性不在本目录规范的定义范围之内。在该对中，初始 UUID 表示发起者，而该对中后面的 UUID 表示发起者/服从者关系中的服从者。这种关系的一个示例为一个用户账号。

```
UUIDPair ATTRIBUTE ::={
```

```
    WITH SYNTAX                       UUIDPair
    EQUALITY MATCHING RULE            UUIDPairMatch
    ID                                id-at-uuidpair }
UUIDPair ::=SEQUENCE {
    issuerUUID                        UUID,
    subjectUUID                       UUID }
UUID ::=OCTET STRING (SIZE(16))-- 仅使用 UUID 格式
```

5.3 地理属性类型

这些属性类型涉及有关客体所处的地理位置或区域。

5.3.1 国家名 country name

*国家名*属性类型规定了一个国家。如果作为一个目录名(称)的组成部分,则它表示被命名的客体在物理上所处的国家,或者在其他某些重要方面客体与之相关联的国家。

国家名的一个属性值选自 GB/T 2659—2000 的一个串。

```
countryName ATTRIBUTE ::={
    SUBTYPE OF          name
    WITH SYNTAX         CountryName
    SINGLE VALUE        TRUE
    ID                  id-at-countryName }
CountryName ::=PrintableString (SIZE(2))-- 仅使用 GB/T 2659—2000 代码
```

5.3.2 地点名 locality name

*地点名*属性类型规定了一个地点。当作为目录名(称)的一部分使用时,则它标识被命名的客体实际所处的地理地区或地理位置,或者在其他某些重要方面客体与之相关联的地理地区或地点。

地点名的属性值是一个串,如 L="Edinburgh"。

```
localityName ATTRIBUTE ::={
    SUBTYPE OF          name
    WITH SYNTAX         DirectoryString {ub-locality-name}
    ID                  id-at-localityName }
```

*集合地点名*属性类型为条目集合规定了一个地点名。

```
collectiveLocalityName ATTRIBUTE ::={
    SUBTYPE OF          localityName
    COLLECTIVE          TRUE
    ID                  id-at-collectiveLocalityName }
```

5.3.3 州或省名 state or province name

*省或州名*属性类型规定了一个州或一个省。如果作为一个目录名(称)的组成部分,则它表示被命名的客体在物理上所处的一个地理分区,或者在其他某些重要方面客体与之相关联的一个地理分区。

省或州名的一个属性值是一个串,如 S="Ohio"。

```
stateOrProvinceName ATTRIBUTE ::={
    SUBTYPE OF                  name
    WITH SYNTAX                 DirectoryString {ub-state-name}
    ID                          id-at-stateOrProvinceName }
```

*集合省或州名*属性类型为条目集合规定了一个省或州名。

```
collectiveStateOrProvinceName ATTRIBUTE ::={
    SUBTYPE OF                  stateOrProvinceName
```

```
    COLLECTIVE                          TRUE
    ID                                  id-at-collectiveStateOrProvinceName }
```

5.3.4 街道地址 **street address**

*街道地址*属性类型规定一个本地分发或实际投递的邮政地址,即街道名(称)、场所、大街和门牌号码等。如果作为一个目录名(称)的组成部分,则它标识被命名的客体所处的街道地址,或者通过其他方式与之建立联系的街道地址。

街道地址的属性值是一个串,如“Changanjie 888。

```
streetAddress ATTRIBUTE ::={
    WITH SYNTAX                         DirectoryString {ub-street-address}
    EQUALITY MATCHING RULE              caseIgnoreMatch
    SUBSTRINGS MATCHING RULE            caseIgnoreSubstringsMatch
    ID                                  id-at-streetAddress }
```

*集合街道地址*属性类型为条目集合规定了一个街道地址。

```
collectiveStreetAddress ATTRIBUTE ::={
    SUBTYPE OF                          streetAddress
    COLLECTIVE                          TRUE
    ID                                  id-at-collectiveStreetAddress }
```

5.3.5 住宅标识符 **house identifier**

*住宅标识符*属性类型规定了用于标识某个具体建筑物的语言学结构,例如一个住宅号码或与街道、大街、城镇或城市等相关的住宅名(称)。

住宅标识符的属性值是一个串,如“14”。

```
houseIdentifier ATTRIBUTE ::={
    WITH SYNTAX                         DirectoryString {ub-name}
    EQUALITY MATCHING RULE              caseIgnoreMatch
    SUBSTRINGS MATCHING RULE            caseIgnoreSubstringsMatch
    ID                                  id-at-houseIdentifier }
```

5.4 组织属性类型

这些属性类型与组织相关,并且可用于描述与这些组织有关的客体。

5.4.1 组织名 **organization name**

*组织名*属性类型规定了一个组织。当作为目录名的一部分使用时,它标识命名客体实际所属的组织。

OrganizationName 的属性值是由组织所选定的串(例如:O="Scottish Telecommunicationsplc")。任何变量都应作为独立的和可替代的属性值与被命名的组织相关联起来。

```
organizationName ATTRIBUTE ::={
    SUBTYPE OF                          name
    WITH SYNTAX                         DirectoryString {ub-organization-name}
    ID                                  id-at-organizationName }
```

*集合组织名*属性类型为条目集合规定了组织名。

```
collectiveOrganizationName ATTRIBUTE ::={
    SUBTYPE OF                          organizationName
    COLLECTIVE                          TRUE
    ID                                  id-at-collectiveOrganizationName }
```

5.4.2 组织单元名 organizational unit name

*组织单元名*属性类型规定了一个组织单元。当作为一个目录名(称)的组成部分,它标识命名客体实际所属的组织单元。

指定的组织单元被理解为是由属性organizationName所指定的组织中的一部分。因此,如果组织单元名被用于某个目录名(称)中,则它必须与一个organizationName属性相关联起来使用。

组织单元名的属性值是由该组织单元所在的组织所选定的串(如OU="Technology Division")。注意,通常使用的缩写"TD"应当作为一个独立的和可替代的属性值。

示例:

O="Scottel",OU="TD"

```
organizationalUnitName ATTRIBUTE ::={
        SUBTYPE OF              name
        WITH SYNTAX             DirectoryString {ub-organizational-unit-name}
        ID                      id-at-organizationalUnitName }
```

*集合组织单元名*属性类型为条目集合规定了组织单元名。

```
collectiveOrganizationalUnitName ATTRIBUTE ::={
        SUBTYPE OF              organizationalUnitName
        COLLECTIVE              TRUE
        ID                      id-at-collectiveOrganizationalUnitName }
```

5.4.3 头衔 title

*头衔*属性类型规定了客体在某个组织内被指定的地位或功能。

头衔属性值为串。

示例:

T="Manager,Distributed Applications"

```
title ATTRIBUTE ::={
        SUBTYPE OF              name
        WITH SYNTAX             DirectoryString {ub-title}
        ID                      id-at-title }
```

5.5 解释属性类型

这些属性类型与客体的某些情况的解释相关(如以自然语言描述)。

5.5.1 描述 description

*描述*属性类型规定了描述相关客体的文本。

例如,客体"Standards Interest"可以具有如下描述:"用于交换公司内部标准开发的信息分发表"。

描述的属性值是一个串。

```
description ATTRIBUTE ::={
        WITH SYNTAX                     DirectoryString {ub-description}
        EQUALITY MATCHING RULE          caseIgnoreMatch
        SUBSTRINGS MATCHING RULE        caseIgnoreSubstringsMatch
        ID                              id-at-description }
```

5.5.2 搜索指南 search guide

*搜索指南*属性类型规定了所建议的搜索准则信息,这些信息可包含在某些可作为搜索操作的基客体的条目中,例如国家或组织。

搜索准则包含客体搜索类型的可选客体标识符以及构造过滤器的属性类型和逻辑操作符的组合。也可以为每个搜索准则项指定匹配级别,如近似匹配。

搜索指南属性可重复出现以反映各种不同类型的请求，例如，对某个住宅个人或组织个人的搜索，可能会从给定的基客体开始通过阅读搜索指南来实现。

```
searchGuide ATTRIBUTE ::={
        WITH SYNTAX         Guide
        ID                  id-at-searchGuide }
Guide ::=SET {
        objectClass [0]     OBJECT-CLASS.&id OPTIONAL,
        criteria    [1]     Criteria }
Criteria ::=CHOICE {
        Type  [0]  CriteriaItem,
        and   [1]  SET OF Criteria,
        or    [2]  SET OF Criteria,
        not   [3]  Criteria }
CriteriaItem ::=CHOICE {
        equality            [0]  AttributeType,
        substrings          [1]  AttributeType,
        greaterOrEqual      [2]  AttributeType,
        lessOrEqual         [3]  AttributeType,
        approximateMatch    [4]  AttributeType }
```

示例：

下述内容是搜索指南属性的一个潜在取值，可被存储于客体类为 Locality 的条目中，以便指示客体类为 ResidentialPerson 的条目是如何被发现的：

```
residential-person-guide Guide ::={
        objectClass residentialPerson.&id,
        criteria and : {
            type : substrings : commonName.&id,
            type : substrings : streetAddress.&id } }
```

根据此指南值来构造一个过滤器是很直接的。

第(1)步，产生一个中间过滤器值：

```
intermediate-filter Filter ::=
        and : {
            item : substrings {
                type commonName.&id,
                strings { any : teletexString : "Dubois" }},
                item : substrings {
                    type streetAddress.&id,
                    strings { any : teletexString "Hugo" } } }
```

第(2)步，产生一个用于在子树中匹配住宅个人条目的过滤器：

```
residential-person-filter Filter ::=
        and : {
            item : equality : {
                type objectClass.&id,
                assertion residentialPerson.&id },
```

```
      intermediateFilter }
```

5.5.3 增强的搜索指南 enhanced search guide

*增强的搜索指南*属性提供了对searchGuide属性的一种增强，为了能够在某个给定客体类的下级客体中进行搜索，增加了建议的搜索深度信息。

```
enhancedSearchGuide ATTRIBUTE ::={
        WITH SYNTAX                 EnhancedGuide
        ID                          id-at-enhancedSearchGuide }
EnhancedGuide ::=SEQUENCE {
        objectClass                 [0]  OBJECT-CLASS.&id,
        criteria                    [1]  Criteria,
        subset                      [2]  INTEGER
        { baseObject (0),oneLevel (1),wholeSubtree (2) } DEFAULT oneLevel }
```

5.5.4 商业类别 business category

*商业类别*属性类型规定了与某些通用客体(如人)的职业相关的信息。例如，该属性提供了一种方式可以查询目录以获取同行业人员的信息。

```
businessCategory ATTRIBUTE ::={
        WITH SYNTAX                     DirectoryString {ub-business-category}
        EQUALITY MATCHING RULE          caseIgnoreMatch
        SUBSTRINGS MATCHING RULE        caseIgnoreSubstringsMatch
        ID                              id-at-businessCategory }
```

5.6 邮政编址属性类型

这些属性类型涉及对某个客体进行物理邮政投递时所需的信息。

5.6.1 邮政地址 postal address

*邮政地址*属性类型规定命名客体的邮政管理机构实际投递一个邮件所要求的地址信息。

邮政地址的属性值由根据 CCITT F.401 建议中定义的 MHS 无格式邮政 O/R 地址版本 1 所选择的属性构成，并且地址长度为 6 行，每行最多 30 个字符，其中包括一个投递国家名。在通常情况下，根据命名客体的特殊要求，这种地址包括以下几个部分，即：邮件的接收者名、街道地址、城市名、省或州名、邮政编码和邮政信箱号。

```
postalAddress ATTRIBUTE ::={
        WITH SYNTAX                     PostalAddress
        EQUALITY MATCHING RULE          caseIgnoreListMatch
        SUBSTRINGS MATCHING RULE        caseIgnoreListSubstringsMatch
        ID                              id-at-postalAddress }
PostalAddress ::=SEQUENCE SIZE(1..ub-postal-line) OF DirectoryString {ub-postal-string}
```

*集合邮政地址*属性类型为条目集合指定了一个邮政地址。

```
collectivePostalAddress ATTRIBUTE ::={
        SUBTYPE OF      postalAddress
        COLLECTIVE      TRUE
        ID              id-at-collectivePostalAddress }
```

5.6.2 邮政编码 postal code

*邮政编码*属性类型规定已命名客体的邮政编码。如果该属性值存在，则它应当是客体邮政地址中的组成部分。

邮政编码的属性值是一个串。

```
postalCode ATTRIBUTE ::={
    WITH SYNTAX                    DirectoryString {ub-postal-code}
    EQUALITY MATCHING RULE         caseIgnoreMatch
    SUBSTRINGS MATCHING RULE       caseIgnoreSubstringsMatch
    ID                             id-at-postalCode }
```

*集合邮政编码*属性类型为条目的集合规定了一个邮政编码。

```
collectivePostalCode ATTRIBUTE ::={
    SUBTYPE OF                     postalCode
    COLLECTIVE                     TRUE
    ID                             id-at-collectivePostalCode }
```

5.6.3 邮政信箱 post office box

*邮政信箱*属性类型规定了客体可以收到邮政投递的邮政信箱。如果该属性值存在，则它应当是客体邮政地址中的组成部分。

```
postOfficeBox ATTRIBUTE ::={
    WITH SYNTAX                    DirectoryString {ub-post-office-box}
    EQUALITY MATCHING RULE         caseIgnoreMatch
    SUBSTRINGS MATCHING RULE       caseIgnoreSubstringsMatch
    ID                             id-at-postOfficeBox }
```

*集合邮政信箱*属性类型为条目集合规定了一个邮政信箱。

```
collectivePostOfficeBox ATTRIBUTE ::={
    SUBTYPE OF                     postOfficeBox
    COLLECTIVE                     TRUE
    ID                             id-at-collectivePostOfficeBox }
```

5.6.4 物理投递邮局名 physical delivery office name

*物理投递邮局名*属性类型规定了某个物理投递邮局所在的城市、乡村等的名(称)。

物理投递邮局名的属性值是一个串。

```
physicalDeliveryOfficeName ATTRIBUTE ::={
    WITH SYNTAX                    DirectoryString {ub-physical-office-name}
    EQUALITY MATCHING RULE         caseIgnoreMatch
    SUBSTRINGS MATCHING RULE       caseIgnoreSubstringsMatch
    ID                             id-at-physicalDeliveryOfficeName }
```

*集合物理投递邮局名*属性类型为条目集合规定了一个物理投递邮局名。

```
collectivePhysicalDeliveryOfficeName ATTRIBUTE ::={
    SUBTYPE OF                     physicalDeliveryOfficeName
    COLLECTIVE                     TRUE
    ID                             id-at-collectivePhysicalDeliveryOfficeName }
```

5.7 远程通信编址属性类型

这些属性类型涉及使用远程通信方式与客体进行通信时所需的编址信息。

5.7.1 电话号码 telephone number

*电话号码*属性类型规定了与某个客体相关的一个电话号码。

电话号码的属性值是一个符合国际约定格式(ITU-T E.123 建议)的国际电话号码串(如"+44 582 10101")。

```
telephoneNumber ATTRIBUTE ::={
```

```
    WITH SYNTAX                     TelephoneNumber
    EQUALITY MATCHING RULE          telephoneNumberMatch
    SUBSTRINGS MATCHING RULE        telephoneNumberSubstringsMatch
    ID                              id-at-telephoneNumber ber }
TelephoneNumber ::=PrintableString (SIZE(1.. ub-telephone-number))
            -- 仅使用符合 ITU-T E.123 建议书中规定的串
```

*集合电话号码*属性类型为条目集合规定了一个电话号码。

```
collectiveTelephoneNumber ATTRIBUTE ::={
    SUBTYPE OF                      telephoneNumber
    COLLECTIVE                      TRUE
    ID                              id-at-collectiveTelephoneNumber }
```

5.7.2 电报号码 telex number

*电报号码*属性类型规定了与某个客体相关联的电报终端的号码、国家码和回答码。

```
telexNumber ATTRIBUTE ::={
    WITH SYNTAX                     TelexNumber
    ID                              id-at-telexNumber }
TelexNumber ::=SEQUENCE {
    telexNumber                     PrintableString (SIZE (1.. ub-telex-number)),
    countryCode                     PrintableString (SIZE (1.. ub-country-code)),
    answerback                      PrintableString (SIZE (1.. ub-answerback)) }
```

*集合电报号码*属性类型为条目集合规定了一个电报号码。

```
collectiveTelexNumber ATTRIBUTE ::={
    SUBTYPE OF                      telexNumber
    COLLECTIVE                      TRUE
    ID                              id-at-collectiveTelexNumber }
```

5.7.3 智能用户电报终端标识符 teletex terminal identifier

自从 CCITT F.200 建议书被取消后，目前尚无替代建议书，属性类型 teletexTerminalIdentifier 和 collectiveTeletexTerminalIdentifier 的用法被反对。

*智能用户电报终端标识符*属性类型规定一个与某个客体相关联的智能用户电报终端的标识符(以及可选的参数)。

智能用户电报终端标识符的属性值为一个串，符合 CCITT F.200 建议书和一个任选集，该任选集中的组件符合 ITU-T T.62 建议书。

```
-- teletexTerminalIdentifier ATTRIBUTE ::={
--      WITH SYNTAX         TeletexTerminalIdentifier
--      ID                  id-at-teletexTerminalIdentifier }
-- TeletexTerminalIdentifier ::=SEQUENCE {
--      teletexTerminal     PrintableString (SIZE(1.. ub-teletex-terminal-id)),
--      parameters          TeletexNonBasicParameters OPTIONAL }
```

*集合智能用户电报终端标识符*属性类型为条目集合指定了一个智能用户电报终端标识符。

```
-- collectiveTeletexTerminalIdentifier ATTRIBUTE ::={
--      SUBTYPE OF          teletexTerminalIdentifier
--      COLLECTIVE          TRUE
--      ID                  id-at-collectiveTeletexTerminalIdentifier }
```

5.7.4 传真电话号码 facsimile telephone number

*传真电话号码*属性类型为与某个客体相关联的传真终端指定了一个电话号码(以及可选的参数)。

传真电话号码的属性值是一个串,符合 ITU-T E.123 建议书中表示国际电话号码的国际协定格式(如"+81 3 347 7418")以及一个可选的比特串(格式符合 ITU-T T.30 建议书)。

```
facsimileTelephoneNumber ATTRIBUTE ::={
    WITH SYNTAX                     FacsimileTelephoneNumber
    EQUALITY MATCHING RULE          facsimileNumberMatch
    SUBSTRINGS MATCHING RULE        facsimileNumberSubstringsMatch
    ID                              id-at-facsimileTelephoneNumber
    FacsimileTelephoneNumber ::=SEQUENCE {
    telephoneNumber                 TelephoneNumber,
    parameters                      G3FacsimileNonBasicParameters OPTIONAL
```

*集合传真电话号码*属性类型为条目集合指定了一个传真电话。

```
collectiveFacsimileTelephoneNumber ATTRIBUTE ::={
    SUBTYPE OF                      facsimileTelephoneNumber
    COLLECTIVE                      TRUE
    ID                              id-at-collectiveFacsimileTelephoneNumber }
```

5.7.5 X.121 地址 X.121 address

*X.121 地址*属性类型规定了一个与某客体相关联的、按照 ITU-T X.121 建议书定义的地址。

```
X121Address ATTRIBUTE ::={
    WITH SYNTAX                     X121Address
    EQUALITY MATCHING RULE          numericStringMatch
    SUBSTRINGS MATCHING RULE        numericStringSubstringsMatch
    ID                              id-at-x121Address }
X121Address ::=NumericString (SIZE(1..ub-x121-address))
        -- ITU-T X.121 建议书中定义的串
```

5.7.6 国际 ISDN 号码 international ISDN number

*国际 ISDN 号码*属性类型规定了一个与某客体相关联的国际 ISDN 号码。

国际 ISDN 号码的属性值是一个串,符合 ITU-T E.164 建议书给出的 ISDN 地址的国际协定格式。

```
internationalISDNNumber ATTRIBUTE ::={
    WITH SYNTAX                     InternationalISDNNumber
    EQUALITY MATCHING RULE          numericStringMatch
    SUBSTRINGS MATCHING RULE        numericStringSubstringsMatch
    ID                              id-at-internationalISDNNumber }
InternationalISDNNumber ::=NumericString (SIZE(1..ub-international-isdn-number))
    -- 仅使用符合 ITU-T E.164 建议书中规定的串
```

*集合国际 ISDN 号码*属性类型为条目集合规定了一个国际 ISDN 号码。

```
collectiveInternationalISDNNumber ATTRIBUTE ::={
    SUBTYPE OF      internationalISDNNumber
    COLLECTIVE      TRUE
    ID              id-at-collectiveInternationalISDNNumber }
```

5.7.7 注册地址 registered address

*注册地址*属性类型规定了一个与某个客体相关联的位于特定城市位置中的地址助记符。该助记符

在城市所在的国家进行了注册，并且按照公用电报业务的规定来使用(根据 ITU-T F.1 建议书)。

```
registeredAddress ATTRIBUTE ::={
        SUBTYPE OF          postalAddress
        WITH SYNTAX         PostalAddress
        ID                  id-at-registeredAddress }
```

5.7.8 目的地指示符 destination indicator

*目的地指示符*属性类型规定了与某个客体(收信人)相关联的需要提供公用电报业务的国家和城市(根据 ITU-T F.1 建议书和 CCITT F.31 建议书)。

目的地指示符的属性值是一个串。

```
destinationIndicator ATTRIBUTE ::={
        WITH SYNTAX                     DestinationIndicator
        EQUALITY MATCHING RULE          caseIgnoreMatch
        SUBSTRINGS MATCHING RULE        caseIgnoreSubstringsMatch
        ID                              id-at-destinationIndicator or }
DestinationIndicator ::=PrintableString (SIZE(1..ub-destination-indicator))
                        --仅使用字母表字符
```

5.7.9 通信业务 communications service

*通信业务*属性类型规定了与某个通信地址相关联的业务类型。

```
communicationsService ATTRIBUTE ::={
        WITH SYNTAX                     CommunicationsService
        EQUALITY MATCHING RULE          objectIdentifierMatch
        ID                              id-at-communicationsService }
CommunicationsService ::=OBJECT IDENTIFIER
```

该属性描述了通信地址可以提供访问的业务的种类，例如电话(话音)、传真、电子邮件、SMS(短消息业务)、EDI 和文件传输等。

为标识业务而进行的客体标识符的分配不在本目录规范的定义范围之内。

5.7.10 通信网络 communications network

*通信网络*属性类型规定了某个通信地址所使用的网络类型。

```
communicationsNetwork ATTRIBUTE ::={
        WITH SYNTAX                     CommunicationsNetwork
        EQUALITY MATCHING RULE          objectIdentifierMatch
        SINGLE VALUE                    TRUE
        ID                              id-at-communicationsNetwork }
CommunicationsNetwork ::=OBJECT IDENTIFIER
```

该属性描述了通信地址所处的网络的类型。例如，一个公众交换电话网(PSTN)、一个 ISDN 网或一个 GSM 移动电话网等。它还可以是一个面向应用的网络，如一个银行网。

为标识网络而进行的客体标识符的分配不在本目录规范的定义范围之内。

5.8 优选的属性类型

这些属性类型涉及客体的优选。

5.8.1 优选投递方式 preferred delivery method

*优选投递方式*属性类型规定了在与客体通信时所使用的方式的优先权顺序。

```
preferredDeliveryMethod ATTRIBUTE ::={
        WITH SYNTAX                 PreferredDeliveryMethod
```

```
    SINGLE VALUE                  TRUE
    ID                            id-at-preferredDeliveryMethod }
PreferredDeliveryMethod ::=SEQUENCE OF INTEGER {
    any-delivery-method           (0),
    mhs-delivery                  (1),
    physical-delivery             (2),
    telex-delivery                (3),
    teletex-delivery              (4),
    g3-facsimile-delivery         (5),
    g4-facsimile-delivery         (6),
    ia5-terminal-delivery         (7),
    videotex-delivery             (8),
    telephone-delivery            (9) }
```

5.9 OSI 应用属性类型

这些属性类型与 OSI 应用层中的客体所涉及的信息相关。

5.9.1 表示地址 presentation address

*表示地址*属性类型规定了与表示 OSI 应用实体的某个客体相关联的表示地址。

表示地址的属性值是在 GB/T 9387.1—1998 中定义的一个表示地址。

```
presentationAddress ATTRIBUTE ::={
    WITH SYNTAX                   PresentationAddress
    EQUALITY MATCHING RULE        presentationAddressMatch
    SINGLE VALUE                  TRUE
    ID                            id-at-presentationAddress }
PresentationAddress ::=SEQUENCE {
    pSelector      [0]  OCTET STRING OPTIONAL,
    sSelector      [1]  OCTET STRING OPTIONAL,
    tSelector      [2]  OCTET STRING OPTIONAL,
    nAddresses     [3]  SET SIZE (1..MAX) OF OCTET STRING }
```

5.9.2 支持的应用上下文 supported application context

*支持的应用上下文*属性类型规定了某个客体(一个 OSI 应用实体)所支持的应用上下文的客体标识符。

```
supportedApplicationContext ATTRIBUTE ::={
    WITH SYNTAX                   OBJECT IDENTIFIER
    EQUALITY MATCHING RULE        objectIdentifierMatch
    ID                            id-at-supportedApplicationContext }
```

5.9.3 协议信息 protocol information

*协议信息*属性类型将协议信息与表示地址属性中的每个网络地址相关联。

对于每一个nAddress,协议组件都标识了网络层和传输层的协议或概要。

```
protocolInformation ATTRIBUTE ::={
    WITH SYNTAX                   ProtocolInformation
    EQUALITY MATCHING RULE        protocolInformationMatch
    ID                            id-at-protocolInformation }
ProtocolInformation ::=SEQUENCE {
```

```
    nAddress                        OCTET STRING,
    profiles                        SET OF OBJECT IDENTIFIER }
```

5.10 关系属性类型

这些属性类型涉及以某种方式与特定客体有关的客体信息。

注：在这些属性类型中使用的语法DistinguishedName允许使用主辨别名或一个替代辨别名。在主辨别名已知的情况下，如果使用主辨别名，可以确保与1997年前的DSA保持一致性和互操作性。某些特定的用法可能会要求使用某个特殊的替代名(称)。上下文信息和可替代辨别值也可能作为任何RDN中组件valuesWithContext的一部分，如在GB/T 16264.2—2008的9.3所描述的。

5.10.1 可辨别名 distinguished name

*可辨别名*属性类型是规定一个客体名(称)的属性。

```
distinguishedName ATTRIBUTE ::= {
    WITH SYNTAX                     DistinguishedName
    EQUALITY MATCHING RULE          distinguishedNameMatch
    ID                              id-at-distinguishedName }
```

5.10.2 成员 member

*成员*属性类型规定了与某个客体相关联的一组名(称)。

成员的一个属性值是一个辨别名。

```
member ATTRIBUTE ::= {
    SUBTYPE OF                      distinguishedName
    ID                              id-at-member }
```

5.10.3 唯一成员 unique member

*唯一成员*属性类型规定了与某个客体相关联的一组唯一名(称)。唯一名(称)指的是通过可选地包含其唯一标识符而无二义性的一个名(称)。

唯一成员的属性值是一个辨别名，并带有一个可选的唯一标识符。

```
uniqueMember ATTRIBUTE ::= {
    WITH SYNTAX                     NameAndOptionalUID
    EQUALITY MATCHING RULE          uniqueMemberMatch
    ID                              id-at-uniqueMember }

NameAndOptionalUID ::= SEQUENCE {
    dn                              DistinguishedName,
    uid                             UniqueIdentifier OPTIONAL }
```

5.10.4 所有者 owner

*所有者*属性类型规定了对相关联的客体负有责任的某个客体的名(称)。

所有者的属性值是一个辨别名(可以表示一组名(称))，并且能够重复出现。

```
owner ATTRIBUTE ::= {
    SUBTYPE OF                      distinguishedName
    ID                              id-at-owner }
```

5.10.5 角色承担者 role occupant

*角色承担者*属性类型规定了某个客体的名(称)，该客体承担了组织内的某个角色。

角色承担者的属性值是一个辨别名。

```
RoleOccupant ATTRIBUTE ::= {
    SUBTYPE OF                      distinguishedName
    ID                              id-at-roleOccupant }
```

5.10.6 另见 see also

*另见*属性类型规定了其他目录客体的名(称),这些目录客体可能是同一个现实世界客体在其他方面(在某种意义上说)的体现。

另见的属性值是一个辨别名。

```
seeAlso ATTRIBUTE ::= {
    SUBTYPE OF      distinguishedName
    ID              id-at-seeAlso }
```

5.11 域属性类型

5.11.1 DMD 名 DMD name

*DMD 名*属性类型规定了一个目录管理域(DMD)。如果作为一个目录名(称)中的组成部分,则它标识了管理已命名客体的一个目录管理域。

DMD 名的属性值是由 DMD 所选择的一个串。

```
dmdName ATTRIBUTE ::= {
    SUBTYPE OF      name
    WITH SYNTAX     DirectoryString{ub-common-name}
    ID              id-at-dmdName }
```

5.12 通知属性

通知属性具有属性语法,但是是用来在元素 CommonResults(或 CommonResultsSeq)和 Partial OutcomeQualifier 中承载附加信息(正如在 GB/T 16264.6—2008 的 7.4 和 10.1 所描述的那样)。它们经常与匹配规则一起定义,因此可以检查返回的值是否与本地已知值相匹配。

5.12.1 DSA 问题 DSA problem

*DSA 问题*通知属性与一个serviceError 或一个PartialOutcomeQualifier 同时使用,定义如下:

```
dSAProblem ATTRIBUTE ::= {
    WITH SYNTAX                 OBJECT IDENTIFIER
    EQUALITY MATCHING RULE      objectIdentifierMatch
    ID                          id-not-dSAProblem }
```

为dsaProblem 定义的值包括:

a) id-pr-targetDsaUnavailable:在名(称)解析中,请求被链接至另一个 DSA,但是与该目标 DSA 的连接无法建立;

b) id-pr-dataSourceUnavailable:DSA 不能完成该操作,因为 DIB 的部分不可用;

c) id-pr-administratorImposedLimit:某个操作已经超出了管理者所设置的某些限制;

d) id-pr-permanentRestriction:某个操作使得 DSA 超出了某些限制,使得进程停止,且重复的操作被判断为仍然会碰到同样的问题;

e) id-pr-temporaryRestriction:某个操作使得 DSA 超出了某些限制,使得进程停止,但是问题被判断为是一个临时问题,如由于资源损耗。

5.12.2 搜索服务问题 search service problem

*搜索服务问题*通知属性描述了在应用搜索规则策略时所遇到的问题,它与service-errors 或Partia-lOutcomeQualifier 共同使用。定义如下:

```
searchServiceProblem ATTRIBUTE ::= {
    WITH SYNTAX                 OBJECT IDENTIFIER
    EQUALITY MATCHING RULE      objectIdentifierMatch
    SINGLE VALUE                TRUE
    ID                          id-not-searchServiceProblem }
```

为searchServiceProblem 定义的值包括：

a) id-pr-unidentifiedOperation：试图执行的操作不符合该服务所标识的那些操作之一；
b) id-pr-unavailableOperation：试图执行的操作仅符合一个对于请求者而言不可用的搜索规则；
c) id-pr-searchAttributeViolation：要求在过滤器中出现的一个或多个属性类型没有出现；
d) id-pr-searchAttributeCombinationViolation—search 请求的过滤器中没有包括所要求的属性类型的组合；
e) id-pr-searchValueNotAllowed：为某些属性类型指定了属性值，但仅仅是在present 和contextPresent 过滤项类型中的属性类型才可以被指定；
f) id-pr-missingSearchAttribute：在相关的搜索规则中要求出现被标识的属性，但该属性并没有出现在所请求的搜索中；
g) id-pr-searchValueViolation：在使用相关的搜索规则进行搜索时，所标识的指定属性类型的属性值是不允许的；
h) id-pr-attributeNegationViolation：在搜索过滤器中，所标识的属性类型是不允许出现在否定形式中的；
i) id-pr-searchValueRequired：所标识的属性类型是不允许出现在不要求值匹配的过滤项中的；
j) id-pr-invalidSearchValue：对于相关的搜索规则，所标识的属性值对于指定的属性类型而言是无效的；
k) id-pr-searchContextViolation：在试图进行的搜索中，所标识的上下文类型对于属性类型而言是不允许的；
l) id-pr-searchContextCombinationViolation：在相关的搜索规则中要求出现所标识的上下文类型的组合，但该组合并没有出现在所请求的搜索中；
m) id-pr-missingSearchContext：属性类型要求出现所标识的上下文类型，但该类型并没有出现在所请求的搜索中；
n) id-pr-searchContextValueViolation：所标识的上下文类型的上下文值，对于属性类型而言是不允许的；
o) id-pr-searchContexValueRequired：所标识的属性类型是不允许出现在不要求值匹配的过滤项中的；
p) id-pr-invalidContextSearchValue：对于相关的搜索规则，所标识的属性值对于指定的属性类型而言是无效的；
q) id-pr-unsupportedMatchingRule：不支持所标识的请求匹配规则；
r) id-pr-attributeMatchingViolation：对于相关的搜索规则，所标识的请求匹配规则或其具体用法对于指定的属性而言是不允许的；
s) id-pr-unsupportedMatchingUse：不支持某个匹配规则在搜索过滤器中的建议用法；
t) id-pr-matchingUseViolation：不允许某个匹配规则在搜索过滤器中的建议用法，例如在搜索规则中指定的用法；
u) id-pr-hierarchySelectForbidden：对于指定类型的请求，不允许进行除了self 之外的层次选择；
v) id-pr-invalidHierarchySelect：在请求中指定了一个或多个无效的层次选择选项；
w) id-pr-unavailableHierarchySelect：在实现时不支持一个或多个层次选择；
x) id-pr-invalidSearchControlOptions：在请求中指定了一个或多个无效的搜索选项；
y) id-pr-invalidServiceControlOptions：在请求中指定了一个或多个无效的服务控制选项；
z) id-pr-searchSubsetViolation：对于相关的搜索规则而言，不允许所请求的搜索子集；
aa) id-pr-unmatchedKeyAttributes：选择了一个基于映射的匹配规则，但可映射的过滤项不提供任何针对相关映射表的匹配；

bb) id-pr-ambiguousKeyAttributes:选择了一个基于映射的匹配规则,但可映射的过滤项提供了多个针对相关映射表的匹配;

cc) id-pr-unavailableRelaxationLevel:DSA 不支持某个所请求的放宽扩展级别;

dd) id-pr-emptyHierarchySelection:指定了一个层次选择但结果是没有一个条目返回,尽管有一个或多个条目是与搜索过滤器相匹配的;

ee) id-pr-relaxationNotSupported:在用户请求中指定了放宽,但该放宽不被支持。

5.12.3 服务类型 service type

*服务类型*通知属性给出失败搜索的服务类型。

```
serviceType ATTRIBUTE ::={
    WITH SYNTAX                  OBJECT IDENTIFIER
    EQUALITY MATCHING RULE       objectIdentifierMatch
    SINGLE VALUE                 TRUE
    ID                           id-not-serviceType }
```

5.12.4 属性类型列表 attribute type list

*属性类型列表*通知属性给出了一个属性类型的列表,以便更进一步限定搜索服务的问题。

```
attributeTypeList ATTRIBUTE ::={
    WITH SYNTAX                  OBJECT IDENTIFIER
    EQUALITY MATCHING RULE       objectIdentifierMatch
    ID                           id-not-attributeTypeList }
```

5.12.5 匹配规则列表 matching rule list

*匹配规则列表*通知属性给出了一个匹配规则的列表,以便更进一步限定搜索服务的问题。

```
matchingRuleList ATTRIBUTE ::={
    WITH SYNTAX                  OBJECT IDENTIFIER
    EQUALITY MATCHING RULE       objectIdentifierMatch
    ID                           id-not-matchingRuleList }
```

5.12.6 过滤项 filter item

*过滤项*通知属性给出了在某个搜索过滤器中无效的过滤项列表。

```
filterItem ATTRIBUTE ::={
    WITH SYNTAX                  FilterItem
    ID                           id-not-filterItem }
```

5.12.7 属性组合 attribute conbinations

*属性组合*通知属性给出了一个在过滤器中要求出现,但实际上并未提供的属性组合的列表。

```
attributeCombinations ATTRIBUTE ::={
    WITH SYNTAX                  AttributeCombination
    ID                           id-not-attributeCombinations }
```

5.12.8 上下文类型列表 context type list

*上下文类型列表*属性类型给出了一个上下文类型的列表,以便更进一步限定搜索服务的问题。

```
contextTypeList ATTRIBUTE ::={
    WITH SYNTAX                  OBJECT IDENTIFIER
    EQUALITY MATCHING RULE       objectIdentifierMatch
    ID                           id-not-contextTypeList }
```

5.12.9 上下文列表 context list

*上下文列表*通知属性给出了一个上下文的列表,以便更进一步限定搜索服务的问题。

```
contextList ATTRIBUTE ::={
        WITH SYNTAX                 ContextAssertion
        ID                          id-not-contextList }
```

该属性类型的值表示在某些引起该属性产生的情况下，不允许出现的一个上下文类型和该类型的某些上下文值。

5.12.10 上下文组合 context combinations

*上下文组合*通知属性给出了一个在过滤器中要求出现，但实际上并未提供的上下文组合的列表。

```
contextCombinations ATTRIBUTE ::={
        WITH SYNTAX                 ContextCombination
        ID                          id-not-contextCombinations }
```

5.12.11 层次选择列表 hierarchy select list

*层次选择列表*通知属性给出了一个标识一个或多个层次选择选项的比特串，正如在 GB/T 16264.3—2008 的 10.2.1 所定义的HierarchySelections 结构中定义的那样。

```
hierarchySelectList ATTRIBUTE ::={
        WITH SYNTAX                 HierarchySelections
        SINGLE VALUE                TRUE
        ID                          id-not-hierarchySelectList }
```

如果在HierarchySelection 比特串中有一个比特被设置，则表示相应的层次选择是无效的。或者是请求了一个被禁止的或不支持的选择，或者是要求的选择没有出现在请求中。

5.12.12 搜索控制选项列表 search control options list

*搜索控制选项列表*通知属性给出了一个比特串，标识了一个或多个搜索控制选项，这些控制选项由 GB/T 16264.3—2008 的 10.2.1 的 ASN.1 数据类型SearchControlOptions 来定义。

```
searchControlOptionsList ATTRIBUTE ::={
        WITH SYNTAX                 SearchControlOptions
        SINGLE VALUE                TRUE
        ID                          id-not-searchControlOptionsList }
```

如果在SearchControlOptions 比特串中有一个比特被设置，则表示相应的搜索控制选项的选择是无效的。或者是请求了一个被禁止的或不支持的选项，或者是要求的选项没有出现在请求中。

5.12.13 服务控制选项列表 service control options list

*服务控制选项列表*通知属性给出了一个比特串，标识了一个或多个服务控制选项，这些服务控制选项由 GB/T 16264.3—2008 的 7.5 的 ASN.1 数据类型ServiceControlOptions 来定义。

```
serviceControlOptionsList ATTRIBUTE ::={
        WITH SYNTAX                 ServiceControlOptions
        SINGLE VALUE                TRUE
        ID                          id-not-serviceControlOptionsList }
```

如果在ServiceControlOptions 比特串中有一个比特被设置，则它表示相应的服务控制选项的选择是无效的。或者是请求了一个被禁止的或不支持的选项，或者是要求的选项没有出现在请求中。

5.12.14 多个匹配的地理位置 multiple matching localities

*多个匹配的地理位置*通知属性在每个值中都标识了一个属性断言集，如果在地名词典中应用该断言将得出一个唯一的匹配。

```
multipleMatchingLocalities ATTRIBUTE ::={
        WITH SYNTAX                 MultipleMatchingLocalities
        ID                          id-not-multipleMatchingLocalities }
```

```
MultipleMatchingLocalities ::=SEQUENCE {
matchingRuleUsed            MATCHING-RULE.&id OPTIONAL,
attributeList               SEQUENCE OF AttributeValueAssertion }
```

元素matchingRuleUsed是可选的，可用来指示所使用的基于映射的匹配规则。

没有为该属性定义匹配规则；可允许多个相同的或近似相同的值。

5.12.15 建议张弛 proposed relaxation

*建议张弛*通知属性给出了元素MRMapping的顺序，可以作为后续search请求中relaxation组件中提供的RelaxationPolicy的一部分。

```
proposedRelaxation ATTRIBUTE ::={
    WITH SYNTAX                 MRMappings
    ID                          id-not-proposedRelaxation }
    MRMappings ::=SEQUENCE OF MRMapping
```

MRMapping的顺序是无关紧要的。

5.12.16 应用张弛 applied relaxation

*应用张弛*通知属性用来列出被放宽或被收紧的过滤器属性，不同于那些被某个放宽策略的basic元素所指定的属性。

```
appliedRelaxation ATTRIBUTE ::={
    WITH SYNTAX                 OBJECT IDENTIFIER
    EQUALITY MATCHING RULE      objectIdentifierMatch
    ID                          id-not-appliedRelaxation }
```

第三篇 匹配规则

6 串准备

在准备串匹配规则的评估时，下述六步骤过程必须应用于每个当前属性值。

a) 代码转换；

b) 映射；

c) 规范化；

d) 禁止；

e) 双向检查；

f) 删除无意义的字符。

在任何一个步骤的失败都会导致断言结果为未定义(UNDEFINED)。

在串准备过程中创建的比较值是短暂的，不得影响存储在目录中的属性值。

6.1 代码转换

每个非Unicode串值都要经过代码转换到Unicode。

TeletexString值被代码转换到Unicode，如附录B描述。

PrintableString值被直接代码转换到Unicode。

UniversalString、UTF8String和BMPString的值不必进行代码转换，因为它们是基于Unicode的串的(在BMPString的情况下，限制为Unicode的一个子集)。

如果在实现时不能或不愿意执行上面所描述的代码转换或代码转换失败，则本步骤失败，断言的赋值结果为UNDEFINED。

被代码转换后的串为输出串。

6.2 映射

SOFT HYPHEN(U+00AD)和MONGOLIAN TODO SOFT HYPHEN(U+1806)代码点被映

射为无。

COMBINING GRAPHEME JOINER(U+034F)和 VARIATION SELECTORs(U+180B－180D,FF00－FE0F)代码点也被映射为无。OBJECT REPLACEMENT CHARACTER(U+FFFC)被映射为无。

CHARACTER TABULATION(U+0009)、LINE FEED(LF)(U+000A)、LINE TABULATION(U+000B)、FORM FEED(FF)(U+000C)、CARRIAGE RETURN(CR)(U+000D)和 NEXT LINE(NEL)(U+0085)被映射为空格(U+0020)。

所有其他控制代码点(例如 Cc)或具有一个控制功能的代码点(例如 Cf)被映射为无。

ZERO WIDTH SPACE(U+200B)被映射为无。所有其他具有分隔符(如空格、行或段落)特性的代码点(例如 Zs、Zl 或 Zp)被映射为空格 (U+0020)。

对于不区分大小写、数字以及存储前缀串匹配规则,字符将根据 RFC 3454 的 B.2 中定义的方式进行大小写混用。

6.3 规范化

输入串被规范化为 Unicode 范式 KC(构造时具有兼容性),正如在 Unicode 标准的附录＃15 中描述的那样。

6.4 禁止

所有未赋值的、专用的以及非字符的代码点都是被禁止的。替代代码(U+D800－DFFFF)被禁止。

REPLACEMENT CHARACTER(U+FFFD)代码被禁止。串的第一个代码点不允许是一个组合字符。空串被禁止。如果输入串包含了任意一个被禁止的代码点,则本步骤失败,且断言被赋值为 UNDEFINED。输出串即为输入串。

6.5 双向检查

目前没有双向限制。输出串即为输入串。

6.6 删除无意义的字符

本步骤中,对匹配规则无意义的字符将被删除。要删除的字符根据匹配规则的不同而不同。6.6.1 应用于不区分大小写和大小写精确的串匹配。6.6.2 应用于numericString 匹配。6.6.3 应用于telephoneNumber 匹配。

6.6.1 无意义空格的删除

出于本条的目的,空格被定义为 SPACE(U+0020)代码点,且后面不跟组合标志。

注:前面的步骤确保了串中不包含任何分隔类的代码点,除了 SPACE(U+0020)。

下面的空格被认为是无意义的,必须被删除:

——引导空格(即第一个非空格字符前的空格);

——结尾空格(即最后一个非空格字符后的空格);

——多个连续的空格(这些空格被认为与一个单独的空格字符等价,一个全部由空格组成的串与仅包含一个空格的串是等价的)。例如,从 KC 范式串:"〈SPACE〉〈SPACE〉foo〈SPACE〉〈SPACE〉bar〈SPACE〉〈SPACE〉" 中删除空格,将导致输出串为:"foo〈SPACE〉bar",从 KC 范式串:"〈SPACE〉〈SPACE〉〈SPACE〉" 中删除空格,将导致输出串为:"〈SPACE〉"。

6.6.2 数字串中无意义字符的删除

出于本条的目的,空格被定义为 SPACE(U+0020)代码点,且后面不跟组合标志。所有的空格都被认为是无意义的,都将被删除。例如,从 KC 范式串:"〈SPACE〉〈SPACE〉123〈SPACE〉〈SPACE〉456〈SPACE〉〈SPACE〉" 中删除空格,将导致输出串为:"123456",从 KC 范式串:"〈SPACE〉〈SPACE〉〈SPACE〉"中删除空格,将导致一个空的输出串。

6.6.3 电话号码中无意义字符的删除

出于本条的目的,连字符被定义为 HYPHEN-MINUS(U+002D),ARMENIAN HYPHEN(U+

058A),HYPHEN(U+2010),NON-BREAKING HYPHEN(U+2011),MINUS SIGN(U+2212),SMALL HYPHENMINUS(U+FE63),或者 FULLWIDTH HYPHEN-MINUS(U+FF0D)代码点,且后面不跟组合标志;空格被定义为 SPACE(U+0020)代码点,且后面不跟组合标志。所有的连字符和空格都被认为是无意义的,都将被删除。

7 匹配规则的定义

注:对于objectIdentifierMatch 和distinguishedNameMatch 的定义,见 GB/T 16264.2—2008。

7.1 串匹配规则

在 7.1.1 到 7.1.9 规定的匹配规则中,所有当前的串值和存储的串值都须按照第 6 章描述的那样进行匹配准备。串准备过程将产生一个适合于逐个字符进行匹配的串。

7.1.1 大小写精确匹配和不区分大小写的匹配

*大小写精确匹配*规则对某个当前串和一个类型为DirectoryString 的属性值进行相等比较,或者和一个出现在选择类型 DirectoryString 中的数据类型之一进行相等比较,如不考虑无意义空格的UTF8String (见 6.6)。

所有在 Unicode 中被认为是白空格的字符必须被认为是等同于无意义的字符,且须被忽略,如同6.1 开始的串匹配规则中所指定的那样。在考虑了白空格后,应当执行不考虑大小写的匹配,这是通过执行在 Unicode 标准中描述的大小写折叠,并且应用在 Unicode 技术报告 15 中描述的规范化的 D 范式或 KC 范式来实现的,D 范式或 KC 范式的选择依赖于普遍检查的字符指令表和性能需求。

```
caseExactMatch MATCHING-RULE ::={
    SYNTAX          DirectoryString {ub-match}
    ID              id-mr-caseExactMatch }
```

*不区分大小写的匹配*规则对某个当前串和一个类型为DirectoryString 的属性值进行相等比较,或者和一个出现在选择类型DirectoryString 中的数据类型之一(如UTF8String)进行相等比较,不考虑串的大小写(如“Dundee”和“DUNDEE”被认为是匹配的)以及无意义的空格(见 6.6)。除了在 6.2 讨论的串准备过程中将大写字符折叠为小写字符外,该规则与caseExactMatch 规则相同。

```
caseIgnoreMatch MATCHING-RULE ::={
    SYNTAX          DirectoryString {ub-match}
    ID              id-mr-caseIgnoreMatch }
```

如果准备好的串具有相同的长度,且串中相应的字符都相同,则这两个规则都返回 TRUE。

7.1.2 大小写精确排序匹配和不区分大小写的排序匹配

*大小写精确排序匹配*规则对某个当前串和一个类型为DirectoryString 的属性值进行排序比较,或者和一个出现在选择类型DirectoryString 中的数据类型之一进行排序比较,如不考虑无意义空格的UTF8String (见 6.6)。

```
caseExactOrderingMatch MATCHING-RULE ::={
    SYNTAX          DirectoryString {ub-match}
    ID              id-mr-caseExactOrderingMatch }
```

*不区分大小写的排序匹配*规则对某个当前串和一个类型为DirectoryString 的属性值进行排序比较,或者和一个出现在选择类型DirectoryString 中的数据类型之一(如UTF8String)进行排序比较,不考虑串的大小写以及无意义的空格(见 6.6)。除了在 6.2 讨论的串准备过程中将大写字符折叠为小写字符外,该规则与caseExactOrderingMatch 规则相同。

```
caseIgnoreOrderingMatch MATCHING-RULE ::={
    SYNTAX          DirectoryString {ub-match}
    ID              id-mr-caseIgnoreOrderingMatch }
```

在使用Unicode代码点校对排序对两个串进行比较时，如果属性值“小于”当前值或比当前值出现得早，则两个规则都返回TRUE。

注：校对排序对某种给定语言的字符如何进行排序，提供了特定于语言和文化的信息。一个目录系统能够支持多个可配置的校对排序。该能力的实现不在本目录规范的定义范围之内。

7.1.3 大小写精确子串匹配和不区分大小写的子串匹配

*大小写精确子串匹配*规则判断某个当前值是否是一个类型为DirectoryString的属性值的子串，或者是一个出现在选择类型DirectoryString中数据类型之一的子串，如：不考虑无意义空格的UTF8String（见6.6）。

```
caseExactSubstringsMatch MATCHING-RULE ::={
    SYNTAX          SubstringAssertion -- 仅有PrintableString选择
    ID              id-mr-caseExactSubstringsMatch }
```

*不区分大小写的子串匹配*规则判断某个当前值是否是类型为DirectoryString的属性值的子串，或者是出现在选择类型DirectoryString中的数据类型之一的子串，如UTF8String，不考虑串的大小写以及无意义的空格（见6.6）。除了在6.2中讨论的串准备过程中将大写字符折叠为小写字符外，该规则与caseExactSubstringsMatch规则相同。

```
caseIgnoreSubstringsMatch MATCHING-RULE ::={
    SYNTAX          SubstringAssertion
    ID              id-mr-caseIgnoreSubstringsMatch }
SubstringAssertion ::=SEQUENCE OF CHOICE {
    Initial             [0]  DirectoryString {ub-match},
    Any                 [1]  DirectoryString {ub-match},
    final               [2]  DirectoryString {ub-match},
    control Attribute }  -- 用于指定对下述项目的解释
                         -- 最多有一个initial和一个final组件
```

如果属性值按照如下情况被分割为几个部分，则两个规则都返回TRUE：

——指定的子串（initial、any、final）按照strings序列的次序分别与属性值的不同部分相匹配；

——如果出现initial，则与属性值的第一部分相匹配；

——如果出现final，则与属性值的最后一部分相匹配；

——如果出现any，则与属性值的某个任意部分相匹配；

——如果在子串匹配中，仅有initial、any或final元素被用于匹配算法中，则control不能被用于caseIgnoreSubstringsMatch、telephoneNumberSubstringsMatch或其他任何类型的子串匹配中；如果碰到了一个control元素，则该元素被忽略。只有在匹配规则中明确指定了控制元素在匹配算法中的用法时，才可以在那些匹配规则中使用控制元素。这样的匹配规则可能也会重新定义initial、any和final子串的语义。

注：匹配规则generalWordMatch是这种匹配规则的一个示例。

在SubstringAssertion中，最多有一个initial和一个final。如果出现initial，则它须是第一个元素。如果出现final，则它须是最后一个元素。串中可以有零个或多个any。

要使子串中的某个组件与属性值的某一个部分相匹配，则相应的字符必须相同（包括在组合字符序列中的所组合字符）。

7.1.4 数字串匹配

*数字串匹配*规则对某个当前数字串与一个类型为NumericString的属性值进行相等比较。

```
numericStringMatch MATCHING-RULE ::={
    SYNTAX          NumericString
```

```
    ID                    id-mr-numericStringMatch }
```

除了根据 6.6.2 讨论的准备过程中将所有的空格字符都删除外，本规则与caseIgnoreMatch 规则相同(对于数字字符而言大小写无意义)。

7.1.5 数字串排序匹配

*数字串排序匹配*规则对某个当前串的排列次序与类型为NumericString 的属性值的排序次序进行比较。

```
numericStringOrderingMatch MATCHING-RULE ::={
    SYNTAX                NumericString
    ID                    id-mr-numericStringOrderingMatch }
```

除了根据 6.6.2 讨论的准备过程中将所有的空格字符都删除外，本规则与caseIgnoreOrderingMatch 规则相同(对于数字字符而言大小写无意义)。

7.1.6 数字串子串匹配

*数字串子串匹配*规则判断某个当前值是否是一个类型为NumericString 的属性值的一个子串。

```
numericStringSubstringsMatch MATCHING-RULE ::={
    SYNTAX                SubstringAssertion
    ID                    id-mr-numericStringSubstringsMatch }
```

除了根据 6.6.2 讨论的串准备过程中将所有的空格字符都删除外，本规则与 caseIgnoreSubstringsMatch 规则相同(对于数字字符而言大小写无意义)。

7.1.7 不区分大小写的列表匹配

*不区分大小写的列表匹配*规则对当前的某个串序列与一个类型为DirectoryString 序列的属性值进行相等比较，而不考虑串的大小写以及无意义的空格(见 6.6)。

```
caseIgnoreListMatch MATCHING-RULE ::={
    SYNTAX                CaseIgnoreList
    ID                    id-mr-caseIgnoreListMatch }
CaseIgnoreList ::=SEQUENCE OF DirectoryString {ub-match}
```

当且仅当每个序列中的串个数相同，且相应的串都匹配时，该规则才返回 TRUE。以后的串匹配符合caseIgnoreMatch 匹配规则。

7.1.8 不区分大小写的列表子串匹配

*不区分大小写的列表子串匹配*规则对当前的某个子串与类型为DirectoryString 序列的属性值进行比较，而不考虑串的大小写和无意义的空格(见 6.6)。

```
caseIgnoreListSubstringsMatch MATCHING-RULE ::={
    SYNTAX                SubstringAssertion
    ID                    id-mr-caseIgnoreListSubstringsMatch }
```

当且仅当当前值与已存储值拼接起来形成的串相匹配时，才认为当前值与已存储值相匹配。该匹配根据caseIgnoreSubstringsMatch 规则来完成；然而，并不认为当前值中的initial，any 或final 值与拼接串的某个子串相匹配，该拼接串伸展了多个已存储值的串。

7.1.9 存储前缀匹配

*存储前缀匹配*规则判断某个语法为DirectoryString 的属性值是否是当前值的前缀(即初始子串)，而不考虑串的大小写和无意义的空格(见 6.6)。

注：例如，它可用于在目录中，对一个电话区号与某个声称的电话号码值进行比较。

```
storedPrefixMatch MATCHING-RULE ::={
    SYNTAX                DirectoryString {ub-match}
    ID                    id-mr-storedPrefixMatch }
```

如果不考虑大小写，属性值与当前值的某个初始子串的相应字符都相同，则该规则返回 TRUE。

7.2 基于语法的匹配规则

7.2.1 布尔匹配

*布尔匹配*规则对当前的某个布尔值与类型为BOOLEAN 的属性值进行相等比较。

```
booleanMatch MATCHING-RULE ::={
    SYNTAX          BOOLEAN
    ID              id-mr-booleanMatch }
```

如果两个值相等，即两个都是TRUE 或两个都是FALSE，则本规则返回 TRUE。

7.2.2 整数匹配

*整数匹配*规则对当前的某个整数值或枚举值分别与类型为INTEGER 或ENUMERATED 的属性值进行相等比较。

```
integerMatch MATCHING-RULE ::={
    SYNTAX          INTEGER
    ID              id-mr-integerMatch }
```

如果当前整数值或当前枚举值与属性值相等，则本规则返回 TRUE。

7.2.3 整数排序匹配

*整数排序匹配*规则对当前的某个整数值与类型为INTEGER 的属性值进行比较。

```
integerOrderingMatch MATCHING-RULE ::={
    SYNTAX          INTEGER
    ID              id-mr-integerOrderingMatch }
```

如果属性值小于当前值，则本规则返回 TRUE。

7.2.4 比特串匹配

*比特串匹配*规则对当前的某个比特串与类型为BIT STRING 的属性值进行比较。

```
bitStringMatch MATCHING-RULE ::={
    SYNTAX          BIT STRING
    ID              id-mr-bitStringMatch }
```

如果属性值与当前值的比特数量相同，且各比特按位比较都匹配，则本规则返回 TRUE。如果属性语法定义为包含一个 NamedBitList，则在属性值和当前值后拖尾的零比特将被忽略。

7.2.5 八位位组串匹配

*八位位组串匹配*规则对当前的某个八位位组串与类型为OCTET STRING 的属性值进行相等比较。

```
octetStringMatch MATCHING-RULE ::={
    SYNTAX          OCTET STRING
    ID              id-mr-octetStringMatch }
```

当且仅当八位位组串的长度相同，且相应的八位位组都相同时，本规则才返回 TRUE。

7.2.6 八位位组串排序匹配

*八位位组串排序匹配*规则对当前的某个八位位组串与类型为OCTET STRING 的属性值进行排序比较。

```
octetStringOrderingMatch MATCHING-RULE ::={
    SYNTAX          OCTET STRING
    ID              id-mr-octetStringOrderingMatch }
```

本规则对两个八位位组串进行比较，比较顺序为从第一个八位位组到最后一个八位位组，且在八位位组内，比较顺序为从最高位比特到最低位比特。第一个出现的不同比特决定了两个串的排序。0 比特优先于 1 比特。如果两个串相同但包含的八位位组个数不同,则较短的串优先于较长的串。

7.2.7 八位位组串子串匹配

*八位位组串子串匹配*规则判断当前的某个八位位组是否是类型为OCTET STRING 的属性值的一个子串。

```
octetStringSubstringsMatch MATCHING-RULE ::={
        SYNTAX          OctetSubstringAssertion
        ID              id-mr-octetStringSubstringsMatch h }
OctetSubstringAssertion ::=SEQUENCE OF CHOICE {
        initial         [0]  OCTET STRING,
        any             [1]  OCTET STRING,
        final           [2]  OCTET STRING }
        --最多一个initial和一个final组件
```

当属性值中包含了当前八位位组串中的八位位组序列时,则本规则返回 TRUE,如同在caseIgnore-SubstringsMatch 中描述的那样。

7.2.8 电话号码匹配

*电话号码匹配*规则对某个当前值与类型为TelephoneNumber 的属性值(见 5.7.1)进行相等比较。

```
telephoneNumberMatch MATCHING-RULE ::={
        SYNTAX          TelephoneNumber
        ID              id-mr-telephoneNumberMatch }
```

除了在删除无意义字符的步骤中,所有的连字符和空格都无意义(见 6.6.3)并被删除外,该匹配规则与caseIgnoreMatch 相同。

7.2.9 电话号码子串匹配

*电话号码子串匹配*规则判断当前的某个子串是否是类型为PrintableString 的属性值的一个子串,该属性值为一个电话号码。

```
telephoneNumberSubstringsMatch MATCHING-RULE ::={
        SYNTAX          SubstringAssertion
        ID              id-mr-telephoneNumberSubstringsMatch }
```

除了在删除无意义字符的步骤中,所有的连字符和空格都无意义(见 6.6.3)并被删除外,该匹配规则与caseExactSubstringsMatch 相同。

7.2.10 表示地址匹配

*表示地址匹配*规则对当前的某个表示地址与类型为PresentationAddress 的属性值进行相等比较。

```
presentationAddressMatch MATCHING-RULE ::={
        SYNTAX          PresentationAddress
        ID              id-mr-presentationAddressMatch }
```

当且仅当当前表示地址和存储的表示地址的选择符都相同,且当前地址中的nAddresses 是存储地址中的一个子集时,本规则返回 TRUE。

7.2.11 唯一成员匹配

*唯一成员匹配*规则对当前的某个唯一成员值与类型为NameAndOptionalUID 的属性值进行相等比较。

```
uniqueMemberMatch MATCHING-RULE ::={
        SYNTAX          NameAndOptionalUID
        ID              id-mr-uniqueMemberMatch }
```

当且仅当根据distinguishedNameMatch 规则,属性值与当前值的dn 组件匹配,且uid 组件在属性值中不存在，或者根据bitStringMatch 规则，属性值中的uid 组件与当前值中相应的组件匹配时，本规则返回 TRUE。

7.2.12 协议信息匹配

*协议信息匹配*规则对类型为ProtocolInformation 的当前值与相同类型的值进行相等匹配。

```
protocolInformationMatch MATCHING-RULE ::={
    SYNTAX      OCTET STRING
    ID          id-mr-protocolInformationMatch }
```

断言语法的值从使用nAddress 组件的属性语法的值派生而来。

如果根据octetStringMatch 规则，当前值与已存储值的nAddress 组件相匹配，则该值返回 TRUE。

7.2.13 传真号码匹配

*传真号码匹配*规则对某个当前值与属性值序列中的第一个元素进行相等比较。该第一个元素为telephoneNumber，其类型为TelephoneNumber（见 5.7.1）。传真号码序列中的parameters 元素不被评估。

```
facsimileNumberMatch MATCHING-RULE ::={
    SYNTAX      TelephoneNumber
    ID          id-mr-facsimileNumberMatch }
```

该匹配规则与telephoneNumberMatch 相同。

7.2.14 传真号码子串匹配

*传真号码子串匹配*规则判断某个当前子串是否是属性值序列中的第一个元素的一个子串。该第一个元素为telephoneNumber，其类型为TelephoneNumber，是一个电话号码。传真号码序列中的parameters 元素不被评估。

```
facsimileNumberSubstringsMatch MATCHING-RULE ::={
    SYNTAX      SubstringAssertion
    ID          id-mr-facsimileNumberSubstringsMatch }
```

该匹配规则与telephoneNumberMatch 相同。

7.2.15 UUID 对匹配

*UUID 对匹配*规则对类型为UUIDPair 的当前值进行相等比较，定义如下：

```
UUIDPairMatch MATCHING-RULE ::={
    SYNTAX      UUIDPair
    ID          id-mr-uuidpairmatch }
```

某个类型为UUIDPair 的当前值与某个类型为UUIDPair 的目标值相匹配，当且仅当第一个值中的每个组件都与第二个值中的相应组件相等，相应组件具有相同的长度，且相应的八位位组都相等。

7.2.16 组件匹配

目录系统内属性的语法包括简单的数据类型，如文本串、整数或布尔型，也包括复杂的结构化数据类型，如目录模式操作属性的语法。通常，为复杂语法定义的匹配规则仅提供最直接有用的匹配能力。RFC 3687 规定了通用匹配规则，该通用匹配规则可以对用户从具有任意复杂的属性语法的属性值中任意选择的组件部分进行匹配。RFC 3727 规定了一个 ASN.1 模块，可被其他规范所引用。该匹配规则规范被输入到本目录规范的SelectedAttributeTypes 中，且可能会通过 GB/T 16264.3—2008 中指定的FilterIte 的组件extensibleMatch，被选择使用。

7.3 时间匹配规则

7.3.1 UTC 时间匹配

*UTC 时间匹配*规则对某个当前值与一个类型为UTCTime 的属性值进行相等比较。

```
UTCTimeMatch MATCHING-RULE ::={
```

```
    SYNTAX                UTCTime
    ID                    id-mr-uTCTimeMatch }
```

如果属性值与当前值表示了相同的时间,则本规则返回 TRUE。如果 UTC 时间中的秒不存在,则假设秒数为零。

7.3.2 UTC 时间排序匹配

*UTC 时间排序匹配*规则对某个当前值与一个类型为UTCTime 的属性值进行时间排序比较。

```
UTCTimeOrderingMatch MATCHING-RULE ::={
    SYNTAX                UTCTime
    ID                    id-mr-uTCTimeOrderingMatch }
```

如果属性值表示的时间比当前值表示的时间早,则本规则返回 TRUE。如果 UTC 时间具有年份值为 50 到 99,则表示的时间早于具有年份值为 00 到 49 的 UTC 时间。如果 UTC 时间中的秒不存在,则假设秒数为零。

两个阿拉伯数字的年份字段值必须被合理化为 4 个阿拉伯数字的年份值,如下所示:

——如果两个阿拉伯数字值为 00 到 49(含),则值须加 2000;以及

——如果两个阿拉伯数字值为 50 到 99(含),则值须加 1900。

7.3.3 通用时间匹配

*通用时间匹配*规则对某个当前值与一个类型为GeneralizedTime (根据 GB/T 16262.1—2006 中 42.3 的 b)或 c))的属性值进行相等比较。

```
generalizedTimeMatch MATCHING-RULE ::={
    SYNTAX                GeneralizedTime
    -- 按照根据 GB/T 16262.1—2006 中 42.3 的 b)或 c)
    ID                    id-mr-generalizedTimeMatch }
```

如果属性值表示的时间与当前值表示的相同,则本规则返回 TRUE。如果所指定时间的分数或秒数不存在,则假定分数或秒数为零。

7.3.4 通用时间排序匹配

*通用时间排序匹配*规则对某个当前值与一个类型为GeneralizedTime (根据根据 GB/T 16262.1—2006 中 42.3 的 b)或 c))的属性值进行时间排序比较。

```
generalizedTimeOrderingMatch MATCHING-RULE ::={
    SYNTAX                GeneralizedTime
    -- 按照根据 GB/T 16262.1—2006 中 42.3 的 b)或 c)
    ID                    id-mr-generalizedTimeOrderingMatch }
```

如果属性值表示的时间比当前值表示的时间早,则本规则返回 TRUE。如果所指定时间的分数或秒数不存在,则假定分数或秒数为零。

7.3.5 系统提议的匹配

*系统提议的匹配*规则是一个虚拟的匹配规则,定义如下:

```
systemProposedMatch MATCHING-RULE ::={
    ID                    id-mr-systemProposedMatch }
```

请求者可将此匹配规则包含在search 请求的放宽策略中,以指示目录应当判断在匹配规则替代中应当使用哪个匹配规则。

7.4 第一组件匹配规则

7.4.1 整数第一组件匹配

*整数第一组件匹配*规则对当前的某个整数值与类型为SEQUENCE 的属性值进行相等比较,该属性的第一组件为必选,且类型为INTEGER。

```
integerFirstComponentMatch MATCHING-RULE ::={
        SYNTAX  INTEGER
        ID          id-mr-integerFirstComponentMatch }
```

如果属性值具有第一组件,且其值等于当前整数值,则本规则返回 TRUE。

断言语法的值从使用SEQUENCE 第一组件值的属性语法的值派生而来。

7.4.2 客体标识符第一组件匹配

*客体标识符第一组件匹配*规则对当前的某个客体标识符值与类型为SEQUENCE 的属性值进行相等比较,该属性的第一组件为必选,且类型为OBJECT IDENTIFIER。

```
objectIdentifierFirstComponentMatch MATCHING-RULE ::={
        SYNTAX  OBJECT IDENTIFIER
        ID          id-mr-objectIdentifierFirstComponentMatch }
```

如果属性值具有第一组件,且使用objectIdentifierMatch 规则,第一组件的值与当前的客体标识符值相匹配,则本规则返回 TRUE。

断言语法的值从使用SEQUENCE 第一组件值的属性语法的值派生而来。

7.4.3 目录串第一组件匹配

*目录串第一组件匹配*规则对当前的某个DirectoryString 值与类型为SEQUENCE 的属性值进行相等比较,该属性的第一组件为必选,且类型为DirectoryString。

```
directoryStringFirstComponentMatch MATCHING-RULE ::={
        SYNTAX  DirectoryString {ub-directory-string-first-component-match}
        ID          id-mr-directoryStringFirstComponentMatch }
```

如果属性值具有第一组件,且使用caseIgnoreMatch 规则,第一组件的值与当前的DirectoryString 值相匹配,则本规则返回 TRUE。

断言语法的值从使用SEQUENCE 第一组件值的属性语法的值派生而来。

7.5 字匹配规则

7.5.1 字匹配

*字匹配*规则对当前的某个串与类型为DirectoryString 的属性值中的字进行比较。

```
wordMatch MATCHING-RULE ::={
        SYNTAX  DirectoryString {ub-match}
        ID          id-mr-wordMatch }
```

如果当前字与属性值中的任意一个字匹配,则本规则返回 TRUE。单个字的匹配与caseIgnore-Match 匹配规则相同。"字"的精确定义属于本地事务。

7.5.2 关键字匹配

*关键字匹配*规则对当前的某个串与类型为DirectoryString 的属性值中的关键字进行比较。

```
keywordMatch MATCHING-RULE ::={
        SYNTAX  DirectoryString {ub-match}
        ID          id-mr-keywordMatch }
```

如果当前值与属性值中的任意一个关键字匹配,则本规则返回 TRUE。属性值中关键字的辨别以及匹配准确性的辨别都属于本地事务。

7.5.3 通用字匹配

*通用字匹配*规则对当前某个串中的字与类型为DirectoryString 的属性值中的字进行比较。该匹配规则还可用于这样的属性值,即在其属性类型定义中显式地规定了DirectoryString 选择之一作为其语法。

```
generalWordMatch MATCHING-RULE ::={
```

```
        SYNTAX  SubstringAssertion
        ID      id-mr-generalWordMatch }
```

该匹配规则与一个普通的子串匹配规则的区别在于：在initial、any或final元素之前或之间插入了控制属性。如果在过滤项中没有任何控制属性，则匹配应当按照caseExactSubstringsMatch匹配规则来执行，且initial、any和final元素的语义也同该匹配规则所定义的一样。然而，如果被匹配的属性类型的相等匹配规则（如果有的话）是caseIgnoreMatch，则必须使用caseIgnoreSubstringsMatch来替代。

为通用字匹配定义了4种类型的控制属性（对它们所处位置的限制定义如下）；任何其他的控制属性都须被忽略：

```
sequenceMatchType ATTRIBUTE ::={
        WITH SYNTAX             SequenceMatchType
        SINGLE VALUE            TRUE
        ID                      id-cat-sequenceMatchType }-- 缺省为sequenceExact
SequenceMatchType ::=ENUMERATED {
        sequenceExact                           (0),
        sequenceDeletion                        (1),
        sequenceRestrictedDeletion              (2),
        sequencePermutation                     (3),
        sequencePermutationAndDeletion          (4),
        sequenceProviderDefined                 (5) }
wordMatchTypes ATTRIBUTE ::={
        WITH SYNTAX             WordMatchTypes
        SINGLE VALUE            TRUE
        ID                      id-cat-wordMatchType }-- 缺省为wordExact
WordMatchTypes ::=ENUMERATED {
        wordExact               (0),
        wordTruncated           (1),
        wordPhonetic            (2),
        wordProviderDefined     (3) }
characterMatchTypes ATTRIBUTE ::={
        WITH SYNTAX             CharacterMatchTypes
        SINGLE VALUE            TRUE
        ID                      id-cat-characterMatchTypes }
CharacterMatchTypes ::=ENUMERATED {
        characterExact          (0),
        characterCaseIgnore     (1),
        characterMapped         (2) }
selectedContexts ATTRIBUTE ::={
        WITH SYNTAX             ContextAssertion
        ID                      id-cat-selectedContexts }
```

每个属性都影响后续所有的initial、any或final元素，且它所提供的值将替代之前所适用的值。

在第一个sequenceMatchType属性之前，如果有的话，将作为属性sequenceMatchType的可应用的值须是sequenceExact。该属性不影响对initial和final元素的评估，须总是被认为与初始和终结字相匹配；它仅影响剩余的不匹配的字。initial字，如果存在，须与存储文本的第一个字相匹配；如果两个都是

"噪音"词，则这两个字被认为是匹配的。属性sequenceMatchType的定位(positioning)定义了匹配范式所应用的字。

注1：出于许多实际的目的，应当能够在第一个initial元素之前就放置sequenceMatchType；某些具体的实现可能不支持该定义的完全通用性。

在第一个wordMatchType属性之前，如果有的话，将作为属性wordMatchType的可应用的值须是wordExact。在第一个characterMatchType属性之前，如果有的话，将作为属性characterMatchType的可应用的值须是characterExact。然而，如果被匹配的属性类型所应用的相等匹配规则(如果有的话)是caseIgnoreMatch，则必须使用characterCaseIgnore来替代。

如果控制属性selectedContexts存在，它必须是第一个元素；且仅能有一个这样的控制属性；它须作为对已存储值的一个限制(见以下)。

如果下列条件满足，则本规则返回TRUE：当前值包含一个非空的与指定的初始字和终结字相匹配的字序列，且在属性值中剩余的不匹配字的序列依照所指定的sequenceMatchType，即相应的字根据指定的wordMatchTypes是相匹配的，而字内的相应字符根据指定的characterMatchTypes是相匹配的，除了一个例外，即如果当前值中存在selectedContexts组件，则所有的ContextAssertion元素也都要求评估为TRUE(正如在GB/T 16264.2—2008中规定的那样)。对于某个给定的已存储属性，如果字不匹配或者某些ContextAssertion元素不匹配，则本规则返回FALSE。

一个字是由非空格字符所组成的一个非空序列，其边界由串的起始和终止所定界，或由空格或标点符号所定界。标点符号字符被定义为不影响字所表征的语义的那些符号，一般来说，包括逗号、引号、句子结尾的句号以及括号等。判断哪些字符为标点符号应当是一个本地事务。

注2：例如，字符"!"有时用在文本中表示一个"吸气"音(clicking sound)，如在某些非洲语言中，因此是作为字的一部分，而不是一个惊叹号(惊叹号是一个标点符号)。

类似的，final字，如果存在，须与已存储文本的最后一个字相匹配；如果两个都是"噪音"词，则这两个字被认为是匹配的。

"噪音"词是一些这样的字，这些字与实现时定义的在语义上较弱的字列表中的一个字相匹配(例如，冠词和前置词)，根据指定的characterMatchTypes，除了要匹配initial和final字以外，"噪音"词在其他匹配之前被从字序列中丢弃，且如果它不是最后一个这样的规则，则wordMatchTypes中相应的规则也被从规则序列中丢弃。

如果根据指定的sequenceMatchType，属性值中的字序列能够被转换为一个序列，该序列中包含了同当前值的字序列相同数量的字，且这些相应的字都匹配，则当前值中的字序列与属性值中的字序列相匹配。如果sequenceMatchType取值为sequenceExact，则转换不会对序列进行改变。如果它取值为sequenceDeletion，则会从序列中删除零个或多个字。如果它取值为sequenceRestrictedDeletion，则会从序列中删除零个或多个字，但不是第一个字。如果它取值为sequencePermutation，则会改变序列中的零个或多个字的顺序。如果它取值为sequencePermutationAndDeletion，则会从序列中删除零个或多个字，并改变零个或多个剩余字的顺序。如果它取值为sequenceProviderDefined，则会根据实现时定义的规则，删除字、改变字的顺序或插入字等。

如果根据指定的wordMatchTypes中相应的规则，属性值中的一个字能够被转换成为一个字符的序列，该序列中的字符与当前值的某个字中的字符逐次都相匹配，则当前值中的这个字与属性值中的字相匹配。每个字都应使用wordMatchTypes中相应的规则进行匹配，且这种相应性应当在应用任何序列匹配的删除或改变顺序之前就进行判断；如果字超过wordMatchTypes中的规则数量，则超出的字都使用最后一个规则进行匹配。如果规则是精确的，则转换不会对字进行改变。如果它取值为wordTruncated，则从字的最后一个字符开始要删除零个或多个字符，直到符合某个实现时定义的最小字长度。如果它取值为wordPhonetic，则根据实现时定义的语音匹配算法，该字被替换为与之相匹配的另一个字。如果它取值为wordProviderDefined，则根据某个实现时定义的规则进行字匹配。

每个字中的字符都使用characterMatchTypes 中相应的规则进行比较，这种相应性应当在应用任何序列匹配的删除或改变顺序之前就进行判断；如果任意一个字中的字符超过characterMatchTypes 中的规则数量，则这些超出的字符都使用最后一个规则进行匹配。如果characterMatchTypes 取值为characterExact，则若字内的相应字符相同，即认为它们是相匹配的。如果它取值为characterCaseIgnore，则若字内的相应字符在不区分大小写时相同，即认为它们是相匹配的。如果它取值为characterMapped，则若根据某个实现时定义的映射表，字内的字符都被映射到相同的字符，即认为它们是相匹配的。该映射表应当是这样的，即仅使用当前值中的字符 A～Z 和 0～9，便能够使得图 A.2/T.51 中列出的国内字符可以匹配；而且可能会将字符的某个短序列映射为一个单独的字符，例如将 ae 映射为一个 a-e 双元音字或将 ue 映射为一个 u- 的元音变音。

7.6 近似匹配规则

7.6.1 近似串匹配

*近似串匹配*规则根据某个本地定义的近似匹配算法（例如拼写变量、语音匹配等），对某个当前值与一个属性值进行比较。该算法必须与处理一个类型为approximateMatch 的过滤项的响应中调用的算法相同（见 GB/T 16264.3—2008）。

```
approximateStringMatch MATCHING-RULE ::={
    ID              id-mr-approximateStringMatch }
```

该匹配规则的断言语法与它所应用的属性的相等匹配规则的断言语法相同。如果没有为该属性定义相等匹配规则，则允许任何断言语法，但是该规则将总是被评估为未定义。

7.7 特殊匹配规则

7.7.1 若不存在则忽略匹配

*若不存在则忽略匹配*规则对任何目的及任何属性的值进行比较。

```
ignoreIfAbsentMatch MATCHING-RULE ::={
    ID              id-mr-ignoreIfAbsentMatch }
```

该规则的返回如下所述：

a） 如果属性不存在，则该规则返回值为 TRUE；

b） 如果属性存在，则该规则返回值为未定义。

该匹配仅能够被用做是一个父匹配规则。因此，它应与当属性存在时对属性值进行匹配的匹配规则共同使用。见 GB/T 16264.2—2008 的 13.5.2。

注：在一个特定服务管理区内，通过在适当的请求属性表中指定一个空defaultValues 子组件，可获得相同的效果。

7.7.2 空匹配

*空匹配*规则对具有特殊规则的任何目的及任何属性的值进行比较：

```
nullMatch MATCHING-RULE ::={
    ID              id-mr-nullMatch }
```

该规则的返回如下所述：

a） 如果过滤项是非负向的，则该规则返回值为 TRUE；以及

b） 如果过滤项是负向的，则该规则返回值为 FALSE。

该规则的正式使用可使得某个过滤项被忽略。在评估与搜索规则的兼容性时，使用空匹配的过滤项应被认为是不存在的。

7.8 区匹配

*区匹配*主要应用于使用了地理相关的可映射过滤项的那些search 请求。这些过滤项可以是关于localityName、stateOrProvinceName、postalCode 等的断言。

区匹配在与映射表进行匹配时使用了可组合的过滤项。

区匹配能够考虑到用户对地理位置的感知可能与 DMD 内使用的位置模型是不同的。用户的感知

与DMD内使用的模型之间的映射必须考虑到一个用户可能会使用那些没有直接体现在目录条目或其名(称)中的地理位置。这样的地理位置在感觉上可能是模糊的,它们没有和那些官方的地点确切地关联起来。另外,如果被查找的位置客体紧挨着临近地点的边界,则某个用户在进行搜索时可能会在猜测地理位置的名(称)时有些许的错误。出于这种目的,一个区域,例如一个国家,被划分为多个区。区是这样的一些地区,即完全地包含在某个search请求所提及的任何一个地理位置中。可映射过滤项的映射结果为一个区列表。关于区匹配的更详细解释,见附录E。

当使用区匹配时,相应的映射表被成为一个*地名词典*(即一个地理方面的词典)。在过滤器内,一系列可组合的地理位置过滤项可能联合起来共同定义一个单独的*已命名地方*(即一个唯一的,通常是邻近的本地地区),或者如果允许的话,可以有少量的已命名地方都与过滤项相匹配。一个已命名地方是一个明确命名的现实世界的某个地方,例如一个城镇、村庄、国家等。

一般而言,一个地名词典将覆盖(即提供一个相关的地理数据库)组成一个国家或区域的一个域。一个地理方面的搜索请求必须根据某个具体的地名词典进行解释。搜索的范围如何判断以及选择哪个适当的地名词典属于本地事务,但是可以使用一个DSA缺省的地名词典来进行选择,或者基于一个或多个属性来进行选择,如与搜索操作相关联的countryName、stateOrProvinceName或localityName等(例如作为baseObject的辨别名中的一部分出现,或者作为过滤器的一部分出现)。

区匹配的第一步是联合使用一个或多个过滤项,来确定一个或多个已命名地方。出于这种目的,可组合的位置过滤项(即一个单独子过滤器中的所有位置过滤项)都被联合起来使用。

另外,到目前为止,此过程已经可以确定一个或多个已命名地方。在这一阶段,还根本没有使用DIT内的任何参考信息。此时,可使用过滤器的剩余部分在搜索范围内确定所有的条目,这些条目具有与那些已命名地方相应的地理位置,如后面所述。可能会应用放宽策略,以便已命名地方可以匹配更多的条目位置,否则可能返回的结果不够。

区匹配不支持收紧。

每个被认为是符合匹配条件的条目都必须拥有一个地点,该地点或者是由一个唯一的已命名地方所标识,可能使用多个地方名(称)值,如("Newton""Chester""Cheshire");或者是由一个或多个区(见下一段)所标识,由置于一个区属性内的值所表示。如果一个条目使用区来定义它所在的地点,则它也可能还拥有地理位置值,但是在这种情况下,该地理位置值是非正式的。管理机构有责任确保地理位置信息确实真正地标识了一个已命名地方。

区是基本的不重叠的地理组件,在性质上与地方是不同的,一个地方恰好由一个或多个区组成,如同在地名词典中所列的那样。区在地名词典的地区中是由一个串值来唯一标识的。因此,两个重叠的地方可以共享相应重叠区域的一个或多个区。区在条目中由属性表示,可能是一个操作属性。在这种情况下,区信息永远不会作为一个属性值返回,除非表示区的属性被特别请求作为一个操作属性返回。可替代的是,一个区可能是一个标准属性(例如postalCode)。地理位置值可以如常返回,并且符合访问控制条件。

注1:一个区的确切特性以及与某个具体属性的映射属于本地事务,可能会依赖于具体实现的能力。在英国,作为区的较好的候选是一个邮政编码,如"RG12 2JL",邮政编码经常定义了一个小的区域,如某个街道的一侧等。在城区,区可以很小,而在乡村,区可以相对很大。在无人居住以及无生物地区(如沙漠),一个区实际上可以非常大。

如果在为某个已命名地方所定义的区和为某个条目所定义的区之间有重叠,则认为该条目的地理位置(由区所定义)与地名词典所定义的已命名地方相匹配(即使用了一个基于重叠的匹配规则)。如果该条目的地点被定义为一个已命名地方,则该地点被认为是由组成该已命名地方的区所组成的。

区匹配允许扩展的(如放宽的)匹配,其中,级别0表示符合地名词典中该客体的基本定义。级别1以及更高的级别表示组成地方的区的逐步和系统的扩大,因此更多的条目地点会匹配。

下面是关于区匹配模型的更正式的说明:

a) 区匹配的基础是存在一个或多个地名词典，这些地名词典由 DSA 出于某种目的而支持。一个地名词典是一个地理方面的词典，由一个适当的数据库所支持，在它范围内覆盖了一个国家或一个已命名地区。对于一个具体的搜索，对域的选择是通过本地方式来执行的。地名词典中包含了地方名(称)以及它们的特性，并列出了与之相匹配的已命名地方。这是由地点名称特性的查找和排序比较机制来支持的，地方名(称)的特性由可组合的位置属性给出，且完全独立于 DIT。

b) 一个地名词典所覆盖的区域包含*地方*(*places*)。一个地方是一个公认的已命名地理地区；地方可以重叠，甚至可以扩展至区域的边界之外。通过参考地名词典而可标识的地方被称为*已命名地方*。

c) 地名词典本身是基于表示*地方名(称)*的串。这些串用来标识(或命名)已命名地方。一个已命名地方的名(称)可以是：

——一个单独的地方名(称)，可能由多个单词组成；

——多个地方名(称)的一个集合，一般来说，一个地方名(称)相应于一个较大的地区，通过该集合可以(在上下文内)将地方名(称)限定到一个相应的较小地区。

d) 较大地区和较小地区的概念有时可能以应用到该地方的范围特性来表示。关于各种范围的地方的非正式举例有：小场地、场所、村庄、城镇、城市、县、省、国家等。一般来说，一个已命名地方须在地名词典中与容纳该地方的一个较大区域的名(称)相关联，即使不要求一个唯一的标识。

e) 地方名(称)可能还会有一个与某个具体地方相关联的同义词，这可能会表示(如)缩略语或替代名。为每个地方定义一个规范名(称)可以带来便利，地方名(称)的同义词组件可以映射到该规范名(称)。

f) 有时，地方名(称)可能会通过使用一些语义组件，如“靠近”，从一些更简单的地方名(称)派生而来，如“靠近 Tenterden”。可以用这种方法让人很信服地定义一个围绕英国 Kent 州 Tenterden 城周围的一个环形地方，可能最好会作为一个地方名(称)来使用，但又不是根据名(称)本身来定义一个地方。

g) 地名词典所涵盖的所有地方都必须有一个唯一的规范名(称)，可以由不同的地方名(称)集所组成，这些地方名(称)的顺序根据每个地方名(称)在上下文中所隐含的范围来进行排列。

h) 地方被分解为区，因此区总是嵌套在每个地点内部，且地方的每个部分都有一个对应的区。一个区是地名词典中组成地方的一个组成部分；在一个地区内的每个点都有一个包含该点的单独的区。

i) 区通常有邻区(例如，除非被某个地理特性或主要的政治特性有效阻隔，如一条湖泊、河流、大海或高山，或国家边界线等)。因此，为某个地方定义的范围一般来说可以通过将组成该地点的区的周边其他区都包含进来而进行扩展；这种扩展可以一次一步地不确定地执行。将第一级邻居包含进来的扩展称为某个地方的 1 级扩展；将更多级的扩展依次称为 2 级扩展等，依此类推。扩展的范围可以经过本地调整(扩展或缩减)以便表示一个实际的位置，但是这种调整相对来说应当是很少的。

j) 一个表示物理客体的条目可能会被定义为拥有一个*地理位置*。地理位置可以在一个适当的区属性内由一系列的区来定义，或者通过使用某个位置属性，如locationName，用一个或多个地方名(称)将其指定为一个已命名地方，属性locationName 也可以表示为一系列的区。如果组成某个条目的地理位置的一系列区与经过查找地名词典后得出的(如上所述)表示某个地方的一系列区(可能是 n 级扩展)之间有重叠，则称此条目与该地方相匹配。

k) 区、地方、地方名(称)的选择以及它们之间关系的编辑等属于本地事务。

l) 如果根据条目所包含的串进行相等匹配后，条目之间是匹配的，则它们仍然是匹配的(即效果是旁路了区匹配)。

为了更近一步限定区匹配,定义了一个非通用的信息客体类ZONAL-MATCHING,作为通用信息客体类MAPPING-BASED-MATCHING 的一个特定化。该信息客体类的一个实例将决定区匹配的特性。ZONAL-MATCHING ::=MAPPING-BASED-MATCHING{ ZonalSelect,TRUE,ZonalResult,zonalMatch. &id }

该信息客体类的一个实例有如下特性:

a) 虚拟引用&selectBy,如果存在的话,本信息客体类将其替换为一系列的属性类型。本信息客体类的某个实例的选择是根据这些属性以及在搜索过滤器中表示的属性类型来决定的。一个信息客体的实例,如果它的这个组件所表示的所有属性类型都在过滤器中有表示,则该实例将被选中。不考虑属性的子类型(即选择须基于显式定义的已命名属性)。然而,在选择某个实例时,也可能会考虑一些本目录规范中未定义的其他本地标准。例如,选择可能会部分地由搜索变量中的baseObject 所决定。如果该组件不存在,则选择将完全基于本地的决策。

b) &ApplicableTo 应指定一系列的与地理位置相关联的属性类型,这些属性类型由本地需求所决定,如localityName、stateOrProvinceName、streetName、postalCode 等。

c) 组件&subtypeIncluded 根据本地需求而设置。

d) 虚拟值引用&combinable 被无条件地设置为 TRUE。

e) 虚拟类型引用&mappingResults 被本信息客体类替换为ZonalResult 数据类型。

f) &userControl 根据本地需求而设置。

注 2:本字段在大多数情况下须取值为TRUE。

g) &exclusive 根据本地需求而设置。

注 3:本信息客体类的信息客体实例将作为排斥放宽的候选。

h) &matching-rule 被此派生的信息客体类设置为zonalMatch ;

i) &id 为区匹配算法的一个实例给定一个唯一标识符。

ZonalSelect 数据类型为:

```
ZonalSelect ::=SEQUENCE OF AttributeType
```

ZonalResult 数据类型用于指示区匹配的例外条件。

```
ZonalResult ::=ENUMERATED {
        cannot-select-mapping     (0),
        zero-mappings             (2),
        multiple-mappings         (3) }
```

这些值分别表示:

a) cannot-select-mapping:当基客体名(称)和子过滤器中提供的信息不足以标识在区匹配规则中所使用的映射时,则出现此例外条件。相应匹配产生的结果将是未定义。相应的,根据&applicableTo 规范拥有可映射过滤项的子过滤器将不会被评估为TRUE。

注 4:在一个特定服务管理区内,根据某个适当设计的搜索规则,对搜索变量的分析应该能够检测出在搜索变量中信息不够。

b) zero-mappings:当过滤项中提供的要映射的信息不能被映射时,则出现此例外条件,不能映射的原因或者是因为在映射表中不存在相应的项,或者是因为映射过程产生了零个与条目相匹配的过滤项。在这种情况下,须返回serviceError,且所带的问题为requestedServiceNotAvailable。

CommonResults 的通知component 中须包括如下信息:

1) 一个通知属性searchServiceProblem,且取值为id-pr-unmatchedKeyAttributes ;以及

2) 一个通知属性filterItem,指示了不能提供一个匹配的可映射过滤项。

c) multiple-mappings：当过滤项中提供的信息能够被成功地映射到地名词典中的多个条目时，则出现此例外条件。相应匹配所产生的结果是 TRUE，但仍然能够引起搜索被错误中止。在这种情况下，须返回serviceError，且所带的问题为requestedServiceNotAvailable。

CommonResults 的通知component 中须包括如下信息：

1) 一个通知属性searchServiceProblem，且取值为id-pr-ambiguousKeyAttributes；以及

2) 一个通知属性multipleMatchingLocalities，由匹配规则zonalMatch 所指示。

zonalMatch 匹配规则是与信息客体类ZONAL-MATCHING 的任意一个实例相关联的基于映射的匹配规则。

```
zonalMatch MATCHING-RULE ::={
    UNIQUE-MATCH-INDICATOR    multipleMatchingLocalities
    ID                        id-mr-zonalMatch }
```

这个基于映射的匹配规则包括一个UNIQUE-MATCH-INDICATOR 字段，该字段隐含说明了针对地名词典的匹配必须得出一个无二义性的结果。如果在映射过程中有多个表条目都匹配，则须返回serviceError，且所带的问题为ambiguousKeyAttributes。通知组件CommonResults 须包含一个multipleMatchingLocalities 通知属性(见 5.12.14)。为每个与地名词典相匹配的表条目包含通知属性multipleMatchingLocalities 的一个值。每个这样的值必须是一个AttributeValueAssertion 规范的集合，如果在每个子过滤器的逻辑与(AND)equality 过滤项中提供，则会得到一个与相应表条目对应的唯一匹配。这就允许用户在后续的search 请求中，从返回的通知属性值中选择其中一个来体现在过滤器中。

第四篇　上下文

8　上下文类型的定义

本目录规范定义了若干用于目录应用的上下文类型。

8.1　语言上下文

*语言上下文*将某个属性值与一种具体的语言关联起来：

```
languageContext CONTEXT ::={
    WITH SYNTAX          LanguageContextSyntax
    ID                   id-avc -- language }
LanguageContextSyntax ::=PrintableString (SIZE(2..3))-- 仅使用 ISO 639-2 代码
```

如果当前值中的字符序列与已存储值的字符序列相同，则认为当前值与已存储值相匹配。

8.2　时间上下文

*时间上下文*将某个属性值与一个时间集关联起来。时间的表达可能是不同的，包括：

a) 绝对起始时间或终止时间(如 1994 年 12 月 14 日 24:00)；

b) 一天内的某个具体时间段(如 09:00 到 17:00)；

c) 一周内的天(如星期一)；

d) 一月内的天(如 10 号；倒数第 2 天等)；

e) 一年内的月(如 3 月)；

f) 一个具体的年(如 1995 年)；

g) 一月内的周(如第 2 周)；

h) 周期性的日或周(如每个第 2 周)；

i) 逻辑否定(如不是星期一)。

```
temporalContext CONTEXT ::={
    WITH SYNTAX TimeSpecification
```

```
        ASSERTED AS TimeAssertion
        ID id-avc-temporal }
TimeSpecification ::=SEQUENCE {
        time CHOICE {
            absolute SEQUENCE {
                startTime [0]  GeneralizedTime OPTIONAL,
                endTime [1]  GeneralizedTime OPTIONAL },
            periodic SET OF Period },
        notThisTime BOOLEAN DEFAULT FALSE,
        timeZone TimeZone OPTIONAL }
Period ::=SEQUENCE {
        timesOfDay [0]  SET SIZE (1..MAX) OF DayTimeBand OPTIONAL,
        days [1]  CHOICE {
              intDay SET OF INTEGER,
              bitDay BIT STRING { sunday (0),monday (1),tuesday (2),
                      wednesday (3),thursday (4),friday (5),saturday (6) },
              dayOf XDayOf } OPTIONAL,
        weeks [2]  CHOICE {
              allWeeks NULL,
              intWeek SET OF INTEGER,
              bitWeek BIT STRING { week1 (0),week2 (1),week3 (2),week4 (3),
                          week5 (4) } } OPTIONAL,
        months [3]  CHOICE {
                    allMonths       NULL,
                    intMonth        SET OF INTEGER,
                    bitMonth        BIT STRING { january (0),february (1),march (2),april (3),
                                    may (4),june (5),july (6),august (7),september (8),
                                    october (9),november (10),december (11) }
                              } OPTIONAL,
          years [4]  SET OF INTEGER (1000 .. MAX) OPTIONAL }
XDayOf ::=CHOICE {
        first           [1]  NamedDay,
        second          [2]  NamedDay,
        third           [3]  NamedDay,
        fourth          [4]  NamedDay,
        fifth           [5]  NamedDay }
NamedDay ::=CHOICE {
          intNamedDays ENUMERATED {
                    sunday        (1),
                    monday        (2),
                    tuesday       (3),
                    wednesday     (4),
                    Thursday      (5),
```

```
                friday          (6),
                saturday        (7) },
          bitNamedDays BIT STRING { sunday (0),monday (1),tuesday (2),
                     wednesday (3),thursday (4),friday (5),saturday (6) } }
DayTimeBand ::=SEQUENCE {
        startDayTime [0]  DayTime DEFAULT { hour 0 },
        endDayTime [1]  DayTime DEFAULT { hour 23,minute 59,second 59 } }
DayTime ::=SEQUENCE {
        hour    [0]  INTEGER (0..23),
        minute [1]  INTEGER (0..59) DEFAULT 0,
        second [2]  INTEGER (0..59) DEFAULT 0 }
TimeZone ::=INTEGER (-12..12)
TimeAssertion ::=CHOICE {
        now NULL,
        at GeneralizedTime,
        between SEQUENCE {
              startTime [0]  GeneralizedTime,
              endTime [1]  GeneralizedTime OPTIONAL,
              entirely BOOLEAN DEFAULT FALSE } }
```

time 中的absolute 选择用绝对时间符号(GeneralizedTime)来表示了一个具体的时间或时间段。通过将startTime 设置为与endTime 相等,则可以表示一个具体时间。否则,如果startTime 早于endTime 中的时间,则表示了一个时间跨度。如果endTime 在时间跨度中不存在,则表示包括startTime 之后的所有时间。

periodic 允许将时间规定为时间周期的一个集合。组合效果是该集合的一个逻辑或(OR)。

注 1:换言之,一个属性值也可以与某个具有多个上下文值的时间上下文相关联,每个上下文值定义了一个时间周期,因为这也是一个逻辑或。然而,在这里使用 SET OF 以便允许notThisTime 可以覆盖该集合,以此可以得到一个逻辑“neither”的效果。若notThisTime 取值为 FALSE,则选择哪种方法来规定时间周期的集合可以由规定者来选择。

在每个Period 内,SEQUENCE OF 内的每个元素都被认为是“包含”在该 SEQUENCE OF 的后续元素之内。SEQUENCE OF 中元素的顺序是根据时间周期的粒度以升序方式来排列的,尽管并不是所有的级别都需要出现。

Period 中的最后一个元素被假定对于更高粒度的所有时间周期来说都是有效的。

注 2:例如,如果一个Period SEQUENCE OF timesOfDay,则它被认为对所有的日都是有效的。

timesOfDay 指示了一天内的有效的时间段,而有效的日由Period 的下一个元素所规定。如果days 不是下一个元素,则此时间段对下一个元素内所有可能的日都是有效的。如果没有包含timesOfDay,则在下一个元素内一天中的所有时间都是有效的。可以通过出现多个Period,为不同的日指定不同的时间段。

元素days 表示了一周内、一月内或一年内的特定的日,周、月、年的选择依赖于Period 的下一个元素。如果某个Period 中,days 在weeks 之前出现,则它表示一周内的几天,INTEGER 被限制取值为 1 到 7,其中 1 表示星期日。如果某个Period 中,days 在months 之前出现,则它表示一个月内的几天,INTEGER 被限制取值为 1 到 31,其中 1 表示一个月内的第一天。如果某个Period 中,days 在years 之前出现,则它表示一年中的几天,INTEGER 被限制取值为 1 到 366,其中 1 表示一年内的第一天。

dayOf 用于指示NamedDay 在一个月内的第 1 次、第 2 次、第 3 次、第 4 次和第 5 次出现(例如该月内的第1个星期一，或8月份的第2个星期二和星期五等）。使用第5次（fifth）总是意味着NamedDay在该月中的最后一次出现（例如七月的最后一个星期二）。如果在days中指定了dayOf选择，则Period中的weeks元素是无意义的，如果出现将被忽略。

如果没有指定days，则Period下一个元素内的所有的日都是有效的。

元素weeks表示了一个月内或一年内的特定周，月、年的选择依赖于Period的下一个元素。如果某个Period中，weeks在月之前出现，则它表示一月内的几周，INTEGER被限制取值为1到5，其中1表示该月内的第一周。一个月内的第一周应当是假设至少有四天包含在该月内的第一个周。第五周总是意味着该月内的最后一周。

如果某个Period中，weeks在年之前出现，则它表示一年内的几周，INTEGER被限制取值为1到53，其中1表示该年内的第一周。一年内的第一周应当是假设至少有四天包含在该年内的第一个周。第53周总是意味着该年内的最后一周。

如果指定了allWeeks，则Period下一个元素内的所有的周都是有效的（这也就允许使用days来为所有的周表示周内的天）。

如果没有指定weeks，则Period下一个元素内的所有的周都是有效的。

元素months表示了一年内的特定月。如果months是由INTEGER表示，则INTEGER被限制取值为1到12，其中1表示该年内的第一个月（即一月份）。

如果指定了allMonths，则一年内的所有月份都有效（这也就允许使用weeks来为所有月表示月内的周，或者如果没有指定weeks，则允许使用days来为所有的月表示月内的天）。

如果没有指定months，则一年内的所有月都有效。

组件years表示了一个或多个年。如果没有指定years，则所有的年都是有效的。

timeZone表示了时区，以与格林威治时间（GMT）的小时时差来表示，而time是以GMT来表示的。如果timeZone不存在，则处理此时间上下文的DSA将按照本DSA的时区来解释time。

如果notThisTime取值为FALSE，则此时间上下文值即为在TimeSpecification的time中所表示的时间。如果notThisTime取值为TRUE，则此时间上下文值被认为是除了TimeSpecification的time中所表示的时间之外的所有其他时间（即执行了一个逻辑NOT操作）。

如果时间规范和时间断言所指定的时间之间有重叠，则认为时间断言和时间规范是相匹配的。如果时间断言中包含了now，则当前时间被用来进行评估。如果指定了now或at，且指定的时间包含在存储的TimeSpecification所涵盖的时间内，则此断言被评估为真。如果使用between和entirely的时间断言为FALSE，且between时间段的任何部分都包含在存储的TimeSpecification所涵盖的时间内（这种重叠不必是完全的，如果在两个时间规范中有一部分时间周期是重叠的，则认为它们是匹配的），则此断言被赋值为真。如果使用between和entirely的时间断言为TRUE，则仅当between时间段的完整部分都包含在存储的TimeSpecification所涵盖的时间内时，该断言才被评估为真。

举例

注3：当元素可以选择使用INTEGER或BIT STRING时，下述示例为元素使用了INTEGER格式。

a) 每天的09:00到17:00，可以表示为：

```
periodic {
    timesOfDay { {
        startDayTime hour 9,
        endDayTime hour 17 } } }
```

b) 每个周一可以表示为：

```
periodic {
    days intDay : {2} }
```

c) 一月份的周一到周五的09:00到中午12:00，周六全天；二月份和三月份的周二全天，可以表示为：

```
periodic {
        timesOfDay { {
            startDayTime hour 9,
            endDayTime hour 12 } }
        days intDay : {2,3,4,5,6},
        weeks allWeeks : NULL,
        months intMonth : {1} },
        { days {7},
        weeks {1,2,3,4,5}
        months {1} }
        { days {3}
          weeks {1,2,3,4,5},
          months {2,3} } }
```

d) 1996 年 8 月的全部可以表示为：

```
periodic {
    { months {8}
      years {1996} } }
```

e) 每个月的第一天可以表示为：

```
periodic {
    { days {1}
      months NULL } }
```

8.3 场所上下文

*场所上下文*将某个属性值与一个具体的在 POSIX 中定义的场所联系起来：

```
localeContext CONTEXT ::={
      WITH SYNTAX        LocaleContextSyntax
      ID                 id-avc-locale }
LocaleContextSyntax ::=CHOICE {
      localeID1OBJECT  IDENTIFIER,
      localeID2DirectoryString   {ub-localeContextSyntax} }
```

如果当前值与某个已存储值都是客体标识符，且这两个客体标识符相等，或者它们都是串且串相同，则认为当前值与存储值是相匹配的。

只有场所的已注册客体标识符或串才可用做上下文值。场所的概念在 ISO/IEC 9945-3:2003 中描述。

注：可以创建一个登记机构来为场所规范分配一个 OID 和/或串标识符。例如，欧洲标准化委员会，CEN，已经发布了一个关于场所信息注册的欧洲标准：ENV12005:1996，*文化元素的欧洲注册过程*。

8.4 LDAP 属性选项上下文

*LDAP 属性选项上下文*用来提供在 X.500 上下文和 LDAP 属性选项之间的融合。

```
ldapAttributeOptionContext CONTEXT ::={
      WITH SYNTAX      AttributeOptionList
      ASSERTED AS      AttributeOptionList
      ABSENT-MATCH     FALSE
      ID               id-avc-ldapAttributeOption }
```

AttributeOptionList ::=SEQUENCE OF UTF8String

上下文值中的选项列表提供了本系列目录规范所定义的上下文概念到 ReLDAP 属性选项的最接近的、最自然的融合。每个 LDAP 的子类型化属性选项都被映射为该列表中的一个单独的UTF8String值。如果两个ldapAttributeOptionContext 值使用不区分大小写的比较，都包含以任何顺序排列的相同的串列表，则认为这两个值是相等的。如果不区分大小写以及选项的排列顺序，某个ContextAssertion中的AttributeOptionList 是某个已存储上下文值中的AttributeOptionList 的子集或与其相同，则认为这两个列表相匹配。

注 1：为了简化 DER 编码，AttributeOptionList 在实现时作为一个SEQUENCE OF 来实现。

注 2：LDAP 属性选项被限制为字符“A”到“Z”、“a”到“z”、“0”到“9”以及连字符等，因此PrintableString 是足够的，而不是UTF8String。然而，属性选项的优选字符集为 UTF8，而且未来的 LDAP 扩展可能会使用更广的字符集。因此UTF8String 被选择作为经受住未来考验的规范。

特别地允许出现一个空的AttributeOptionList。在 LDAP 内，允许某个具体值同时出现在基属性内和其他任何优选的子类型中，例如（以 LDIF 格式）：

description：This is a string

description；lang-en：This is a string

description；lang-en；lang-en-us：This is a string

在 GB/T 16264.1—2008 中，这被表示为一个单独的值“This is a string”，且伴随一个单独的上下文，其ContextType 为id-avc-ldapAttributeOption，并有三个上下文值：{ }，{ "lang-en" }和{ "lang-en"，“lang-en-us”}。也就是说，一个空的AttributeOptionList、一个包含单值“lang-en”的AttributeOptionList 以及一个包含两个值“lang-en”和“lang-en-us”的AttributeOptionList。

附 录 A
（规范性附录）
用 ASN.1 描述的选定的属性类型

本附录包括在本目录规范中涵盖的所有 ASN.1 类型和值的定义，形式为 ASN.1 模块 SelectedAttributeTypes。

```
SelectedAttributeTypes {joint-iso-itu-t ds(5) module(1) selectedAttributeTypes(5) 5}
DEFINITIONS ::=
BEGIN
-- EXPORTS All --
-- 本模块中定义的类型和值输出可用于目录规范包含的其他 ASN.1 模块，
-- 以及使用它们访问目录服务的其他应用。
-- 其他应用可把它们用于自己的目的，
-- 但这并不限制为维护或改进目录服务所需的扩充和修改。
IMPORTS
-- 来自 GB/T 16264.2—2008
    directoryAbstractService, id-at, id-avc, id-cat, id-mr, id-not, id-pr, informationFramework,
    serviceAdministration, upperBounds
        FROM UsefulDefinitions {joint-iso-itu-t ds(5) module(1) usefulDefinitions(0) 5 }
    Attribute, ATTRIBUTE, AttributeType, AttributeValueAssertion, CONTEXT, ContextAssertion,
    DistinguishedName, distinguishedNameMatch, MAPPING-BASED-MATCHING{ },
    MATCHING-RULE, OBJECT-CLASS, objectIdentifierMatch
        FROM InformationFramework informationFramework
    AttributeCombination, ContextCombination, MRMapping
        FROM ServiceAdministration serviceAdministration
-- 来自 GB/T 16264.3—2008
    FilterItem, HierarchySelections, SearchControlOptions, ServiceControlOptions
        FROM DirectoryAbstractService directoryAbstractService
-- 来自 GB/T 16264.6—2008
    ub-answerback, ub-business-category, ub-common-name, ub-country-code, ub-description,
    ub-destination-indicator, ub-directory-string-first-component-match, ub-international-isdn-number,
    ub-knowledge-information, ub-localeContextSyntax, ub-locality-name, ub-match, ub-name,
    ub-organization-name, ub-organizational-unit-name, ub-physical-office-name, ub-postal-code,
    ub-postal-line, ub-postal-string, ub-post-office-box, ub-pseudonym, ub-serial-number, ub-state-name,
    ub-street-address, ub-surname, ub-telephone-number, ub-telex-number, ub-teletex-terminal-id,
    ub-title, ub-user-password, ub-x121-address
            FROM UpperBounds upperBounds
-- 来自 ISO/IEC 10021-4
        G3FacsimileNonBasicParameters
            FROM MTSAbstractService{joint-iso-itu-t mhs(6) mts(3) modules(0)
                mts-abstract-service(1) version-1999(1) } ;
/* 出自 IETF RFC 3727
```

下列输入仅提供用于信息(见7.2.16),它不由这些目录规范内的任何ASN.1构造引用。注意RFC 3727的ASN.1模块从GB/T 16264.2—2008第4版的InformationFramework模块输入。从这些目录规范和RFC 3727输入的规范应采取纠正动作,例如产生RFC 3727的ASN.1模块的副本,然后更新IMPORT语句。

```
allComponentsMatch,componentFilterMatch,directoryComponentsMatch,presentMatch,rdnMatch
                    FROM ComponentMatching {iso(1) 2 36 79672281 xed(3) module (0)
                    component-matching(4)} */
-- 目录串类型 --
DirectoryString { INTEGER : maxSize } ::=CHOICE {
        teletexString TeletexString (SIZE (1..maxSize)),
        printableString      PrintableString (SIZE (1..maxSize)),
        bmpString            BMPString (SIZE (1..maxSize)),
        universalString      UniversalString (SIZE (1..maxSize)),
        uTF8String           UTF8String (SIZE (1..maxSize)) }
-- 属性类型 --
knowledgeInformation ATTRIBUTE ::={
        WITH SYNTAX                   DirectoryString {ub-knowledge-information}
        EQUALITY MATCHING RULE        caseIgnoreMatch
        ID                            id-at-knowledgeInformation }
name ATTRIBUTE ::={
        WITH SYNTAX                   DirectoryString {ub-name}
        EQUALITY MATCHING RULE        caseIgnoreMatch
        SUBSTRINGS MATCHING RULE      caseIgnoreSubstringsMatch
        ID                            id-at-name }
commonName ATTRIBUTE ::={
        SUBTYPE OF                    name
        WITH SYNTAX                   DirectoryString {ub-common-name}
        ID                            id-at-commonName }
surname ATTRIBUTE ::={
        SUBTYPE OF                    name
        WITH SYNTAX                   DirectoryString {ub-surname}
        ID                            id-at-surname }
givenName ATTRIBUTE ::={
        SUBTYPE OF                    name
        WITH SYNTAX                   DirectoryString {ub-name}
        ID                            id-at-givenName }
initials ATTRIBUTE ::={
        SUBTYPE OF                    name
        WITH SYNTAX                   DirectoryString {ub-name}
        ID                            id-at-initials }
generationQualifier ATTRIBUTE ::={
        SUBTYPE OF                    name
        WITH SYNTAX                   DirectoryString {ub-name}
```

```
        ID                              id-at-generationQualifier }
uniqueIdentifier ATTRIBUTE ::= {
        WITH SYNTAX                     UniqueIdentifier
        EQUALITY MATCHING RULE          bitStringMatch
        ID                              id-at-uniqueIdentifier }
        UniqueIdentifier ::= BIT STRING
dnQualifier ATTRIBUTE ::= {
        WITH SYNTAX                     PrintableString
        EQUALITY MATCHING RULE          caseIgnoreMatch
        ORDERING MATCHING RULE          caseIgnoreOrderingMatch
        SUBSTRINGS MATCHING RULE        caseIgnoreSubstringsMatch
        ID                              id-at-dnQualifier }
serialNumber ATTRIBUTE ::= {
        WITH SYNTAX                     PrintableString (SIZE (1.. ub-serial-number))
        EQUALITY MATCHING RULE          caseIgnoreMatch
        SUBSTRINGS MATCHING RULE        caseIgnoreSubstringsMatch
        ID                              id-at-serialNumber }
pseudonym ATTRIBUTE ::= {
        SUBTYPE OF                      name
        WITH SYNTAX                     DirectoryString {ub-pseudonym}
        ID                              id-at-pseudonym }
UUIDPair ATTRIBUTE ::= {
        WITH SYNTAX                     UUIDPair
        EQUALITY MATCHING RULE          UUIDPairMatch
        ID                              id-at-t-uuidpair }
UUIDPair ::= SEQUENCE {
        issuerUUID                      UUID,
        subjectUUID                     UUID }
        UUID ::= OCTET STRING (SIZE(16))--只有 UUID 格式
countryName ATTRIBUTE ::= {
        SUBTYPE OF                      name
        WITH SYNTAX                     CountryName
        SINGLE VALUE                    TRUE
        ID                              id-at-countryName }
        CountryName ::= PrintableString (SIZE(2))-- 只有 GB/T 2659—2000 码
localityName ATTRIBUTE ::= {
        SUBTYPE OF                      name
        WITH SYNTAX                     DirectoryString {ub-locality-name}
        ID                              id-at-localityName }
collectiveLocalityName ATTRIBUTE ::= {
        SUBTYPE OF                      localityName
        COLLECTIVE                      TRUE
        ID                              id-at-collectiveLocalityName }
```

```
stateOrProvinceName ATTRIBUTE ::={
	SUBTYPE OF			name
	WITH SYNTAX			DirectoryString {ub-state-name}
	ID				id-at-stateOrProvinceName }
collectiveStateOrProvinceName ATTRIBUTE ::={
	SUBTYPE OF			stateOrProvinceName
	COLLECTIVE			TRUE
	ID				id-at-collectiveStateOrProvinceName }
streetAddress ATTRIBUTE ::={
	WITH SYNTAX			DirectoryString {ub-street-address}
	EQUALITY MATCHING RULE		caseIgnoreMatch
	SUBSTRINGS MATCHING RULE	caseIgnoreSubstringsMatch
	ID				id-at-streetAddress }
collectiveStreetAddress ATTRIBUTE ::={
	SUBTYPE OF			streetAddress
	COLLECTIVE			TRUE
	ID				id-at-collectiveStreetAddress }
houseIdentifier ATTRIBUTE ::={
	WITH SYNTAX			DirectoryString {ub-name}
	EQUALITY MATCHING RULE		caseIgnoreMatch
	SUBSTRINGS MATCHING RULE	caseIgnoreSubstringsMatch
	ID				id-at-houseIdentifier }
organizationName ATTRIBUTE ::={
	SUBTYPE OF			name
	WITH SYNTAX			DirectoryString {ub-organization-name}
	ID				id-at-organizationName }
collectiveOrganizationName ATTRIBUTE ::={
	SUBTYPE OF			organizationName
	COLLECTIVE			TRUE
	ID				id-at-collectiveOrganizationName }
organizationalUnitName ATTRIBUTE ::={
	SUBTYPE OF			name
	WITH SYNTAX			DirectoryString {ub-organizational-unit-name}
	ID				id-at-organizationalUnitName }
collectiveOrganizationalUnitName ATTRIBUTE ::={
	SUBTYPE OF			organizationalUnitName
	COLLECTIVE			TRUE
	ID				id-at-collectiveOrganizationalUnitName lUnitName }
title ATTRIBUTE ::={
	SUBTYPE OF			name
	WITH SYNTAX			DirectoryString {ub-title}
	ID				id-at-title }
description ATTRIBUTE ::={
```

```
        WITH SYNTAX                       DirectoryString {ub-description}
        EQUALITY MATCHING RULE            caseIgnoreMatch
        SUBSTRINGS MATCHING RULE          caseIgnoreSubstringsMatch
        ID                                id-at-description }
searchGuide ATTRIBUTE ::={
        WITH                              SYNTAX Guide
        ID                                id-at-searchGuide }
Guide ::=SET {
        objectClass           [0]         OBJECT-CLASS.&id OPTIONAL,
        criteria              [1]         Criteria }
Criteria ::=CHOICE {
        type                  [0]         CriteriaItem,
        and                   [1]         SET OF Criteria,
        or                    [2]         SET OF Criteria,
        not                   [3]         Criteria }
CriteriaItem ::=CHOICE {
        equality              [0]         AttributeType,
        substrings            [1]         AttributeType,
        greaterOrEqual        [2]         AttributeType,
        lessOrEqual           [3]         AttributeType,
        approximateMatch      [4]         AttributeType }
enhancedSearchGuide ATTRIBUTE ::={
        WITH SYNTAX                       EnhancedGuide
        ID                                id-at-enhancedSearchGuide }
EnhancedGuide ::=SEQUENCE {
        objectClass           [0]         OBJECT-CLASS.&id,
        criteria              [1]         Criteria,
        subset                [2]         INTEGER
        { baseObject (0),oneLevel (1),wholeSubtree (2) } DEFAULT oneLevel }
businessCategory ATTRIBUTE ::={
        WITH SYNTAX                       DirectoryString {ub-business-category}
        EQUALITY MATCHING RULE            caseIgnoreMatch
        SUBSTRINGS MATCHING RULE          caseIgnoreSubstringsMatch
        ID                                id-at-businessCategory }
postalAddress ATTRIBUTE ::={
        WITH SYNTAX                       PostalAddress
        EQUALITY MATCHING RULE            caseIgnoreListMatch
        SUBSTRINGS MATCHING RULE          caseIgnoreListSubstringsMatch
        ID                                id-at-postalAddress }
        PostalAddress ::=SEQUENCE SIZE(1.. ub-postal-line) OF DirectoryString
        {ub-postal-string}
collectivePostalAddress ATTRIBUTE ::={
        SUBTYPE OF                        postalAddress
```

```
        COLLECTIVE                      TRUE
        ID                              id-at-collectivePostalAddress }
postalCode ATTRIBUTE ::={
        WITH SYNTAX                     DirectoryString {ub-postal-code}
        EQUALITY MATCHING RULE          caseIgnoreMatch
        SUBSTRINGS MATCHING RULE        caseIgnoreSubstringsMatch
        ID                              id-at-postalCode }
collectivePostalCode ATTRIBUTE ::={
        SUBTYPE OF                      postalCode
        COLLECTIVE                      TRUE
        ID                              id-at-collectivePostalCode ode }
postOfficeBox ATTRIBUTE ::={
        WITH SYNTAX                     DirectoryString {ub-post-office-box}
        EQUALITY MATCHING RULE          caseIgnoreMatch
        SUBSTRINGS MATCHING RULE        caseIgnoreSubstringsMatch
        ID                              id-at-postOfficeBox }
collectivePostOfficeBox ATTRIBUTE ::={
        SUBTYPE OF                      postOfficeBox
        COLLECTIVE                      TRUE
        ID                              id-at-collectivePostOfficeBox }
physicalDeliveryOfficeName ATTRIBUTE ::={
        WITH SYNTAX                     DirectoryString {ub-physical-office-name}
        EQUALITY MATCHING RULE          caseIgnoreMatch
        SUBSTRINGS MATCHING RULE        caseIgnoreSubstringsMatch
        ID                              id-at-physicalDeliveryOfficeName }
collectivePhysicalDeliveryOfficeName ATTRIBUTE ::={
        SUBTYPE OF                      physicalDeliveryOfficeName
        COLLECTIVE                      TRUE
        ID                              id-at-collectivePhysicalDeliveryOfficeName }
telephoneNumber ATTRIBUTE ::={
        WITH SYNTAX                     TelephoneNumber
        EQUALITY MATCHING RULE          telephoneNumberMatch
        SUBSTRINGS MATCHING RULE        telephoneNumberSubstringsMatch
        ID                              id-at-telephoneNumber }
TelephoneNumber ::=PrintableString (SIZE(1..ub-telephone-number))
        --只符合 ITU-T E.123 建议书的串
collectiveTelephoneNumber ATTRIBUTE ::={
        SUBTYPE OF                      telephoneNumber
        COLLECTIVE                      TRUE
        ID                              id-at-collectiveTelephoneNumber }
telexNumber ATTRIBUTE ::={
        WITH SYNTAX                     TelexNumber
        ID                              id-at-telexNumber }
```

```
TelexNumber ::=SEQUENCE {
        telexNumber                     PrintableString (SIZE (1.. ub-telex-number)),
        countryCode                     PrintableString (SIZE (1.. ub-country-code)),
        answerback                      PrintableString (SIZE (1.. ub-answerback)) }
collectiveTelexNumber ATTRIBUTE ::={
        SUBTYPE OF                      telexNumber
        COLLECTIVE                      TRUE
        ID                              id-at-collectiveTelexNumber }
facsimileTelephoneNumber ATTRIBUTE ::={
        WITH SYNTAX                     FacsimileTelephoneNumber
        EQUALITY MATCHING RULE          facsimileNumberMatch
        SUBSTRINGS MATCHING RULE        facsimileNumberSubstringsMatch
        ID                              id-at-facsimileTelephoneNumber }
FacsimileTelephoneNumber ::=SEQUENCE {
        telephoneNumber                 TelephoneNumber,
        parameters                      G3FacsimileNonBasicParameters OPTIONAL }
collectiveFacsimileTelephoneNumber ATTRIBUTE ::={
        SUBTYPE OF                      facsimileTelephoneNumber
        COLLECTIVE                      TRUE
        ID                              id-at-collectiveFacsimileTelephoneNumber }
x121Address ATTRIBUTE ::={
        WITH SYNTAX                     X121Address
        EQUALITY MATCHING RULE          numericStringMatch
        SUBSTRINGS MATCHING RULE        numericStringSubstringsMatch
        ID                              id-at-x121Address }
X121Address ::=NumericString (SIZE(1.. ub-x121-address))
        -- 正如 ITU-T X.121 建议书所规定的串
internationalISDNNumber ATTRIBUTE ::={
        WITH SYNTAX                     InternationalISDNNumber
        EQUALITY MATCHING RULE          numericStringMatch
        SUBSTRINGS MATCHING RULE        numericStringSubstringsMatch
        ID                              id-at-internationalISDNNumber }
InternationalISDNNumber ::=NumericString (SIZE(1.. ub-international-isdn-number))
        -- 只符合 ITU-T E.164 建议书的串
collectiveInternationalISDNNumber ATTRIBUTE ::={
        SUBTYPE OF                      internationalISDNNumber
        COLLECTIVE                      TRUE
        ID                              id-at-collectiveInternationalISDNNumber }
registeredAddress ATTRIBUTE ::={
        SUBTYPE OF                      postalAddress
        WITH SYNTAX                     PostalAddress
        ID                              id-at-registeredAddress }
destinationIndicator ATTRIBUTE ::={
```

```
        WITH SYNTAX                          DestinationIndicator
        EQUALITY MATCHING RULE               caseIgnoreMatch
        SUBSTRINGS MATCHING RULE             caseIgnoreSubstringsMatch
        ID                                   id-at-destinationIndicator }
DestinationIndicator ::=PrintableString (SIZE(1.. ub-destination-indicator))
        --只有字母字符
communicationsService ATTRIBUTE ::={
        WITH SYNTAX                          OBJECT IDENTIFIER
        EQUALITY MATCHING RULE               objectIdentifierMatch
        ID                                   id-at-communicationsService }
communicationsNetwork ATTRIBUTE ::={
        WITH SYNTAX                          OBJECT IDENTIFIER
        EQUALITY MATCHING RULE               objectIdentifierMatch
        SINGLE VALUE                         TRUE
        ID                                   id-at-communicationsNetwork }
preferredDeliveryMethod ATTRIBUTE ::={
        WITH SYNTAX                          PreferredDeliveryMethod
        SINGLE VALUE                         TRUE
        ID                                   id-at-preferredDeliveryMethod }
PreferredDeliveryMethod ::=SEQUENCE OF INTEGER {
        any-delivery-method                  (0),
        mhs-delivery                         (1),
        physical-delivery                    (2),
        telex-delivery                       (3),
        teletex-delivery                     (4),
        g3-facsimile-delivery                (5),
        g4-facsimile-delivery                (6),
        ia5-terminal-delivery                (7),
        videotex-delivery                    (8),
        telephone-delivery                   (9) }
presentationAddress ATTRIBUTE ::={
        WITH SYNTAX                          PresentationAddress
        EQUALITY MATCHING RULE               presentationAddressMatch
        SINGLE VALUE                         TRUE
        ID                                   id-at-presentationAddress }
PresentationAddress ::=SEQUENCE {
        pSelector              [0]           OCTET STRING OPTIONAL,
        sSelector              [1]           OCTET STRING OPTIONAL,
        tSelector              [2]           OCTET STRING OPTIONAL,
        nAddresses             [3]           SET SIZE (1.. MAX) OF OCTET STRING }
supportedApplicationContext ATTRIBUTE ::={
        WITH SYNTAX                          OBJECT IDENTIFIER
        EQUALITY MATCHING RULE               objectIdentifierMatch
```

```
	ID	id-at-supportedApplicationContext }
protocolInformation ATTRIBUTE ::={
	WITH SYNTAX	ProtocolInformation
	EQUALITY MATCHING RULE	protocolInformationMatch
	ID	id-at-protocolInformation }
ProtocolInformation ::=SEQUENCE {
	nAddress	OCTET STRING,
	profiles SET OF	OBJECT IDENTIFIER }
distinguishedName ATTRIBUTE ::={
	WITH SYNTAX	DistinguishedName
	EQUALITY MATCHING RULE	distinguishedNameMatch
	ID	id-at-distinguishedName }
member ATTRIBUTE ::={
	SUBTYPE OF	distinguishedName
	ID	id-at-member }
uniqueMember ATTRIBUTE ::={
	WITH SYNTAX	NameAndOptionalUID
	EQUALITY MATCHING RULE	uniqueMemberMatch
	ID	id-at-uniqueMember }
NameAndOptionalUID ::=SEQUENCE {
	dn	DistinguishedName,
	uid	UniqueIdentifier OPTIONAL }
owner ATTRIBUTE ::={
	SUBTYPE OF	distinguishedName
	ID	id-at-owner }
roleOccupant ATTRIBUTE ::={
	SUBTYPE OF	distinguishedName
	ID	id-at-roleOccupant }
seeAlso ATTRIBUTE ::={
	SUBTYPE OF	distinguishedName
	ID	id-at-seeAlso }
dmdName ATTRIBUTE ::={
	SUBTYPE OF	name
	WITH SYNTAX	DirectoryString{ub-common-name}
	ID	id-at-dmdName }
--通知属性--
dSAProblem ATTRIBUTE ::={
	WITH SYNTAX	OBJECT IDENTIFIER
	EQUALITY MATCHING RULE	objectIdentifierMatch
	ID	id-not-dSAProblem }
searchServiceProblem ATTRIBUTE ::={
	WITH SYNTAX	OBJECT IDENTIFIER
	EQUALITY MATCHING RULE	objectIdentifierMatch
```

```
        SINGLE VALUE TRUE
        ID                                  id-not-searchServiceProblem }
serviceType ATTRIBUTE ::={
        WITH SYNTAX                         OBJECT IDENTIFIER
        EQUALITY MATCHING RULE              objectIdentifierMatch
        SINGLE VALUE                        TRUE
        ID                                  id-not-serviceType }
attributeTypeList ATTRIBUTE ::={
        WITH SYNTAX                         OBJECT IDENTIFIER
        EQUALITY MATCHING RULE              objectIdentifierMatch
        ID                                  id-not-attributeTypeList }
matchingRuleList ATTRIBUTE ::={
        WITH SYNTAX                         OBJECT IDENTIFIER
        EQUALITY MATCHING RULE              objectIdentifierMatch
        ID                                  id-not-matchingRuleList }
filterItem ATTRIBUTE ::={
        WITH SYNTAX                         FilterItem
        ID                                  id-not-filterItem }
attributeCombinations ATTRIBUTE ::={
        WITH SYNTAX                         AttributeCombination
        ID                                  id-not-attributeCombinations }
contextTypeList ATTRIBUTE ::={
        WITH SYNTAX                         OBJECT IDENTIFIER
        EQUALITY MATCHING RULE              objectIdentifierMatch
        ID                                  id-not-contextTypeList }
contextList ATTRIBUTE ::={
        WITH SYNTAX                         ContextAssertion
        ID                                  id-not-contextList }
contextCombinations ATTRIBUTE ::={
        WITH SYNTAX                         ContextCombination
        ID                                  id-not-contextCombinations }
hierarchySelectList ATTRIBUTE ::={
        WITH SYNTAX                         HierarchySelections
        SINGLE VALUE                        TRUE
        ID                                  id-not-hierarchySelectList }
searchControlOptionsList ATTRIBUTE ::={
        WITH SYNTAX                         SearchControlOptions
        SINGLE VALUE                        TRUE
        ID                                  id-not-searchControlOptionsList }
serviceControlOptionsList ATTRIBUTE ::={
        WITH SYNTAX                         ServiceControlOptions
        SINGLE VALUE                        TRUE
        ID                                  id-not-serviceControlOptionsList }
```

```
multipleMatchingLocalities ATTRIBUTE ::={
        WITH SYNTAX                     MultipleMatchingLocalities
        ID                              id-not-multipleMatchingLocalities }
MultipleMatchingLocalities ::=SEQUENCE {
        matchingRuleUsed                MATCHING-RULE.&id OPTIONAL,
        attributeList SEQUENCE OF       AttributeValueAssertion }
proposedRelaxation ATTRIBUTE ::={
        WITH SYNTAX SEQUENCE OF         MRMapping
        ID                              id-not-proposedRelaxation }
appliedRelaxation ATTRIBUTE ::={
        WITH SYNTAX                     OBJECT IDENTIFIER
        EQUALITY MATCHING RULE          objectIdentifierMatch
        ID                              id-not-appliedRelaxation }
-- 匹配规则 --
caseIgnoreMatch MATCHING-RULE ::={
        SYNTAX                          DirectoryString {ub-match}
        ID                              id-mr-caseIgnoreMatch }
caseIgnoreOrderingMatch MATCHING-RULE ::={
        SYNTAX                          DirectoryString {ub-match}
        ID                              id-mr-caseIgnoreOrderingMatch }
caseIgnoreSubstringsMatch MATCHING-RULE ::={
        SYNTAX                          SubstringAssertion
        ID                              id-mr-caseIgnoreSubstringsMatch }
SubstringAssertion ::=SEQUENCE OF CHOICE {
        initial         [0]             DirectoryString {ub-match},
        any             [1]             DirectoryString {ub-match},
        final           [2]             DirectoryString {ub-match},
        control Attribute }-- 用于规定下列项的解释
        -- 最多有一个 initial 和一个 final 组件
caseExactMatch MATCHING-RULE ::={
        SYNTAX                          DirectoryString {ub-match}
        ID                              id-mr-caseExactMatch }
caseExactOrderingMatch MATCHING-RULE ::={
        SYNTAX                          DirectoryString {ub-match}
        ID                              id-mr-caseExactOrderingMatch }
caseExactSubstringsMatch MATCHING-RULE ::={
        SYNTAX SubstringAssertion -- 只能选择 PrintableString
        ID                              id-mr-caseExactSubstringsMatch }
numericStringMatch MATCHING-RULE ::={
        SYNTAX NumericString
        ID                              id-mr-numericStringMatch }
numericStringOrderingMatch MATCHING-RULE ::={
        SYNTAX NumericString
```

```
        ID                                  id-mr-numericStringOrderingMatch }
numericStringSubstringsMatch MATCHING-RULE ::={
        SYNTAX SubstringAssertion
        ID                                  id-mr-numericStringSubstringsMatch }
caseIgnoreListMatch MATCHING-RULE ::={
        SYNTAX CaseIgnoreList
        ID                                  id-mr-caseIgnoreListMatch }
        CaseIgnoreList ::=SEQUENCE OF DirectoryString {ub-match}
caseIgnoreListSubstringsMatch MATCHING-RULE ::={
        SYNTAX SubstringAssertion
        ID                                  id-mr-caseIgnoreListSubstringsMatch }
storedPrefixMatch MATCHING-RULE ::={
        SYNTAX DirectoryString {ub-match}
        ID                                  id-mr-storedPrefixMatch }
booleanMatch MATCHING-RULE ::={
        SYNTAX BOOLEAN
        ID                                  id-mr-booleanMatch }
integerMatch MATCHING-RULE ::={
        SYNTAX INTEGER
        ID                                  id-mr-integerMatch }
integerOrderingMatch MATCHING-RULE ::={
        SYNTAX INTEGER
        ID                                  id-mr-integerOrderingMatch }
bitStringMatch MATCHING-RULE ::={
        SYNTAX BIT STRING
        ID                                  id-mr-bitStringMatch }
octetStringMatch MATCHING-RULE ::={
        SYNTAX OCTET STRING
        ID                                  id-mr-octetStringMatch }
octetStringOrderingMatch MATCHING-RULE ::={
        SYNTAX OCTET STRING
        ID                                  id-mr-octetStringOrderingMatch }
octetStringSubstringsMatch MATCHING-RULE ::={
        SYNTAX OctetSubstringAssertion
        ID                                  id-mr-octetStringSubstringsMatch }
OctetSubstringAssertion ::=SEQUENCE OF CHOICE {
        initial                 [0]         OCTET STRING,
        any                     [1]         OCTET STRING,
        final                   [2]         OCTET STRING }
        --最多由一个initial和一个final构成
telephoneNumberMatch MATCHING-RULE ::={
        SYNTAX TelephoneNumber
        ID                  id-mr-telephoneNumberMatch }
```

```
telephoneNumberSubstringsMatch MATCHING-RULE ::={
        SYNTAX SubstringAssertion
        ID              id-mr-telephoneNumberSubstringsMatch }
presentationAddressMatch MATCHING-RULE ::={
        SYNTAX PresentationAddress
        ID              id-mr-presentationAddressMatch }
uniqueMemberMatch MATCHING-RULE ::={
        SYNTAX NameAndOptionalUID
        ID              id-mr-uniqueMemberMatch }
protocolInformationMatch MATCHING-RULE ::={
        SYNTAX OCTET STRING
        ID              id-mr-protocolInformationMatch }
facsimileNumberMatch MATCHING-RULE ::={
        SYNTAX TelephoneNumber
        ID              id-mr-facsimileNumberMatch }
facsimileNumberSubstringsMatch MATCHING-RULE ::={
        SYNTAX SubstringAssertion
        ID              id-mr-facsimileNumberSubstringsMatch }
UUIDPairMatch MATCHING-RULE ::={
        SYNTAX UUIDPair
        ID              id-mr-uuidpairmatch }
UTCTimeMatch MATCHING-RULE ::={
        SYNTAX UTCTime
        ID              id-mr-uTCTimeMatch }
UTCTimeOrderingMatch MATCHING-RULE ::={
        SYNTAX UTCTime
        ID              id-mr-uTCTimeOrderingMatch }
generalizedTimeMatch MATCHING-RULE ::={
        SYNTAX GeneralizedTime
        --按照 GB/T 16262.1—2006 的 42.3b)或 c)
        ID              id-mr-generalizedTimeMatch }
generalizedTimeOrderingMatch MATCHING-RULE ::={
        SYNTAX GeneralizedTime
        --按照 GB/T 16262.1—2006 的 42.3 b)或 c)
        ID              id-mr-generalizedTimeOrderingMatch ringMatch }
systemProposedMatch MATCHING-RULE ::={
        ID              id-mr-systemProposedMatch }
integerFirstComponentMatch MATCHING-RULE ::={
        SYNTAX INTEGER
        ID              id-mr-integerFirstComponentMatch }
objectIdentifierFirstComponentMatch MATCHING-RULE ::={
        SYNTAX OBJECT IDENTIFIER
        ID              id-mr-objectIdentifierFirstComponentMatch }
```

```
directoryStringFirstComponentMatch MATCHING-RULE ::={
        SYNTAX DirectoryString {ub-directory-string-first-component-match}
        ID              id-mr-directoryStringFirstComponentMatch }
wordMatch MATCHING-RULE ::={
        SYNTAX DirectoryString {ub-match}
        ID              id-mr-wordMatch }
keywordMatch MATCHING-RULE ::={
        SYNTAX DirectoryString {ub-match}
        ID              id-mr-keywordMatch }
generalWordMatch MATCHING-RULE ::={
        SYNTAX SubstringAssertion
        ID              id-mr-generalWordMatch }
sequenceMatchType ATTRIBUTE ::={
        WITH SYNTAX SequenceMatchType
        SINGLE VALUE TRUE
        ID              id-cat-sequenceMatchType }-- 缺省为sequenceExact
SequenceMatchType ::=ENUMERATED {
        sequenceExact                       (0),
        sequenceDeletion                    (1),
        sequenceRestrictedDeletion          (2),
        sequencePermutation                 (3),
        sequencePermutationAndDeletion      (4),
        sequenceProviderDefined             (5) }
wordMatchTypes ATTRIBUTE ::={
        WITH SYNTAX WordMatchTypes
        SINGLE VALUE TRUE
        ID              id-cat-wordMatchType }-- 缺省为wordExact
WordMatchTypes ::=ENUMERATED {
        wordExact                           (0),
        wordTruncated                       (1),
        wordPhonetic                        (2),
        wordProviderDefined                 (3) }
characterMatchTypes ATTRIBUTE ::={
        WITH SYNTAX     CharacterMatchTypes
        SINGLE VALUE    TRUE
        ID              id-cat-characterMatchTypes }
CharacterMatchTypes ::=ENUMERATED {
        characterExact                      (0),
        characterCaseIgnore                 (1),
        characterMapped                     (2) }
        selectedContexts ATTRIBUTE ::={
        WITH SYNTAX ContextAssertion
        ID              id-cat-selectedContexts }
```

```
approximateStringMatch MATCHING-RULE ::={
        ID              id-mr-approximateStringMatch imateStringMatch }
ignoreIfAbsentMatch MATCHING-RULE ::={
        ID              id-mr-ignoreIfAbsentMatch }
nullMatch MATCHING-RULE ::={
        ID              id-mr-nullMatch }
        ZONAL-MATCHING ::= MAPPING-BASED-MATCHING { ZonalSelect, TRUE, Zonal-
        Result, zonalMatch.&id }
        ZonalSelect ::= SEQUENCE OF AttributeType
ZonalResult ::= ENUMERATED {
        cannot-select-mapping              (0),
        zero-mappings                      (2),
        multiple-mappings                  (3) }
zonalMatch MATCHING-RULE ::={
        UNIQUE-MATCH-INDICATOR multipleMatchingLocalities
        ID              id-mr-zonalMatch }
--上下文--
languageContext CONTEXT ::={
        WITH SYNTAX LanguageContextSyntax
        ID              id-avc-language }
        LanguageContextSyntax ::= PrintableString (SIZE(2..3))-- 只有 ISO 639-2 码
temporalContext CONTEXT ::={
        WITH SYNTAX     TimeSpecification
        ASSERTED AS     TimeAssertion
        ID              id-avc-temporal }
TimeSpecification ::= SEQUENCE {
        time    CHOICE {
            absolute SEQUENCE {
                startTime   [0]  GeneralizedTime OPTIONAL,
                endTime     [1]  GeneralizedTime OPTIONAL },
            periodic        SET OF Period },
        notThisTime         BOOLEAN DEFAULT FALSE,
        timeZone            TimeZone OPTIONAL }
Period ::= SEQUENCE {
        timesOfDay  [0]  SET SIZE (1..MAX) OF DayTimeBand OPTIONAL,
        days        [1]  CHOICE {
                    intDay SET OF INTEGER,
                    bitDay BIT STRING { sunday (0), monday (1), tuesday (2),
                    wednesday (3), thursday (4), friday (5), saturday (6) },
                    dayOf XDayOf } OPTIONAL,
        weeks       [2]  CHOICE {
                    allWeeks NULL,
                    intWeek SET OF INTEGER,
```

```
                    bitWeek BIT STRING { week1 (0),week2 (1),week3 (2),week4 (3),
                    week5 (4) } } OPTIONAL,
      months        [3]  CHOICE {
                    allMonths NULL,
                    intMonth SET OF INTEGER,
                    bitMonth BIT STRING { january (0),february (1),march (2),april (3),
                    may (4),june (5),july (6),august (7),september (8),
                    october (9),november (10),december (11) }
                    } OPTIONAL,
      Years          [4]  SET OF INTEGER (1000 .. MAX) OPTIONAL }
XDayOf ::=CHOICE {
      first      [1]  NamedDay,
      second     [2]  NamedDay,
      third      [3]  NamedDay,
      fourth     [4]  NamedDay,
      fifth      [5]  NamedDay ay }
NamedDay ::=CHOICE {
      intNamedDays ENUMERATED {
            sunday       (1),
            monday       (2),
            tuesday      (3),
            wednesday    (4),
            thursday     (5),
            friday       (6),
            saturday     (7) },
      bitNamedDays BIT STRING { sunday (0),monday (1),tuesday (2),
            wednesday (3),thursday (4),friday (5),saturday (6) } }
DayTimeBand ::=SEQUENCE {
      startDayTime        [0]  DayTime DEFAULT { hour 0 },
      endDayTime          [1]  DayTime DEFAULT { hour 23,minute 59,second 59 } }
DayTime ::=SEQUENCE {
      hour   [0]  INTEGER (0..23),
      minute [1]  INTEGER (0..59) DEFAULT 0,
      second [2]  INTEGER (0..59) DEFAULT 0 }
TimeZone ::=INTEGER (-12..12)
TimeAssertion ::=CHOICE {
      now NULL,
      at GeneralizedTime,
      between SEQUENCE {
            startTime      [0]  GeneralizedTime,
            endTime        [1]  GeneralizedTime OPTIONAL,
            entirely BOOLEAN DEFAULT FALSE } }
localeContext CONTEXT ::={
```

```
        WITH SYNTAX LocaleContextSyntax
        ID              id-avc-locale }
LocaleContextSyntax ::=CHOICE {
        localeID1     OBJECT IDENTIFIER,
        localeID2     DirectoryString {ub-localeContextSyntax} }
ldapAttributeOptionContext CONTEXT ::={
        WITH SYNTAX           AttributeOptionList
        ASSERTED AS           AttributeOptionList
        ABSENT-MATCH          FALSE
        ID                    id-avc-ldapAttributeOption }
AttributeOptionList ::=SEQUENCE OF UTF8String
-- 客体标识符分配 --
-- 在其他模块中分配的客体标识符在解释中说明
-- 属性--
-- id-at-objectClass                                   OBJECT IDENTIFIER ::={id-at 0}
-- id-at-aliasedEntryName                              OBJECT IDENTIFIER ::={id-at 1}
-- id-at-encryptedAliasedEntryName                     OBJECT IDENTIFIER ::={id-at 1 2}
id-at-knowledgeInformation                             OBJECT IDENTIFIER ::={id-at 2}
id-at-commonName                                       OBJECT IDENTIFIER ::={id-at 3}
-- id-at-encryptedCommonName                           OBJECT IDENTIFIER ::={id-at 3 2}
id-at-surname                                          OBJECT IDENTIFIER ::={id-at 4}
-- id-at-encryptedSurname                              OBJECT IDENTIFIER ::={id-at 4 2}
id-at-serialNumber                                     OBJECT IDENTIFIER ::={id-at 5}
-- id-at-encryptedSerialNumber                         OBJECT IDENTIFIER ::={id-at 5 2}
id-at-countryName                                      OBJECT IDENTIFIER ::={id-at 6}
-- id-at-encryptedCountryName                          OBJECT IDENTIFIER ::={id-at 6 2}
id-at-localityName                                     OBJECT IDENTIFIER ::={id-at 7}
-- id-at-encryptedLocalityName                         OBJECT IDENTIFIER ::={id-at 7 2}
id-at-collectiveLocalityName                           OBJECT IDENTIFIER ::={id-at 7 1}
-- id-at-encryptedCollectiveLocalityName               OBJECT IDENTIFIER ::={id-at 7 1 2}
id-at-stateOrProvinceName                              OBJECT IDENTIFIER ::={id-at 8}
-- id-at-encryptedStateOrProvinceName                  OBJECT IDENTIFIER ::={id-at 8 2}
id-at-collectiveStateOrProvinceName                    OBJECT IDENTIFIER ::={id-at 8 1}
-- id-at-encryptedCollectiveStateOrProvinceName        OBJECT IDENTIFIER ::={id-at 8 1 2}
id-at-streetAddress                                    OBJECT IDENTIFIER ::={id-at 9}
-- id-at-encryptedStreetAddress                        OBJECT IDENTIFIER ::={id-at 9 2}
id-at-collectiveStreetAddress                          OBJECT IDENTIFIER ::={id-at 9 1}
-- id-at-encryptedCollectiveStreetAddress              OBJECT IDENTIFIER ::={id-at 9 1 2}
id-at-organizationName                                 OBJECT IDENTIFIER ::={id-at 10}
-- id-at-encryptedOrganizationName                     OBJECT IDENTIFIER ::={id-at 10 2}
id-at-collectiveOrganizationName                       OBJECT IDENTIFIER ::={id-at 10 1}
-- id-at-encryptedCollectiveOrganizationName           OBJECT IDENTIFIER ::={id-at 10 1 2}
id-at-organizationalUnitName                           OBJECT IDENTIFIER ::={id-at 11}
```

```
-- id-at-encryptedOrganizationalUnitName                OBJECT IDENTIFIER ::= {id-at 11 2}
id-at-collectiveOrganizationalUnitName                  OBJECT IDENTIFIER ::= {id-at 11 1}
-- id-at-encryptedCollectiveOrganizationalUnitName      OBJECT IDENTIFIER ::= {id-at 11 1 2}
id-at-title                                             OBJECT IDENTIFIER ::= {id-at 12}
-- id-at-encryptedTitle                                 OBJECT IDENTIFIER ::= {id-at 12 2}
id-at-description                                       OBJECT IDENTIFIER ::= {id-at 13}
-- id-at-encryptedDescription                           OBJECT IDENTIFIER ::= {id-at 13 2}
id-at-searchGuide                                       OBJECT IDENTIFIER ::= {id-at 14}
-- id-at-encryptedSearchGuide                           OBJECT IDENTIFIER ::= {id-at 14 2}
id-at-businessCategory                                  OBJECT IDENTIFIER ::= {id-at 15}
-- id-at-encryptedBusinessCategory                      OBJECT IDENTIFIER ::= {id-at 15 2}
id-at-postalAddress                                     OBJECT IDENTIFIER ::= {id-at 16}
-- id-at-encryptedPostalAddress                         OBJECT IDENTIFIER ::= {id-at 16 2}
id-at-collectivePostalAddress                           OBJECT IDENTIFIER ::= {id-at 16 1}
-- id-at-encryptedCollectivePostalAddress               OBJECT IDENTIFIER ::= {id-at 16 1 2}
id-at-postalCode                                        OBJECT IDENTIFIER ::= {id-at 17}
-- id-at-encryptedPostalCode                            OBJECT IDENTIFIER ::= {id-at 17 2}
id-at-collectivePostalCode                              OBJECT IDENTIFIER ::= {id-at 17 1}
-- id-at-encryptedCollectivePostalCode                  OBJECT IDENTIFIER ::= {id-at 17 1 2}
id-at-postOfficeBox                                     OBJECT IDENTIFIER ::= {id-at 18}
id-at-collectivePostOfficeBox                           OBJECT IDENTIFIER ::= {id-at 18 1}
-- id-at-encryptedPostOfficeBox                         OBJECT IDENTIFIER ::= {id-at 18 2}
-- id-at-encryptedCollectivePostOfficeBox               OBJECT IDENTIFIER ::= {id-at 18 1 2}
id-at-physicalDeliveryOfficeName                        OBJECT IDENTIFIER ::= {id-at 19}
id-at-collectivePhysicalDeliveryOfficeName              OBJECT IDENTIFIER ::= {id-at 19 1}
-- id-at-encryptedPhysicalDeliveryOfficeName            OBJECT IDENTIFIER ::= {id-at 19 2}
-- id-at-encryptedCollectivePhysicalDeliveryOfficeName  OBJECT IDENTIFIER ::= {id-at 19 1 2}
id-at-telephoneNumber                                   OBJECT IDENTIFIER ::= {id-at 20}
-- id-at-encryptedTelephoneNumber                       OBJECT IDENTIFIER ::= {id-at 20 2}
id-at-collectiveTelephoneNumber                         OBJECT IDENTIFIER ::= {id-at 20 1}
-- id-at-encryptedCollectiveTelephoneNumber             OBJECT IDENTIFIER ::= {id-at 20 1 2}
id-at-telexNumber                                       OBJECT IDENTIFIER ::= {id-at 21}
-- id-at-encryptedTelexNumber                           OBJECT IDENTIFIER ::= {id-at 21 2}
id-at-collectiveTelexNumber                             OBJECT IDENTIFIER ::= {id-at 21 1}
-- id-at-encryptedCollectiveTelexNumber                 OBJECT IDENTIFIER ::= {id-at 21 1 2}
-- id-at-teletexTerminalIdentifier                      OBJECT IDENTIFIER ::= {id-at 22}
-- id-at-encryptedTeletexTerminalIdentifier             OBJECT IDENTIFIER ::= {id-at 22 2}
-- id-at-collectiveTeletexTerminalIdentifier            OBJECT IDENTIFIER ::= {id-at 22 1}
-- id-at-encryptedCollectiveTeletexTerminalIdentifier   OBJECT IDENTIFIER ::= {id-at 22 1 2}
id-at-facsimileTelephoneNumber                          OBJECT IDENTIFIER ::= {id-at 23}
-- id-at-encryptedFacsimileTelephoneNumber              OBJECT IDENTIFIER ::= {id-at 23 2}
id-at-collectiveFacsimileTelephoneNumber                OBJECT IDENTIFIER ::= {id-at 23 1}
-- id-at-encryptedCollectiveFacsimileTelephoneNumber    OBJECT IDENTIFIER ::= {id-at 23 1 2}
```

```
id-at-x121Address                                   OBJECT IDENTIFIER ::={id-at 24}
-- id-at-encryptedX121Address                       OBJECT IDENTIFIER ::={id-at 24 2}
id-at-internationalISDNNumber                       OBJECT IDENTIFIER ::={id-at 25}
-- id-at-encryptedInternationalISDNNumber           OBJECT IDENTIFIER ::={id-at 25 2}
id-at-collectiveInternationalISDNNumber             OBJECT IDENTIFIER ::={id-at 25 1}
-- id-at-encryptedCollectiveInternationalISDNNumber OBJECT IDENTIFIER ::={id-at 25 1 2}
id-at-registeredAddress                             OBJECT IDENTIFIER ::={id-at 26}
-- id-at-encryptedRegisteredAddress                 OBJECT IDENTIFIER ::={id-at 26 2}
id-at-destinationIndicator                          OBJECT IDENTIFIER ::={id-at 27}
-- id-at-encryptedDestinationIndicator              OBJECT IDENTIFIER ::={id-at 27 2}
id-at-preferredDeliveryMethod                       OBJECT IDENTIFIER ::={id-at 28}
-- id-at-encryptedPreferredDeliveryMethod           OBJECT IDENTIFIER ::={id-at 28 2}
id-at-presentationAddress                           OBJECT IDENTIFIER ::={id-at 29}
-- id-at-encryptedPresentationAddress               OBJECT IDENTIFIER ::={id-at 29 2}
id-at-supportedApplicationContext                   OBJECT IDENTIFIER ::={id-at 30}
-- id-at-encryptedSupportedApplicationContext       OBJECT IDENTIFIER ::={id-at 30 2}
id-at-member                                        OBJECT IDENTIFIER ::={id-at 31}
-- id-at-encryptedMember                            OBJECT IDENTIFIER ::={id-at 31 2}
id-at-owner                                         OBJECT IDENTIFIER ::={id-at 32}
-- id-at-encryptedOwner                             OBJECT IDENTIFIER ::={id-at 32 2}
id-at-roleOccupant                                  OBJECT IDENTIFIER ::={id-at 33}
-- id-at-encryptedRoleOccupant                      OBJECT IDENTIFIER ::={id-at 33 2}
id-at-seeAlso                                       OBJECT IDENTIFIER ::={id-at 34}
-- id-at-encryptedSeeAlso                           OBJECT IDENTIFIER ::={id-at 34 2}
-- id-at-userPassword                               OBJECT IDENTIFIER ::={id-at 35}
-- id-at-encryptedUserPassword                      OBJECT IDENTIFIER ::={id-at 35 2}
-- id-at-userCertificate                            OBJECT IDENTIFIER ::={id-at 36}
-- id-at-encryptedUserCertificate                   OBJECT IDENTIFIER ::={id-at 36 2}
-- id-at-cACertificate                              OBJECT IDENTIFIER ::={id-at 37}
-- id-at-encryptedCACertificate                     OBJECT IDENTIFIER ::={id-at 37 2}
-- id-at-authorityRevocationList                    OBJECT IDENTIFIER ::={id-at 38}
-- id-at-encryptedAuthorityRevocationList           OBJECT IDENTIFIER ::={id-at 38 2}
-- id-at-certificateRevocationList                  OBJECT IDENTIFIER ::={id-at 39}
-- id-at-encryptedCertificateRevocationList         OBJECT IDENTIFIER ::={id-at 39 2}
-- id-at-crossCertificatePair                       OBJECT IDENTIFIER ::={id-at 40}
-- id-at-encryptedCrossCertificatePair              OBJECT IDENTIFIER ::={id-at 40 2}
id-at-name                                          OBJECT IDENTIFIER ::={id-at 41}
id-at-givenName                                     OBJECT IDENTIFIER ::={id-at 42}
-- id-at-encryptedGivenName                         OBJECT IDENTIFIER ::={id-at 42 2}
id-at-initials                                      OBJECT IDENTIFIER ::={id-at 43}
-- id-at-encryptedInitials                          OBJECT IDENTIFIER ::={id-at 43 2}
id-at-generationQualifier                           OBJECT IDENTIFIER ::={id-at 44}
   id-at-encryptedGenerationQualifier               OBJECT IDENTIFIER ::={id-at 44 2}
```

```
id-at-uniqueIdentifier                                OBJECT IDENTIFIER ::={id-at 45}
-- id-at-encryptedUniqueIdentifier                    OBJECT IDENTIFIER ::={id-at 45 2}
id-at-dnQualifier                                     OBJECT IDENTIFIER ::={id-at 46}
-- id-at-encryptedDnQualifier                         OBJECT IDENTIFIER ::={id-at 46 2}
id-at-enhancedSearchGuide                             OBJECT IDENTIFIER ::={id-at 47}
-- id-at-encryptedEnhancedSearchGuide                 OBJECT IDENTIFIER ::={id-at 47 2}
id-at-protocolInformation                             OBJECT IDENTIFIER ::={id-at 48}
-- id-at-encryptedProtocolInformation                 OBJECT IDENTIFIER ::={id-at 48 2}
id-at-distinguishedName                               OBJECT IDENTIFIER ::={id-at 49}
-- id-at-encryptedDistinguishedName                   OBJECT IDENTIFIER ::={id-at 49 2}
id-at-uniqueMember                                    OBJECT IDENTIFIER ::={id-at 50}
-- id-at-encryptedUniqueMember                        OBJECT IDENTIFIER ::={id-at 50 2}
id-at-houseIdentifier                                 OBJECT IDENTIFIER ::={id-at 51}
-- id-at-encryptedHouseIdentifier                     OBJECT IDENTIFIER ::={id-at 51 2}
-- id-at-supportedAlgorithms                          OBJECT IDENTIFIER ::={id-at 52}
-- id-at-encryptedSupportedAlgorithms                 OBJECT IDENTIFIER ::={id-at 52 2}
-- id-at-deltaRevocationList                          OBJECT IDENTIFIER ::={id-at 53}
-- id-at-encryptedDeltaRevocationList                 OBJECT IDENTIFIER ::={id-at 53 2}
id-at-dmdName                                         OBJECT IDENTIFIER ::={id-at 54}
-- id-at-encryptedDmdName                             OBJECT IDENTIFIER ::={id-at 54 2}
-- id-at-clearance                                    OBJECT IDENTIFIER ::={id-at 55}
-- id-at-encryptedClearance                           OBJECT IDENTIFIER ::={id-at 55 2}
-- id-at-defaultDirQop                                OBJECT IDENTIFIER ::={id-at 56}
-- id-at-encryptedDefaultDirQop                       OBJECT IDENTIFIER ::={id-at 56 2}
-- id-at-attributeIntegrityInfo                       OBJECT IDENTIFIER ::={id-at 57}
-- id-at-encryptedAttributeIntegrityInfo              OBJECT IDENTIFIER ::={id-at 57 2}
-- id-at-attributeCertificate                         OBJECT IDENTIFIER ::={id-at 58}
-- id-at-encryptedAttributeCertificate                OBJECT IDENTIFIER ::={id-at 58 2}
-- id-at-attributeCertificateRevocationList           OBJECT IDENTIFIER ::={id-at 59}
-- id-at-encryptedAttributeCertificateRevocationList  OBJECT IDENTIFIER ::={id-at 59 2}
-- id-at-confKeyInfo                                  OBJECT IDENTIFIER ::={id-at 60}
-- id-at-encryptedConfKeyInfo                         OBJECT IDENTIFIER ::={id-at 60 2}
-- id-at-aACertificate                                OBJECT IDENTIFIER ::={id-at 61}
-- id-at-attributeDescriptorCertificate               OBJECT IDENTIFIER ::={id-at 62}
-- id-at-attributeAuthorityRevocationList             OBJECT IDENTIFIER ::={id-at 63}
-- id-at-family-information                           OBJECT IDENTIFIER {id-at 64}
id-at-pseudonym                                       OBJECT IDENTIFIER ::={id-at 65}
id-at-communicationsService                           OBJECT IDENTIFIER ::={id-at 66}
id-at-communicationsNetwork                           OBJECT IDENTIFIER ::={id-at 67}
-- id-at-certificationPracticeStmt                    OBJECT IDENTIFIER ::={id-at 68}
-- id-at-certificatePolicy                            OBJECT IDENTIFIER ::={id-at 69}
-- id-at-pkiPath                                      OBJECT IDENTIFIER ::={id-at 70}
-- id-at-privPolicy                                   OBJECT IDENTIFIER ::={id-at 71}
```

```
-- id-at-role                                   OBJECT IDENTIFIER ::= {id-at 72}
-- id-at-delegationPath                         OBJECT IDENTIFIER ::= {id-at 73}
-- id-at-protPrivPolicy                         OBJECT IDENTIFIER ::= {id-at 74}
-- id-at-xMLPrivilegeInfo                       OBJECT IDENTIFIER ::= {id-at 75}
id-at-uuidpair                                  OBJECT IDENTIFIER ::= {id-at 76}
-- 控制属性 --
id-cat-sequenceMatchType                        OBJECT IDENTIFIER ::= {id-cat 1}
id-cat-wordMatchType                            OBJECT IDENTIFIER ::= {id-cat 2}
id-cat-characterMatchTypes                      OBJECT IDENTIFIER ::= {id-cat 3}
id-cat-selectedContexts                         OBJECT IDENTIFIER ::= {id-cat 4}
-- 通知属性 --
id-not-dSAProblem                               OBJECT IDENTIFIER ::= {id-not 0}
id-not-searchServiceProblem                     OBJECT IDENTIFIER ::= {id-not 1}
id-not-serviceType                              OBJECT IDENTIFIER ::= {id-not 2}
id-not-attributeTypeList                        OBJECT IDENTIFIER ::= {id-not 3}
id-not-matchingRuleList                         OBJECT IDENTIFIER ::= {id-not 4}
id-not-filterItem                               OBJECT IDENTIFIER ::= {id-not 5}
id-not-attributeCombinations                    OBJECT IDENTIFIER ::= {id-not 6}
id-not-contextTypeList                          OBJECT IDENTIFIER ::= {id-not 7}
id-not-contextList                              OBJECT IDENTIFIER ::= {id-not 8}
id-not-contextCombinations                      OBJECT IDENTIFIER ::= {id-not 9}
id-not-hierarchySelectList                      OBJECT IDENTIFIER ::= {id-not 10}
id-not-searchControlOptionsList                 OBJECT IDENTIFIER ::= {id-not 11}
id-not-serviceControlOptionsList                OBJECT IDENTIFIER ::= {id-not 12}
id-not-multipleMatchingLocalities               OBJECT IDENTIFIER ::= {id-not 13}
id-not-proposedRelaxation                       OBJECT IDENTIFIER ::= {id-not 14}
id-not-appliedRelaxation                        OBJECT IDENTIFIER ::= {id-not 15}
-- 问题定义 --
id-pr-targetDsaUnavailable                      OBJECT IDENTIFIER ::= {id-pr 1}
id-pr-dataSourceUnavailable                     OBJECT IDENTIFIER ::= {id-pr 2}
id-pr-unidentifiedOperation                     OBJECT IDENTIFIER ::= {id-pr 3}
id-pr-unavailableOperation                      OBJECT IDENTIFIER ::= {id-pr 4}
id-pr-searchAttributeViolation                  OBJECT IDENTIFIER ::= {id-pr 5}
id-pr-searchAttributeCombinationViolation       OBJECT IDENTIFIER ::= {id-pr 6}
id-pr-searchValueNotAllowed                     OBJECT IDENTIFIER ::= {id-pr 7}
id-pr-missingSearchAttribute                    OBJECT IDENTIFIER ::= {id-pr 8}
id-pr-searchValueViolation                      OBJECT IDENTIFIER ::= {id-pr 9}
id-pr-attributeNegationViolation                OBJECT IDENTIFIER ::= {id-pr 10}
id-pr-searchValueRequired                       OBJECT IDENTIFIER ::= {id-pr 11}
id-pr-invalidSearchValue                        OBJECT IDENTIFIER ::= {id-pr 12}
id-pr-searchContextViolation                    OBJECT IDENTIFIER ::= {id-pr 13}
id-pr-searchContextCombinationViolation         OBJECT IDENTIFIER ::= {id-pr 14}
id-pr-missingSearchContext                      OBJECT IDENTIFIER ::= {id-pr 15}
```

```
id-pr-searchContextValueViolation        OBJECT IDENTIFIER ::= {id-pr 16}
id-pr-searchContextValueRequired         OBJECT IDENTIFIER ::= {id-pr 17}
id-pr-invalidContextSearchValue          OBJECT IDENTIFIER ::= {id-pr 18}
id-pr-unsupportedMatchingRule            OBJECT IDENTIFIER ::= {id-pr 19}
id-pr-attributeMatchingViolation         OBJECT IDENTIFIER ::= {id-pr 20}
id-pr-unsupportedMatchingUse             OBJECT IDENTIFIER ::= {id-pr 21}
id-pr-matchingUseViolation               OBJECT IDENTIFIER ::= {id-pr 22}
id-pr-hierarchySelectForbidden           OBJECT IDENTIFIER ::= {id-pr 23}
id-pr-invalidHierarchySelect             OBJECT IDENTIFIER ::= {id-pr 24}
id-pr-unavailableHierarchySelect         OBJECT IDENTIFIER ::= {id-pr 25}
id-pr-invalidSearchControlOptions        OBJECT IDENTIFIER ::= {id-pr 26}
id-pr-invalidServiceControlOptions       OBJECT IDENTIFIER ::= {id-pr 27}
id-pr-searchSubsetViolation              OBJECT IDENTIFIER ::= {id-pr 28}
id-pr-unmatchedKeyAttributes             OBJECT IDENTIFIER ::= {id-pr 29}
id-pr-ambiguousKeyAttributes             OBJECT IDENTIFIER ::= {id-pr 30}
id-pr-unavailableRelaxationLevel         OBJECT IDENTIFIER ::= {id-pr 31}
id-pr-emptyHierarchySelection            OBJECT IDENTIFIER ::= {id-pr 32}
id-pr-administratorImposedLimit          OBJECT IDENTIFIER ::= {id-pr 33}
id-pr-permanentRestriction               OBJECT IDENTIFIER ::= {id-pr 34}
id-pr-temporaryRestriction               OBJECT IDENTIFIER ::= {id-pr 35}
id-pr-relaxationNotSupported             OBJECT IDENTIFIER ::= {id-pr 36}
-- 匹配规则 --
-- id-mr-objectIdentifierMatch           OBJECT IDENTIFIER ::= {id-mr 0}
-- id-mr-distinguishedNameMatch          OBJECT IDENTIFIER ::= {id-mr 1}
id-mr-caseIgnoreMatch                    OBJECT IDENTIFIER ::= {id-mr 2}
id-mr-caseIgnoreOrderingMatch            OBJECT IDENTIFIER ::= {id-mr 3}
id-mr-caseIgnoreSubstringsMatch          OBJECT IDENTIFIER ::= {id-mr 4}
id-mr-caseExactMatch                     OBJECT IDENTIFIER ::= {id-mr 5}
id-mr-caseExactOrderingMatch             OBJECT IDENTIFIER ::= {id-mr 6}
id-mr-caseExactSubstringsMatch           OBJECT IDENTIFIER ::= {id-mr 7}
id-mr-numericStringMatch                 OBJECT IDENTIFIER ::= {id-mr 8}
id-mr-numericStringOrderingMatch         OBJECT IDENTIFIER ::= {id-mr 9}
id-mr-numericStringSubstringsMatch       OBJECT IDENTIFIER ::= {id-mr 10}
id-mr-caseIgnoreListMatch                OBJECT IDENTIFIER ::= {id-mr 11}
id-mr-caseIgnoreListSubstringsMatch      OBJECT IDENTIFIER ::= {id-mr 12}
id-mr-booleanMatch                       OBJECT IDENTIFIER ::= {id-mr 13}
id-mr-integerMatch                       OBJECT IDENTIFIER ::= {id-mr 14}
id-mr-integerOrderingMatch               OBJECT IDENTIFIER ::= {id-mr 15}
id-mr-bitStringMatch                     OBJECT IDENTIFIER ::= {id-mr 16}
id-mr-octetStringMatch                   OBJECT IDENTIFIER ::= {id-mr 17}
id-mr-octetStringOrderingMatch           OBJECT IDENTIFIER ::= {id-mr 18}
id-mr-octetStringSubstringsMatch         OBJECT IDENTIFIER ::= {id-mr 19}
id-mr-telephoneNumberMatch               OBJECT IDENTIFIER ::= {id-mr 20}
```

```
id-mr-telephoneNumberSubstringsMatch             OBJECT IDENTIFIER ::= {id-mr 21}
id-mr-presentationAddressMatch                   OBJECT IDENTIFIER ::= {id-mr 22}
id-mr-uniqueMemberMatch                          OBJECT IDENTIFIER ::= {id-mr 23}
id-mr-protocolInformationMatch                   OBJECT IDENTIFIER ::= {id-mr 24}
id-mr-uTCTimeMatch                               OBJECT IDENTIFIER ::= {id-mr 25}
id-mr-uTCTimeOrderingMatch                       OBJECT IDENTIFIER ::= {id-mr 26}
id-mr-generalizedTimeMatch                       OBJECT IDENTIFIER ::= {id-mr 27}
id-mr-generalizedTimeOrderingMatch               OBJECT IDENTIFIER ::= {id-mr 28}
id-mr-integerFirstComponentMatch                 OBJECT IDENTIFIER ::= {id-mr 29}
id-mr-objectIdentifierFirstComponentMatch        OBJECT IDENTIFIER ::= {id-mr 30}
id-mr-directoryStringFirstComponentMatch         OBJECT IDENTIFIER ::= {id-mr 31}
id-mr-wordMatch                                  OBJECT IDENTIFIER ::= {id-mr 32}
id-mr-keywordMatch                               OBJECT IDENTIFIER ::= {id-mr 33}
-- id-mr-certificateExactMatch                   OBJECT IDENTIFIER ::= {id-mr 34}
-- id-mr-certificateMatch                        OBJECT IDENTIFIER ::= {id-mr 35}
-- id-mr-certificatePairExactMatch               OBJECT IDENTIFIER ::= {id-mr 36}
-- id-mr-certificatePairMatch                    OBJECT IDENTIFIER ::= {id-mr 37}
-- id-mr-certificateListExactMatch               OBJECT IDENTIFIER ::= {id-mr 38}
-- id-mr-certificateListMatch                    OBJECT IDENTIFIER ::= {id-mr 39}
-- id-mr-algorithmIdentifierMatch                OBJECT IDENTIFIER ::= {id-mr 40}
id-mr-storedPrefixMatch                          OBJECT IDENTIFIER ::= {id-mr 41}
-- id-mr-attributeCertificateMatch               OBJECT IDENTIFIER ::= {id-mr 42}
-- id-mr-readerAndKeyIDMatch                     OBJECT IDENTIFIER ::= {id-mr 43}
-- id-mr-attributeIntegrityMatch                 OBJECT IDENTIFIER ::= {id-mr 44}
废止
-- id-mr-attributeCertificateExactMatch          OBJECT IDENTIFIER ::= {id-mr 45}
-- id-mr-holderIssuerMatch                       OBJECT IDENTIFIER ::= {id-mr 46}
id-mr-systemProposedMatch                        OBJECT IDENTIFIER ::= {id-mr 47}
id-mr-generalWordMatch                           OBJECT IDENTIFIER ::= {id-mr 48}
id-mr-approximateStringMatch                     OBJECT IDENTIFIER ::= {id-mr 49}
id-mr-ignoreIfAbsentMatch                        OBJECT IDENTIFIER ::= {id-mr 50}
id-mr-nullMatch                                  OBJECT IDENTIFIER ::= {id-mr 51}
id-mr-zonalMatch                                 OBJECT IDENTIFIER ::= {id-mr 52}
-- id-mr-authAttIdMatch                          OBJECT IDENTIFIER ::= {id-mr 53}
-- id-mr-roleSpecCertIdMatch                     OBJECT IDENTIFIER ::= {id-mr 54}
-- id-mr-basicAttConstraintsMatch                OBJECT IDENTIFIER ::= {id-mr 55}
-- id-mr-delegatedNameConstraintsMatch           OBJECT IDENTIFIER ::= {id-mr 56}
-- id-mr-timeSpecMatch                           OBJECT IDENTIFIER ::= {id-mr 57}
-- id-mr-attDescriptorMatch                      OBJECT IDENTIFIER ::= {id-mr 58}
-- id-mr-acceptableCertPoliciesMatch             OBJECT IDENTIFIER ::= {id-mr 59}
-- id-mr-policyMatch                             OBJECT IDENTIFIER ::= {id-mr 60}
-- id-mr-delegationPathMatch                     OBJECT IDENTIFIER ::= {id-mr 61}
-- id-mr-pkiPathMatch                            OBJECT IDENTIFIER ::= {id-mr 62}
```

```
id-mr-facsimileNumberMatch                      OBJECT IDENTIFIER ::={id-mr 63}
id-mr-facsimileNumberSubstringsMatch            OBJECT IDENTIFIER ::={id-mr 64}
-- id-mr-enhancedCertificateMatch               OBJECT IDENTIFIER ::={id-mr 65}
-- id-mr-sOAIdentifierMatch                     OBJECT IDENTIFIER ::={id-mr 66}
-- id-mr-indirectIssuerMatch                    OBJECT IDENTIFIER ::={id-mr 67}
id-mr-uuidpairmatch                             OBJECT IDENTIFIER ::={id-mr 68}
--上下文--
id-avc-language                                 OBJECT IDENTIFIER ::={id-avc 0}
id-avc-temporal                                 OBJECT IDENTIFIER ::={id-avc 1}
id-avc-locale                                   OBJECT IDENTIFIER ::={id-avc 2}
-- id-avc-attributeValueSecurityLabelContext    OBJECT IDENTIFIER ::={id-avc 3}
-- id-avc-attributeValueIntegrityInfoContext    OBJECT IDENTIFIER ::={id-avc 4}
id-avc-ldapAttributeOption                      OBJECT IDENTIFIER ::={id-avc 5}
END -- SelectedAttributeTypes
```

附 录 B
（资料性附录）
属性类型概要

本附录总结了在本目录规范中参考或规定的所选属性类型并示出了它们的层次关系。共用一个通常 ASN.1 语法的属性在该语法下示出为缩进，且其他属性的图表类型属性在其父型下示出为缩进。属于相关非集合属性的子类型的集合属性不表示，但是相关属性用一个星号（*）标记。通知属性用一个符号（#）标记。

DirectoryString
    name
        commonName
        surname
        givenName
        initials
        generationQualifier
        countryName
        localityName *
        stateOrProvinceName *
        organizationName *
        organizationalUnitName *
        pseudonym
        title
        dmdName
    streetAddress *
    houseIdentifier
    description
    businessCategory
    postalCode *
    postOfficeBox *
    physicalDeliveryOfficeName *
    serviceControlOptionsList #
    knowledgeInformation

multipleMatchingLocalities
    PrintableString
    serialNumber
    dnQualifier
    destinationIndicator
    telephoneNumber *

        member
        owner
        roleOccupant
        seeAlso

FilterItem
    filterItem #
AttributeCombination
    attributeCombinations #
ContextAssertion
    contextList #

ContextCombination
    contextCombinations #
HierarchySelections
    hierarchySelectList #

SearchControlOptions
searchControlOptionsList #

ServiceControlOptions

MultipleMatchingLocalities

MRMappings
    proposedRelaxation

Guide
    searchGuide

NumericString
x121Address
internationalISDNNumber *

OBJECT IDENTIFIER
communicationsService
communicationsNetwork
supportedApplicationContext
dSAProblem #
searchServiceProblem #
serviceType #
attributeTypeList #
facsimileTelephoneNumber *
matchingRuleList #
contextTypeList #
appliedRelaxation #

BIT STRING
uniqueIdentifier

NameAndOptionalUID

uniqueMember

DistinguishedName
distinguishedName

EnhancedGuide
enhancedSearchGuide

PostalAddress
postalAddress *
registeredAddress
TelexNumber
telexNumber *

FacsimileTelephoneNumber

PresentationAddress
presentationAddress

ProtocolInformation
protocolInformation

PreferredDeliveryMethod
preferredDeliveryMethod

UUIDPair
UUIDPair

附　录　C
（资料性附录）
上　　界

本附录包括在本目录规范中使用的所有建议的上界值，形式为 ASN.1 模块UpperBounds。

```
UpperBounds {joint-iso-itu-t ds(5) module(1) upperBounds(10) 5}
DEFINITIONS ::=
BEGIN
-- EXPORTS All --
-- 本模块中定义的类型和值输出可用于目录规范包含的其他 ASN.1 模块，
-- 以及使用它们访问目录服务的其他应用。
-- 其他应用可把它们用于自己的目的，
-- 但这并不限制为维护或改进目录服务所需的扩充和修改。

ub-answerback                                   INTEGER    ::=8
ub-business-category                            INTEGER    ::=128
ub-common-name                                  INTEGER    ::=64
ub-content                                      INTEGER    ::=32768
ub-country-code                                 INTEGER    ::=4
ub-description                                  INTEGER    ::=1024
ub-destination-indicator                        INTEGER    ::=128
ub-directory-string-first-component-match       INTEGER    ::=32768
ub-domainLocalID                                INTEGER    ::=64
ub-international-isdn-number                    INTEGER    ::=16
ub-knowledge-information                        INTEGER    ::=32768
ub-labeledURI                                   INTEGER    ::=32768
ub-localeContextSyntax                          INTEGER    ::=128
ub-locality-name                                INTEGER    ::=128
ub-match                                        INTEGER    ::=128
ub-name                                         INTEGER    ::=64
ub-organization-name                            INTEGER    ::=64
ub-organizational-unit-name                     INTEGER    ::=64
ub-physical-office-name                         INTEGER    ::=128
ub-post-office-box                              INTEGER    ::=40
ub-postal-code                                  INTEGER    ::=40
ub-postal-line                                  INTEGER    ::=6
ub-postal-string                                INTEGER    ::=30
ub-privacy-mark-length                          INTEGER    ::=128
ub-pseudonym                                    INTEGER    ::=128
ub-saslMechanism                                INTEGER    ::=64
ub-schema                                       INTEGER    ::=1024
ub-search                                       INTEGER    ::=32768
ub-serial-number                                INTEGER    ::=64
```

```
ub-state-name                  INTEGER    ::=128
ub-street-address              INTEGER    ::=128
ub-surname                     INTEGER    ::=64
ub-tag                         INTEGER    ::=64
ub-telephone-number            INTEGER    ::=32
ub-teletex-terminal-id         INTEGER    ::=1024
ub-telex-number                INTEGER    ::=14
ub-title                       INTEGER    ::=64
ub-user-password               INTEGER    ::=128
ub-x121-address                INTEGER    ::=15
END -- 上界
```

附 录 D
（资料性附录）
属性、匹配规则和上下文的英文字母表顺序索引

本附录按英文字母表顺序列出了在本目录规范中规定的所有属性和匹配规则以及与规定它们的章条之间的相互参照。

附 录 E
（资料性附录）
区匹配规则的示例

注：下述解释对本目录规范的 7.8 定义的区匹配给出了相关的示例。为了有助于明确这些示例所应用的情况，保留了确定的文本，但使用斜体字表示。

在区匹配中，核心机制实现了一个映射，从搜索操作的过滤器中使用的一个串断言或断言的组合，映射为一个不可再分的特性的集合，这些特性可能被客体所拥有，且在相应条目中通过属性所描述。这种映射通过一个可替代的过滤项的集合来表示，这些过滤项替代了原始过滤器中的过滤项。用于在过滤器中表示断言的属性不必与条目中用于表示客体特性的属性相同。这里说明了一个具体的区匹配是如何发生的：

- 某个用户搜索一个名为史密斯先生的电话客户，他住在布拉克内尔（Bracknell），该客户使用了一个过滤器：{{locality=Bracknell}AND{surname=Smithers}}。
- 目录包含一个地理方面的映射（被称为一个地名词典），该词典将 Bracknell 映射为在 Bracknell 区域内服务的几个区的邮政编码（例如 RG12 2JL），结果是将过滤器转换为：{{zone=b1} OR{zone=b2}… }AND{surname=Smithers}。这里 b1，b2，…，bn 是表示 Bracknell 的邮政编码集；每个不同的住处都有一个单独的邮政编码，而一个大的建筑物或场所可能会有多个。目前，匹配试图定位某个给定了姓的人，其地理位置共享一个由 b1 或 b2 等给定的一个公共区域。
- 如果搜索不成功，则映射将自动放宽以包含更多的区（即临近的邮政编码）；这就可能会发现一个名为史密斯的客户，他住在 Newell Green 镇（该镇紧挨着 Bracknell）。

一个基于映射的匹配规则可以使用替代名（称）和冗余的信息，并且可以组合多种断言，例如，{{locality=Newton}AND{locality=Cumbria}}；它甚至能够标识同一个断言中的多个组件，例如，{locality="Newton，Cumbria"}。因此，本例中的匹配还可能为下述情况服务：

- {{locality=Bullbrook}AND{surname=Smithers}}（这里 Bullbrook 是 Bracknell 内的一个区）
- {{locality=Bracknell}AND{locality=Bullbrook}AND{surname=Smithers}}
- {{locality=Bullbrook，Bracknell}AND{surname=Smithers}}
- {locality = Berks} AND {locality = Bracknell} AND {locality = Bullbrook} AND {surname = Smithers}}（Bracknell 处于 Berkshire 的老城边界内，Berkshire 简写为 Berks）
- {{locality=Berkshire}AND{locality=Bracknell}AND{locality=Bullbrook}AND{surname=Smithers}}
- {{locality=East Berks}AND{locality=Bracknell Forest}AND{surname=Smithers}}（Bracknell 所处的新的地区管理区被称为 East Berks；本地管理行政区被称为 Bracknell Forest）
- {{postcode=RG12 2JL}AND{surname=Smithers}}（RG12 2JL 是 Bullbrook 的 20 个左右的邮政编码之一）

区匹配规则是与地理匹配相关的基于映射的匹配规则。它们基于一个关于地方名（称）的词典，即地名词典。一个地名词典一般来说会涵盖（即提供一个相关的地理数据库）组成一个国家或区域的范围。一个地理方面的搜索请求必须根据某个具体的地名词典来进行解释。一个地名词典主要是将表示地方名（称）的串与某个已命名地方相关联起来，已命名地方由一个或多个表示地方名（称）的串来标识。例如，在大不列颠，由地方名（称）串所标识的已命名地方的示例有：Devon 的“Mogworthy”、Hertfordshire 的“Offleyhoo”、“Thames Valley”以及“London”等。

*某些地方名（称）串可以直接映射为一个单独的已命名地方，但这并不总是可能的。*不能够明确标识地方的地方名（称）示例有：“Newton”，“Lees”等，因为每个这样的名（称）都对应多个已命名地方。因此，一个已命名地方需要被多个不同的地方名（称）来标识；例如，下述是 3 个已命名地方：（“Newton”

“Tattenhall”“Cheshire”),(“Newton”“Chester”“Cheshire”)和(“Newton”“Cumbria”),其中每个地方名(称)的组合由圆括号所指示。

一个地方名(称)本身内部可能就有多个组件,例如“London Heathrow”、“Newton Abbott”等,但每个地方名(称)都被认为是一个单独的串,因为即使在本地,如果不包括全部的组件,这些名(称)就不是完整的;或者因为一个组件(如“Abbott”)在语义上就不是一个地方名(称)(在标准的地名词典中,没有一个地方名(称)会被赋值为“Abbott”)。一个已命名地方还可能通过它的多个名(称)中的一个子集来标识;例如(“Newton”“Tattenhall”)可以充分地定义之前所提到的一个地方。然而,在这种情况下,与仅需要国家名来进行限定的 Newtons,如(“Newton”“Cumbria”)来进行类比,(“Newton”“Tattenhall”“Cheshire”)可能是更有用的一个组合。

下面是对区匹配所隐含的模型的更正式的陈述:

a) *区匹配的基础是存在一个或多个地名词典,这些地名词典由 DSA 出于某种目的而支持。一个地名词典是一个地理方面的字典,由一个适当的数据库所支持,在它范围内覆盖了一个国家或一个已命名地区。对于一个具体的搜索,对域的选择是通过本地方式来执行的。例如,一个地名词典能够涵盖英国大陆(包括英格兰、苏格兰和威尔士)以及一些边远的岛屿。地名词典中包含了地方名(称)以及它们的特性,并列出了与之相匹配的已命名地方。这是由地方名(称)特性的查找和排序比较机制来支持的,这些特性由可组合的位置属性给出,且完全独立于 DIT*。在图 E.1 中,区域的轮廓由一条粗线所标识;

b) *一个地名词典所涵盖的区域中包括地方*。图 E.1 中,区域的轮廓由相应于文字的边界所标识。一个地方是一个被公认的已命名地理区域;地方之间可以重叠,甚至可以扩展至稍微超出区域的边界之外(如图 E.1 中的 F)。地方的示例有:England、Berkshire、Bracknell、Bullbrook(这四个地方是逐次嵌套的)以及 Thames Valley(该地方包含了 Berkshire 的部分,但又超出了它的范围)。通过参考地名词典而可标识的地方被称为“已命名地方”;

c) *地名词典本身是基于那些表示地方名(称)的串的*(例如“England”、“Berkshire”、“Bracknell”、“Bullbrook”、“Thames Valley”等)。*这些串用来标识(或命名)已命名地方。一个已命名地方的名(称)可以是:*

——*一个单独的地方名(称),可能由多个单词组成,如“Newton Abbott”;*

——*多个地方名(称)的一个集合,一般来说,一个地方名(称)相应于一个较大的地区(如“Cumbria”),通过该集合可以(在上下文内)将地方名(称)限定到一个相应的较小地区(如“Newton”)。*

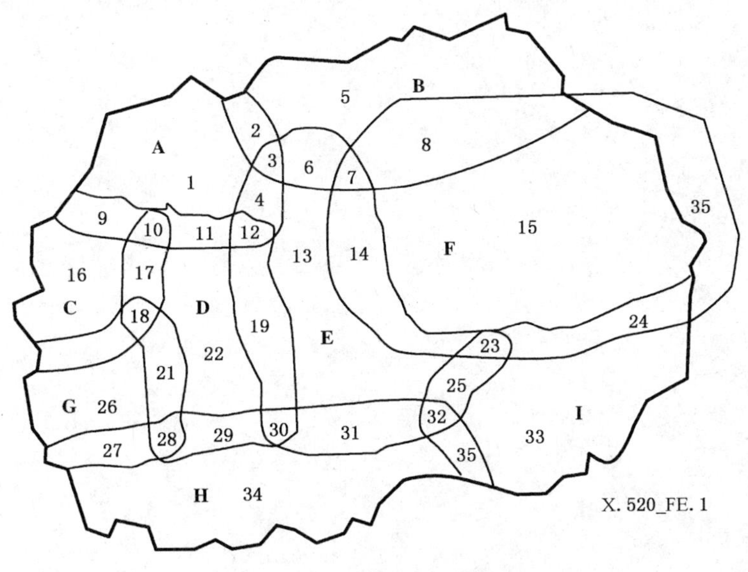

图 E.1 区域、地方和区

一般来说，一个已命名地方在地名词典内必须与容纳该地方的一个较大范围的名(称)相关联，即使不要求唯一的标识符。例如，地名词典需要定义可访问的 Newton Abbott 城为“Newton Abbσtt”，或者为(“Newton Abbott”“Devon”)，这样就与地方名(称)“Devon”相关联起来(该名(称)是“Devonshire”的同义词)。

ICS 35.100.70
L 79

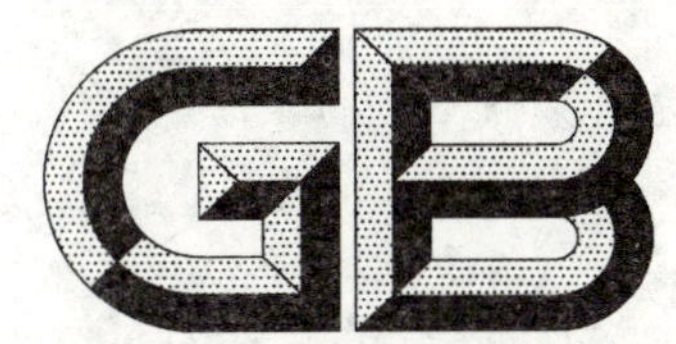

中华人民共和国国家标准

GB/T 16264.7—2008/ISO/IEC 9594-7:2005
代替 GB/T 16264.7—1996

信息技术 开放系统互连 目录 第7部分:选定的客体类

Information technology—Open Systems Interconnection—The Directory—Part 7:Selected object classes

(ISO/IEC 9594-7:2005 Information technology—Open Systems Interconnection—The Directory:Selected object classes,IDT)

2008-08-06 发布 2009-01-01 实施

中华人民共和国国家质量监督检验检疫总局
中国国家标准化管理委员会 发布

前　言

GB/T 16264《信息技术　开放系统互连　目录》,包括以下10个部分:

——第1部分:概念、模型和服务的概述;

——第2部分:模型;

——第3部分:抽象服务定义;

——第4部分:分布式操作规程;

——第5部分:协议规范;

——第6部分:选定的属性类型;

——第7部分:选定的客体类;

——第8部分:公钥和属性证书框架;

——第9部分:复制(待发布);

——第10部分:公用目录管理机构的系统管理用法(待发布)。

本部分是GB/T 16264的第7部分。

本部分等同采用ISO/IEC 9594-7:2005《信息技术　开放系统互连　目录　选定的客体类》,仅有编辑性修改。

本部分代替GB/T 16264.7—1996。

本部分与GB/T 16264.7—1996的差异在于:

——增加了若干客体类;

——增加了名(称)格式。

本部分的附录A是规范性附录,附录B是资料性附录。

本部分由中华人民共和国信息产业部提出。

本部分由全国信息技术标准化技术委员会归口。

本部分起草单位:中国电子技术标准化研究所。

本部分主要起草人:徐冬梅、郑洪仁、郭楠、胡顺。

本部分于1996年首次发布,本次为第一次修订。

引言

GB/T 16264的本部分连同本标准其他部分是为方便信息处理系统之间的互连以提供目录服务而制定的。所有这些系统的集合，连同它们所拥有的目录信息可被视为一个整体，被称为“目录”。目录所拥有的信息，总称为目录信息库(DIB)，典型地被用于方便客体之间的通信、与客体的通信或有关客体的通信等，这些客体如应用实体、个人、终端和分布列表等。

目录在开放系统互连中扮演了重要角色，其目标是，在它们自身的互连标准之外做最少的技术约定的情况下，允许下述各种信息处理系统之间的互连：

——来自不同生产厂商；

——具有不同的管理；

——具有不同的复杂程度，以及

——有不同的年代。

本部分规定了一些属性集和客体类，这些对目录在一定范围内的应用是有帮助的。

本部分提供了一个基础框架，在此框架基础上，其他标准化组织和业界论坛可以定义工业配置集。在本框架中定义为可选的许多特性，可通过配置集的说明，在某种环境下作为必选特性来使用。目前ISO/IEC 9594的第5版是原有国际标准第4版的修订和增强，但不是替代。在系统实现时仍可以声明为遵循第4版。然而，在某些方面，将不再支持第4版(即不再消除一些报告上来的错误)。建议在系统实现时尽快遵循第5版。

第5版详细定义了目录协议的第1版和第2版。

第1版和第2版仅定义了协议第1版。本版本(第5版)中定义的许多服务和协议被设计为可运行在第1版下。然而，一些增强的服务和协议，如署名错误，只有包含在操作中的所有的目录条目都协商支持协议第2版时才可运行。无论协商的是哪一版，第5版中所定义的服务之间的差异和协议之间的差异，除了那些特别分配给第2版的外，都可以使用GB/T 16264.5—2008中定义的扩展规则调节。

本部分使用术语“第1版系统”来指遵循国际标准第1版的所有系统，即ISO/IEC 9594:1990版本；本部分使用术语“第2版系统”来指遵循国际标准第2版本的所有系统，即ISO/IEC 9594:1995版本；本部分使用术语“第3版系统”来指遵循国际标准第3版的所有系统，即ISO/IEC 9594:1998版本；本部分使用术语“第4版系统”来指遵循国际标准第4版的所有系统，即ISO/IEC 9594:2001版本的第1部分到第10部分；本部分使用术语“第5版系统”来指遵循国际标准第5版的所有系统，即ISO/IEC 9594:2005版本。

GB/T 16264—1996是参照ISO/IEC 9594:1990而制定的。我国没有制定与国际标准第2版、第3版、第4版对应的国家标准。本部分提到的版本号是指国际标准的版本号。

附录A是规范性附录，提供了一个ASN.1模块，包括了出现在本部分中的所有类型和值的定义。

附录B是资料性附录，提供一些常用的命名和结构规则，这些规则管理部门可以用也可以不用。

信息技术　开放系统互连　目录
第7部分:选定的客体类

第一篇:综　　述

1　范围

GB/T 16264 的本部分规定了在目录应用中极其有用的若干客体类和名(称)格式。客体类的定义包括:给出与该类客体相关的属性类型列表。名(称)格式的定义包括:命名它应用的客体类,并列出为该类客体命名所使用的属性。公共管理机构使用这些定义,并负责目录信息的管理。

任何公共管理机构都可以根据需要定义其自己的客体类或子类以及名(称)格式。

注 1:这些定义既可以使用也可不使用 GB/T 16264.2—2008 中规定的表示法。

注 2:建议在产生一个新的客体类,或从客体类导出的子类或者名(称)格式之前,只要其语义对应用是适用的,应优先考虑使用本文件中定义的客体类或子类或名(称)格式。

公共管理机构可以支持本文件中选择的部分或全部客体类和名(称)格式,也可以增加其他客体类和名(称)格式。

所有的公共管理机构都应支持客体类目录自用的客体类(顶级、别名和 DSA 客体类)。

2　规范性引用文件

下列文件中的条款通过 GB/T 16264 的本部分的引用而成为本部分的条款。凡是注日期的引用文件,其随后所有的修改单(不包括勘误的内容)或修订版均不适用于本部分,然而,鼓励根据本部分达成协议的各方研究是否可使用这些文件的最新版本。凡是不注日期的引用文件,其最新版本适用于本部分。

GB/T 9387.1—1998　信息技术　开放系统互连　基本参考模型　第1部分:基本模型(idt ISO/IEC 7498-1:1994)

GB/T 16262.1—2006　信息技术　抽象语法记法一(ASN.1)　第1部分:基本记法规范(ISO/IEC 8824-1:2002,IDT)

GB/T 16262.2—2006　信息技术　抽象语法记法一(ASN.1)　第2部分:信息客体规范(ISO/IEC 8824-2:2002,IDT)

GB/T 16262.3—2006　信息技术　抽象语法记法一(ASN.1)　第3部分:约束规范(ISO/IEC 8824-3:2002,IDT)

GB/T 16262.4—2006　信息技术　抽象语法记法一(ASN.1)　第4部分:ASN.1 规范的参数化(ISO/IEC 8824-4:2002,IDT)

GB/T 16264.1—2008　信息技术　开放系统互连　目录　第1部分:概念、模型和服务的概述(ISO/IEC 9594-1:2005,IDT)

GB/T 16264.2—2008　信息技术　开放系统互连　目录　第2部分:模型(ISO/IEC 9594-2:2005,IDT)

GB/T 16264.3—2008　信息技术　开放系统互连　目录　第3部分:抽象服务定义(ISO/IEC 9594-3:2005,IDT)

GB/T 16264.4—2008　信息技术　开放系统互连　目录　第4部分:分布式操作规程(ISO/IEC 9594-4:2005,IDT)

GB/T 16264.5—2008 信息技术 开放系统互连 目录 第5部分:协议规范(ISO/IEC 9594-5:2005,IDT)

GB/T 16264.6—2008 信息技术 开放系统互连 目录 第6部分:选定的属性类型(ISO/IEC 9594-6:2005,IDT)

ISO/IEC 9594-8:2005 信息技术 开放系统互连 目录:公钥和属性证书框架

ISO/IEC 9594-9:2005 信息技术 开放系统互连 目录:复制

ISO/IEC 9594-10:2005 信息技术 开放系统互连 目录:公用目录管理机构的系统管理用法

3 术语和定义

下列术语和定义适用于GB/T 16264的本部分。

3.1 通信模型定义

本部分使用GB/T 16264.5—2008中定义的下列术语:

a) *应用实体 application-entity*

b) *应用进程 application process*

3.2 目录模型定义

本部分使用GB/T 16264.2—2008中定义的下列术语:

a) *属性 attribute*

b) *属性类型 attribute type*

c) *目录信息树 directory information tree;DIT*

d) *目录系统代理 directory system agent;DSA*

e) *属性集 attribute set*

f) *条目 entry*

g) *名(称) name*

h) *客体类 object class*

i) *子类 subclass*

j) *名(称)格式 name form*

k) *结构规则 structure rule*

4 约定

术语"目录规范(或本目录规范)"指的是GB/T 16264.7。术语"系列目录规范"指的是GB/T 16264(或者ISO/IEC 9594)的所有部分。

本目录规范使用术语"第1版系统"来指遵循系列目录规范第1版的所有系统,即GB/T 16264—1996版本。本目录规范使用术语"第2版系统"来指遵循系列目录规范第2版本的所有系统,即ISO/IEC 9594:1995版本。本目录规范使用术语"第3版系统"来指遵循系列目录规范第3版的所有系统,即ISO/IEC 9594:1998版本。本目录规范使用术语"第4版系统"来指遵循系列目录规范第4版的所有系统,即ISO/IEC 9594:2001版本的第1部分到第10部分。

本目录规范使用术语"第5版系统"来指遵循系列目录规范第5版的所有系统,即GB/T 16264—2008版本的第1部分到第7部分以及ISO/IEC 9594-8:2005、ISO/IEC 9594-9:2005和ISO/IEC 9594-10:2005。

本目录规范使用粗体字体来表示ASN.1符号。若在常规文本中要表示ASN.1的类型和值时,为了区别于常规文本,使用了粗体字表示。为了表示过程的语义而引用过程名时,为了区别于常规文本,使用了粗体字表示。访问控制许可使用斜体字表示。

本目录规范中定义的客体类和名(称)格式作为GB/T 16264.2—2008中规定的OBJECT-CLASS

和NAME-FORM 信息客体类的值。

第二篇:选定的客体类

5 常用的属性集定义

5.1 远程通信属性集 telecommunication attribute set

该属性集用于定义在业务通信领域中使用的那些属性。

```
TelecommunicationAttributeSet ATTRIBUTE ::= {
    facsimileTelephoneNumber|
    internationalISDNNumber|
    telephoneNumber|
--  teletexTerminalIdentifier |          属性类型已经删除
    telexNumber|
    preferredDeliveryMethod|
    destinationIndicator|
    registeredAddress|
    x121Address }
```

5.2 邮政属性集 postal attribute set

该属性集用于定义与邮政投递直接相关的那些属性。

```
PostalAttributeSet ATTRIBUTE ::= {
    physicalDeliveryOfficeName|
    postalAddress|
    postalCode|
    postOfficeBox|
    streetAddress }
```

5.3 地理位置属性集 locale attribute set

该属性集用于定义在查找定义某个客体位置时使用的那些属性。

```
LocaleAttributeSet ATTRIBUTE ::= {
    localityName|
    stateOrProvinceName|
    streetAddress }
```

5.4 组织属性集 organizational attribute set

该属性集用于定义组织或组织单元可能具有的那些属性。

```
OrganizationalAttributeSet ATTRIBUTE ::= {
    description|
    LocaleAttributeSet|
    PostalAttributeSet|
    TelecommunicationAttributeSet|
    businessCategory|
    seeAlso|
    searchGuide|
    userPassword }
```

6 选定的客体类定义

6.1 国家 country

*国家*客体类用于定义 DIT 中的国家条目。

```
country OBJECT-CLASS ::=  {
        SUBCLASS OF              { top }
        MUST CONTAIN             { countryName }
        MAY  CONTAIN             { description | searchGuide }
        ID                       id-oc-country }
```

6.2 地点 locality

*地点*客体类用于定义在 DIT 中的地点。

```
locality OBJECT-CLASS ::=  {
        SUBCLASS OF              { top }
        MAY  CONTAIN             { description |
                                 searchGuide |
                                 LocaleAttributeSet |
                                 seeAlso }
        ID                       id-oc-locality }
```

应至少出现一个地点名或省或州名。

6.3 组织 organization

*组织*客体类用于定义 DIT 中的组织条目。

```
organization OBJECT-CLASS ::=  {
        SUBCLASS OF              { top }
        MUST  CONTAIN            { organizationName }
        MAY  CONTAIN             { OrganizationalAttributeSet }
        ID                       id-oc-organization }
```

6.4 组织单元 organizational unit

*组织单元*客体类用于定义表示某个组织所属部门的那些条目。

```
organizationalUnit OBJECT-CLASS ::=  {
        SUBCLASS OF              { top }
        MUST CONTAIN             { organizationalUnitName }
        MAY CONTAIN              { OrganizationalAttributeSet }
        ID                       id-oc-organizationalUnit }
```

6.5 个人 person

个人客体类一般用于定义表示人的那些条目。

```
person OBJECT-CLASS ::=  {
        SUBCLASS OF              { top }
        MUST CONTAIN             { commonName | surname }
        MAY CONTAIN              { description |
                                 telephoneNumber |
                                 userPassword |
                                 seeAlso }
        ID                       id-oc-person }
```

6.6 组织个人 organizational person

*组织个人*客体类用于定义表示被组织雇用的个人，或在一些其他重要方面与组织相关的个人的那些条目。

```
organizationalPerson OBJECT-CLASS ::=  {
    SUBCLASS OF          { person }
    MAY CONTAIN          { LocaleAttributeSet |
                           PostalAttributeSet |
                           TelecommunicationAttributeSet |
                           organizationalUnitName |
                           title }
    ID                   id-oc-organizationalPerson }
```

6.7 组织角色 organizational role

*组织角色*客体类用于定义代表组织角色的那些条目，即在组织内的职位或角色。一般认为，组织角色应由某个特定的组织个人来担任；然而，在组织存在的有效期内，组织角色也可由其他多个不同的组织个人相继担任。总之，组织角色可以由一个人或一个非自然人实体来担任。

```
organizationalRole OBJECT-CLASS ::=  {
    SUBCLASS OF          { top }
    MUST CONTAIN         { commonName }
    MAY CONTAIN          { description |
                           LocaleAttributeSet |
                           organizationalUnitName |
                           PostalAttributeSet |
                           preferredDeliveryMethod |
                           roleOccupant |
                           seeAlso |
                           TelecommunicationAttributeSet }
    ID                   id-oc-organizationalRole }
```

6.8 名(称)组 group of names

*名(称)组*客体类用于定义表示一个无序名(称)集合的那些条目，这些名(称)代表各独立的客体或其他名(称)组。组成员是静态的，即只能由公共管理部门做出更改，而不是由每次引用组时动态地更改。

可以通过利用其成员置换的方式，减少一个名(称)组客体类中的组成员数量。这个过程可以递归地执行，直至清除该客体类中的所有成员，仅保留独立的客体名(称)。

```
groupOfNames OBJECT-CLASS ::=  {
    SUBCLASS OF          { top }
    MUST CONTAIN         { commonName | member }
    MAY CONTAIN          { description |
                           organizationName |
                           organizationalUnitName |
                           owner |
                           seeAlso |
                           businessCategory }
    ID                   id-oc-groupOfNames }
```

6.9 唯一名(称)组 group of unique names

*唯一名(称)组*客体类用于定义表示一个无序名(称)集合的那些条目,这些名(称)的完整性可被保证并代表各个客体或其他名(称)组。组成员是静态的,即只能由公共管理部门做出更改,而不是由每次引用组时动态地更改。

```
groupOfUniqueNames OBJECT-CLASS ::=  {
    SUBCLASS OF          { top }
    MUST CONTAIN         { commonName | uniqueMember }
    MAY CONTAIN          { description |
                         organizationName |
                         organizationalUnitName |
                         owner |
                         seeAlso |
                         businessCategory }
    ID                   id-oc-groupOfUniqueNames }
```

6.10 居住个人 residential person

*居住个人*客体类用于定义表示在家庭居住环境中的某个人的那些条目。

```
residentialPerson OBJECT-CLASS ::=  {
    SUBCLASS OF          { person }
    MUST CONTAIN         { localityName }
    MAY CONTAIN          { LocaleAttributeSet |
                         PostalAttributeSet |
                         preferredDeliveryMethod |
                         TelecommunicationAttributeSet |
                         businessCategory }
    ID                   id-oc-residentialPerson }
```

6.11 应用进程 application process

*应用进程*客体类用于定义表示应用进程的那些条目。在一个执行用于某个特殊应用的信息处理的实开放系统中,一个应用进程即为一个元素(见 GB/T 9387.1—1998)。

```
applicationProcess  OBJECT-CLASS ::=  {
    SUBCLASS OF          { top }
    MUST CONTAIN         { commonName }
    MAY CONTAIN          { description |
                         localityName |
                         organizationalUnitName |
                         seeAlso }
    ID                   id-oc-applicationProcess }
```

6.12 应用实体 application entity

*应用实体*客体类用于定义表示应用进程的那些条目。应用实体包含与 OSI 直接相关的应用进程的各个方面。

```
applicationEntity  OBJECT-CLASS ::=  {
    SUBCLASS OF          { top }
    MUST CONTAIN         { commonName | presentationAddress }
    MAY CONTAIN          { description |
                         localityName |
```

```
                                organizationName |
                                organizationalUnitName |
                                seeAlso |
                                supportedApplicationContext }
    ID                          id-oc-applicationEntity }
```

注：如果一个应用实体表示为与应用进程不同的目录客体，则使用属性commonName携带应用实体限定符的值。

6.13 DSA

DSA 客体类用于定义表示 DSA 的那些条目。DSA 在 GB/T 16264.2—2008 中规定。

```
dSA OBJECT-CLASS ::=   {
    SUBCLASS OF                 { applicationEntity }
    MAY CONTAIN                 { knowledgeInformation }
    ID                          id-oc-dSA }
```

6.14 设备 device

*设备*客体类用于定义表示设备的那些条目。设备是能够进行通信的物理单元，例如调制解调器、磁盘驱动器等。

```
device OBJECT-CLASS ::=   {
    SUBCLASS OF                 { top }
    MUST CONTAIN                { commonName }
    MAY CONTAIN                 { description |
                                localityName |
                                organizationName |
                                organizationalUnitName |
                                owner |
                                seeAlso |
                                serialNumber }
    ID                          id-oc-device }
```

注：应至少包含localityName，serialNumber，owner之一；如何选择依赖于设备的类型。

6.15 强鉴别用户 strong authentication user

*强鉴别用户*客体类用于定义与强鉴别所涉及的客体有关的那些条目。强鉴别在 ISO/IEC 9594-8：2005 中定义。

```
strongAuthenticationUser OBJECT-CLASS ::=   {
    SUBCLASS OF                 { top }
    KIND                        auxiliary
    MUST CONTAIN                { userCertificate }
    ID                          id-oc-strongAuthenticationUser }
```

注：虽然本部分已经不赞成使用该客体类，而支持在 ISO/IEC 9594-8：2005 中规定的pkiUser和pkiCA客体类，而且强烈建议在新的实现中使用pkiUser和pkiCA客体类，但应用strongAuthenticationUser，certificationAuthority和certificationAuthorityv2客体类的实现仍然符合本部分。

6.16 用户安全信息 user security information

*用户安全信息*客体类用于定义需要指明与其相关的安全信息的那些客体条目，用户安全信息在 ISO/IEC 9594-8：2005 中规定。

```
userSecurityInformation OBJECT-CLASS ::=   {
    SUBCLASS OF                 { top }
    KIND                        auxiliary
```

```
    MAY CONTAIN             { supportedAlgorithms }
    ID                      id-oc-userSecurityInformation }
```

6.17 认证机构 **certification authority**

*认证机构*客体类用于定义担当认证机构的客体条目，认证机构在ISO/IEC 9594-8:2005中定义。

```
certificationAuthority OBJECT-CLASS ::=  {
    SUBCLASS OF             { top }
    KIND                    auxiliary
    MUST CONTAIN            { cACertificate |
                            certificateRevocationList |
                            authorityRevocationList }
    MAY CONTAIN             { crossCertificatePair }
    ID                      id-oc-certificationAuthority }
```

注：虽然本部分已经不赞成使用该客体类，而支持在ISO/IEC 9594-8:2005中规定的pkiUser和pkiCA客体类，而且强烈建议在新的实现中使用pkiUser和pkiCA客体类，但应用strongAuthenticationUser，certificationAuthority和certificationAuthorityv2客体类的实现仍然符合本部分。

6.18 认证机构-V2 **certification authority-v2**

*认证机构-V2*客体类用于定义担当认证机构并支持增量撤销列表的客体条目，认证机构-V2在ISO/IEC 9594-8:2005中定义。

```
certificationAuthority-V2 OBJECT-CLASS ::=  {
    SUBCLASS OF             { certificationAuthority }
    KIND                    auxiliary
    MAY CONTAIN             { deltaRevocationList }
    ID                      id-oc-certificationAuthority-V2 }
```

注：虽然本部分已经不赞成使用该客体类，而支持在ISO/IEC 9594-8:2005中规定的pkiUser和pkiCA客体类，而且强烈建议在新的实现中使用pkiUser和pkiCA客体类，但应用strongAuthenticationUser，certificationAuthority和certificationAuthorityv2客体类的实现仍然符合本部分。

6.19 **DMD**

*DMD*客体类用于定义DIT中的DMD条目。

```
dMD OBJECT-CLASS ::=  {
    SUBCLASS OF             { top }
    MUST CONTAIN            { dmdName }
    MAY CONTAIN             { OrganizationalAttributeSet }
    ID                      id-oc-dmd }
```

第三篇：选定的名(称)格式

7 选定的名(称)格式的定义

7.1 国家名(称)格式 country name form

*国家名(称)格式*规定了如何命名客体类country的条目。

```
countryNameForm NAME-FORM ::=  {
    NAMES                   country
    WITH ATTRIBUTES         { countryName }
    ID                      id-nf-countryNameForm }
```

7.2 地点名格式 locality name form

地点名格式规定了如何命名客体类locality 的条目。

```
locNameForm NAME-FORM ::= {
    NAMES                   locality
    WITH ATTRIBUTES         { localityName }
    ID                      id-nf-locNameForm }
```

7.3 省或州的名(称)格式 state or province name form

省或州的名(称)格式规定了如何命名客体类locality 的条目。

```
sOPNameForm NAME-FORM ::= {
    NAMES                   locality
    WITH ATTRIBUTES         { stateOrProvinceName }
    ID                      id-nf-sOPNameForm }
```

7.4 组织名(称)格式 organization name form

组织名(称)格式规定了可以如何命名客体类organization 的条目。

```
orgNameForm NAME-FORM ::= {
    NAMES                   organization
    WITH ATTRIBUTES         { organizationName }
    ID                      id-nf-orgNameForm }
```

7.5 组织单元名(称)格式 organizational unit name form

组织单元名(称)格式规定了如何命名客体类organizationalUnit 的条目。

```
orgUnitNameForm NAME-FORM ::= {
    NAMES                   organizationalUnit
    WITH ATTRIBUTES         { organizationalUnitName }
    ID                      id-nf-orgUnitNameForm }
```

7.6 个人名(称)格式 person name form

个人名(称)格式规定了如何命名客体类person 的条目。

```
personNameForm NAME-FORM ::= {
    NAMES                   person
    WITH ATTRIBUTES         { commonName )
    ID                      id-nf-personNameForm }
```

7.7 组织个人名(称)格式 organizational person name form

组织个人名(称)格式规定了如何命名客体类organizationalPerson 的条目。

```
orgPersonNameForm NAME-FORM ::= {
    NAMES                   organizationalPerson
    WITH ATTRIBUTES         { commonName }
    AND OPTIONALLY          { organizationalUnitName }
    ID                      id-nf-orgPersonNameForm }
```

7.8 组织角色名(称)格式 organizational role name form

组织角色名(称)格式规定了如何命名客体类organizationalRole 的条目。

```
orgRoleNameForm NAME-FORM ::= {
    NAMES                   organizationalRole
    WITH ATTRIBUTES         { commonName }
    ID                      id-nf-orgRoleNameForm }
```

7.9 名(称)组名(称)格式 group of names name form

*名(称)组*名(称)格式规定了如何命名客体类groupOfNames 的条目。

```
gONNameForm NAME-FORM ::=   {
    NAMES                   groupOfNames
    WITH ATTRIBUTES         { commonName }
    ID                      id-nf-gONNameForm }
```

7.10 居住个人名(称)格式 residential person name form

*居住个人*名(称)格式规定了如何命名客体类residentialPerson 的条目。

```
resPersonNameForm NAME-FORM ::=   {
    NAMES                   residentialPerson
    WITH ATTRIBUTES         { commonName }
    AND OPTIONALLY          { streetAddress }
    ID                      id-nf-resPersonNameForm }
```

7.11 应用进程名(称)格式 application process name form

*应用进程*名(称)格式规定了如何命名客体类applicationProcess 的条目。

```
applProcessNameForm NAME-FORM ::=   {
    NAMES                   applicationProcess
    WITH ATTRIBUTES         { commonName }
    ID                      id-nf-applProcessNameForm }
```

7.12 应用实体名(称)格式 application entity name form

*应用实体*名(称)格式规定了如何命名客体类applicationEntity 的条目。

```
applEntityNameForm NAME-FORM ::=   {
    NAMES                   applicationEntity
    WITH ATTRIBUTES         { commonName }
    ID                      id-nf-applEntityNameForm }
```

7.13 DSA 名(称)格式 DSA name form

DSA 名(称)格式规定了如何命名客体类dSA 的条目。

```
dSANameForm NAME-FORM ::=   {
    NAMES                   dSA
    WITH ATTRIBUTES         { commonName }
    ID                      id-nf-dSANameForm }
```

7.14 设备名(称)格式 device name form

*设备*名(称)格式规定了如何命名客体类device 的条目。

```
deviceNameForm NAME-FORM ::=   {
    NAMES                   device
    WITH ATTRIBUTES         { commonName }
    ID                      id-nf-deviceNameForm }
```

7.15 DMD 名(称)格式 DMD name form

DMD 名(称)格式规定了如何命名客体类dMD 的条目。

```
dMDNameForm NAME-FORM ::=   {
    NAMES                   dMD
    WITH ATTRIBUTES         { dmdName }
    ID                      id-nf-dMDNameForm }
```

附 录 A
（规范性附录）
用 ASN.1 描述选定的客体类和名(称)格式

本附录包括了在本目录规范中定义的所有 ASN.1 类型和值的定义，形式为 ASN.1 模块 SelectedObjectClasses 。

```
SelectedObjectClasses {joint-iso-itu-t ds(5) module(1) selectedObjectClasses(6) 5}
DEFINITIONS ::=
BEGIN
--EXPORTS All --
——本模块中定义的类型和值输出可用于目录规范包含的其他 ASN.1 模块，
——以及使用它们访问目录服务的其他应用。
——其他应用可把它们用于自己的目的，
——但这并不限制为维护或改进目录服务所需的扩充和修改。
IMPORTS
    authenticationFramework, certificateExtensions, id-nf, id-oc, informationFramework,
    objectClass, selectedAttributeTypes
        FROM UsefulDefinitions {joint-iso-itu-t ds(5) module(1) usefulDefinitions(0) 5}

    alias, ATTRIBUTE, NAME-FORM, OBJECT-CLASS, top
        FROM InformationFramework informationFramework

    businessCategory, commonName, countryName, description, destinationIndicator, dmdName,
    facsimileTelephoneNumber, internationalISDNNumber, knowledgeInformation, localityName,
    member, organizationalUnitName, organizationName, owner, physicalDeliveryOfficeName,
    postalAddress, postalCode, postOfficeBox, preferredDeliveryMethod, presentationAddress,
    registeredAddress, roleOccupant, searchGuide, seeAlso, serialNumber, stateOrProvinceName,
    streetAddress, supportedApplicationContext, surname, telephoneNumber,
    telexNumber, title, uniqueMember, x121Address
        FROM SelectedAttributeTypes selectedAttributeTypes

    authorityRevocationList, cACertificate, certificateRevocationList, crossCertificatePair,
    deltaRevocationList, supportedAlgorithms, userCertificate, userPassword
        FROM AuthenticationFramework authenticationFramework    ;
-- 属性集--
TelecommunicationAttributeSet ATTRIBUTE ::=  {
    facsimileTelephoneNumber|
    internationalISDNNumber|
    telephoneNumber|
-- teletexTerminalIdentifier |                    属性类型已经删除
    telexNumber|
```

```
        preferredDeliveryMethod|
        destinationIndicator|
        registeredAddress|
        x121Address }
    PostalAttributeSet ATTRIBUTE ::=  {
        physicalDeliveryOfficeName|
        postalAddress|
        postalCode|
        postOfficeBox|
        streetAddress }
    LocaleAttributeSet ATTRIBUTE ::=  {
        localityName|
        stateOrProvinceName|
        streetAddress }
    OrganizationalAttributeSet ATTRIBUTE ::=  {
        description|
        LocaleAttributeSet|
        PostalAttributeSet|
        TelecommunicationAttributeSet|
        businessCategory|
        seeAlso|
        searchGuide|
        userPassword }
    --客体类 --
    country  OBJECT-CLASS  ::=  {
        SUBCLASS OF          { top }
        MUST CONTAIN         { countryName }
        MAY CONTAIN          { description | searchGuide }
        ID                   id-oc-country }

    locality  OBJECT-CLASS  ::=  {
        SUBCLASS OF          { top }
        MAY CONTAIN          { description |
                             searchGuide | LocaleAttributeSet | seeAlso }
        ID                   id-oc-locality }

    organization  OBJECT-CLASS  ::=  {
        SUBCLASS OF          { top }
        MUST CONTAIN         { organizationName }
        MAY CONTAIN          { OrganizationalAttributeSet }
        ID                   id-oc-organization }

    organizationalUnit  OBJECT-CLASS  ::=  {
```

```
    SUBCLASS OF          { top }
    MUST CONTAIN         { organizationalUnitName }
    MAY CONTAIN          { OrganizationalAttributeSet }
    ID                   id-oc-organizationalUnit }

person  OBJECT-CLASS  ::=  {
    SUBCLASS OF          { top }
    MUST CONTAIN         { commonName | surname }
    MAY CONTAIN          { description |
                         telephoneNumber | userPassword | seeAlso }
    ID                   id-oc-person }

organizationalPerson  OBJECT-CLASS  ::=  {
    SUBCLASS OF          { person }
    MAY CONTAIN          { LocaleAttributeSet |
                         PostalAttributeSet |
                         TelecommunicationAttributeSet |
                         organizationalUnitName |
                         title }
    ID                   id-oc-organizationalPerson }

organizationalRole  OBJECT-CLASS  ::=  {
    SUBCLASS OF          { top }
    MUST CONTAIN         { commonName }
    MAY CONTAIN          { description |
                         LocaleAttributeSet |
                         organizationalUnitName |
                         PostalAttributeSet |
                         preferredDeliveryMethod |
                         roleOccupant |
                         seeAlso |
                         TelecommunicationAttributeSet }
    ID                   id-oc-organizationalRole }

groupOfNames  OBJECT-CLASS  ::=  {
    SUBCLASS OF          { top }
    MUST CONTAIN         { commonName | member }
    MAY CONTAIN          { description |
                         organizationName |
                         organizationalUnitName |
                         owner |
                         seeAlso |
                         businessCategory }
```

```
    ID                          id-oc-groupOfNames }

groupOfUniqueNames   OBJECT-CLASS   ::=   {
    SUBCLASS OF                 { top }
    MUST CONTAIN                { commonName | uniqueMember }
    MAY CONTAIN                 { description |
                                organizationName
                                organizationalUnitName |
                                owner |
                                seeAlso |
                                businessCategory }
    ID                          id-oc-groupOfUniqueNames }

residentialPerson   OBJECT-CLASS   ::=   {
    SUBCLASS OF                 { person }
    MUST CONTAIN                { localityName }
    MAY CONTAIN                 { LocaleAttributeSet |
                                PostalAttributeSet |
                                preferredDeliveryMethod |
                                TelecommunicationAttributeSet |
                                businessCategory }
    ID                          id-oc-residentialPerson }

applicationProcess   OBJECT-CLASS   ::=   {
    SUBCLASS OF                 { top }
    MUST CONTAIN                { commonName }
    MAY CONTAIN                 { description |
                                localityName |
                                organizationalUnitName |
                                seeAlso }
    ID                          id-oc-applicationProcess }

applicationEntity   OBJECT-CLASS   ::=   {
    SUBCLASS OF                 {top }
    MUST CONTAIN                {commonName | presentationAddress }
    MAY CONTAIN                 { description |
                                localityName |
                                organizationName |
                                organizationalUnitName |
                                seeAlso |
                                supportedApplicationContext }
    ID                          id-oc-applicationEntity }
```

```
dSA  OBJECT-CLASS  ::=  {
    SUBCLASS OF              { applicationEntity }
    MAY CONTAIN              { knowledgeInformation }
    ID                       id-oc-dSA }

device  OBJECT-CLASS  ::=  {
    SUBCLASS OF              { top }
    MUST CONTAIN             { commonName }
    MAY CONTAIN              { description |
                             localityName |
                             organizationName |
                             organizationalUnit
                             Name | owner |
                             seeAlso |
                             serialNumber }
    ID                       id-oc-device }

strongAuthenticationUser OBJECT-CLASS  ::=  {
    SUBCLASS OF              { top }
    KIND                     auxiliary
    MUST CONTAIN             { userCertificate }
    ID                       id-oc-strongAuthenticationUser }

userSecurityInformation  OBJECT-CLASS  ::=  {
    SUBCLASS OF              { top }
    KIND                     auxiliary
    MAY CONTAIN              { supportedAlgorithms }
    ID                       id-oc-userSecurityInformation }

certificationAuthority  OBJECT-CLASS  ::=  {
    SUBCLASS OF              { top }
    KIND                     auxiliary
    MUST CONTAIN             { cACertificate |
                             certificateRevocationList |
                             authorityRevocationList }
    MAY CONTAIN              { crossCertificatePair }
    ID                       id-oc-certificationAuthority }

certificationAuthority-V2  OBJECT-CLASS  ::=  {
    SUBCLASS OF              { certificationAuthority } KIND auxiliary
    MAY CONTAIN              { deltaRevocationList }
    ID                       id-oc-certificationAuthority-V2 }
```

```
dMD  OBJECT-CLASS  ::=  { SUBCLASS OF { top }
    MUST CONTAIN          { dmdName }
    MAY CONTAIN           { OrganizationalAttributeSet }
    ID                    id-oc-dmd }
--名(称)格式--
countryNameForm  NAME-FORM  ::=  {
    NAMES                 country
    WITH ATTRIBUTES       { countryName }
    ID                    id-nf-countryNameForm }

locNameForm  NAME-FORM  ::=  {
    NAMES                 locality
    WITH ATTRIBUTES       { localityName }
    ID                    id-nf-locNameForm }

sOPNameForm  NAME-FORM  ::=  {
    NAMES                 locality
    WITH ATTRIBUTES       { stateOrProvinceName }
    ID                    id-nf-sOPNameForm }

orgNameForm  NAME-FORM  ::=  {
    NAMES                 organization
    WITH ATTRIBUTES       { organizationName }
    ID                    id-nf-orgNameForm }

orgUnitNameForm  NAME-FORM  ::=  {
    NAMES                 organizationalUnit
    WITH ATTRIBUTES       { organizationalUnitName }
    ID                    id-nf-orgUnitNameForm }

personNameForm  NAME-FORM  ::=  {
    NAMES                 person
    WITH ATTRIBUTES       { commonName }
    ID                    id-nf-personNameForm }

orgPersonNameForm  NAME-FORM  ::=  {
    NAMES                 organizationalPerson
    WITH ATTRIBUTES       { commonName }
    AND OPTIONALLY        { organizationalUnitName }
    ID                    id-nf-orgPersonNameForm }

orgRoleNameForm  NAME-FORM  ::=  {
    NAMES                 organizationalRole
```

```
    WITH ATTRIBUTES      { commonName }
    ID                   id-nf-orgRoleNameForm }

gONNameForm  NAME-FORM  ::=  {
    NAMES                groupOfNames
    WITH ATTRIBUTES      { commonName }
    ID                   id-nf-gONNameForm }

resPersonNameForm  NAME-FORM  ::=  {
    NAMES                residentialPerson
    WITH ATTRIBUTES      { commonName } AND
    OPTIONALLY           { streetAddress }
    ID                   id-nf-resPersonNameForm }

applProcessNameForm  NAME-FORM  ::=  {
    NAMES                applicationProcess
    WITH ATTRIBUTES      { commonName }
    ID                   id-nf-applProcessNameForm }

applEntityNameForm  NAME-FORM  ::=  {
    NAMES                applicationEntity
    WITH ATTRIBUTES      { commonName }
    ID                   id-nf-applEntityNameForm }

dSANameForm  NAME-FORM  ::=  {
    NAMES                dSA
    WITH ATTRIBUTES      { commonName }
    ID                   id-nf-dSANameForm }

deviceNameForm  NAME-FORM  ::=  {
    NAMES                device
    WITH ATTRIBUTES      { commonName }
    ID                   id-nf-deviceNameForm }

dMDNameForm  NAME-FORM  ::=  {
    NAMES                dMD
    WITH ATTRIBUTES      { dmdName }
    ID                   id-nf-dMDNameForm }
-- 客体标识符分配 --
-- 在其他模块中分配的客体标识符在备注中示出
-- 客体类 --
-- id-oc-top                OBJECT IDENTIFIER  ::=  {id-oc 0}  在 GB/T 16264.2—
2008 中规定
```

```
-- id-oc-alias                     OBJECT IDENTIFIER  ::=  {id-oc 1}   在 GB/T 16264.2—2008 中规定
id-oc-country                      OBJECT IDENTIFIER  ::=  {id-oc 2}
id-oc-locality                     OBJECT IDENTIFIER  ::=  {id-oc 3}
id-oc-organization                 OBJECT IDENTIFIER  ::=  {id-oc 4}
id-oc-organizationalUnit           OBJECT IDENTIFIER  ::=  {id-oc 5}
id-oc-person                       OBJECT IDENTIFIER  ::=  {id-oc 6}
id-oc-organizationalPerson         OBJECT IDENTIFIER  ::=  {id-oc 7}
id-oc-organizationalRole           OBJECT IDENTIFIER  ::=  {id-oc 8}
id-oc-groupOfNames                 OBJECT IDENTIFIER  ::=  {id-oc 9}
id-oc-residentialPerson            OBJECT IDENTIFIER  ::=  {id-oc 10}
id-oc-applicationProcess           OBJECT IDENTIFIER  ::=  {id-oc 11}
id-oc-applicationEntity            OBJECT IDENTIFIER  ::=  {id-oc 12}
id-oc-dSA                          OBJECT IDENTIFIER  ::=  {id-oc 13}
id-oc-device                       OBJECT IDENTIFIER  ::=  {id-oc 14}
id-oc-strongAuthenticationUser     OBJECT IDENTIFIER  ::=  {id-oc 15} --不赞成,见 6.15
id-oc-certificationAuthority       OBJECT IDENTIFIER  ::=  {id-oc 16} --不赞成,见6.17
id-oc-certificationAuthority-V2    OBJECT IDENTIFIER  ::=  {id-oc 16 2} --不赞成,见6.18
id-oc-groupOfUniqueNames           OBJECT IDENTIFIER  ::=  {id-oc 17}
id-oc-userSecurityInformation      OBJECT IDENTIFIER  ::=  {id-oc 18}
-- id-oc-cRLDistributionPoint      OBJECT IDENTIFIER  ::=  {id-oc19 } 在 ISO/IEC 9594-8:2005 中规定
id-oc-dmd                          OBJECT IDENTIFIER  ::=  {id-oc 20}
-- idid-oc-pkiUser                 OBJECT IDENTIFIER  ::=  {id-oc 21} 在 ISO/IEC 9594-8:2005 中规定
-- id-oc-pkiCA                     OBJECT IDENTIFIER  ::=  {id-oc 22} 在 ISO/IEC 9594-8:2005 中规定
-- id-oc-deltaCRL                  OBJECT IDENTIFIER  ::=  {id-oc 23} 在 ISO/IEC 9594-8:2005 中规定
-- id-oc-pmiUser                   OBJECT IDENTIFIER  ::=  {id-oc 24} 在 ISO/IEC 9594-8:2005 中规定
-- id-oc-pmiAA                     OBJECT IDENTIFIER  ::=  {id-oc 25} 在 ISO/IEC 9594-8:2005 中规定
-- id-oc-pmiSOA                    OBJECT IDENTIFIER  ::=  {id-oc 26} 在 ISO/IEC 9594-8:2005 中规定
-- id-oc-attCertCRLDistributionPts OBJECT IDENTIFIER  ::=  {id-oc 27} 在 ISO/IEC 9594-8:2005 中规定
-- id-oc-parent                    OBJECT IDENTIFIER  ::=  {id-oc 28}  在 ISO/IEC 9594-8:2005 中规定
-- id-oc-child                     OBJECT IDENTIFIER  ::=  {id-oc 29}  在 ISO/IEC 9594-8:2005 中规定
-- id-oc-cpCps                     OBJECT IDENTIFIER  ::=  {id-oc 30} 在 ISO/IEC 9594-8:2005 中规定
```

```
-- id-oc-pkiCertPath                 OBJECT IDENTIFIER  ::=  {id-oc 31} 在 ISO/IEC 9594-8:2005 中规定
-- id-oc-privilegePolicy             OBJECT IDENTIFIER  ::=  {id-oc 32} 在 ISO/IEC 9594-8:2005 中规定
-- id-oc-pmiDelegationPath           OBJECT IDENTIFIER  ::=  {id-oc 33} 在 ISO/IEC 9594-8:2005 中规定
-- id-oc-protectedPrivilegePolicy    OBJECT IDENTIFIER  ::=  {id-oc-34} 在 ISO/IEC 9594-8:2005 中规定
-- 名(称)格式 --
id-nf-countryNameForm                OBJECT IDENTIFIER  ::=  {id-nf 0}
id-nf-locNameForm                    OBJECT IDENTIFIER  ::=  {id-nf 1}
id-nf-sOPNameForm                    OBJECT IDENTIFIER  ::=  {id-nf 2}
id-nf-orgNameForm                    OBJECT IDENTIFIER  ::=  {id-nf 3}
id-nf-orgUnitNameForm                OBJECT IDENTIFIER  ::=  {id-nf 4}
id-nf-personNameForm                 OBJECT IDENTIFIER  ::=  {id-nf 5}
id-nf-orgPersonNameForm              OBJECT IDENTIFIER  ::=  {id-nf 6}
id-nf-orgRoleNameForm                OBJECT IDENTIFIER  ::=  {id-nf 7}
id-nf-gONNameForm                    OBJECT IDENTIFIER  ::=  {id-nf 8}
id-nf-resPersonNameForm              OBJECT IDENTIFIER  ::=  {id-nf 9}
id-nf-applProcessNameForm            OBJECT IDENTIFIER  ::=  {id-nf 10}
id-nf-applEntityNameForm             OBJECT IDENTIFIER  ::=  {id-nf 11}
id-nf-dSANameForm                    OBJECT IDENTIFIER  ::=  {id-nf 12}
id-nf-deviceNameForm                 OBJECT IDENTIFIER  ::=  {id-nf 13}
-- id-nf-cRLDistPtNameForm           OBJECT IDENTIFIER  ::=  {id-nf 14}
id-nf-dMDNameForm                    OBJECT IDENTIFIER  ::=  {id-nf 15}
-- id-nf-subentryNameForm            OBJECT IDENTIFIER  ::=  {id-nf 16}
END --SelectedObjectClasses
```

附 录 B
（资料性附录）
建议的名(称)格式和 DIT 结构

本附录给出了一个 DIT 结构和相关的 DIT 结构规则，如图 B.1 所示，该规则使用了第 3 篇规定的名(称)格式。这些规则包括了一个未受限的 DIT 结构。这个示例仅用于示范的目的，并无意要限制在本目录中有效构造的名(称)类型。

附录中分配的并用于图 B.1 中的整数标识符是任意规定的，不具有全球(或标准化)意义。一个特定的结构规则标识符仅在其应用的子模式范围内有意义。每个 DMD 负责产生自己的 DIT 结构和结构规则，可能与本示例不同。

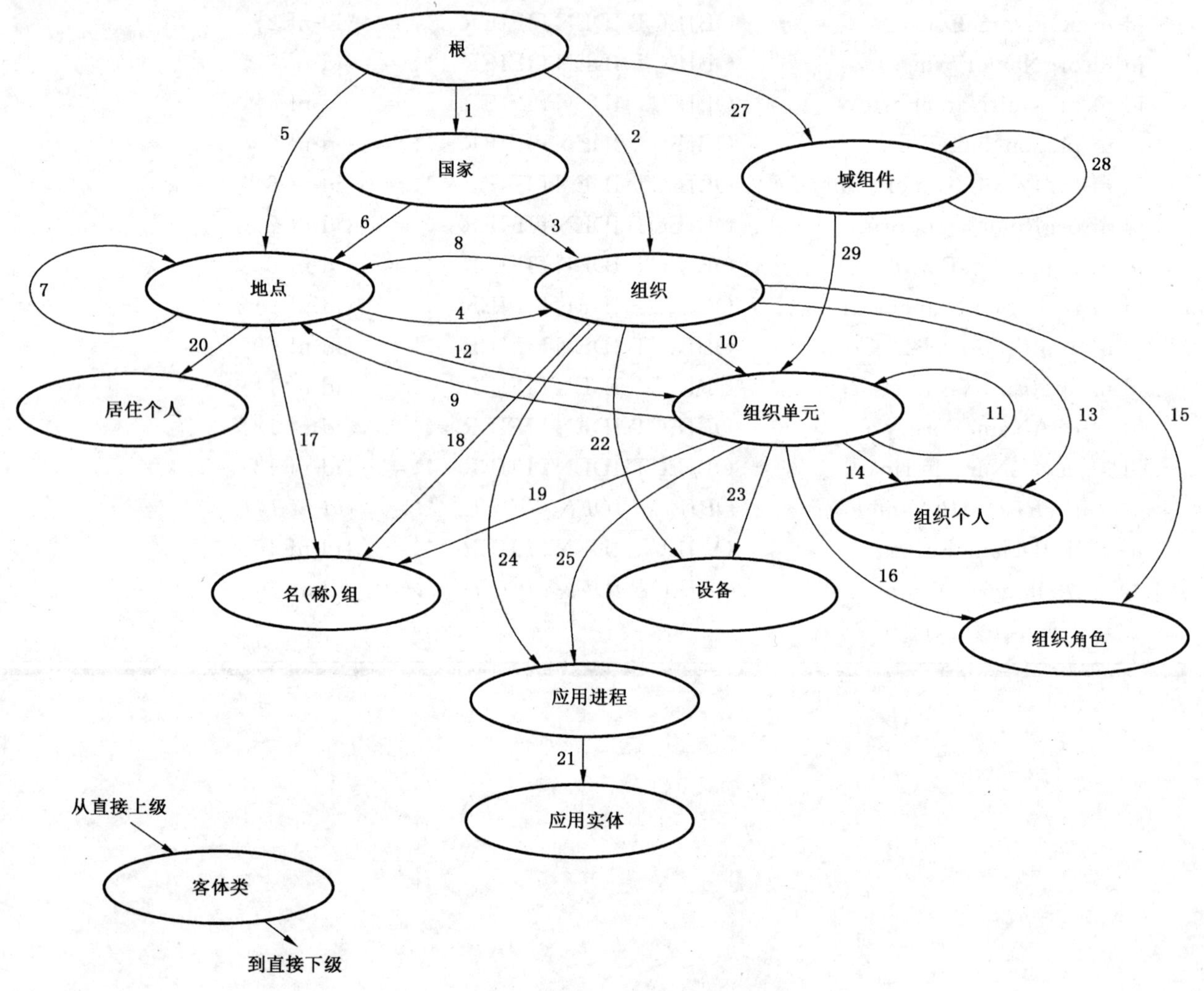

图 B.1 DIT 结构举例

B.1 国家

属性countryName 用于命名。

根是客体类country 的直接上级条目。

```
sr1 STRUCTURE-RULE ::= {
    NAME FORM           countryNameForm
    ID                  1 }
```

B.2 组织

属性organizationName 用于命名。

根、country 或locality 可以是客体类organization 的直接上级条目。

注：当组织直接在根下时，则表示是国际组织。用于命名国际组织organizationName 属性值都必须是可区分的。

```
sr2 STRUCTURE-RULE ::=   {
    NAME FORM            orgNameForm
    ID                   2 }

sr3 STRUCTURE-RULE ::=   {
    NAME FORM            orgNameForm
    SUPERIOR RULES       { sr1 }
    ID                   3}

sr4 STRUCTURE-RULE ::=   {
    NAME FORM            orgNameForm
    SUPERIOR RULES       { sr5|sr6|sr7|sr8|sr9 }
    ID                   4}
```

B.3 地点

属性localityNameor stateOrProvinceName 用于命名。

注：对于使用stateOrProvinceName 命名地点，见 B.12。

根，country ，locality ，organization 或organizationalUnit 可以是客体类locality 的直接上级条目。

```
sr5 STRUCTURE-RULE ::=   {
    NAME FORM            locNameForm
    ID                   5 }

sr6 STRUCTURE-RULE ::=   {
    NAME FORM            locNameForm
    SUPERIOR RULES       { sr1 }
    ID                   6 }

sr7 STRUCTURE-RULE ::=   {
    NAME FORM            locNameForm
    SUPERIOR RULES       { sr5|sr6|sr7|sr8|sr9 }
    ID                   7 }

sr8 STRUCTURE-RULE ::=   {
    NAME FORM            locNameForm
    SUPERIOR RULES       { sr2|sr|3|sr4 }
    ID                   8 }

sr9 STRUCTURE-RULE ::=   {
    NAME FORM            locNameForm
    SUPERIOR RULES       { sr10|sr11|sr12 }
    ID                   9 }
```

B.4 组织单元

属性organizationalUnitName 用于命名。

organization ,organizationalUnit ,locality 或 domainComponent 可以是客体类organizationalUnit 的直接上级条目。

```
sr10 STRUCTURE-RULE ::=    {
    NAME FORM              orgUnitNameForm
    SUPERIOR RULES         { sr2|sr3|sr4 }
    ID                     10 }

sr11 STRUCTURE-RULE ::=    {
    NAME FORM              orgUnitNameForm
    SUPERIOR RULES         { sr10|sr11|sr12 }
    ID                     11 }

sr12 STRUCTURE-RULE ::=    {
    NAME FORM              orgUnitNameForm
    SUPERIOR RULES         { sr5 |sr6|sr7| sr8| sr9 }
    ID                     12 }
```

B.5 组织个人

属性commonName 和选用的organizationalUnitName 用于命名。

organization 或organizationalUnit 可以是客体类organizationalPerson 的直接上级条目。

```
sr13 STRUCTURE-RULE ::=    {
    NAME FORM              orgPersonNameForm
    SUPERIOR RULES         { sr2|sr3|sr4 }
    ID                     13 }

sr14 STRUCTURE-RULE ::=    {
    NAME FORM              orgPersonNameForm
    SUPERIOR RULES         { sr10|sr11|sr12 }
    ID                     14 }
```

B.6 组织角色

属性commonName 用于命名。

Organization 或organizationalUnit 可以是客体类organizationalRole 的直接上级条目。

```
sr15 STRUCTURE-RULE ::=    {
    NAME FORM              orgRoleNameForm
    SUPERIOR RULES         { sr2|sr3|sr4 }
    ID                     15 }

sr16 STRUCTURE-RULE ::=    {
    NAME FORM              orgRoleNameForm
    SUPERIOR RULES         { sr10|sr11|sr12 }
    ID                     16 }
```

B.7 名(称)组

属性commonName 用于命名。

locality ,organization 或organizationalUnit 可以是客体类groupOfNames 的直接上级条目。

```
sr17 STRUCTURE-RULE ::=     {
    NAME FORM               gonNameForm
    SUPERIOR RULES          { sr5| sr6| sr7| sr8| sr9 }
    ID                      17 }

sr18 STRUCTURE-RULE ::=     {
    NAME FORM               gonNameForm
    SUPERIOR RULES          { sr2|sr3|sr4 }
    ID                      18 }

sr19 STRUCTURE-RULE ::=     {
    NAME FORM               gonNameForm
    SUPERIOR RULES          { sr10|sr11|sr12 }
    ID                      19 }
```

B.8 居住个人

属性commonName 和选用的streetAddress 用于命名。

locality 是客体类residentialPerson 的直接上级条目。

```
sr20 STRUCTURE-RULE ::=     {
    NAME FORM               resPersonNameForm
    SUPERIOR RULES          { sr5|sr6|sr7|sr8|sr9 }
    ID                      20 }
```

B.9 应用实体

属性commonName 用于命名。

applicationProcess 是客体类applicationEntity 的直接上级条目。

```
sr21 STRUCTURE-RULE ::=     {
    NAME FORM               applEntityNameForm
    SUPERIOR RULES          { sr24|sr25 }
    ID                      21 }
```

B.10 设备

属性commonName 用于命名。

organization 或organizationalUnit 可以是客体类device 的直接上级条目。

```
s22 STRUCTURE-RULE ::=      {
    NAME FORM               deviceNameForm
    SUPERIOR RULES          { sr2|sr3|sr4 }
    ID                      22 }

s23 STRUCTURE-RULE ::=      {
    NAME FORM               deviceNameForm
    SUPERIOR RULES          { sr10|sr11|sr12 }
    ID                      23 }
```

B.11 应用进程

属性commonName 用于命名。

organization 或organizationalUnit 可以是客体类applicationProcess 的直接上级条目。

```
sr24 STRUCTURE-RULE ::=   {
    NAME FORM             applProcessNameForm
    SUPERIOR RULES        { sr2|sr3|sr4 }
    ID                    24 }

sr25 STRUCTURE-RULE ::=   {
    NAME FORM             applProcessNameForm
    SUPERIOR RULES        { sr10|sr11|sr12 }
    ID                    25 }
```

B.12 用于地点的可替换结构规则

如果stateOrProvinceName 属性用于命名地点，而且该地点仅限定为国家的直接下级，则需要一个附加的结构规则来规定这种情况。

```
sr26 STRUCTURE-RULE ::=   {
    NAME FORM             sOPNameForm
    SUPERIOR RULES        { sr1 }
    ID                    26 }
```

另外，必须修改结构规则sr4，sr7，sr12，sr17 和sr20，以便把sr26 包括在它们各自的上级结构规则列表中，如下所示。

```
sr4 STRUCTURE-RULE ::=   {
    NAME FORM             orgNameForm
    SUPERIOR RULES        { sr5|sr6|sr7|sr8|sr9|sr26 }
    ID                    4 }

sr7 STRUCTURE-RULE ::=   {
    NAME FORM             locNameForm
    SUPERIOR RULES        { sr5|sr6|sr7|sr8|sr9|sr26 }
    ID                    7 }

sr12 STRUCTURE-RULE ::=   {
    NAME FORM             orgUnitNameForm
    SUPERIOR RULES        { sr5|sr6|sr7|sr8|sr9|sr26 }
    ID                    12 }

sr17 STRUCTURE-RULE ::=   {
    NAME FORM             gonNameForm
    SUPERIOR RULES        { sr5|sr6|sr7|sr8|sr9|sr26 }
    ID                    17 }

sr20 STRUCTURE-RULE ::=   {
    NAME FORM             resPersonNameForm
    SUPERIOR RULES        { sr5|sr6|sr7|sr8|sr9|sr26 }
    ID                    20 }
```

ICS 55.020
A 80

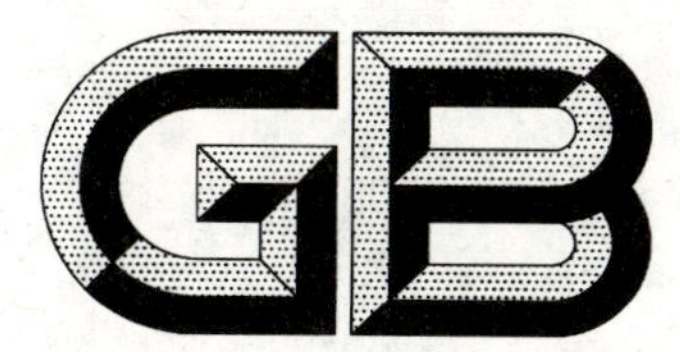

中华人民共和国国家标准

GB/T 16265—2008
代替 GB/T 16265—1996

包装材料试验方法　相容性

Test method of packaging materials—Compatibility

2008-04-01 发布　　2008-10-01 实施

中华人民共和国国家质量监督检验检疫总局
中国国家标准化管理委员会　发布

前　言

本标准修改采用美国联邦标准 FED-STD-101《包装材料试验规程》中的 3004 方法《材料相容性试验方法》部分。

本标准与 FED-STD-101 中 3004 方法主要差异性如下：

——增加了金属试片选用；

——修改了柔性包装材料与金属的相容性的试验程序；

——增加试验结果判定。

本标准代替 GB/T 16265—1996《包装材料试验方法　相容性》。

本标准与 GB/T 16265—1996 相比主要变化如下：

——重新规定了试片材质和表面状态；

——重新规定了试片清洗程序和清洗介质；

——重新界定了气相防锈包装材料与被包装的金属相容性的试验条件；

——增加了“气相缓蚀剂”与被包装的金属材料的相容性的操作规程和“气相缓蚀剂”与热封包装材料相容性的操作规程；

——原标准的“5.4.2 试验环境”并入“试验方法”中。

本标准由全国包装标准化技术委员会提出并归口。

本标准起草单位：机械科学研究总院、沈阳防锈包装材料有限责任公司。

本标准主要起草人：吴秀伟、张晓建、白芳、李长伟、刘萍。

本标准所代替标准的历次版本发布情况为：

——GB/T 16265—1996。

包装材料试验方法　相容性

1　范围

本标准规定了包装材料相容性的试验方法。

本标准适用于下列材料之间的相容性试验：

a)　中性包装材料与被包装的金属、塑料或其他固体材料；

b)　气相防锈包装材料与被包装的金属；

c)　气相防锈包装材料与可热封的包装材料；

d)　液态、半液态可剥性塑料、涂料与被保护的金属或其他固体材料。

2　规范性引用文件

下列文件中的条款通过本标准的引用而成为本标准的条款。凡是注日期的引用文件，其随后所有的修改单(不包括勘误的内容)或修订版均不适用于本标准。然而，鼓励根据本标准达成协议的各方研究是否可使用这些文件的最新版本。凡是不注日期的引用文件，其最新版本适用于本标准。

GB/T 678　化学试剂　乙醇(无水乙醇)(GB/T 678—2000，neq ISO 6353-2:1983)

GB/T 687　化学试剂　丙三醇(甘油)(GB/T 687—1994，neq ISO 6353-3:1987)

GB/T 2040　铜及铜合金板材

GB/T 3880(所有部分)　一般工业用铝及铝合金板、带材

GB/T 5048　防潮包装

GB/T 10586　湿热试验箱技术条件

JB/T 5520　干燥箱技术条件

3　术语和定义

下列术语和定义适用于本标准。

3.1

腐蚀　corrosion

金属或材料与所处的环境发生反应而导致的材料变质。这种变质通常是由氧化、酸或碱、电化学等作用引起的。在试验中只要试片表面出现可见的变化，如产生锈斑、蚀点或形成疏松的或粒状的产物，就认为是产生腐蚀。

3.2

变质　disease

材料腐蚀或使用性能降低。

3.3

变色　stain

仅在试验表面产生颜色变化而没有产生锈斑、蚀点或表面变质。这种变色本试验不认为是腐蚀。

3.4

试验表面　test surface

经过专门加工，供试验后检查腐蚀状况的材料表面。

3.5

中性包装材料

pH 值近中性(6.5～8.0)，对金属无腐蚀的包装材料。

4 试验仪器与材料

4.1 湿热试验箱

应符合 GB/T 10586 规定的要求。

4.2 干燥箱

应符合 JB/T 5520 规定的要求。

4.3 吊钩

S 型，材质为不锈钢或玻璃。

4.4 试片架

材质为不锈钢。

4.5 吹风机

冷热两用。

4.6 标本瓶

口内径为 ϕ60 mm，净高(除盖)为 180 mm。

4.7 氧化铝砂纸

240 号砂纸。

4.8 无水乙醇

应符合 GB/T 678 的要求。

4.9 丙三醇(甘油)

应符合 GB/T 687 的要求。

4.10 硅胶

细孔型，应符合 GB/T 5048 的要求。

5 试片及试样的准备

5.1 试片

根据实际包装件内容物选定。当没有特别指定时，金属试片一般选用符合 GB/T 2040 标准的 T3 纯铜板、符合 GB/T 3880 标准的纯铝板、钢上镀锌钝化、钢上镀镉钝化试片。试验前对铜、铝试片用 240 号砂纸交替垂直方向打磨。打磨后试片上磨纹应平行一致，表面不得有凹坑、划伤、锈蚀，试片及孔边缘不应有毛刺。

有镀层或涂层及其他非金属材料不需加工打磨处理，可直接用模拟件或按试验程序尺寸切取试片。

准备好的试片，除不能接触乙醇的材料外，用镊子夹持试片和脱脂棉(纱布)，在三只盛有无水乙醇的容器中顺序清洗三次，然后用热风吹干，冷却至室温后进行试验。不能连续投入试验时，应置于盛有细孔硅胶的干燥器内，但应 8 h 内使用，否则应重新打磨清洗。

5.2 试样

除非另有规定，试验的包装材料试样应随意选取，并有足够的数量充分代表被评价的材料。

6 试验程序

6.1 中性包装材料与被包装的金属、塑料或其他固体材料的相容性

6.1.1 将尺寸为 100 mm×50 mm×(3～5)mm 的金属或硬塑料试片用 150 mm×150 mm 中性包装材料试样包扎时，应使试验表面纵向中心线附近为双层，两边为单层，然后将试片长度方向的两端折叠到试验表面这一面，用尼龙绳沿试片纵向把折叠层捆紧，悬挂到试验用的暴露环境中。

6.1.2 除合同或订单另有规定，上述被包扎好的试片应垂直悬挂在 39℃±2℃，相对湿度不低于 95% 的湿热试验箱中，试验 72 h，然后取出，拆开包扎，检查并记录试片和包装材料试样的变质情况。

6.1.3 怀疑铜试片上有腐蚀时，在疑问处滴上一滴制备好的叠氮化钠的碘溶液，溶液的制备方法是把1.3 g的碘和4 g碘化钾溶于100 mL蒸馏水中，然后再往溶液中加入3 g叠氮化钠。滴液中立刻产生许多小气泡冒到液面上，说明试样上存在硫化物，证明试样已被腐蚀。若用5倍放大镜观察是慢慢产生的不连续的气泡不能证明有硫化物存在。

6.2 气相防锈包装材料与被包装的金属材料的相容性

除合同或订单另有规定，试验应按下述方法平行三次，并与空白(无气相防锈材料)进行对比试验。

6.2.1 柔性气相防锈包装材料

裁取尺寸为200 mm×60 mm的试样，将非涂药面贴紧标本瓶上部内壁，试验体组装后如图1。在标本瓶底部注入25 mL质量分数为45%的甘油水溶液。在65℃±2℃的干燥箱中放置2 h，形成内部相对湿度为85%±3%的密封空间。将按5.1预处理好的尺寸为75 mm×13 mm×1.5 mm试片悬挂在65℃±2℃的干燥箱中放置2 h的标本瓶内，其中气相防锈包装材料试样与被包装的试片距离不超过30 mm，试片下端距甘油水溶液液面约20 mm。将标样瓶盖盖好后再用胶粘带固定，组装好的标本瓶放入60℃±2℃的恒温箱内，连续加热120 h。除非另有规定，120 h后将标样瓶从干燥箱中取出，冷却至室温，打开标本瓶检查试片。

A——标本瓶盖；
B——试片架；
C——试片；
D——气相防锈纸；
E——标本瓶；
F——甘油水溶液。

图1 试验程序示意图

6.2.2 气相防锈剂

向标本瓶中注入25 mL质量分数为44%的甘油水溶液，在65℃±2℃下形成一个相对湿度为85%±3%的密封空间。称取试样0.10 g±0.005 g，均匀平铺于一直径为30 mm±2 mm的表面皿上，再放置于标本瓶内。将5.1处理好的尺寸为75 mm×13 mm×1.5 mm金属试片悬挂于标本瓶内，试片下端与缓蚀剂距离约6 mm。放入65℃±2℃的干燥箱内，连续加热120 h。除非另有规定，120 h后将标本瓶从干燥箱中取出，冷却至室温，打开标样瓶检查试片。

6.3 检查气相防锈包装材料与热封的包装材料的相容性

6.3.1 柔性气相防锈包装材料

除合同或订单另有规定，试验应按下述方法平行三次，并用中性牛皮纸作为空白进行对比试验。

将可热封的包装材料剪成254 mm×130 mm，并对折成口袋。将两边热焊，制成一个长127 mm的口袋。将一块尺寸为100 mm×50 mm×(4～6)mm的钢试片用气相防锈包装材料包好，涂有气相缓蚀剂的一面对着钢试片。包扎时试片纵向中心线附近应叠双层，两边为单层。把包好试片的试样装进口袋内，用手压出袋内空气，并把口袋开口处热焊密封。

将准备好的试样组合件置于温度为65℃±2℃的干燥箱内放置168 h。待袋子冷却到室温后，剪开焊封的一边，取出包扎的试片。检查可热封包装材料变质情况。

6.3.2 气相防锈剂

除非另有规定，试验应按下述方法平行三次，并用一个不含气相缓蚀剂的空白试样进行对比。

气相防锈剂与热封的包装材料的相容性试验中，将尺寸为100 mm×50 mm×(4～6)mm 的钢试片直接放入6.3.1中的热封袋中，再将0.25 g±0.005 g 的气相缓蚀剂均匀分散在试片一表面上，其他试验程序同6.3.1。

6.4 液态、半液态可剥性塑料或涂层与保护的金属或塑料等固体材料的相容性

6.4.1 试验方法

把液态或半液态可剥性塑料或涂料样品倒入一个干净的可密封的玻璃容器内，样品在玻璃容器的高度为试片长度的二分之一。将尺寸为100 mm ×50 mm×(3～5)mm 的金属或硬塑料试片等固体材料竖直放入液态或半液态样品中，使试片试验表面的一半露在液面上，把玻璃容器盖好并密封放在室温下放置1年或在38℃±2℃的环境中放置30 d。

6.4.2 试验后检查试片和试样的变质情况

检查金属是否腐蚀，塑料是否软化、龟裂、起泡、变形等。液态或半液态可剥性塑料的颜色是否变深、有无硬块、胶凝、沉淀、分离或影响使用的缺陷。必要时可按样品规定的性能检查。

7 结果判定

本标准试验结果，主要是三个平行样与空白试样对比。只要试片和试样均无变质，或变质不比空白重，均为相容。如有一片比空白重，需重复试验。若两片以上均比空白重或重复试验仍有一片比空白重，均为不相容。

8 试验报告

试验报告包括以下内容：

a） 本标准编号；

b） 试验程序；

c） 试验用试件和试样的详细说明，包括种类、尺寸、数量、状态等；

d） 试验参数；

e） 试验结果评定；

f） 试验过程中与本标准的差异；

g） 试验日期、试验者签字、试验单位盖章。

ICS 55.020
A 82

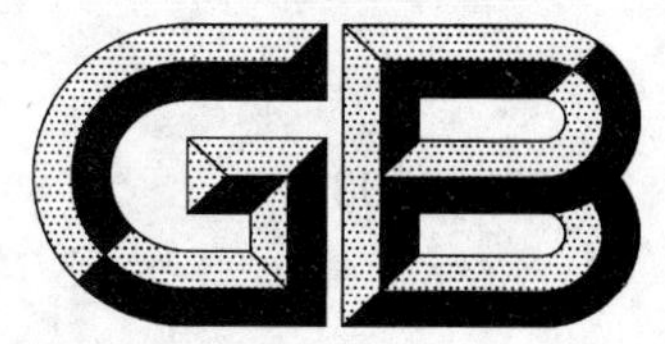

中华人民共和国国家标准

GB/T 16266—2008
代替 GB/T 16266—1996

包装材料试验方法　接触腐蚀

Test method of packaging materials—Contact corrosion

2008-04-01 发布　　2008-10-01 实施

中华人民共和国国家质量监督检验检疫总局
中国国家标准化管理委员会　发布

前言

本标准等同采用美国联邦标准 FED-STD-101《包装材料试验规程》中方法 3005《软质、硬质或粒状固体材料的接触腐蚀试验方法》。

本标准代替 GB/T 16266—1996《包装材料试验方法　接触腐蚀》。

本标准与 GB/T 16266—1996 相比主要变化如下：

——修改了干燥箱使用温度稳定性参数；

——增加了对干燥箱的具体标准要求；

——修改了试片清洗程序和清洗介质；

——增加了对颗粒和袋装试样的放置方法要求和说明；

——取消了原标准受压面、非受压面的区分，并进行了修改；

——取消了评定结果，改为判定试样是否腐蚀试片表面；

——增加了对所观察现象描述的要求。

本标准由全国包装标准化技术委员会提出并归口。

本标准起草单位：机械科学研究总院、沈阳防锈包装材料有限责任公司、中国包装联合会。

本标准主要起草人：刘洪文、张晓建、窦志宏、安成强、刘宏、刘国靖。

本标准所代替标准的历次版本发布情况为：

——GB/T 16266—1996。

包装材料试验方法 接触腐蚀

1 范围

本标准规定了包装材料与其紧密接触的金属表面腐蚀性试验方法。

本标准适用于与钢和铝表面紧密接触的包装材料的接触腐蚀试验。

2 规范性引用文件

下列文件中的条款通过本标准的引用而成为本标准的条款。凡是注日期的引用文件,其随后所有的修改单(不包括勘误的内容)或修订版均不适用于本标准。然而,鼓励根据本标准达成协议的各方研究是否可使用这些文件的最新版本。凡是不注日期的引用文件,其最新版本适用于本标准。

GB/T 678 化学试剂 乙醇(无水乙醇)(GB/T 678—2000,neq ISO 6353-2:1983)

GB/T 687 化学试剂 丙三醇(甘油)(GB/T 687—1994,neq ISO 6353-3:1987)

GB/T 699 优质碳素结构钢

GB/T 3880.1 一般工业用铝及铝合金板、带材 第1部分:一般要求

GB/T 5048 防潮包装

JB/T 5520 干燥箱技术条件

3 术语和定义

下列术语和定义适用于本标准。

3.1

腐蚀 corrosion

金属或材料与所处的环境发生反应而导致的材料变质。这种变质通常是由氧化、酸或碱、电化学等作用引起的。在试验中只要试片表面出现可见的变化,如产生锈斑、蚀点或形成疏松的或粒状的产物,就认为是产生腐蚀。

3.2

变色 stain

仅在试验表面产生颜色变化而没有产生锈斑、蚀点或表面变质。本试验中变色不认为腐蚀。

3.3

试验表面 test surface

经过专门加工,供试验后检查腐蚀情况的材料表面。

4 试验仪器与材料

4.1 干燥箱

应符合 JB/T 5520 规定的要求。

4.2 干燥器

上口内径为 ϕ280 mm±5 mm,高 260 mm±5 mm(不带盖)。

4.3 吹风机

冷热两用。

4.4 玻璃载片

尺寸为 75 mm×25 mm×(3～5)mm。

4.5 矩形不锈钢块

尺寸为 75 mm×25 mm×25 mm。

4.6 砂纸

240 号氧化铝砂纸。

4.7 无水乙醇

应符合 GB/T 678 的要求。

4.8 丙三醇(甘油)

应符合 GB/T 687 的要求。

4.9 硅胶

细孔型,应符合 GB/T 5048 的要求。

4.10 10 号碳钢试片

尺寸为 100 mm×50 mm×(4～6)mm,应符合 GB/T 699 的要求,共四片,一片为空白。

4.11 2024 铝合金试片

尺寸为 100 mm×50 mm×(4～6)mm,应符合 GB/T 3880.1 的要求,共四片,一片为空白。

4.12 包装材料试样

尺寸为 75 mm×50 mm。

5 试片和试样的准备

5.1 金属试片的打磨和清洗

将加工好的钢试片和铝试片,用 240 号砂纸沿与试片长边平行的方向打磨,试验表面不得有凹坑、划伤、锈蚀,然后分别在盛有无水乙醇的三只蒸发皿中依次清洗。清洗时用镊子夹持脱脂棉或纱布进行擦洗,其后用热风吹干,放入盛有细孔硅胶的干燥器中备用。清洗干净后的试片禁止赤手接触。经打磨清洗准备好的试片,存放时间不得超过 8 h,否则应重新打磨清洗。

5.2 试样

选取卷材距外卷三圈或平板材从顶部数第四张以下的试样,在距边缘至少 100 mm 处剪取。

5.2.1 柔性材料

按卷曲的方向,从不同的部位选取 75 mm×50 mm 的材料三张。所取试样表面应平整,无孔洞、皱折、油污、变质等。

5.2.2 硬质材料

对较硬的或块状材料,例如衬垫、夹板,选用该材料的平整表面,尺寸为 75 mm×50 mm,数量为三片。

5.2.3 粒状材料

对粒状材料,试样应为 20 g,磨细到颗粒能通过 40 目标准筛、而通不过 80 目标准筛的颗粒。对于袋装材料,如干燥剂,试样应为袋装材料的一个最小单位。

5.2.4 试样预处理

除粒状或袋状材料及不能清洗的包装材料外,软质或硬质包装材料,用一个镊子夹着试样,再用另一个镊子夹着纱布,蘸无水乙醇进行二次擦洗,然后用冷风(或小于 60℃的温风)吹干。经清洗干净的包装材料试样置于温度 25℃±2℃、相对湿度 50%±3%的环境中保留 24 h。清洗干净的试样禁止赤手接触。包装材料试样应平整,必要时可在预处理时压上一块 75 mm×75 mm 的玻璃片,再压上固定用的矩形钢块。

5.3 玻璃载片及矩形钢块的清洗

玻璃载片和矩形钢块,使用前用无水乙醇清洗两遍,热风吹干后放入干燥器中备用。清洗后禁止赤手接触玻璃载片和矩形钢块。

6 试验程序

6.1 将清洗干净并按 5.2.4 规定预处理的三块包装材料试样,覆盖在三片金属试片的中部,根据实际使用情况选择与金属接触部分。对于铝塑布复合材料,应使塑料面与金属接触。对于气相防锈纸,应使涂有气相缓蚀剂的一面与金属接触。在每一片包装材料试样中部压上一片洁净无腐蚀性的玻璃载片,再压上一块矩形钢块固定,玻璃载片和钢块的方向与金属试片的长方向垂直(详见图 1、图 2)。

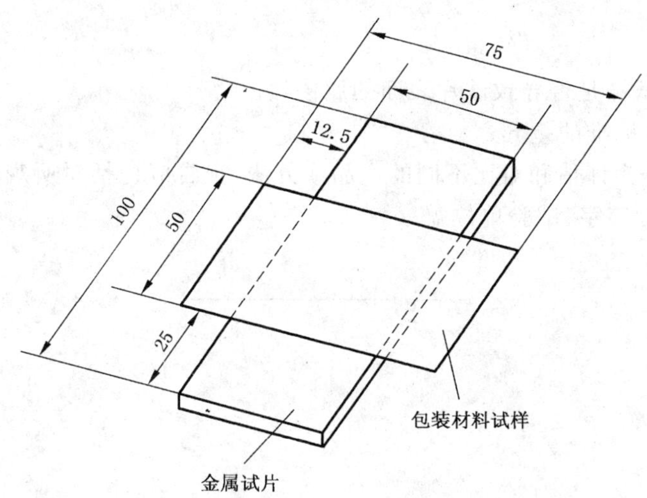

图 1 试片和试样接触方法

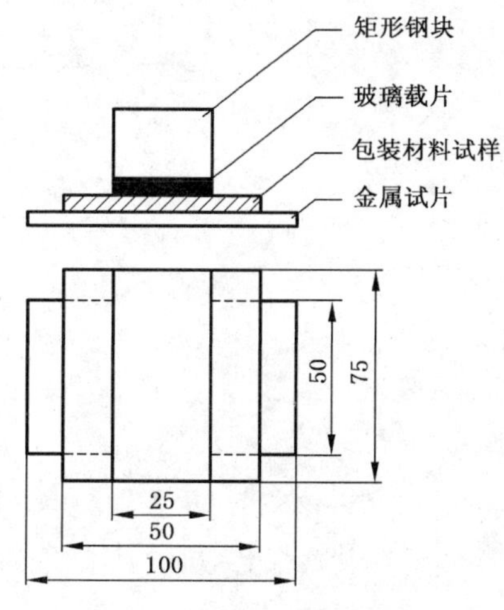

图 2 组合示意图

6.2 对于颗粒状试样,应均匀的放置于距试片试验表面的中心线 25 mm 的两条平行线中间部分。盖上玻璃片,玻璃片上再放上矩形钢块。

6.3 对于袋装粒状试样,应置于试片表面中心部分处,并确保试片表面上至少有 50 mm×50 mm 尺寸的未覆盖表面。必要时,需准备一大的干净玻璃片,用于支撑试片和袋装试样的超出部分。

6.4 将上述组合好的三组试验件,放在直径约 320 mm 干燥器内,在 49℃±2℃下预热 30 min 后取出,立即放入预先在 49℃±2℃下预热的底部盛有 300 mL,质量分数为 69% 的甘油水溶液的干燥器中,在磨口处涂抹少量真空密封油膏,盖上盖,并用医用胶布在三处固定盖子,然后放入 49℃±2℃的干燥箱内,此时干燥器内相对湿度为 65%±3%。对钢试片放置时间为 20 h,对铝试片放置时间为 72 h。

6.5 试验结束后,将试样从试片表面移开,立即检查试片表面是否有腐蚀痕迹,记录被试样覆盖表面和未覆盖的表面是否产生腐蚀,并描述腐蚀的严重程度和分布情况。

7 试验报告

试验报告应包括以下内容：

a) 本标准编号；

b) 试验用试片和试样的详细说明，包括种类、尺寸、数量、状态等；

c) 预处理条件；

d) 试验环境条件；

e) 试验参数；

f) 试验结果，陈述试样是否导致试片表面的腐蚀；

g) 试验过程中与本标准的差异；

h) 如试验目的仅是为评估和对比不同的产品或方法，报告应包括对所观察现象的详细描述；

i) 试验日期、试验者签字、试验单位盖章。

ICS 55.020
A 82

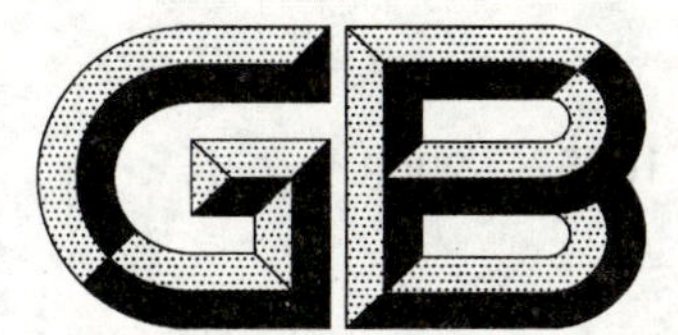

中华人民共和国国家标准

GB/T 16267—2008
代替 GB/T 16267—1996

包装材料试验方法　气相缓蚀能力

Test method of packaging materials—Vapors corrosion inhibiting ability

2008-04-01 发布　　　　2008-10-01 实施

中华人民共和国国家质量监督检验检疫总局
中国国家标准化管理委员会　发布

前 言

本标准修改采用美国联邦标准 FED-STD-101C《包装材料试验规程》中方法 4031《气相缓蚀能力试验(CIA)》。

本标准与美国联邦标准 FED-STD-101C 方法 4031 的主要差异性如下：

——修改了气相防锈塑料薄膜的用量；

——修改了消耗装置；

——修改了气相防锈剂加入方式；

——细化了结果评定方法。

本标准代替 GB/T 16267—1996《包装材料试验方法　气相缓蚀能力》。

本标准与 GB/T 16267—1996 相比主要变化如下：

——增加了气相防锈剂的气相缓蚀能力试验方法；

——删除了对部分清洗溶剂的要求；

——增加了对培养箱和干燥箱的规定；

——增加了用于界定和说明标准内容的有关术语；

——重新明确了广口瓶、橡皮塞的规格尺寸，增加了玻璃容器和表面皿的要求；

——修改了对砂纸的要求；

——重新划分、明确了试验体组装的顺序，并按试样种类不同分别确定相应试验程序；

——采用相对湿度的要求替代原标准中密度法表示的相对湿度；

——对试验方法、试验条件和操作方法等方面进行了适当的修改和补充；

——增加了对缓蚀能力分级，并修改了试验结果评定的方法。

本标准由全国包装标准化技术委员会提出并归口。

本标准起草单位：机械科学研究总院、沈阳防锈包装材料有限责任公司、中国包装联合会。

本标准主要起草人：张晓建、唐艳秋、丁国桢、李伟哲、龚东波、朱婧。

本标准所代替标准的历次版本发布情况为：

——GB/T 16267—1996。

包装材料试验方法　气相缓蚀能力

1　范围

本标准规定了气相防锈材料气相缓蚀能力的试验方法。

本标准适用于测定气相防锈纸、气相防锈塑料薄膜、气相防锈剂的气相缓蚀能力，其他气相防锈材料的气相缓蚀能力试验可参考本标准。

2　规范性引用文件

下列文件中的条款通过本标准的引用而成为本标准的条款。凡是注日期的引用文件，其随后所有的修改单(不包括勘误的内容)或修订版均不适用于本标准。然而，鼓励根据本标准达成协议的各方研究是否可使用这些文件的最新版本。凡是不注日期的引用文件，其最新版本适用于本标准。

GB/T 678　化学试剂　乙醇(无水乙醇)(GB/T 678—2000，neq ISO 6353-2：1983)

GB/T 687　化学试剂　丙三醇(GB/T 687—1994，neq ISO 6353-3：1987)

GB/T 699　优质碳素结构钢

GB/T 4437.1　铝及铝合金热挤压管　第一部分：无缝圆管

GB/T 11372　防锈术语

JB/T 5520　干燥箱技术条件

YY 0027　电热恒温培养箱

3　术语和定义

GB/T 11372 确立的以及下列术语和定义适用于本标准。

3.1

试验表面　test surface

经过专门加工，供试验后要检查锈蚀情况的材料表面。

3.2

空白试验　blank test

试验装置中仅装有试片而无气相防锈材料，或放置不含气相缓蚀剂的中性材料。

4　试验仪器与材料

4.1　试验仪器与装置

4.1.1　干燥箱

应符合 JB/T 5520 的要求。

4.1.2　培养箱

应符合 YY 0027 的要求，或可满足本试验要求的其他装置。

4.1.3　广口瓶

容积 1 000 mL，瓶口内径 ϕ65 mm，高 200 mm，底 ϕ100 mm。

4.1.4　橡胶塞

13 号橡胶塞，其尺寸大面直径 ϕ68 mm、小面直径 ϕ59 mm、高为 40 mm。

9 号橡胶塞,其尺寸大面直径 ϕ46 mm、小面直径 ϕ36 mm、高为 34 mm。

4.1.5 铝管

应符合 GB/T 4437.1 的要求,外径 ϕ16 mm、壁厚 1.5 mm、长 114 mm。

4.1.6 玻璃容器

内径 ϕ40 mm±2 mm、高 10 mm～20 mm 的玻璃制品。

4.1.7 表面皿

直径为 ϕ120 mm。

4.2 试验材料

4.2.1 砂纸

400 号的氧化铝砂纸。

4.2.2 无水乙醇

应符合 GB/T 678 的要求。

4.2.3 丙三醇

应符合 GB/T 687 的要求。

4.2.4 试片

符合 GB/T 699,直径为 16 mm,高 13 mm 的 10 号钢柱,一端面的中央钻有底部平坦、直径为 10 mm、深为 10 mm 的孔,另一面为试验表面。使用前最终用 400 号砂纸打磨试验表面,使其无凹坑、划伤、锈蚀。用镊子挟取脱脂棉或脱脂纱布在无水乙醇中依次清洗三遍。再用热风吹干后使用。处理好的试片不能用赤手接触,暂时不投入试验的应放入盛有干燥剂的干燥器中保存,并在 8 h 以内使用,否则使用前应重新打磨清洗。每组试验需 4 片试片,其中一片为空白试验用。

4.2.5 试样

用于试验的气相防锈材料试样应有代表性,开始试验前试样应密封保存。试验前及试验过程中应防止试样受到污染。

5 试验室温湿度条件

从试片处理、试验装置的组装、试验程序到结果评定的整个过程中,应在 20℃～30℃和相对湿度 80%以下的环境下进行。

6 试验前的准备

6.1 试验装置使用之前的处理

试验装置组装前,广口瓶、橡胶塞、图钉、曲别针、玻璃器皿均应进行仔细清洗,并用蒸馏水清洗两遍后烘干或热风吹干。试验装置在组装前应在试验室环境温度条件下放置足够时间,使其温度与环境温度一致。

6.2 试验装置的组装

将一个 13 号橡胶塞和两个 9 号橡胶塞在端面中心部位打一直径 15 mm 的通孔。

将按 4.2.4 处理好的试片压入一 9 号橡胶塞大面的通孔中,使试验表面与 9 号橡胶塞大面平行,试片露出 9 号橡胶塞大面的部分不超过 3 mm,如图 1 所示。

将铝管穿过 13 号橡胶塞中心,并在两端露出的铝管上分别插入 9 号橡胶塞,两个 9 号橡胶塞的小面对着 13 号橡胶塞。在 13 号橡胶塞小面与装有试片的 9 号橡胶塞之间预先套上一隔热胶管。装有试片的 9 号橡胶塞内的铝管应与试片凹面接触。13 号橡胶塞的大面与无试片的 9 号橡胶塞小面接触,如图 2 所示。

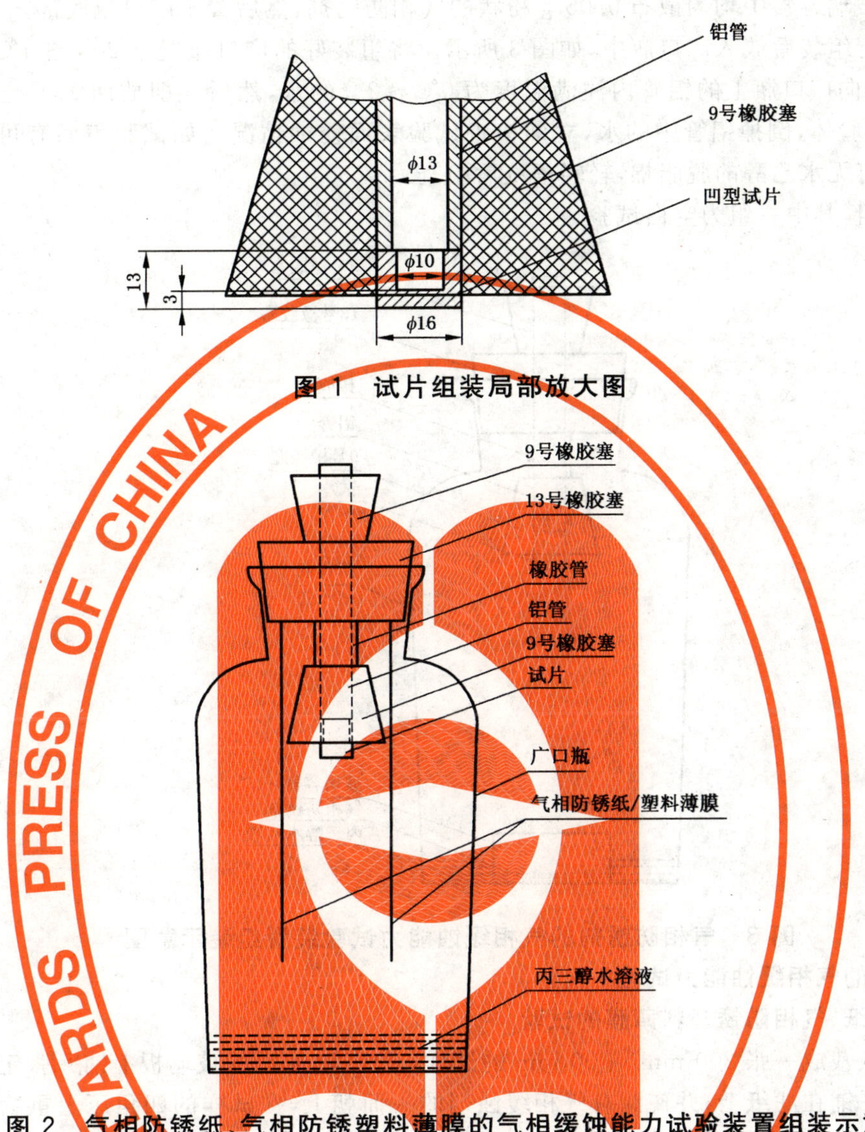

图 1 试片组装局部放大图

图 2 气相防锈纸、气相防锈塑料薄膜的气相缓蚀能力试验装置组装示意图

7 试验程序

7.1 气相缓蚀能力试验

7.1.1 气相防锈纸、气相防锈塑料薄膜的试验

分别用图钉将两条 150 mm×25 mm 的气相防锈纸或四条 150 mm×50 mm 的气相防锈塑料薄膜对称平行地钉在 13 号橡胶塞底部，含有气相缓蚀剂的一面应朝向试片，用一枚曲别针别在试样下端使之自然下垂。

将组装后的橡胶塞装在 1 000 mL 广口瓶中，瓶底部预先注有 10 mL、质量分数为 35％的丙三醇蒸馏水溶液，使广口瓶内在 20℃温度下形成 90％的相对湿度，如图 2 所示。将组装好的广口瓶置于 20℃±1℃的培养箱中，20 h 后取出，迅速向广口瓶上的铝管内注满温度为 0℃～2℃的水，然后立即放回 20℃±1℃的培养箱中。3 h 后取出试验体，倒掉铝管中的水，立即检查试验表面锈蚀情况。如试验表面有可见凝露，应马上用镊子夹取浸有无水乙醇的脱脂棉，轻轻擦洗后检查。

平行试验四组，其中一组为空白试验。

7.1.2 气相防锈剂的试验

在广口瓶底部注入 10 mL、质量分数为 35％的丙三醇蒸馏水溶液，使广口瓶内在 20℃下形成 90％

的相对湿度。在玻璃容器中均匀散布 0.05 g 粉状的气相防锈剂，然后置于广口瓶底部。按 6.2 所述方法对试验装置进行组装后放入广口瓶中，如图 3 所示。将组装好的广口瓶置于 20℃±1℃ 的培养箱中，20 h 后取出，迅速向广口瓶上的铝管内注满温度为 0℃～2℃ 的水，然后立即放回 20℃±1℃ 的培养箱中。3 h 后取出试验体，倒掉铝管中的水，立即检查试验表面锈蚀情况。如试验表面有可见凝露，应马上用镊子夹取浸有无水乙醇的脱脂棉，轻轻擦洗后检查。

平行试验四组，其中一组为空白试验。

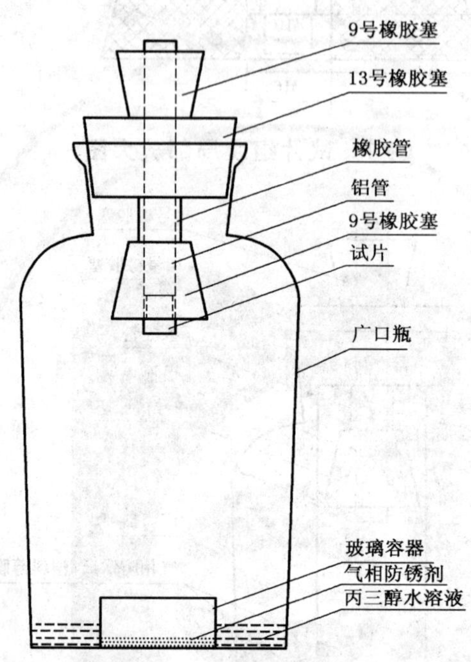

图 3　气相防锈剂的气相缓蚀能力试验装置组装示意图

7.2　加速消耗后的气相缓蚀能力试验

7.2.1　气相防锈纸、气相防锈塑料薄膜的试验

将气相防锈纸裁成一张 200 mm×300 mm 的试样，在干净、光滑的玻璃板上铺一张定性滤纸，将裁好的气相防锈纸平铺在滤纸上，并使涂有气相缓蚀剂的一面朝上，在试样的四角压上重物，使其在消耗时不发生卷曲。

将气相防锈塑料薄膜中含有气相缓蚀剂的一面向内，尽量排出空气后热封成 200 mm×400 mm 的密封袋三个，并吊挂。

试样放在 60℃±2℃ 的干燥箱内，经 120 h、72 h、48 h、24 h 后取出，自然冷却至室温，再按 7.1.1 规定进行裁样和试验。

7.2.2　气相防锈剂的试验

将 0.5 g 粉状气相防锈剂放入 ϕ120 mm 的表面皿中，在 60℃±2℃ 的干燥箱中放置 120 h 后取出，自然冷却至室温，再按 7.1.2 规定进行试验。

8　缓蚀能力分级和结果评定

8.1　缓蚀能力分级

气相防锈材料的气相缓蚀能力按锈蚀程度分为 4 级：

——0 级：无锈蚀；

——1 级：轻微锈蚀或锈蚀面积在 20%以下；

——2 级：锈蚀面积在 20%～80%；

——3 级：锈蚀面积在 80%以上。

8.2 结果评定

空白试验中试片 3 级锈蚀为试验有效，否则应重新进行试验。

结果评定时距边缘 2 mm 以内区域不作考虑。

如果 3 个试片中只有 1 片为 2 级或 3 级，则需重新进行试验，此外按 2 片相同等级进行评定。

9 试验报告

试验报告应包括以下内容：

a) 本标准编号；

b) 试样的详细说明，包括种类、尺寸、数量、状态等；

c) 试验室环境条件；

d) 试验参数；

e) 试验结果评定；

f) 试验过程中与本标准的差异；

g) 试验日期、试验者签字、试验单位盖章。

ICS 01.080.20
A 22

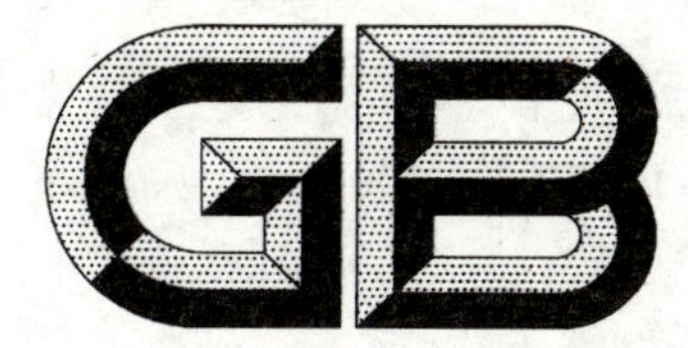

中华人民共和国国家标准

GB/T 16273.1—2008
代替 GB/T 16273.1—1996

设备用图形符号 第1部分:通用符号

Graphical symbols for use on equipment— Part 1:Common symbols

(ISO 7000:2004,Graphical symbols for use on equipment— Index and synopsis, NEQ)

2008-07-16 发布　　　　2009-01-01 实施

中华人民共和国国家质量监督检验检疫总局
中国国家标准化管理委员会　发布

前　言

GB/T 16273《设备用图形符号》目前分为六个部分：

——第1部分：通用符号；

——第2部分：机床通用符号；

——第3部分：电焊设备通用符号；

——第4部分：带有箭头的符号；

——第5部分：塑料机械通用符号；

——第6部分：运输、装载机械及车辆检测通用符号。

本部分为GB/T 16273的第1部分，对应于ISO 7000:2004《设备用图形符号　索引和一览表》，与ISO 7000:2004的一致性程度为非等效。本部分根据ISO 7000:2004重新起草，其中的图形符号全部选自ISO 7000:2004。

本部分代替GB/T 16273.1—1996《设备用图形符号　通用符号》，与GB/T 16273.1—1996相比主要变化如下：

——删掉6个符号：循环泵、冷却剂泵式循环装置/冷却剂循环、液力发电机、液力发动机、交叉流热交换器、变换器。

——修改10个符号：关闭(容器)、温度(升高)、低于工作温度、温度上限、温度下限、恒温器、相对湿度/含水量、链传动、排水防气阀、帮助/询问。

——增加45个符号：油/液体、回收(一般符号)/可再循环(一般符号)、压力、标志灯/信标、工作灯、泛光灯/工作灯、限制开关(一般符号)、旋转式发电机(一般符号)、可变性/旋转调整、启动/曲柄、计时表/耗用的工作小时数、提升点、滤清器、发动机/往复式内燃机、发动机失效/发动机故障、发动机启动、发动机停止、发动机转速、发动机关闭、柴油、燃油系统失效/燃油系统故障、传动装置、传动装置失效/传动装置故障、通用制动器(一般符号)、制动系统、防锁死制动系统、液压系统、液压系统失效/液压系统故障、内室照明/内部(顶)灯、绞盘、外部灯故障、仪表照明、容量(空)、容量(半满)、容量(满)、一般故障/失效(一般符号)、进气、排气、手册/操作说明书、手册/技术说明书、控制杆操作方向(双向)、控制杆操作方向(多方向)、锁、稳定器、悬臂支架。

本部分由全国图形符号标准化技术委员会(SAC/TC 59)提出并归口。

本部分起草单位：中国标准化研究院、机械科学研究总院、中机生产力促进中心。

本部分主要起草人：白殿一、张亮、强毅、郭汀、邹传瑜、陈永权。

原标准于1996年首次发布，本次为第一次修订。

设备用图形符号
第1部分:通用符号

1 范围

GB/T 16273的本部分规定了用于设备的通用图形符号。

本部分适用于各种设备的调整件、操作件和仪表显示器及各种连接插口。

2 规范性引用文件

下列文件中的条款通过GB/T 16273的本部分的引用而成为本部分的条款。凡是注日期的引用文件,其随后所有的修改单(不包括勘误的内容)或修订版均不适用于本部分,然而,鼓励根据本部分达成协议的各方研究是否可使用这些文件的最新版本。凡是不注日期的引用文件,其最新版本适用于本部分。

GB/T 15565.1 图形符号 术语 第1部分:通用

GB/T 16902.1—2004 图形符号表示规则 设备用图形符号 第1部分:原形符号

3 术语和定义

GB/T 15565.1确立的术语和定义适用于GB/T 16273的本部分。

4 图形符号

通用图形符号见表1。

5 应用

5.1 图形符号的应用应遵循GB/T 16902.1—2004第8.3条的规定。

5.2 使用图形符号时应按表1中的图形符号进行等比例放大或缩小。

5.3 表1中位于图形符号四周的角标不构成图形符号的内容,仅为图形符号复制及应用的依据。

表 1 通用符号

序号	图形符号	含　义	说　明
001		标定 Calibration	ISO 7000(0160)
002	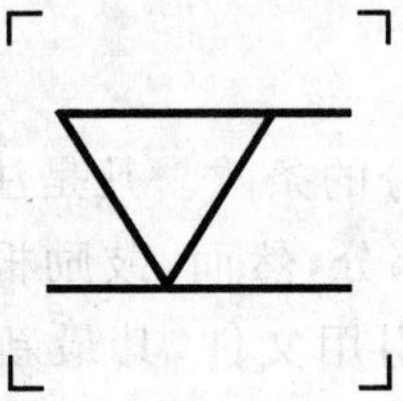	水准,标高 Level	ISO 7000(0159)
003		水准,过高 Level too high	ISO 7000(1063)
004		水准,过低 Level too low	ISO 7000(1064)
005	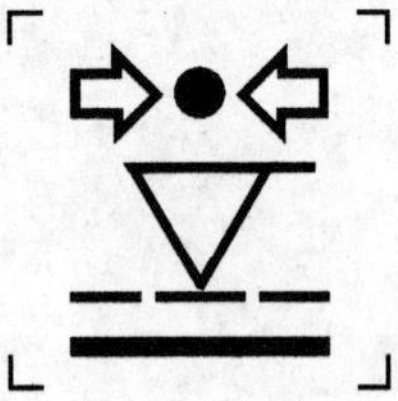	压力,过高 Pressure,too high	ISO 7000(0917)
006		压力,过低 Pressure,too low	ISO 7000(0916)

表 1（续）

序号	图形符号	含　义	说　明
007		容器 Reservoir	ISO 7000(0359)
008		液面指示器 Level indicator(fluid)	ISO 7000(0361)
009		注入 Filling	ISO 7000(0028)
010		排出；排空 Draining；emptying	ISO 7000(0029)
011		溢出 Overflow	ISO 7000(0030)
012		已打开，机械式 Opened ，mechanical	ISO 7000(1120)

表 1（续）

序号	图形符号	含　义	说　明
013	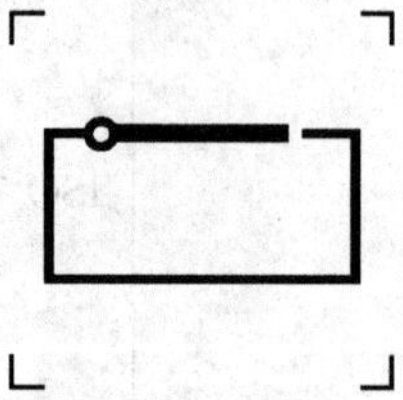	已关闭，机械式 Closed，mechanical	ISO 7000(1119)
014	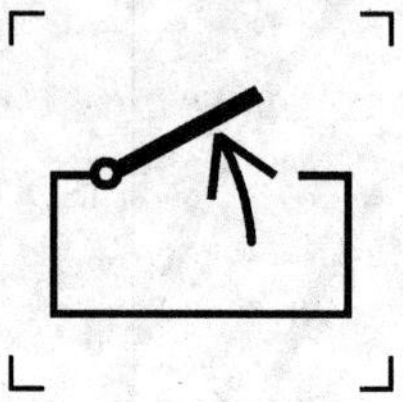	开启(容器) Open(a container)	ISO 7000(0024)
015	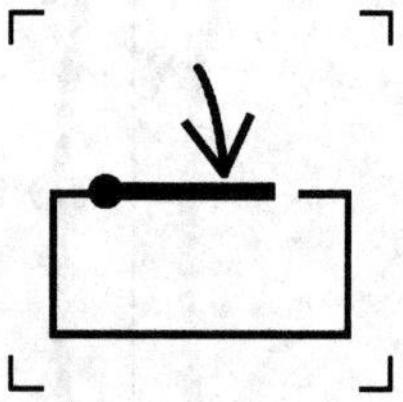	关闭(容器) Close(a container)	ISO 7000(0025)
016	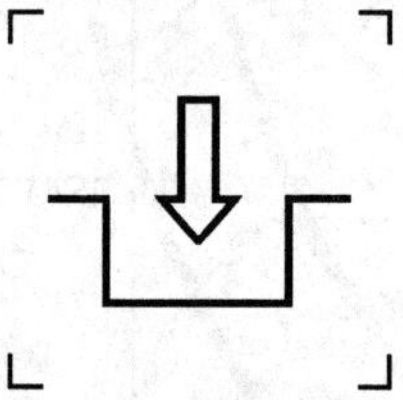	结合；机械启动 Engaging；mechanical activation	ISO 7000(0022)
017	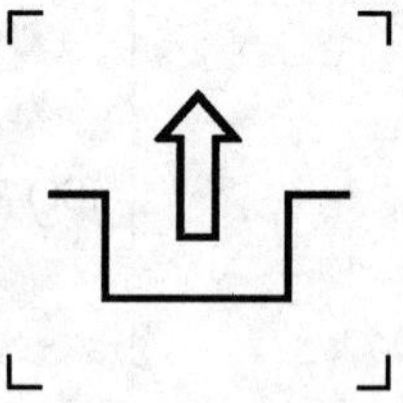	脱开；机械停止 Disengaging；mechanical deactivation	ISO 7000(0023)
018	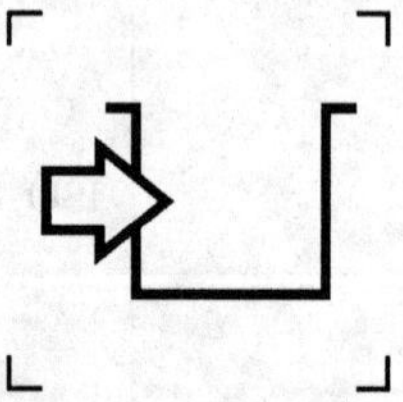	储存槽；准备槽 Storage tank；preparation tank	ISO 7000(0583)

表 1（续）

序号	图形符号	含　义	说　明
019	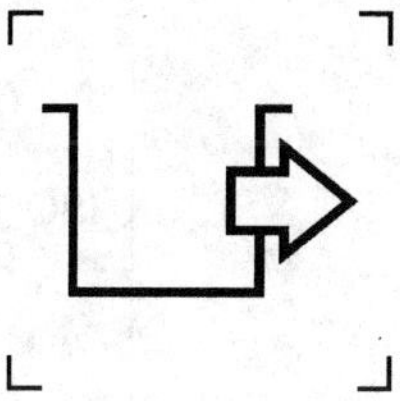	作业槽 Processing tank	ISO 7000(0582)
020	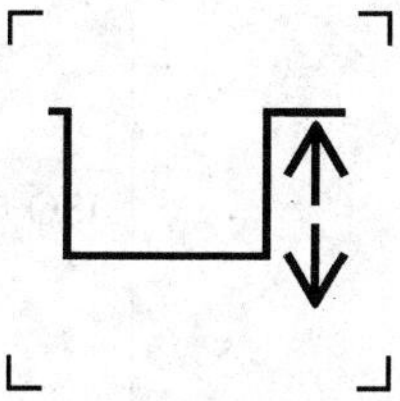	升降槽 Raise or lower trough	ISO 7000(0074)
021	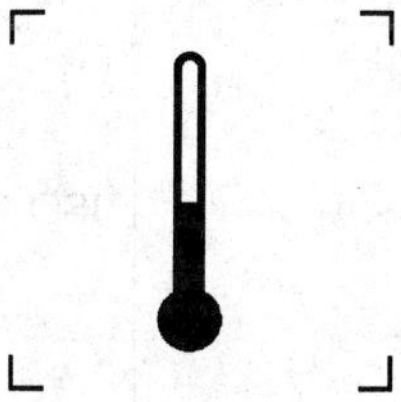	温度 Temperature	ISO 7000(0034)
022	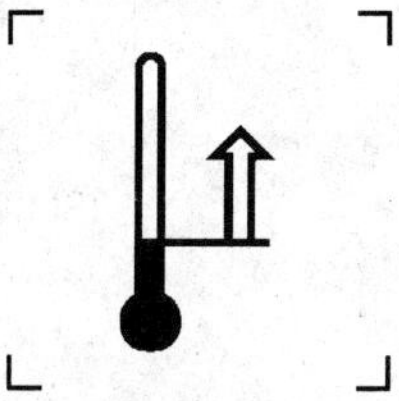	温度，升高 Temperature，increasing	ISO 7000(0035)
023	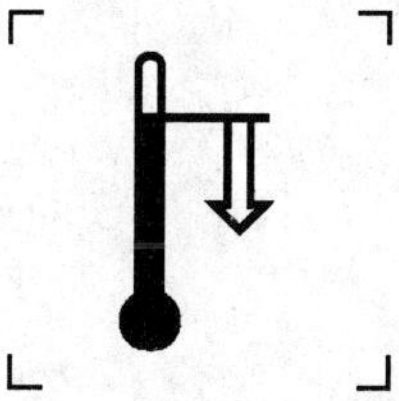	温度，降低 Temperature，decreasing	ISO 7000(0036)
024	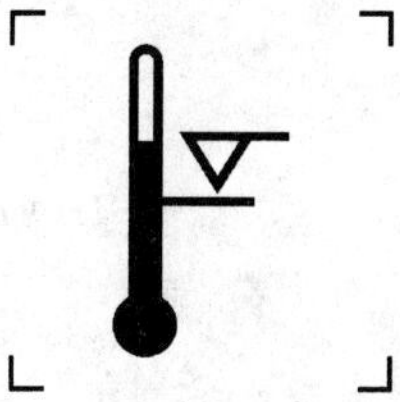	高于工作温度 Above working temperature range	ISO 7000(0432)

表 1（续）

序号	图形符号	含　义	说　明
025	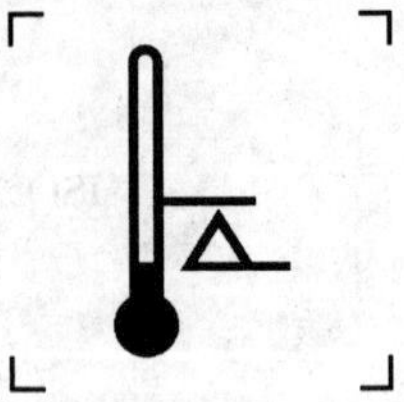	低于工作温度 Below working temperature range	ISO 7000(0433)
026		温度上限 Upper limit of temperature	ISO 7000(0533)
027	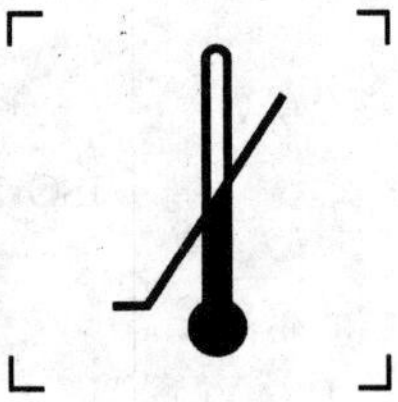	温度下限 Lower limit of temperature	ISO 7000(0534)
028	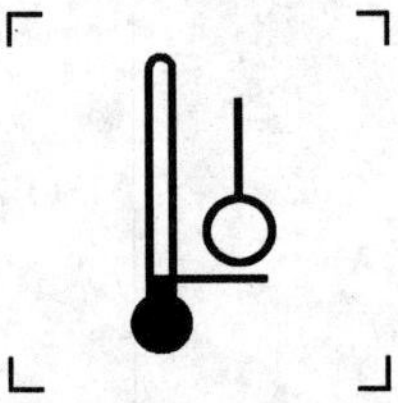	恒温器 Thermostat	ISO 7000(0182)
029	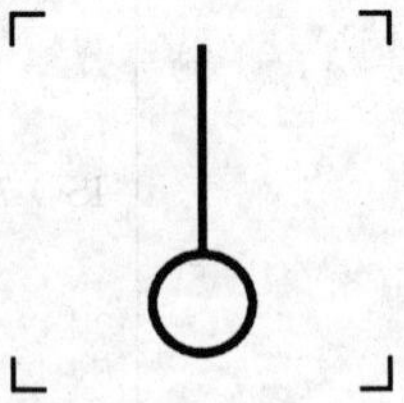	探针；传感器 Feeler；sensor	ISO 7000(0588)
030	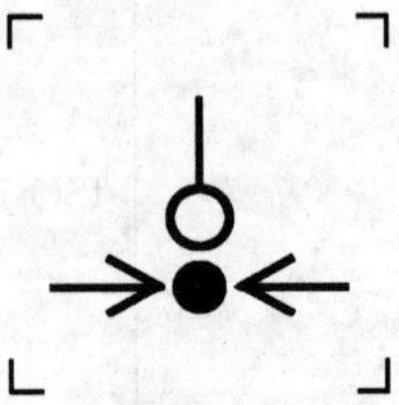	压力计 Pressure gauge	ISO 7000(0183)

表 1（续）

序号	图形符号	含　义	说　明
031		准备完毕(可以操作) Ready(to proceed)	ISO 7000(0422)
032		准备 Ready	ISO 7000(1140)
033		提高温度的预置开关 Present switching for temperature increase	ISO 7000(0586)
034		相对湿度;含水量 Relative humidity;moisture content	ISO 7000(0505)
035		湿度测量 Measure humidity	ISO 7000(0224)
036		压力测量 Pressure measurement	ISO 7000(0233)

表 1（续）

序号	图形符号	含　义	说　明
037		润滑 Lubrication	ISO 7000(0031)
038		加注润滑油 Lubricating oil	ISO 7000(0391)
039		加注润滑脂 Lubricant grease	ISO 7000(0787)
040		水；液体 Water；fluid	ISO 7000(0536)
041		气；通风 Air	ISO 7000(0537)
042		放气 Bleeding	ISO 7000(0596)

表 1(续)

序号	图形符号	含　义	说　明
043	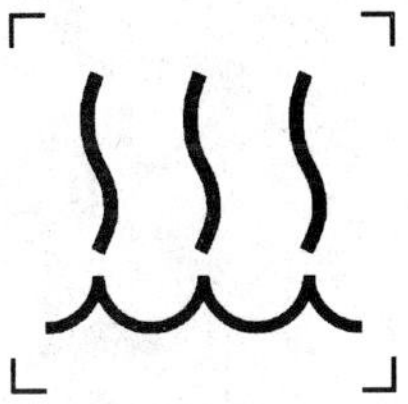	蒸气 Steam	ISO 7000(0530)
044	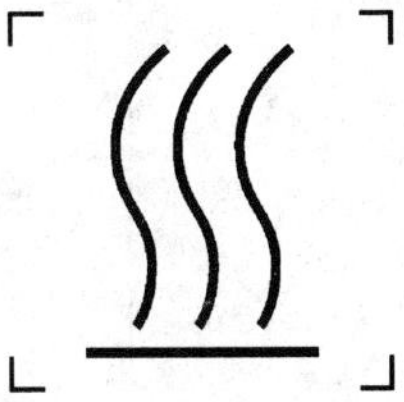	散热,一般符号 Transfer of heat in general	ISO 7000(0535)
045		冷却;冷气调节 Cooling;air conditioning	ISO 7000(0027)
046	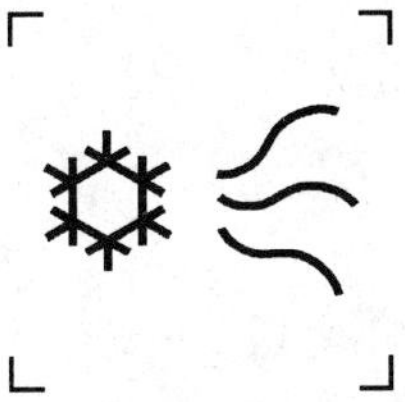	风冷 Air cooling	ISO 7000(0543)
047		水冷 Water cooling	ISO 7000(0544)
048	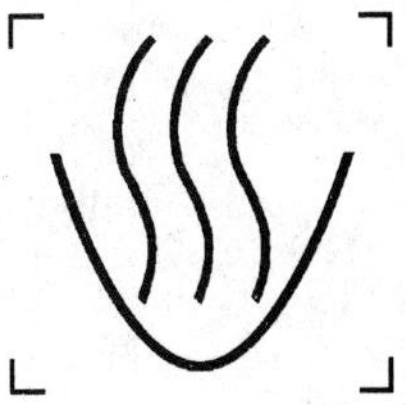	辐射散热 Emission of heat by radiation	ISO 7000(0230)

表 1（续）

序号	图形符号	含　　义	说　明
049	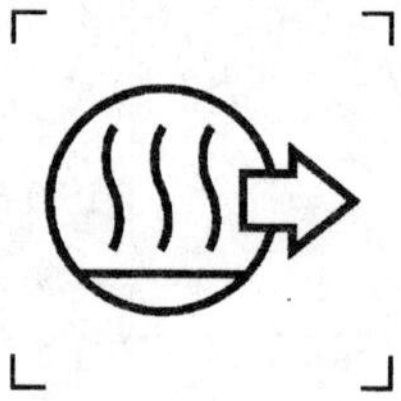	热载体外流 Outward flow of heat carrier	ISO 7000(0584)
050	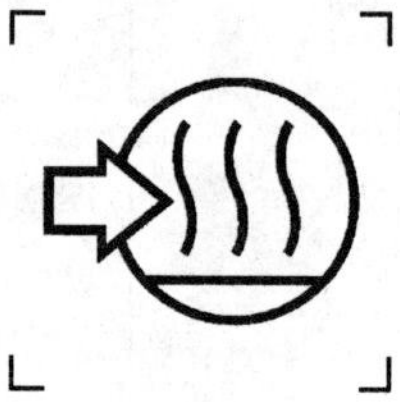	热载体回流 Return flow of heat carrier	ISO 7000(0585)
051	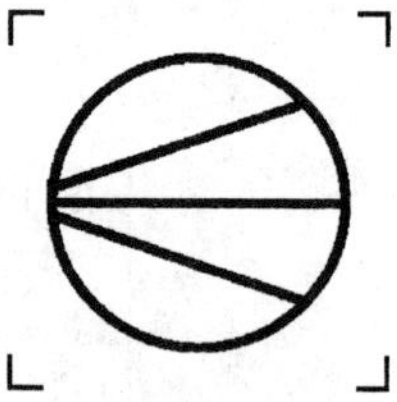	气能 Pneumatic energy	ISO 7000(0231)
052	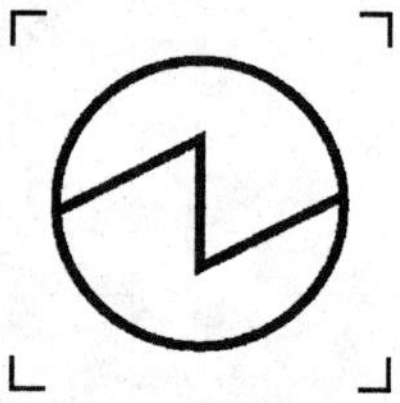	电能 Electric energy	ISO 7000(0232)
053	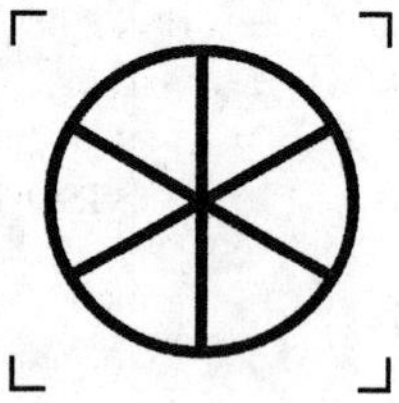	机械能 Mechanical energy	ISO 7000(0522)
054	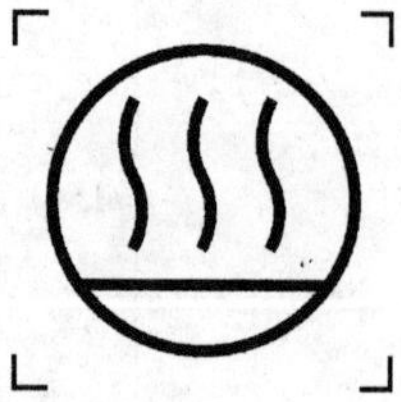	热能 Heat energy	ISO 7000(0523)

表 1（续）

序号	图形符号	含　义	说　明
055		水能 Water energy	ISO 7000(0524)
056		蒸气能 Steam energy	ISO 7000(0511)
057		液能 Hydraulic energy	ISO 7000(0525)
058		泵;液体泵 Pump;liquid pump	ISO 7000(0134)
059		离心泵 Centrifugal pump	ISO 7000(0135)
060		冷却剂泵 Coolant pump	ISO 7000(0355)

表 1（续）

序号	图形符号	含　义	说　明
061		水泵 Water pump	ISO 7000(0356)
062		润滑剂泵 Lubricant pump	ISO 7000(0360)
063	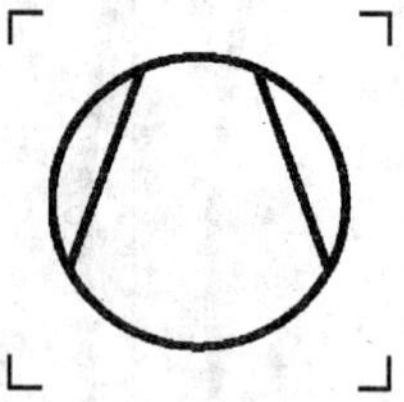	压缩机;真空泵 Compressor;vacuum pump	ISO 7000(0137)
064		液体环流型旋转式压缩机; 液体环流型真空泵 Rotary compressor,liquid-ring type; vacuum pump,liquid-ring type	ISO 7000(0138)
065	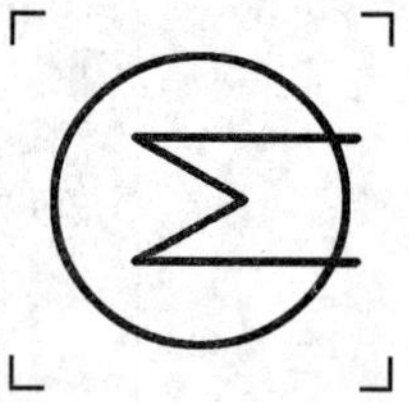	无交叉流热交换器 Heat exchanger without cross-flow	ISO 7000(0111B)
066	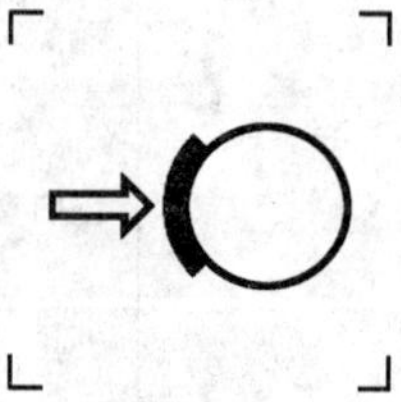	制动 Brake on	ISO 7000(0020)

表 1（续）

序号	图形符号	含　义	说　明
067	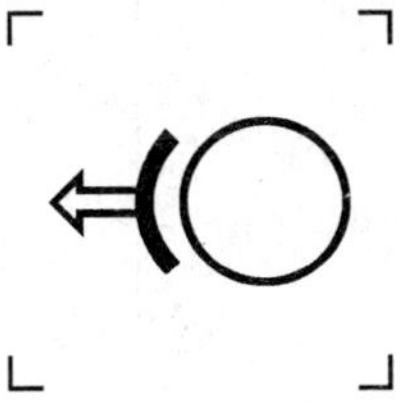	松开制动 Brake off	ISO 7000(0021)
068		主电源开关 Main electrical switch	ISO 7000(0353)
069	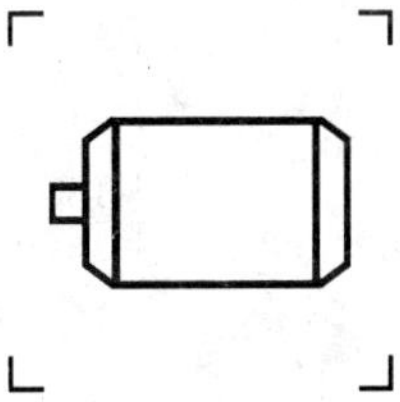	电动机，一般符号 Electric motor, general	ISO 7000(0011)
070	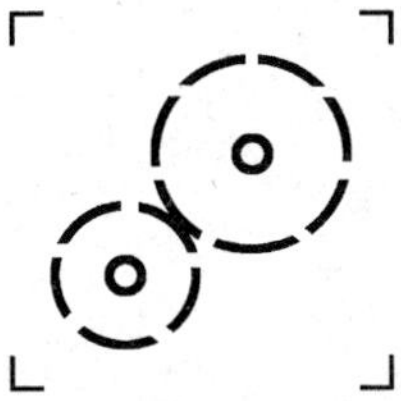	齿轮传动 Gear drive	ISO 7000(0012)
071	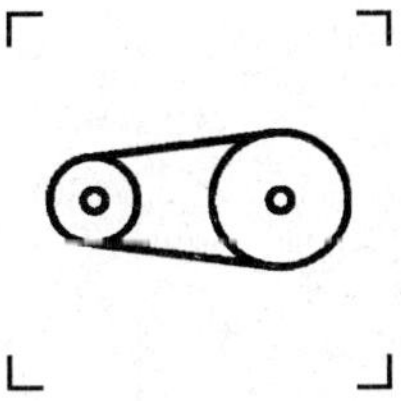	带传动 Belt drive	ISO 7000(0013)
072	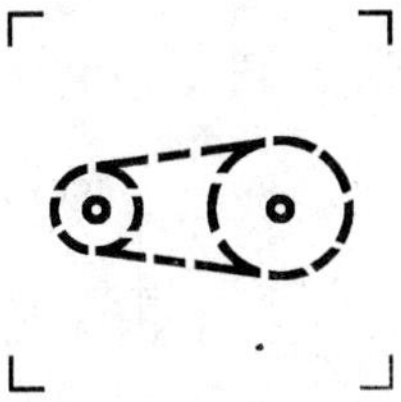	链传动 Chain drive	ISO 7000(0014)

表 1（续）

序号	图形符号	含　　义	说　明
073	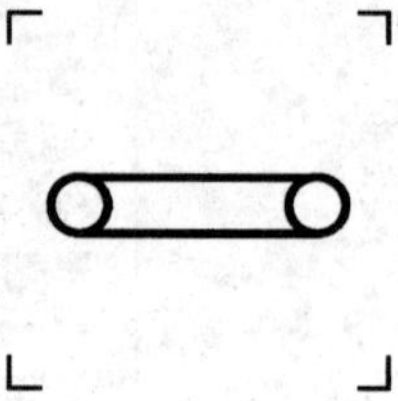	输送带 Conveyer belt	ISO 7000(0229)
074	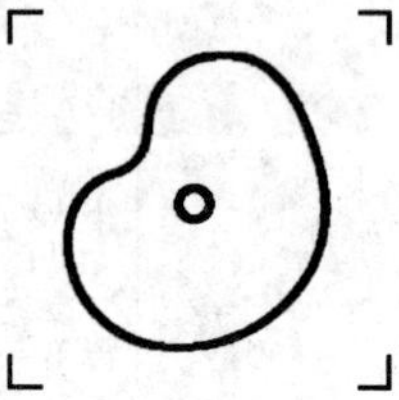	凸轮 Cam	ISO 7000(0016)
075	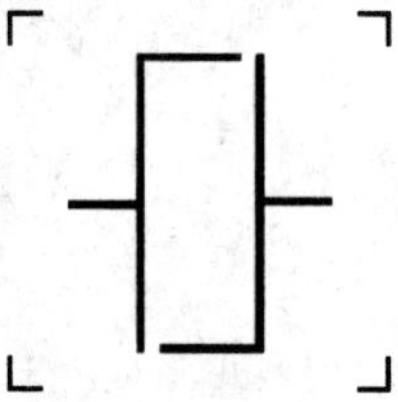	联轴器 Coupling	ISO 7000(0015)
076	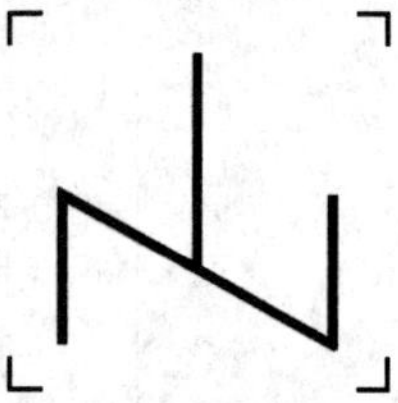	搅拌器，一般符号 Agitator, general	ISO 7000(0131)
077		通风器，一般符号 Ventilator, general	ISO 7000(1118)
078	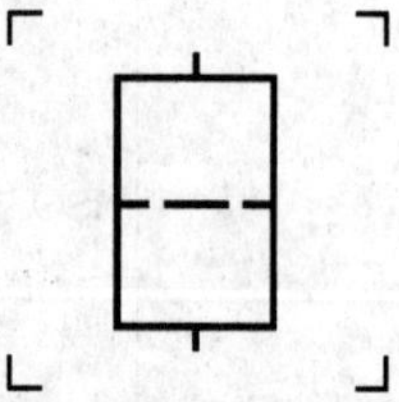	过滤器；过滤容器；滤净器 Filter; filter vessel; strainer	ISO 7000(0114)

表 1（续）

序号	图形符号	含　义	说　明
079		电容器 Capacitor	ISO 7000(0820)
080		联机运行 Machines in combined operation	ISO 7000(0568)
081		单机运行 Machine in separate operation	ISO 7000(0569)
082		装置双向运动 Movement of one unit in two directions	ISO 7000(0565)
083	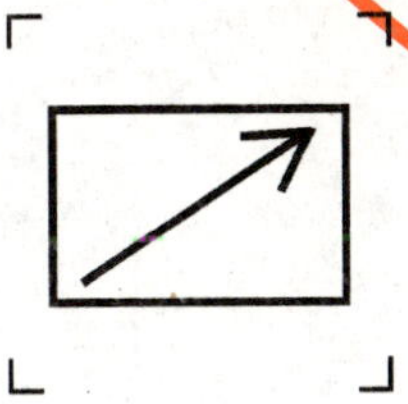	遥控 Remote control	ISO 7000(0093)
084		遥控，开启；遥控，激活 Remote control，switch on； remote control，activate	ISO 7000(1108)

表 1（续）

序号	图形符号	含　义	说　明
085		遥控，关闭；遥控，休眠 Remote control，switch off； remote control，deactivate	ISO 7000(1109)
086		阀；截止元件 Valve；shut-off element	ISO 7000(0234)
087	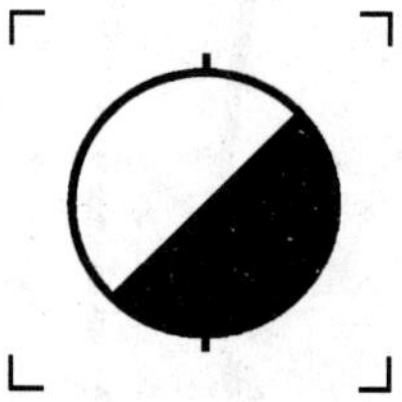	排水防气阀 Drains trap	ISO 7000(0157)
088	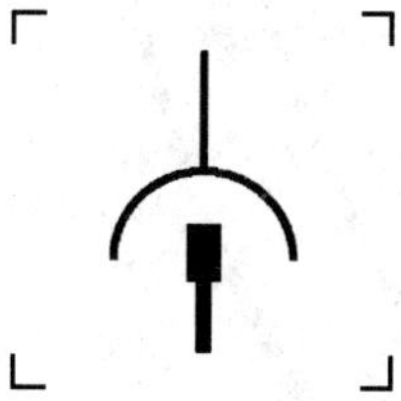	插头和插座；插塞连接件 Plug and socket； plug connection	ISO 7000(0354)
089		重量 Weight	ISO 7000(0430)
090		提升点，中心支撑点 Lifting point；central support	ISO 7000(0542)

表 1（续）

序号	图形符号	含　　义	说　明
091		中心支撑 Support at centre	ISO 7000(1065)
092		火种 Pilot flame	ISO 7000(0363)
093		工作火焰 Working flame	ISO 7000(0364)
094		吸入 Suction	ISO 7000(0033)
095	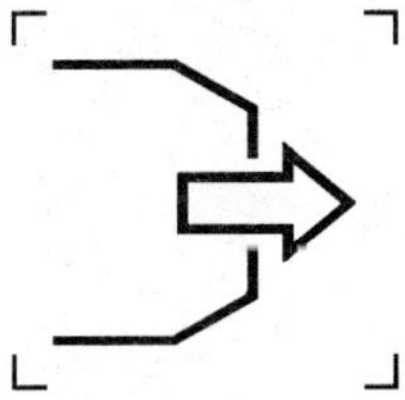	吹出 Blowing	ISO 7000(0032)
096	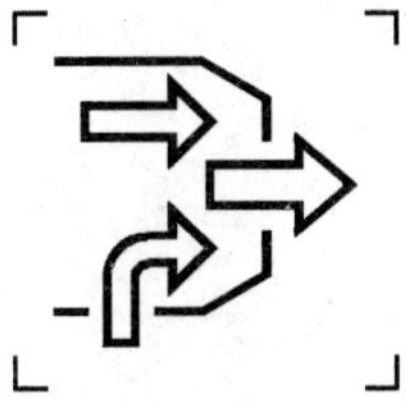	混合 Admixture	ISO 7000(0181)

表 1（续）

序号	图形符号	含　义	说　明
097	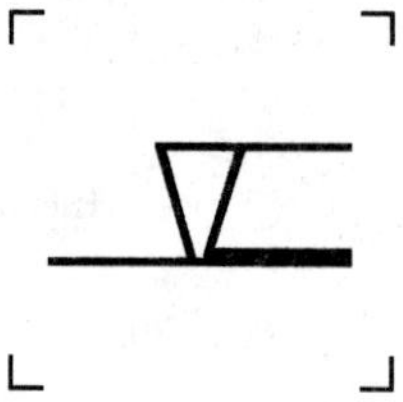	刮刀 Scraper	ISO 7000(0362)
098	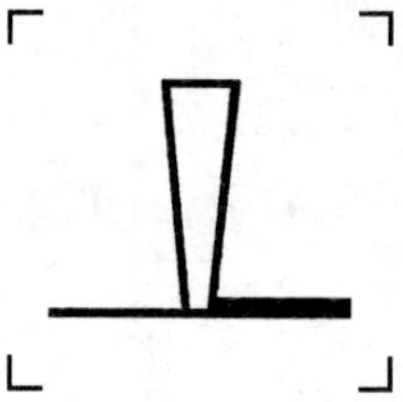	刮;涂;敷 Scraping;coating;spreading	ISO 7000(0312)
099	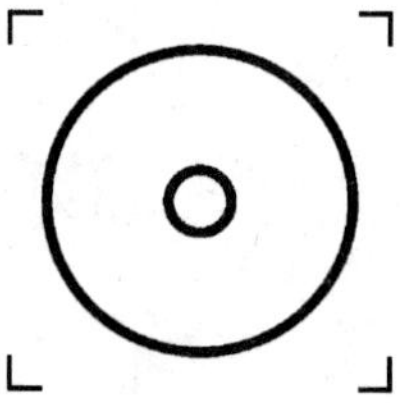	辊筒;罗拉 Roller;cylinder	ISO 7000(0566)
100	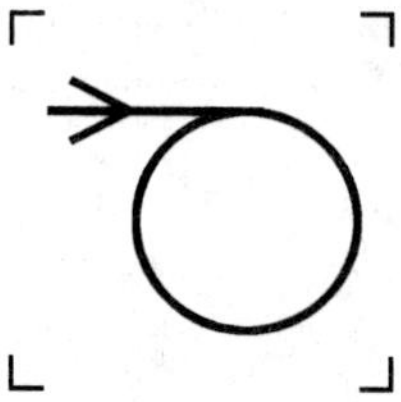	卷绕(连续材料);成卷(连续材料) Wind(continuous material); roll(continuous material)	ISO 7000(0037)
101	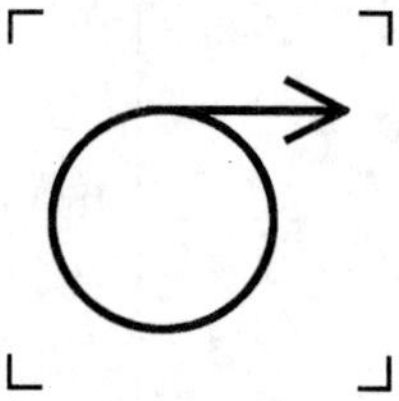	退绕(连续材料);退卷(连续材料) Unwind(continuous material); unroll(continuous material)	ISO 7000(0038)
102	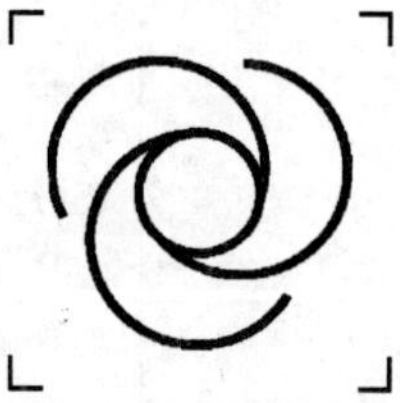	自动控制(闭环) Automatic control(closed loop)	ISO 7000(0017)

表 1（续）

序号	图形符号	含　义	说　明
103		手动控制 Manual control	ISO 7000(0096)
104		人工清洗 Manual cleaning	ISO 7000(0423)
105		自动清洗 Automatic cleaning	ISO 7000(0424)
106		设置 Setting	ISO 7000(0910)
107	Σ	计数 Counting	ISO 7000(0518)
108		钥匙开关;钥匙紧固器 Key switch;key fastener	ISO 7000(0517)

表 1（续）

序号	图形符号	含　义	说　明
109		印出；打印出 Print out	ISO 7000(0793)
110	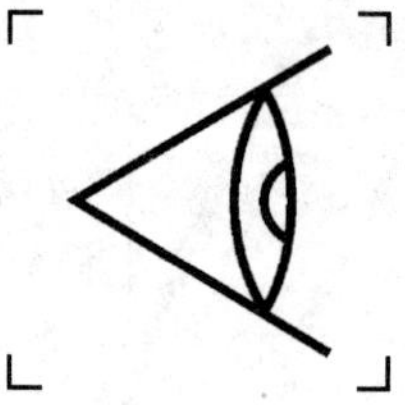	检查；检验 Examine；check	ISO 7000(0421)
111	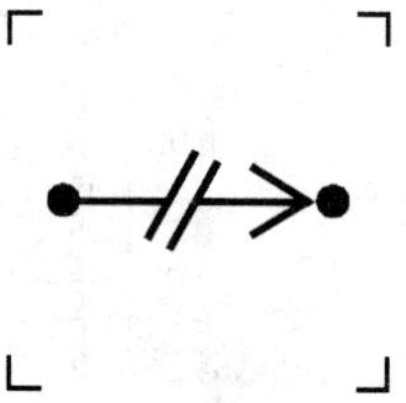	检测障碍物 Test barrier	ISO 7000(0161)
112	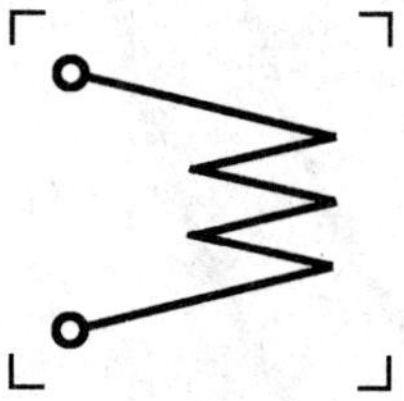	电火花线圈；点火元件 Spark coil-ignition element	ISO 7000(0185)
113	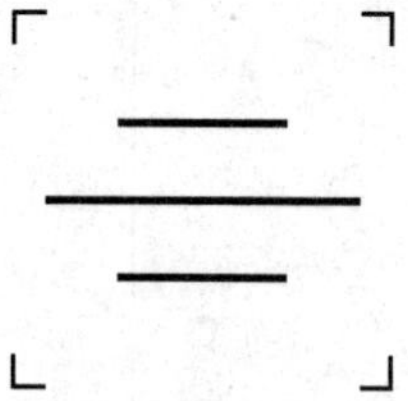	对称运行 Symmetrical course	ISO 7000(0503)
114		喷淋 Spraying	ISO 7000(0073)

表 1（续）

序号	图形符号	含　　义	说　明
115	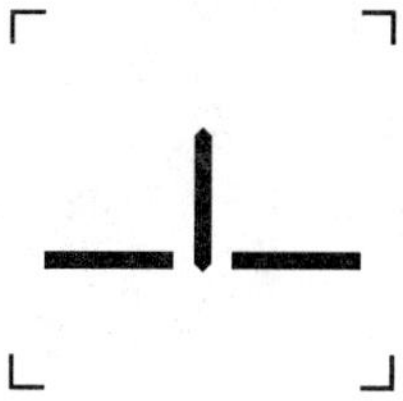	切断，一般符号 Cutting, general	ISO 7000(0538)
116	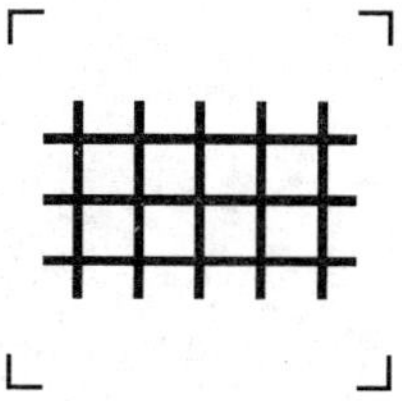	安全罩 Safety cover	ISO 7000(0550)
117		不要重复使用 Do not re-use	ISO 7000(1051)
118		运行期间不允许操作 Do not actuate during operation	ISO 7000(0506)
119		仅在运行期间才能操作 Actuate only during operation	ISO 7000(0507)
120	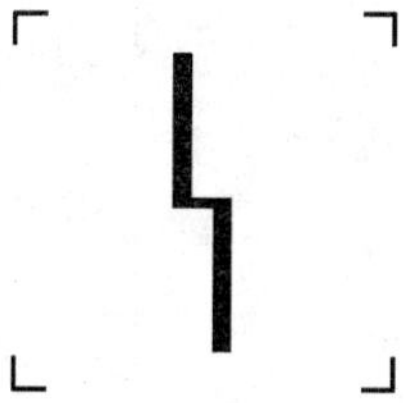	干扰 Disturbance	ISO 7000(0228)

表 1（续）

序号	图形符号	含　义	说　明
121	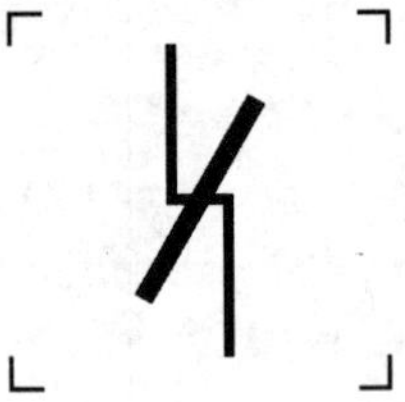	干扰消除；干扰消除的检验 Interference elimination; verification of interference elimination	ISO 7000(0909)
122		帮助；询问 Assistance; query	ISO 7000(0435)
123		警告 Caution	ISO 7000(0434B)
124		生物危险 Biological risks	ISO 7000(0659)
125		“一星”级室 “One-star”compartment	ISO 7000(0497)
126		“二星”级室 “Two-star”compartment	ISO 7000(0498)

表 1（续）

序号	图形符号	含 义	说 明
127		"三星"级室 "Three-star"compartment	ISO 7000(0499)
128		冷冻室 Frozen food storage compartment	ISO 7000(0500)
129		油；液体 Oil；fluid	ISO 7000(1056)
130		回收，一般符号；可再循环，一般符号 General symbol for recovery；recyclable	ISO 7000(1135)
131		压力 Pressure	ISO 7000(1701)
132		标志灯；信标 Identification light；beacon	ISO 7000(1141)

表 1（续）

序号	图形符号	含　义	说　明
133		工作灯 Working light	ISO 7000(1142)
134		泛光灯;工作灯 Flood light;working light	ISO 7000(1204)
135		限制开关,一般符号 Limit switch, general	ISO 7000(1151)
136		旋转式发电机,一般符号 Electric generator, rotating, general	ISO 7000(1153)
137		可变性,旋转调整 Variability, rotational adjustment	ISO 7000(1364)
138	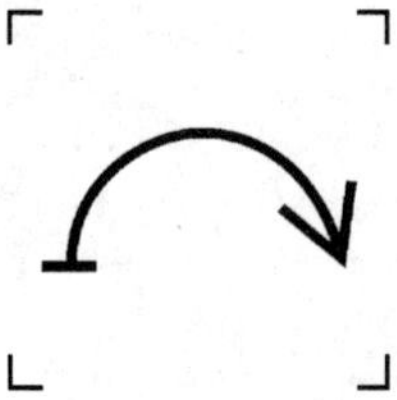	起动;曲柄 Start;crank	ISO 7000(1365)

表 1（续）

序号	图形符号	含　　义	说　明
139		计时表；耗用的工作小时数 Hour meter；elapsed operating hours	ISO 7000(1366)
140		提升点 Lift point	ISO 7000(1368)
141	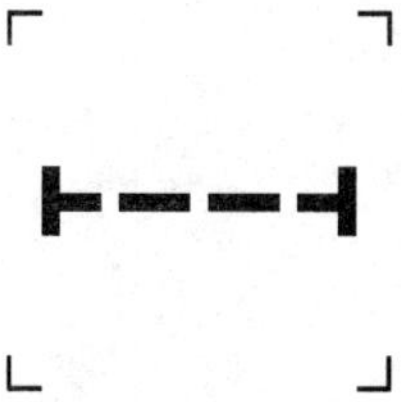	滤清器 Filter	ISO 7000(1369)
142		发动机；往复式内燃机 Engine；reciprocating internal combustion engine	ISO 7000(1156)
143		发动机失效；发动机故障 Engine failure；engine malfunction	ISO 7000(1371)
144		发动机启动 Engine start	ISO 7000(1387)

表 1（续）

序号	图形符号	含　义	说　明
145	 STOP	发动机停止 Engine stop	ISO 7000(1388)
146	 n/min	发动机转速(每分钟转数) Engine rotational speed (revolutions per minute)	ISO 7000(1389)
147		发动机关闭 Engine shut-off	ISO 7000(1180)
148	 D	柴油 Diesel fuel	ISO 7000(1541)
149		燃油系统失效;燃油系统故障 Fuel system failure;malfunction	ISO 7000(1391)
150		传动装置 Transmission	ISO 7000(1166A)

表 1（续）

序号	图形符号	含　义	说　明
151		传动装置失效；传动装置故障 Transmission failure; malfunction	ISO 7000(1396A)
152		通用制动器，一般符号 Brake, general	ISO 7000(1173)
153		制动系统 Brake system	ISO 7000(1399)
154	ABS	防锁死制动系统 Anti-lock brake system	ISO 7000(1407)
155		液压系统 Hydraulic system	ISO 7000(1409)
156		液压系统失效；液压系统故障 Hydraulic system failure; malfunction	ISO 7000(1410)

表 1（续）

序号	图形符号	含　义	说　明
157		内室照明；内部（顶）灯 Interior compartment illumination；interior(dome) light	ISO 7000(1421B)
158	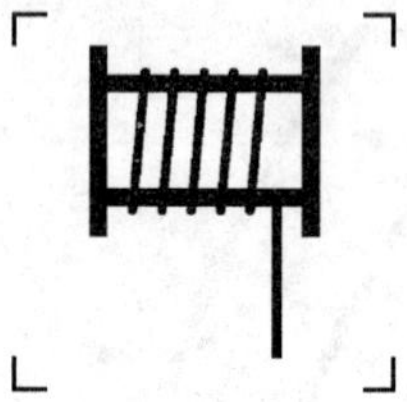	绞盘 Winch	ISO 7000(1176)
159		外部灯故障 Exterior bulb failure	ISO 7000(1555)
160		仪表照明 Instrumental illumination	ISO 7000(1556)
161	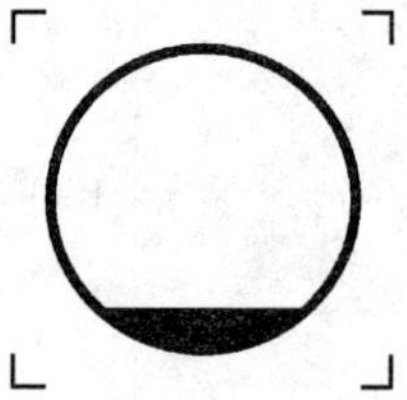	容量，空 Volume，empty	ISO 7000(1563)
162		容量，半满 Volume，half full	ISO 7000(1564)

表 1（续）

序号	图形符号	含　义	说　明
163		容量,满 Volume, full	ISO 7000(1565)
164		一般故障;失效,一般符号 Malfunction, general;failure	ISO 7000(1603B)
165	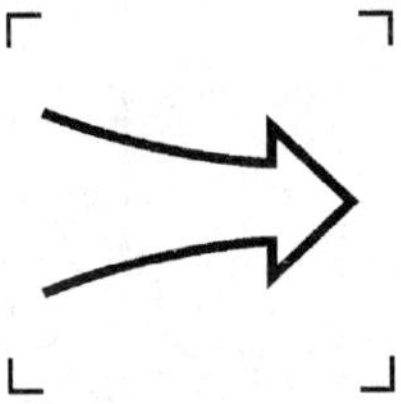	进气 Intake air	ISO 7000(1604)
166	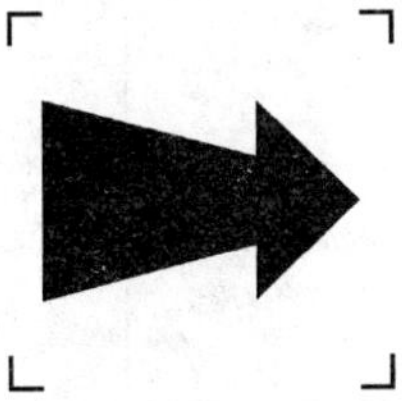	排气 Exhaust gas	ISO 7000(1605)
167		手册;操作说明书 Handbook;manual for operations	ISO 7000(1640)
168		手册;技术说明书 Operator's manual;operating instructions	ISO 7000(1641)

表 1（续）

序号	图形符号	含　　义	说　　明
169		控制杆操作方向，双向 Control lever operating direction，dual direction	ISO 7000(1436)
170		控制杆操作方向，多方向 Control lever operating direction，multiple directions	ISO 7000(1703)
171		锁 Lock	ISO 7000(1656)
172	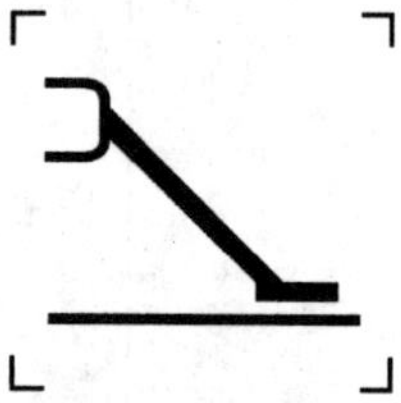	稳定器 Stabilizer	ISO 7000(2072)
173	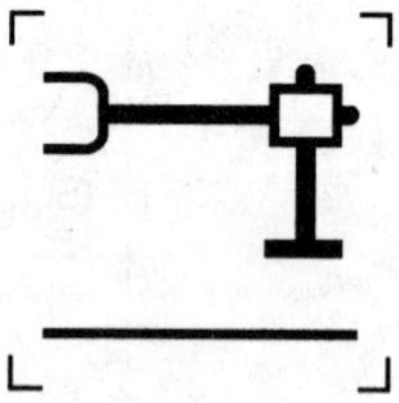	悬臂支架 Outrigger	ISO 7000(2077)

索　引

英文对应词	序号
Above working temperature range	024
Actuate only during operation	119
Admixture	096
Agitator, general	076
Air	041
air conditioning	045
Air cooling	046
Anti-lock brake system	154
Assistance	122
Automatic cleaning	105
Automatic control(closed loop)	102
beacon	132
Below working temperature range	025
Belt drive	071
Biological risks	124
Bleeding	042
Blowing	095
Brake off	067
Brake on	066
Brake system	153
Brake, general	152
Calibration	001
Cam	074
Capacitor	079
Caution	123
central support	090
Centrifugal pump	059
Chain drive	072
check	110
Close(a container)	015
Closed, mechanical	013
coating	098
Compressor	063
Control lever operating direction, dual direction	168
Control lever operating direction, multiple directions	170
Conveyer belt	073
Coolant pump	060
Cooling	045
Counting	107
Coupling	075

英文对应词	序号
crank	138
Cutting, general	115
cylinder	099
Diesel fuel	148
Disengaging	017
Disturbance	120
Do not actuate during operation	118
Do not re-use	117
Draining	010
Drains trap	087
elapsed operating hours	139
Electric energy	052
Electric generator, rotating, general	136
Electric motor, general	069
Emission of heat by radiation	048
emptying	010
Engaging	016
Engine failure	143
engine malfunction	143
Engine rotational speed (revolutions per minute)	146
Engine shut-off	147
Engine start	144
Engine stop	145
Engine	142
Examine	110
Exhaust gas	166
Exterior bulb failure	159
failure	164
Feeler	029
Filling	009
Filter	078
Filter	141
filter vessel	078
Flood light	134
fluid	040
fluid	129
Frozen food storage compartment	128
Fuel system failure	149
Gear drive	070
General symbol for recovery	130
Handbook	167

ICS 93.080
Q 84

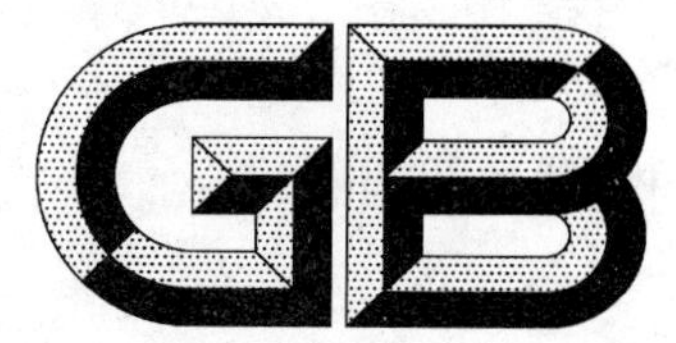

中华人民共和国国家标准

GB/T 16275—2008
代替 GB/T 16275—1996

城市轨道交通照明

Urban rail transit lighting

2008-12-23 发布　　2009-06-01 实施

中华人民共和国国家质量监督检验检疫总局
中国国家标准化管理委员会　发布

前　言

本标准代替 GB/T 16275—1996《地下铁道照明标准》，与 GB/T 16275—1996 相比主要变化如下：

——变更了标准名称；

——调整了标准适用范围；

——更改了照度值标准表述方法，采用单一照度标准值替代低、中、高三个值；

——根据标准适用范围增减了照明场所；

——更改了照明质量中眩光限制的表述方法，采用统一眩光值（UGR）替代亮度限制曲线；

——增加了光源、灯具选择相关内容；

——增加了照明节能标准值：照明功率密度（W/m^2）以及自然光采光相关内容。

本标准中附录 E、附录 F 为规范性附录，附录 A、附录 B、附录 C、附录 D 为资料性附录。

本标准由中华人民共和国住房和城乡建设部提出。

本标准由全国城市轨道交通标准化技术委员会（SAC/TC 290）归口。

本标准起草单位：北京市地铁运营有限公司、北京市地铁运营有限公司设计研究所、广州市地下铁道总公司、广州市地下铁道设计研究院、天津地下铁道总公司、北京地铁机电公司、上海申通轨道交通研究咨询有限公司、北京城建设计总院、武汉市轨道交通有限公司、长春客车厂工业公司电器厂。

本标准主要起草人：温志伟、周继波、陈华、许艳华、李胜利、马坚生、彭继红、靳守杰、胡一农、王丹、王春艳 、王学娟、于喆、周剑鸿、袁鑫。

本标准所代替标准的历次版本发布情况为：

——GB/T 16275—1996。

城市轨道交通照明

1 范围

本标准规定了城市轨道交通运营各场所的照明一般规定、照明照度值、应急照明、照明质量和照明功率密度值。

本标准适用于城市轨道交通运营各场所的照明。

本标准不适用于城市轨道交通车辆的照明。

2 规范性引用文件

下列文件中的条款通过本标准的引用而成为本标准的条款。凡是注日期的引用文件，其随后所有的修改单(不包括勘误的内容)或修订版均不适用于本标准，然而，鼓励根据本标准达成协议的各方研究是否可使用这些文件的最新版本。凡是不注日期的引用文件，其最新版本适用于本标准。

GB/T 5700 室内照明测量方法

GB 7000.1 灯具 第1部分：一般要求与试验(GB 7000.1—2007,IEC 60598-1:2003,IDT)

GB 7000.2 灯具 第2-22部分：特殊要求 应急照明灯具(GB 7000.2—2008,idt IEC 60598-2-22:2002)

GB 17625.1 电磁兼容 限值 谐波电流发射限值(设备每相输入电流≤16 A)(GB 17625.1—2003,IEC 61000-3-2:2001,IDT)

GB 17625.2 电磁兼容 限值 对每相额定电流≤16 A 且无条件接入的设备在公用低压供电系统中产生的电压变化、电压波动和闪烁的限制(GB 17625.2—2007,IEC 61000-3-3:2005,IDT)

GB 17896 管形荧光灯镇流器能效限定值及节能评价值

GB 17945 消防应急灯具(GB 17945—2000,neq ISO 6309:1987)

GB 19574 高压钠灯用镇流器能效限定值及节能评价值

GB 19043 普通照明用双端荧光灯能效限定值及能效等级

GB 19044 普通照明用自镇流荧光灯能效限定值及能效等级

GB 19415 单端荧光灯能效限定值及能效等级

GB 19573 高压钠灯能效限定值及能效等级

GB 20053 金属卤化物灯用镇流器能效限定值及能效等级

GB 20054 金属卤化物灯能效限定值及能效等级

GB/T 50033 建筑采光设计标准

3 术语和定义

下列术语和定义适用于本标准。

3.1

一般照明 general lighting

为照亮整个场所而设置的均匀照明。

[JGJ/T 119—2008 中 3.1.1]

3.2

分区一般照明 localized lighting

对某一特定区域，如进行工作的地点，设计成不同的照度来照亮该区域的一般照明。

[JGJ/T 119—2008 中 3.1.3]

3.3

局部照明　local lighting

特定视觉工作用的、为照亮某个局部而设置的照明。

[JGJ/T 119—2008 中 3.1.2]

3.4

混合照明　mixed lighting

由一般照明和局部照明组成的照明。

[JGJ/T 119—2008 中 3.1.4]

3.5

正常照明　normal lighting

在正常情况下使用的室内外照明。

[JGJ/T 119—2008 中 3.1.6]

3.6

应急照明　emergency lighting

因正常照明的电源失效而启用的照明。应急照明包括疏散照明、备用照明。

3.7

疏散照明　escape lighting

作为应急照明的一部分，用于确保疏散通道被有效地辨认和使用的照明。

[JGJ/T 119—2008 中 3.1.8]

3.8

备用照明　stand-by lighting

作为应急照明的一部分，用于确保正常活动继续进行的照明。

[JGJ/T 119—2008 中 3.1.10]

3.9

值班照明　on-duty lighting

非工作时间，为值班所设置的照明。

[JGJ/T 119—2008 中 3.1.11]

3.10

过渡照明　transition lighting

为减少建筑物内部构筑物与外界过大的亮度差而设置的，亮度可逐次变化的照明。

[CECS 45:1992，名词、术语 2.0.1]

3.11

维护系数　maintenance factor

照明装置在使用一定周期后，在规定表面上的平均照度或平均亮度，与该装置在相同条件下新装时，在规定表面上所得到的平均照度或平均亮度之比。

[JGJ/T 119—2008 中 3.2.22]

3.12

维持平均照度　maintained average illuminance

规定表面上的平均照度不得低于此数值。它是在照明装置必须进行维护时刻，在规定表面上的平均照度。

[JGJ/T 119—2008 中 3.2.23]

3.13

照度均匀度　uniformity ratio of illuminance

规定表面上的最小照度与平均照度之比。

[JGJ/T 119—2008 中 3.2.25]

3.14

平均照度 average illuminance

规定表面上的照度平均值。

[JGJ/T 119—2008 中 3.2.15]

3.15

最小照度 minimum illuminance

规定表面上的照度最小值。

[JGJ/T 119—2008 中 3.2.17]

3.16

统一眩光值 unified glare rating (UGR)

它是度量处于视觉环境中的照明装置发出的光，对人眼引起不舒适感主观反应的心理参量，其值可按 CIE(COMMISSION INTERNATIONALE DE L'ECLAIRAGE 国际照明委员会)统一眩光值公式计算。

[GB 50034—2004，术语 3.0.22]

3.17

灯具遮光角 shielding angle of luminaire

光源最边缘一点和灯具出口连线与水平线之间的夹角。

[GB 50034—2004，术语 3.0.37]

3.18

灯具效率 luminaire efficiency

在相同的使用条件下，灯具发出的总光通量与灯具内所有光源所发出的总光通量之比，也称灯具光输出比。

[GB 50034—2004，术语 3.0.28]

3.19

一般显色指数 general colour rendering index

八个一组色试样的 CIE1974 特殊显色指数的平均值，通称为显色指数。符号为 R_a。

[GB 50034—2004，术语 3.0.41]

3.20

相关色温 correlated colour temperature

当某一种光源(气体放电光源)的色品与某一温度下的完全辐射体(黑体)的色品最接近时完全辐射体(黑体)的温度，简称相关色温。符号为 T_{CP}，单位为开(K)。

[GB 50034—2004，术语 3.0.43]

3.21

反射比 reflectance

在入射辐射的光谱组成、偏振状态和几何分布给定状态下，反射的辐射通量或光通量与入射的辐射通量或光通量之比。符号为 ρ。

[GB 50034—2004，术语 3.0.45]

3.22

照明功率密度 lighting power density (LPD)

单位面积上的照明安装功率(包括光源、镇流器或变压器)，单位为瓦特每平方米(W/m^2)。

[GB 50034—2004，术语 3.0.46]

4 一般规定

4.1 照明方式和照明种类

4.1.1 城市轨道交通各场所照明方式可分为：一般照明、分区一般照明、局部照明和混合照明。

4.1.2 城市轨道交通工作场所照明种类可分为：正常照明、应急照明、值班照明和过渡照明。

4.1.3 城市轨道交通照明应符合附录 A 的规定。

4.2 照明光源选择

4.2.1 城市轨道交通照明应选用高效、节能、环保的光源。选用的照明光源应符合 GB 19043、GB 19415、GB 19573、GB 20053 等国家现行相关标准的有关规定。

4.2.2 选择光源时，应在满足显色性、启动时间等要求的条件下，根据光源、灯具及镇流器等的效率、寿命和价格，在进行综合技术经济分析比较后确定。

4.2.3 城市轨道交通照明光源可按附录 B 的规定选择。

4.3 照明灯具及其附属装置

4.3.1 选用的照明灯具应符合 GB 7000.1、GB 7000.2、GB 17945 等国家现行相关标准的有关规定。照明灯具可参照附录 C 的内容选择。

4.3.2 采用的镇流器应符合 GB 19044、GB 19574、GB 17896、GB 20054 等标准，其产生的高次谐波及电磁干扰应符合 GB 17625.1、GB 17625.2 等标准的规定。镇流器可按附录 C 的规定选择。

4.3.3 在满足眩光限制和配光要求条件下，应选用效率高的灯具，并应符合下列规定：

a) 荧光灯灯具的效率不应低于表 1 的规定。

表 1 荧光灯灯具效率

灯具出光口形式	开敞式	保护罩(玻璃或塑料)		格栅
		透明	磨砂、棱镜	
灯具效率	75%	65%	55%	60%

b) 高强度气体放电灯灯具的效率不应低于表 2 的规定。

表 2 高强度气体放电灯灯具的效率

灯具出光口形式	开敞式	格栅或透光罩
灯具效率	75%	60%

4.4 照明节能指标

4.4.1 照明节能应采用房间或场所一般照明的照明功率密度(LPD)作为评价指标。

4.4.2 照明功率密度应符合现行值要求，宜采用目标值。

5 照度标准值

5.1 城市轨道交通运营各场所的照明照度标准值应按以下系列分级：1 lx，2 lx，3 lx，5 lx，10 lx，15 lx，20 lx，30 lx，50 lx，75 lx，100 lx，150 lx，200 lx，300 lx，500 lx，750 lx，1 000 lx，1 500 lx 和 2 000 lx。

5.2 照度标准值为维持平均照度值，其维护系数应符合表 3 的规定。

表 3 维护系数

环境污染特征	工作房间或场所举例	维护系数
清洁	中央控制室、控制室、办公室、会议室、售票室、计算机房、通信信号房等	0.8

表 3（续）

环境污染特征	工作房间或场所举例	维护系数
一般	站台、站厅、通道、检票处、休息室、机房、设备间、实验室、车库、检修库、检修间等	0.7
严重污染	隧道、线路、车辆段线路、风道、风机房等	0.6

5.3　城市轨道交通运营各场所正常照明的照度标准值应符合表 4 的规定。根据建筑等级、使用情况、所处地区等因素，车站站台、站厅、通道等公共场所照度可提高或降低一个照明等级。

6　应急照明、值班照明和过渡照明

6.1　应急照明

6.1.1　疏散照明照度应符合下列规定：

a)　车站疏散照明照度不小于 5.0 lx；

b)　区间线路疏散照明照度不小于 3.0 lx；

c)　控制中心、车辆段地面水平照度值不小于 1.0 lx。

6.1.2　由正常照明转换为疏散照明的点亮时间不大于 5.0 s，疏散照明供电时间不小于 60 min。

6.1.3　疏散照明可按附录 D 设置。

6.1.4　一般工作场所备用照明照度值不应小于正常照明照度值的 10%，切换时间不应大于 5.0 s。

6.1.5　中央控制室、车站综合控制室、站长室、消防泵房、变配电房等应急指挥和应急设备应用场所的备用照明照度不应小于正常照明照度的 50%，切换时间不应大于 5.0 s。

6.1.6　备用照明持续供电时间不应小于 60 min。

6.2　值班照明

非 24 h 连续运营的城市轨道交通的公共场所，如：站台、站厅、通道、楼梯等的值班照明，其照度值不应低于正常照明度标准值的 10%。

6.3　过渡照明

6.3.1　城市轨道交通车站出入口、双层地面站及高架车站昼间站台到站厅楼梯处应设过渡照明。

6.3.2　过渡照明宜优先利用自然光过渡；当自然光过渡不能满足要求时，应增加人工照明过渡。

6.3.3　白天车站出入口内外亮度变化，宜按 1∶10～1∶15 取值，夜间出入口内外亮度变化，宜按 2∶1～4∶1 取值。双层地面站及高架车站昼间站台到站厅的亮度变化与出入口相同。

6.3.4　城市轨道交通过渡照明的计算应按附录 E 的方法确定。

表 4　城市轨道交通各类场所正常照明的标准值

类别	场所	参考平面及其高度	照度/lx	统一眩光限值 UGR_L	显色指数 R_a	备注
车站	出入口门厅\楼梯\自动扶梯	地面	150		80	考虑过渡照明
	通道	地面	150		80	
	站内楼梯\自动扶梯	地面	150		80	
	售票室\自动售票机	台面	300	19	80	
	检票处\自动检票口	台面	300		80	
	站厅(地下)	地面	200	22	80	
	站台(地下)	地面	150	22	80	

表 4（续）

类别	场所	参考平面及其高度	照度/lx	统一眩光限值 UGR_L	显色指数 R_a	备注
车站	站厅(地面)	地面	150	22	80	
	站台(地面)	地面	100	22	80	
	办公室	台面	300	19	80	VDT 工作应注意避免反射眩光
	会议室	台面	300	19	80	
	休息室	0.75 m 水平面	100	19	80	
	盥洗室、卫生间	地面	100		60	
	行车\电力\机电\配电等控制室或综控室	台面	300	19	80	VDT 工作应注意避免反射眩光
	变电\机电\通号等设备用房	1.5 m 垂直面	150	22	60	
	泵房、风机房	地面	100	22	60	
	冷冻站	地面	150	22	60	
	风道	地面	10		60	
线路	隧道	轨平面	5		60	注意避免直接眩光
	地面\高架线	轨平面	5		60	
	道岔区	轨平面	20		60	
		混凝土梁轨平面	100		60	有监控需要时
控制中心	中央控制室	台面	300[a]	19	80	VDT[b] 工作应注意避免反射眩光
	计算机房	台面	500	19	80	VDT 工作应注意避免反射眩光
	会议室	台面	300	19	80	
	办公室	台面	300	19	80	VDT 工作应注意避免反射眩光
	档案\资料室	台面	200	22	80	
	设备间	地面	150	22	60	
	盥洗室、卫生间	地面	100		60	
车辆段	车场线	轨平面	5		60	
	试车线、道岔区	轨平面	10		60	
	停车列检库	地面	100	22	60	
	检修坑	地面	100		60	
	检修库、静调库	地面	200	22	60	另加局部照明
	调机库、工程车库	地面	100	22	60	另加局部照明

表 4(续)

类别	场所	参考平面及其高度	照度/lx	统一眩光限值 UGR_L	显色指数 R_a	备注
车辆段	洗车库	地面	100	22	60	
	信号控制室	台面	300	19	80	VDT 工作应注意避免反射眩光
	一般件检修间	0.75 m 水平面	200	22	80	另加局部照明
	精密检修间	0.75 m 水平面	300	22	80	另加局部照明
	试验室	台面	300	22	80	另加局部照明
	压缩空气站	地面	150	22	60	
	一般件仓库	0.75 m 水平面	100	22	60	
	段内道路	地面	5		40	

a 中央控制室照度标准值为控制区照度标准值,中央控制室屏前区应视屏幕方式适当降低照度。

b VDT(visual display terminal) 视频显示终端。

7 照明质量

7.1 照度均匀度

7.1.1 城市轨道交通公共场所、办公室、休息室等一般照明照度均匀度,不应小于 0.7,而作业面邻近周围的照度均匀度不应小于 0.5。

7.1.2 室内非作业区一般照明照度值不宜低于作业区一般照明照度的 1/3。

7.2 眩光限制

7.2.1 直接型灯具的最小遮光角应符合表 5 的规定。

表 5 直接型灯具的最小遮光角

光源平均亮度(L_{av}^{a},10^3 cd/m^2)	遮光角(°)
$L_{av}<20$	10
$20\leqslant L_{av}<50$	15
$50\leqslant L_{av}<500$	20
$L_{av}\geqslant 500$	30

a L_{av}——光源平均亮度。

7.2.2 城市轨道交通运营各场所的不舒适眩光最大允许值,应符合表 4 的规定。

7.2.3 不舒适眩光应采用统一眩光值评价,其计算方法见附录 F。

7.2.4 有视觉显示终端的工作场所照明应限制灯具中垂线以上也可大于或等于 65°高度角的亮度。灯具在该角度上的平均亮度限值宜符合表 6 规定。

表 6 灯具平均亮度限值

屏幕分类	Ⅰ	Ⅱ	Ⅲ
屏幕质量	好	中等	差
灯具平均亮度限值	≤1 000 cd/m²		≤200 cd/m²

注 1：本表适用于仰角小于等于15°的显示屏。

注 2：对于特定适用场所，如敏感的屏幕或仰角可变的屏幕，表中亮度限制应用在更低的灯具高度角（如 55°）上。

7.3 光源的颜色

7.3.1 城市轨道交通各场所照明光源的色表宜符合表 7 的规定。站台、站厅同一场所光源色温应保持一致。

表 7 光源的色表

色表分组	色表特征	相关色温 K	适用场所举例
Ⅰ	暖	≤3 300	休息室、厕所等
Ⅱ	中间	3 300～5 300	站台、站厅、通道、楼梯、办公室等
Ⅲ	冷	≥5 300	机房、控制室等

7.3.2 城市轨道交通地下各场所照明光源的一般显色指数宜符合表 4 的规定。

7.4 反射比

城市轨道交通需连续工作的房间和经常有人活动的公共场所，其各表面的反射比宜按表 8 选取。

表 8 表面的反射比

表 面 名 称	反 射 比
顶棚	0.2～0.9
墙面	0.3～0.9
作业面	0.2～0.6
地面	0.1～0.5

8 照明节能

8.1 城市轨道交通各场所照明功率密度值应符合表 9 的规定。当按 5.3 的规定提高或降低一级照度标准值时，照明功率密度值应按比例增加或减小。

8.2 城市轨道交通照明可采用以下节电措施：

a) 光源、灯具及其附件选择应符合 4.2、4.3 的规定；

b) 对车辆段中的停车库、检修库，车站的站台、站厅、出入口等大面积场所，照明应能分路控制；

c) 非运营时间可只保留应急照明与值班照明，作内部人员通行和巡视使用，照度标准不低于正常照明照度的 10%；

d) 地面或高架站出入口外灯具宜采用时控或光控，白天或高照度时关闭；

e) 高架站四周路灯宜采用时控和光控节能；

f) 有条件时，宜利用各种导光和反光装置将天然光引入室内进行照明；

g) 有条件时，宜利用太阳能作为照明能源；

h) 地面或高架场所照明应首先考虑自然光的利用，自然光利用可参照 GB/T 50033 规定。

9 运行维护与测量

9.1 运行维护

9.1.1 应定期维护和及时更换损坏或有缺陷的照明设备。

9.1.2 应按规定周期清扫灯具和房间各表面。

9.1.3 清扫灯具与更换光源宜同时进行，并保持同一场所光源的色表一致。

9.2 测量

9.2.1 城市轨道交通各场所的照明应定期测量。

9.2.2 城市轨道交通各场所照明的测量方法应符合 GB/T 5700 的有关规定。

表 9 照明功率密度值

类别	场所	照明功率密度/(W/m²)		对应照度/lx
		现行值	目标值	
车站	出入口门厅\楼梯\自动扶梯	10	9	150
	通道	10	9	150
	站内楼梯\自动扶梯	10	9	150
	站厅(地下)	12	10	200
	站台(地下)	10	9	150
	站厅(地面)	11	9	150
	站台(地面)	10	8	100
	售票室	11	9	300
	办公室	11	9	300
	会议室	11	9	300
	休息室	7	6	100
	盥洗室、卫生间	7	6	100
	行车\电力\机电\配电等控制室或综控室	11	9	300
	变电\机电\通号等设备用房	8	7	150
	泵房、风机房	7	6	100
	冷冻站	8	7	150
控制中心	计算机房	18	15	500
	中央控制室	11	9	300
	会议室	11	9	300
	办公室	11	9	300
	档案\资料室	8	7	200
	设备间	8	7	150
	盥洗室、卫生间	7	6	100

表 9（续）

类别	场　所	照明功率密度/（W/m²）		对应照度/lx
		现行值	目标值	
车辆段	停车列检库	5	4	100
	静调库、临修库、检修库	8	7	200
	调机库、工程车库	5	4	100
	洗车库	5	4	100
	信号控制室	11	9	300
	一般件检修间	8	7	200
	精密检修间	12	11	300
	试验室	11	9	300
	压缩空气站	8	7	150
	一般件仓库	5	4	100

附　录　A
（资料性附录）
照明方式和照明种类的设置

A.1　除特殊要求外，城市轨道交通各场所应设一般照明。

A.2　同一场所内的不同区域有不同照度要求时（如控制中心的控制台、屏前区；车站站厅的自动售票、自动检票及一般通行区等），应采用分区一般照明。

A.3　对于照度要求较高，且单独设置一般照明不合理的场所，宜采用混合照明。

A.4　在一个工作场所内有局部照明要求时，应设局部照明。

A.5　所有场所应设正常照明。

A.6　下列场所应设应急照明：

a）　当正常照明因故障熄灭后，对需要确保正常工作或活动继续进行的场所，应设备用照明；

b）　当正常照明因故障熄灭或火灾情况下正常照明断电时，对需要确保人员安全疏散的出口和通道，应设疏散照明。

A.7　非 24 h 连续运营的城市轨道交通公共场所，应设值班照明。

A.8　城市轨道交通车站出入口楼梯、地面或高架站厅与站台楼梯等处应设过渡照明。

附　录　B
（资料性附录）
照明光源选择

B.1　可按下列条件选择光源：

a)　高度较低场所宜采用三基色细管径直管形荧光灯，也可采用紧凑型荧光灯、小功率的金属卤化物灯；

b)　高度较高的厂房、车间、站台可采用金属卤化物灯、高压钠灯、大功率细管径荧光灯或高频无极荧光灯，当采用高频无极荧光灯时，其电磁兼容性的要求应满足周边设备的要求；

c)　一般照明场所不宜采用荧光高压汞灯和自镇流荧光高压汞灯；

d)　隧道区间线路照明宜采用高频无极荧光灯、荧光灯、小功率金属卤化物灯，当采用高频无极荧光灯时，其电磁兼容性应满足周边设备的要求；

e)　地面、高架区间线路照明宜采用高压钠灯、小功率金属卤化物灯；

f)　一般情况下，室内外照明不应采用普通照明白炽灯；在特殊情况下需采用时，其额定功率不应超过 100 W。

B.2　下列工作场所可采用白炽灯：

a)　要求瞬时启动和连续调光的场所，使用其他光源技术经济不合理时；

b)　对防止电磁干扰要求严格的场所；

c)　开关灯频繁的场所；

d)　照度要求不高，且照明时间较短的场所；

e)　对装饰有特殊要求的场所；

f)　由于光源的频闪作用而引起错误视觉，危及人身安全的场所。

B.3　应急照明用出口标志灯、指向标志灯可采用 LED 灯，疏散照明灯应选用能快速点燃的光源。

B.4　应根据识别颜色要求和场所特点，选用相应显色指数的光源。站台、站厅同一场所光源色温应保持一致。

附　录　C
（资料性附录）
照明灯具及其附件选择

C.1　根据照明场所的环境条件，分别选用下列灯具：

a）在潮湿的场所，应采用相应防护等级的防水灯具或带防水灯头的开敞式灯具；

b）在有腐蚀性气体或蒸汽的场所，宜采用防腐蚀密闭式灯具。若采用开敞式灯具，各部分应有防腐蚀或防水措施；

c）在有尘埃的场所，应按防尘的相应防护等级选择适宜的灯具；

d）在有爆炸、火灾危险以及有安全照明要求场所使用的灯具，应符合国家现行相关标准和规范的有关规定；

e）在有洁净要求的场所，应采用不易积尘、易于擦拭的洁净灯具；

f）在需防止紫外线照射的场所，应采用隔紫灯具或无紫光源；

g）地下区间照明灯具应采用防潮、防尘、防震、防眩光的专用隧道灯具，防护等级不低于IP54；

h）地面高架区间照明灯具应具有防水、防尘、防震功能，防护等级不低于IP65。

C.2　高度小于1.8 m的电缆通道、电缆夹层内照明宜采用36V电压供电，如采用220 V电压时，应有防止触电的安全措施，并应敷设灯具外壳专用的接地线。

C.3　镇流器的选择应符合下列条件：

a）直管形荧光灯应配用电子镇流器或节能型电感镇流器；

b）高压钠灯、金属卤化物灯应配用节能型电感镇流器，功率较小者可采用电子镇流器。

附 录 D
（资料性附录）
疏散照明设置

D.1 疏散照明由出口标志灯、指向标志灯、疏散照明灯组成，可参照下列条款设置。

D.2 在站台、站厅的出口、车站出口、有人值班的设备房及其他通向外界的应急出口处的上方，应设置出口标志灯。

D.3 在站台、站厅、楼梯、通道及通道转弯处附近，当不能直接看见或不能看清出口标志灯时，应设置指向标志灯。指向标志灯安装高度距地面高度不大于 1.0 m，且安装间距不大于 15.0 m；对于袋形走道，不大于 10.0 m；在走道转角区，不大于 1.0 m，指示标识应符合 GB 13495 的相关规定。

D.4 在站台、站厅、楼梯、通道及通道转弯处附近、出入口、房间通道、风道、线路区间等处均应设置疏散照明灯。

附 录 E
（规范性附录）
过渡照明计算

E.1 对于车站出入口，双层地面站及高架车站站台到站厅之间楼梯处，为使乘客进出时眼睛对周围亮度处于适应状态，应设过渡照明。

E.2 人的周围亮度发生变化后，人眼为适应变化后的亮度，需要有一定的适应时间。亮度和适应时间的关系如图 E.1 曲线所示。亮度系指人的主视线方向亮度。

E.3 过渡照明应考虑：

a） 室外亮度（照度）；

b） 室内表面亮度（照度）；

c） 根据室内外亮度差确定适应时间；

d） 根据适应时间、人行速度确定所需距离的长度。

E.4 入口处室内外亮度变化白天可按 1∶10～1∶15 考虑，夜间可按 2∶1～4∶1 考虑；人行速度以 0.7 m/s考虑；出入口外年平均漫射光照度按表 E.1 取值。

E.5 过渡照明的照度计算结果低于本标准表 4 的规定时，应以表 4 的规定为准；高于本标准表 4 的规定时，应以计算结果为准。

E.6 漫反射表面的亮度按下式计算：

$$L=\frac{\rho\times E}{\pi} \qquad \text{(E.1)}$$

式中：

L——表面亮度，cd/m^2；

ρ——表面反射比；

E——表面的照度，lx；

π——常数。

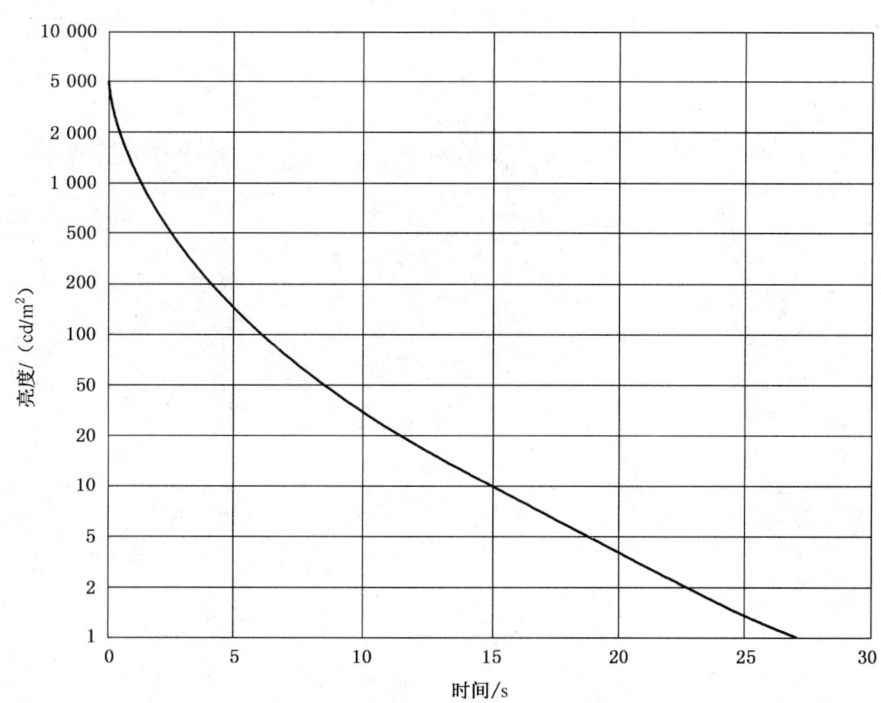

图 E.1 亮度—时间曲线

表 E.1 典型地区年平均漫射照度

地名	漫射照度/klx	地名	漫射照度/klx	地名	漫射照度/klx
北京	11.7	上海	11.7	湛江	13.5
天津	11.7	徐州	12.6	桂林	12.3
张家口	11	南京	12.3	南宁	13.1
石家庄	12	合肥	12.3	成都	12.7
太原	11.5	福州	11.1	重庆	12.3
二连浩特	10.4	厦门	10.2	杭州	11.9
呼和浩特	9.4	南昌	12.5	昆明	11.8
沈阳	9.9	济南	12.3	海口	12.3
锦州	9.9	郑州	12.5	贵阳	11.2
大连	9.7	宜昌	12.2	青岛	11.9
长春	9.3	长沙	12.4	兰州	11.7
齐齐哈尔	9.2	武汉	13	西宁	11.8
哈尔滨	9.3	广州	13.7	西安	12.8

附 录 F
（规范性附录）
统一眩光值（UGR）

F.1 照明场所的统一眩光值（UGR）计算

F.1.1 UGR 应按式（F.1）计算：

$$UGR = 8\lg\frac{0.25}{L_b}\sum\frac{L_a^2 \cdot \omega}{P^2} \qquad \text{(F.1)}$$

式中：

L_a——观察者方向每个灯具的亮度（cd/m^2）；

L_b——背景亮度（cd/m^2）；

ω——每个灯具发光部分对观察者眼睛所形成的立体角（sr）；

P——每个单独灯具的位置指数。

F.1.2 式（F.1）中各参数应按下列公式和规定确定：

F.1.2.1 背景亮度 L_b 应按式（F.2）确定：

$$L_b = \frac{E_i}{\pi} \qquad \text{(F.2)}$$

式中：

E_i——观察者眼睛方向的间接照度（lx）。

此计算一般用计算机完成。

F.1.2.2 灯具亮度 L_α 应按式（F.3）确定：

$$L_\alpha = \frac{I_\alpha}{A \cdot \cos\alpha} \qquad \text{(F.3)}$$

式中：

I_α——观察者眼睛方向的灯具发光强度（cd）；

$A \cdot \cos\alpha$——灯具在观察者眼睛方向的投影面积（m^2）；

α——灯具表面法线与观察者眼睛方向所夹的角度（°）。

F.1.2.3 立体角 ω 应按式（F.4）确定：

$$\omega = \frac{A_p}{r^2} \qquad \text{(F.4)}$$

式中：

A_p——灯具发光部件在观察者眼睛方向的表观面积，单位为平方米（m^2）；

r——灯具发光部件中心到观察者眼睛之间的距离，单位为米（m）。

F.1.2.4 位置指数 P 应按图 F.1 生成的 H/R 和 T/R 的比值由表 F.1 确定。

F.2 统一眩光值（UGR）的应用条件

F.2.1 UGR 适用于简单的立方形房间的一般照明装置设计，不适用于采用间接照明和发光天棚的房间；

F.2.2 适用于灯具发光部件对眼睛所形成的立体角 $0.1sr > \omega > 0.0003\ sr$ 的情况；

F.2.3 同一类灯具为均匀等间距布置；

F.2.4 灯具为双对称配光；

F.2.5 坐姿观察者眼睛高度通常取 1.2 m，站姿观察者的眼睛高度通常取 1.5 m；

F.2.6 观察者位置一般在纵向和横向两面墙中点，视线水平朝前观察；

F.2.7 房间表面为大约高出地面 0.75 m 的工作面、灯具安装表面以及此两个表面之间的墙面。

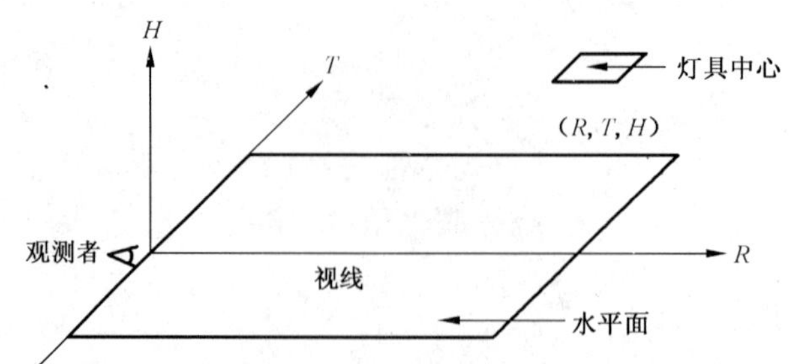

图 F.1 以观察者位置为原点的位置指数坐标系统(**R**,**T**,**H**),对灯具中心生成 **H/R** 和 **T/R** 的比值

表 F.1 位置指数表

H/R T/R	0.00	0.10	0.20	0.30	0.40	0.50	0.60	0.70	0.80	0.90	1.00	1.10	1.20	1.30	1.40	1.50	1.60	1.70	1.80	1.90
0.00	1.00	1.26	1.53	1.90	2.35	2.86	3.50	4.20	5.00	6.00	7.00	8.10	9.25	10.35	11.70	13.15	14.70	16.20	—	—
0.10	1.05	1.22	1.46	1.80	2.20	2.75	3.40	4.10	4.80	5.80	6.80	8.00	9.10	10.30	11.60	13.00	14.60	16.10	—	—
0.20	1.12	1.30	1.50	1.80	2.20	2.66	3.18	3.88	4.60	5.50	6.50	7.60	8.75	9.85	11.20	12.70	14.00	15.70	—	—
0.30	1.22	1.38	1.60	1.87	2.25	2.70	3.25	3.90	4.60	5.45	6.45	7.40	8.40	9.50	10.85	12.10	13.70	15.00	—	—
0.40	1.32	1.47	1.70	1.96	2.35	2.80	3.30	3.90	4.60	5.40	6.40	7.30	8.30	9.40	10.60	11.90	13.20	14.60	16.00	—
0.50	1.43	1.60	1.82	2.10	2.48	2.91	3.40	3.98	4.70	5.50	6.40	7.30	8.30	9.40	10.50	11.75	13.00	14.40	15.70	—
0.60	1.55	1.72	1.98	2.30	2.65	3.10	3.60	4.10	4.80	5.50	6.40	7.35	8.40	9.40	10.50	11.70	13.00	14.10	15.40	—
0.70	1.70	1.88	2.12	2.48	2.87	3.30	3.78	4.30	4.88	5.60	6.50	7.40	8.50	9.50	10.50	11.70	12.85	14.00	15.20	—
0.80	1.82	2.00	2.32	2.70	3.08	3.50	3.92	4.50	5.10	5.75	6.60	7.50	8.60	9.50	10.60	11.75	12.80	14.00	15.10	—
0.90	1.95	2.20	2.54	2.90	3.30	3.70	4.20	4.75	5.30	6.00	6.75	7.70	8.70	9.65	10.75	11.80	12.90	14.00	15.00	16.00
1.00	2.11	2.40	2.75	3.10	3.50	3.91	4.40	5.00	5.60	6.20	7.00	7.90	8.80	9.75	10.80	11.90	12.95	14.00	15.00	16.00
1.10	2.30	2.55	2.92	3.30	3.72	4.20	4.70	5.25	5.80	6.55	7.20	8.15	9.00	9.90	10.95	12.00	13.00	14.00	15.00	16.00
1.20	2.40	2.75	3.12	3.50	3.90	4.35	4.85	5.50	6.05	6.70	7.50	8.30	9.20	10.00	11.02	12.10	13.10	14.00	15.00	16.00
1.30	2.55	2.90	3.30	3.70	4.20	4.65	5.20	5.70	6.30	7.00	7.70	8.55	9.35	10.20	11.20	12.25	13.20	14.00	15.00	16.00
1.40	2.70	3.10	3.50	3.90	4.35	4.85	5.35	5.85	6.50	7.25	8.00	8.70	9.50	10.40	11.40	12.40	13.25	14.05	15.00	16.00
1.50	2.85	3.15	3.65	4.10	4.55	5.00	5.50	6.20	6.80	7.50	8.20	8.85	9.70	10.55	11.50	12.50	13.30	14.05	15.02	16.00
1.60	2.95	3.40	3.80	4.25	4.75	5.20	5.75	6.30	7.00	7.65	8.40	9.00	9.80	10.80	11.75	12.60	13.40	14.20	15.10	16.00
1.70	3.10	3.55	4.00	4.50	4.90	5.40	5.95	6.50	7.20	7.80	8.50	9.20	10.00	10.85	11.85	12.75	13.45	14.20	15.10	16.00
1.80	3.25	3.70	4.20	4.65	5.10	5.60	6.10	6.75	7.40	8.00	8.65	9.35	10.10	11.00	11.90	12.80	13.50	14.20	15.10	16.00
1.90	3.43	3.86	4.30	4.75	5.20	5.70	6.30	6.90	7.50	8.17	8.80	9.50	10.20	11.00	12.00	12.82	13.55	14.20	15.10	16.00
2.00	3.50	4.00	4.50	4.90	5.35	5.80	6.40	7.10	7.70	8.30	8.90	9.60	10.40	11.10	12.00	12.85	13.60	14.30	15.10	16.00
2.10	3.60	4.17	4.65	5.05	5.50	6.00	6.60	7.20	7.82	8.45	9.00	9.75	10.50	11.20	12.10	12.90	13.70	14.35	15.10	16.00
2.20	3.75	4.25	4.72	5.20	5.60	6.10	6.70	7.35	8.00	8.55	9.15	9.85	10.60	11.30	12.10	12.90	13.70	14.40	15.15	16.00
2.30	3.85	4.35	4.80	5.25	5.70	6.22	6.80	7.40	8.10	8.65	9.30	9.90	10.70	11.40	12.20	12.95	13.70	14.40	15.20	16.00
2.40	3.95	4.40	4.90	5.35	5.80	6.30	6.90	7.50	8.20	8.80	9.40	10.00	10.80	11.50	12.25	13.00	13.75	14.45	15.20	16.00
2.50	4.00	4.50	4.95	5.40	5.85	6.40	6.95	7.55	8.25	8.85	9.50	10.05	10.85	11.55	12.30	13.00	13.80	14.50	15.25	16.00
2.60	4.07	4.55	5.05	5.47	5.95	6.45	7.00	7.65	8.35	8.95	9.55	10.10	10.90	11.60	12.32	13.00	13.80	14.50	15.25	16.00
2.70	4.10	4.60	5.10	5.53	6.00	6.50	7.05	7.70	8.40	9.00	9.60	10.16	10.92	11.63	12.35	13.00	13.80	14.50	15.25	16.00
2.80	4.15	4.62	5.15	5.56	6.05	6.55	7.08	7.73	8.45	9.05	9.65	10.20	10.95	11.65	12.35	13.00	13.80	14.50	15.25	16.00
2.90	4.20	4.65	5.17	5.60	6.07	6.57	7.12	7.75	8.50	9.10	9.70	10.23	10.95	11.65	12.35	13.00	13.80	14.50	15.25	16.00
3.00	4.22	4.67	5.20	5.65	6.12	6.60	7.15	7.80	8.55	9.12	9.70	10.23	10.95	11.65	12.35	13.00	13.80	14.50	15.25	16.00

参 考 资 料

[1] GB 50157—2003 《地铁设计规范》
[2] JGJ/T 119—2008 《建筑照明术语标准》
[3] GB 50034—2004 《建筑照明设计标准》
[4] CECS 45：1992 《地下建筑照明设计标准》
[5] GB 13495—1992 消防安全标志(neq ISO 6309：1987)

ICS 91.220
P 97

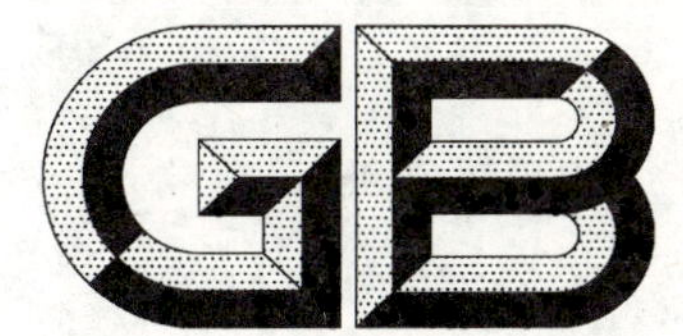

中华人民共和国国家标准

GB/T 16277—2008
代替 GB/T 16277—1996

沥青混凝土摊铺机

Asphalt paver

2008-02-03 发布　　2008-07-01 实施

中华人民共和国国家质量监督检验检疫总局
中国国家标准化管理委员会　发布

前　言

本标准代替 GB/T 16277—1996《沥青混凝土摊铺机》。

本标准与 GB/T 16277—1996 相比主要变化如下：

——增加了 GB/T 7920.12《沥青混凝土摊铺机　术语》内容(见第 3 章)；

——增加了一套产品型号编制方法(见 4.3.2)；

——增补了对装配、焊缝和铸件的要求(见 5.1)；

——增加了自动调平系统的要求(见 5.2.4)；

——增加了电子管理系统的要求(见 5.3.5)；

——完善和加强了安全和环保的要求(见 5.7)；

——修订了部分试验方法(见第 6 章)；

——删除了部分没有必要的试验项目(见第 6 章)。

本标准附录 A、附录 B、附录 C 均为资料性附录。

本标准由中国机械工业联合会提出；

本标准由北京建筑机械化研究院归口；

本标准起草单位：陕西建设机械股份有限公司、徐州工程机械科技股份有限公司、镇江华晨华通路面机械有限公司、长沙中联重工科技发展股份有限公司、天津鼎盛工程机械有限公司。

本标准主要起草人：孟昭彬、余林、陶永生、钮红、肖翀宇、王蕾、吴继霞、陈胜奇、黄立新、李祥兰、黄育进。

本标准代替标准的历次版本发布情况为：

——GB/T 16277—1996

沥 青 混 凝 土 摊 铺 机

1 范围

本标准规定了沥青混凝土摊铺机的分类、技术要求、试验方法、检验规则、标志、包装、运输和贮存。

本标准适用于自行式沥青混凝土摊铺机(以下简称摊铺机)。

2 规范性引用文件

下列文件中的条款通过本标准的引用而成为本标准的条款。凡是注日期的引用文件,其随后所有的修改单(不包括勘误的内容)或修订版均不适用于本标准,然而,鼓励根据本标准达成协议的各方研究是否可使用这些文件的最新版本。凡是不注日期的引用文件,其最新版本适用于本标准。

GB/T 3766 液压系统通用技术条件(GB/T 3766—2001,eqv ISO 4413:1998)

GB/T 4798.5—1987 电工电子产品应用环境条件 地面车辆使用(neq IEC 721-3-5:1985)

GB 5226.1 机械安全 机械电气设备 第1部分:通用技术条件(GB/T 5226.1—2002,IEC 60204-1:2000,IDT)

GB 5959.1 电热装置的安全 第1部分:通用要求(GB 5959.1—2005,IEC 60519-1:2003,IDT)

GB 7258 机动车运行安全技术条件

GB/T 7920.12 沥青混凝土摊铺机 术语

GB/T 7932 气动系统通用技术条件(GB/T 7932—2003,ISO 4414:1998,IDT)

GB/T 8190.4 往复式内燃机 排放测量 第4部分:不同用途发动机的试验循环(GB/T 8190.4—1999,idt ISO 8178-4:1996)

GB/T 8592—2001 土方机械 轮胎式机械转向尺寸的测定(eqv ISO 7457:1997)

GB/T 8593.1—1998 土方机械 司机操纵和其他显示符号 第1部分:通用符号(eqv ISO 6405-1:1991)

GB 9969.1 工业产品使用说明书总则

GB/T 10913—2005 土方机械 行驶速度测定(ISO 6014:1986,MOD)

GB/T 13306 标牌

GB 16710.1 工程机械 噪声限值

GB/T 17299 土方机械 最小入口尺寸(GB/T 17299—1998,idt ISO 2860:1992)

GB/T 17300 土方机械 通道装置(GB/T 17300—1998,idt ISO 2867:1994)

GB/T 19929 土方机械 履带式机器 制动系统的性能要求和试验方法(GB/T 19929—2005,ISO 10265:1998,MOD)

GB 50092 沥青路面施工及验收规范

JB/T 3683 土方机械 操纵的舒适区域与可及范围(JB/T 3683—2001,eqv ISO 6682:1986)

JB/T 3690—1999 土方机械 整机及其工作装置和部件的质量测量方法(idt ISO 6016:1982)

JB/T 3873—1999 工程机械 重心位置测量方法(idt ISO 5005:1977)

JB/T 7690 工程机械 尺寸和性能的单位与测量精度(JB/T 7690—1995,eqv ISO 9248:1992)

JB 6028 工程机械 安全标志和危险图示通则(JB 6028—1998,eqv ISO 9244:1995)

JB 8891 中小功率柴油机 排气污染物排放限值

JG/T 48 轮胎式土方机械 制动系统的性能要求和试验方法(JG/T 48—1999,eqv ISO 3450:1985)

JG/T 69—1999 液压油箱液样抽取法

JG/T 70—1999　油液中固体颗粒污物的显微镜计数法
JG/T 5011.1　建筑机械与设备　铸钢件通用技术条件
JG/T 5011.5　建筑机械与设备　球墨铸铁件通用技术条件
JG/T 5011.11　建筑机械与设备　装配通用技术条件
JG/T 5011.12　建筑机械与设备　涂漆通用技术条件
JG/T 5035—1993　建筑机械与设备用油液固体污染清洁度分级
JG/T 5066—1996　油液中固体颗粒污染物的重量分析法(eqv ISO 4405:1991)
JG/T 5079.2　建筑机械与设备　噪声测量方法
JG/T 5082.1　建筑机械与设备　焊接件通用技术条件

3　术语和定义

GB/T 7920.12 确立的以及下列术语和定义适用于本标准。

3.1

沥青混合料　asphalt mixture

一定规格的骨料、粉料和可能的添加剂,被沥青全部地均匀裹敷,制成匀质性良好的路面铺筑产品(混合料)。

3.2

产品规定值　product specified value

摊铺机规定的技术指标值。

3.3

受料系统　collecting system

摊铺机接收沥青混合料的工作系统。

3.4

输送-布料系统　conveying-spreading system

摊铺机对沥青混合料的纵向传送和横向摊铺的工作系统,由输送装置和分料装置组成。

4　分类

4.1　型式

摊铺机按行走型式划分:

a)　履带式摊铺机;

b)　轮胎式摊铺机。

4.2　基本参数

摊铺机的产品基本参数见表 1。

表 1　基本参数

项　目	基　本　参　数			
最大摊铺宽度/mm	2 000～4 000	4 500～6 000	6 500～8 000	8 500～14 000
料斗容量/t	4～8	6～10	8～12	10～16
基本摊铺宽度/mm	1 000、2 000	2 000、2 500	2 500、3 000	2 500、3 000

表 1(续)

项　　目		基　本　参　数			
最大摊铺厚度/mm		150、200、250、300			
最大摊铺速度/(m/min)	轮胎式	≤40			
	履带式	≤20			
最大生产率(理论)/(t/h)		350、500、700、800、900			
拱度调节范围/%	正向	5、4、3、2			
	负向	−3、−2、−1			
横坡度调节范围/%	双向	±5、±4、±3、±2			
行驶速度/(km/h)	轮胎式	≤20			
	履带式	≤5			
功率/kW		≥30	≥60	≥75	≥90
整机质量/t		6～12	8～18	12～25	16～40
注：整机质量为摊铺机行驶状态时的质量(应含随车工具、燃油箱注满油、液压油箱的油应在规定的作业液位，司机两名，每人体重按 75 kg 计算)。					

4.3 型号

4.3.1 摊铺机的产品型号可由组代号、型代号、主参数代号和更新、变型代号组成。

型号说明如下：

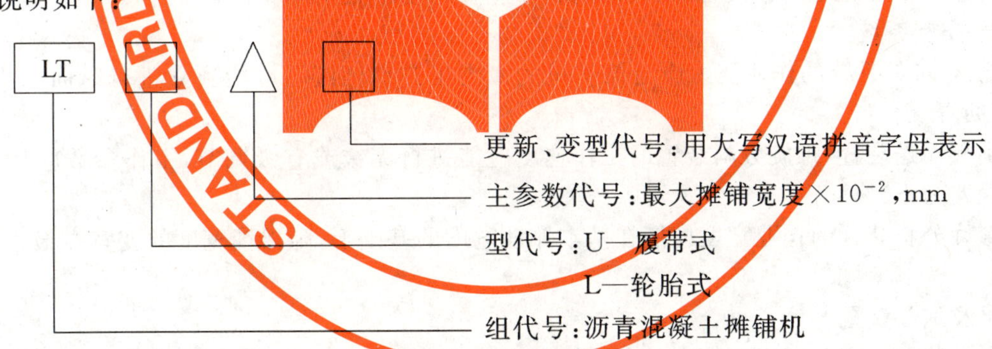

4.3.2 摊铺机的产品型号也可由企业信息和产品编码组成。其总字符不应多于 9 位。

型号说明如下：

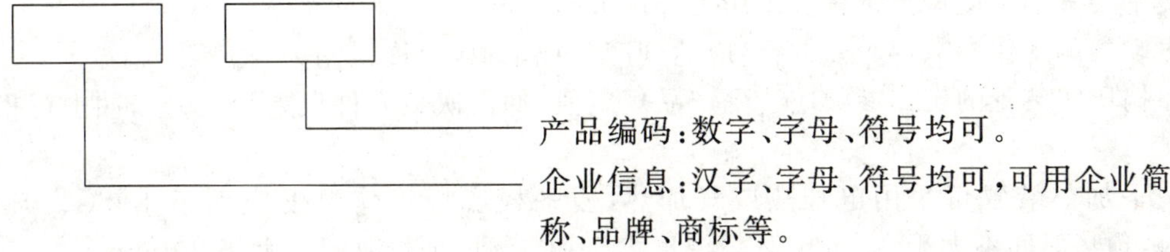

4.3.3 摊铺机的产品型号采用企业信息和产品编码组合时，应有相应的产品编码企业标准，并说明其与上级相应标准的技术参数对应关系。

5 技术要求

5.1 基本要求

5.1.1 摊铺机应按经规定程序批准的图样及技术文件制造。

5.1.2 用于摊铺机的材料及配套件(外购件)均应有必要的合格证明。

5.1.3 摊铺机应具有受料系统、输送装置、分料装置、熨平及加热装置、行走系统和操纵控制系统等。结构布局应便于保养、维修,经常检修、润滑、调整及紧固的部位,应具有足够的作业空间,其最小入口尺寸应符合 GB/T 17299 的规定。

5.1.4 摊铺机的正常工作条件应符合以下规定:

a) 摊铺机的作业环境温度一般应在 4℃～35℃的范围内;海拔高度在 500 m 以下;

b) 摊铺机作业的沥青路面基层、沥青混合料等应符合 GB 50092 的规定。

5.1.5 摊铺机应能在与产品规定的配套设备对接受料状态下,以各种作业组合状态铺筑沥青混合料路面面层。

5.1.6 摊铺机应设置起吊、运输固定专用装置、工具箱,并备有专用工具和常用备件及附件。

5.1.7 转运状态的外形边界尺寸应符合有关交通、运输等方面的规定。

5.1.8 摊铺机的焊接件、铸件质量应分别符合 JG/T 5082.1、JG/T 5011.1 和 JG/T 5011.5 的规定;钣金件、结构件的表面、边缘应光滑平整。

5.1.9 摊铺机的涂装质量和装配应分别符合 JG/T 5011.12 和 JG/T 5011.11 的规定。

5.1.10 摊铺机的可靠性要求:摊铺机整机作业可靠性试验时间为 300 h;首次故障前工作时间不少于 100 h;平均无故障工作时间不少于 100 h;可靠度不小于 85%。

5.2 作业系统要求

5.2.1 受料系统

5.2.1.1 受料系统与摊铺机产品规定的配套设备应具有合理的对接装置。

5.2.1.2 受料系统的受料能力应与摊铺机的最大生产率匹配。

5.2.1.3 料斗高度应适合配套设备卸料,即前料斗底板高度不大于 600 mm。

5.2.2 输送-布料系统

5.2.2.1 输送-布料系统的作业能力应与摊铺机的最大生产率匹配。应能独立进行纵向和横向传送、分配和摊布沥青混合料。

5.2.2.2 刮板输送装置、螺旋分料装置的工作速度应能进行无级或有级调节,工作参数应达到产品规定值,允许误差为±5%。

5.2.2.3 螺旋分料装置的作业宽度应能在基本摊铺宽度的基础上,随摊铺宽度的变宽在最大摊铺宽度内加宽。

5.2.3 熨平及加热装置

5.2.3.1 熨平装置的作业宽度应能在基本摊铺宽度的基础上,可在最大摊铺宽度内进行无级展宽或有级加宽,并可实现单侧独立调节。

5.2.3.2 熨平装置的摊铺厚度调整机构应采用有级或无级调节。

5.2.3.3 熨平装置的拱度调节装置应采用无级调节。

5.2.3.4 振动器的工作参数(频率、振幅)应达到产品规定值,允许误差为±5%。

5.2.3.5 振捣压实装置的工作参数应达到产品规定值,冲击次数允许误差为±5%,冲击行程允许误差为±2%。

5.2.3.6 熨平加热装置可采用电加热或气加热,熨平板底板工作温度应大于 100℃。环境温度为 5℃～20℃时,预热时间不大于 30 min;环境温度大于 20℃时,预热时间不大于 20 min。

5.2.4 自动调平系统

5.2.4.1 自动调平系统应采用机械接触式或非接触式传感器,电液控制系统的响应特性应满足摊铺路面平整度的要求。

5.2.4.2 两侧自动调平油缸应有明显的活塞杆工作位置指示装置。

5.2.4.3 自动调平控制器的工作环境温度应为－10℃～70℃。

5.3 机械传动、电气、液压、气动、电子管理系统要求

5.3.1 机械传动系统

5.3.1.1 传动装置的润滑油油温不大于80℃。

5.3.1.2 传动装置的润滑油的固体颗粒污染清洁度等级应不大于JG/T 5035—1993中规定的18/15。

5.3.1.3 除高温区的轴承以外，其他滚动轴承温度应不大于95℃、滑动轴承温度应不大于80℃。

5.3.2 电气系统

5.3.2.1 摊铺机电气系统应符合GB 5226.1的有关规定。

5.3.2.2 电气系统元件应符合GB/T 4798.5—1987中规定的5K4/5C2/5S3/5F3/5M3环境条件。

5.3.2.3 电加热式熨平板加热装置的电气系统应符合GB 5959.1的规定。

5.3.3 液压系统

5.3.3.1 液压系统应符合GB/T 3766的有关规定。

5.3.3.2 液压系统油温不大于85℃。

5.3.3.3 开式液压系统液压油的固体颗粒污染清洁度等级不应大于JG/T 5035—1993中规定的18/15，闭式系统不应大于17/14。

5.3.3.4 液压系统应具有良好的密封性能，不应有渗漏和空气吸入。

5.3.4 气动系统

5.3.4.1 气动系统应符合GB/T 7932的有关规定。

5.3.4.2 摊铺机制动系统的气压制动系统及气压稳定性能应符合GB 7258的规定。

5.3.5 电子管理系统

5.3.5.1 电子管理系统应能在摊铺过程中实时监测、显示各工作装置的主要工作参数。

5.3.5.2 电子管理系统应能实时地对故障进行监控、报警，同时显示出故障部位、可能原因及解决方法，并可根据故障的严重程度进行停机保护。

5.3.5.3 电子管理系统应能设定、储存工作过程的相关数据，并输出统计数据。

5.3.5.4 电子管理系统应具有无线数据传输和遥控的选装功能。

5.3.5.5 电子管理系统可根据需要提供摊铺机的使用、维护、保养说明及帮助。

5.4 操作、控制、指示要求

5.4.1 行驶操作位置可以左、右活动，也可以固定，但应布置在摊铺机前进方向的左侧；当机身宽度小于1.5 m时，允许将操作位置布置在中间。

5.4.2 操作位置应具有良好的工作视野和合理的操作区域，并符合JB/T 3683的规定。

5.4.3 操作件应布置在易于控制的部位。

5.4.4 操作图形标志应符合GB/T 8593.1的规定，作业操作件的图形标志应直观易辨。

5.4.5 摊铺机操作件的操纵力应符合表2的规定。

表2 操作件的操纵力

单位为牛顿

操作对象	操纵力	
	经常	非经常
按钮	≤10	≤20
手轮	≤50	≤150
手柄	≤60	≤200
踏板	≤100	≤250
注：经常操纵力指操作人员操纵摊铺机行驶和摊铺作业时的操纵力；其他情况时的操纵力为非经常操纵力。		

5.4.6 摊铺机应设置易于观察的速度、压力、温度、液位、电源等指示装置和内部提示光声信号。

5.4.7 各独立调节机构应设置直观的调整指示装置。

5.4.8 摊铺机转运行驶的外部光声信号和照明应符合 GB 7258 的规定。

5.5 行驶性能要求

5.5.1 摊铺机的最高行驶速度和各档的行驶速度应达到产品规定值,误差不得大于±3%。

5.5.2 摊铺机的最小转弯直径及最小离地间隙应符合表 3 的规定。

表 3 最小转弯直径及最小离地间隙

<table>
<tr><th>项目</th><th>轮胎式</th><th>履带式</th></tr>
<tr><td>最小转弯直径/
m</td><td>≤20</td><td>≤4×轨距</td></tr>
<tr><td>最小离地间隙/
mm</td><td colspan="2">≥80</td></tr>
</table>

5.5.3 轮胎式摊铺机空载时,以最高行驶速度为制动初速度,制动距离不应大于公式(1)的计算值。

$$S_z = \frac{v^2}{150} + 0.2(v+5) \qquad \cdots\cdots\cdots\cdots(1)$$

式中:

S_z——许用制动距离,单位为米(m);

v——制动初速度,单位为千米每小时(km/h)。

5.5.4 摊铺机应能双向(前进、后退)通过坡度不小于 12%的坡道,并能可靠地在坡道上实现停车和起动;双向坡道驻车时,摊铺机的位移量为零。

5.5.5 履带式摊铺机直线行驶的跑偏量应不大于直线测量距离的 1%。

5.5.6 轮胎式摊铺机的方向盘自中位向左、右两侧自由转动的行程(转角)应不大于 15°。

5.6 作业性能要求

5.6.1 摊铺机主要作业参数的允许误差应符合表 4 的规定。

表 4 主要作业参数的允许误差

<table>
<tr><th colspan="2">主要作业参数</th><th>技术要求</th><th>允许误差/%</th></tr>
<tr><td colspan="2">基本摊铺宽度/
mm</td><td rowspan="8">达到产品规定值</td><td rowspan="2">±0.2</td></tr>
<tr><td colspan="2">最大摊铺宽度/
mm</td></tr>
<tr><td colspan="2">最大摊铺厚度/
mm</td><td>±1</td></tr>
<tr><td colspan="2">最大摊铺速度(无级调速)/
(m/min)</td><td rowspan="2">±2</td></tr>
<tr><td colspan="2">各档摊铺速度(有级调速)/
(m/min)</td></tr>
<tr><td rowspan="2">拱度调节范围/
%</td><td>正向</td><td rowspan="3">+10
−5</td></tr>
<tr><td>负向</td></tr>
<tr><td colspan="2">横坡度调节范围/
%</td></tr>
<tr><td colspan="4">注:表中的允许误差是针对技术要求规定值而言的。</td></tr>
</table>

5.6.2 摊铺机应能分别以最大摊铺宽度或最大摊铺厚度或最大摊铺速度为主的作业组合状态下有效地完成摊铺作业。

5.6.3 摊铺成型准确度应符合表5的规定。

表5 摊铺成型准确度要求

项　　目	允许误差
成型宽度/mm	－50
成型厚度/mm	±5
成型拱度、横坡度/%	±0.3

5.6.4 摊铺成型质量应符合表6的规定。

表6 摊铺成型质量指标

项　　目	指　　标	说　　明
平整度/mm	≤3	3 m直尺测量值
摊铺密实度/%	≥60	简易型——无振动、无振捣熨平装置
	≥75	普通型——有振动、无振捣熨平装置
	≥85	标准型——有振动、振捣单一组合熨平装置
	≥90	强力型——有振动、振捣多重组合熨平装置
密实不匀率/%	≤5	

5.6.5 铺层外观不允许有拉痕、裂缝和面层组织不匀等缺陷。

5.7 安全、环保要求

5.7.1 摊铺机应设置防晒、防淋的驾驶篷或驾驶室。

5.7.2 驾驶员座椅应能实现前后、高低的调整，并具有良好的减振性能和舒适性。

5.7.3 作业人员上下通道和作业位置应设置扶手和护栏等，踏板应防滑，并应符合GB/T 17300的规定。

5.7.4 摊铺机布料仓上应设置防护栅，熨平板振捣、振动机构等均应设置防护盖板。

5.7.5 摊铺机应设置有效的作业照明装置。

5.7.6 摊铺机的机外辐射噪声限值应符合GB 16710.1的规定。

5.7.7 摊铺机司机耳边噪声A声级大于90 dB(A)时，应对操作人员进行相应的防噪声保护。

5.7.8 对作业人员可能构成危险的电、热、燃、爆、机械等因素应采取有效可靠的防护措施。

5.7.9 摊铺机排放的废气应予以引导，不应影响作业人员的视线。污染物排放限值应符合JB 8891的规定。

5.7.10 摊铺机应在涉及人身及设备安全的地方设置醒目的安全提示标志。标志应符合JB 6028的规定。

6 试验方法

6.1 试验前准备

6.1.1 技术资料

6.1.1.1 应提供产品使用说明书、与试验有关的技术文件及技术标准。

6.1.1.2 应提供主要配套件技术文件。

6.1.1.3 样机出厂验收技术条件、验收合格证(产品合格证)。

6.1.2 样机

6.1.2.1 样机应由负责试验单位根据出厂验收技术条件或有关文件填写样机主要性能参数表,参见表A.1。

6.1.2.2 样机试验前应按产品使用说明书的规定进行磨合试验,试验过程记入表A.2

6.1.3 试验场地

6.1.3.1 定置试验场地

应为平整、坚实的干硬性地面,在样机最大外形尺寸范围内,地面各方向坡度应不大于0.5%,平面度应不大于3 mm/m²。

6.1.3.2 行驶性能试验场地

应为平整、坚实的干硬性路面,试验路面的直线部分不少于100 m,宽度不小于摊铺机行驶状态的2倍。跑道两端应具有摊铺机的转向区域。跑道纵向坡度不大于1%,横向坡度不大于1.5%。最小转弯直径试验场地的面积应能允许摊铺机做全圆周运动。爬坡和坡道驻车制动试验场地坡度不小于12%。

6.1.3.3 作业能力试验场地

能铺筑稳定层材料的施工工地。

6.1.3.4 摊铺作业试验场地

试验场地应选择符合GB 50092的规定且满足下列要求的施工工地:

a) 所需摊铺的路面型式应是面层为二层式(上、下层)或三层式(上、中、下层)结构的沥青混凝土或沥青碎石路面;

b) 试验在面层的中、下层进行;

c) 试验层铺筑的沥青混合料应为中粒式,铺层厚度不小于50 mm;

d) 路面铺筑层的全幅度应大于或等于所试验摊铺机的最大摊铺宽度;

e) 试验路段的直线长度不小于50 m,纵坡不大于5%;

f) 基层的密实度不小于95%,平整度不大于10 mm(3 m直尺测量值)。

6.1.3.5 可靠性试验场地

可靠性试验可在能够进行连续作业的专用试验台或专用试验场地上进行,也可在符合GB 50092规定的沥青路面施工的工地上进行。

6.1.4 试验要求

6.1.4.1 进行试验的摊铺机应处于正常技术状态,不允许带故障试验。

6.1.4.2 试验时,操作必须严格按产品使用说明书的规定进行。

6.1.4.3 试验过程中,摊铺机发生故障应立即停止试验。

6.1.5 试验仪器与测量准确度

6.1.5.1 试验仪器

试验用的仪器、量具应经国家法定计量检定机构检定,且在其检定有效期内方可使用。

6.1.5.2 测量准确度

各种直接测量参数,若无特殊说明,均取3次测量的平均值。测量准确度应符合JB/T 7690的规定。

6.2 尺寸、质量参数的测量

6.2.1 尺寸参数的测量

6.2.1.1 试验条件

a) 摊铺机按运行状态装备,停置于试验场地,制动器制动。轮胎式摊铺机转向轮的转向角应调整至零位；

b) 摊铺机各部分应清洁、干净、无油污、泥土或其他污物。

6.2.1.2 测量项目

a) 测量摊铺机外形尺寸(长、宽、高)；

b) 测量履带式摊铺机的履带宽度、履带接地长度和履带中心距；

c) 测量轮胎式摊铺机的轮距、轴距；

d) 测量摊铺机的最小离地间隙(行驶状态下)。

e) 测量结果记入表 A.3。

6.2.2 质量参数的测量

6.2.2.1 试验条件

a) 摊铺机处于工作质量状态(各工作油液加注到规定的液位)；

b) 摊铺机的各部分应清洁、无污物。

6.2.2.2 测量方法

整机质量、前桥及后桥(左侧履带及右侧履带)的载荷按 JB/T 3690 的规定进行测量，重心位置按 JB/T 3873 的规定进行测量。测量结果记入表 A.1。

6.3 作业参数的测量

6.3.1 试验条件

a) 摊铺机停置于试验场地；

b) 熨平装置按最大作业宽度装备，并以浮动状态放置于平放的橡胶轮胎之上；

c) 启动发动机，调至额定转速。

6.3.2 测量方法

6.3.2.1 刮板输送装置运行速度的测量

a) 采用定距离测量运行时间的方法，测量时间不得少于 3 min。

b) 对连续调速的最大速度和各档运行速度分别进行测量。

c) 运行速度按公式(2)计算：

$$v_s = 0.06\frac{L_s}{t_s} \qquad \cdots\cdots(2)$$

式中：

v_s——刮板输送装置平均速度，单位为米每分(m/min)；

t_s——测量时间，单位为秒(s)；

L_s——规定距离，单位为毫米(mm)。

d) 测量及计算结果记入表 A.4。

6.3.2.2 螺旋分料装置转速的测量

用接触式或非接触式转速计直接测量螺旋分料装置轴在连续调速的最大转速和各工作档位的转速，测量结果记入表 A.5。

6.3.2.3 振动器工作参数的测量

a) 沿熨平装置底板宽度中心线上，长度方向直线间隔布置 6 个测点，各测点间距不小于底板全长的 1/6。

b) 同时测量每个测点在各不同的工作档位的振动频率和振幅(或测量振动频率和加速度，并计算振幅值)，测量结果记入表 A.6。

6.3.2.4 振捣压实装置工作参数的测量

采用直接法或间接法测量振捣压实装置在各工作挡位的振捣梁工作参数，测量及计算结果记入表 A.7。

6.3.2.4.1 振捣梁的冲击次数

采用直接法测量时，测量振捣梁偏心轴的转速即为振捣梁的冲击次数。

采用间接法测量时，取 10～15 个连续完整的冲击周期记录波形，采集各周期值，按公式(3)计算出冲击周期的算术平均值：

$$T_d = \frac{1}{n}\sum_{i=1}^{n} T_{di} \qquad \cdots\cdots(3)$$

然后按公式(4)计算振捣梁的冲击次数：

$$Z = 60\frac{1}{T_d} \qquad \cdots\cdots(4)$$

式中：

Z——振捣梁的冲击次数；

T_d——冲击周期的算术平均值，单位为秒(s)；

T_{di}——采集的各周期值，单位为秒(s)；

n——数据采样点数，$n=10～15$。

6.3.2.4.2 振捣梁的冲击行程

采用直接法测量时，振捣梁对应于偏心轴上下两个止点的位置差即为振捣梁的冲击行程。

采用间接法测量时，连续采集 10～15 个振捣梁的冲击幅度值，按公式(5)计算冲击行程：

$$A_d = \frac{1}{n}\sum_{i=1}^{n} A_{di} \qquad \cdots\cdots(5)$$

式中：

A_d——振捣梁的冲击行程，单位为毫米(mm)；

A_{di}——采集的幅度值，单位为毫米(mm)；

n——数据采样点数，$n=10～15$。

6.3.2.5 慰平加热装置工作参数的测量

a) 沿熨平装置底板的长度方向等间隔布置 5 个测点，各测点间距不小于底板全长的 1/5；

b) 按 5.2.3.6 规定的预热时间加热；

c) 预热完成后，同时测量各测点的温度值，测量结果记入表 A.8。

6.4 机械传动润滑油试验

6.4.1 闭式机械传动润滑油温度试验

6.4.1.1 试验条件

a) 结合摊铺作业性能试验进行；

b) 环境温度变化不大于 5℃，风速不大于 3 m/s。

6.4.1.2 试验方法

a) 摊铺机进入作业前对各闭式机械传动装置(主离合器、变速器、驱动桥等)的润滑油油温进行首次测量；

b) 摊铺机连续摊铺作业 1 h 后进行第二次测量，以后每隔 10 min 测量 1 次；

c) 当连续 3 次测量的温度波动值不大于 3℃时，停止试验。

注：不便测量时，允许停机测量，每次停机时间不得超过 5 min。

d) 试验结果记入表 A.9。

6.4.2 闭式机械传动润滑油清洁度试验

闭式机械传动润滑油清洁度试验按 JG/T 5066 的规定进行。

6.5 液压系统试验

6.5.1 液压油温度试验

6.5.1.1 试验条件

a) 结合摊铺作业性能试验进行；

b) 环境温度变化不大于5℃，风速不大于3 m/s；

c) 摊铺机在满负荷工况进行连续摊铺作业。

6.5.1.2 试验方法

a) 将温度计的温度感应部分放入液压油箱内；

b) 每作业间隔20 min检测并记录一次温度；

c) 当连续三次测量的温度波动值不大于3℃时，停止试验；

d) 试验结果记入表A.10。

6.5.2 液压油固体颗粒污染试验

6.5.2.1 试验条件

启动发动机，液压系统空载运行。

6.5.2.2 试验方法

a) 保持液压泵在额定转速下运转，所有液压执行元件空载运行20 min，具有双向运动功能的执行元件应交替进行正反向运行(液压缸做全行程的往复运动)；

b) 执行元件停止运动，保持液压泵在额定转速下运转；

c) 在液压油箱内取油液样，取样操作应符合JG/T 69的规定；

d) 对液样进行显微镜计数，统计液压油中的固体颗粒污物数量，操作规程应符合JG/T 70的规定；

e) 试验结果记入表A.11。

6.6 密封性能试验

6.6.1 试验条件

型式试验在摊铺机工作1.5 h后立即进行密封性能检查；出厂试验在空运转试验后立即进行密封性能检查。

6.6.2 试验方法

a) 齿轮箱、燃油箱、发动机、液压油箱、液压元件、各油管接头及油塞部位静结合面处手摸无湿润，动结合面处目测无油迹或流痕为不渗油；在10 min内无油珠滴下，且渗油面积不超过200 cm^2则为渗油，否则为漏油。将检查结果记入表A.12；

b) 水箱、水管接头若5 min内有水珠滴下，为漏水；若5 min内无水珠滴下，且渗水浸湿面积不超过200 cm^2，为渗水；若超过200 cm^2，则为漏水。将检查结果记入表A.12。

6.7 气动系统压力试验

气动系统压力试验程序如下：

a) 启动发动机，气动系统运行；

b) 发动机以中等转速运行，测量发动机稳定运转4 min时制动系统气压表的指示气压从零开始所达到的气压值；

c) 当气压达到590 kPa时，将制动踏板踏到底3 min时测量气压值；

d) 当气压达到590 kPa时，发动机停止运转3 min时测量气压值；

e) 将试验结果记入表A.13。

6.8 操纵力试验

操纵力试验方法如下：

a) 在各操作件的操作位置标定测试点；

b) 以正常操作速度操作，测量各操作件在位移全程中所需的最大操纵力；

c) 将试验结果记入表 A.14。

6.9 行驶性能试验

6.9.1 行驶速度的试验

摊铺机的行驶速度的试验方法按 GB/T 10913 的规定进行。

6.9.2 最小转弯直径试验

6.9.2.1 轮胎式摊铺机的最小转弯直径的试验按 GB/T 8592 的规定进行。

6.9.2.2 履带式摊铺机的最小转弯直径的试验：

6.9.2.2.1 试验条件如下：

a) 摊铺机按行驶状态装备；

b) 试验应在无雨(雪)的天气进行，风速不得大于 6 m/s。

6.9.2.2.2 试验方法如下：

a) 摊铺机分别以最低稳定行驶速度前进或后退，并将转向器转至极限位置的左转弯和右转弯。

b) 用喷迹器(或划线器)在机器及工作装置、附属装置突出的最外点所形成的最小圆的直径对地划线行驶一周。

c) 测量各种转向状态的履带外沿的行驶轨迹的最大直径作为最小转弯直径；测量机器及工作装置、附属装置突出的外点的水平投影轨迹的最大直径作为机器的通过直径(见图 1)。

d) 将试验结果记入表 A.15。

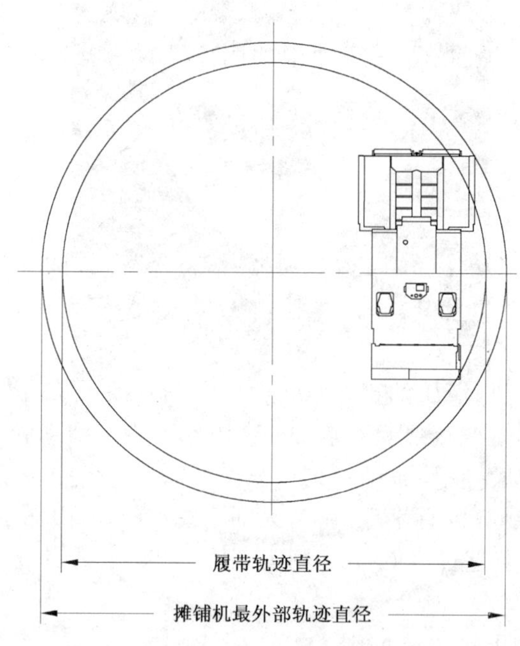

图 1 摊铺机最小转弯直径的轨迹

6.9.3 制动性能试验

6.9.3.1 轮胎式摊铺机的行驶制动及驻车制动性能的试验按 JG/T 48 的规定进行。

6.9.3.2 履带式摊铺机的行驶制动及停车制动性能的试验按 GB/T 19929 的规定进行。

6.9.4 爬坡能力试验

6.9.4.1 试验条件

a) 摊铺机按行驶状态装备；

b) 燃油加注到规定的 2/3 以上；

c) 履带式摊铺机的履带张紧度、轮胎式摊铺机的轮胎气压应符合产品使用说明书的规定；

d) 摊铺机应充分预热，行驶系统工作应稳定；

e) 制动器在沾水或在恶劣条件下使用后，不能进行试验。

6.9.4.2 **试验方法**

a) 摊铺机位于坡下助跑路段的始端，待发动机运转稳定后以最低行驶速度启动，至坡底时将发动机调至最大供油状态开始爬坡，测定摊铺机通过测试路段的时间和距离(见图2)。

b) 在中途爬不上时，将原因填入表A.16备注栏内；若摊铺机输出功率和附着力有潜力，可提高行驶速度重复试验，直至发动机达到最大输出功率或履带、轮胎滑移为止，按测定的最高爬坡速度折算最大爬坡角度。

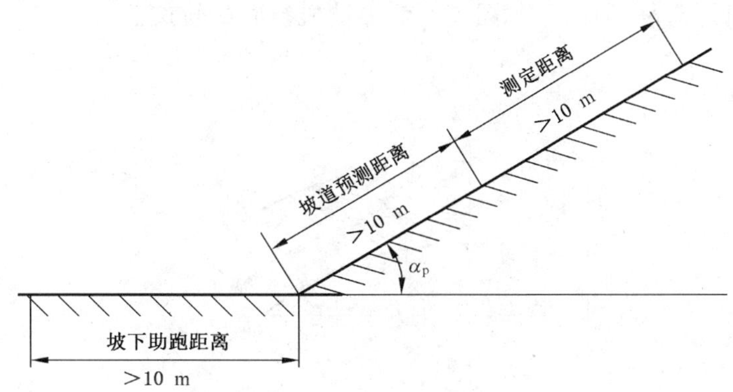

图2 摊铺机爬坡试验的路段

c) 爬坡功率按公式(6)计算：

$$N_p = \frac{m_p \cdot L_p \cdot \sin\alpha_p \cdot g}{t_p} \times 10^{-3} \quad \cdots\cdots(6)$$

式中：

N_p——爬坡所需功率，单位为千瓦(kW)；

m_p——摊铺机质量，单位为千克(kg)；

L_p——测定距离，单位为米(m)；

α_p——坡道坡度，单位为度(°)；

t_p——通过测定距离所需时间，单位为秒(s)；

g——重力加速度，单位为米每二次方秒(m/s^2)。

d) 爬坡速度按公式(7)计算：

$$v_p = 3.6\frac{L_p}{t_p} \quad \cdots\cdots(7)$$

式中：

v_p——爬坡速度，单位为千米每小时(km/h)。

e) 折算爬坡度按公式(8)计算：

$$\alpha = \arcsin\left[\frac{v_{p2}}{v_{p1}} \times \sin\alpha_p\right] \quad \cdots\cdots(8)$$

式中：

α——折算爬坡度，单位为度(°)；

v_{p1}——摊铺机以最低行驶速度爬坡时的爬坡速度，按公式(7)计算，单位为千米每小时(km/h)；

v_{p2}——提高行驶速度爬坡时的爬坡速度，按公式(7)计算，单位为千米每小时(km/h)。

f) 将试验结果记入表A.16。

6.9.5 **直线行驶性能试验**

本试验仅适用于履带式摊铺机。

6.9.5.1 试验条件

试验条件同6.9.2.2.1。

6.9.5.2 试验方法

a) 在直线跑道上进行试验，试验距离为履带运行一圈摊铺机行驶距离的2～3整数倍。

b) 将摊铺机停在试验路段的起始点，在摊铺机两侧的机架及相邻履带板上标注记号。机架和相邻履带板上的记号要对齐，就是试验的起始基准。

c) 启动发动机，转向控制器置于零位，使摊铺机按某一作业速度向前直线行驶。到达试验路段终点后停机，分别测量两侧机架上的标记与履带板上的标记之间的距离，左右距离差的绝对值即为ΔL(履带打滑忽略不计)。如图3所示摊铺机行驶的轨迹。

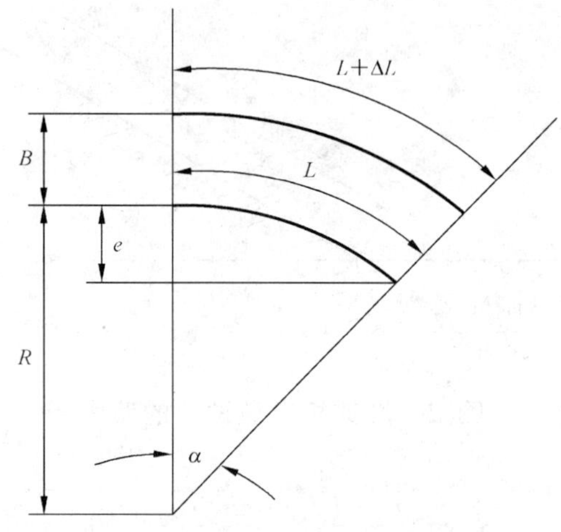

图3 摊铺机试验过程中的轨迹

d) 摊铺机行驶试验距离跑偏量e按公式(9)～公式(11)计算：

$$e = R(1-\cos\alpha) \quad \cdots\cdots(9)$$

$$\alpha = \frac{180\Delta L}{\pi B} \quad \cdots\cdots(10)$$

$$R = \frac{180L}{\pi\alpha} \quad \cdots\cdots(11)$$

式中：

e——摊铺机行驶距离跑偏量，单位为毫米(mm)；

L——试验距离，单位为毫米(mm)；

ΔL——左右履带运行距离差，单位为毫米(mm)；

B——摊铺机履带的中心距，单位为毫米(mm)；

R——摊铺机运行轨迹(圆弧)的半径，单位为毫米(mm)；

α——摊铺机运行距离形成的角度，单位为度(°)。

e) 将试验结果记入表A.17。

6.9.6 方向盘中位自由行程试验

本项试验仅适用于轮胎式摊铺机。

6.9.6.1 试验条件

试验条件同6.9.2.2.1。

6.9.6.2 试验方法

a) 启动发动机，转向系统处于工作状态；

b) 测定方向盘从中位分别向左、向右自由转动而不使转向轮转动的转角；

c) 试验结果记入表 A.18。

6.10 作业性能试验

6.10.1 作业性能参数测量

6.10.1.1 试验条件

a) 摊铺机按运行状态装备，停置于试验场地，制动器制动，轮式摊铺机转向轮的转向角应调整至零位；

b) 摊铺机各部分应清洁、干净，且无油污、泥土或其他污物。

6.10.1.2 测量方法

a) 摊铺机的熨平装置分别按基本作业宽度和最大作业宽度装备，直接测量各作业宽度的数值，测量结果记入表 A.19；

b) 在地面上设置测量用水平基准面，将铺层厚度调节机构分别调整至最小摊铺厚度和最大摊铺厚度位置，测量熨平装置底板距基准面的最小和最大距离，测量结果记入表 A.19；

c) 在地面上设置测量用水平基准面，分别调整成型拱度的调节装置至正、负拱度的最大位置，测量熨平装置底板相对水平基准面的单边坡度值，测量结果记入表 A.19；

d) 在地面上设置测量用水平基准面，按正、负方向分别调整成型横坡度调节装置至最大位置，测量熨平装置底板相对水平基准面的横坡度，测量结果记入表 A.19；

e) 按 6.9.1 的规定测量摊铺机各挡的摊铺速度，测量结果记入表 A.20。

6.10.2 作业能力试验

6.10.2.1 检查摊铺机分别在最大摊铺宽度、最大摊铺厚度和最大摊铺速度作业状态下，各作业系统的匹配、协调性能和摊铺机的作业能力。

6.10.2.2 试验条件如下：

a) 摊铺机不装备自动找平系统、熨平加热装置不加热；

b) 试验物料：道路工程专用的稳定材料。

6.10.2.3 试验方法如下：

a) 配套设备以摊铺机最大生产率向摊铺机供料；

b) 摊铺机分别以最大摊铺宽度、最大摊铺厚度和最大摊铺速度进行摊铺作业；

c) 检查各工作装置在摊铺过程中的运转情况，有无异常声响；

d) 检查摊铺机的发动机、机械传动系统、液压系统有无过热现象；

e) 检查摊铺机的作业行驶情况，有无打滑等现象；

f) 检查在各摊铺状态的铺层宽度、厚度及面层有无明显缺料等缺陷。

g) 将试验结果记入表 A.21。

6.10.3 摊铺作业性能试验

6.10.3.1 试验方法

a) 摊铺机在试验路段按施工要求进行连续摊铺作业，摊铺长度不小于 50 m。计时器计量摊铺作业时间，统计沥青混合料用量。按表 A.22 记录摊铺作业性能试验情况。

b) 试验层铺筑结束后，按图 4 所示在试验路段划分铺层宽度、厚度、拱度或横坡度、平整度、密实度的测量采样区，测量中心线。

c) 在 1～10 各测量区内，测量铺层的成型宽度、成型拱度或成型横坡度，按表 A.23 记录测量数据。

d) 在 A～G 各平整度测量区(见图 4)沿中心线按 3 m 直尺头尾相距不小于 1.5 m 的间距随机选取 10 处 3 m 直尺的位置，共计 70 处测量位置。按附录 B 规定的方法测量 3 m 直尺与面层的最大间隙，将平整度测量值记入表 A.25。

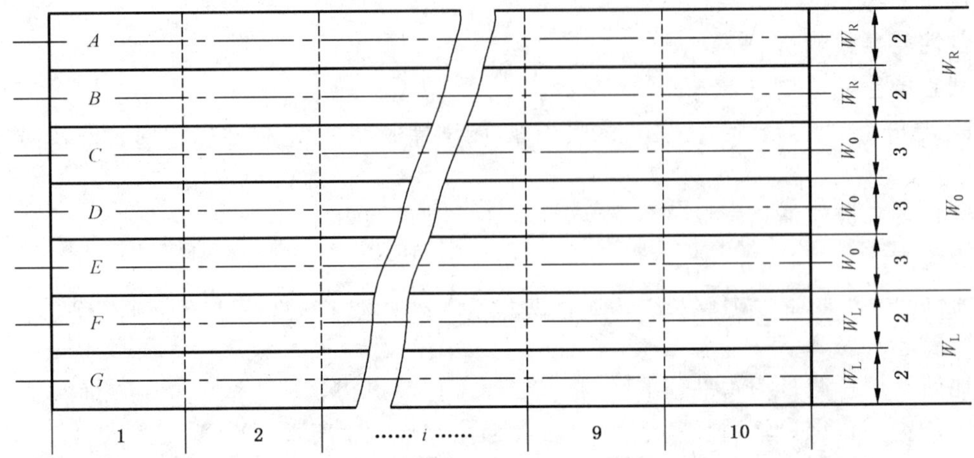

W_0——基本摊铺宽度；

W_L——左侧加宽宽度；

W_R——右侧加宽宽度；

1～10——铺层宽度、拱度或横坡度测量区；

A～G——平整度测量区域；

—·—·——平整度测量线；

A_i～G_i——厚度、密度采样区。

图 4　作业试验的路段

e) 密度测量在摊铺长度 25 m 范围内，取图 4 所示中 1～5 测量区，在 A_i～G_i（i 取 1～5）各密度测量区随机选取一处密度采样点，共计 35 个采样点。按附录 C 规定取样，取样深度不大于 50 mm，并测量样本密度值，记入表 A.26。

f) 在铺筑试验层时，从配套设备对沥青混合料取样，按 GB 50092 规定制备马歇尔标准试件 6 件，击实次数按工程要求为 50 次或 75 次，测量试件的密度值，记入表 A.27。

g) 铺层厚度试验如下：

1) 铺层厚度试验应在平整度 5 mm（3 m 直尺测量值）的面层上进行，摊铺机熨平装置的拱度或横坡度定在零位。

2) 试验时，将熨平装置先放置在厚度为铺层设定厚度 1.1 倍的垫板上，对铺层厚度调节机构进行相应的调整。摊铺 2 m～3 m 时，测量铺层厚度，并做相应的调整。当铺层厚度达到设定要求后，锁定铺层厚度调节机构，连续摊铺 20 m。

3) 在 20 m 的铺层上按图 4 所示，划分铺层厚度测量区。在 A～G 各测量区内按不小于 3.5 m的间距随机选取 5 个测量点，总计 35 个测量点。用去除铺层材料方法或水准仪高差法测量各测量点的铺层厚度，记入表 A.24。

6.10.3.2　数据的处理

a) 铺层宽度误差按公式(12)、(13)计算：

$$\delta_w = W_b - W_s \quad \cdots\cdots(12)$$

$$W_s = \frac{1}{n}\sum_{i=1}^{n} W_i \quad \cdots\cdots(13)$$

式中：

δ_w——铺层宽度误差，单位为毫米(mm)；

W_b——摊铺机设定的摊铺宽度，单位为毫米(mm)；
W_s——铺层宽度的平均值，单位为毫米(mm)；
W_i——各测量区铺层宽度的测量值，单位为毫米(mm)。
n——样本数。

b) 铺层厚度误差按公式(14)、(15)计算：

$$\delta_h = h_b - h_s \qquad \cdots\cdots(14)$$

$$h_s = \frac{1}{n}\sum_{i=1}^{n} h_{si} \qquad \cdots\cdots(15)$$

式中：
δ_h——铺层厚度误差，单位为毫米(mm)；
h_b——摊铺机设定的摊铺厚度，单位为毫米(mm)；
h_s——铺层厚度的平均值，单位为毫米(mm)；
h_{si}——各测量区铺层厚度的测量值，单位为毫米(mm)。

c) 铺层拱度、铺层横坡度的误差按公式(16)、(17)计算：

$$\delta_\alpha = \frac{|\alpha_b - \alpha_s|}{\alpha_b} \times 100\% \qquad \cdots\cdots(16)$$

$$\alpha_s = \frac{1}{n}\sum_{i=1}^{n} \alpha_{si} \qquad \cdots\cdots(17)$$

式中：
δ_α——铺层拱度(或铺层横坡度)误差，%；
α_b——摊铺机设定的摊铺拱度(或摊铺横坡度)，%；
α_s——铺层拱度(或铺层横坡度)的平均值，%；
α_{si}——各测量区铺层拱度(或铺层横坡度)的测量值，%。

d) 平整度按公式(18)计算：

$$P = \frac{1}{n}\sum_{i=1}^{n} h_i \qquad \cdots\cdots(18)$$

式中：
P——平整度，单位为毫米(mm)；
h_i——单个样本的最大间隙测量值，单位为毫米(mm)。

e) 密实度，按公式(19)、(20)计算：

$$\alpha = \frac{1}{n}\sum_{i=1}^{n} \alpha_i \qquad \cdots\cdots(19)$$

$$\alpha_i = \frac{r_i}{r_0} \times 100\% \qquad \cdots\cdots(20)$$

式中：
α——密实度，%；
α_i——单个样本密实度，%；
r_i——单个样本的密度，单位为克每三次方厘米(g/cm^3)；
r_0——马歇尔试件标准密度，单位为克每三次方厘米(g/cm^3)。

f) 密实不匀率，按公式(21)、(22)计算：

$$\delta = \frac{S}{\alpha} \times 100\% \qquad \cdots\cdots(21)$$

$$S = \sqrt{\frac{1}{n-1}\sum_{i=1}^{n}(\alpha_i - \alpha)} \qquad \cdots\cdots(22)$$

式中：

δ——密度不匀率，%；

S——样本的标准离差。

e） 将试验结果记入表 A.28。

6.11 可靠性试验

6.11.1 试验方法

a） 摊铺机应按施工要求进行摊铺作业，每作业班次累计作业时间不少于 5 h；

b） 试验期间应按摊铺机使用说明书的规定进行例行保养和维修；

c） 摊铺机在试验过程中发生故障时，应及时排除故障，不允许带故障作业；

d） 可靠性试验应做好每班的试验记录；

e） 可靠性试验情况及班次记录记入表 A.29；

f） 可靠性试验过程中故障原始记录记入表 A.30。

6.11.2 试验时间

可靠性试验时间分为：作业时间、故障时间和维护保养时间。

a） 作业时间：摊铺机作业时间的累计值。单次计时从摊铺机起步摊铺开始，到停机为止。摊铺过程中的停机待料时间不计入作业时间。

b） 故障时间：故障时间的累计值。单次计时从故障发生开始到故障排除、并确定摊铺机可正常运转为止。其中包括查找、分析、处理、修整、调试等时间，用于等待等非排除故障时间不计。

c） 维修保养时间：按摊铺机使用说明书规定进行的技术性例行保养时间的累计值。单次计时从养护工作开始到结束为止。未影响正常作业和未占用作业时间而进行的日常性养护工作时间不计。

6.11.3 故障的规定

6.11.3.1 故障的判定

a） 在可靠性试验中由于摊铺机自身潜在因素和固有缺陷所致的故障，计为可靠性考核故障；

b） 由外界原因或操作人员违反操作规程而导致的故障，不计为可靠性考核故障；

c） 试验过程中同时发生两个以上的故障时，若故障之间有直接联系，按其中最严重的故障类别计录，若无直接联系则分别记录。

6.11.3.2 故障分类

摊铺机在可靠性试验期间发生的故障，按其对人身安全、零部件损坏程度、功能降低程度及修复的难易等因素分为致命故障、严重故障、一般故障、轻度故障 4 类。故障分类按表 7 规定。

表 7 故障的分类

故障类别	故障划分原则	故障示例
致命故障	严重危及人身安全或导致人身伤亡，主要部件严重报废，导致摊铺机主要功能丧失，或对周围环境造成严重危害的故障	1. 发动机严重损坏报废 2. 重要构件（如车架）断裂 3. 车轮脱落造成严重后果 4. 制动器失效损坏
严重故障	严重影响摊铺机的功能，性能指标超出规范以外，必须停机修理，需要对重要的零部件进行更换或修理的故障	1. 主要性能下降 2. 转向、换向机构、主要液压元件损坏 3. 各传动齿轮、传动轴承等主要零部件损坏 4. 离合器、制动器、变速器损坏

表 7(续)

故障类别	故障划分原则	故障示例
一般故障	明显影响摊铺机的主要功能,不导致主要总成、零部件的损坏,需对一般零部件进行更换或修理的故障	1. 气温在5℃以上时发动机连续三次不能启动 2. 变速箱齿轮和换向齿轮不能正常啮合 3. 变速箱、离合器、主要液压元件及万向节发生异常响声 4. 轴承、制动器及其他机件过热,轴承温度超过110℃ 5. 发动机连续二次自动熄火造成停机 6. 漏水、漏油较严重 7. 液压系统中管道、管接头损坏与更换 8. 焊接部位焊缝开裂长度大于5%的相对长度 9. 键、销损坏与更换 10. 各仪器、仪表失灵或损坏 11. 变速器内油温高,超过80℃ 12. 液压油的温度高,超过80℃
轻度故障	轻度影响摊铺机的功能,不需要更换或修理零部件(紧固件除外),用随机工具可以排除的故障	1. 离合器因行程变化分离不彻底 2. 渗水、渗油较严重 3. 转向灯、照明灯不亮 4. 焊接部位开裂(焊)、长度小于5%相对长度 5. 螺栓松动等故障

6.11.3.3 **故障的危害系数**

各类故障的危害度系数按表8规定。

表8 故障的危害系数

故障类别	致命故障	严重故障	一般故障	轻度故障
危害度系数	∞	3	1	0.2

6.11.4 **可靠性试验数据的计算**

可靠性试验数据计算如下:

a) 平均无故障工作时间按公式(23)计算:

$$MTBF = \frac{T}{N} = \frac{\sum t_i}{\sum \varepsilon_i \times n_i} \quad \cdots\cdots(23)$$

式中:

$MTBF$——平均无故障工作时间,单位为小时(h);

T——累计作业时间,单位为小时(h);

t_i——单次作业时间,单位为小时(h);

N——当量故障次数;

ε_i——i 类故障的危害度系数;

n_i——i 类故障次数。

注:当 $N=0$ 或 $N<1$ 时,令 $N=1$,但应在试验报告中予以说明。

b) 可靠度按公式(24)计算:

$$R = \frac{T}{T+T_1} \times 100\% \quad \cdots\cdots(24)$$

式中：

R——可靠度，%；

T_1——累计故障时间，单位为小时(h)。

6.11.5 试验结果

将试验结果记入表 A.30～表 A.32。

6.12 环境安全保护试验

6.12.1 噪声试验

噪声试验按 JG/T 5079.2 的规定进行。

6.12.2 排气烟度试验

排气烟度度验按 GB/T 8190.4 的规定进行。

6.13 空运转试验

试验方法如下：

a) 启动发动机，观察发动机的运行及各仪表指示值，并调整液压系统和气压系统至正常值；

b) 模拟作业工况，使摊铺机的各工作装置反复运行，观察受料系统、输送装置、分料装置、液压系统、电气系统及机械传动系统的运转情况，有无异常响声。

7 检验规则

7.1 检验分类

摊铺机产品检验分为出厂检验和型式检验。

7.2 出厂检验

7.2.1 出厂检验为逐台检验，由制造单位的质量检验部门检验合格后，并签发合格证书方可出厂。

7.2.2 出厂检验项目见表 9。

7.3 型式检验

7.3.1 有下列情况之一时，应进行型式检验：

a) 新产品试制或老产品转厂生产定型鉴定时；

b) 变型、重大改进、原材料及工艺等方面的较大变动可能影响产品性能时；

c) 正常生产的定期检验；

d) 国家质量监督机构进行全面质量检验时。

表 9 出厂检验及型式检验项目

试验项目	试验内容		出厂检验	型式检验
作业系统	刮板输送装置运行速度		△	△
	螺旋分料装置转速		—	△
	熨平加热装置工作温度和预热时间		—	△
	振动器的工作参数	频率	△	—
		振幅	—	—
	振捣压实装置的工作参数	冲击次数	△	—
		冲击行程	△	—
传动、电气、液压、气动系统	闭式机械传动系统润滑油油温		—	△
	闭式机械传动润滑油清洁度		—	△
	液压系统液压油温度		—	△
	液压油的固体污染清洁度		—	△

表 9(续)

试验项目	试验内容	出厂检验	型式检验
传动、电气、液压、气动系统	气动系统气压稳定性能	—	△
	操纵力	—	△
行驶性能要求	最高行驶速度和各挡的行驶速度[a]	△	△
	最小转弯直径	—	△
	最小离地间隙	—	△
	制动距离[a]	△	△
	爬坡能力[a]	—	△
	坡道停车性能[a]	—	△
	直线行驶的跑偏量(履带式)	△	△
	方向盘中位自由行程(轮胎式)	△	△
作业性能要求	摊铺宽度(基本、最大)	—	△
	最大摊铺厚度	—	△
	最大摊铺速度(无级调速)[a]	—	△
	各挡摊铺速度(有级调速)[a]	—	△
	摊铺拱度(正、负方向最大值)	—	△
	摊铺横坡度(双向最大)	—	△
	成型宽度精度	—	△
	成型厚度精度	—	△
	成型拱度、横坡度精度	—	△
	平整度[a]	—	△
	密实度[a]	—	△
	密实不匀率[a]	—	△
安全、环保要求	机外噪声限值[a]	—	△
	操作位置噪声及防护[a]	—	△
	排气污染物排放限值[a]	—	△
可靠性	整机作业可靠性[a]	—	△
空运转试验	受料系统、输送系统、熨平装置的运行情况	△	△
	动力系统、液压气动系统、机械传动系统、电气系统的工作状况	△	△
外观质量与标志	焊接件、铸件、涂装、装配质量	△	△
	钣金件、结构件的表面、边缘应光滑平整	△	△
	警告和安全标志、起吊标志、润滑指示标志、操作及工作位置指示标志	△	△
	整机的密封性能	△	△

7.3.2 型式检验的项目见表9。

7.4 抽样

型式检验采取随机抽样法抽取一台试验样机。

7.5 判定规则

经型式检验，摊铺机应全部达到表9中带“＊”项目主要性能指标的要求，若有一项不合格则判定为不合格品；已达到上述带“＊”项目主要性能指标的要求，但其他项目有3项以上未达到本标准要求时，重新复检，返修后检验仍达不到要求，亦判定为不合格品。

8 标志、包装、运输和贮存

8.1 标志

8.1.1 摊铺机产品出厂时，应在显著位置喷涂或粘贴产品标牌和有关标志，产品标牌和标志应符合GB/T 13306的规定。

8.1.2 产品标牌应包括以下内容：

a) 商标；

b) 产品型号和名称；

c) 产品执行标准编号；

d) 产品主要技术参数；

e) 制造厂名称；

f) 出厂日期；

g) 出厂编号。

8.1.3 摊铺机应有警告和安全标志、起吊标志、润滑指示标记、操作及工作位置指示标记。

8.2 包装、运输和贮存

8.2.1 包装

8.2.1.1 摊铺机产品一般采用裸装(特殊要求除外)，需要防护的部位应有局部保护措施。随机工具、备件和技术文件用备件箱包装，应有防雨、防潮措施，应随主机一起出厂。

8.2.1.2 摊铺机使用说明书按GB 9969.1的规定编制。

8.2.1.3 摊铺机出厂时，应按装箱单配齐全部备件、附件及随机工具，并附有下列技术文件：

a) 产品合格证明书；

b) 摊铺机和发动机使用说明书；

c) 易损件目录；

d) 随机备件、附件清单；

e) 装箱单。

8.2.2 运输

8.2.2.1 摊铺机应采用整机装运或自行运输。

8.2.2.2 整机装运时，对整机应有可靠的固定防护措施和吊装防护措施，并采用遮篷防护。

8.2.2.3 自行运输时，轮胎式摊铺机连续自行距离不得大于15 km；履带式摊铺机连续自行距离不得大于2 km。

8.2.3 贮存

8.2.3.1 摊铺机应存放在通风，干燥的库房内，否则应采取防晒、防雨、防潮、防腐蚀等措施，并将燃油和水放净。对轮胎式摊铺机的轮胎，应定期充气。

8.2.3.2 摊铺机在长期存放之前，应对其进行表面防护处理，并对密封及零件的完好情况进行全面细致的检查。

8.2.3.3 摊铺机长期停放时应用支板将熨平板垫平。各种调整孔、加油孔、进排气孔等应用帽、塞或其他方法严加封闭。

8.2.3.4 蓄电池应断路，电解液的浓度和液面高度应符合制造厂的规定。摊铺机在存放期间每两个月充电一次。

8.2.3.5 长期存放时，应定期启动运行整机，检查所有动作情况检查存放情况。检查间隔期按下列规定：

a) 气候温暖时，每三个月检查1次；

b) 在炎热、寒冷以及沿海地带每二个月检查1次。

附　录　A
（资料性附录）
摊铺机试验记录报告

表 A.1　沥青混凝土摊铺机主要性能参数

<table>
<tr><th colspan="3">项　　目</th><th>数　　值</th></tr>
<tr><td colspan="3">整机质量/
kg</td><td></td></tr>
<tr><td rowspan="2">轴荷/
N</td><td colspan="2">前　轴</td><td></td></tr>
<tr><td colspan="2">后　轴</td><td></td></tr>
<tr><td colspan="3">履带板宽度/
mm</td><td></td></tr>
<tr><td colspan="3">履带接地长度/
mm</td><td></td></tr>
<tr><td colspan="3">接地比压/
MPa</td><td></td></tr>
<tr><td colspan="3">基本摊铺宽度/
mm</td><td></td></tr>
<tr><td colspan="3">最大摊铺宽度/
mm</td><td></td></tr>
<tr><td rowspan="2">最大摊铺厚度/
mm</td><td colspan="2">基本摊铺宽度时</td><td></td></tr>
<tr><td colspan="2">最大摊铺宽度时</td><td></td></tr>
<tr><td colspan="3">摊铺路面平整度/
mm</td><td></td></tr>
<tr><td colspan="3">摊铺路面密实度/
%</td><td></td></tr>
<tr><td colspan="3">振捣/振动传动形式</td><td></td></tr>
<tr><td colspan="3">转向传动形式</td><td></td></tr>
<tr><td rowspan="8">行驶速度/
(m/min)</td><td rowspan="4">前进</td><td>第一挡</td><td></td></tr>
<tr><td>第二挡</td><td></td></tr>
<tr><td>第三挡</td><td></td></tr>
<tr><td>第四挡</td><td></td></tr>
<tr><td rowspan="4">后退</td><td>第一挡</td><td></td></tr>
<tr><td>第二挡</td><td></td></tr>
<tr><td>第三挡</td><td></td></tr>
<tr><td>第四挡</td><td></td></tr>
</table>

表 A.1(续)

项目		数值
工作速度/(m/min)	第一挡	
	第二挡	
最小转弯直径/m		
制动距离/m		
爬坡能力/(°)		
最小离地间隙/mm		
前轮距/mm		
后轮距/mm		
轴距/mm		
履带中心距/mm		
料斗容量/t		

表 A.2 摊铺机履历表

摊铺机型号________________ 制造厂名称________________

出厂编号________________ 出厂日期________________

项目	年月日	作业地点	时间	记事
运行时间合计				

注:1 项目栏:包括总装调整、跑合运行、修理等,按年月日顺序记入。

2 时间栏:记入每项所花时间。

3 记事栏:按新制、改制记入跑合、作业各挡速度及调整修理(部位、程度、更换零部件)等事项。

表 A.3 摊铺机尺寸参数的测量记录

摊铺机型号________________ 试验地点________________

试验日期________________

出厂编号________________ 试验人员________________

单位为毫米

测量项目	测量值			平均值	测量位置(状态)说明
	1	2	3		
整机长度					
整机宽度					
整机高度					
转向轮轮距					
驱动轮轮距					
轴　　距					
履带宽度					
履带接地长度					
履带中心距					
最小离地间隙(行驶状态下)					

表 A.4 刮板输送装置运行速度的测量记录

摊铺机型号________________ 试验地点________________

试验日期________________

出厂编号________________ 试验人员________________

发动机转速/(r/min)	挡位	测量距离/mm	测量时间/s	运行速度/(m/min)			平均值/(m/min)	备注
				1	2	3		

表 A.5 螺旋分料装置转速的测量记录

摊铺机型号________________ 试验地点________________

试验日期________________

出厂编号________________ 试验人员________________

发运机转速/(r/min)	挡位	转速测量值/(r/min)			平均值/(r/min)	备注
		1	2	3		

表 A.6 振动器工作参数的测量记录

摊铺机型号______________________　　　　试验地点______________________

试验日期______________________

出厂编号______________________　　　　试验人员______________________

发动机转速/(r/min)	挡位	振动参数测量值		备注
		频率/Hz	振幅/mm	

表 A.7 振捣压实装置工作参数的测量记录

摊铺机型号______________________　　　　试验地点______________________

试验日期______________________

出厂编号______________________　　　　试验人员______________________

发动机转速/(r/min)	挡位	工作参数测量结果		备注
		冲击次数/(次/分钟)	冲击行程/mm	

表 A.8 熨平加热装置工作参数的测量记录

摊铺机型号______________________　　　　试验地点______________________

试验日期______________________

出厂编号______________________　　　　试验人员______________________

加热方式	预热时间/min	各测点温度测量值/℃					平均值/℃	备注
		1	2	3	4	5		

表 A.9 闭式机械传动润滑油温度试验记录

摊铺机型号________________ 试验地点________________
试验日期________________ 试验人员________________
出厂编号________________ 发动机转速________________r/min
环境温度________________℃ 混合料温度________________℃

测量顺序	间隔时间/min	温度测量值/℃	备注
1			
2			
3			
⋮			
n			
测量位置			
摊铺机作业状态说明			

表 A.10 液压系统液压油温度试验记录

摊铺机型号________________ 试验地点________________
试验日期________________ 试验人员________________
出厂编号________________ 发动机转速________________r/min
环境温度________________℃ 混合料温度________________℃

测量顺序	间隔时间/min	油温测量值/℃	备注
1			
2			
3			
⋮			
n			
系统型式			
摊铺机作业状态			

表 A.11 液压油固体颗粒污染试验记录

摊铺机型号________________ 试验地点________________
试验日期________________
出厂编号________________ 试验人员________________

系统型式	测量位置（取样位置）	每 100 mL 液压油固体颗粒数		备注
		>5 μm～15 μm	>15 μm	

表 A.12 密封性能检测记录

摊铺机型号________________ 试验地点________________

试验日期________________

出厂编号________________ 试验人员________________

项目	渗油	漏油	渗水	漏水	备注
渗漏处数					

表 A.13 气动系统压力试验记录

摊铺机型号________________ 试验地点________________

试验日期________________

出厂编号________________ 试验人员________________

测量状态及条件	压力测定值 kPa			平均值	备注
	1	2	3		
指示压力为零 发动机中等速转 4 min 时					
指示气压 590 kPa 制动踏板踏下 3 min 时					
指示气压 590 kPa 发动机停止 3 min 时					

表 A.14 操纵力试验记录

摊铺机型号________________ 试验地点________________

试验日期________________

出厂编号________________ 试验人员________________

单位为牛顿

操作装置	操作方式	操纵力测量值			平均值	备注
		1	2	3		

表 A.15 最小转弯直径试验记录

摊铺机型号________________ 试验日期________________

出厂编号________________ 驾驶员________________

试验地点________________ 试验人员________________

行驶方向	行驶速度/ (km/h)	转弯方向	最小转弯直径/ m				机器通过直径/ m				备注
			履带外沿轨迹				机器最外侧轨迹				
			1	2	3	平均值	1	2	3	平均值	
前进		左转									
		右转									
后退		左转									
		右转									

表 A.16 爬坡性能试验记录

摊铺机型号________________ 天气、气温________________℃
出厂编号________________ 风向、风速________________m/s
试验地点________________ 轮胎气压或履带挠度________________kPa;mm
试验日期________________ 试验人员________________

次数	坡度/(°)	测定距离/m	所需时间/s	爬坡速度/(km/h)	爬坡功率/kW	发动机转速/(r/min)	备注

表 A.17 直线行驶性能试验记录

摊铺机型号________________ 试验地点________________
试验日期________________
出厂编号________________ 试验人员________________

行驶方向	挡位	试验距离 L/mm	左右履带运行距离差 ΔL/mm	跑偏量 e/mm	偏移量/%

表 A.18 方向盘中位自由行程试验记录

摊铺机型号________________ 试验地点________________
试验日期________________
出厂编号________________ 试验人员________________

转动方向	转角测量值/(°)			平均值(°)	备注
	1	2	3		

表 A.19 性能参数静态测量记录

摊铺机型号________________ 试验地点________________
试验日期________________
出厂编号________________ 试验人员________________

测量项目		单位	测量值			平均值	备 注
			1	2	3		
摊铺宽度	基 本	mm					
	最 大	mm					
最大摊铺厚度		mm					
摊铺拱度	正向最大	%					
	负向最大	%					
摊铺横坡度	正向最大	%					
	负向最大	%					

表 A.20 摊铺速度试验记录

摊铺机型号________________ 天气、气温________________℃

出厂编号________________ 风向、风速________________m/s

试验地点________________ 驾驶员________________

试验日期________________ 试验人员________________

行驶方向	挡位	发动机转速/(r/min)	测量距离/m	测量时间/s		摊铺速度/(m/min)			备注
				去向	回向	去向	回向	平均值	

表 A.21 作业能力试验记录

摊铺机型号________________ 试验地点________________

出厂编号________________ 试验日期________________

天气__________ 气温__________ 风向__________ 风速__________m/min

试验人员________________

试验用物料________________

摊铺机作业状态________________

摊铺机摊铺宽度__________mm 摊铺厚度__________mm 摊铺速度__________m/min

成形拱度__________% 成形横坡度__________%

作业时间__________h 累计摊铺沥青混合料量__________t

铺层宽度__________m 铺层厚度__________mm

铺面表面缺陷________________

摊铺机工作装置运转情况________________

____

作业行驶情况________________

____

导致停机的故障________________

____

其他________________

表 A.22 摊铺作业一般情况记录

摊铺机型号________________ 试验地点________________

出厂编号________________ 试验日期________________

天气__________ 气温__________℃ 风向__________ 风速__________m/min

试验人员________________

试验工地全称________________

施工单位全称________________

验路段基层平整度__________mm 密实度__________% 纵坡__________%

层结构__________ 型式__________ 设计宽度__________m

第一层层厚__________mm 混合料级配________________

第二层层厚__________mm 混合料级配________________

第三层层厚__________mm 混合料级配________________

摊铺机配套设备型号________________ 载重量__________t

摊铺机作业装备________________

摊铺机摊铺宽度__________m 摊铺速度__________m/min

摊铺长度__________m 累计作业时间__________h

试验混合料累计用量________________t

操作人员熟练程度________________

试验层说明________________

____

其他________________

表 A.23　铺层宽度、拱度、横坡度误差测量记录

测量层__________　　测量日期__________　　试验人员__________

测量项目		宽度测量值/mm	拱度测量值/%	横坡度测量值/%
测量区	1			
	2			
	3			
	4			
	5			
	6			
	7			
	8			
	9			
	10			
平均值				
设定值				
平均值与设定值之差				
测量层说明				

表 A.24　铺层厚度误差测量记录

测量层__________　　测量日期__________　　试验人员__________

测量层厚度设定值__________mm

单位为毫米

测量区域		A	B	C	D	E	F	G
采样点编号	1							
	2							
	3							
	4							
	5							
各测量区厚度平均值								
各测量区厚度与设定值之差								
铺层厚度误差平均值								
测量层说明								

表 A.25 铺层平整度测量记录

摊铺机型号__________ 试验地点__________
测量层__________ 测量日期__________
出厂编号__________ 试验人员__________

测量区域	各区域平整度测量值/ mm
A	
B	
C	
D	
E	
F	
G	
平均平整度	
测量层说明	

表 A.26 铺层密度测量记录

摊铺机型号__________ 试验地点__________
测量层__________ 试验日期__________
出厂编号__________ 试验人员__________

采样区域	各测点样本密度测量值/ (g/cm^3)				
	1	2	3	4	5
A					
B					
C					
D					
E					
F					
G					
测量层 说明					

表 A.27 标准马歇尔试件密度试验记录

取样地点__________ 试验日期__________
取样人__________ 试验人员__________

试件编号	试件密度值/ (g/cm^3)	
	击实 50 次	击实 75 次
1		
2		
3		
4		
5		
6		
平均值		

表 A.28 作业性能试验结果汇总

摊铺机型号________________　试验地点________________

出厂编号________________　试验日期________________

试验项目	单位	试验结果	备注
铺层宽度误差	mm		
铺层厚度误差	mm		
铺层拱度误差	%		
铺层横坡度误差	%		
平整度(3 m 直尺测量值)	mm		
密实度	%		
密实不匀率	%		
面层外观评价			

填表人:________________　填表日期________________

表 A.29 可靠性试验一般情况记录

摊铺机型号________________　试验地点________________

出厂编号________________　试验起止日期________________

试验人员________________　作业班次________________

试验工地全称________________________________

施工单位全称________________________________

试验路段简介________________________________

____

____

____

表 A.30 可靠性试验考核班次记录

试验日期________________　试验地点________________

作业班次________________　试验人员________________

<table>
<tr><td colspan="2">工作起止时间</td><td rowspan="2">作业时间/
h</td><td rowspan="2">故障时间/
h</td><td rowspan="2">养护时间/
h</td></tr>
<tr><td>开始</td><td>结束</td></tr>
<tr><td></td><td></td><td></td><td></td><td></td></tr>
<tr><td colspan="3">摊铺机作业状态</td><td rowspan="2">混合料用量/
t</td><td rowspan="2">摊铺长度/
m</td></tr>
<tr><td>摊铺宽度/
m</td><td>摊铺厚度/
mm</td><td>摊铺速度/
(m/min)</td></tr>
<tr><td></td><td></td><td></td><td></td><td></td></tr>
<tr><td>故障情况</td><td colspan="4"></td></tr>
</table>

表 A.31　可靠性试验故障原始记录

试验日期______________　操作人员______________

作业班次______________　试验人员______________

故障发生时间________年________月________日________时________分

故障情况______________________________

____

故障原因______________________________

故障排除情况__________________________

____

更换零部件名称及数量__________________

故障程度______________________________

故障时间______________________________

试验人员(签字)________________________

维修人员(签字)________________________

表 A.32　可靠性试验报告

摊铺机型号______________　试验起止日期______________

出厂编号______________　数据整理人员______________

项　　目	单位	可靠性试验数据
试验班次	次	
累计作业时间	h	
累计故障时间	h	
累计养护时间	h	
累计摊铺混合料	t	
折算故障次数	次	
首次故障前工作时间	h	
平均无故障工作时间	h	
可靠度	%	
备　注		

附 录 B
（资料性附录）
平整度（3 m 直尺）测量方法

B.1 说明

本方法是用 3 m 直尺为基准，测量 3 m 直尺与路面之间的最大间隙值，并以此测定路面的平整度。

B.2 测量仪器设备

3 m 直尺、间隙塞尺等。

B.3 测量操作程序

a) 3 m 直尺沿测量方向平放于路面的面层上；
b) 确定在 3 m 直尺覆盖区间直尺与面层的最大间隙的位置；
c) 测量最大间隙值。

B.4 测量记录

记录每一测量位置的最大间隙测量值。

附 录 C
（资料性附录）
沥青混凝土路面密度试验

C.1 说明

沥青混凝土路面密度试验是检验从路面上采集试件的密度，用以检验路面的密实度。

本方法适用于试验室内测定从沥青混凝土路面上采集试件的密度。

C.2 试验仪器设备

取样器、天平（称量 2 000 g，感量 0.1 g）、静水天平（称量 2 000 g，感量 0.1 g）、石蜡、毛刷、水桶（槽）等。

C.3 试验程序

C.3.1 用取样器在面层采集密度试验用试件，取样深度不大于 50 mm。

C.3.2 用毛刷轻轻刷净试件粘附的粉尘，如试件边角有浮松颗粒，应仔细清除。

C.3.3 将试件表面全部裹复薄层石蜡，如试件有较大空隙时，应先用石蜡充填空隙。

C.3.4 在天平上称量试件在空气中的质量，准确至 0.1 g。

C.3.5 水桶中注入温度(20±1)℃的清水。

C.3.6 用静水天平称量试件在水中的质量，准确至 0.1 g。

C.4 试验数据处理

路面试件的密度按公式(C.1)或(C.2)计算：

$$\gamma_0 = \frac{m}{m - m_1} \times \gamma_w \qquad \text{(C.1)}$$

$$\gamma_0 = \frac{m}{m_2 - m_3 - \left(\dfrac{m_2 - m}{d_\rho}\right)} \times \gamma_w \qquad \text{(C.2)}$$

式中：

γ_0——路面试件的密度，单位为克每三次方厘米(g/cm^3)；

m——路面试件在空气中质量，单位为克(g)；

m_1——路面试件在水中质量，单位为克(g)；

m_2——封蜡后试件在空气中质量，单位为克(g)；

m_3——封蜡后试件在水中质量，单位为克(g)；

d_ρ——蜡的密度，单位为克每三次方厘米(g/cm^3)；

γ_w——水的密度，单位为克每三次方厘米(g/cm^3)($\gamma_w \approx 1\ g/cm^3$)。

C.5 试验记录

记录每一试件的密度值。

ICS 35.240.20
L 67

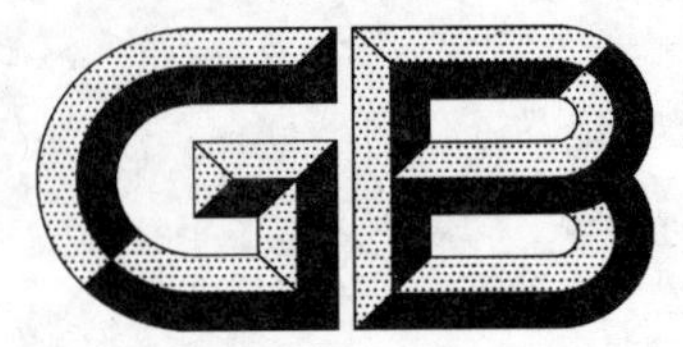

中华人民共和国国家标准

GB/T 16284.1—2008/ISO/IEC 10021-1:2003
代替 GB/T 16284.1—1996

信息技术　信报处理系统(MHS)
第1部分:系统和服务概述

Information technology—Message Handling Systems(MHS)—
Part 1:System and service overview

(ISO/IEC 10021-1:2003,IDT)

2008-08-06 发布　　2009-01-01 实施

中华人民共和国国家质量监督检验检疫总局
中国国家标准化管理委员会　发布

前　言

GB/T 16284在《信息技术　信报处理系统(MHS)》总标题下,预计包括以下10个部分:

——第1部分(即GB/T 16284.1):系统和服务概述;

——第2部分:总体结构;

——第4部分:信报传送系统:抽象服务定义和规程;

——第5部分:信报存储器:抽象服务定义;

——第6部分:协议规范;

——第7部分:人际信报系统;

——第8部分:电子数据交换信报服务;

——第9部分:电子数据交换信报系统;

——第10部分:MHS路由;

——第11部分:MHS路由:信报系统管理员指南(技术报告)。

本部分是GB/T 16284的第1部分。

本部分等同采用国际标准ISO/IEC 10021-1:2003《信息技术　信报处理系统(MHS)　第1部分:系统和服务概述》。

本部分代替GB/T 16284.1—1996《信息技术　文本通信　面向信报的文本交换系统(MOTIS)　第1部分:系统和服务概述》。

本部分与GB/T 16284.1—1996的差异在于:

——本版取消了GB/T 16284.1—1996中"篇"的结构,直接用"章条"作为本版本的结构;

——对于引用的GB/T 16264.1和GB/T 16264.2中的那些术语,均按照GB/T 16264.1—2008和GB/T 16264.2—2008作了相应修改;

——增加了若干服务元素。

本部分的附录A、附录B、附录C以及附录D是资料性附录。

本部分由中华人民共和国信息产业部提出。

本部分由全国信息技术标准化技术委员会归口。

本部分起草单位:中国电子技术标准化研究所。

本部分主要起草人:徐冬梅、郭楠、张翠。

本部分于1996年首次发布。

引　言

GB/T 16284 的本部分是一组信报处理系列标准之一，该标准对包含任意多个协同操作开放系统的信报处理系统(MHS)提供了综合规范。

信报处理系统和服务能使用户以存储转发的方式交换信报。发方用户提交的信报，通过信报传送系统(MTS)进行传送，然后逐步递交给一个或多个信报的收方用户。其中，MTS 是信报处理系统(MHS)的一个重要组成部分。

MHS 由多种互连的功能实体组成。信报传送代理(MTA)互相协作，共同完成存储转发的信报传送功能；信报存储器(MS)提供信报存储并可进行信报的提交、检索和管理。用户代理(UA)帮助用户访问 MHS；访问单元(AU)提供与其他通信系统和各类服务(如信息通信服务、邮政服务)的连接。

本部分规定了信报处理能力的整个系统和服务描述。

信息技术 信报处理系统(MHS)
第1部分:系统和服务概述

1 范围

GB/T 16284的本部分定义了MHS的总体系统和服务,作为MHS的通用概论。

信报处理系统和服务的其他方面将在本标准的其他部分中规定。本部分定义的信报处理系统和服务内容的分类见表1。

MHS的技术特征在GB/T 16284的其他部分中规定。MHS的总体体系结构在ISO/IEC 10021-2:2003中规定。

2 规范性引用文件

下列文件中的条款通过GB/T 16284的本部分的引用而成为本部分的条款。凡是注日期的引用文件,其随后所有的修改单(不包括勘误的内容)或修订版均不适用于本部分,然而,鼓励根据本部分达成协议的各方研究是否可使用这些文件的最新版本。凡是不注日期的引用文件,其最新版本适用于本部分。

GB/T 9387.1 信息处理系统 开放系统互连 基本参考模型:基本模型(GB/T 9387.1—1998,idt ISO/IEC 7498-1:1994)

GB/T 16264(所有部分) 信息技术 开放系统互连 目录(ISO/IEC 9594(所有部分),IDT)

GB/T 16262.1—2006 信息处理系统 开放系统互连 抽象语法记法一(ASN.1)规范 第1部分:基本记法规范(idt ISO/IEC 8824-1:2002)

GB/T 16263.1—2006 信息处理系统 开放系统互连 抽象语法记法一(ASN.1)编码规则 第1部分:基本编码规则(BER)、正则编码规则(CER)和非典型编码规则(DER)的规范(ISO/IEC 8825-1:2002,IDT)

GB/T 16975.1—2000 信息技术 远程操作:概念、模型和表示法(idt ISO/IEC 13712-1:1995)

GB/T 17174.1—1997 信息处理系统 文本通信 可靠传送 第1部分:模型和服务定义(idt ISO/IEC 9066-1:1989)

ISO/IEC 8649:1996 信息技术 开放系统互连 联系控制服务元素服务定义

ISO/IEC 10021-2:2003 信息技术 信报处理系统(MHS) 第2部分:总体结构

ISO/IEC 10021-4:2003 信息技术 信报处理系统(MHS) 第4部分:信报传送系统:抽象服务定义和规程

ISO/IEC 10021-5:1999 信息技术 信报处理系统(MHS) 第5部分:信报存储器:抽象服务定义

ISO/IEC 10021-6:2003 信息技术 信报处理系统(MHS) 第6部分:协议规范

ISO/IEC 10021-7:2003 信息技术 信报处理系统(MHS) 第7部分:人际信报系统

ISO/IEC 10021-8:1999 信息技术 信报处理系统(MHS) 第8部分:电子数据交换信报服务

ISO/IEC 10021-9:1999 信息技术 信报处理系统(MHS) 第9部分:电子数据交换信报系统

ISO/IEC 10021-10:1999 信息技术 信报处理系统(MHS) 第10部分:MHS路由

ISO/IEC 10021-11:1999 信息技术 信报处理系统(MHS) 第11部分:MHS路由:信报系统管理员指南

ISO/IEC 11588-1:1996　信息技术　信报处理系统(MHS)管理　第1部分:模型和体系结构

ISO/IEC 11588-3:1997　信息技术　信报处理系统(MHS)管理　第3部分:登录信息

ISO/IEC 11588-8:1997　信息技术　信报处理系统(MHS)管理　第8部分:信报传送代理管理

CCITT F.423:1992　信报处理服务:人际信报服务和传真服务之间通信

CCITT F.440:1992　信报处理服务:话音信报服务

CCITT T.330:1988　对人际信报系统的远程信息访问

CCITT X.408:1988　信报处理系统:编码信息类型转换规则

CCITT X.440:1992　信报处理系统:话音信报系统

表1　MHS标准框架

短　名　称	联合的MHS		联合的支持		仅ITU-T	
	ISO/IEC	ITU-T	ISO/IEC	ITUT	系统	服务
MHS:系统和服务概论	10021-1	X.400				F.400
MHS:总体结构	10021-2	X.402				
MHS:编码信息类型转换规则					X.408	
MHS:MTS:抽象服务定义和规程	10021-4	X.411				
MHS:MS:抽象服务定义	10021-5	X.413				
MHS:协议规范	10021-6	X.419				
MHS:人际信报系统(IPM)	10021-7	X.420				
对IPMS的远程通信访问						
MHS:EDI信报服务	10021-8	F.435			T.330	
MHS:EDI信报系统	10021-9	X.435				
MHS:话音信报服务						
MHS:话音信报系统					F.440	
MHS:路由	10021-10	X.412			X.440	
MHS:路由:信报系统管理员指南	10021-11	X.404				
MHS:公共MH服务的命名和编址						F.401
MHS:公共信报传送服务						F.410
MHS:与公共物理投递服务的互通信						F.415
MHS:公共IPM服务						F.420
MHS:IPM服务与电报之间的互通信						F.421
MHS:IPM服务与传真之间的互通信						F.423
OSI:基本参考模型			7498-1	X.200		
OSI:抽象语法记法1规范(ASN.1)			8824-1	X.680		
OSI:抽象语法记法1(ASN.1)的基本编码规则规范			8825-1	X.690		
OSI:联系控制:服务定义			8649	X.217		

表 1(续)

短名称	联合的 MHS		联合的支持		仅 ITU-T	
	ISO/IEC	ITU-T	ISO/IEC	ITUT	系统	服务
OSI:联系控制:协议规范			8650-1	X. 227		
OSI:可靠传送:模型和服务定义			9066-1	X. 218		
OSI:可靠传送:协议规范			9066-2	X. 228		
OSI:远程操作:概念、模型和记法			13712-1	X. 880		
OSI:远程操作:服务定义			13712-2	X. 881		
OSI:远程操作:协议规范			13712-3	X. 882		

3 术语和定义

附录 A 中给出的定义和下述定义适用于 GB/T 16284 的本部分。

3.1 开放系统互连

本部分采用了在 GB/T 9387.1 中定义的术语:

a) 应用层 Application Layer

b) 应用进程 application-process

c) 开放系统互连 Open Systems Interconnection

d) OSI 参考模型 OSI Reference Model

3.2 目录系统

本部分采用了在 GB/T 16264.1 中定义的术语:

a) 目录条目 directory entry

b) 目录系统代理 directory system agent

c) 目录系统 Directory System

d) 目录用户代理 directory user agent

本部分采用了在 GB/T 16264.2 中定义的术语:

e) 属性 attribute

f) 组 group

g) 名(称) name

4 缩略语

A	附加的	Additional
ADMD	公共管理域	Administration Management Domain
AU	访问单元	Access Unit
CA	合约性协定	Contractual Agreement
DL	分发表	Distribution list
DSA	目录系统代理	Directory System Agent
DUA	目录用户代理	Directory User Agent
E	本质的	Essential
EDI	电子数据交换	Electronic Data Interchange
EIT	编码信息类型	Encoded Information Type
I/O	输入/输出	Input/Output

IP	人际的	Interpersonal
IPM	人际信报通信	Interpersonal Messaging
IPMS	人际信报通信系统	Interpersonal Messaging System
MD	管理域	Management Domain
MH	信报处理	Message Handling
MHS	信报处理系统	Message Handling System
MS	信报存储器	Message Store
MT	信报传送	Message Transfer
MTA	信报传送代理	Message Transfer Agent
MTS	信报传送系统	Message Transfer System
N/A	不适用	Not Applicable
OR	发方/收方	Originator/Recipient
OSI	开放系统互连	Open System Interconnection
PD	物理投递	Physical Delivery
PDAU	物理投递访问单元	Physical Delivery Access Unit
PDS	物理投递系统	Physical Delivery System
PM	每个信报	Per-message
PR	每个收方	Per-recipient
PRMD	专用管理域	Private Management Domain
PTLXAU	公用用户电报访问单元	Public Telex Access Unit
RPOA	认知的专用操作代理	Recognized Private Operating Agency
TLMA	信息通信代理	Telmatic Agent
TLXAU	用户电报访问单元	Telex Access Unit
UA	用户代理	User Agent

5 约定

在本部分中,"公共机构"一词用于简略地表示一个电信管理部门、一个已得到承认的专营机构以及与在公用投递服务互通信情况中的一个邮政管理局。

6 目的

本部分是 GB/T 16284 系列标准之一,它描述了信报处理系统(MHS)和服务的系统模型及服务元素。本部分概述了 MHS 的能力。利用这些能力可提供 MH 服务,使用户能以存储—转发为基础交换信报。

信报处理系统是根据开放系统互连参考模型(OSI 参考模型)(GB/T 9387)的原理设计的,它使用了表示层服务和其他层提供的服务(更常用的是应用服务元素提供的服务)。在满足 OSI 的任意网络上都可以构造 MHS。由 MTS 提供的信报传送服务与应用无关。其中一个标准的应用实例是 IPM 服务。端系统可将 MT 服务用于由双方定义的特定应用中。

服务元素是应用进程提供的服务特性。可以认为,服务元素是提供用户的服务的组成部分,它们可以是基本服务元素或可选的用户业务,这些可选用户业务又分为基本的或附加的两种。

7 MHS 的功能模型

MHS 的功能模型是在 MHS 国际标准的开发中用作辅助工具,并可用图形方式辅助描述基本概念。这个模型包括多个不同的功能组件,它们协同工作,提供 MH 服务。该模型可用于若干不同的物理和组织配置。

7.1 MHS 模型描述

MHS 的功能模型如图 1 所示。在这个模型中,用户可以是人或计算机进程。用户分为直接用户(即直接使用 MHS 参与信报的处理),或间接用户[即通过链接到 MHS 的另一个通信系统(例如物理投递系统)参与信报处理]。用户既可以是发方(当发送信报时),也可以是收方(当接收信报时),信报处理的服务元素定义了一组信报类型和使发方能籍以将这些类型的信报传送给一个或多个收方的能力。

发方在其用户代理的协助下准备信报。用户代理(UA)是一个与信报传送系统(MTS)或信报存储器(MS)进行交互的应用进程,它代表某单个用户提交信报。MTS 将提交给它的信报投递给一个或多个接收 UA、访问单元(AU)或 MS,并把通知回交给发方。那些仅由 UA 执行且尚未将其标准化为信报处理服务元素的一部分功能称为本地功能。UA 既可以接收直接来自 MTS 的信报,也可以利用 MS 的功能接收已投递的信报,以便 UA 随后检索。

MTS 包含多个信报传送代理(MTA)。这些 MTA 以存储和转发的方式协同工作。传送信报并将信报投递给既定的收方。

间接用户访问 MHS 是由 AU 实现的。MHS 向间接用户投递也是由 AU 实现的,例如:物理投递由物理投递访问单元(PDAU)实现。

信报存储器(MS)是 MHS 的一个可选的通用能力,可作为 UA 和 MTA 之间的中间媒体。MHS 的功能模型中描绘了 MS,如图 1 所示。MS 是一个主要目的的为存储并允许对已投递信报进行检索的功能实体。MS 也允许接收来自 UA 的提交并向 UA 发出提醒。

UA、MS、AU 和 MTA 的集成称为信报处理系统(MHS)。

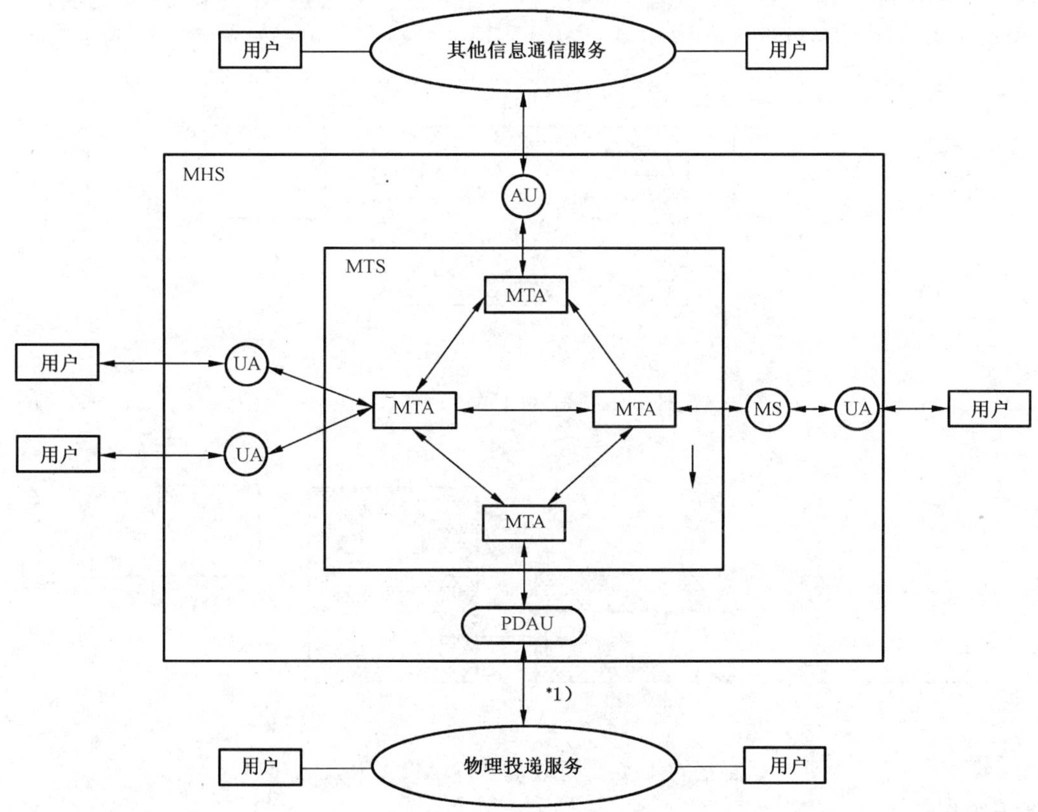

1) 从 PDS 到 MHS 的信报输入当前尚不可能。图中所示的由 PD 服务到 PDAU 的业务流用于通知。

图 1 MHS 功能模型

7.2 信报的结构

由 MTS 传送的信报的基本结构如图 2 所示。信报由信封和信文组成。信封所含的信息供 MTS 往 MTS 内传送信报时使用。信文是发方 UA 希望投给一个或多个收方 UA 的信息。除可能有转换外(见第 16 章),MTS 既不修改也不检查这些信文。

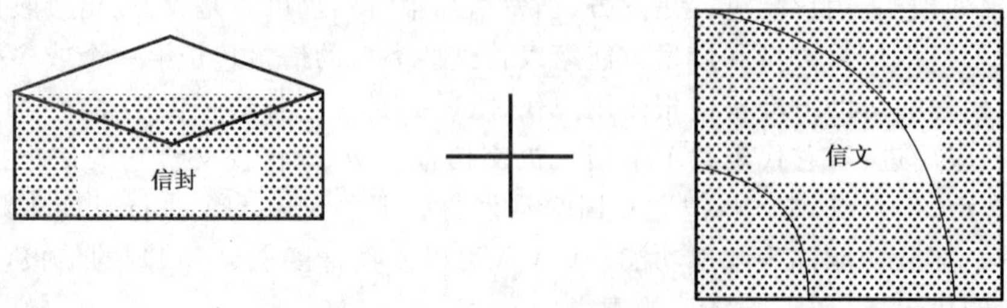

图 2 基本信报结构

7.3 MHS 模型的应用

7.3.1 物理映射

用户为进行各种信报处理,诸如编写、显示或存档而去访问 UA。用户通过输入/输出设备或进程(例如:键盘、显示器、打印机等)与 UA 进行交互作用,一个 UA 可作为智能终端上的一个(或一组)计算机进程来实现。

一个 UA 和 MTA 可置于同一系统内,或者一个 UA/MS 也可在物理上分离的系统内实现。在前一情况下,UA 与在同一系统内的 MTA 直接交互作用访问 MT 服务元素。在后一情况下,UA/MS 通过为 MHS 规定的标准协议与 MTA 通信。MTA 也可能在没有 UA 或 MS 的系统中实现。

图 3 和图 4 给出了某些可能的物理配置。不同的物理系统可利用专线或交换网络进行连接。

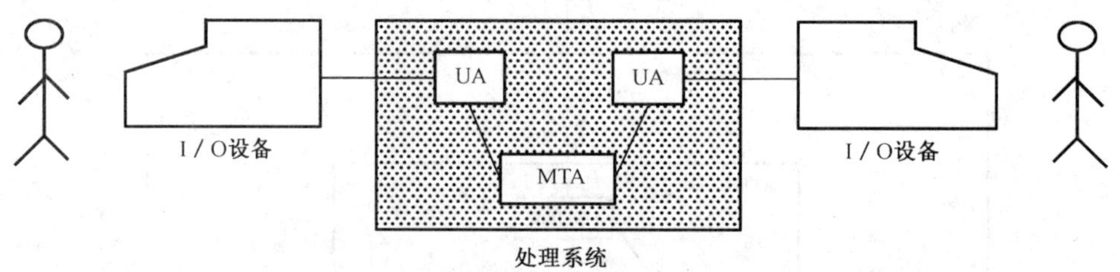

图 3 同驻的 UA 和 MTA

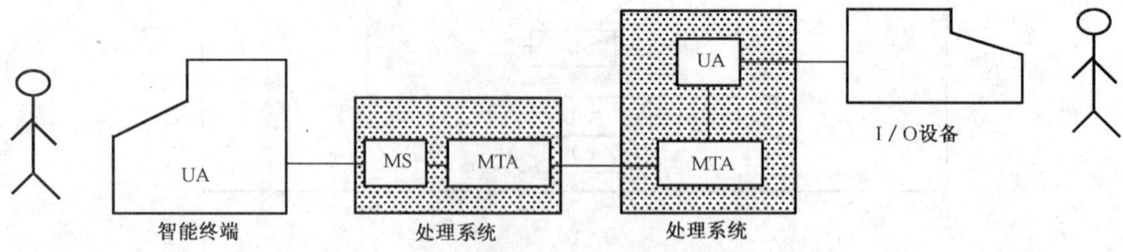

图 4 独立的 UA 及同驻的 MS/MTA 和 UA/MTA

7.3.2 组织映射

公共机构和组织在提供信报处理服务中可以扮演各种角色。在本部分中,一个组织可能是一个公司或一个非商业企业。

由公共机构或组织操作的、至少包括一个 MTA、零个或多个 UA、零个或多个 MS、零个或多个 AU 的集合构成了一个管理域(MD)。MD 根据第 19 章所描述的服务元素的分类提供信报处理服务。管理域可以分为公共管理域(ADMD)或专用管理域(PRMD),其定义在附录 A 中给出。管理域间的关系如图 5 所示。

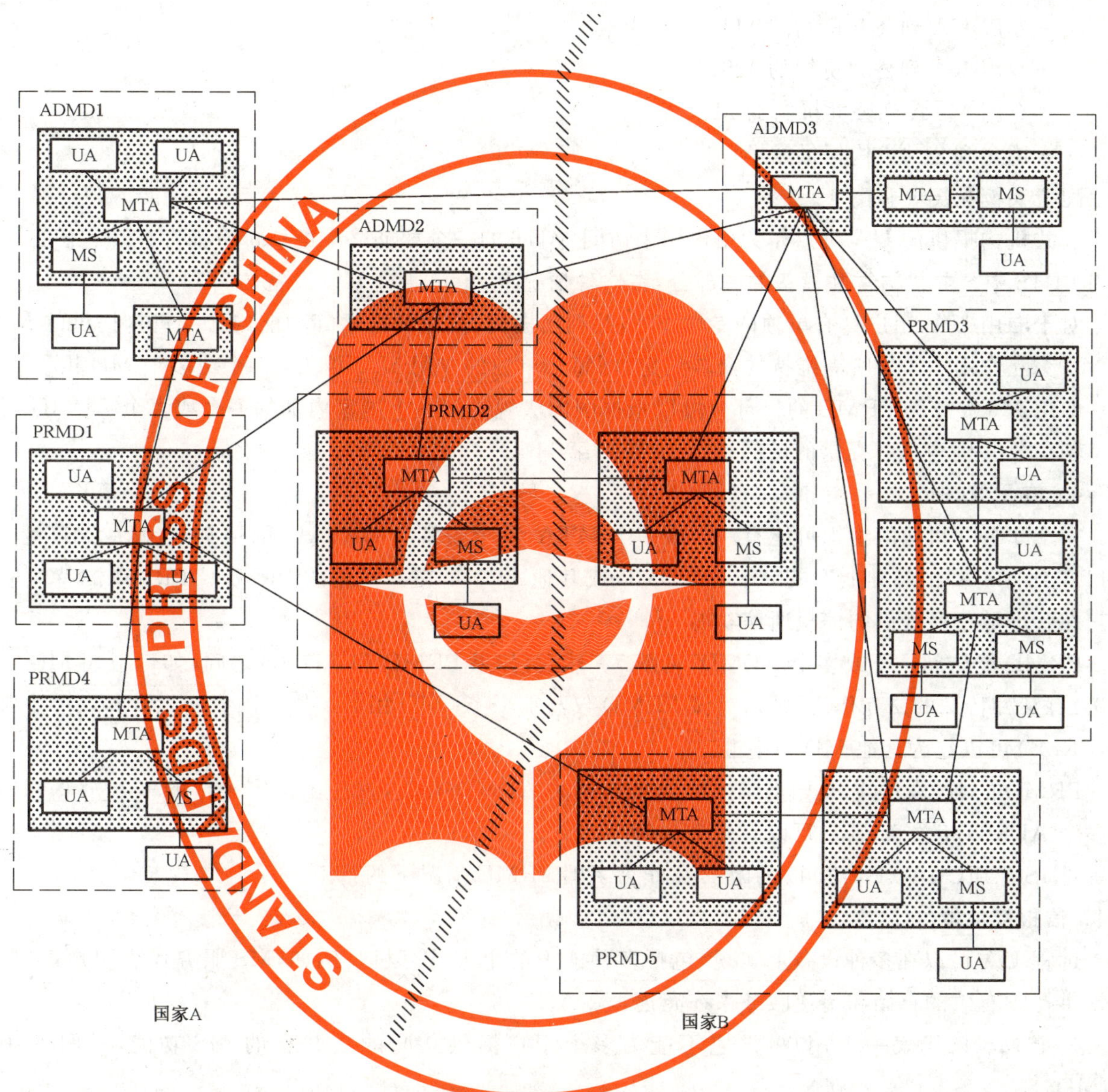

注 1：本图给出了可能的互连实例。这里不打算标识所有可能的配置,虽然 MD 之间的互连可能是一个国家内部及国与国之间规章协议的一个主题,本部分对此不做限制。

注 2：PRMD1 与 A 国内的两个 ADMD 连接。

PRMD2 跨越国界,与每个国家中的一个 ADMD 连接。

PRMD3 与 ADMD3 有多个连接。

PRMD4 只通过 PRMD1 中继与其他 MD 连接。

PRMD5 与同在一国内的 PRMD(如 PRMD3)及国外的 PRMD(如 PRMD1)连接。

注 3：MTA 之间的连线表示逻辑连接,即 MTA 在需要时有能力在任意物理媒体上利用支持 OSI 的各层建立它们本身之间的联系。

注 4：包围逻辑组件(如:UA、MTA)的阴影框表示物理同驻系统的例子。

图 5 管理域之间的关系

7.3.3 公共管理域

每个国家可以有一个或多个 ADMD。ADMD 的特性取决于它提供给其他管理域之间的中继功能和给本 ADMD 内的应用提供的信报传送服务。

公共机构为它的用户访问 ADMD 提供下列的一种或多种途径：

——用户到公共机构提供的 UA；

——专用 UA 到公共机构的 MTA；

——专用 UA 到公共机构的 MS；

——专用 MTA 到公共机构的 MTA；

——用户到公共机构提供的 AU。

配置实例见图 3 和图 4。

公共机构提供的 UA 可以作为用户用来访问 MHS 的一个智能终端的一部分而存在。它们也可以作为 MHS 中公共机构常驻设备的一部分，在这种情况下，用户通过 I/O 设备访问 UA。

对于专用 UA，用户具有单独的专用 UA，并利用提交、投递和检索等功能与公共机构提供的 MTA 或 MS 交互作用。假如所需维持的命名约定，则每个单独的专用 UA 可以与一个或多个 MD 相联系。

专用 MTA 作为 PRMD 的一部分可以根据国内法规访问一个国家内部的一个或多个 ADMD。

利用公共机构 AU 提供的访问见第 10 章和第 11 章。

7.3.4 专用管理域

一个非公共机构的组织可能有一个或多个 MTA，零个或多个 UA、AU 和 MS。它们在 MD 到 MD（MTA 到 MTA）的基础上形成一个与 ADMD 或其他 PRMD 交互作用的 PRMD。PRMD 的特性取决于它在管理域中所提供的信报通信功能。

PRMD 能访问一个或多个 ADMD，见图 5。然而，如果 PRMD 和 ADMD 之间（如信报在 MD 之间传送）有某种特殊的交互作用，则认为该 PRMD 仅与那个 ADMD 相关。如果国家的规章和双边协议允许，PRMD 可以作为其他 MD 的中继。

PRMD 的名（称）可以是国内唯一的或是与相关 ADMD 有关，这是由国家确定的事。如果 PRMD 与多个 ADMD 相关联，则它可以有多个名（称）。

见 ISO/IEC 10021-2:2003 的附录 G 作为多国 PRMD 情况下的指南。

7.4 信报存储器

远程 UA 可以在多种设备上实现，包括多种能力的个人计算机。例如，MS 服务代表用户，可以通过提供持续有效的存储和传递服务来补充远程 UA。

一个 MS 只代表一个用户，即它不能为多个用户提供共同的或共享的 MS 功能，见图 5 中的 PRMD3。

MS 将存储传递的信息和报告。作为选项，它也可以存储提交的信报、提交的探询和草稿信报。MS 也可以通过存储之前和当前日志中存储的信报的摘要来保留信报的历史信息。

MS 的检索能力使 MS 的客户具有对所有潜在应用类型的信报进行基本信报检索的能力。图 6 显示了投递时和已投递给 MS 的信报的后继检索，及经过 MS 的信报间接提交。

当用户订用一个 MS 时，所有应到达用户的信报仅投递给 MS。如果 MS 用户在线，当有信报投递给 MS 时，它可以收到提示。投递给 MS 的信报均被认为是来自 MTS 一方。

基本的 MS 独立于应用特定服务（8.7）并且可能存储信报以及所有类型的内容，内容的类型由服务的类型决定。然而，内容的类型可能决定它提供附加的能力。

当 MS 用户提交信报时，MS 向 MTS 发送提交请求并且向 MS 用户报告 MTS 返回的结果。如果

MS 用户提出请求，在向 MTS 发送提交之前，MS 可以通过发送当前存储在 MS 中的部分投递的或提交的信报来扩展信报。如果提交成功，MS 也可以为提交到 MTS 的信报存储一份备份。MS 服务允许用户向 MS 传送信报以作为草稿信报存储。之后可以检索草稿信报，或者当 MS 用户提交的信报中有请求的话，MS 可以将其信段包含在提交到 MTS 的信报中。

用户还具有一种能力，要求 MS 在投递时自动转发所选的信报。在用户指定的一段时间之后，或者当信报过期，或者当由另一个信报使该信报废弃时，MS 也可以自动删除信报。

MS 可以自动的在先前提交的信报中添加关于它是否递交到的信息。当用户有请求或者检索信报时，MS 也可以产生内容特定的通知、确认接收或接受。

附录 B 中定义了描述 MS 特征的服务元素，并在第 19 章中做了分类。基于各种准则，可以给用户提供信报的数目和清单、及删除当前存储在 MS 中的信报。

图 7 描述了 MS 中存储的信息类型的简单模型，以及 MS 所满足的功能。

GB/T 16284.1—1996 中定义的 MS 服务范围主要限于为投递信报的存储和报告以及后来由 MS 用户对它们进行的检索。ISO/IEC 10021—1994 版本定义了新的扩展以便提供更宽的服务业务范围。这些增强型的业务特别适用于以下情况，当 MS 用作个人数据库来存储、检索、修改和归类用户信报，并在 MS 用户和 MS 之间具有经常的和长时间的交互作用的场合。这种环境的实例可在局域网中找到，或者在用户使用不同地点的不同用户代理来访问一个 MS 的场合下找到。MS 主要用作临时的存储系统以投递信报和报告，并通过不经常的、短时间的交互作用来提供信报的检索，可以不需要这些增强型的业务可以是不需要的。在后一种情况下，MS 用户自身可以提供本地的某些增强型业务。

因此，本部分为 MS 所定义的基本的和基本可选的要求和 GB/T 16284.1—1996 版本一致。

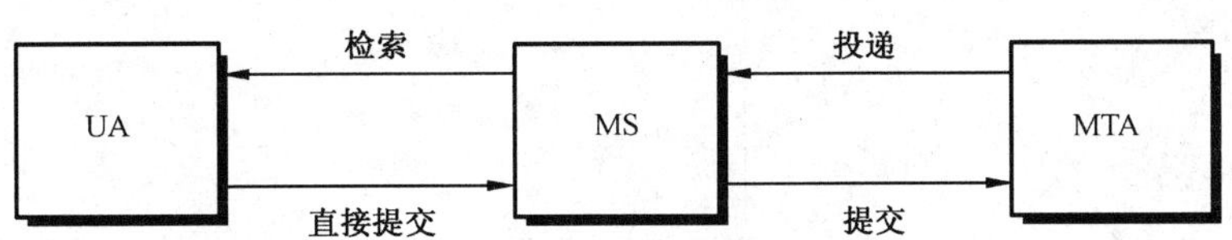

图 6　通过 MS 的提交和投递

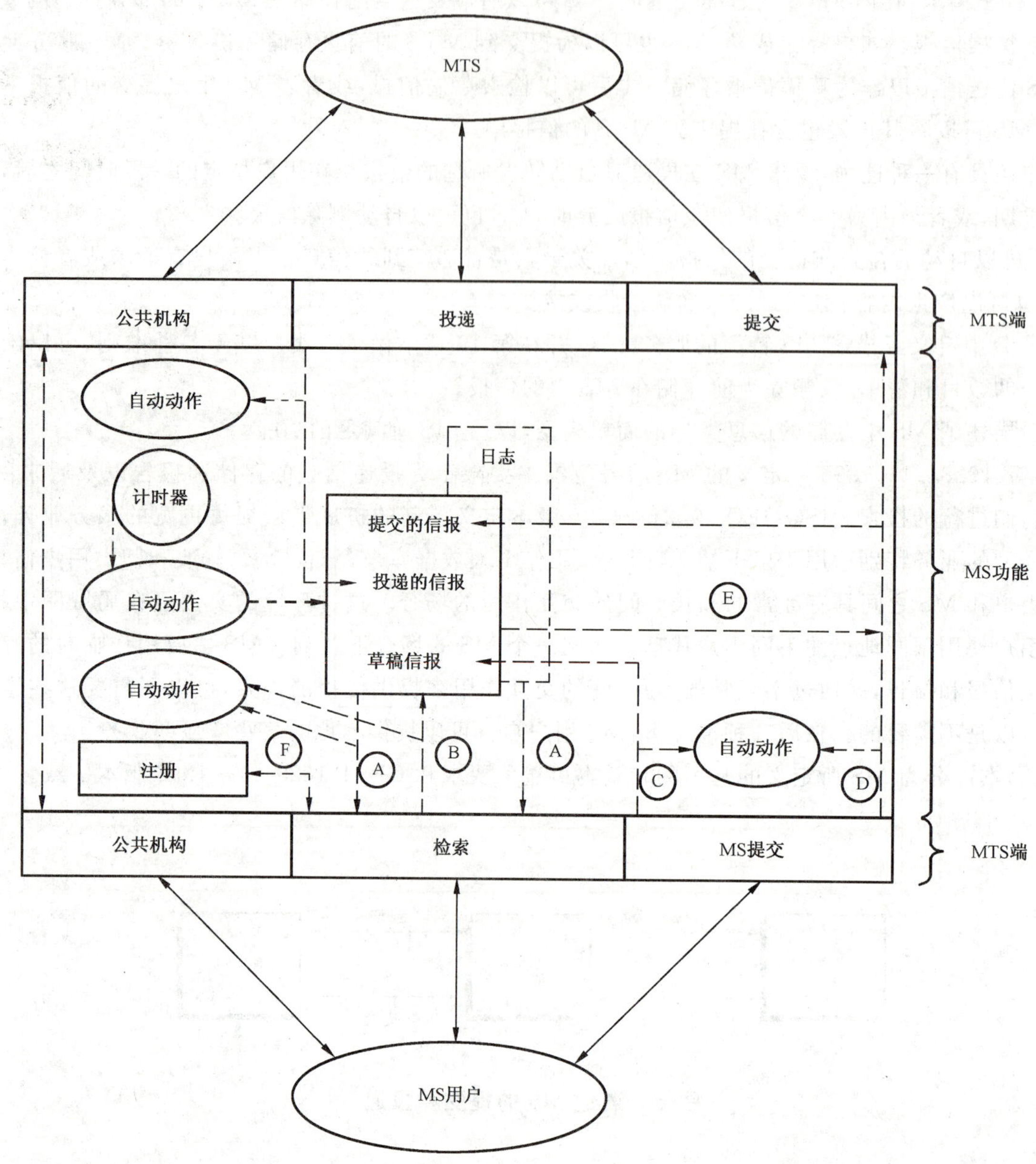

Ⓐ 获取、列表和摘要

Ⓑ 修改信报属性

Ⓒ 草稿存储

Ⓓ 提交给 MTS

Ⓔ 和部分联合存储内容一起提交给 MTS

Ⓕ 注册 MS

图 7 信报存储功能模型

7.4.1 物理配置

MS 相对于 MTA 的物理位置有多种。MS 可以与 UA 同驻、与 MTA 同驻或者单独设立。从外部看，同驻的 UA 和 MS 与独立的 UA 没有区别。将 MS 与 MTA 设置在一起有很多优点，因此这可能成为一种主流配置。

7.4.2 组织结构

ADMD 及 PRMD 都可对 MS 进行操作。为了做后继检索，都将用户的所有信报投递给 MS。

上述物理和组织配置仅是实例，还会存在其他相同合乎要求的情况。

8 信报传送服务

MTS 提供一般性的、应用独立的、存储和转发的信报传输服务，描述 MT 特性的服务元素在附录 B 定义，并在第 19 章中做了分类。

8.1 提交和投递

MTS 为 UA 提供交换信报的使用的方法。MTS 与 UA 及与 MS 之间有两种基本交互作用：

1) 提交交互作用是源发 UA 或 MS 将信文和提交信封传送给 MTS 的工具。提交信封包含为提供要求的服务元素 MTS 所需要的信息。

2) 投递交互作用是 MTA 将信文和投递信封传送给一个收方 UA 或 MS。投递信封包含有关信报投递的信息。

在提交和投递交互作用中，MTA 和 UA 或 MS 交接传送信报的责任。

8.2 传送

从发方 MTA 起，每个 MTA 将信报传送给另一个 MTA，直到信报到达收方的 MTA 为止，然后使用投递交互作用将信报投递给收方 UA 或 MS。

传送交互作用是某个 MTA 将信报加上传送信封传送给另一个 MTA 工具。传送信封包含有关 MTA 的操作信息及为提供发方 UA 要求的服务元素 MTS 所需要的信息。

MTA 传输包含任意二进制编码信息的信报，除了在执行转换操作时，MTA 既不解释也不修改信文。

8.3 通知

在 MT 服务中，通知包括投递和无法投递通知。当 MTS 不能传递一个信报或探询时，则产生一个无法投递通知并回传给发方，用报告说明这一点。此外，发方也可在提交时利用投递通知服务元素特别要求对成功投递的确认。

8.4 用户代理

UA 使用 MTS 提供的 MT 服务。UA 是一个功能实体，单个直接用户利用 UA 参与信报处理。

UA 按它们所能处理的信文类型分组。当 UA 将信报传送给其他 UA 时，MTS 赋予 UA 标识信报类别的能力，给定类别中的 UA 可认为是互相协同的 UA，因为它们彼此合作，增强它们各自用户的通信功能。

注：UA 可支持多于一种类型的信文，因此可属于几种 UA 类别。

8.5 信报存储器

信报存储器(MS)使用由 MTS 提供的 MT 服务。MS 是与用户的 UA 相关联的功能实体。用户可通过它提交信报，并可检索已投递给 MS 或由用户提交的信报。

8.6 访问单元

访问单元(AU)使用 MTS 提供的 MT 服务，AU 是与 MTA 相关联的功能实体。它为 MHS 和另一个系统或服务之间提供互通信讯。

8.7 使用 MTS 提供各种服务

特定的应用服务利用 MTS 提供各种信报处理服务。第 9 章中描述的人际间信报通信服务就是其中一例。其他的例子是，ISO/IEC 10021-8:1999 中描述的电子数据交换(EDI)信报服务和 CCITT 建议

F.440 中描述的话音信报服务。在 MTS 的基础上可以建立其他服务，这些服务或者与标准相对应或者作为专门应用。

9 IPM 服务

人际间信报服务(IPM 服务)为用户提供服务特性，辅助用户与其他 IPM 服务用户进行通信的特性。IPM 服务利用 MT 服务能力发送和接收人际信报。描述 IPM 服务特性的服务元素在附录 B 中定义。并在第 19 章中做了分类。

9.1 IPM 服务功能模型

图 8 显示了 IPM 服务的功能模型，在 IPM 服务中的 UA(IPM-UA)包含一类协作 UA。可选的访问单元(即图中的 PFAXAU、PTLXAU 和 TLMA)使电报和传真的用户可以与 IPM 服务互通信讯。可选的物理投递访问单元(PDAU)允许 IPM 用户将信报传送给 IPM 服务之外无法访问 MHS 的用户。IPM 用户可以选择使用信报存储器为它们投递信报。

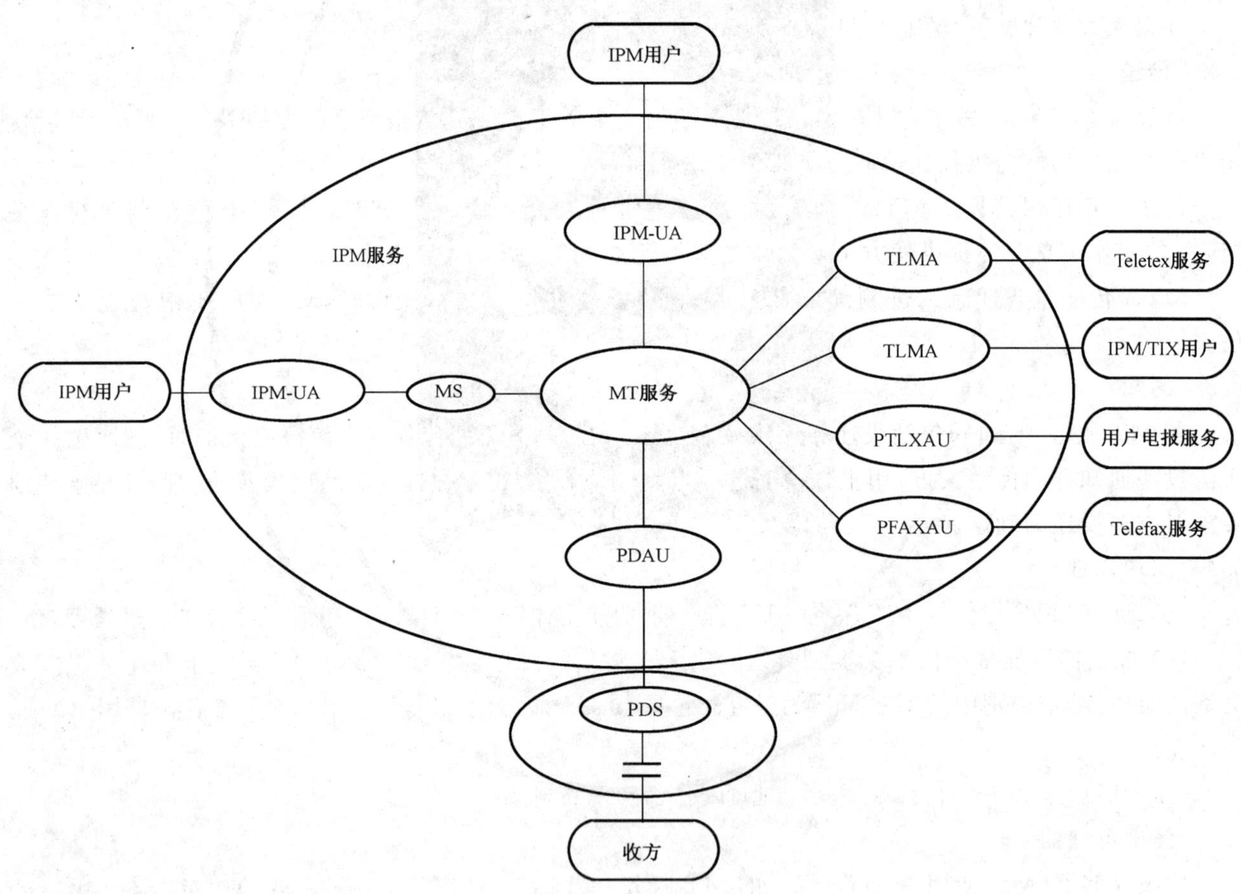

图 8 IPM 服务功能模型

9.2 IP 信报结构

UA 的 IPM 类产生的信报包含一个 IPM 特有的内容。发方编写和发送的 IP 信报，将这一特定的内容从一个 IPM－UA 发送到另一个。IP 信报与基本的 MHS 信报结构的关系见图 9。当 IP 信报经过 MTS 传送时，带有一个信封。

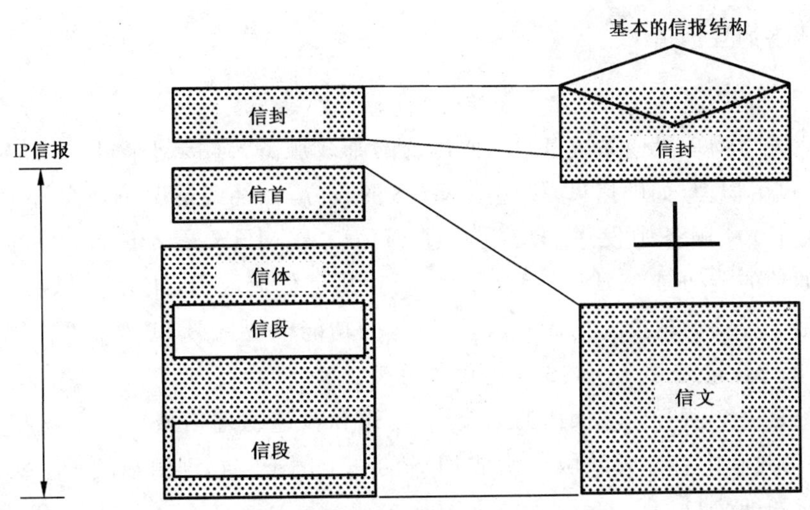

图 9 IP 信报结构

图 10 给出了一个典型的公务便函和对应的 IP 信报结构的类比。IP 信报含有用户提供的信息(如收方、抄送方(CC)、主题),这些信息由 IPM－UA 转换成 IP 信报的信首。用户希望通信的主要信息(便函体)包含在 IP 信报的信体内。在此例中,信体包含两类编码信息:正文和传真,它们组成了信段。通常一个 IP 信报的信体能由多个信段组成,每个信段可能是不同的编码信息类型,如声音、正文、文件、传真和图形等。

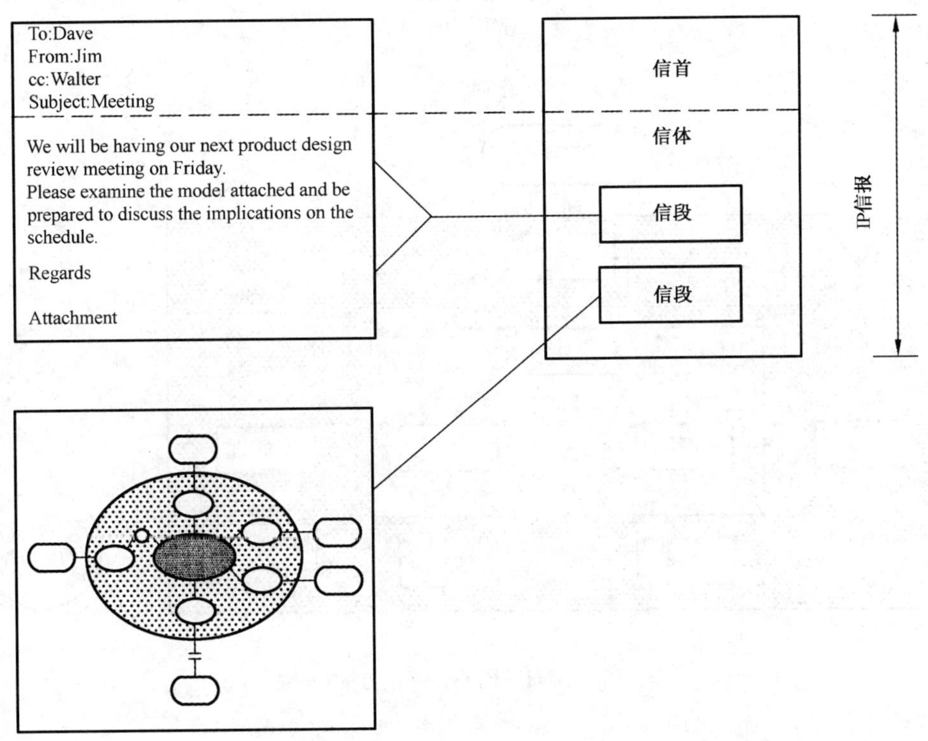

图 10 典型便函的 IP 信报结构

9.3 IP 通知

在 IPM 服务中,用户可以请求收方回送收到或未收到信报的通知。这些通知由发方提出请求,由收方根据一些行动结果(如读到/未读到信报)产生。在某些情况下,收方的 UA 自动产生未收到通知。

10 与物理投递服务的互通信

10.1 引言

将信报处理系统与物理投递系统(PD)(如传统的邮政服务)连接起来可以增加其重要性。这将在MHS内发送的信报用物理(如硬拷贝)投递给MHS的收方,在某些情况下还允许PD服务的通知反传回MHS发方。关于PD服务中发送的信报通过PDAU向MHS提交的能力目前还不提供。PD和MH服务之间互通信的能力是MHS的可选能力,可适用于任何应用,如IPM服务。MHS的所有用户都具有能力产生用于后续物理投递的信报,这种协作的功能模型见图11。描述这种互通信特性的服务元素在附录B中给出了定义,并在第19章中做了分类。

物理投递系统是一个由管理域操作的系统,它传送和投递物理信报。一个物理信报是一个物理对象,包括一个中转信封和内容。邮政服务就是PDS的一个例子。物理信报的一个实例就是一封写在纸上的信及外面包封的纸信封。

物理投递访问单元(PDAU)将MH用户的信报转换成物理形式,这一过程称为物理复制。例如打印信报并将其自动装入一个纸信封内。PDAU将此物理复制的信报传给PDS做以后的中继和最终的物理投递。

PDAU可以看成一组UA,每个UA由一个邮政地址标识。PDAU为完成它的功能,必须支持与MTS的提交(通知)交互作用和投递交互作用。它还须同其他的UA协作。因此,MHPD服务互通信是作为信报传输服务的一部分而提供的。

为让MH用户能为PDS以物理方式投递的信报编址,给出了一种适当的地址形式,并在第12章进行描述。

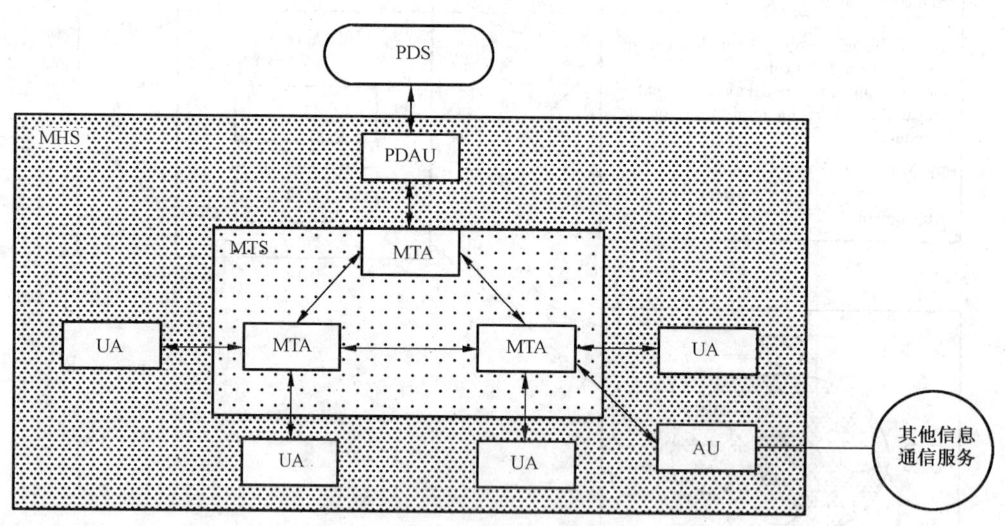

图11 MHS-PDS协作功能模型

10.2 组织配置

图12给出了上述功能模型的可能的组织映射。在模型A和模型B中,术语PD表示由一个提供PD服务的组织负责的域。在A中,PD域包括一个MD和一个PDS。PD域和MHS其他部分之间的界线就是MD域之间的界线。在B中,PD域仅包含PDS,PDAU不属于PD域,PD域和MHS之间的界线位于PDAU把物理信报传给PDS的交点处。

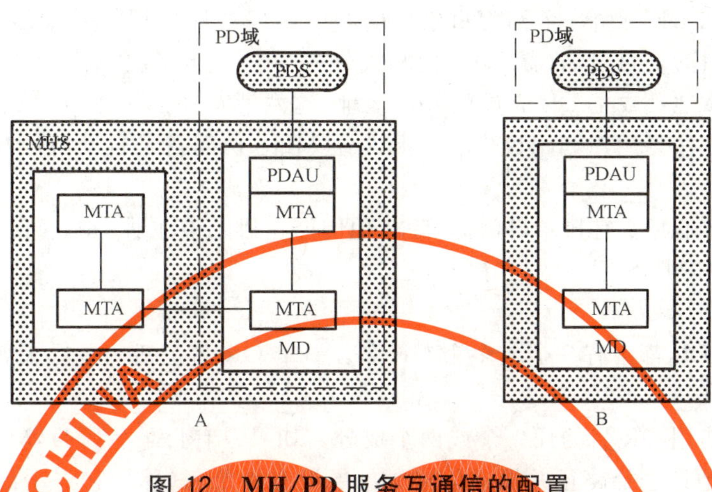

图 12 MH/PD服务互通信的配置

11 特殊访问

11.1 引言

MHS功能模型(图1)包含了可使MHS与其他通信系统和服务互访的访问单元。这个模型给出的是MHS与信息通信服务之间通用的访问单元。

图中还给出了物理投递访问单元,它可使MHS信报物理投递给收方而无需终端访问MHS。MTS所承载的任何应用都可以通过第10章中描述的PADU访问物理投递服务。

其他形式的访问,描述如下。

注:对比注册使用,描述中"公用"一词的使用仅涉及未受限制的用户访问的概念,而不需要早期的注册。本术语本意并不意味着这些访问单元仅用作公用服务的部分;它们也可以用在专用系统中。

11.2 用户电报访问

11.2.1 对IPM服务的注册访问

用户电报访问单元(TLXAU)在技术建议中定义,它可使IPM用户和用户电报用户互通信,是否提供带有这类AU的服务由国家确定。

11.2.2 对IPM服务的非注册(公用)访问

为了使IPM用户和用户电报用户互通信,定义了特殊的访问单元。这个AU为IPM服务的非注册用户电报用户提供了对IPM服务的公用访问,因而称之为公用用户电报访问单元(PTLXAU),见图8。这些用户电报用户不是IPM服务的客户,但他们使用IPM的某些特性把信报传送给IPM用户。IPM用户也可通过这个AU将信报传送给电报用户。

11.3 传真访问

11.3.1 来自IPM服务的非注册(公用)访问

定义特殊的访问单元以允许IPM用户和传真用户之间的互通信。本AU提供从IPM服务向IPM服务非注册传真用户的访问,成为公用传真访问单元(PFAXAU),见图8。IPM用户通过AU向传真用户发送信报。从传真向IPM方向的PFAXAU操作处于进一步的研究中。

12 命名与编址

12.1 引言

在MHS中,需要命名的主要实体是用户(信报的发方和收方),此外,分发表(DL)也有在MHS中使用的名(称)。MHS的用户和DL由OR名标识。OR名由目录名(称)和/或OR地址所组成,所有这些都在本章中说明。

12.2 目录名(称)

MH服务的用户和DL可由一个称为目录名(称)的名(称)所标识。要找出对应的OR地址,必须在目录中查找目录名(称)。目录名(称)的结构和成分在GB/T 16264中说明。

要找出用户的OR地址或是DL成员的OR地址(这两者都超出了本部分的范围),用户可直接访问目录系统。另一种方法是用户利用目录名(称)并让MHS访问目录自动解决相应的一个或多个OR地址,见第14章。

MH用户或DL并不必要有目录名(称),除非他们已在目录中注册。随着目录的日趋普遍,可以预料目录名(称)将是标识MHS用户的较好的方法。

12.3 OR名

每个MH用户或DL都会有一个或多个OR名。一个OR名包括一个目录名(称),一个OR地址,或两者皆有。

在信报提交时可使用OR名的任一个或两个成分。如果只有目录名(称),MHS将访问目录以确定OR地址,然后用OR地址选择路径并投递信报。如果没有目录名(称),它将用给出的OR地址。当在提交时两者都给出,MHS将使用OR地址但它会携带目录名(称)并将两者都传给接收者。如果OR地址无效,它再如上所述使用目录名(称)。

12.4 OR地址

OR地址包含了可使MHS唯一地标识一个用户的信息,以投递信报或给用户返回通知。(前缀"OR"实际是指用户可以是上述的通知或信报的发方或收方)。

OR地址是称为属性的信息的集合,ISO/IEC 10021-2说明了一组可构成OR地址的标准属性。说明OR地址语法和语义的标准属性都定义在ISO/IEC 10021-2中。除了标准属性,为满足现存信报处理系统的需要,还有域定义属性,它们的语法和语义由管理域所定义。

为各自的用途定义了各种OR地址形式,这些地址形式及其用途如下:

助记OR地址:在没有目录时,为用户提供友好的方式标识不在目录的用户。也可用于标识一个分发表。

终端OR地址:提供一种方式标识用户;其终端属于多个网络。

数字OR地址:提供用数字键标识用户的一种方式。

邮政OR地址:提供一种标识物理信报的发方和收方的方式。

13 MHS对目录的使用

13.1 引言

由GB/T 16264定义的目录在使用和提供各种电信服务上提供非常有用的能力。本章说明在信报处理中怎样使用目录。详细叙述见本系列标准的其他标准。

用于信报处理的目录能力分为下面四类:

a) 友好的用户命名:信报的发方或收方可由其目录名(称)标识,而不是面向机器的OR地址。无论何时MHS均能通过查询目录从前者得到后者。

b) 分发表(DL):存放在目录的一组成员可作为一个DL。发方仅提供分发表的名(称)。在DL的扩展点MHS可查询目录得到每个接收者的目录名(称)(因而得到OR地址)。

c) 收方UA的能力:MHS的收方(或发方)的能力可存储在他的目录条目里。无论何时MHS都可查询目录得到这些能力(进而将其激活)。

d) 鉴别:在MHS的两个功能实体(两个MTA或一个UA和一个MTA)互相通信之前,彼此要进行识别。这一步可依据保存在目录里的信息使用MHS的鉴别能力来完成。

除上述外,用户还可直接访问目录,例如:用户访问目录以确定OR地址或者另一个用户的MHS能力。将收方的目录名(称)提供给目录,目录将返回请求的信息。

13.2 功能模型

UA 和 MTA 都可使用目录。一个 UA 可以把指定收方的目录名(称)告诉目录,从目录得到收方的 OR 地址。然后,UA 将这个目录名(称)和 OR 地址都提供给 MTS。另一个 UA 可以仅将收方的目录名(称)交给 MTS,MTS 自己通过目录询问这个接收者的 OR 地址并将它加在信封上。通常源发 MTA 通过使用 MTA 授权的访问权力完成由名(称)到 OR 地址的查询任务。

上述功能模型见图 13。

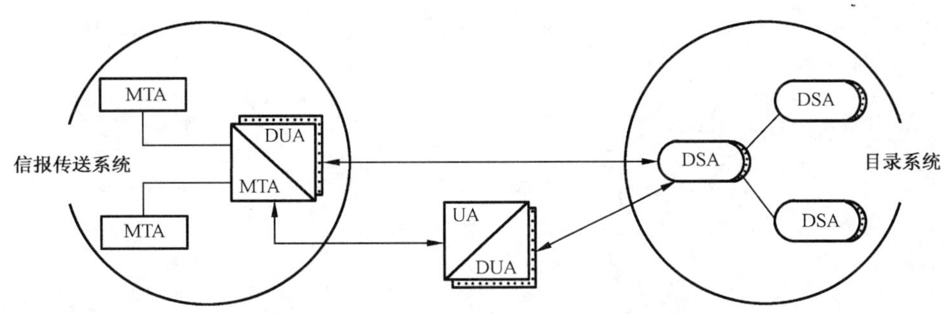

图 13 MHS——目录协作的功能模型

13.3 物理配置

图 14 给出了上述功能模型的可能的物理配置。若目录用户代理(DUA)和目录系统代理(DSA)驻于物理上分隔的系统,则用在 GB/T 16264 定义的标准目录协议控制它们间的交互作用。通常 UA 或 MTA 与 DUA/DSA 在物理上是同驻的,但其他的物理配置也是可能的。

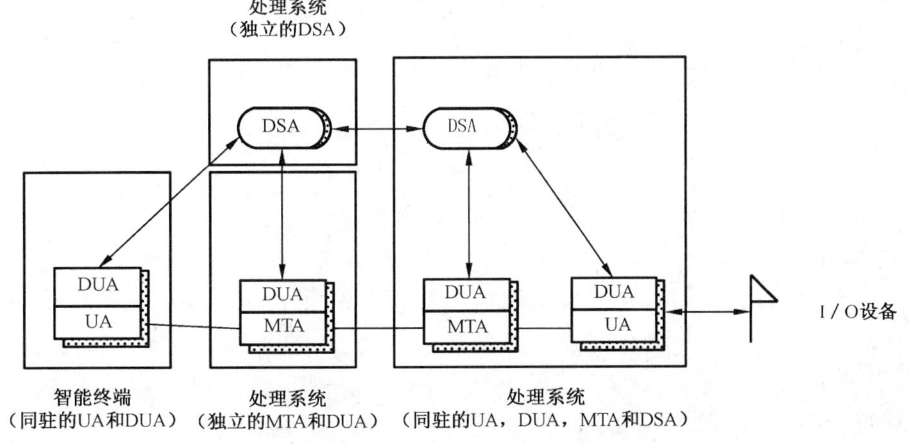

图 14 MHS——目录互操作的物理配置

14 MHS 中的分发表

14.1 引言

使用分发表是 MHS 利用 MT 服务提供的一种可选能力。DL 扩充允许发送者可以仅对组进行命名而无须列举每一个接收者,便可将信报发送给一组接收者。

14.2 DL 的性质

DL 的性质可描述如下:

DL 成员:接收发给 DL 的信报的用户和其他的 DL。

DL 提交许可:用户列表和允许利用 DL 将信报发送给 DL 成员的其他 DL 列表。

DL 扩展点:每个 DL 都有一个或多个 OR 地址,每个 OR 地址唯一表示此 DL。当一个信报寄送到 DL 时,OR 地址用于定位扩展点,它是一个域或 MTA,在这里可以将 DL 成员的名称添加到收方列表中。信报在扩展前传到扩展点,如图 15 所示。对于某特定 DL,可以有多个有能力作为 DL 扩展点的

MTA,尤其是,如果用目录存储 DL 成员。

DL 所有者:负责管理 DL 的用户。

14.3 提交

将信报提交给 DL 与将信报提交给用户相似。发方可在 DL 的 OR 名内,包括目录名(称)、OR 地址、或两者(详见第 12 章)。发方无需知道所用的 OR 名是某个 DL 的名,然而,它可利用“DL 扩展禁止”服务元素来阻止 MTS 扩展无意中发给 DL 的信报。

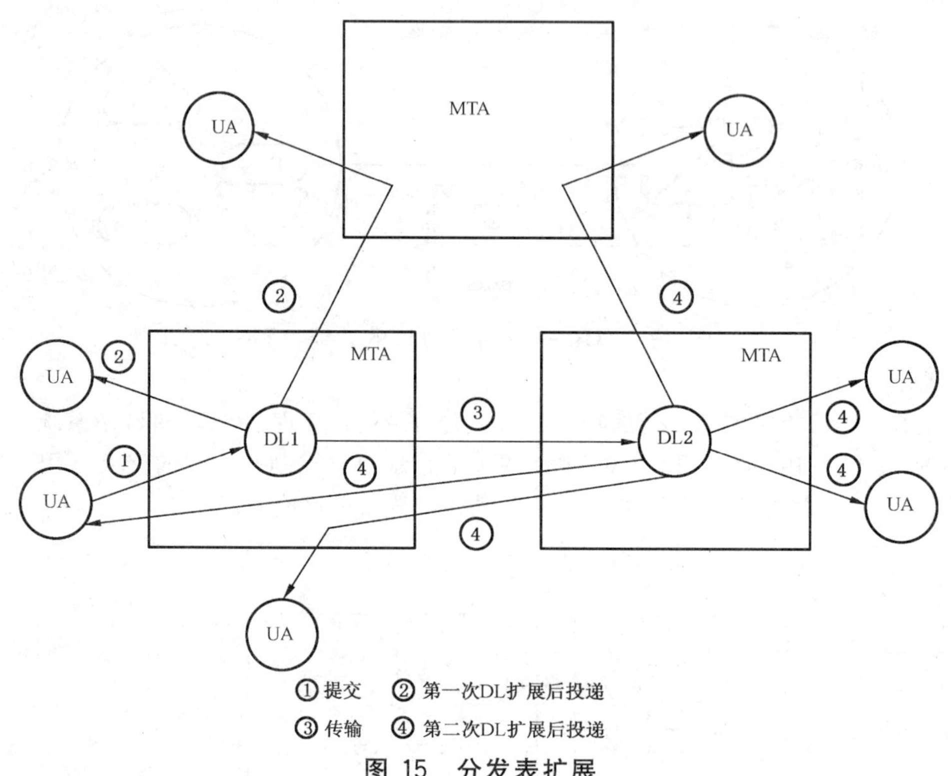

图 15 分发表扩展

14.4 DL 对目录的使用

有关 DL 的信息可用也可不用目录存储,这里可存储的信息是:DL 成员,DL 所有者,DL 允许提交成员和 DL 扩展点。

14.5 DL 扩展

在 DL 扩展点,MTA 负责扩展 DL:

a) 利用赋于 MTA 的访问权,查询目录中有关 DL 的信息;

注:由于这是 MTA 在扩展点完成的,对 MHS 中 DL 的支持并不需要一个全局互连的目录。

b) 通过比照 DL 提交许可检查发送者身份,验证是否允许扩展;

c) 如果扩展是允许的,则将该 DL 的成员(除了免除的收方)加到信报的收方列表中,并将信报传到这些收方。

14.6 嵌套

如图 15 所示,DL 的一个成员也可以是另一个 DL,在这种情况下,信报从父 DL 的扩展点转发作进一步扩展,这样在每次扩展中,只将单个 DL 的成员加到信报中。

在扩展嵌套的 DL 过程中,将父 DL(如图 15 中 DL1)而非信报发方的 DL 与 DL 的允许提交成员(如图 15 中 DL2)的身份进行比较。

注:可以定义 DL 的结构它在不同的嵌套层次上可多次引用嵌套的 DL。向这样的父 DL 提交可能造成收方收到同一信报的多份拷贝。如果信报发给具有公共成员的多个 DL,也会发生同样情况。可以在收方的 UA 和/或 MS 中处理这类拷贝的相互关系。

14.7 递归控制

若某个DL直接或间接地是它自身的成员(这样的情形是合法的),或多个DL转向组成回路,则信报可能会返回相同的列表并无限循环下去。MTS可检测这种情况并预防其发生。

14.8 投递

在投递信报时,接收者将发现他是作为DL的一个成员接收信报,并知道是通过哪个DL或DL链得到信报的。

14.9 路由回环控制

信报可发自一个域/MTA,而在另一个域/MTA中被扩展,然后送回给第一个域/DL的某个成员。MTS不把这种情况作为路由回环错误处理。

14.10 通知

在DL扩展点上及在投递给最终收方时,可以产生投递和无法投递两种通知(例如,当允许提交被取消时)。

当来自DL的信报生成一个通知时,这个通知被送到发来信报的DL。然后该DL根据分发表的处理策略,将通知转发给分发表的所有者,及得到信报的DL或发方,或者同时发给两者,见图16。

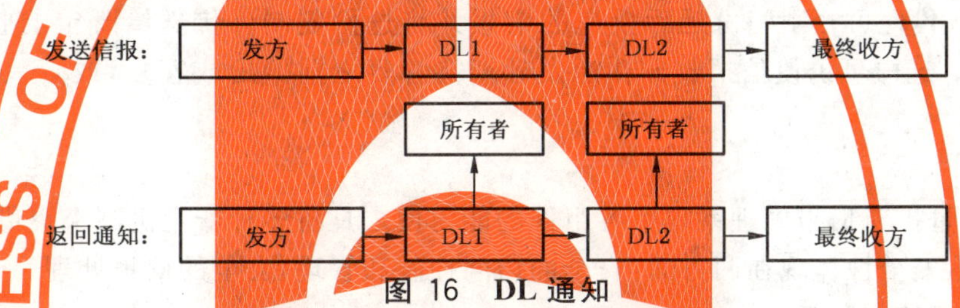

图16 DL通知

注:当通知是在DL扩展后送到发方时,则发方可能从源发者指定的接收者(DL本身)那里收到许多投递的/无法投递的通知。如果该收方通过不同的分发表多次接到同一信报,发方甚至可以从最终收方收到多于一个的通知。

14.11 DL的处理策略

每个MTA可以也可以不提供不同的DL处理策略。这些策略控制在递交给DL的成员时产生的通知是否应回传给原先的DL。或在没有这种原先的DL时传给发方,和/或传送分发表的所有者,如果策略规定通知只传给分发表所有者,发方如有请求,则只在该DL扩展时才收到通知。为了实现这限制条件,MTS完成扩展时,根据为该分发表制定的策略,消除通知请求。

15 MHS的安全能力

15.1 引言

MHS的分布特性使它需要保护机制,防止各种可能发生的各种安全威胁。下面将集中讨论这些威胁的特点和对抗功能。

15.2 MHS的安全威胁

15.2.1 访问威胁

非法用户访问MHS是对系统的最大威胁之一,如果能防止非法用户使用系统,则以后对系统构成的安全威胁会大大降低。

15.2.2 信报间威胁

信报间威胁是排斥在信报通讯之外的非授权代理所为,表现为以下几种方式:

伪装:用户没有验明交谈对象是谁,可能很容易受骗,从而泄露敏感信息。

信报修改:真实信报通过系统传输时被非授权代理篡改,从而使信报收方受骗。

再发:发方和内容都是真实的信报,可能被非授权代理监视并被记录以在稍后再发给信报收方,这样做可以从指定收方窃听更多的信息或迷惑收方。

通信量分析:窃听者分析 MHS 用户之间的信报通信量可以发现用户间的数据量(若有)和通信频度。即使窃听者无法确定真实信文,他也能从信息流量的变化(连续、突发、间断或不发)中推断出一定的信息量。

15.2.3 信报内威胁

信报内威胁由实际信报通信的参与者本身造成的,可表现为以下几种方式:

信报否认:实际通信参与者之一不承认参与通信,如果通过 MHS 进行金融交易这会造成严重影响。

违背安全级:如果在 MHS 中的某个管理域采用了不同的安全手续级别(例:公用的、个人的、专用的和公司的机密),则在管理域的安全未妥善解决的情况下,用户不得发送或接收任何安全手续不合适的信报。

15.2.4 数据存储威胁

每个 MHS 中有多个数据存储,这些存储必须受到保护以防下列威胁:

修改路由信息:对目录内容的非法修改会导致信报传输路径出错甚至丢失,而对延后投递的数据存储和暂缓投递的数据存储的非法修改也会使既定的收方受骗或迷惑。

超前发:非授权代理可复制一份延后投递的信报并将这份复制件传送给既定的收方,而原文仍在 MTA 中暂缓投递。这样可诱使信报收方在源发者期待答复之前给出或答复,或者只使原定信报收方受骗或迷惑。

15.3 安全模型

安全特性可通过扩充信报处理系统中各组件的能力使之具备多种安全机制来提供。

在信报处理中,安全性体现在两方面:安全的访问控制和管理,安全的信报处理。

15.3.1 安全的访问控制和管理

本条所述能力包括建立相邻组件之间的经鉴别的联系以及设置联系的安全参数。这种能力可用于信报处理系统中的任意一对组件:UA/MTA,MTA/MTA,MS/MTA 等。

15.3.2 安全的信报处理

本条所述的能力包括根据制定的安全策略,应用安全特性来保护信报处理系统中的信报。其中包括能使各种组件验证信源及信文完整性的服务元素,及防止未授权泄露信文的服务元素。

本条所述的能力也包括应用安全特性来保护由用户代理、信报存储器或访问单元直接提交给信报传送系统的信报,但不包括应用安全特性来保护用户和信报处理系统之间、或者 MH 用户之间的通信(大部分 MH 用户之间的通信是在两个 UA 之间保护的)。因此它们不适用于如一个远程用户终端及其 UA 间的通信,或这些终端设备和 MHS 中其他用户之间的通信。

许多安全信报处理服务元素都提供了一种从发方到收方的能力,并要求使用具有安全能力的用户代理,但它们不要求使用具有安全能力的信报传送系统。[例如,通过发方对信文进行加密,将许多安全参数随信报信封传送过去,由收方解密。这样的信报可由任意一个能处理信文格式(非格式化的八位字节)的 MTS 来传送,并且此 MTS 透明地处理信封上的安全字段。]

某些安全信报处理服务元素都涉及与信报传输系统的交互作用,信报传输系统需要使用具有安全能力的信报传送代理。(例如,抗抵赖提交要求信报被提交给的 MTA 包含可证实提交域的机制。)

某些安全信报处理服务元素适用于 MS 、UA 和 MTA,如信报安全标记。但在一般情况下,MS 对于用在发方 UA 和接收 UA 之间的安全特性是透明的。

表 2 中给出了安全信报处理服务元素的使用范围。表中所描述的服务元素按照哪个 MHS 组件是安全服务的“提供者”,哪个是“使用者”来加以说明,例如:探询源鉴别由源发 UA 提供,而由探询所经过的 MTA 使用。

本部分描述了 UA、MS 和 MTA 使用的安全服务,至于如何将这些特性用于访问单元,可能是今后标准化的一个课题。

15.4 MHS 的安全能力

附录 B 定义了描述 MHS 安全特性的服务元素并在第 19 章中做了分类。这些能力概述如下：

信报源鉴别:使收方,或信报通过的任一 MTA 鉴别信报发方的身份。

报告源鉴别:使发方鉴别投递或无法投递的报告源。

探询源证明:使探询经过的任一 MTA 鉴别探询源。

投递证明:使信报的发方证实投递的信报及其内容,以及接收者的身份。

提交证明:使信报的发方确认信报已提交给 MTS 并投递给原定的收方。

安全访问管理:提供相邻组件之间的鉴别并设置安全上下文。

信文完整性:使收方验证信报的原文未被修改。

信文加密:防止将信文非法泄露给指定收方以外的人。

信报流加密:使信报发方通过 MHS 隐蔽信报流。

信报序列完整性:使发方向收方提供信报序列已被保持的凭证。

抗抵赖起源:向信报收方提供信报源内容的证明。防止发方企图错误地否认已发送信报和内容。

抗抵赖投递:为信报发方提供信报投递证明,防止收方错误地否认已接收信报。

抗抵赖提交:为信报发方提供信报提交证明,防止 MTS 试图错误地否认信报已提交并投递给指定收方。

信报安全标记:提供一种信报分类的能力,指明信报的敏感性,确定信报处理与所使用的安全策略一致。

表 2 MHS 组件提供的安全信报处理服务元素及其使用

服务元素	源发 MTS 用户	MTS	接收 MTS 用户	服务元素	源发 MTS 用户	MTS	接收 MTS 用户
信报源鉴别	P	U	U	信文密级	P	—	U
报告源鉴别	U	P	—	信报流保密性	P	—	—
探询源鉴别	P	U	—	信报序列完整性	P	—	U
投递证明	U	—	P	抗抵赖起源	P	—	U
提交证明	U	P	—	抗抵赖提交	U	P	—
安全访问管理	P	U	P	抗抵赖投递	U	—	P
信文完整性	P	—	U	信报安全标记	P	U	U

注：P＝MHS 组件为服务提供者

U＝MHS 组件为服务的用户

15.5 安全管理

支持上述特性的非对称密钥管理模式由目录系统鉴别框架提供,在 GB/T 16264.8 中对这一结构做了说明。目录存储了 MH 用户使用的验证过的公用密钥备份。它们用于确认和便于在运用数据保密和数据完整性机制时交换密钥。利用 GB/T 16264.5 中描述的目录访问协议,可以从目录中读出证书。

支持这些安全特性的其他类型的密钥管理模式(其中包括对称密钥),可能成为今后标准化的课题。

15.6 MHS 的安全依赖

如果在使用 MHS 安全能力后,存在对其他 MHS 能力(如:分发表和转换)的依赖、因果或限制,那么应该由安全策略定义这些能力。例如,安全策略可以规定应总是选定转换禁止服务元素。

信报传送的一个抽象安全模型在ISO/IEC 10021-2的第10章中描述。特别的是,ISO/IEC 10021-2的10.1条中描述了安全策略的概念。

15.7 IPM安全

描述IPM的附加安全特性的服务在附录B中定义,并在第19章中进行分类。这些能力的概况如下:

抗抵赖接收信文的请求	允许IP信报的发方请求IP信报收方提供收到信报并核实IP信报信文完整性的不可取消的证明。本服务元素仅提供发方请求的指示。完成该请求需要对抗抵赖接收信文服务元素的支持
抗抵赖接收到的信文	为IP信报的发方提供收方证实IP信报安全特性的不可取消的证明。当收方收到IP信报时,该能力证明抗抵赖的属性的真实性以及IP信报信文的完整性。只有当UA需要支持该服务元素的安全策略时,才要求收方满足该服务元素的请求
抗抵赖IP通知的请求	允许IP信报的发方请求IP信报收方提供收到IP信报以及IP信报收方发出IP通知的不可取消的证明。本服务元素仅提供发方请求的指示。完成该请求需要对抗抵赖IP通知服务元素的支持
抗抵赖IP通知	为IP信报的发方提供收方收到IP信报以及该收方发起相继的IP通知的不可取消的证明。这样就提供了IP信报签名收方的标识符,该标识符具有抗抵赖的属性。只有当UA需要支持该服务元素的安全策略时,才要求收方满足该服务元素的请求
接收信文证明请求	允许IP信报的发方请求IP信报收方提供收到IP信报信文以及证实IP信报信文完整性的证明。本服务元素只提供发方请求的指示。完成该请求需要对接收信文的证明服务元素的支持
接收信文的证明	为IP信报的发方提供收方证实IP信报安全特性的证明。当收方收到IP信报时,该服务元素提供IP信报信文真实性和完整性的证明。只有当UA需要支持该服务元素的安全策略时,才要求收方满足该服务元素的请求
IP通知证明请求	允许IP信报的发方请求IP信报收方提供收到IP信报以及IP信报收方发出IP通知的证明。本服务元素只提供发方请求的指示。完成该请求需要对IP通知证明服务元素的支持
IP通知证明	为IP信报的发方提供收方收到IP信报以及收方发出IP通知的证明。这样就提供了IP信报签名收方的标识符。只有当UA需要支持该服务元素的安全策略时,才要求收方满足该服务元素的请求

IPM-UA和MHS用户之间的安全特性应用,如:用户鉴别和本地访问控制是本地事宜。要求实现局部访问控制的信息可以在发方和IPM-UA收方之间使用信报安全标记服务元素来传送。专用和本地访问控制信息的语法和记法可以通过注册安全策略和安全分类来定义。

上述IPM-UA安全特性使用ISO/IEC 10021-4:2003中定义的MHS安全能力的,该能力由MTS用户提供。它们不要求任何ISO/IEC 10021-4:2003中定义的MTS扩展。支持上述安全特性的IPM-UA要求支持相应的协议扩展以及ISO/IEC 10021-7:2003中定义的相关规程。IPM-UA安全特性使用ISO/IEC 10021-4:2003中定义的MTS用户安全机制,例如信文完整性校验、信报源鉴别校验和信报标志。IPM-UA安全特性不定义任何附加的安全机制。

注:在使用证明功能的情况下,可以隐式提供抗抵赖,并不反映在特定的协议元素中。

表 3　IPM-UA 提供和使用的附加安全信报处理服务元素

服务元素	IP 信报发方	MTS	IP 信报收方
请求抗抵赖接收的信文	请求者	—	用户
抗抵赖接收的信文	用户	—	提供者
请求抗抵赖的 IP 通知	请求者	—	用户
抗抵赖 IP 通知	用户	—	提供者
请求接收信文的证明	请求者	—	用户
接收信文的证明	用户	—	提供者
请求 IP 通知的证明	请求者	—	用户
IP 通知的证明	用户	—	提供者

16　MHS 的转换

MTS 提供了转换功能，允许用户用一种或多种编码格式输入信报，称为编码信息类型(EIT)，再把它们转换成另一种 EIT，投递给具有多种 UA 能力和终端类型的用户。这种能力是 MTS 所具有的，它将信报剪裁成适合收方终端能力，从而增加了投递的可能性。ISO/IEC 10021-4 列出了 MHS 中已成为标准的 EIT。对有些在 ISO/IEC 10021-4 中尚未定义的，但为某些域、域间双方或在一个域内所支持的 EIT 也提供了转换及与转换有关的服务元素的使用方法。

MH 用户可通过附录 B 中所描述的各种服务元素，对转换进程做某些控制，其中包括用户明确提出所需的转换请求，或者不明确提出而由 MTS 确定是否需要转换，及要做的转换类型，用户也能请求不做转换或在丢失信息时不做转换。当 MTS 对信报进行转换时，它会向接收、投递信报的 UA 通知，已做了转换及原来的 EIT 是什么。

如果信报中存在特定类型的信段，则 IP 信报的转换过程可以对特定类型的信段进行。不同的 EIT 转换的一般情况及具体的转换规则在 CCITT X.408 建议中详细描述。

CCITT X.408 建议研究下列 EIT 的转换：IA5 正文，G3 传真，G4 第一类和可视图文。

17　相应 CCITT 建议中的第 17 章不作为本部分的一章

18　服务元素——目的

服务元素是 MHS 的特性、功能或能力。MHS 适用的所有服务元素在附录 B 中给出了定义，对应章条号按字母顺序列出。在本标准的其他部分中描述了 MHS 中服务元素的实现。

服务元素与 MHS 中提供的各种服务有关。有用于信报传送服务的服务元素，它们提供了在 UA 之间发送和接受信报的基本能力。有用于人际信报服务的服务元素，它们在称为 IPM UA 的这类 UA 之间提供发送和接收信报能力。有用于物理投递服务的服务元素，它们可使 MH 用户发送信报并用物理媒体将信报投递非 MH 用户。有用于专用信报存储器的服务元素。

用于 IPM 服务的服务元素，包括那些用于 MT 服务、PD 服务、信报存储器的服务以及专用于 IPM 服务的服务元素。

表 4 列出了 MHS 中所有的服务元素，并说明哪些服务与现已定义的服务(如 MT 服务、IPM 服务、PD 服务和 MS 服务)有特殊联系，并给出了相应在附录 B 中的章条号。与 IPM 信报存储器相关的服务元素在 IPM 和 MS 栏中标出。

表 4　MHS 服务元素

服务元素	MT	IPM	PD	MS	附录 B 章条号	服务元素	MT	IPM	PD	MS	附录 B 章条号
访问管理	×				B. 1	目录名(称)指定的收方	×				B. 42
附加的物理再现		×	×		B. 2	公开其他收方	×				B. 43
允许代收方	×				B. 3	分发码指示		×			B. 44
指定代收方	×				B. 4	DL 免除收方	×				B. 45
授权时间指示		×			B. 5	DL 扩展史指示	×				B. 46
授权用户指示		×			B. 6	禁止 DL 扩展	×				B. 47
IP 信报的自动确认		×		×	B. 7	EMS(快信服务)			×		B. 48
自动动作日志				×	B. 8	有效期指示		×			B. 49
自动告知		×		×	B. 9	显式转换	×				B. 50
注释的自动分配				×	B. 10	转发 IP 信报指示		×			B. 51
组名的自动分配				×	B. 11	投递级别选择	×				B. 52
存储周期的自动分配				×	B. 12	暂缓投递	×				B. 53
IP 信报的自动相关		×		×	B. 13	隐式转换	×				B. 54
IP 通知的自动相关		×		×	B. 14	重要性指示		×			B. 55
报告的自动相关				×	B. 15	不完整拷贝指示		×			B. 56
存储周期后的自动删除				×	B. 16	信息类别指示		×			B. 57
IP 信报的自动丢弃		×		×	B. 17	IP 信报动作状态		×		×	B. 58
自动转发指示		×			B. 18	IP 信报标识		×			B. 59
IP 信报的自动转发		×		×	B. 19	IP 信报安全标记		×			B. 60
自动提交指示		×			B. 20	语言指示		×			B. 61
基本物理复制			×		B. 21	最迟投递指定	×				B. 62
隐抄收方指示		×			B. 22	手动处理说明指示		×			B. 63
信段鉴别和完整性		×			B. 23	信报流保密	×				B. 64
信段加密		×			B. 24	信报标识	×				B. 65
轮发表收方指示		×			B. 25	信报起源鉴别	×				B. 66
信文密级	×				B. 26	信报安全标记	×				B. 67
信文完整性	×				B. 27	信报序列完整性	×				B. 68
信文类型指示	×				B. 28	MS 注册器				×	B. 69
转换禁止	×				B. 29	多址投递	×				B. 70
防止丢失信息的转换禁止	×				B. 30	多段信体		×			B. 71
已转换指示	×				B. 31	无法投递通知	×				B. 72
服务台收存			×		B. 32	未收到通知请求指示		×			B. 73
服务台收存并告知			×		B. 33	抗抵赖接收的信文		×			B. 74
封面抑制	×				B. 34	抗抵赖投递	×				B. 75
交叉引用指示		×			B. 35	抗抵赖 IP 通知		×			B. 76
延后投递	×				B. 36	抗抵赖起源	×				B. 77
延后投递取消	×				B. 37	抗抵赖提交	×				B. 78
投递日志				×	B. 38	过时指示		×			B. 79
投递通知	×				B. 39	平信			×		B. 80
投递时间戳指示	×				B. 40	源编码信息类型指示	×				B. 81
办公传真服务投递			×		B. 41	发方指示		×			B. 82

表 4（续）

服务元素	MT	IPM	PD	MS	附录 B 章条号	服务元素	MT	IPM	PD	MS	附录 B 章条号
发方参考指示		×			B. 83	请求的优选投递方式	×				B. 111
发方请求的代收方	×				B. 84	受限投递	×				B. 112
MHS 发出的物理投递通知			×		B. 85	信文回送	×				B. 113
PDS 发出的物理投递通知			×		B. 86	安全访问管理	×				B. 114
允许物理转发			×		B. 87	敏感性指示		×			B. 115
禁止物理转发			×		B. 88	专人投递			×		B. 116
优先指示		×			B. 89	草稿信报存储				×	B. 117
阻止无法投递通知	×				B. 90	提交存储				×	B. 118
主收方和抄收方指示		×			B. 91	存储周期分配				×	B. 119
探询		×			B. 92	存储信报告示				×	B. 120
探询起源鉴别	×				B. 93	存储信报注释				×	B. 121
接收信文的证明		×			B. 94	存储信报的删除				×	B. 122
投递证明	×				B. 95	存储信报的获取				×	B. 123
IP 通知证明		×			B. 96	存储信报分组				×	B. 124
提交证明	×				B. 97	存储信报列表				×	B. 125
请求收到通知指示		×			B. 98	存储信报摘要				×	B. 126
发方不允许转投	×				B. 99	主题指示		×			B. 127
外来信报转投	×				B. 100	提交日志				×	B. 128
挂号邮件			×		B. 101	IP 信报合并存储信报的提交		×		×	B. 129
收信人亲启的挂号邮件			×		B. 102	提交时戳指示	×				B. 130
请求回复指示		×			B. 103	类型信体		×			B. 131
回复 IP 信报指示		×			B. 104	不可投递邮件的物理信报回送			×		B. 132
报告起源鉴别	×				B. 105	分发表的使用	×				B. 133
请求转发地址			×		B. 106	用户/UA 能力注册	×				B. 134
请求抗抵赖接收的信文		×			B. 107						
请求抗抵赖的 IP 通知		×			B. 108						
请求接收信文的证明		×			B. 109						
请求 IP 通知的证明		×			B. 110						

19 分类

19.1 分类的目的

MHS 的服务元素划分为或者属于基本的服务(也称为 PD 和 MS 的基础)或者是可选的用户业务两类。属于基本服务的元素是该服务的固有部分——它们构成了基本服务,使用服务时,总是可提供并可用的。

其他服务元素称为可选用户业务,由客户或用户以每个信报为基础或在商定的期限内选择使用。每个可选用户业务划分为必需的或附加的,对所有 MH 用户都可用,附加的用户可选用户业务可在国内使用,或在有双边协议的国家之间使用。

19.2 基本的信报传送服务

基本的 MT 服务使一个 UA 能提交及接收投递给它的信报。若信报不能被投递,则通过无法投递通知通知源发 UA。每个信报都是唯一且无歧义地加以标识。为便于有效通信,UA 可指定投递给它信报中所能包含的编码信息类型。信报的信文信息类型和初始编码信息类型,已执行的所有转换的指示和转换后的编码信息类型都附加在每个投递的信报中。此外,还包括提交时间和投递时间。属于基本 MT 服务的 MT、服务元素类型见表 5。

表 5 属于基本 MT 服务的服务元素

服务元素	附录 B 章条号	服务元素	附录 B 章条号
访问管理	B.1	无法投递通知	B.72
信文类型指示	B.28	源编码信息类型指示	B.81
已转换指示	B.31	提交时戳指示	B.130
投递时间戳指示	B.40	用户/UA 能力注册	B.134
信报标识	B.65		

19.3 MT 服务可选的用户业务

用于 MT 服务的可选用户业务可按每个信报为基础或在商定的期限内选择使用。每个可选用户业务的服务元素被划分为必需的或附加的，如 19.1 描述。表 6 列出了组成 MT 服务的可选用户业务的服务元素，包括它们的分类和适用性(PM=每个信报，CA=商定)。用于 PD 服务和信报存储器的可选用户业务，虽然是 MT 服务可选的用户业务的一部分，但它们并未列在表 6 中，因为它们与提供的 PDAU 或 MS 相关，表 7～表 10 分别给出了它们的分类。

安全策略将定义何时启用与 MT 服务可选的用户业务相关的安全。

表 6 MT 服务可选的用户业务

服务元素	分类	适用性	附录 B 章条号	服务元素	分类	适用性	附录 B 章条号
允许代收方	E	PM	B.3	信报起源鉴别	A	PM	B.66
指定代收方	A	CA	B.4	信报安全标记	A	PM	B.67
信文保密性	A	PM	B.26	信报序列完整性	A	PM	B.68
信文完整性	A	PM	B.27	多址投递	E	PM	B.70
转换禁止	E	PM	B.29	抗抵赖投递	A	PM	B.75
防止丢失信息的转换禁止	A	PM	B.30	抗抵赖起源	A	PM	B.77
封面抑制	A	PM	B.34	抗抵赖提交	A	PM	B.78
延后投递	E	PM	B.36	发方请求的代收方	A	PM	B.84
取消延后投递	E	PM	B.37	阻止无法投递通知	A	PM	B.90
投递通知	E	PM	B.39	探询	A	PM	B.92
目录名(称)指定收方	A	PM	B.42	探询起源鉴别	A	PM	B.93
公开其他收方	E	PM	B.43	投递证明	A	PM	B.95
DL 免除收方	A	PM	B.45	提交证明	A	PM	B.97
DL 扩展史指示	A	PM	B.46	发方不允许转投	A	PM	B.99
禁止 DL 扩展	A	PM	B.47	外来信报转投	A	PM	B.100
显式转换	A	PM	B.50	报告起源鉴别	A	PM	B.105
投递级别选择	E	PM	B.52	请求的优选投递方式	A*	PM	B.111
暂缓投递	A	CA	B.53	受限投递	A	PM	B.112
隐式转换	A	CA	B.54	信文回送	A	PM	B.113
最迟投递指定	A	PM	B.62	安全访问管理	A	CA	B.114
信报流保密	A	PM	B.64	分发表的使用	A	PM	B.133

* 并不意味着提供所有要求的投递方式。

19.4 基本 MH/PD 服务互通信

为增强 MT 服务，可提供基本 MH/PD 服务互通信，它使信报以物理(通常是硬拷贝)方式通过物理投递服务(如邮政服务)投递给收方。这种能力对任何利用 MT 服务的应用都适用。属于基本 MH/PD 服务互通信的 MH/PD 服务元素可在每个收方的基础上使用，它们在表 7 中列出。当通过 PDAU 提供这一互通信时，表 7 中所列出的所有服务元素都应得到支持。

表 7 属于基本 MH/PD 服务互通信的服务元素

服务元素	附录 B 章条号	服务元素	附录 B 章条号
基本物理复制	B. 21	允许物理转发	B. 87
平信	B. 80	不可投递邮件的物理信报回送	B. 132

19.5 用于 MH/PD 服务互通信的可选用户业务

基本 MH/PD 服务元素(19.4)与下列可选用户业务可一起用来提供 MH/PD 服务互通信。这一能力对任何利用增强 MT 服务的应用都适用。这些可选用户业务可以在每个收方上为进行选择，并在表 8 列出。

表 8 用于 MH/PD 服务互通信的可选用户业务

服务元素	分类	附录 B 章条号	服务元素	分类	附录 B 章条号
附加的物理再现	A	B. 2	PDS 发出的物理投递通知	A	B. 86
服务台收存	E	B. 32	禁止物理转发	A	B. 88
服务台收存并告知	A	B. 33	挂号邮件	A	B. 101
办公传真服务投递	A	B. 41	收信人亲启的挂号邮件	A	B. 102
EMS(快信服务)	E	B. 48	请求转发地址	A	B. 106
MHS 发出的物理投递通知	A	B. 85	专人投递[a]	E	B. 116

[a] PDAU 和相联的 PDS 至少支持一个或多个。

19.6 基本信报存储器

基本信报存储器是可选的，它作为 UA 和 MTA 之间的媒体，为外来信报提供存储和管理。MS 适用于任何利用 MT 服务的应用。属于基本信报存储器的服务元素见表 9。当提供 MS 时，为了在服务元素适用的 MS 中存储的每个信报类型(投递的信报、提交日志和草稿信报等)，应支持表 9 中所列出的每个服务元素。

表 9 基本信报存储器

服务元素	附录 B 章条号	服务元素	附录 B 章条号
MS 注册器	B. 69	存储信报列表	B. 125
存储信报的删除	B. 122	存储信报摘要	B. 126
存储信报的获取	B. 123		

19.7 MS 可选用户业务

基本 MS 服务元素(19.6)与可选用户业务一起用来增强信报存储器的作用。增强的 MS 适用于任何利用 MT 服务的应用。构成 MS 可选用户业务的服务元素在表 10 中列出。

表 10 MS 可选用户业务

服务元素	分类	附录 B 章条号
自动动作日志	A	B.8
注释的自动分配	A	B.10
组名的自动分配	A	B.11
存储周期的自动分配	A	B.12
报告的自动相关	A	B.15
存储周期后的自动删除	A	B.16
投递日志	A	B.38
草稿信报存储	A	B.117
提交存储	A	B.118
存储周期分配	A	B.119
存储信报告示	A	B.120
存储信报注释	A	B.121
存储信报分组	A	B.124
提交日志	A	B.128

19.8 基本的个人信报通信服务

基本的 IPM 服务利用 MT 服务使用户能发送和接收 IP 信报。用户在他的用户代理(UA)协助下准备信报。多个用户代理彼此协作为他们各自的用户之间的通信提供支持。为了发送一个信报,发方用户将信报提交给他的 UA 并说明将要接收该 IP 信报的收方的 OR 名。然后,带有标识符的 IP 信报就由发方的 UA 通过信报传送服务送到收方的 UA。

在成功投递给收方的 UA 后,收方就能收到 IP 信报。为便于有效通信。收方可以在允许投递给其 UA 的 IP 信报中指定编码信息类型。原始编码信息类型和所有已做的转换指示以及结果编码信息类型都随每个投递的 IP 信报被提供。此外,还提供每个 IP 信报的提交时间和投递时间,这个基本服务还提供无法投递通知。表 11 列出了属于基本 IPM 服务的服务元素。

表 11 属于基本 IPM 服务的服务元素

服务元素	附录 B 章条号	服务元素	附录 B 章条号
访问管理	B.1	无法投递通知	B.72
信文类型指示	B.28	源编码信息类型指示	B.81
已转换指示	B.31	提交时戳指示	B.130
投递时间戳指示	B.40	类型信体	B.131
IP 信报标识	B.59	用户/UA 能力注册	B.134
信报标识	B.65		

19.9 IPM 服务可选用户业务

有一组 IPM 服务的服务元素是可选的用户业务,这些 IPM 服务的可选用户业务分别在表 12 和表 13 中给出,它们可以按每个信报的基础或在商定的期限内选用。本地用户业务可以与这些用户业务的一部分一起提供。

以每个信报为基础选择的 IPM 服务可选的用户业务可分为 UA 源发和 UA 接收两类设施。如果 MD 为 UA 的源发提供了这些可选用户业务,则用户能够根据为相关的服务元素生成和发送 IP 信报确定的过程。如果 MD 为 UA、MS 和 AU 接收提供了这些可选业务,则接收 UA、MS 和 PDAU 将能接收和识别与相应服务元素有关的指示并告知被请求可选用户业务的用户。从上述两种角度,每个可选用户业务可分为附加的(A)或必需的(E)。

安全策略将定义并决定何时调用与安全相关的 IPM 服务可选用户业务。

表 12 以每个信报为选择基准的 IPM 可选用户业务

服务元素	原发	接收	附录 B 章条号	服务元素	原发	接收	附录 B 章条号
附加的物理再现	A	A	B.2	多址投递	E	N/A	B.70
允许代收方	A	A	B.3	多段信体	A	E	B.71
授权时间指示	A	A	B.5	请求未收到通知指示	A	E	B.73
授权用户指示	A	E	B.6	抗抵赖接收的信文	A	A	B.74
自动转发指示	A	E*	B.18	抗抵赖投递	A	A	B.75
自动提交指示	A	E	B.20	抗抵赖 IP 通知	A	A	B.76
基本物理复制	A	E*	B.21	抗抵赖起源	A	A	B.77
隐抄收方指示	A	E	B.22	抗抵赖提交	A	N/A	B.78
信段鉴别和完整性	A	A	B.23	过时指示	A	E	B.79
信段加密	A	E	B.24	平信	A	E*	B.80
轮发表收方指示	A	A	B.25	发方指示	E	E	B.82
信文密级	A	A	B.26	发方参考指示	A	A	B.83
信文完整性	A	A	B.27	发方请求的代收方	A	N/A	B.84
转换禁止	E	E	B.29	MHS 发出的物理投递通知	A	A	B.85
防止丢失信息的转换禁止	A	A	B.30	PDS 发出的物理投递通知	A	E*	B.86
服务台收存	A	E*	B.32	允许物理转发	A	E*	B.87
服务台收存并告知	A	A	B.33	禁止物理转发	A	E*	B.88
封面抑制	A	A	B.34	优先指示	A	A	B.89
交叉引用指示	A	E	B.35	阻止无法投递通知	A	N/A	B.90
延后投递	E	N/A	B.36	主收方和抄收方指示	E	E	B.91
延后投递取消	A	N/A	B.37	探询	A	N/A	B.92
投递通知	E	N/A	B.39	探询起源鉴别	A	N/A	B.93
办公传真投递服务	A	A	B.41	接收信文的证明	A	A	B.94
目录名(称)指定的收方	A	N/A	B.42	投递证明	A	A	B.95
公开其他收方	A	E	B.43	IP 通知证明	A	A	B.96
分发码指示	A	A	B.44	提交证明	A	N/A	B.97
DL 免除收方	A	A	B.45	请求收到通知指示	A	A	B.98
DL 扩展史指示	N/A	E	B.46	发方不允许转投	A	N/A	B.99
禁止 DL 扩展	A	N/A	B.47	挂号邮件	A	A	B.101
EMS(快信服务)[a]	A	E*	B.48	收信人亲启的挂号邮件	A	A	B.102
有效期指示	A	E	B.49	请求回复指示	A	E	B.103
显式转换	A	N/A	B.50	回复 IP 信报指示	E	E	B.104
转发 IP 信报指示	A	E	B.51	报告起源鉴别	A	A	B.105
投递级别选择	E	E	B.52	请求转发地址	A	A	B.106
重要性指示	A	E	B.55	请求抗抵赖接收的信文	A	A	B.107
不完整拷贝指示	A	A	B.56	请求抗抵赖的 IP 通知	A	A	B.108
信息类别指示	A	A	B.57	请求接收信文的证明	A	A	B.109
IP 信报安全标记	A	A	B.60	请求 IP 通知的证明	A	A	B.110
语言指示	A	A	B.61	信报流保密	A	N/A	B.64
最迟投递指定	A	N/A	B.62	信文回送	A	N/A	B.113
手动处理说明指示	A	A	B.63	敏感性指示	A	E	B.115
信报起源鉴别	A	A	B.66	专人投递	A	E*	B.116
信报安全标记	A	A	B.67	草稿信报存储	N/A	A	B.117
信报序列完整性	A	A	B.68	提交存储	N/A	A	B.118

表 12（续）

服务元素	原发	接收	附录 B 章条号	服务元素	原发	接收	附录 B 章条号
存储周期分配	N/A	A	B.119	存储信报列表	N/A	E**	B.125
存储信报注释	N/A	A	B.121	存储信报摘要	N/A	E**	B.126
存储信报的删除	N/A	E***	B.122	主题指示	E	E	B.127
请求的优选投递方式	A	A	B.111	IP 信报合并存储信报的提交	N/A	A	B.129
存储信报的获取	N/A	E***	B.123	不可投递邮件的物理信报回送	A	E*	B.132
存储信报分组	N/A	A	B.124	分发表的使用	A	N/A	B.133

E:必须提供的主要可选用户业务。

E*：仅适用于 PDAU 的主要可选用户业务。

E**：适用于 UA 的主要可选用户业务。适用于(连接 MS 的)UA 的附加可选用户业务。

E***：适用于 MS 和 UA 的主要可选用户业务。

A:可提供的附加可选用户业务。

N/A:不可使用。

1)：PDAU 和相关 PDS 至少支持 EMS 或专人投递。

注：在接收归类为“A”的服务元素 UA 的情况下，可能需要双边协议。

表 13　在商定期限内的 IPM 可选用户业务

服务元素	分类	附录 B 章条号	服务元素	分类	附录 B 章条号
指定代收方	A	B.4	IP 信报的自动转发	A	B.19
IP 信报的自动确认	A	B.7	投递日志	A	B.38
自动动作日志	A	B.8	暂缓投递	A	B.53
自动告知	A	B.9	隐式转换	A	B.54
注释的自动分配	A	B.10	IP 信报动作状态	A	B.58
组名的自动分配	A	B.11	MS 注册器	A	B.69
存储周期的自动分配	A	B.12	外来信报转投	A	B.100
IP 信报的自动相关	A	B.13	受限投递	A	B.112
IP 通知的自动相关	A	B.14	安全访问管理	A	B.114
报告的自动相关	A	B.15	存储信报告示	A	B.120
存储周期后的自动删除	A	B.16	提交日志	A	B.128
IP 信报的自动丢弃	A	B.17			

附 录 A
（资料性附录）
术 语 表

注：下述定义在严格意义上并不是必须的。参见附录B和ISO/IEC 10021的其他部分(尤其是ISO/IEC 10021-2：2003)给出的定义，它们是很多术语的出处。由于出处不同，术语的抽象程度不同。

A.1 访问单元 Access Unit；AU

在信报处理系统中，它是功能客体，MHS中的组件。它将其他通信系统(如物理投递系统或传真网络)与MTS相链接，并使其客户作为间接用户参与信报处理。

在信报处理服务中，它是能使一种服务的用户同信报处理服务(例如IPM服务)互通信的单元。

A.2 实际收方 actual recipient

信报处理的上下文中，发生投递或确认的潜在收方。

A.3 公共机构 Administration

运行ADMD的组织。

注：在国际规章中，公共机构是一个管理受管制的电信和/或邮政服务的国家体。在许多国家中，要对制定规章的实体和运行实体进行分离，ITU公共机构不是ADMD服务必要的运行者。

A.4 公共域名 Administration Domain Name

信报处理中名(称)形式中的一种标准属性，它标识与由国家名代表的国家有关的ADMD。

A.5 公共管理域 Administration Management Domain；ADMD

给PRMD和/或个体用户提供公用信报处理服务的管理域。为了确保用户与全球信报处理骨干上连接的其他MD进行通信，ADMD有管理的责任。

A.6 代收方 alternate recipient

信报处理中的用户或分发表。当且仅当信报或探询无法送到指定的收方时，信报或探询传送到该用户或分发表。带收方可以由发方(B.84)、收方(B.100)或收方MD(B.4)来规定。

A.7 属性 attribute

信报处理中的信息项，属性表中的成分，用于描述一个用户或分发表，并能确定其在MHS(或支撑网络)的物理结构或组织结构中的位置。

A.8 属性表 attribute list

信报处理中的数据结构，属性的有序集合，它构成一个OR地址。

A.9 属性类型 attribute type

表示一类信息(如人名)的标识符，是属性的一部分。

A.10 属性值 attribute value

属性类型表示的某类信息实例(如一个具体的人名)，是属性的一部分。

A.11 基本服务 basic service

信报处理中,服务固有的所有特性。

A.12 信体 body

IP 信报信文的成分,另一个成分是信首。

A.13 信段 body part

IP 信报信体的成分。

A.14 公共名 common name

信报处理中 OR 地址形式的一个标准属性,标识与另一属性(如一个组织名)确定的实体有关的用户或分发表。

A.15 信文 content

信报处理中的信息客体,信报的一部分,MTS 在传递信报过程中,对它除做转换外,既不检查也不修改。

A.16 信文类型 content type

信报处理中在信报信封上的一个标识符,它标识信报信文的类型(如语法和语义)。

A.17 转换 conversion

信报处理中的传递事件,MTA 将部分信文从一种编码信息类型转换成另一种类型,或者修改探询指出所描述的信报已作此修改。

A.18 国家名 country name

信报处理中名(称)形式中的一个标准属性,用于标识国家(或者,例外的是国际 MD 注册机构)。为发送和接收信报,要给每个国家指定一个唯一的国家名。

注:在物理投递中有附加规则。

A.19 投递 delivery

信报处理中的传递步骤,MTA 将信报运送给信报的潜在收方 MS 或 UA,或是 MTA 将报告运送给其主题信报或探询的发方 MS 或 UA。

A.20 投递报告 delivery report

信报处理中的报告,确认投递、无法投递、出口,或者主题信报证实、探询或分发表扩展的。

A.21 直接提交 direct submission

信报处理中的传递步骤,直接提交时,发方的 UA 或 MS 将信报或探询运送给 MTA。

A.22 目录 directory

协同提供目录服务的开放系统集合。

A.23 目录名(称) directory name

目录中的项目名。

注:信报处理中,提交信报时目录条目可使 OR 地址被检索。

A.24 目录系统代理 Directory System Agent;DSA

OSI 的应用进程,它是目录的一部分,其作用是向 DUA 和/或其他 DSA 提供对目录信息库的访问服务。

A.25 目录用户代理 Directory User Agent;DUA

OSI 的应用进程,在访问目录中代表用户。每个 DUA 仅为一个用户服务,因此根据基本的 DUA 名,目录就能控制对目录信息的访问。DUA 还能提供一些局部业务帮助用户形成请求(查询)及解释响应。

A.26 直接用户 direct user

信报处理中,直接利用 MTS 进行信报处理的用户。

A.27 分发表 distribution list

信报处理中的功能客体,信报处理环境的成分,表示一组预先指定的用户和其他分发表,是 MHS 运送的信息客体的潜在目标。其成员可包括标识用户和其他分发表的 OR 名。

A.28 分发表扩展 distribution list expansion

信报处理中的传递事件,MTA 将信报立即收方中的分发表分解成该分发表的成员。

A.29 分发表名 distribution name

为表示一组 OR 地址和目录名(称)而分配的 OR 名。

A.30 域 domain

见"管理域"。

A.31 域内定义属性 domain defined attributes

OR 地址的可选属性,其名称由管理域负责分配。

A.32 服务元素 element of service

用于划分和描述信报处理特征的功能单元。

A.33 编码信息类型 Encoded Information Type;EIT

信报处理中信封上的标识符,标识信文中一种编码信息类型,还标识信文某单独部分的媒体和格式(如 LA5 正文、三类传真)。

A.34 信封 envelope

信报处理中的信息客体,信报的一部分。其组成随传递步骤而变,不同地标识信报的发方和潜在收方,记录信报所经路径,指出 MTS 的下一个运送方向,并且说明信文的特性。

A.35 显式转换 explicit conversion

信报处理中,由发方选择初始和最终编码信息类型的转换。

A.36 物理投递地址成分扩充 extension of physical delivery address components

邮政OR地址的标准属性,它作为一种表示方法,按照邮政地址的物理投递点给出进一步的信息。如村名、大楼中的房号和层号等。

A.37 邮政OR地址成分扩充 extension of postal OR address components

邮政OR地址的标准属性,它作为一种表示方法,按照收件人的邮政地址给出进一步的信息。如组织单位。

A.38 文件传送信段 file transfer body part

从发方向收方传送存储的文件信文和其他与文件有关的信息的信段。其他的信息包括和文件信文一起存储的典型的属性,还包括传送发起的环境信息和当前存储的文件或之前信报的参考。

A.39 格式化邮政OR地址 formatted postal OR address

信报信文的成分。另一个成分是信体。

A.40 一般文本信段 general text body part

用8位编码表示一般特性的字符文本的信段。它有参数和数据成分。参数成分标识数据成分中出现的字符集。数据成分构成一个单一的一般串。

A.41 信首 heading

IP信报的一个成分。其他成分是信封和信体。

A.42 立即收方 immediate recipient

信报处理中的潜在收方之一,被分配给某个信报或探询的具体实例(例如,由分送产生的一个实例)。

A.43 隐式转换 implicit conversion

信报处理中的一种转换,由MTA选择初始和最终的编码信息类型。

A.44 间接提交 indirect submission

信报处理中的传递步骤,发方UA通过MS把信报或探询运送给MTA。

A.45 间接用户 indirect user

信报处理中的用户,它通过间接使用MHS,即通过其他与MHS链接的通信系统(如物理投递系统或电报网络),进行信报处理。

注:间接用户通过访问单元与MHS的直接用户通信。

A.46 指定收方 intended recipient

信报处理中的用户和分发表,发方选定作为信报或探询的指定目的地。

A.47 互通信 intercommunication

信报处理中服务间的关系，其中一种服务是信报处理服务，使信报处理服务的用户与其他服务的用户能够通信。

注：例如：在 IPM 服务和电报服务之间的互通信，在信报处理服务和物理投递服务之间的互通信。

A.48 人际信报服务 interpersonal messaging service

属于同一个管理域或不同管理域的用户间以信报传送服务为基础通过信报处理实现的信报服务。

A.49 IP 信报

IPM 服务中信报的信文。

A.50 本地邮政属性 local postal attributes

邮政 OR 地址的标准属性，用于区别邮政地址中的相同地名(如：省名、县名或地理特性)的地点。

A.51 管理域 Management Domain；MD

信报处理中的一组由单个组织管理的信报系统，其中至少有一个系统包含或实现一个 MTA。管理域是 MHS 组织结构中使用的主要组成模块。它是提供服务的组织区域。

注：管理域和地理区域不一定一一对应。

A.52 管理域名 management domain name

管理域的唯一域名，用于发送和接收数据。

A.53 成员 members

信报处理中由分发表名隐含的一组用户和分发表。

A.54 信报 message

用信报传送方法运送的基本信息客体类的实例，包括信封和信文。

A.55 信报处理 Message Handling；MH

分布式信息处理任务，它包含信报处理和信报存储的内在相关的多个子任务。

A.56 信报处理环境 Message Handling Environment；MHE

进行信报处理的环境，包括 MHS、用户和分发表。

是信报处理系统所有组件的总和。

注：组件的例子有：

——信报传送代理；

——用户代理；

——信报存储器；

——用户。

A.57　信报处理服务　message handling service

信报处理系统提供的服务。

注 1：服务可通过公共管理域或专用管理域提供。

注 2：信报处理服务的例子：

——人际信报服务(IPM 服务)；

——信报传送服务(MT 服务)。

A.58　信报处理系统　message handling system

功能客体，信报处理环境的一个组件，在参与者之间运送信息客体。

A.59　信报存储　message storage

自动存储，为后期检索利用信报传送方法运送的信息客体，是信报处理的一个方面。

A.60　信报存储器　Message Store；MS

功能客体，MHS 的一个组件，它为某个直接用户提供信报存储的能力。

A.61　信报传送　Message Transfer；MT

用计算机作为中间媒体在参与者之间非实时地运载信息客体。是信报处理的一个方面。

A.62　信报传送代理　Message Transfer Agent；MTA

功能客体，MHS 的组件，它实际运送信息客体给用户和分发表。

A.63　信报传送服务　message transfer service

为其他信报服务处理信报的提交、传送和投递的服务。

A.64　信报传送系统　message transfer system

由一个或多个信报传送代理组成的功能客体，在用户代理、信报存储器和访问单元之间提供存储—转发方式的信报传送。

A.65　信报系统　message system

包含或实现一个或多个功能客体的计算机系统(不一定是开放系统)，它是 MHS 物理结构中使用的组成模块。

A.66　易记 OR 地址　mnemonic OR address

OR 地址，以易记的形式标识与 ADMD 相关的用户或分发表。通过该 OR 地址访问用户或扩展分发表。它标识 ADMD 和与该 ADMD 相关的用户或分发表。

A.67　命名机构　naming authority

负责分配名(称)的机构。

A.68　网络地址　network address

信报处理中，OR 地址形式的标准属性，它指出终端的网络地址。由取自国际编号方案的编号数字组成，表示网络访问点。

A.69　无法投递　non-delivery

信报处理中的传递事件。MTA 判断出 MTS 不能将信报投递给一个或多个立即收方，或不能将报告投递给主题信报或探询的发方。

A.70　未注册访问　non-registered access

信报处理服务中某些用户利用公用可用的电信访问服务，这些用户既未显式地向服务提供者注册，又未分配到一个 OR 地址。

A.71　数字 OR 地址　numeric OR address

信报处理中的 OR 地址，它用数字标识与 ADMD 有关的用户，通过该地址访问用户。它标识 ADMD 和与该 ADMD 有关的用户。它用数字键盘标识信报处理服务的用户。

A.72　数字用户标识符　numeric user identifier

OR 地址的标准属性，是唯一标识用户的数字信息串。

A.73　OR 地址　OR address

信报处理中的属性表，用于区分用户或 DL，且标识用户对 MHS 的访问点或分发表的扩展点。

A.74　OR 名　OR name

信报处理中的信息客体，用它指定某个用户为发方，或指定某个用户或分发表为信报或探询的潜在收方。OR 名区分每个用户或分发表，并能标识对 MHS 的访问点。

A.75　可选用户业务　optional user facilities

信报处理服务中的服务元素，可根据每次协商（商定的时间长度）或每个信报进行选择。

注 1：可选用户业务分为基本的和附加的。

注 2：基本可选用户业务对所有信报处理用户都可用。

注 3：附加可选用户业务适用于在服务提供者之间达成双边协议的国内应用和国际应用。

A.76　组织名　organization name

OR 地址的标准属性，作为发送和接收的组织的唯一名称。

A.77　组织单元名　organization unit name

OR 地址的标准属性，作为发送和接收的组织中的组织单元的唯一名称。

A.78　发方　originator

信报处理中的用户（但不是分发表），它是一个信报或探询的根本源头。

A.79　人名　personal name

信报处理中的 OR 地址形式的标准属性，标识与其他属性（如组织名）表示的实体有关的人。

注：成分如下：

——姓；

——名；

——姓名的首字母;

——辈份限定符。

A.80 物理投递 Physical Delivery;PD

通过物理投递系统,以物理形式(如信)投递信报。

A.81 物理投递访问单元 Physical Delivery Access Unit;PDAU

访问单元,使信报(而不是探询或报告)物理再现。

A.82 物理投递地址成分 physical delivery address components

包含邮政地址中物理投递局的物理投递范围内进行本地物理投递所需要的信息。例如街道地址、邮政信箱地址、邮件待领局地址或一个唯一的名。

注:这种信息一般限制在一行以内,至多30个可打印图形字符。附加信息可使用属性类型"物理投递地址成分的扩充"来提供。

A.83 物理投递国家名 physical delivery country name

物理投递中,最终目标国家的唯一描述。

A.84 物理投递域 physical delivery domain

提供物理投递系统和可选MTA/PDAU的组织的责任域。

A.85 物理投递局地址成分 physical delivery office address components

邮政地址中包含确定负责本地物理投递的投递局的信息。

注:这种信息一般限制在一行之内,至多30个可打印图形字符。在某些国家中,邮政编码接在物理投递局地址成分之后,另起一行(可能与国家名一起)。

A.86 物理投递局名 physical delivery office name

邮政OR地址的标准属性,在物理投递中规定城市名、村庄名等,物理投递局处于邮政OR地址中,或物理投递在邮政OR地址起作用。

A.87 物理投递局号 physical delivery office number

邮政OR地址中的标准属性,用于区分一个城市中的多个物理投递局,等等。

A.88 物理投递组织名 physical delivery orgnization name

邮政地址中被寻址实体的自由形式名,要考虑长度规定的限制。

A.89 物理投递人名 physical delivery personal name

邮政地址中被寻址实体的自由形式名,包含姓,还可包含名、姓名首字母、头衔和辈份限定符,要考虑长度规定的限制。

A.90 物理投递服务 physical delivery service

物理投递系统所提供的服务。

A.91　物理投递服务名　physical delivery service name

邮政 OR 地址中的标准属性，其形式为国家内的服务名，电子方式接收代表物理投递服务的信报。

A.92　物理投递系统　physical delivery system；PDS

执行物理投递的系统。一种重要的物理投递系统是邮政系统。

A.93　物理信报　physical message

由中继信封和信文组成的物理客体，如信件。

A.94　物理再现　physical rendition

从 MHS 信报到物理信报的转换。如：将信报打印在纸上并将其封入信封内。

A.95　邮政编码　postal code

邮政 OR 地址的标准属性，确定地理区域，在 MHS 中用于信报的路由选择。

A.96　邮政 OR 地址　postal OR address

信报处理中用邮政地址标识用户的 OR 地址。它标识访问用户所通过的物理投递系统，且给出用户的邮政地址。

A.97　邮政 OR 地址成分　postal OR address components

包含邮政地址中的信息，用名(称)(人名，组织名)描述发信人和收信人。

注：这种信息一般限制在一行以内，至多 30 个可打印图形字符。附加信息可使用属性类型“邮政 OR 地址成分的扩充”来提供。

A.98　邮政信箱地址　Post Office Box Address；P. O. Box Address

邮政地址中的标准属性，指出要求通过邮政信箱进行物理投递。它带有向邮政信箱分发信报的邮政信箱号。

A.99　邮政待领处地址　poste restante address

邮政地址中的标准属性，指出要求在服务台进行物理投递。它可能带有一个编码。

A.100　潜在收方　potential recipient

在信报处理中，传递期间信报或探询运送到的任何用户或分发表。也就是优先成员、替代成员或替换收方。

A.101　专用域名　Private Domain Name

信报处理中 OR 地址形式的标准属性，标识与由公共域名表示的 ADMD 相关的 PRMD。

A.102　专用管理域　Private Management Domain；PRMD

由专用组织管理的信报系统组成的管理域。这里没有对提供公用信报服务的 PRMD 的限制，为确保用户可以和国际信报处理骨干上连接的任何其他 MD 通信，PRMD 不接受公共责任。

A.103 探询 probe

信报处理中用信报传送方法运送的第二类信息客体的实例。它描述一类信报,并用于确定这类信报的可投递性。

A.104 公用信报处理服务 public message handling service

由管理机构提供的信报服务。

A.105 公用服务 public service

电信中由管理机构提供的服务。

A.106 接收 receipt

信报处理中的传递步骤,UA将信报或报告运送到它的直接用户,或者服务于间接用户的通信系统将客体运送给该用户。

A.107 收方 recipient

见"实际收方"。

A.108 递归 recursion

信报处理中的一种情况,信报返回相同的初始分发表,导致潜在的无限循环。

A.109 转投 redirection

信报处理中的传递事件。MTA用一个为信报预先选择好的用户替代信报立即收方中的一个用户。

A.110 注册访问 registered access

信报处理服务中,由客户执行的对服务的访问。为使用服务,服务提供者已对这些客户注册,并为它们分配了OR地址。

A.111 报告 report

信报处理服务中用信报传送方法运送的第二类信息客体的实例。它由MTS生成,用于报告信报或探询向一个或多个潜在收方传递的结果或进展。

A.112 检索 retrieval

信报处理中的传递步骤,用户的信报存储器将信报或报告运送到用户的UA。用户是信报的实际收方,或是主题信报或探询的实际收方。

A.113 安全能力 security capabilities

信报处理中防备各种安全威胁的机制。

A.114 特殊访问 specialized access

信报处理中,引入特殊访问单元提供信报处理服务和其他电信服务之间的互通信。

A.115 标准属性 standard attribute

类型受限于某类信息的属性。

A.116 街道地址 street address

邮政地址中的标准属性，给出用于本地分发和物理投递的信息，如街道名、街道标识符(如街道、胡同、路)和房号。

A.117 主题 subject

信报处理中的信息，信头的一部分，摘要了由发方确定的信文。

A.118 主题信报 subject message

一种信报，它是报告的主题。

A.119 主题探询 subject probe

一种探询，它是报告的主题。

A.120 提交 submission

直接提交或间接提交。

A.121 替换收方 substitute recipient

信报处理中的用户或分发表，优先收方、代收方、成员收方(但不是另一替换收方)能选择它们作为转投信报(但不是探询)的对象。

A.122 终端标识符 terminal identifier

OR 地址中的标准属性，用于标识终端。

注：例如，电报应答。

A.123 终端 OR 地址 terminal OR address

信报处理中 OR 地址，利用用户终端的网络地址标识用户，并能标识访问终端所通过的 ADMD。标识的终端可属于不同的网络。

A.124 终端类型 terminal type

OR 地址中的标准属性，指出终端的类型。

注：例如，电报、G3 传真、G4 传真、IA5、可视图文终端。

A.125 传送 transfer

信报传送中的传递步骤，一个 MTA 将信报、探询或报告运送给另一个 MTA。

A.126 传送系统 transfer system

信报系统，包括一个 MTA，还可以包括一个或多个访问单元，但不包括 UA 和信报存储器。

A.127 传递 transmittal

信报从发方到潜在收方或探询从发方到 MTA(该 MTA 能确认所描述的信报能否投递给潜在收

方)的运送或试运送。它也包括运送或试运送它调用的报告到信报或探询发方。它是传递步骤和事件的序列。

A. 128 无格式邮政 OR 地址 unfomatted postal OR address

基于无格式邮政地址的 OR 地址。

A. 129 唯一邮政名 unique postal

邮政地址中的标准属性,它用一个唯一的名(称)(如建筑物名)描述物理投递点。

A. 130 用户 user

信报处理中的功能客体(如人),信报处理环境中的一个组件,它参与(而不是提供)信报处理,也是 MHS 所运送的信息客件的潜在源或目标。

A. 131 用户代理 user agent;UA

信报处理中的功能客体,MHS 的一个组件,单个直接用户通过它参与信报处理。

A. 132 话音信段 voice body part

从发方向收方发送或转送的信段,发送话音的编码数据和相关的信息。相关的信息由用于辅助处理话音数据的参数组成。这些参数包括话音数据周期内的详细信息,话音数据编码使用的话音编码算法和补充信息。

附 录 B
（资料性附录）
服务元素的定义

注：标题行缩写解释如下：

MT　　信报传送
IPM　　人际信报通信
PD　　物理投递
MS　　信报存储器
MS-94　　1994 增强信报存储器
PR　　每个收方(对每个收方都可用)

B.1　访问管理　access management　　MT

本服务元素可使 UA 和 MTA 建立相互间的访问，并管理与访问建立相关的信息。

本服务元素允许 UA 和 MTA 相互标识并证实对方的身份，它为 UA 提供了一种指定 OR 地址和维护访问安全的能力。若用口令的方式进行访问安全管理，这些口令要定期更换。

注：安全访问管理服务元素提供更安全的访问管理方式。

B.2　附加的物理再现　additional physical rendition　　PD　PR

本服务元素允许发方用户请求 PDAU 提供附加的复制设施(如：各类纸张、彩色打印等)，使用本服务元素需双方商定。

B.3　允许代收方　alternate recipient allowed　　MT

本服务元素可使发方 UA 指定提交的信报投递给如下所述的代收方：

目标 MD 解释所有的用户属性，以选择收方 UA。可分为三种情况：

a)　所有属性完全与某个客户 UA 的所有属性相符，尝试向该用户投递。

b)　没有提供足够属性，或者所提供的属性与一个以上的客户 UA 的属性相匹配，信报不能投递。

c)　至少提供了目标 MD 所需要的最小属性集，但若考虑所有其他属性，仍没有与之匹配的 UA。

对第三种情况，支持指定代收方服务元素的 MD 可将信报投递给指派接收这类信报的 UA。同时通知该 UA 由发方规定的指定收方的 OR 地址，如果发方要求，应在投递通知中报告投递到 UA。

B.4　指定代收方　alternate recipient assignment　　MT

本服务元素赋予 UA 这样的功能：即使所指定的收方属性和某个用户名之间没有精确匹配，信报仍能投递给该用户。指定这类 UA 时，所用属性有时需要精确匹配，有些可以是任何值。例如，某个组织可以设立一个 UA 接收这样的信报：国家名、公共管理域名和组织名(如公司名)精确匹配，但收方的人名不能与该组织内 MHS 所掌握的任何一个人相对应。本服务元素允许该组织手工处理这些发往个人的信报。

若要为信报重新指定一个代收方，发方必须请求允许代收方服务元素。

B.5　授权时间指示 authorization time indication　　IPM

本服务元素是发方向收方 UA 指示信报正式授权的日期和时间。根据本地需要，当信报提交到 MTS 时，本日期和时间戳将随日期和时间而改变。本服务元素可以用于增加授权用户指示(B.6)的服务元素来提供关于授权时间的补充信息。

B.6 授权用户指示 authorizing users indication **IPM**

本服务元素允许发方向收方指出授权发送信报的一个或多个人名。例如,某个人可授权一个特定动作,这一动作会后续传达给另一个相关的人,如秘书。前者授权其发送,而后者(发方)发送信报。这并不隐含签名级授权。

B.7 IP 信报的自动确认 **IPM MS-94**

本服务元素使 MS 用户命令 MS 为每个包含投递到 MS 的接收通知请求的 IP 信报自动产生接收通知。当完整的 IP 信段被用户否认或当用户指出 MS 认为信报被否认时,发送接收通知。

B.8 自动动作日志 auto-action log **MS-94**

本服务元素允许 MS 用户访问日志,日志记录了 MS 执行选定的自动动作的细节。通过存储信报列表和存储信报获取的服务元素,MS 用户能够检索自动动作日志的信息。客户拥有删除自动动作日志项的能力。当且仅当 MS 用户预订了本服务元素时,本信息日志才可用。支持由自动动作组成的服务元素不要求支持自动动作日志的服务元素。对于可以产生日志项的每类自动动作,它是记录所有执行的自动动作,还是记录那些导致错误所执行的动作,还是不记录任何自动执行的动作这是个预订选项。

B.9 自动告知 auto-advise **IPM MS**

当投递选定的 IP 信报时,本服务元素使 MS 用户命令 MS 自动产生告知通知。该通知通告投递 IP 信报的发方不存在 MS 用户,存在的 MS 用户不能接收信段,或者宣布改变地址。只有当 IP 信报的发方要求产生通知时,才产生该通知。

B.10 注释的自动分配 auto-assignment of annotations **MS-94**

当信报存储在 MS 中并满足规定的准则时,本服务元素使 MS 用户命令 MS 在选定的信报后自动添加注释。MS 用户可以通过注册规定准则的几种选择集,每一个选择集指明所添加注释的不同值。预订本服务元素要求预订存储信报注释的服务元素。

B.11 组名的自动分配 auto-assignment of group names **MS-94**

当信报存储在 MS 中并满足规定的准则时,本服务元素使 MS 用户命令 MS 为选定的信报自动分配组名。MS 用户可以通过注册来规定准则的几种选择集,每一个选择集指明不同组名的分配。预订本服务元素要求预订存储信报分组的服务元素。

B.12 存储周期的自动分配 auto-assignment of storage period **MS-94**

当信报存储在 MS 中并满足规定的准则时,本服务元素使 MS 用户命令 MS 为选定的信报自动分配一个存储周期。MS 用户可以通过注册来规定准则的几种选择集,每一个选择集指明所添加存储周期的不同值。预订本服务元素要求预订存储周期分配的服务元素。

B.13 IP 信报的自动相关 auto-correlation of IP-messages **MS-94**

本服务元素使 MS 用户检索由 MS 自动生成的信息,该信息与各种相关 IP 信报间的相关性有关。下述信报的类型是相关的:

a) 为答复一个 IP 信报而收到的或发送的 IP 信报;

b) 转发(或自动转发)一个或多个信报的 IP 信报;

c) 用于废弃一个 IP 信报而收到的或提交的 IP 信报;

d) 用于指示和一个 IP 信报相关而收到的或提交的 IP 信报。

除按指示的方法标识与一个给定信报相关的每个 IP 信报外,MS 还提供了所有这些响应 IP 信报的摘要。

B.14 IP 通知的自动相关 auto-correlation of IP-notifications IPM MS-94

本服务元素使 MS 用户检索 MS 自动产生的信息,该信息与响应之前提交的 IP 信报所收到的 IP 通知有关。MS 标识每个与给定提交的或投递的信报有关的 IP 通知,并且对于提交的信报,它也提供收到的 IP 通知的摘要。这使 MS 用户直接访问本信息,而不是对所有保持信息的项执行彻底的搜索。只有当 IP 通知涉及的已提交或已投递的 IP 通知存储在 MS 中,或记录在提交日志或投递日志中时,本服务元素才有效。提供已提交的信报存储,以及提交日志和投递日志的维持由各自的服务元素支持。

B.15 报告的自动相关 auto-correlation of reports MS-94

本服务元素使 MS 用户检索 MS 自动产生的信息,该信息与响应之前提交的信报所收到的投递报告和无法投递报告有关。成功删除提交信报的延后投递也将被记录。除标识与给定提交的信报有关的每个报告以外,MS 还提供这些报告摘要。这样使 MS 用户直接访问这些信息,而不是对所有保持信息的项执行彻底的搜索。本服务元素要求至少预订提交日志或存储提交的服务元素中的一个。

B.16 存储周期后的自动删除 auto-deletion after storage period MS-94

本服务元素使 MS 用户命令 MS 自动删除任何存储周期用尽的存储信报。本注册一直有效直到后续注册使其失去能力。没有列出的或没有被处理的信报不具备自动删除。同样地,提交日志项、投递日志和自动动作日志不具备自动删除。其他处理规范的信文特定的信报可以为本服务元素的性能放弃附加的规则。预订本服务元素要求预订存储周期分配的服务元素。

B.17 IP 信报的自动丢弃 auto-discarding of IP-messages IPM MS-94

如果 IP 信报不满足 MS 用户注册的准则,那么本服务元素使 MS 用户命令 MS 自动丢弃这些存储的 IP 信报。如果后续的投递 IP 信报归还废弃的信报,或者如果它包含已过期的终止时间,那么 IP 信报成为自动丢弃的候选对象。MS 用户可以为规定额外条件的这些 IP 信报控制自动丢弃是否发生,这些条件是 IP 信报必须满足的,如:MS 用户已取回信报,或者正在废弃的 IP 信报和已废弃的 IP 信报具有相同的发方。在 MS 用户在自动丢弃之前取回信报的情况下,如果 IP 信报请求产生一个无法接收的通知,则产生该通知。

B.18 自动转发指示 auto-forwarded indication IPM

本服务元素使得收方能确定传入的 IP 信报信体中是否包含经过自动转发的 IP 信报。这样,收方能分辨出传入信报中信体包含的转发信报(如 B.51 中所描述的)的位置。与转发的 IP 信报一样,自动转发的 IP 信报可附上有关原始投递的信息(如时戳、转换指示等)。

注:IP 信报自动转发指示可使收方 IPM UA 防止(若这样选择的话)进一步自动转发而造成循环的可能。此外,收方 IPM UA 可根据其他准则(如密级分类)选择是否进行自动转发。

当 IPM UA 自动转发 IP 信报时,它将指出信报是自动转发的。如果被自动转发的 IP 信报要求接收/未接收通知,IPM UA 将产生一个未收到通知,告诉发方该 IP 信报已自动转发,通知中可有选择地包含由原定发方提供的附注。此后任何 IPM UA 都不再生成与该自动转发 IP 信报相关的通知。

B.19 IP信报的自动转发 auto-forwarding of messages IPM MS

本服务元素使MS用户命令MS自动转发选定的以投递的IP信报。通过注册,MS用户可以在MS中的有效的属性中进行选择以规定几种准则集,并且满足每一个准则集的IP信报将自动转发给一个或多个用户或分配表。如果信报发方请求,则产生无法接收通知以指明自动转发的IP信报,即使MS保留了转发信报的拷贝,除非拷贝以新的信报被保留。对于和自动转发IP信报一起包含的,作为"保险证明"的每个准则的选择集,可以规定一个信体。

注:在1994年之前出版的ISO/IEC 10021-1版本中,本服务元素命名为存储信报自动转发,并归类为MS可选用户业务;后来被归类为特定IPM。

B.20 自动提交指示 auto-submitted indication IPM

本服务元素允许发方或使UA或MS向收方指明信报是否由机器自动提交,而不需要人类直接或间接的提交,并且确定提交的特性,例如:

a. 不能自动提交;

b. 自动生成;

c. 自动回复。

缺少本指示不会产生关于提交信报是否涉及人类控制的信息。

B.21 基本物理复制 basic physical rendition PD PR

本服务元素允许PDAU提供转换MHS信报为物理信报基本的物理复制设施,这是PDAU执行的缺省操作。

B.22 隐抄收方指示 blind copy recipient indication IPM PR

本服务元素允许发方提供一个或多个附加用户或DL的OR名,作为所发送的IP信报的预定收方。这些OR名向主收方和抄收方是不公开的。这些附加收方之间是否彼此公开则是本地事宜。

B.23 信段鉴别和完整性 body part authentication and integrity IPM

本服务元素允许信报的发方给收方提供证实信报的特定信体未被修改以及它们的源方已被鉴别的方法(即签名)。

B.24 信段加密 body part encryption IPM

本服务元素允许发方向收方指示所传送的IP信报的某一特定信段已被加密。利用加密可防止对特定信段的未经许可进行检查和修改。收方又用这一服务元素确定IP信报的哪些信段需要加密。加密的信体可以保留信体类型信息,或者可以在独立于格式的信报处理系统中发送该信体,该系统中没有关于已加密的信息类型的信息。

B.25 轮发表收方指示 circulation list recipients indication IPM

本服务元素使发方向收方指示请求顺序分发IP信报的收方列表。轮发表包括每个收方是否已经收到IP信报的指示。在这种情况下,收到信报的收方要在轮发表中被"核查"。轮发表宜由收方进行更新,并包含在发送给下一个未经核实的收方的IP信报中。

B.26 信文密级 content confidentiality MT

本服务元素使信报发方能防止将信报的信文泄漏给非预定的收方，信文密级以每个信报为基础，并可使用非对称或对称加密技术。

B.27 信文完整性 content integrity MT PR

本服务元素允许信报发方向信报收方提供一种证实信报信文未被修改的方法，信文完整性以每个收方为基础，并可使用非对称或对称加密技术。

B.28 信文类型指示 content type indication MT

本服务元素可使发方 UA 指出已提交的信报信文的类型。收方 UA 可能支持一种或多种信文类型的投递，信文类型的一个例子是由几个协同的 IPM 类 UA 生成的报文。

B.29 转换禁止 conversion prohibition MT

本服务元素可使发方 UA 指示 MTS 不对某个特殊的提交信报进行隐式的编码信息类型转换。

B.30 防止丢失信息的转换禁止 conversion prohibition in case of loss of information MT

本服务元素可使发方 UA 指示，如果转换导致信息丢失，则对特别提交的信报不执行编码信息类型转换。信息丢失问题在 X.408 中详细讨论。

若同时选择了该服务元素和转换禁止服务元素，则后者优先。

注：本服务元素不能防止在某些情况下的信息丢失，例加收方使用的 I/O 设备的性能为 MTA 所不知。

B.31 已转换指示 converted indication MT PR

本服务元素可使 MTS 向收方 UA 指出 MTS 对投递的信报已做了编码信息类型转换，收方 UA 将被告之结果类型。

B.32 服务台收存 counter collection PD PR

本服务元素允许发方用户指示 PDS 在邮局为服务台收存保留物理信报，该邮局或者是发方指定的，或者是最靠近给定收方地址的提供服务台收存服务的邮局。

B.33 服务台收存并告知 counter collection with advice PD PR

本服务元素允许发方用户指示 PDS 在邮局为服务台收存保留物理信报(该邮局或者是发方指定的，或者是最靠近给定收方地址的提供服务台收存服务的邮局)，并用发方提供的号码通过电话、电报通知收方。

B.34 封面抑制 conver page suppression MT PR

本服务元素允许发方向访问单元指示，当信报以物理形式投递时，信报中不应加入封面。本服务元素特别针对电传访问单元，但是，在基本复制要求 AU 产生封面的情况下，本服务元素也可以提供给其他的访问单元。

B.35 交叉引用指示 cross-referencing indication IPM

本服务元素允许发方将所要发送的信报与一个或多个其他 IP 信报的全局唯一标识符相关联。例如，这能使收方的 IPM UA 从存储单元中检索所用的 IP 信报的备份。

B.36 延后投递 deferred delivery MT

本服务元素允许发方UA指示MTS在指定的日期和时间之后才投递所提交的信报。投递应尽可能接近指定的日期和时间，但不能提前。所指定的延后投递日期和时间要服从发方管理域所规定的极限。

B.37 延后投递取消 deferred delivery cancellation MT

本服务元素可使发方UA指示MTS取消以前提交的延后投递信报，取消操作并不总能成功。失败的可能原因是：延后投递时间已过，或信报在MTS中已被转发。

B.38 投递日志 delivery log MS-94

本服务元素使MS用户访问记录投递到MS的信报和报告细节的日志；即使信报和报告被删除，仍坚持这些记录。投递日志项包含信息子集，可以为投递的信报存储该信息。存储在每个信报的投递日志中的信息量在预定的时间被指定。MS用户可以决定与投递日志项相关的投递信报是否被删除。通过存储信报列表、存储信报获取和存储信报摘要的服务元素，MS用户能从投递日志中检索信息。删除投递日志的能力需要预订，而且可以受某些满足准则的信报的限制，如：超过约定时间周期的存储信报。

B.39 投递通知 delivery notification MT PR

本服务元素可使发方UA请求，当所提交的信报成功地投递给收方UA时，发方UA能得到显式的通知，或者当所提交的信报成功地投递给访问单元时，需指出目标终端成功地收到信报。通知用信报标识符指示所提交的信报，并包含投递日期和时间。如果是多目标信报，发方UA可以每个收方为基础请求该服务元素。

如果信报是在分发表扩展后投递的，则根据分发表的策略，通知或送给分发表的所有者，或送给信报发方，或同时送给两者。

投递通知不带任何发生UA或用户动作的暗示，如信报信文的检查。

B.40 投递时间戳指示 delivery time stamp indication MT PR

本服务元素能使MTS向收方UA指出MTS投递信报的日期和时间。若为物理投递，本服务元素指出PDAU负责打印和进一步投递物理信报的日期和时间。

B.41 办公传真投递服务 delivery via bureaufax service PD PR

本服务元素允许发方用户指示PDAU和相关的PDS利用办公传真服务进行传输和投递。

B.42 目录名(称)指定的收方 designation of recipient by directory name′ MT PR

本服务元素可使发方UA用目录名(称)代替单个收方的OR地址。

B.43 公开其他收方 disclosure of other recipient MT

本服务元素可使发方UA向MTS指示，若提交的是多收方信报，MTS要在投递信报时向每个收方UA公开所有其他收方的OR名。公开的OR名如同由发方UA提供的一样。如果执行了分发表扩展，则只公开由发方指定的DL名，其成员名不公开。

B.44 分发码指示 distribution codes indication IPM

本服务元素使发方为收方提供信息以在MHS内部(如自动转发)或者在MHS外部(如硬拷贝分

发)支持 IP 信报的分发。本配码语义的特定定义宜由发方和收方手动支持。注意,本服务元素可以向自动动作(如自动转发或自动警报)提供信息。

B.45 DL 免除收方 **MT**

本服务元素使发方规定收方 OR 名,该收方是被要求排除在由 DL 扩展导致产生的指定收方集以外的。在 DL 扩展点处执行排除。免除列表成员的名称也提供给剩余的收方。本服务不保证免除收方不接收其他服务产生信报(如转发或转投)。

B.46 DL 扩展史指示 DL expansion history indication **MT**

本服务元素在投递时向收方提供有关分发表的信息,信报是通过这个分发表而传送来的。至于向收方提供多少这类信息则是局部问题。

B.47 禁止 DL 扩展 DL expansion prohibited **MT**

本服务元素允许发方用户规定,如果收方中的任何一个可直接或通过再指定引用分发表,则不进行扩展。取而代之,一个非投送通知将返回发方 UA,除非已指定禁止非投递通知。

B.48 EMS(快信服务) EMS;Express Mail Service **PD PR**

本服务元素允许发方用户指示,PDS 利用目标国家的加快信件传送和投递服务(如 EMS 或相应的国内服务)传输和投递由 MHS 信报产生的物理信报。

B.49 有效期指示 expiry date indication **IPM**

本服务元素允许发方向收方指出发方认为 IP 信报将会失效的日期和时间。本服务元素的目的是声明发方对 IP 信报的当前可用性的估计。但未说明收方本身或收方的 IPM UA 为发方所采取的动作。有效期之后的可能动作是,将 IP 信报归档或删除。

B.50 显式转换 explicit conversion **MT PR**

本服务元素可使发方 UA 请求 MTS 执行一个指定的转换,比如不同的远程服务之间互操作时会有这种要求。如果信报是经过转换才投递的,则将信报中的当前编码类型及源编码类型通知收方 UA。

注 1:本服务元素的目的是用远程服务支持互操作。

注 2:当本服务元素与 DL 名共同使用时,将为 DL 的所有成员提供转换。

B.51 转发 IP 信报指示 forwarded IP-message indication **IPM**

本服务元素允许一个转发 IP 信报或加上"投递信息"的转发 IP 信报作为 IP 信报的信体(或作为信段之一)发送。转发信段的指示随信段一起运送,在多信段中,转发信段和其他类型的信段可以共存。投递信息是指那些在投递 IP 信报时从 MTS 运送来的信息(如时戳和转换指示),然而,转发 IP 信报中包含投递信息并不能保证该投递信息是经过 MTS 认可的。

接收请求通知指示和未接收通知请求指示服务元素不受 IP 信报转发的影响。

B.52 投递级别选择 grade of delivery selection **MT**

本服务元素可使发方 UA 请求通过 MTS 的传送是加急的或非加急的,而不是正常速度的。非加急传送的时间比正常传送的时间长,加急传送的时间比正常传送的时间短。该指示附在信报中发给收方。

B.53　暂缓投递　hold for delivery　MT

本服务元素可使收方UA请求MTS在一个时间内暂缓投递信报和投递返回通知，UA可向MTS指出何时它不接受投递的信报和通知，何时它又能接收由MTS投递的信报和通知，MTS能指示UA，信报正在按照UA设置的有关暂缓信报的准则等待。收方MTA负责管理这一服务元素。

请求暂缓投递信报的准则是：缩码信息类型、信文类型、最大信文长度和优先级。信报将保留到该信报的最后投递时间，除非在这之前收方释放保留。

注：暂缓投递服务元素不同于信报存储器业务，暂缓投递服务元素提供暂时存储以便投递，并且仅在信报传送给收方UA后，才返回投递通知。信报存储器业务扩大了UA的存储空间，可将信报存储更长时间。与暂缓投递服务元素不同的是，一旦信报被送入(即被投递给)信报存储器，就会回送投递通知。

B.54　隐式转换　implicit conversion　MT

本服务元素可使收方UA让MTS在一定时间内在投递前对信报做必要的转换。发方UA和收方UA都不会针对每个信报明确请求这个服务元素。若收方UA的编码信息类型能支持一种以上的类型转换，则执行最适宜的转换。如果信报是在转换执行之后投递的，则将信报中的当前编码信息类型及源编码信息类型通知收方UA。

B.55　重要性指示　importance indication　IPM

本服务元素允许发方向收方指示它对所发送的IP信报的重要性的估计。重要性分三级：低级、正常和高级。

本服务元素与由MTS提供的投递级别选择服务元素无关。收方或其IPM UA根据重要性分类所采取的特殊动作未加规定。它的目的是允许收方UA完成一些动作例如，按信报的重要性次序呈递IP信报，或提醒收方到来的IP信报很重要。

B.56　不完整拷贝指示　incomplete copy indication　IPM

本服务元素允许发方指出，该IP信报是另一个带有相同IP信报标识的IP信报的不完整拷贝件。不完整是指缺少了一个或多个信段，和/或缺少原有IP信报的信首部分。

B.57　信息类别指示　information category indication　IPM

本服务元素使发方向收方指示IP信报中包含的信息字符。服务可以为每个特定的类别提供注册标识符，或提供自由格式信息以描述通信种类。收方可以用本服务提供的信息来影响收方信报的表示，或影响任何其他本地处理功能。信息类别值和语义的特定定义宜由发方和收方手动支持。信息类别的例子包括：草稿信报、新闻稿、合约承诺和策略声明。

B.58　IP信报动作状态　IP-message action status　IPM　MS-94

本服务元素使MS用户确定是否需要在用户收到的IP信报中为用户请求回复或接收通知。它允许用户在MS(和之后检索的信息)中记录已发送的回复(或IP通知)。此外，用户可以设置提醒来指明，即使没有显示的请求回复，也可以指定一回复。

B.59　IP信报标识　IP-message identification　IPM

本服务元素可使协作IPM UA为每个发送或接收的IP信报运送全局唯一的标识符。IP信报标识符由发方的OR名和该名的唯一标识符组成，IPM UA和用户用这个标识符来表示以前发送或接收的IP信报(如在收到通知中)。

B.60 IP 信报安全标记 IP-message security labelling **IPM**

本服务元素通过允许 IP 信报的发方，向所有收方传送 IP 信报信文(或者作为可选的 IP 信报头部和信段成分)的安全级别指示以增强信报安全标记(B.67)服务。本服务给安全策略的实现分配由初始 IPM 用户提供的值，在该安全策略中安全标记与来自部分 IP 信报成分的本地客体(如文件)相关。信文完整性或信段鉴别和完整性安全服务可以提供 IP 信段安全标记的完整性。信报起源鉴别服务或信段鉴别和完整性服务可以为 IP 信报发方的安全标记提供鉴别。

注 1：除非两个端系统均相互信任每个端系统按安全标记处理和分隔信息的能力，本标记不宜用于实现强制访问控制。

注 2：本情况中术语“安全类别”的意义和有效的特定安全策略相关。

B.61 语言指示 language indication **IPM**

本服务元素可使发方 UA 指出所提交的 IP 信报的语言类型。

B.62 最迟投递指定 latest delivery designation **MT**

本服务元素可使发方 UA 指定信报投递的最迟时间。如果到指定的时间 MTS 还不能投递，则不再投递，并取消该信报。对于多收方信报，可能在把信报投递给所有收方之前到达最迟投递时间，但这并不否定已发生的投递。

B.63 手动处理说明指示 manual handling instruction indication **IPM**

本服务元素使发方向收方说明指示投递 IP 信报后手动处理 IP 信报。本服务提供自由格式文本组成的说明。手动处理说明的例子包括特别收方处理请求(如：“请传给……”“请不要传给……”)和如何处理信体数据的说明。

注：本服务元素指示的说明可以适用于整个 IP 信报或适用于 IP 信报的特定成分。需要时，说明的内容宜指出本说明的范围或者本说明适用的 IP 信报的部分。

B.64 信报流保密 message flow confidentiality **MT**

本服务元素允许信报的发方保护由监视信报流产生的信息。

注：仅支持有限部分。

B.65 信报标识 message identification **MT**

本服务元素可使 MTS 对每个提交的或由 MTS 投递的信报或探询给 UA 提供一个唯一标识符。UA 和 MTS 在与服务元素(如投递通知和无法投递通知)有关系时，利用这一标识符来表示以前提交的信报。

B.66 信报起源鉴别 message origin authentication **MT PR**

本服务元素允许信报的发方提供给信报的收方和信报传输所通过的所有 MTA 一种方法，利用这种方法可鉴别信报的起源(即签名)。信报起源鉴别可以每个信报为基础，并采用非对称加密技术，提供给信报的收方和信报传输所通过的每个 MTA；也可以利用非对称和对称加密技术，以每个收方为基础，只提供给信报的收方。

B.67 信报安全标记 message security labelling **MT**

本服务元素允许信报(或探询)的发方将信报敏感性指示(一个安全标记)附于信报(和任何关联该

信报或探询的报告)上。MTS和信报的收方利用这个信报安全标记来确定与安全策略相符的信报处理。

B.68 信报序列完整性 message sequence integrity MT PR

本服务元素允许发方向信报收方提供一种方法,收方利用这种方法可验证从发方到收方信报序列仍保持不变(无信报丢失、无重排序、无重复),信报序列完整性基于每个收方,并能采用非对称或对称加密技术。

B.69 MS注册器 MS register MS

本服务元素使MS用户向MS注册各种信息项,以修改行为的某些方面,如:

a) 自动动作的性能;

b) 当使用存储信报获取和存储信报列表服务元素时,检索默认的信息集。用户雇用的每个UA可以注册一个信息集;

c) 信报存储器使用的信任状可以鉴别MS用户。

如果用户雇用超过一个UA实现,那么作为预订选项MS可以为每个UA注册一个独立的注册信息集。用户可以从MS检索注册的信息。

注:存储独立的注册信息集和检索注册信息的能力不在GB/T 16284.1—1996中定义。

B.70 多址投递 multi-destination delivery MT PR

本服务元素可使发方UA指明所提交的信报要投递给一个以上的收方UA。本服务元素并不隐含表示能同时向所有指定的UA投递。

B.71 多段信体 multi-part body IPM

本服务元素允许发方向一个或多个收方发送其信体分为几段的IP信报,每个信段的性质、属性和类型随该信段一起传送。

B.72 无法投递通知 non-delivery notification MT PR

本服务元素可使MTS在提交的信报没有投递给指定的收方UA时,向发方UA发出通知,或在访问单元的情况下,可以指示信报没有被指定终端接收。信报没有投递的原因包含在通知中,例如MTS不知道收方UA。

在多址信报的情况下,无法投递通知可用于信报不能投递到的收方UA。

当在分发表扩展后信报没有投递时,按照该分发表的规定,可把通知发送给分发表的所有者、信报发方,或同时发送给两者。

注:无法投递通知通常是自动的,并不依赖于发方的请求。

B.73 请求未收到通知指示 non-receipt notification request indication IPM PR

本服务元素可使发方请求在没有收到IP信报时得到通知,对于多收方IP信报,发方可以每个收方为基础请求这个服务元素。

发方UA将其请求运送给收方UA,当发生以下的任何事件时,收方UA自动发出未收到通知:

a) 收方UA将IP信报自动转发给另一用户。

b) 收方UA在接收之前丢弃IP信报。

c) 在接收IP信报之前,收方的租用期已到。

因为允许接收在投递后任意长的时间内发生,所以,即使收方在很长的时间(例如因长时间外出公差)无法访问 IP 信报,也不能认为是未收到,因此不会发任何通知。然而,可以发送通告通知已告知发方收方临时不在。

注:从本服务元素中不能推出任何隐含。

B.74 抗抵赖接收的信文 Non-repudiation of content received IPM PR

本服务元素使 IP 信报的收方提供不可取消的证词,以证实发出的 IP 信报信文本收方接收。本服务提供接收信文完整性不可取消的证词,和 IP 信报收方鉴别不可取消的证词。本服务满足接收信文证明服务元素的相同功能,但不能被否认。

根据有效的安全策略可以以多种方式提供相关的不能取消证明。当发送 IP 通知以作为 IP 信报的响应时,IP 通知的发方总是用抗抵赖起源的服务元素。

一种提供不能取消证明的方法是与下述 IP 通知合并:

a) IP 信报发方的抗抵赖起源争论的证实的拷贝(出现在 IP 信报并由 IP 信报的收方证实);

b) 完整 IP 信报信文的已证实拷贝,当 IP 信报发方的“抗抵赖起源”争论没有出现在 IP 信报中时。

注:作为调用本服务的替换,可以通过公证机制来完成等同的安全,这需要双边协定,因此超出本部分的范围。

当 UA 具有强制支持本服务元素的安全策略时,要求收方满足本服务元素的要求。

B.75 抗抵赖投递 non-repudiation of delivery MT PR

本服务元素允许信报发方从信报收方那里得到不可取消的证词,该证词证明信报确已投递给收方。这将防止收方以后否定收到信报或其信文。抗抵赖投递基于每个收方向信报发方提供,并采用非对称加密技术。

B.76 抗抵赖 IP 通知 non-repudiation of IP-notification IPM PR

本服务元素给 IP 通知的收方提供不可取消的证词,以证明 IP 通知发方的身份并证明收方收到了相关的 IP 信段。

这将防止收方尝试之后否认收到 IP 信报或 IP 通知返回给 IP 信报的发方。本服务元素满足 IP 通知证明中相同的服务但是不可以否认。

本服务元素仅和 IP 通知适用的抗抵赖起源服务元素联合使用。

根据有效的安全策略,可以通过多种方式提供相应的不可取消的证词。其中一种方法是,当安全服务有抗抵赖的属性时,MTS 用户向 ISO/IEC 10021-2 中 10.2.1.1.1 定义的 MTS 用户数据元鉴别安全服务提供不可取消的证词。

仅当 UA 具有强制支持本服务元素的安全策略时,才要求收方满足本服务元素的请求。

B.77 抗抵赖起源 non-repudiation of origin MT PR

本服务元素允许信报发方向信报收方提供不可取消的证词,该证词证明信报的起源和信文的完整性。这将防止发方以后试图撤回信报或其信文。抗抵赖起源基于每个信报向信报收方提供,并采用非对称加密技术。

B.78 抗抵赖提交 non-repudiation of submission MT

本服务元素允许信报发方得到不可取消的证词,该证词证明信报已提交给 MTS 以投递给预定的收方,这将防止 MTS 以后试图否认为投递给预定的收方而已经提交信报的事实。抗抵赖提交基于每个信报向信报的发方提供,并采用非对称加密技术。

B.79 过时指示 obsoleting indication **IPM**

本服务元素允许发方向收方指出以前发送的一个或多个 IP 信报已过时作废。携带这一指示的 IP 信报取代过时的 IP 信报。

收方或其 IPM UA 所采取的行动是局部问题。然而,本服务元素的目的是使得 IPM UA 或收方完成一些工作,例如消除或归档过时信报。

B.80 平信 ordinary mail **PD PR**

本服务元素可使 PDS 利用目标国家内的普通函件邮寄服务传输和投递由 MHS 信报生成的信件,这是传输和投递物理信报的缺省方式。

B.81 源编码信息类型指示 original encoded information types indication **MT**

本服务元素可使发方 UA 向 MTS 指出所提交信报的编码信息类型,当信报投递时,它也向收方 UA 指出发方 UA 指定的信报的编码信息类型。

B.82 发方指示 originator indication **IPM**

本服务元素允许将发方的身份运送给收方,本 IPM 服务元素的目的是以用户友好方式标识发方,相对应的是,MTS 向收方提供发方的实际 OR 地址和目录名(称)(若有的话)。发方指示中不用 DL 名。

B.83 发方参考指示 originator reference indication **IPM**

本服务元素使发方向收方指示发方选择的参考。发方参考可以用在发方的组织中,作为内部参考。可能的发方参考包括:文件名、声明号和合法实例号。之后和特定 IP 信报相关的发方通信的收方可能通过非 MHS 方法,使用本信息。

B.84 发方请求的代收方 originator requested alternate recipient **MT PR**

本服务元素可使发方 UA 为每个预定的收方指定一个代收方,当不能向预定收方投递信报时,MTS 可以将信报投递给代收方,代收方可以是分发表,对于确定的成功与失败(据此而产生投递通知或无法投递通知),向发方所指定代收方的投递和向预定收方的投递是一样的。如果预定收方请求转投到来的信报,并且发方 UA 也请求经发方许可的转投,则系统先尝试转投,若转投失败,系统再向指定的代收方投递信报。

B.85 MHS 发出的物理投递通知 physical delivery notification by MHS **PD PR**

本服务元素允许发方用户请求 MHS 生成并回送一个显式通知,通知发方物理信报投递是否成功。该通知提供投递信息,但不包括 PDS 提供的物理记录。

注 1:通知包括投递的日期和时间,这是从投递人、收件人或另一个经过授权的人所给的投递确认中得来的。这服从于目标国家的国家规范,也依赖于所请求的投递类型(例如:对于需亲自交给收件人的挂号信,收件人应是确认者)。

注 2:本通知不带有关于收方采取的动作(如检查信报内容)的隐含信息。

注 3:当请求了该服务元素且物理信报不可投递时,则根据目标国家的国家规范,物理信报或被送回,或被销毁。这意味着服务元素 B.132 的缺省动作无效。

B.86 PDS 发出的物理投递通知 physical delivery notification by PDS **PD PR**

本服务元素允许发方用户请求 PDS 生成并回送一个显式通知,通知发方物理信报投递是否成功。

发方用户将该通知作为一个投递记录加以保存,以便参考。

注1:通知包括投递的日期和时间,在成功投递时还包括投递人的签名。确认者可以是投递人、收件人或另一个经过授权的人。这服从于目标国家的国家规范,也依赖于所请求的投递类型(例如:对于需亲自交给收件人的挂号信,收件人应是确认者)。

注2:本通知不带有关于收方采取的动作(如检查信报内容)的隐含信息。

注3:当请求了该服务元素且物理信报不可投递时,则根据目标国家的国家规范,物理信报或被送回,或被销毁。这意味着服务元素B91的缺省动作无效。

B.87 允许物理转发 physical forwarding allowed PD PR

本服务元素可使PDS在出现收方变更其地址且告知PDS的情况时,将物理信报转发给转发地址,这是PDS所采取的缺省动作。

B.88 禁止物理转发 physical forwarding prohibited PD PR

本服务元素允许发方用户指示PDS不要向转发地址转发物理信报。

B.89 优先指示 precedence indication IPM PR

本服务元素使发方指示信报的每个收方的优先值。每个收方优先值指示了IP信报感觉的重要性或其与收方期望的相关性。给信报所有收方分配的优先值的集合应影响投递选择级别(B.52)。UA是否通过使用不同的投递选择级别值来执行给MTS的多路提交时局部事宜。

本服务使用的值的语义应由本地安全来决定。下述是可能优先值的例子:

——延期的:本信报对收方具有较低的重要性,在所其他信报处理完宜处理本信报;本值对应非加急的投递选择级别;

——一般的:本信报对于收方是没有显著重要性的常规通信,并宜在收方方便时处理;本值对应一般的投递选择级别;

——今日动作的:本信报对收方具有较高的重要性,并宜在当前工作日结束之前由收方运作;本值对应加急的投递选择级别;

——立即的:本信报要引起收方立即注意,并宜按照收方可能的速度进行处理;本值对应加急的投递选择级别。

B.90 阻止无法投递通知 prevention of non-delivery notification MT PR

本服务元素允许发方UA指示MTS在提交的信报被断定是不可投递时不要向发方UA回送无法投递通知。对于多址信报,发方UA可以基于每个收方请求这个服务元素。

B.91 主收方和抄收方指示 primary and copy recipients indication IPM

本服务元素允许发方提供零个或多个用户名或DL名作为IP信报预定的主要收方,以及零个或多个用户名或DL名作为IP信报预定的抄收方。它的目的是可使一个收方确定每个指定的收方(包括这个收方自己)所属的类别。这两类收方之间的严格差别没有规定。但是,主送方,例如,可能对IP信报进行处理,而抄送方只是对IP信报进行阅读。

用户和DL的名称可以用多种方式表示,其中的一些仅用于人类使用并不是MHS可以用来投递的名(称)。本服务元素允许发方在发方UA给多址投递(B.70)添加的名称和不要求MHS进行投递的名称之间进行区分。这可以导致多址投递中没有主收方和抄收方。

注:举一个该服务元素的例子,在一封典型的便函中,主收方一般由“to:”指示,而“cc:”表示抄送方。

B.92 探询 probe MT

本服务元素可使UA在提交某特定信报前证实该信报能否投递，MTS提供提交信息并生成投递和/或无法投递通知，指明带有相同提交信息的信报能否投递给指定的收方UA。

探询服务元素能够检测是否信文长度、信文类型和/或编码信息类型是否会使信报不可投递。探询结果的意义取决于收方UA。收方UA向MTS登录了它所能接收的编码信息类型、信文类型和最大信报长度。本服务元素遵从和加急类一样的投递时间要求。对于DL，探询并不指出向DL成员成功投递的可能性，而仅指出发方是否有权向DL提交。

B.93 探询起源鉴别 probe origin authentication MT

本服务元素可使探询的发方向该探询传输时所通过的所有MTA提供一种鉴别探询起源的手段(即签名)。探询起源鉴别基于每个探询，并使用非对称加密技术。

B.94 接收信文的证明 proof of content received IPM PR

本服务元素使IP信报的收方提供证词，证明初始IP信报信文已被收方接收。本服务提供接收信文完整性的证明，也提供IP信报收方鉴别的证明。

本服务元素仅和适用于IP通知主题的信文完整性或信报源鉴别的服务元素一起使用。

根据有效的安全策略可以通过多种方法提供相应的证明。当为响应IP信报而向收方发送IP通知时，IP通知的发方总使用信文完整性或信报源鉴别的服务元素。

一种提供证明的方法是在IP通知中和下述联合：

——IP信报发方的信文完整性或信报源鉴别争论的证实的拷贝(出现在IP信报并由IP信报的收方证实)；

——完整IP信报信文的证实的拷贝，当IP信报发方的信文完整性或信报源鉴别争论没有出现在IP信报中时。

仅当UA具有强制要求支持本服务元素的安全策略时，才要求收方满足本服务元素的请求。

注1：在每个信报的基础上通过使用信报源鉴别检验，或在每个收方的基础上通过使用ISO/IEC 10021-4中定义的信报标记来提供信报源鉴别的服务元素；

注2：信文完整性服务元素可以在信报信封上传送到一些地方。信文完整性检验可以是信报信封中独立的安全争论并且/或者是ISO/IEC 10021-4中定义的信报标记的属性。

B.95 投递证明 proof of delivery MT PR

本服务元素允许信报发方从信报收方那里取得鉴别收方身份和所投递的信报及具信文的方法，信报收方鉴别基于每个收方提供给信报发方，并使用对称或非对称加密技术。

B.96 IP通知证明 proof of IP-notification IPM PR

本服务元素给IP信报的发方提供证词，证明IP信报已被它的收方接收，并且该收方是收到的IP通知的发方。

这就防止IPM收方试图之后否认IP信报被接收并且IP通知被返回发方。

本服务元素仅和信文完整性和/或适用于IP通知的信报源鉴别的服务元素一起使用。

根据有效的安全策略可以通过多种方式提供相应的证明。其中一种方法是MTS用户向MTS用户数据源鉴别安全服务提供证明，在ISO/IEC 10021-2中的10.2.1.1.1中定义，适用于IP通知。

仅当UA具有强制要求支持本服务元素的安全策略时，才要求收方满足本服务元素的请求。

B.97 提交证明 proof of submission MT

本服务元素允许信报的发方从MTS那里取得鉴别信报为投递给预定收方而已被提交的方法。信报提交鉴别基于每个信报,并使用对称或非对称加密技术。

B.98 请求收到通知指示 receipt notification request indication IPM PR

本服务元素允许发方要求在发送的信报被收到时得到通知,对于多收方信报,发方可基于每个收方请求这一服务元素。本服务元素也隐含请求未收到通知指示服务元素。

发方的UA将其请求运送给收方UA。收方可指示其UA处理这一请求,处理方式可以是自动的(例如,在它将IP信报首次显示在收方的终端上),或是通过收方的显式命令。收方可指示其UA以统一对待方式或分别对待方式对这样的请求不予理睬。

B.99 发方不允许转投 redirection disallowed by originator MT

本服务元素可使发方UA指示MTS,当收方请求外来信报转投服务元素时,不转投某个特定的提交信报。

B.100 外来信报转投 redirection of incoming message MT

本服务元素可使UA指示MTS,在指定的时间期间或取消之前,将投向它的外来信报转投给另一个UA或DL。

注1:这是一个MT服务元素,在转投之前,并不要求先向原定收方投递,所以不同于IPM自动转发指示服务元素。

注2:当实施安全措施时,不同的外来信报可根据它们的安全标号,或转发给不同的代收方,或根本不能转投。

B.101 挂号邮件 registered mail PD PR

本服务元素允许发方用户指示PDS把物理信报按挂号信处理。

B.102 收信人亲启的挂号邮件 registered mail to addressee in person PD PR

本服务元素允许发方用户指示PDS把物理信报按挂号信处理,并只向收件人投递。

B.103 请求回复指示 reply request indication IPM PR

本服务元素允许发方请求收方对携带有该请求的IP信报回复一个IP信报。发方可确定发送回复的最迟日期,以及发方请求的(但并不要求这样)接收回复的优先收方中的一个或多个用户或DL。收方被告知日期和名(称),但是否回复,以及向谁回复,由收方决定。

注:隐抄收方应仔细考虑向谁回复,以便保护隐抄收方指示服务元素的含义。

B.104 回复IP信报指示 replying IP-message indication IPM

本服务元素允许IP信报的发方向收方指出该IP信报是对另一个IP信报的回复。根据要求回复的信报发方的期望,以及根据回复发方的最终决定,回复可送向:

1) 要求回复的信报的请求回复指示中指定的收方。

2) 要求回复的信报的发方。

3) 发方和其他收方。

4) 一个分发表,要求回复的信报的发方可以是其中的一个接收成员。

5) 由回复发方选择的其他收方。

回复的收方将回复作为一般IP信报来接收,只不过这个信报带有它所要回复的信报的指示。

B.105 报告起源鉴别 report origin authentication **MT**

本服务元素允许信报(或探询)的发方鉴别关于主题信报(或探询)的投递和无法投递报告的起源(即签名)。报告起源鉴别基于每个报告,并使用非对称加密技术。

B.106 请求转发地址 request for forwarding address **PD PR**

本服务元素允许发方用用户指示 PDS,在收方变更地址并告知 PDS 时提供转发地址。

本服务元素能与允许物理转发或禁止物理转发服务元素一起使用。PDS 向发方用户提供转发地址要遵从目标国家的国家规定。缺省行为是不提供转发地址。

B.107 请求抗抵赖接收的信文 request for non-repudiation of content received **IPM PR**

本服务元素使 IP 信报的发方请求 IP 信报的收方提供不可取消的证词,以证明 IP 信报信文通过 IP 通知的方法被接收。

仅当预订接收通知请求证实的服务元素时,才可以预订本服务元素。

如果请求本服务元素,则不应对请求接收信文证明的服务元素进行请求。

本服务元素仅提供发方请求的指示。完成请求需要对抗抵赖接收信文的服务元素进行支持。

B.108 请求抗抵赖的 IP 通知 request for non-repudiation of IP-notification **IPM PR**

本服务元素使 IP 信报的发方请求 IP 信报的收方提供不可取消的证词,以证明初始的 IP 通知是通过 IP 信报响应产生的。

仅当预订接收通知请求证实的服务元素时,才可以预订本服务元素。

如果请求本服务元素,则不应对请求 IP 通知证明的服务元素进行请求。

本服务元素仅提供发方请求的指示。完成请求需要对抗抵赖 IP 通知的服务元素进行支持。

B.109 请求接收信文的证明 request for proof of content received **IPM PR**

本服务元素使 IP 信报的发方请求 IP 信报的收方提供证词,以证明通过 IP 通知接收 IP 信报信文。

仅当预订接收通知请求证实的服务元素时,才可以预订本服务元素。

本服务元素仅提供发方请求的指示。完成请求需要对接收信文证明的服务元素进行支持。

B.110 请求 IP 通知的证明 request for proof of IP-notification **IPM PR**

本服务元素使 IP 信报的发方请求 IP 信报的收方提供证词,以证明初始的 IP 通知是通过 IP 信报响应产生的。

仅当预订接收通知请求证实的服务元素时,才可以预订本服务元素。

本服务元素仅提供发方请求的指示。完成请求需要对 IP 通知证明的服务元素进行支持。

B.111 请求的优选投递方式 requested preferred delivery method **MT PR**

本服务元素允许用户基于每个收方请求信报投递的优选方式或一般方式(如通过访问单元)。

注:这样就假定了目录的有效性以及由发方和本服务元素一起命名的目录规范的有效性。它可能和目录中有效的 OR 地址请求不匹配。如果没有可行的匹配,则可能发生无法投递。

B.112 受限投递 restricted delivery **MT**

本服务元素能使收方 UA 向 MTS 指出它不准备接受来自某些 MTS 用户,或者由某些 MTS 用户转投的,或者由某些 MTS 用户 DL 扩展的信报投递。

收方 UA 可以注册几个准则集以限制不同信报类别的投递。

B.113 信文回送 return of content **MT**

本服务元素可使发方 UA 请求将提交信报的信文与任何无法投递通知一起回送,但如果对信报的信文已做过编码信息类型转换,则不做上述操作。

B.114 安全访问管理 secure access management **MT**

本服务元素允许 MTS 用户建立一个与 MTS 的联系,或 MTS 建立一个与 MTS 用户的联系,或 MTA 建立一个与另一个 MTS 的联系,它还建立对与之交互作用的客体,对该联系的上下文和安全上下文的高度信任的凭证。安全访问管理可使用非对称或对称加密技术。若用高度信任凭证实现访问安全,这些凭证需定期更换。

B.115 敏感性指示 sensitivity indication **IPM**

本服务元素允许 IP 信报的发方确定对接收而言信报的相对敏感性。其目的是敏感性指示控制:

1) 是否收方为接收 IP 信报必须证明他的身份。

2) 是否允许 IP 信报在共享打印机上打印。

3) IPM UA 是否允许收方转发接收到的 IP 信报。

4) 是否允许 IP 信报被自动转发。

敏感性指示可向收方指出,或直接由收方的 IPM UA 解释。

若未指出敏感性级别,则假定 IP 信报的发方不限制收方对该 IP 信报的进一步处理收方可以对该 IP 信报进行转发、打印,或按他的选择做别的处理。

缺省级别之上还有三级特殊的敏感性级别,定义如下:

个人的:IP 信报信报发送到作为一个个人的收方,而不是其职务的收方。

专用的:IP 信报包含的信息只能让收方而不能让其他人看到(或听到)。收方的 IPM UA 可以为该 IP 信报的发方实现这一要求而提供服务。

团体机密的:IP 信报包含的信息应根据团体的特殊程序予以处理。

B.116 专人投递 special delivery **PD PR**

本服务元素允许发方用户指示 PDS 用平信邮寄系统运输由 MHS 信报产生的信函,并由专门的邮递员进行投递。

B.117 草稿信报存储 storage of draft messages **MS-94**

本服务元素使 MS 用户在 MS 中存储草稿信报。用户可以获得草稿信报的摘要并且可以通过存储信报列表和存储信报获取的服务元素来访问草稿信报。

B.118 提交存储 storage on submission **MS-94**

本服务元素使 MS 用户命令 MS 根据提交的信报将信报备份存储,或者由 MS 用户完成或者是执行自动动作的结果。提交信报的存储视提交成功而定。用户可以命令 MS 存储所有提交的信报,或者仅根据每个信报进行存储。

B.119 存储周期分配 storage period assignment **MS-94**

本服务元素使 MS 用户为存储信报分配一个存储周期。存储周期指示了用户预测的和信报宜在 MS 中保留的时间周期;这可以表示为时间周期(从存储时开始),或者表示为绝对的日期和时间。当预定存储周期后自动删除和存储周期自动分配的服务元素时，才预订本服务元素。

B.120 存储信报告示 stored message alert **MS**

本服务元素允许MS的用户登记恰当的准则，当信报到达MS时，若满足所选标准，则会向用户发布告示。发布告示的形式如下：

1) 若UA与MS相联且与MS处于联机状态，一旦信报到达MS且满足登记的发布告示的准则，告示信报就立即送往UA。若UA处于脱机状态，则在满足准则的信报到MS之后UA又一次与MS联机时，用户将被告知已发生了一次或多次需发布告示的情况。其具体细节可通过执行存储信报而得到。

2) 此外，或作为上面1)的替代，MS可用其他机制通知用户。

B.121 存储信报注释 stored message annotation **MS-94**

本服务元素使MS用户在存储信报上添加一个或多个文本型的注释。注释适用于完整的信报并且不可以选择性的适用于信报的不同部分。注释对于MS和MS用户来讲是本地的并且不通过MTS在任何信报中进行传输。B.19中描述的"封面注释"与信报注释无关。

B.122 存储信报的删除 stored message deletion **MS**

本服务元素可使收方UA从MS中删除它的某些信报。如果信报以前从未列出，就不能删除。

B.123 存储信报的获取 stored message fetching **MS**

本服务元素允许收方UA从MS中获取一个信报，或部分信报。UA可采用与存储信报列表服务元素中所用的搜索准则相同的搜索准则来获取信报(或部分信报)。

B.124 存储信报分组 stored message grouping **MS**

本服务元素使MS用户在MS中存储的信报上添加组名。信报可以有0个、1个，或多个与其相关组名，之后可用作选择。每个信报组名由一序列成分组成，可认为构成了存储级别。设置、改变或删除信报中的组名可以由MS用户执行。

UA向MS指示，通过注册，UA雇用的每个独特的组名标记相关信报的每个组。可以给每个组名分配一个描述性的文本，该文本和组名一起注册。MS将证实用户之后使用的组名属于已注册的组名集，并且阻止用户对当前存储的信报所添加的组名进行撤销注册，或者对自动分配组名的服务元素所使用而注册的组名进行撤销注册。组名一直有效直到其被撤销注册。MS禁止试图对同一个组名进行两次注册。

B.125 存储信报列表 stored message listing **MS**

本服务元素为收方UA提供关于它存储在MS中的某些信报的列表信息。信息包含从信报的信封和信文中选出的属性和其他MS附加的信息。UA可限制列出的信报数。

B.126 存储信报摘要 stored message summary **MS**

本服务元素为收方UA提供计算符合确定准则的信报个数的功能。这些准则基于存储在MS中的信报的一个或多个属性。

B.127 主题指示 subject indication **IPM**

本服务元素允许发方向收方指出发送的IP信报的主题。要使主题信息对收方是可用的。

B.128 提交日志 submission log **MS-94**

本服务元素使MS用户访问日志，该日志记录了从MS向MTS提交的信报的细节。产生这些记录不需要考虑提交的信报副本是否通过存储提交服务元素来存储。及时存储了副本，在信报删除后相应的提交日志项依然存在。成功提交和不成功提交都要记录。提交日志项包括对提交的信报进行存储的信息的子集。每个信报的提交日志中所存储的信息量在预定时被规定。MS用户能够决定是否删除可提交日志项相关的提交的报告。MS用户能够通过存储信报列表、存储信报获取和存储信报摘要服务元素从提交报告中检索信息。要预订删除提交日志项的能力，并可能受限于满足某些准则的信报，如信报存储的时间周期长于约定的时间。

B.129 IP信报合并存储信报的提交 submission of IP-messages incorporating stored messages

IPM MS-94

本服务元素使MS用户命令MS和一个或多个存储信报的部分进行合并，作为提交的IP信报的信段。提交的IP信报也可以包含来自MS用户提交中提供的信段。

信段源的存储信报可以被投递、提交或成为草稿信报，可以合并存储的IP信报的整个信文或单独信段也可以与投递信报合并。当信文合并时，将形成转发的IP信报。当信文合并时，投递信息也可以和投递信报进行合并。

MS可以选择性支持不是IP信报的信报信段的转投。在这种情况下，只有其定义兼容IPM的信段(或者其定义为了转换成IPM信段的规则的信段)可以被转发。如果信报不是一个IP信报，则不能转发完整的信报信文。

提交到MTS的信报，与存储的信报或信段合并，可以在MS中促出，只要用户预订存储提交的服务元素。如果预订提交日志服务元素，则也可以在提交日志中存储信报的摘要。

B.130 提交时戳指示 submission time stamp indication **MT**

本服务元素能使MTS向发方UA和每个收方UA指出信报提交到MTS的日期和时间。对于物理投递，这一服务元素同样可使PDAU指出物理信报的提交日期和时间。

B.131 类型信体 typed body **IPM**

本服务元素允许IP信报的信体的特征和属性随信体一起运送。由于信体可能作转换，信体类型也会随之改变。

注1：一个例子是使用文件传递信体。它提供了存储文件信文的转换，以及与发方和收方之间的文件相关的其他信息的转换。其他的信息包括：

——文件属性，一般和文件信文要一起存储；

——传送开始的环境信息；

——现存存储文件或之前信报的参考。

注2：另一个例子是使用话音信体。

B.132 不可投递邮件的物理信报回送 undeliverable mail with return of physical message

PD PR

本服务元素能使：PDS在物理信报不能投递给收信人时，立即回送物理信报，并向发方说明原因。这是PDS采取的缺省动作。

注：若是“待领邮件”情况，则过一段时间才回送物理信报。

B.133 分发表的使用 use of distribution list **MT PR**

本服务元素可使收方UA确定一个分发表,以替代在某处涉及到的所有单个收方(用户或嵌套DL)。MTS将把分发表的成员加入信报收方行列,并向这些成员发送信报。分发表的成员可以是分发表,在这种情况下,在MTS中多处地方收方列表将相继得到扩展。

B.134 用户/UA能力注册 user/UA capability registration **MT**

本服务元素可使UA通过注册向其MTA指出能够处理的信报类型,以及可以向其传递那个MTA。信报的类型定义成集中属性的组合:

1) 可以投递的信报的信文类型;

2) 可以或不可以投递的信报的编码信息类型;

3) 附加属性,包括最大信报长度和出现的安全标记。

注:有可能注册某些编码信息类别,这些编码信息类别导致传递信报不需要考虑其他出现的编码信息类别。用户可以声明某种无法传递的编码信息类别以使MTS执行隐式转换。

UA可以规定不同的注册信息集,以控制不同信段类别的投递。

MTA将不向UA投递那些不符合或超越了注册功能的信报。

附 录 C
（资料性附录）
1992 年以来服务元素的变动

C.1 1988 年新增服务元素

服务元素	MT	IPM	PD	MS	附录 B 章条号[a]
IP 信报的自动确认	×	×			B.7
自动动作日志	×				B.8
注释的自动分配		×			B.10
组名的自动分配		×			B.11
存储周期的自动分配		×			B.12
IP 信报的自动相关	×	×			B.13
IP 通知的自动相关	×	×			B.14
报告的自动相关		×			B.15
存储周期后的自动删除		×			B.16
IP 信报的自动丢弃	×	×			B.17
拷贝优先		×			B.XXX
投递日志	×				B.38
分发码指示		×			B.44
免除的地址		×			B.XXX
扩展授权信息		×			B.XXX
IP 信报动作状态	×	×			B.58
信段说明		×			B.XXX
信段类型		×			B.XXX
发方参考指示		×			B.83
其他收方指示器		×			B.XXX
主要优先		×			B.XXX
草稿信报存储		×			B.117
提交存储		×			B.118
存储周期分配		×			B.119
存储信报注释		×			B.121
存储信报分组		×			B.124
提交日志	×				B.128
IP 信报合并存储信报的提交	×	×			B.129

[a] 本指示是参考 GB/T 16284.1—1996 版本的附录 B 章编号。

B.XXX 从 1996 版本中移除的章条编号。

图 C.1 服务元素的映射

C.2 新增服务元素的分类

新增服务元素加入 1992 X.400 系列而产生了 1996 F.400/X.400 系列建议，新增服务元素均归类为附加可选用户业务。

附　录　D
（资料性附录）
GB/T 16284.1 与 ITU-T 建议 X.400 之间的差别

本附录指出了本部分和对应的 ITU-T 建议之间的主要差别。由于在许多情况下差别表现在字、措辞和句子上增删，而这些出现在整篇正文中多处，因此本附录不能一一指出这些例子，而是概述这些差别的含义。

下面是主要差别：

1） ITU-T 正文完全参考 ITU-T 服务以及它们与 MHS 的关系。

2） 图 5 给出了管理域之间的关系，并对应注释。

3） ADMD 和 PRMD 命名的作用。

4） 在提供公共服务中使用 MHS(第 17 章)。

5） GB/T 16284.1 正文中不包括关于负责存储延后投递信报文(附录 B36)的注解，而 ITU-T 建议中有此注解。

6） 在提供 ADMD 服务时，ITU-T 正文不参考除 ITU-T 公共机构以外的组织的能力。

ICS 67.050
X 04

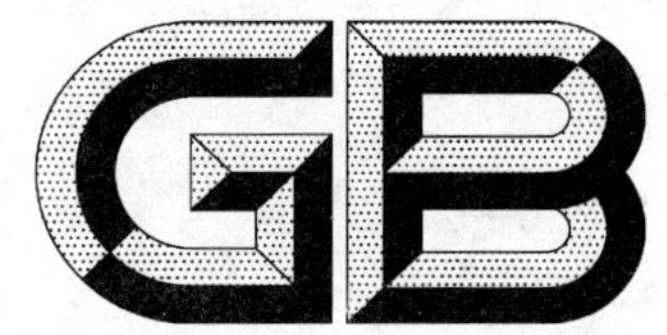

中华人民共和国国家标准

GB/T 16285—2008
代替 GB/T 16285—1996

食品中葡萄糖的测定 酶-比色法和酶-电极法

**Determination of glucose in food—
Enzyme-colorimetric method and enzyme-electrode method**

2008-06-25 发布　　2009-01-01 实施

中华人民共和国国家质量监督检验检疫总局
中国国家标准化管理委员会　发布

前言

本标准代替GB/T 16285—1996《食品中葡萄糖的测定方法　酶-比色法和酶-电极法》。

本标准与GB/T 16285—1996相比主要变化如下：

——标准名称改为：食品中葡萄糖的测定　酶-比色法和酶-电极法；

——按GB/T 1.1—2000和GB/T 20001.4—2001的规定，修改了文本格式。

本标准的酶-比色法为仲裁法；酶-电极法为快速法。

本标准的附录A、附录B为规范性附录。

本标准由全国食品工业标准化技术委员会提出并归口。

本标准起草单位：中国农垦北方食品监测中心（酶-比色法）、山东省科学院生物研究所（酶-电极法）。

本标准主要起草人：张宗城、刘宁、冯德荣、孙士青、宋家华。

本标准所代替标准的历次版本发布情况为：

——GB/T 16285—1996。

食品中葡萄糖的测定
酶-比色法和酶-电极法

1 范围

本标准规定了酶-比色法和酶-电极法测定食品中葡萄糖的分析步骤。

本标准适用于各类食品中葡萄糖的测定;亦适用于食品中其他组分转化为葡萄糖的测定。

本标准的酶-比色法的最低检出限量为 0.01 μg/mL;酶-电极法的最低检出限量为 1.0 mg/100 mL。

2 规范性引用文件

下列文件中的条款通过本标准的引用而成为本标准的条款。凡是注日期的引用文件,其随后所有的修改单(不包括勘误的内容)或修订版均不适用于本标准,然而,鼓励根据本标准达成协议的各方研究是否可使用这些文件的最新版本。凡是不注日期的引用文件,其最新版本适用于本标准。

GB/T 6682 分析试验室用水规格和试验方法(GB/T 6682—1992,neq ISO 3696:1987)

3 酶-比色法

3.1 方法提要

葡萄糖氧化酶(GOD)在有氧条件下,催化 β-D-葡萄糖(葡萄糖水溶液)的氧化反应,生成 D-葡萄糖酸-δ-内酯和过氧化氢。受过氧化物酶(POD)催化,过氧化氢与 4-氨基安替比林和苯酚生成红色醌亚胺。在波长 505 nm 处测定醌亚胺的吸光度,计算食品中葡萄糖的含量。

3.2 反应式

$$C_6H_{12}O_6 + O_2 \xrightarrow{GOD} C_6H_{10}O_6 + H_2O_2$$

$$H_2O_2 + C_6H_5OH + C_{11}H_{13}N_3O \xrightarrow{POD} C_6H_5NO + H_2O$$

3.3 试剂和溶液

3.3.1 试剂和分析用水

所有试剂均使用分析纯试剂,或生化试剂;分析用水应符合 GB/T 6682 规定的二级水规格,或重蒸馏水。

3.3.2 组合试剂盒

1 号瓶:内含磷酸盐缓冲溶液(0.2 mol/L,pH=7.0)100 mL,其中 4-氨基安替比林为 0.001 54 mol/L。

2 号瓶:内含苯酚溶液(0.022 mol/L)100 mL。

3 号瓶:内含葡萄糖氧化酶(glucose oxidase)400 U(活力单位)、过氧化物酶(辣根,peroxidase)1 000 U(活力单位)。

葡萄糖氧化酶和过氧化物酶的活力要求和判定见附录 A。

1、2、3 号瓶应在约 4℃保存。

3.3.3 酶试剂溶液

将 1 号瓶(3.3.2)和 2 号瓶(3.3.2)的内容物充分混合均匀,再将 3 号瓶(3.3.2)的内容物溶解其中,轻轻摇动(勿剧烈摇动),使葡萄糖氧化酶和过氧化物酶完全溶解。此溶液应在约 4℃保存,有效期 1 个月。

3.3.4 亚铁氰化钾溶液(0.085 mol/L)

称取 3.7 g 亚铁氰化钾,溶于 100 mL 水中,摇匀。

3.3.5 **硫酸锌溶液(0.25 mol/L)**

称取 7.7 g 硫酸锌,溶于 100 mL 水中,摇匀。

3.3.6 **氢氧化钠溶液(0.1 mol/L)**

称取 4 g 氢氧化钠,溶于 1 000 mL 水中,摇匀。

3.3.7 **葡萄糖标准溶液**

称取经 100℃±2℃烘烤 2 h 的葡萄糖 1.000 0 g,溶于水中,定容至 100 mL,摇匀。用水稀释此溶液 2.00 mL→100 mL,浓度为 200 μg/mL。

3.4 **仪器和设备**

3.4.1 研钵或粉碎机。

3.4.2 分析筛。

3.4.3 组织捣碎机。

3.4.4 恒温水浴锅。

3.4.5 可见光分光光度计。

3.4.6 微量移液管:1.00 mL,精度 0.01 mL。

3.5 **试样的制备**

3.5.1 **固体样品**

粉末状样品:取有代表性的样品至少 200 g,充分混匀,置于密闭的玻璃容器内。

颗粒状样品:取有代表性的样品至少 200 g,用粉碎机粉碎,或用研钵研细,通过 100 目分析筛,置于密闭的玻璃容器内。

新鲜水果、蔬菜等固体样品:取有代表性的可食部分至少 200 g,用组织捣碎机捣碎,置于密闭的玻璃容器内。

3.5.2 **糊状样品**

取有代表性的样品至少 200 g,充分混匀,置于密闭的玻璃容器内。

3.5.3 **固、液体样品**

取有代表性的样品至少 200 g,用组织捣碎机捣碎,置于密闭的玻璃容器内。

3.5.4 **液体样品**

取有代表性的样品至少 200 mL,充分混匀,置于密闭的玻璃容器内。如样品中含二氧化碳,应用三角瓶取 200 mL,旋摇至基本无气泡,安装冷凝管,置沸水浴中加热 10 min,取出冷却至室温。

3.6 **试液的制备**

3.6.1 不含蛋白质的试样:用 100 mL 烧杯称取试样(3.5)1 g～10 g(精确至 0.000 1 g),加少量水,转移到 250 mL 容量瓶中,稀释至刻度。摇匀后用快速滤纸过滤。弃去最初滤液 30 mL。

试液中葡萄糖含量大于 300 μg/mL 时,应适当增加定容体积。

3.6.2 含蛋白质的试样:用 100 mL 烧杯称取试样(3.5)1 g～10 g(精确至 0.000 1 g),加少量水,转移到 250 mL 容量瓶中。加入亚铁氰化钾溶液(3.3.4)5 mL、硫酸锌溶液(3.3.5)5 mL 和氢氧化钠溶液(3.3.6)10 mL,用水定容至刻度。摇匀后用快速滤纸过滤。弃去最初滤液 30 mL。

试液中葡萄糖含量大于 300 μg/mL 时,应适当增加定容体积。

3.7 **分析步骤**

3.7.1 **标准曲线的绘制**

用微量移液管取 0.00 mL、0.20 mL、0.40 mL、0.60 mL、0.80 mL、1.00 mL 葡萄糖标准溶液(3.3.7),分别置于 10 mL 比色管中,各加入 3 mL 酶试剂溶液(3.3.3),摇匀,在 36℃±1℃水浴锅中恒温 40 min。冷却至室温,用水定容至 10 mL,摇匀。用 1 cm 比色皿,以葡萄糖标准溶液含量为 0.00 μg/mL 的试液调整分光光度计的零点,在波长 505 nm 处,测定各比色管中溶液的吸光度。

以葡萄糖含量为纵坐标,吸光度为横坐标,绘制标准曲线。

3.7.2 试液吸光度的测定

用微量移液管取 0.50 mL～5.00 mL 试液(3.6)(依试液中葡萄糖的含量而定)，置于 10 mL 比色管中。以下按 3.7.1 步骤操作。

测定试液吸光度后，在标准曲线上查出相应的葡萄糖含量。

3.8 结果计算

食品中葡萄糖的含量，以质量分数 X_1 计，数值以%表示，按式(1)计算：

$$X_1 = \frac{m_1 \times V_1}{m \times V_2 \times 10\,000} \qquad \cdots\cdots(1)$$

式中：

m_1——标准曲线上查出的试液中葡萄糖的质量的数值，单位为微克(μg)；

m——试样的质量的数值，单位为克(g)；

V_1——试液的定容体积的数值，单位为毫升(mL)；

V_2——测定时吸取试液的体积的数值，单位为毫升(mL)。

计算结果表示到小数点后两位。

3.9 允许差

同一样品两次平行测定结果之差不得超过两次测定平均值的 5.0%。

4 酶-电极法

4.1 方法提要

葡萄糖氧化酶(GOD)在有氧条件下，催化 β-D-葡萄糖(葡萄糖水溶液)的氧化反应，生成 D-葡萄糖酸-δ-内酯和过氧化氢。过氧化氢与过氧化氢型电极接触产生电流。该电流值与 β-D-葡萄糖的浓度呈线性比例，在酶电极葡萄糖分析仪上直接显示葡萄糖含量。

4.2 反应式

$$C_6H_{12}O_6 + O_2 \xrightarrow{GOD} C_6H_{10}O_6 + H_2O_2$$

4.3 试剂和溶液

4.3.1 试剂和分析用水

所有试剂均使用分析纯试剂或生化试剂；分析用水应符合 GB/T 6682 规定的二级水规格。

4.3.2 组合试剂盒

4.3.2.1 葡萄糖氧化酶膜：含葡萄糖氧化酶(GOD)15 U(活力单位)；应在 0℃～4℃保存，有效期 12 个月。

葡萄糖氧化酶膜的活性和抗干扰性的判定，见附录 B。

4.3.2.2 复合试剂：含磷酸二氢钾、磷酸氢二钠、乙二胺四乙酸二钠、氯化钠、苯甲酸钠、庆大霉素硫酸盐；常温保存，有效期 24 个月。

4.3.2.3 β-D-葡萄糖标准溶液：浓度为 100.0 mg/100 mL；密封保存，有效期 12 个月。

4.3.3 缓冲溶液

将一袋复合试剂(4.3.2.2)溶解在 1 000 mL 水中，摇匀。pH：7.2±0.1。

4.4 仪器和设备

4.4.1 研钵或粉碎机。

4.4.2 分析筛。

4.4.3 组织捣碎机。

4.4.4 酶电极葡萄糖分析仪：直接读数式；测量范围 0 mg/100 mL～100.0 mg/100 mL(β-D-葡萄糖)；测量精度±1.0 mg/100 mL(β-D-葡萄糖)。

4.4.5 微量进样器:容量 50 μL,精度 1 μL。

4.5 试样的制备

同 3.5。

4.6 试液的制备

4.6.1 固体试样和固液体试样

4.6.1.1 一般固体试样和固、液体试样:称取试样(4.5)1 g～10 g(使之定容后葡萄糖含量为 1 mg/mL～200 mg/mL)于 100 mL 烧杯内,精确至 0.000 1 g,用水移入 100 mL 容量瓶中,稀释至刻度,摇匀,放置 30 min(摇动 2 次～3 次)。用快速滤纸或脱脂棉过滤。弃去最初滤液,收集 1 mL～2 mL 滤液于带盖小试管中。

4.6.1.2 水果、蔬菜试样:称取试样(4.5) 1 g～10 g 于 100 mL 烧杯内(使之定容后葡萄糖含量为 1 mg/mL～200 mg/mL),精确至 0.000 1 g。加入煮沸的水 30 mL～50 mL 和 5 mL 缓冲溶液(4.3.3),继续煮沸 3 min～5 min,冷却至室温后用研钵研细或用组织捣碎机捣碎。用水移入 100 mL 容量瓶中,稀释至刻度,摇匀。用快速滤纸或脱脂棉过滤。弃去最初滤液,收集 1 mL～2 mL 滤液于带盖小试管中。

4.6.1.3 食用葡萄糖试样:称取试样(4.5) 1 g～10 g 于 100 mL 烧杯内,精确至 0.000 1 g。加入约 50 mL 水,溶解后煮沸 2 min。冷却后用水移入 1 000 mL 容量瓶中,稀释至刻度,摇匀。

4.6.2 糊状和液体试样

称取试样(4.5) 1 g～10 g(使定容后葡萄糖含量为 1 mg/mL～200 mg/mL)于 100 mL 烧杯内,精确至 0.000 1 g。用水移入 100 mL 容量瓶中,稀释至刻度,摇匀。用快速滤纸或脱脂棉过滤(如溶液呈透明状,可不过滤)。弃去最初滤液,收集 1 mL～2 mL 滤液于带盖小试管中。

4.7 分析步骤

4.7.1 校正仪器

从组合试剂盒中取出电极,将其表面清理干净,吸取缓冲溶液(4.3.3)滴在电极表面。用小镊子取一片酶膜圈,安装在电极表面,使酶膜圈中心和电极中心的白金完全贴紧,形成无气泡的薄层液体,然后将电极安装在反应池内。

仪器开机后,缓冲溶液即自动进入反应池,并自行冲洗。当仪器出现进样指令后,用微量进样器准确吸取 25 μL β-D-葡萄糖标准溶液(4.3.2.3)(用滤纸擦净针尖外部)注入进样口内。20 s～40 s 后仪器自动显示标准溶液(4.3.2.3)的指示值。再等 30 s～60 s,仪器自行完成冲洗过程,即可重复注入标准溶液(4.3.2.3)数次,直至仪器显示允许开始测定样品。当连续两次标准溶液(4.3.2.3)显示值的相对偏差小于 2.0%时,即完成校正步骤。

4.7.2 测定样品

用试液(4.6) 冲洗微量进样器,至少两次。准确吸取 25 μL 试液(4.6),用滤纸擦干针尖外部,注入进样口。20 s～40 s 后读取显示值。

4.8 结果计算

食品中葡萄糖的含量,以质量分数 X_2 计,数值以%表示,按式(2)计算:

$$X_2 = \frac{R \times V_3}{1\,000 \times m_1} \qquad \cdots\cdots(2)$$

式中:

R——仪器测定的数值,单位为毫克每百毫升(mg/100 mL);

V_3——试液的定容体积的数值,单位为毫升(mL);

m_1——试样的质量的数值,单位为克(g)。

计算结果表示到小数点后一位。

4.9 允许差

同一样品的两次测定值之差：

食品中葡萄糖含量小于1.0%时，不得超过两次测定平均值的5.0%；

食品中葡萄糖含量大于或等于1.0%时，不得超过两次测定平均值的2.0%。

附 录 A
（规范性附录）
葡萄糖氧化酶和过氧化物酶的活力与判定

A.1 活力要求

A.1.1 葡萄糖氧化酶的活力：不低于 20 U/mg；不得含有纤维素酶、淀粉葡萄糖苷酶、β-果糖苷酶、半乳糖苷酶、过氧化氢酶等干扰酶。

A.1.2 过氧化物酶活力：不低于 50 U/mg；不得含纤维素酶、淀粉葡萄糖苷酶、β-果糖苷酶、半乳糖苷酶、过氧化氢酶等干扰酶。

A.2 试验方法

用移液管吸取 0.50 mL 葡萄糖标准溶液（3.3.7），置于 10 mL 比色管中，加入 100 μg 可溶性淀粉（分析纯）、100 μg 纤维二糖（生化试剂）、100 μg 乳糖（分析纯）和 100 μg 蔗糖（分析纯），再加入 3 mL 酶试剂溶液（3.3.3）。以下按 3.7.1 步骤操作。

测定吸光度后，在标准曲线（3.7.1）上查出相应的葡萄糖含量，按式（A.1）计算葡萄糖的回收率：

$$F = \frac{m_2}{0.5 \times 200} \times 100 \qquad \cdots\cdots (A.1)$$

式中：

F——葡萄糖的回收率，%；

m_2——葡萄糖的实测数值，单位为微克（μg）。

A.3 判定

测定的葡萄糖回收率，如在 95%～105%范围内，则判定葡萄糖氧化酶和过氧化物酶符合要求。

附　录　B
（规范性附录）
葡萄糖氧化酶膜的判定

B.1　酶膜活性的判定

校正仪器时，注入 25 μL β-D-葡萄糖标准溶液（4.3.2.3），仪器显示指示数值后，按下酶膜响应键，则显示出酶膜活性的相应数值。如相应数值大于 10.0，则表示酶膜活性符合要求；相应数值小于 10.0 时，应更换新酶膜。

B.2　酶膜线性的判定

校正仪器操作步骤完成后，仪器显示酶膜线性检查指令。用微量进样器注入 50 μL β-D-葡萄糖标准溶液（4.3.2.3），如显示值大于 184.0，表示酶膜线性良好；小于 184.0 时，应按下仪器线性校正键，进行线性校正，或更换新酶膜。

B.3　酶膜抗干扰性的判定

校正仪器操作步骤完成后，用微量进样器吸取 25 μL 新配制的 1% 亚铁氰化钾溶液，注入反应池进样口。当仪器显示值为 −2.0～+6.0 时，表示酶膜抗干扰符合要求；否则应更换新酶膜。

1% 亚铁氰化钾溶液的配制：用 100 mL 烧杯准确称取 1.15 g 亚铁氰化钾[$K_4Fe(CN)_6 \cdot 3H_2O$，分析纯]，加入少量水使之溶解，转移至 100 mL 容量瓶中，稀释至刻度，摇匀。

ICS 83.140
Y 28

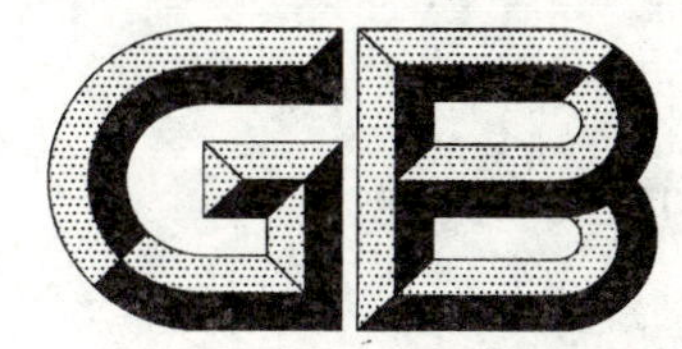

中华人民共和国国家标准

GB/T 16288—2008
代替 GB/T 16288—1996

塑料制品的标志

Marking of plastics products

(ISO 11469:2000,Generic identification and marking of plastics products,MOD)

2008-04-11 发布　　2008-10-01 实施

中华人民共和国国家质量监督检验检疫总局
中国国家标准化管理委员会　发布

前　言

本标准修改采用ISO 11469:2000《塑料制品的标识和标志》。

本标准在修改采用ISO 11469:2000时作了内容扩充和编辑性的修改,并在所涉及条款的页边空白处用垂直单线标识。

本标准与ISO 11469:2000的主要差异如下:

——用我国前言代替原国际标准前言;

——规范性引用文件中增加了五项国家标准;

——增加塑料制品的七条术语和定义;

——增加标志的组成、图形和名称、功能性说明及补充性说明等内容;

——增加表1标志图形和名称;

——增加塑料的缩写语、名称和代号,并用附录A表示。

本标准代替GB/T 16288—1996《塑料包装制品回收标志》。

本标准与GB/T 16288—1996相比,主要变化如下:

——标准名称由《塑料包装制品回收标志》改为《塑料制品的标志》;

——标准范围由塑料包装制品扩大至塑料制品;

——标识等同采用了ISO 11469:2000;

——增加了对食品用塑料、医用塑料的标识和标志的要求;

——增加了功能性说明和补充性说明的要求。

本标准的附录A为规范性附录。

本标准由中国轻工业联合会提出并归口。

本标准由轻工业塑料加工应用研究所、中国塑料加工工业协会、佛山塑料集团股份有限公司、宁波利时塑胶有限公司、宁波天安生物材料有限公司负责起草。

本标准主要起草人:翁云宣、廖正品、陈家琪、施亚琤、陈倩、李立新。

本标准所代替标准的历次版本发布情况为:

——GB/T 16288—1996。

塑料制品的标志

1　范围

本标准规定了塑料制品的标志及其尺寸、颜色、数量和设置的位置。

有关标志处理方法或处理过程的规定不在本标准范围内。

注：本标准规定标志的目的是促进各类塑料分类收集，促进塑料制品的处置和回收利用。

2　规范性引用文件

下列文件中的条款通过本标准的引用而成为本标准的条款。凡是注日期的引用文件，其随后所有的修改单(不包括勘误的内容)或修订版均不适用于本标准，然而，鼓励根据本标准达成协议的各方研究是否可使用这些文件的最新版本。凡是不注日期的引用文件，其最新版本适用于本标准。

GB/T 1844.1—1995　塑料及树脂缩写代号　第一部分：基础聚合物及其特征性能(neq ISO 1043-1:1987)

GB/T 1844.2—1995　塑料及树脂缩写代号　第二部分：填充与增强材料(neq ISO 1043-2:1987)

GB/T 1844.3—1995　塑料及树脂缩写代号　第三部分：增塑剂(neq ISO 1043-3:1987)

GB/T 2035—1996　塑料术语及其定义(eqv ISO 472:1988)

GB/T 16903.1—1997　图形符号表示规则　标志用图形符号　第1部分：图形标志的形成

ISO 1043-1:2001　塑料及树脂缩写代号　第1部分：基础聚合物及其特征性能

ISO 1043-2:2000　塑料及树脂缩写代号　第2部分：填料与增强材料

ISO 1043-3:1996　塑料及树脂缩写代号　第3部分：增塑剂

ISO 1043-4:1998　塑料　符号与缩写代号　第4部分：阻燃剂

3　术语和定义

GB/T 2035—1996确立的以及下列术语和定义适用于本标准。

3.1

再生塑料制品　reworked plastics

经工厂模塑、挤塑等预先加工后，用边角料或不合格模制品在二次加工厂再加工制备的热塑性塑料制品。

注：许多规范中再生塑料限于清洁塑料使用，它满足对新料规定的要求，而且其产品质量实际相当于由新料制得的产品。

3.2

回收再加工塑料制品　rerecycled plastics

将废弃的塑料制品回收后再制备的热塑性塑料制品。

注：回收再加工塑料可以再配或不再配填料、增塑剂、稳定剂、着色剂等。

3.3

可重复使用塑料制品　repeatable used plastics

成型后制品可以多次重复使用，且性能满足相关规定要求的塑料制品。

3.4

可回收再利用塑料制品　recoverable plastics

废弃后，可回收再加工利用的塑料制品。

3.5

不可回收再利用塑料制品　nonrecoverable plastics

法规不允许被回收再加工利用的塑料制品。

3.6

食品用塑料制品　food using plastics

接触食品的塑料制品，如食具、容器、生产管道、输送带、包装材料等。

3.7

医用塑料制品　medicine using plastics

用于体外医药或植入体内的塑料制品。

4　符号和术语缩写

标准的符号和术语缩写按 ISO 1043-1：2001、ISO 1043-2：2000、ISO 1043-3：1996 和 ISO 1043-4：1998 的规定。不包含的符号或术语缩写，应尽可能应用其他的国家标准或国际标准中规定的符号或术语缩写。

5　塑料制品的标志

5.1　标志组成

塑料制品的标志由标识，或/和代号或/和图形或/和功能性说明或/和补充说明等部分构成。

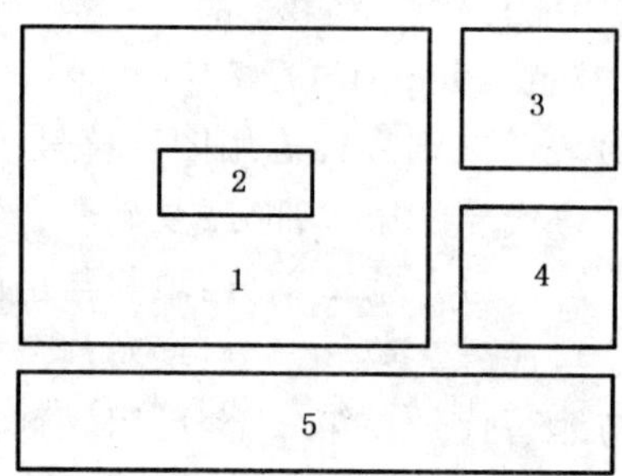

1——图形符号；

2——代号；

3——功能性说明；

4——补充说明；

5——标识。

图 1　塑料制品标志

示例 1：例如可重复使用的高密度聚乙烯制饮用水壶，表示为

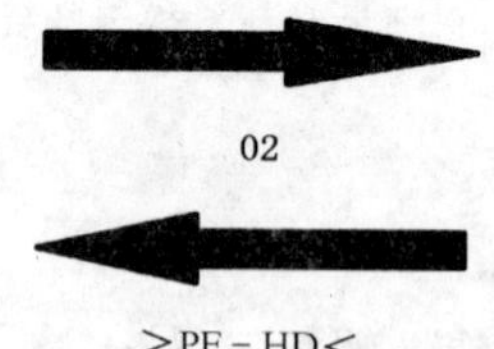

示例 2：例如含有 15%质量分数矿物粉和 5%质量分数玻璃纤维的聚乳酸生物分解塑料餐盒，表示为

示例 3:例如用聚丙烯制作的针筒,表示为

示例 4:例如在生产一次性中密度聚乙烯杯子时产生了边角料,这些边角料在没有任何污染情况下被再加工成的一次性聚乙烯杯子表示为

示例 5:用回收的高密度聚乙烯塑料再加工制作的塑料盆,表示为

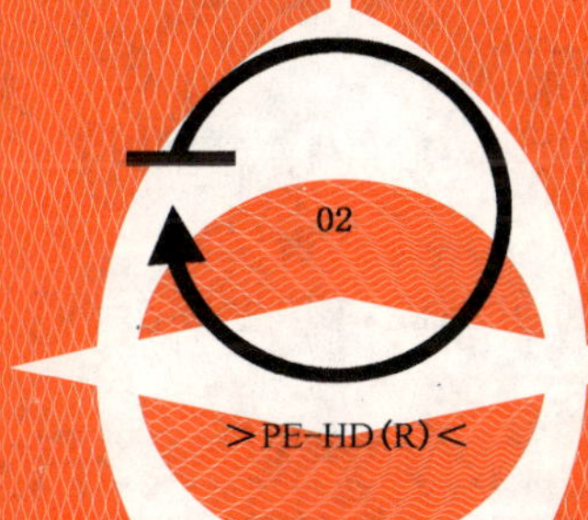

5.2 标志图形、名称

塑料制品标志的图形和名称共 5 类,分别见表 1。

表 1 标志图形和名称

序 号	图 形	名 称
1		可重复使用
2		可回收再生利用
3		不可回收再生利用塑料

表 1（续）

序　号	图　形	名　称
4	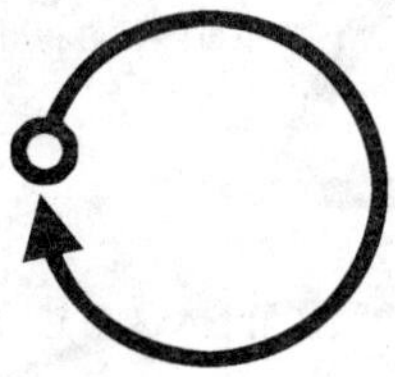	再生塑料
5	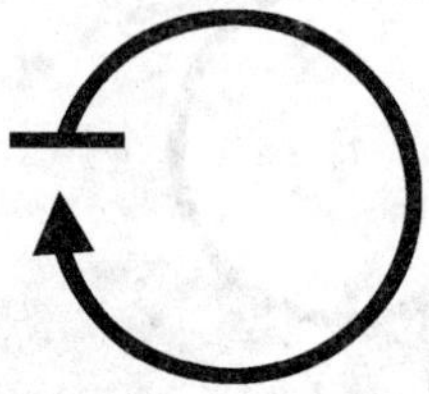	回收再加工利用塑料

5.3 代号

各类塑料的缩写语、名称和代号见附录 A。

注：如材料需标识更多信息时，可以在产品标准添加其他标志。

5.4 功能性说明

功能性说明是用简单文字表述材料特定性能，如“生物分解”、“抗菌”、“高阻隔”、“耐腐蚀”、“耐老化”等的说明。

5.5 补充性说明

可对各类塑料的改性方法或加工工艺或应用领域等进行必要的补充说明。

回收再加工利用塑料制品，有可能被误用时，应有“非食品用”字样。食品用的塑料制品，应有“食品用”字样。医用塑料制品，应有“医用”字样。

5.6 标识体系

5.6.1 制品的标识

塑料制品标识时，应使用符号“＞”和“＜”将缩写语或代号括在中间。

5.6.2 单一组分塑料制品的标识

单一聚合物或共聚物制得的塑料制品，按 5.6.1 规定进行标识。

示例：(丙烯腈/丁二烯/苯乙烯)共聚物，表示为

＞ABS＜

5.6.3 聚合物混合物或合金的塑料制品的标识

聚合物混合物或合金的制品，应按照各种主要组成的质量比例大小，用合适的术语缩写来表示聚合物的成分，聚合物术语缩写之间用“＋”隔开，从大到小依次排列，并按 5.6.1 的规定进行标识。

示例：聚碳酸酯和(丙烯腈/丁二烯/苯乙烯)共聚物的合金，聚碳酸酯为主要聚合物，(丙烯腈/丁二烯/苯乙烯)共聚物被分散在其里面，表示为

＞PC＋ABS＜

5.6.4 含有助剂的塑料制品的标识

5.6.4.1 含填料或增强剂的塑料制品

含单一填料或增强材料的塑料制品，填料应与塑料聚合物一起标识，塑料聚合物缩写术语后加连字符，然后标上按 GB/T 1844.2—1995 规定的助剂缩写术语或符号，并按 5.6.1 的规定进行标识。

示例 1：添加 30％质量分数矿物粉(MD)的聚丙烯，表示为：

＞PP-MD30＜

对含多个填料或多个增强剂或两者均含有的合成物，应描述助剂的百分含量，并用圆括弧将其括在中间。

示例 2：含 15%质量分数矿物粉和 25%质量分数玻璃纤维(GF)聚酰胺 66，表示为：

＞PA66-(GF25＋MD15)＜或＞PA66-(GF＋MD)40＜

示例 3：由含 50%质量分数矿物粉和 25%质量分数玻璃纤维的不饱和聚酯模塑得到的热固性模塑混合物，表示为：

＞UP-(MD50＋GF25)＜或＞UP-(MD＋GF)75＜

5.6.4.2 含增塑剂的塑料制品

含增塑剂的塑料制品，聚合物缩写术语后加上连字符、符号“P”及增塑剂缩写术语(用圆括弧括起来)，并按 5.6.1 的规定进行标识。增塑剂缩写术语按 GB/T 1844.3—1995 规定。

示例：含增塑剂邻苯二甲酸二丁酯(DBP)的 PVC，表示为：

＞PVC-P(DBP)＜

5.6.4.3 含阻燃剂的塑料制品

含阻燃剂的塑料制品，聚合物缩写术语后加上连字符、“FR”及阻燃剂代码数字(用圆括弧括起来)，并按 5.6.1 的规定进行标识。阻燃剂代码数字按 ISO 1043-4:1998 规定。

示例：含 15%质量分数矿物粉和 25%质量分数玻璃纤维，另外添加阻燃剂红磷(编号数字 52)的聚酰胺 66，表示为：

＞PA66-(GF25＋MD15)FR(52)＜或＞PA66-(GF＋MD)40FR(52)＜

5.6.4.4 含难以区分的两种或两种以上组分塑料制品的标识

含难以区分的两种或两种以上组分的制品，有些材料是不可见的，首先应按 5.6.1 规定标出主要可见材料，然后标上其他材料的单独标识，这些材料之间用逗号隔开。质量分数占主要的成分应标记下划线。

示例：三组分的制品，可见的是涂覆在聚氨酯上面的聚氯乙烯薄层，聚氨酯包覆着质量分数占主要的(丙烯腈/丁二烯/苯乙烯)共聚物，表示为：

＞PVC，PUR，<u>ABS</u>＜

5.6.4.5 含回收再加工利用塑料制品的标识

含有回收再加工利用塑料的制品，回收再加工利用塑料应与塑料一起标识，塑料缩略术语后加连字符，然后按回收再加工利用塑料的缩略术语，回收再加工利用塑料的缩略术语加括弧，括弧内注上 R，并按 5.6.1 的规定进行标识。

示例 1：添加经回收再利用的聚丙烯(质量分数为 30%)的聚丙烯制品，表示为：

＞PP-PP(R)30＜

对含多种回收再加工利用塑料的制品，应描述回收再加工利用塑料的百分含量，并加括弧。

示例 2：含 15%质量分数回收 PP 和 25%质量分数回收 PE 的 PE，表示为：

＞PE-(PE(R)25＋PP(R)15)＜

5.7 标志的尺寸

按照 GB/T 16903.1—1997 的规定设计，也可以根据实际需要，按相应的比例缩小或放大。

5.8 标志的颜色

一般为黑色，也可以用其他醒目的颜色，要求不易褪色或脱落。模塑制品标识的颜色可以与制品的颜色相同。

5.9 标志的制作

可以采用模塑、印刷或喷涂等方法，但应不损害塑料制品的性能。

5.10 标志的数量

每件制品一般为一个，如有必要，应予增加。

5.11 标志设置的位置

标志设置的位置应按照产品标准的规定。一般应位于塑料制品的明显处。对本身不便或无法标识的塑料制品，可在其外包装上进行标识。

附　录　A
（规范性附录）
材料术语、对应的缩略语和代号一览表

材料术语、对应的缩略语和代号一览表，见表A.1。

表 A.1　材料术语、对应的缩略语和代号一览表

材料术语	缩略语	代号
聚对苯二甲酸乙二酯　poly(ethylene terephthalate)	PET	01
高密度聚乙烯　polyethylene，high density	PE-HD	02
聚氯乙烯　poly(vinyl chloride)	PVC	03
低密度聚乙烯　polyethylene，low density	PE-LD	04
聚丙烯　polypropylene	PP	05
聚苯乙烯　polystyrene	PS	06
丙烯腈-丁二烯塑料　acrylonitrile-butadiene plastic	AB	07
丙烯腈-丁二烯-丙烯酸酯塑料　acrylonitrile-butadiene-acrylate plastic	ABAK	08
丙烯腈-丁二烯-苯乙烯塑料　acrylonitrile-butadiene-styrene plastic	ABS	09
丙烯腈-氯化聚乙烯-苯乙烯塑料　acrylonitrile-chlorinated polyethylene-styrene	ACS	10
丙烯腈-(乙烯-丙烯-二烯)-苯乙烯塑料　acrylonitrile-(ethylene-propylene-diene)-styrene plastic	AEPDS	11
丙烯腈-甲基丙烯酸甲酯塑料　acrylonitrile-methyl methacryate plastic	AMMA	12
丙烯腈-苯乙烯-丙烯酸酯塑料　acrylonitrile-stytene-acrylate plastic	ASA	13
乙酸纤维素　cellulose acetate	CA	14
乙酸丁酸纤维素　cellulose acetate butyrate	CAB	15
乙酸丙酸纤维素　cellulose acetate propionate	CAP	16
甲醛纤维素　cellulose formaldehyde	CEF	17
甲酚-甲醛树脂　cresol-formaldehyde resin	CF	18
羧甲基纤维素　carboxymethyl cellulose	CMC	19
硝酸纤维素　cellulose nitrate	CN	20
环烯烃共聚物　cycloolefin copolymer	COC	21
丙酸纤维素　cellulose propionate	CP	22
三乙酸纤维素　cellulose triacetate	CTA	23
乙烯-丙烯塑料　ethylene-propylene plastic	E/P	24
乙烯-丙烯酸塑料　ethylene-acrylic acid plastic	EAA	25
乙烯-丙烯酸丁酯塑料　ethylene-butyl acrylate plastic	EBAK	26
乙基纤维素　ethyl cellulose	EC	27
乙烯-丙烯酸乙酯塑料　ethylene-ethyl acrylate plastic	EEAK	28
乙烯-甲基丙烯酸塑料　ethylene-methacrylic acid plastic	EMA	29

表 A.1(续)

材料术语	缩略语	代号
环氧;环氧树脂或塑料　epoxide;epoxy resin or plastic	EP	30
乙烯-四氟乙烯塑料　ethylene-tetrafluoroethylene plastic	ETFE	31
乙烯-乙酸乙烯酯塑料　ethylene-vinyl acetate plastic	EVAC	32
乙烯-乙烯醇塑料　ethylene-vinyl alcohol plastic	EVOH	33
全氟(乙烯-丙烯)塑料　perfluoro(ethylene-propylene)plastic	FEP	34
呋喃-甲醛树脂　furan-formaldehyde resin	FF	35
液晶聚合物　liquid-crystal polymer	LCP	36
甲基丙烯酸甲酯-丙烯腈-丁二烯-苯乙烯塑料　methyl methacrylate-acrylonitrile-butadiene-styrene plastic	MABS	37
甲基丙烯酸甲酯-丁二烯-苯乙烯塑料　methyl methacrylate-butadiene-styrene plastic	MBS	38
甲基纤维素　methyl cellulose	MC	39
三聚氰胺-甲醛树脂　melamine-formaldehyde resin	MF	40
三聚氰胺-酚醛树脂　melamine-phenol resin	MP	41
α-甲基苯乙烯-丙烯腈塑料　α-methylstyrene-acrylonitrile plastic	MSAN	42
聚酰胺　polyamide	PA	43
聚丙烯酸　poly(acrylic acid)	PAA	44
聚芳醚酮　polyaryletherketone	PAEK	45
聚酰胺(酰)亚胺　polyamidimide	PAI	46
聚丙烯酸酯　polyarylate	PAK	47
聚丙烯腈　polyacrylonitrile	PAN	48
聚芳酯　polyarylate	PAR	49
聚芳酰胺　poly(aryl amide)	PARA	50
聚丁烯　polybutene	PB	51
聚丙烯酸丁酯　poly(butyl acrylate)	PBAK	52
聚对苯二甲酸/己二酸/丁二酯　poly(butylene adipate/terephthalate)	PBAT	53
1,2-聚丁二烯　1,2-polybutadiene	PBD	54
聚萘二甲酸丁二酯　poly(butylene naphthalate)	PBN	55
聚丁二酸丁二酯　polybuthylenesuccinate	PBS	56
聚对苯二甲酸丁二酯　poly(butylene terephthalate)	PBT	57
聚碳酸酯　polycarbonate	PC	58
亚环己基-二亚甲基-环己基二羧酸酯　poly(cyclohexylene dimethylene cyclohexanedicar- boxylate)	PCCE	59
聚己内酯　polycaprolactone	PCL	60
聚(对苯二甲酸亚环己基-二亚甲酯)　poly(cyclohexylene dimethylene terephthalate)	PCT	61

表 A.1（续）

材料术语	缩略语	代号
聚三氟氯乙烯　polychlorotrifluoroethylene	PCTFE	62
聚邻苯二甲酸二烯丙酯　poly(diallyl phthalate)	PDAP	63
聚二环戊二烯　polydicyclopentadiene	PDCPD	64
聚碳酸/丁二酸丁二酯　polyester carbonate or poly(butylene succinate/carbonate)	PEC	65
聚酯碳酸酯　polyestercarbonate	PEC	66
氯化聚乙烯　polyethylene,chlorinated	PE-C	67
聚醚醚酮　polyetheretherketone	PEEK	68
聚醚酯　polyetherester	PEEST	69
聚醚(酰)亚胺　polyetherimide	PEI	70
聚醚酮　polyetherketone	PEK	71
线性低密度聚乙烯　polyethylene,linear low density	PE-LLD	72
中密度聚乙烯　polyethylene,medium density	PE-MD	73
聚萘二甲酸乙二酯　poly(ethylene naphthalate)	PEN	74
聚氧化乙烯　poly(ethylene oxide)	PEOX	75
聚丁二酸乙二酯　poly(ethylene succinate)	PES	76
聚酯型聚氨酯　polyesterurethane	PESTUR	77
聚醚砜　polyethersulfone	PESU	78
超高分子量聚乙烯　polyethylene,ultra high molecular weight	PE-UHMW	79
聚醚型聚氨酯　polyetherurethane	PEUR	80
极低密度聚乙烯　polyethylene,very low density	PE-VLD	81
酚醛树脂　phenol-formaldehyde resin	PF	82
全氟烷氧基烷树脂　perfluoro alkoxyl alkane resin	PFA	83
聚乙交酯　poly(glycolic acid)	PGA	84
聚羟基烷酸酯　polyhydroxyalkanoic or polyhydroxyalkanoates	PHA	85
聚-3-羟基丁酸　polyhydroxybutyric acid or polyhydroxybutyrate	PHB	86
聚羟基丁酸戊酸酯　poly-(hydroxybutyrate-co-hydroxyvalerate)	PHBV	87
聚酰亚胺　polyimide	PI	88
聚异丁烯　polyisobutylene	PIB	89
聚异氰脲酸酯　polyisocyanurate	PIR	90
聚酮　polyketone	PK	91
聚乳酸　polylactic acid or polylactide	PLA	92
聚甲基丙烯酰亚胺　polymethacrylimide	PMI	93
聚甲基丙烯酸甲酯　poly(methyl methacrylate)	PMMA	94
聚N-甲基甲基丙烯酰亚胺　poly-N-methylmethacrylimide	PMMI	95
聚-4-甲基戊烯-1　poly-4-methylpentene-1	PMP	96

表 A.1（续）

材料术语	缩略语	代号
聚-α-甲基苯乙烯　poly-α-methylstyrene	PMS	97
聚氧亚甲基;聚甲醛;聚缩醛　polyoxymethylene;polyacetal;polyformaldehyde	POM	98
二氧化碳和环氧丙烷共聚合物　carbon dioxide and propylene copolymer	PPC	99
聚对二氧环己酮	PPDO	100
聚苯醚　poly(phenylene ether)	PPE	101
可发性聚丙烯　polypropylene,expandable	PP-E	102
高抗冲聚丙烯　polypropylene,high impact	PP-HI	103
聚氧化丙烯　poly(propylene oxide)	PPOX	104
聚苯硫醚　poly(phenylene sulfide)	PPS	105
聚苯砜　poly(phenylene sulfone)	PPSU	106
可发聚苯乙烯　polystyrene,expandable	PS-E	107
高抗冲聚苯乙烯　polystyrene,high impact	PS-HI	108
聚砜　polysulfone	PSU	109
聚四氟乙烯　poly tetrafluoroethylene	PTFE	110
poly(tetramethylene adipate/terephthalate)	PTMAT	111
聚对苯二甲酸丙二酯　poly(trimethylene terephthalate)	PTT	112
聚氨酯　polyurethane	PUR	113
聚乙酸乙烯酯　poly(vinyl acetate)	PVAC	114
聚乙烯醇　poly(vinyl alcohol)	PVAL	115
聚乙烯醇缩丁醛　poly(vinyl butyral)	PVB	116
氯化聚氯乙烯　poly(vinyl chloride),chlorinated	PVC-C	117
未增塑聚氯乙烯　poly(vinyl chloride),unplasticized	PVC-U	118
聚偏二氯乙烯　poly(vinylidene chloride)	PVDC	119
聚偏二氟乙烯　poly(vinylidene fluoride)	PVDF	120
聚氟乙烯　poly(vinyl fluoride)	PVF	121
聚乙烯醇缩甲醛　poly(vinyl formal)	PVFM	122
聚-N-乙烯基咔唑　poly-N-vinylcarbazole	PVK	123
聚-N-乙烯基吡咯烷酮　poly-N-vinylpyrrolidone	PVP	124
苯乙烯-丙烯腈塑料　styrene-acrylonitrile plastic	SAN	125
苯乙烯-丁二烯塑料　styrene-butadiene plastic	SB	126
有机硅塑料　silicone plastic	SI	127
苯乙烯-顺丁烯二酸酐塑料　styrene-maleic anhydride plastic	SMAH	128
苯乙烯-α-甲基苯乙烯塑料　styrene-α-methylstyrene plastic	SMS	129
脲-甲醛树脂　urea-formaldehyderesin	UF	130
不饱和聚酯树脂　unsaturated polyester resin	UP	131

表 A.1（续）

材料术语	缩略语	代号
氯乙烯-乙烯塑料　vinyl chloride-ethylene plastic	VCE	132
氯乙烯-乙烯-丙烯酸甲酯塑料　vinyl chloride-ethylene-methyl acrylate plastic	VCEMAK	133
氯乙烯-乙烯-丙烯酸乙酯塑料　vinyl chloride-ethylene-vinyl acrylate plastic	VCEVAC	134
氯乙烯-丙烯酸甲酯塑料　vinyl chloride-methyl acrylate plastic	VCMAK	135
氯乙烯-甲基丙烯酸甲酯塑料　vinyl chloride-methyl methacrylate plastic	VCMMA	136
氯乙烯-丙烯酸辛酯塑料　vinyl chloride-octyl acrylate plastic	VCOAK	137
氯乙烯-乙酸乙烯酯塑料　vinyl chloride-vinyl acetate plastic	VCVAC	138
氯乙烯-偏二氯乙烯塑料　vinylchloride-vinylidene chloride plastic	VCVDC	139
乙烯基酯树脂　vinyl ester resin	VE	140
注：没有代号的材料术语在标志时，其代号处可空着或直接用缩略语表示，缩略语表示方法见 GB/T 1844.1～1844.4—1995。		

ICS 47.020.50
U 47

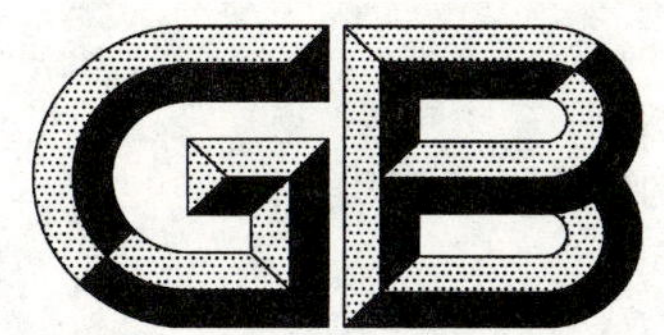

中华人民共和国国家标准

GB/T 16301—2008
代替 GB/T 11706—1989,GB/T 16301—1996

船舶机舱辅机振动烈度的测量和评价

Measurement and evaluation of vibration severity for marine engine-room auxiliaries

2008-03-03 发布　　　　2008-09-01 实施

中华人民共和国国家质量监督检验检疫总局
中国国家标准化管理委员会　发布

前　言

本标准代替 GB/T 11706—1989《船舶机舱辅机振动烈度的测量方法》和 GB/T 16301—1996《船舶机舱辅机振动烈度的评价》。

本标准与 GB/T 11706—1989、GB/T 16301—1996 相比，主要有以下变化：

——将“测量量标”和“评价量值”放在同一章节进行表述，有利于对“振动烈度”的表述和理解。

——在“安装条件”一节中，对弹性支承固有频率和刚度支承架模态频率有了量化的要求。

——在分类设备的评价等级中，提高了风机的振动烈度的评级标准。

——在附录 A 中，增加了汽轮发电机组、柴油发电机组振动烈度测点的布置推荐图。

本标准的附录 A 是资料性附录，附录 B 是规范性附录。

本标准由中国船舶重工集团公司提出。

本标准由全国船用机械标准化技术委员会甲板与机舱辅机分技术委员会(TC 137/SC 2)归口。

本标准起草单位：中国船舶重工集团公司第七〇四研究所。

本标准主要起草人：钱网生，王强，孙洪军。

本标准所代替标准的历次版本发布情况为：

——GB/T 11706—1989，GB/T 16301—1996。

船舶机舱辅机振动烈度的测量和评价

1 范围

本标准规定了汽轮发电机、柴油发电机、压缩机、泵、通风机、制冷机和电机等船舶机舱辅机振动烈度的测量方法和评价。

本标准适用于船舶机舱辅机正常工作状态下的振动烈度的测量和限值的评价。

本标准不适用于寻找振源、诊断故障、研究局部振动或其他研究目的。

2 测量量标与评价量值

2.1 测量量标

本标准规定振动速度的均方根值作为表征机器振动烈度的测量量标。用式(1)表示：

$$V_{\mathrm{rms}} = \sqrt{\frac{1}{T}\int_0^T V^2(t)\,\mathrm{d}t} \quad \cdots\cdots(1)$$

式中：

V_{rms}——振动速度均方根值，单位为毫米每秒(mm/s)；

$V(t)$——振动速度随时间变化的函数，单位为毫米每秒(mm/s)；

T——测量周期，单位为秒(s)。

2.2 评价量值

本标准采用整机的振动烈度作为机器振动的评价量值，定义如式(2)所示：

$$V_{\mathrm{s}} = \sqrt{\left(\frac{\sum V_X}{N_X}\right)^2 + \left(\frac{\sum V_Y}{N_Y}\right)^2 + \left(\frac{\sum V_Z}{N_Z}\right)^2} \quad \cdots\cdots(2)$$

式中：

V_{s}——振动烈度，单位为毫米每秒(mm/s)；

V_X、V_Y、V_Z——分别为 X、Y、Z 3 个相互垂直的方向上的振动速度均方根值，单位为毫米每秒(mm/s)；

N_X、N_Y、N_Z——分别为 X、Y、Z 3 个方向上的测点数。

3 测量仪器

3.1 测量仪器系统

振动烈度测量系统一般由传感器、前置放大器、指示器或记录器等组成，如图 1 所示：

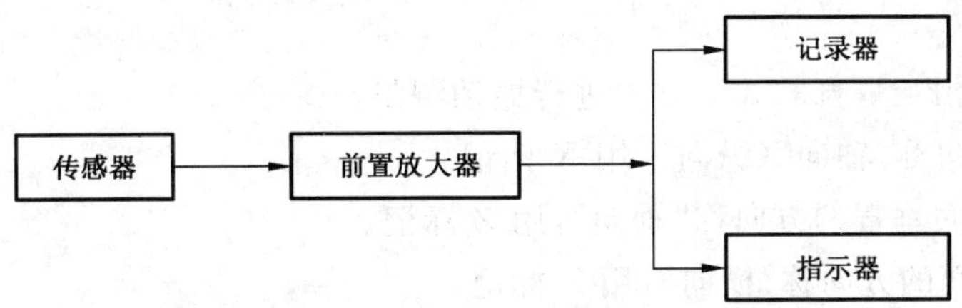

图 1 振动烈度测量系统的组成

3.1.1 振动传感器安装和电缆连接

3.1.1.1 振动传感器应采用加速度计或速度计。

3.1.1.2 传感器可采用粘结剂、磁铁或螺栓等方式安装在被测物上，其安装共振频率应高于测量频带的上限频率2.5倍以上。

3.1.1.3 振动传感器的重量不能影响被测部位的振动特性，重量应尽可能小。

3.1.1.4 传感器的安装部位必须清除油迹、污垢和其他影响测试的一切杂质，安装表面要平整。

3.1.1.5 传感器的固定应牢固，连接电缆与被测物之间不能有相对移动。

3.1.2 前置放大器

3.1.2.1 采用的前置放大器一般为电荷放大器或电压放大器。

3.1.2.2 前置放大器必须与传感器的输出阻抗相匹配。

3.1.3 指示器和记录器

3.1.3.1 指示器可用指针式表头、图像显示或数字式指示器。

3.1.3.2 指示器应能指示出实际振动速度均方根值，校正误差小于满刻度值的±2.5%。

3.1.3.3 指针式仪器的指示值应尽可能的在满刻度值的20%到80%之间读出。

3.1.3.4 记录器可以是数字信号记录仪，磁带记录仪和频谱分析仪。

3.2 测量频率范围和系统误差

3.2.1 振动测量频率范围为10 Hz到1 000 Hz。

3.2.2 如果被测机组的振动基频在10 Hz以下，则测量系统的频率范围应选择在2 Hz到1 000 Hz之间。

3.2.3 测量系统的误差应小于±10%，上限和下限截止频率处的衰减速率每个倍频程应不小于12 dB。

3.3 测量仪器和系统的标定

3.3.1 测量仪器和传感器等应经国家认可的计量部门标定，并具有合格证书。

3.3.2 测量系统标定时，传感器应使用正弦振动激励，其振动方向与传感器的灵敏轴方向偏差不大于±5°。激励的振动速度总的谐波失真应小于5%，在整个测量频率范围内激励的振动速度不确定度小于±3%。

4 测点的布置和方向

4.1 测点布置

4.1.1 测点应选择在能代表机器整体运动的刚性较强的机器表面、轴承座和机脚上。不得安装在刚性差、局部振动过大的部位。

4.1.2 每台机器至少选择4到8个测点，较大或重要的设备可适当增加测点。

4.1.3 典型辅机振动烈度测点布置见附录A。

4.2 测量方向

在同一测点分别按相互垂直的3个方向进行振动测量。

a) 沿机器轴线方向称“轴向”(纵向)，用 X 标记。

b) 与机器安装表面垂直的方向称“垂向”，用 Z 标记。

c) 垂直于 XZ 平面的方向称“横向”，用 Y 标记。

4.3 测点标注

测点用阿拉伯数字加英文字母表示，如 1_X、1_Y、1_Z 表示在第一个测点 X、Y、Z 方向上的测量值。

测点的标记顺序，原则上应按原动机→从动机→机脚的次序编号和记录。

5 安装条件

5.1 弹性安装的机器，应安装在与船上相同的弹性支承上进行测量。

5.2 刚性安装的机器，应安装在船上相当的刚性支承上进行测量。刚性支承架座的前3阶模态频率不能与机器的主激励频率共振。

6 测量条件

6.1 当设备达到额定工况运转状态时(如：转速、电压、电流、压力、功率等)，才能进行测量。

6.2 对多工况的机器，应在各工况点的稳定状态下进行测量。

7 测量程序和测量报告

7.1 每次测量前和测量后应对测量系统进行标定和校验。

7.2 选择测点，安装传感器和布置连接电缆。

7.3 当设备处于有振动的环境条件下，应测量和记录环境振动的数据。如果测量的振动速度级和背景振动的差值在10 dB以内，则可按式(3)进行修正。

$$V = 10\lg(10^{0.1V_a} - 10^{0.1V_K}) \qquad \cdots\cdots(3)$$

式中：

V——经背景振动修正后的振动速度级，单位为分贝(dB)；

V_a——实际测量振动速度级，单位为分贝(dB)；

V_K——环境振动速度级，单位为分贝(dB)。

7.4 测量和记录振动数据。

7.5 编制测量报告，内容应包括：

a) 测量设备、测量仪器和传感器性能明细表，其格式见附录B表B.1；

b) 测量系统方框图；

c) 机组振动测点布置图，其典型图例见附录A；

d) 各测点速度均方根值，其表格格式见附录B表B.2；

e) 结果与分析。

8 振动烈度的分类与评价

8.1 机舱辅机按功率和转动方式分成5种类型：

第一类——功率小于15 kW的旋转机器；

第二类——功率为15 kW～75 kW的旋转机器；

第三类——功率大于75 kW的旋转机器；

第四类——功率不大于75 kW的往复式机器；

第五类——功率大于75 kW的往复式机器。

8.2 机舱辅机的振动烈度的评价分成4个等级：

A级——优良工作状态；

B级——良好工作状态；

C级——合格工作状态；

D级——不合格工作状态。

8.3 船舶机舱各类辅机的振动烈度等级评定和判别：

船舶机舱辅机在弹性支承安装方式下的振动烈度等级的判别按表1。

船舶机舱辅机在刚性支承安装方式下的振动烈度等级的判别按表2。

表 1 船舶机舱辅机在弹性支承安装方式下的振动烈度等级的判别表

<table>
<tr><th rowspan="2">振动烈度限值
mm/s</th><th colspan="5">机舱辅机类型</th></tr>
<tr><th>第一类</th><th>第二类</th><th>第三类</th><th>第四类</th><th>第五类</th></tr>
<tr><td>0.28</td><td rowspan="4">A</td><td rowspan="5">A</td><td rowspan="6">A</td><td rowspan="7">A</td><td rowspan="8">A</td></tr>
<tr><td>0.45</td></tr>
<tr><td>0.71</td></tr>
<tr><td>1.12</td></tr>
<tr><td>1.8</td><td rowspan="2">B</td></tr>
<tr><td>2.8</td><td rowspan="2">B</td></tr>
<tr><td>4.5</td><td rowspan="2">C</td><td rowspan="2">B</td></tr>
<tr><td>7.1</td><td rowspan="2">C</td><td rowspan="2">B</td></tr>
<tr><td>11.2</td><td rowspan="6">D</td><td rowspan="2">C</td><td rowspan="2">B</td></tr>
<tr><td>18</td><td rowspan="5">D</td><td rowspan="2">C</td></tr>
<tr><td>28</td><td rowspan="4">D</td><td rowspan="2">C</td></tr>
<tr><td>45</td><td rowspan="3">D</td></tr>
<tr><td>71</td><td rowspan="2">D</td></tr>
<tr><td>112</td></tr>
</table>

表 2 船舶机舱辅机在刚性支承安装方式下的振动烈度等级的判别表

<table>
<tr><th rowspan="2">振动烈度限值
mm/s</th><th colspan="5">机舱辅机类型</th></tr>
<tr><th>第一类</th><th>第二类</th><th>第三类</th><th>第四类</th><th>第五类</th></tr>
<tr><td>0.28</td><td rowspan="3">A</td><td rowspan="4">A</td><td rowspan="5">A</td><td rowspan="6">A</td><td rowspan="7">A</td></tr>
<tr><td>0.45</td></tr>
<tr><td>0.71</td></tr>
<tr><td>1.12</td><td rowspan="2">B</td></tr>
<tr><td>1.8</td><td rowspan="2">B</td></tr>
<tr><td>2.8</td><td rowspan="2">C</td><td rowspan="2">B</td></tr>
<tr><td>4.5</td><td rowspan="2">C</td><td rowspan="2">B</td></tr>
<tr><td>7.1</td><td rowspan="7">D</td><td rowspan="2">C</td><td rowspan="2">B</td></tr>
<tr><td>11.2</td><td rowspan="6">D</td><td rowspan="2">C</td></tr>
<tr><td>18</td><td rowspan="5">D</td><td rowspan="2">C</td></tr>
<tr><td>28</td><td rowspan="4">D</td><td rowspan="2">C</td></tr>
<tr><td>45</td><td rowspan="3">D</td></tr>
<tr><td>71</td></tr>
<tr><td>112</td></tr>
</table>

附 录 A
（资料性附录）
典型辅机振动烈度测点布置推荐图

A.1 典型辅机振动烈度测点布置推荐图见图 A.1～图 A.8。

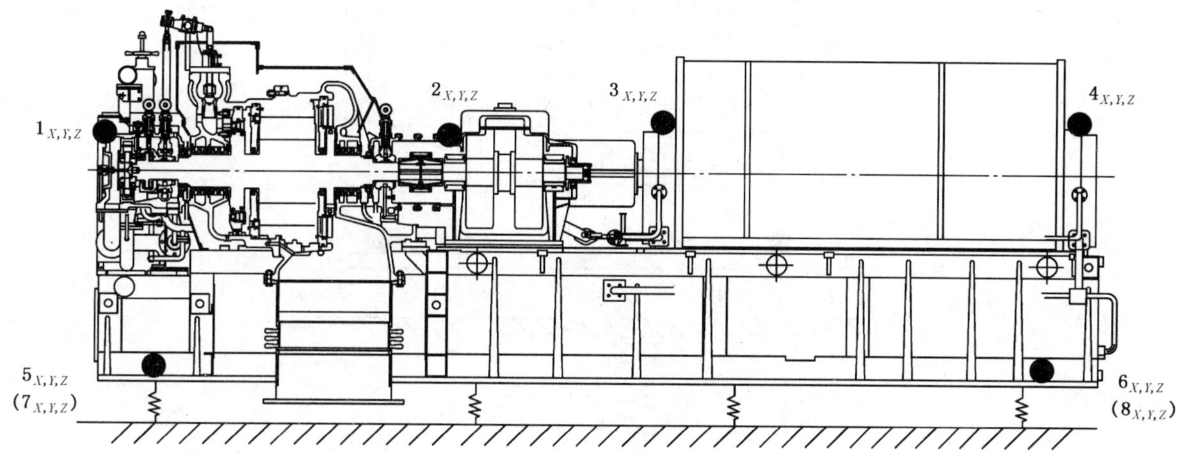

图 A.1 汽轮发电机组

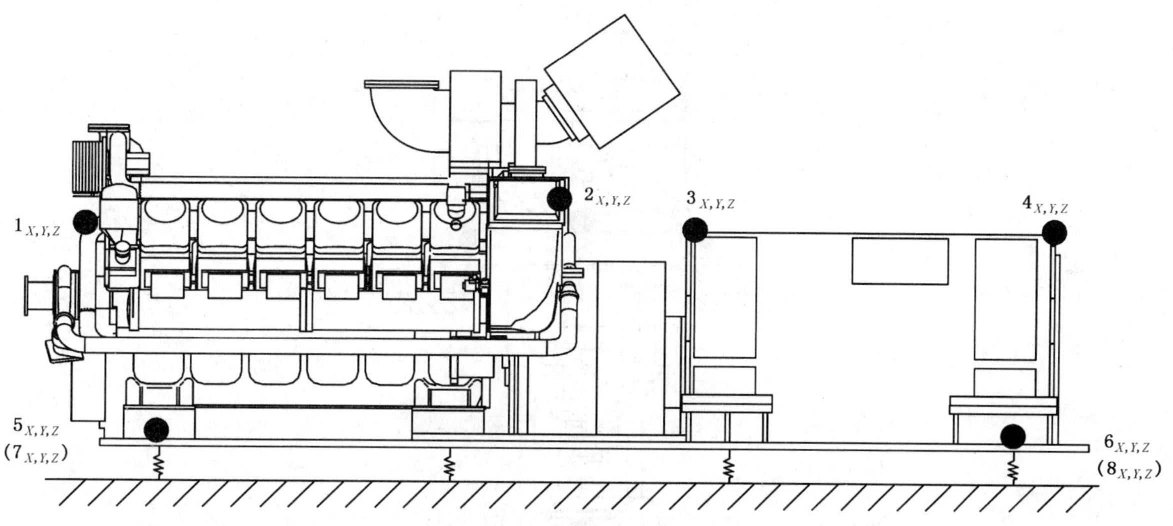

图 A.2 柴油发电机组

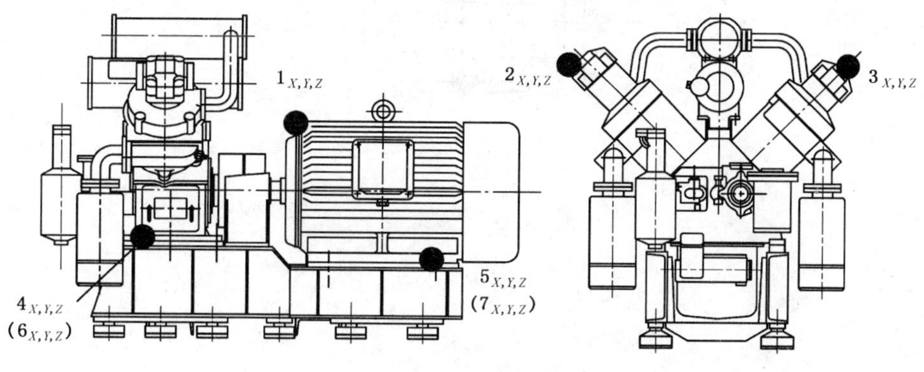

图 A.3 压缩机

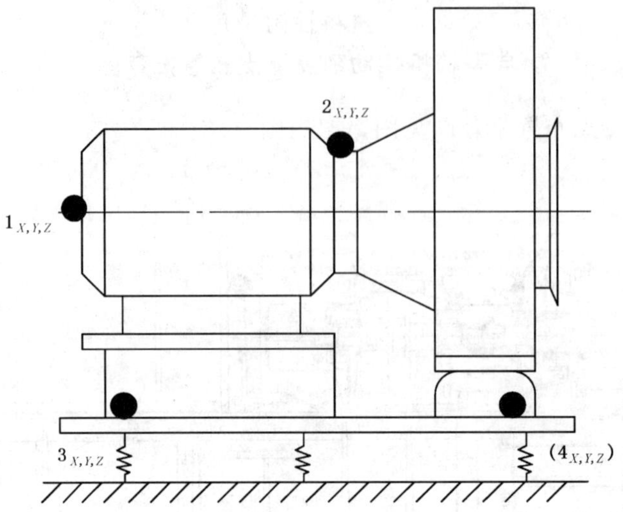

图 A.4 风机

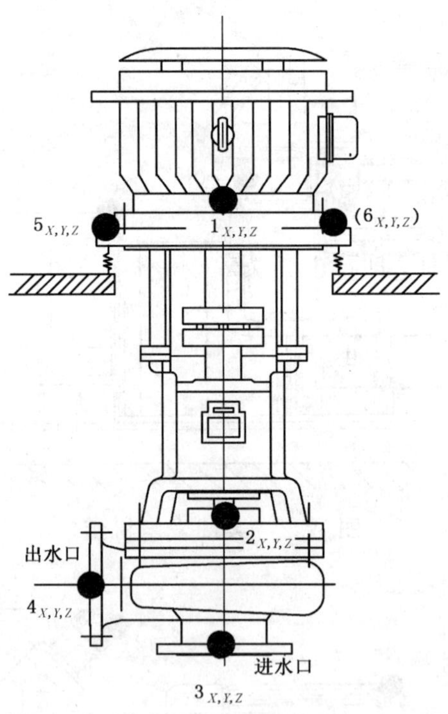

图 A.5 立式泵Ⅰ

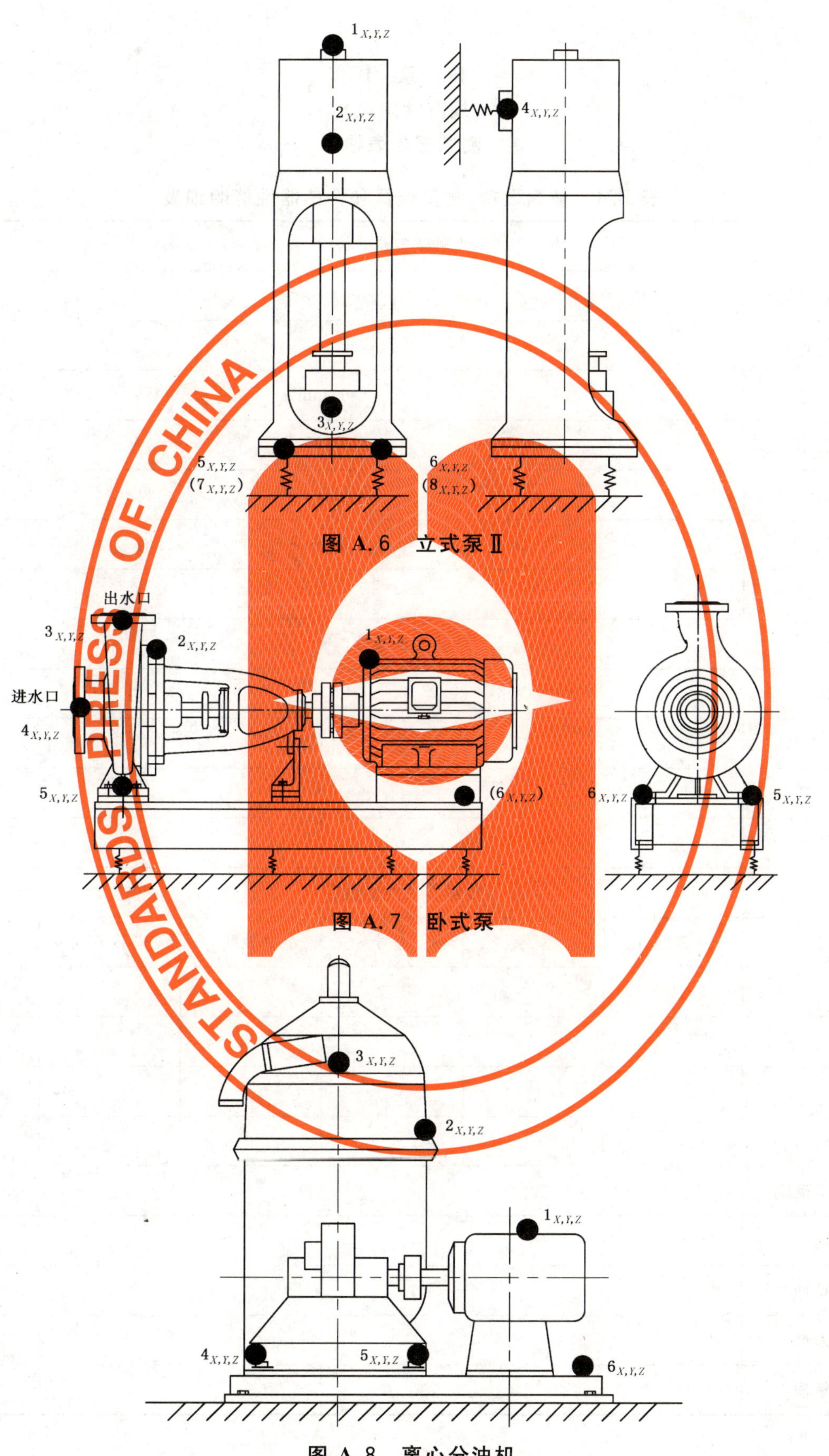

图 A.6 立式泵Ⅱ

图 A.7 卧式泵

图 A.8 离心分油机

附 录 B
（规范性附录）
测试报告表格

表 B.1 被测设备、测量仪器和传感器性能明细表

<table>
<tr><td colspan="7">被测设备参数</td></tr>
<tr><td>被测设备名称</td><td colspan="6"></td></tr>
<tr><td>舱室位置</td><td colspan="6"></td></tr>
<tr><td>额定转速</td><td colspan="6">r/min</td></tr>
<tr><td>额定功率</td><td colspan="6">kW</td></tr>
<tr><td>压力</td><td colspan="6">MPa</td></tr>
<tr><td>流量</td><td colspan="6">m^3/min</td></tr>
<tr><td>安装方式</td><td colspan="6"></td></tr>
<tr><td colspan="7">测量仪表参数</td></tr>
<tr><td>名称</td><td colspan="3">型号规格</td><td colspan="3">生产厂</td></tr>
<tr><td>前置放大器</td><td colspan="3"></td><td colspan="3"></td></tr>
<tr><td>分析仪器</td><td colspan="3"></td><td colspan="3"></td></tr>
<tr><td>记录仪器</td><td colspan="3"></td><td colspan="3"></td></tr>
<tr><td colspan="7">传感器性能参数</td></tr>
<tr><td>序号</td><td>名称</td><td>型号</td><td>编号</td><td>灵敏度</td><td>安装方式</td><td>生产厂</td></tr>
<tr><td>1</td><td></td><td></td><td></td><td></td><td></td><td></td></tr>
<tr><td>2</td><td></td><td></td><td></td><td></td><td></td><td></td></tr>
<tr><td>3</td><td></td><td></td><td></td><td></td><td></td><td></td></tr>
<tr><td>…</td><td></td><td></td><td></td><td></td><td></td><td></td></tr>
<tr><td>测量频率范围</td><td colspan="6"></td></tr>
<tr><td>测量地点</td><td colspan="6"></td></tr>
<tr><td>测量日期</td><td colspan="6"></td></tr>
<tr><td>测量人员</td><td colspan="6"></td></tr>
<tr><td>报告整理</td><td colspan="3"></td><td>审核</td><td colspan="2"></td></tr>
</table>

表 B.2 振动测量结果,总振级 mm/s(均方根值)

测点 \ 工况						环境振动
1	X					
	Y					
	Z					
2	X					
	Y					
	Z					
3	X					
	Y					
	Z					
4	X					
	Y					
	Z					
5	X					
	Y					
	Z					
6	X					
	Y					
	Z					
7	X					
	Y					
	Z					
8	X					
	Y					
	Z					

ICS 31-030
L 90

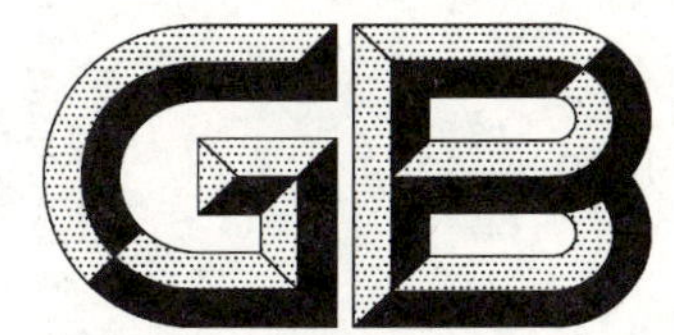

中华人民共和国国家标准

GB/T 16304—2008
代替 GB/T 16304—1996

压电陶瓷材料性能测试方法 电场应变特性的测试

Test methods of the properties for piezoelectric ceramics—Test for relation between electric field and strain

2008-08-04 发布　　2009-02-01 实施

中华人民共和国国家质量监督检验检疫总局
中国国家标准化管理委员会　发布

前　言

本标准代替 GB/T 16304—1996《压电陶瓷电场应变特性测试方法》。

本标准与 GB/T 16304—1996 相比,主要有下列变化:

——补充了相关术语和定义;

——增加了“激光多普勒测振法”和测试原理图;

——细化了测试步骤;

——修改了附录 A 和附录 B,将其内容列入了标准正文。

本标准由中国船舶重工集团公司提出。

本标准由全国海洋船标准化技术委员会船用材料应用工艺分技术委员会归口。

本标准起草单位:中国船舶重工集团公司第七一五研究所。

本标准主要起草人:余锁龙、盖学周、魏薇、汪跃群。

本标准所代替标准的历次版本发布情况为:

——GB/T 16304—1996。

压电陶瓷材料性能测试方法 电场应变特性的测试

1 范围

本标准规定了压电陶瓷材料在外电场作用下静态和动态应变特性的测试条件、方法原理、测试步骤和测试结果的表述等。

本标准适用于压电陶瓷材料电场应变特性的测试。

2 规范性引用文件

下列文件中的条款通过本标准的引用而成为本标准的条款。凡是注日期的引用文件，其随后所有的修改单（不包括勘误的内容）或修订版均不适用于本标准，然而，鼓励根据本标准达成协议的各方研究是否可使用这些文件的最新版本。凡是不注日期的引用文件，其最新版本适用于本标准。

GB/T 3389.1 铁电压电陶瓷词汇

3 术语和定义

GB/T 3389.1 确立的以及下列术语和定义适用于本标准。

3.1

静态应变量 quantum of static strain

压电陶瓷材料在直流电场激励下，某方向产生的形变与该方向的原始尺寸的比值。

3.2

静态应变特性 properties of static strain

静态应变量随直流激励电场强度的变化关系。

3.3

动态应变量 quantum of dynamic strain

压电陶瓷材料在交流电场激励下，某方向产生的最大振幅（谐振频率下）与该方向的原始尺寸的比值。

3.4

动态应变特性 properties of dynamic strain

动态应变量随交流激励电场强度的变化关系。

4 测试条件

4.1 大气条件

4.1.1 正常大气条件

测试场所的正常大气条件要求如下：

a) 温度：15 ℃～35 ℃，测试过程中的温度变化应控制在±2 ℃范围内；

b) 相对湿度：45%～75%；

c) 气压：86 kPa～106 kPa。

4.1.2 仲裁大气条件

测试场所的仲裁大气条件要求如下：

a) 温度：25 ℃±2 ℃；

b) 相对湿度：45%～55%；

c) 气压：86 kPa～106 kPa。

4.2 样品

4.2.1 静态应变特性被测样品宜采用矩形或圆柱形样品。矩形样品推荐尺寸为：70 mm×20 mm×5 mm；圆柱形样品推荐尺寸为：15 mm×ϕ6 mm。

4.2.2 动态应变特性被测样品应符合以下要求：

a) 按不同振动模式，长条样品的长度 l、宽度 b 和厚度 t 满足 $(l/b)^2 \geqslant 10$、$(l/t)^2 \geqslant 10$；薄圆片样品的直径 d 与厚度 t 之比 $d/t \geqslant 10$；

b) 样品的基音频率与使用的测振仪的频率范围相适应。

4.2.3 样品应保持清洁干燥，极化后存放 72 h，并在 4.1.1 规定的条件下放置 2 h 后进行测试。

5 仪器设备

测试用仪器和设备应满足下列要求：

a) 可调式直流电源：电压范围±5 kV，纹波系数不大于 1%；

b) 信号发生器：输出信号频率范围 20 Hz～1 MHz，最大允许误差为读数的±0.01%；输出电压范围0 V～10 V，最大允许误差±0.01%；

c) 数字示波器：垂直灵敏度不大于 2 mV/格，幅度最大允许误差±1.0%，频带宽度 0 MHz～20 MHz；

d) 迈克尔逊激光干涉仪：分辨率不大于 $\lambda/8$；

e) 激光多普勒测振仪：速度档位分为 10 mm/s/V、50 mm/s/V 两档，分辨率不大于 0.2 μm/s；

f) 贝塞尔函数高频激光干涉测振仪：测量范围 0.002 0 μm～0.378 0 μm，最大允许误差±5%；

g) 电感测微仪：测量范围－100 μm～100 μm，分辨率不大于 0.1 μm；

h) 电容测微仪：测量范围－50 μm～50 μm，分辨率不大于 0.1 μm。

6 静态应变特性测试

6.1 一般原则

静态应变特性测试有激光干涉法、电感法和电容法等三种方法，其中激光干涉法为仲裁的测试方法。

6.2 激光干涉法

6.2.1 方法原理

利用光干涉原理，使样品在外加直流电场作用下产生形变(位移)，通过对物光进行调制，使干涉条纹变化，从而得到被测物体形变量。测试原理图见图 1。

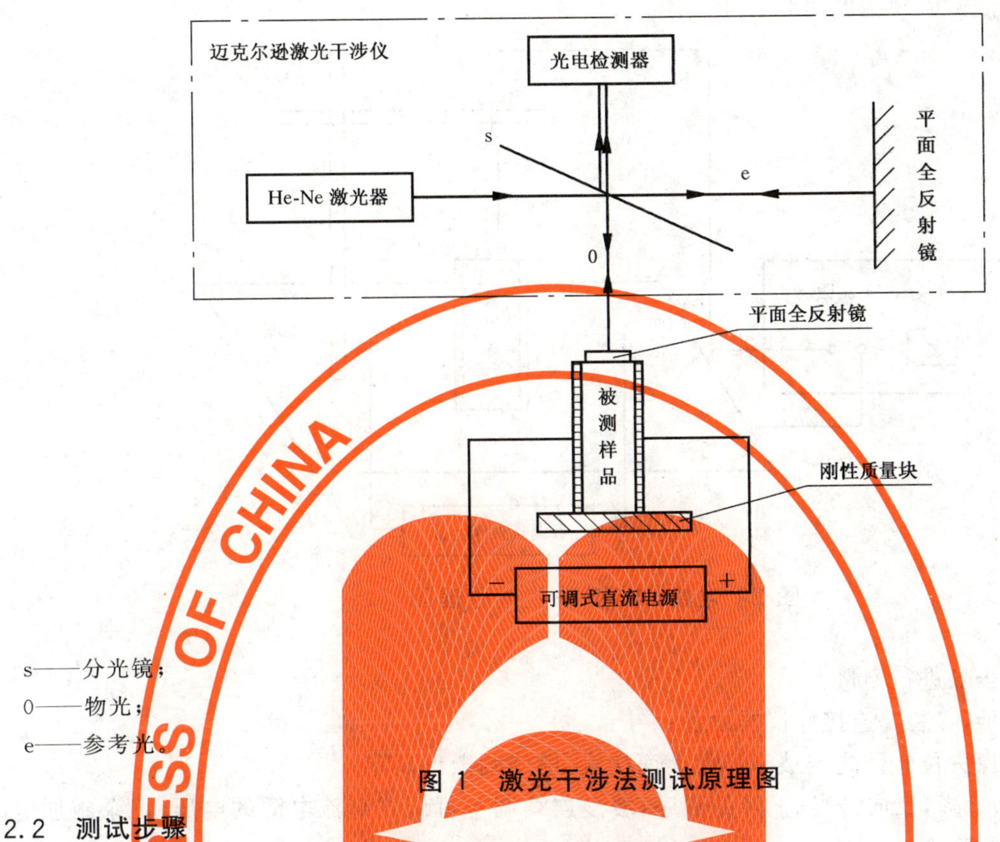

s——分光镜；

0——物光；

e——参考光。

图 1 激光干涉法测试原理图

6.2.2 测试步骤

激光干涉法按下列步骤进行测量：

a) 按图 1 所示，将样品一端垂直地粘紧在刚性质量块上，然后将一块直径不大于 ϕ10 mm、厚度约 1 mm 的平面全反射镜粘贴于另一端面中心处，样品接入可调式直流电源；

b) 调整迈克尔逊激光干涉仪处于正常工作状态；

c) 开启可调式直流电源；

d) 依照条纹整数变化规律，按升高、下降，反向升高、下降的顺序缓慢调节电压，观察干涉条纹的移动，并记录电压和对应的移动条纹数。

注：在电压回到零时，可能存在剩余条纹（即剩余形变）。

6.2.3 应变量的计算

根据条纹数的改变，按公式(1)和公式(2)计算相应的形变量和应变量。

$$\Delta l = \frac{n\lambda}{2} \qquad \cdots\cdots(1)$$

$$S = \frac{\Delta l}{l} \qquad \cdots\cdots(2)$$

式中：

Δl——一定电压作用下，样品产生的形变量的数值，单位为毫米(mm)；

n——一定电压下读得的移动条纹数的数值，n 为正整数；

λ——激光波长的数值，单位为毫米(mm)；

S——一定电压作用下，样品产生形变量 Δl 时对应的应变量；

l——样品被测方向上的长度的数值，单位为毫米(mm)。

6.3 电感法

6.3.1 方法原理

利用电感测微仪接触被测样品，被测样品产生形变时将改变测微仪电感探头中的电感量，从而达到测量形变的目的。测试原理图见图 2。

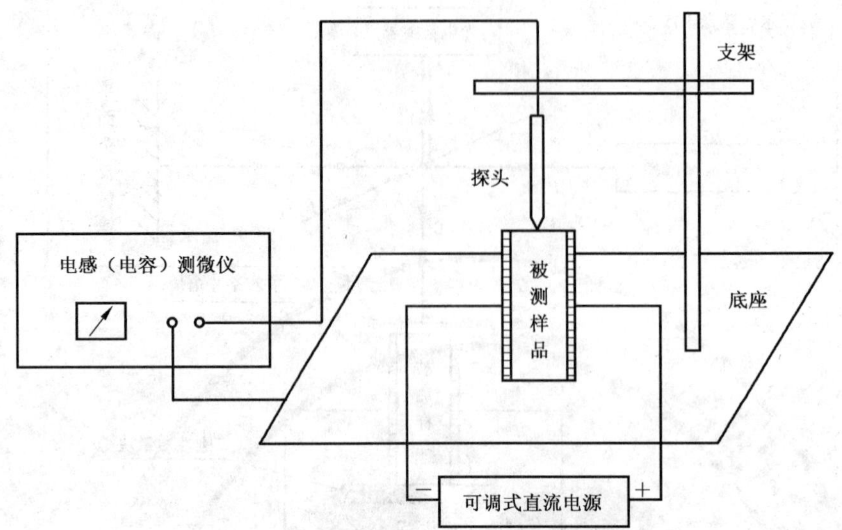

图 2 电感(电容)法测试原理图

6.3.2 测试步骤

电感法按下列步骤进行测量：

a) 按图 2 所示，安装并连接好仪器设备；

b) 调节电感探头位置使之与被测样品表面接触，电感测微仪调零；

c) 按照升高、下降，反向升高、下降的顺序，缓慢连续调节可调式直流电源的电压，记录施加电压和相应的形变量。

6.3.3 应变量的计算

根据测量的形变量，按公式(2)计算相应的应变量。

6.4 电容法

6.4.1 方法原理

利用电容测微仪，使被测样品与该测微仪的探头构成电容的两个极板，当被测样品产生形变时，将改变两极板间的距离，从而达到测量形变的目的。测试原理图见图 2。

6.4.2 测试步骤

电容法按下列步骤进行测量：

a) 按图 2 所示，安装并连接好仪器设备；

b) 调节电容测微仪探头与被测样品表面之间的距离，使其在电容测微仪的有效测量范围内，固定好探头，将电容测微仪调零；

c) 按照升高、下降，反向升高、下降的顺序，缓慢连续调节可调式直流电源的电压，记录施加电压和相应的形变量。

6.4.3 应变量的计算

根据测量的形变量，按公式(2)计算相应的应变量。

6.5 测试结果的表述

根据记录的数据，作出被测样品的静态应变量 S 与外加直流电场强度 E_{DC}之间的关系曲线；结果也可列表表示。

7 动态应变特性测试

7.1 一般原则

动态应变特性测试有激光多普勒测振法和贝塞尔函数高频激光干涉法两种方法，其中激光多普勒测振法为仲裁的测试方法。

7.2 激光多普勒测振法

7.2.1 方法原理

样品在外加交流电场作用下产生形变(位移),在干涉光路中,由于多普勒效应使合成光产生频偏,由频偏得到样品的振动速度,进而计算出样品的振幅。测试原理图见图3。

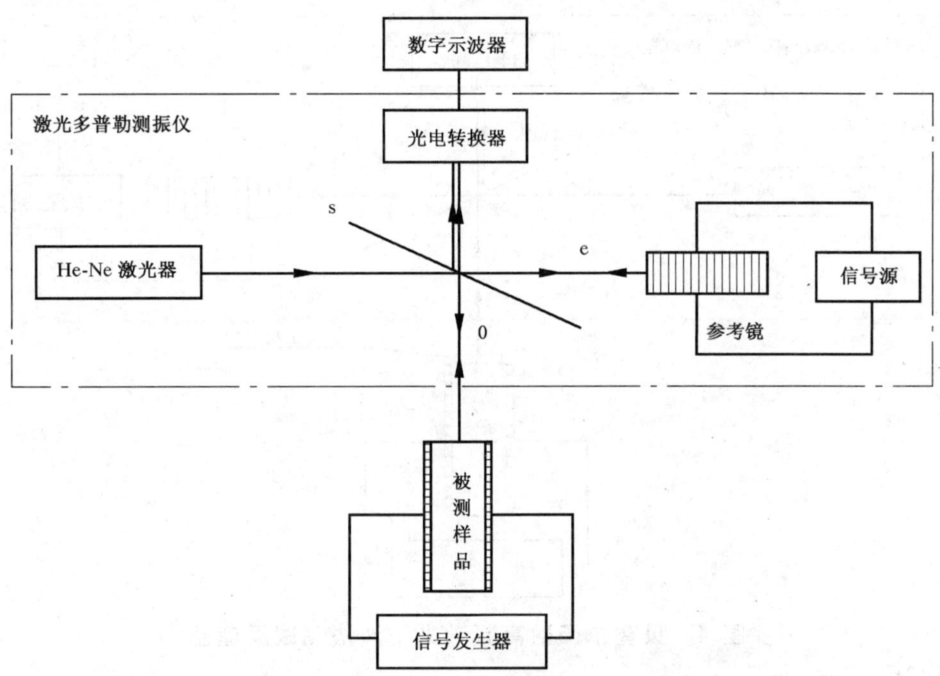

图3 激光多普勒测振法测试原理图

7.2.2 测试步骤

激光多普勒测振法按下列步骤进行测量:

a) 将样品牢固地安装于专用测试夹具中,应夹持在样品节点处;
b) 按图3所示,将夹具上的样品置于激光多普勒测振仪的测量光路中,并连接好仪器设备;
c) 调整光路和测试用仪器,使其处于稳定工作状态;
d) 开启信号发生器,给样品施加激励电压信号;
e) 根据样品振动速度的大小选择合适的激光多普勒测振仪速度档位;
f) 在谐振频率附近,改变频率,从数字示波器上观察谐振频率点;
g) 固定在谐振频率上改变激励电压,记录谐振频率点上各激励电压和数字示波器上指示的相同激励电压下的光电压。

7.2.3 振幅的计算

根据测得的谐振频率下的光电压,按公式(3)和公式(4)计算样品的振动速度和振幅。

$$v = UK \quad \cdots\cdots(3)$$

$$A_p = \frac{v}{2\sum f_r} \quad \cdots\cdots(4)$$

式中:

v——样品的振动速度的数值,单位为微米每秒(μm/s);

U——一定电压作用下测得的光电压的数值,单位为毫伏(mV);

K——激光多普勒测振仪的速度档位值的数值,单位为毫米每秒伏(mm/sV);

A_p——相应光电压下的样品振幅的数值,单位为纳米(nm);

f_r——测得的谐振频率的数值,单位为千赫兹(kHz)。

7.3 贝塞尔函数高频激光干涉法

7.3.1 方法原理

在迈克尔逊干涉光路中,合成光强可表示为贝塞尔函数的组合,利用不同阶的贝塞尔函数或者其比值来得到样品振幅。测试原理图见图4。

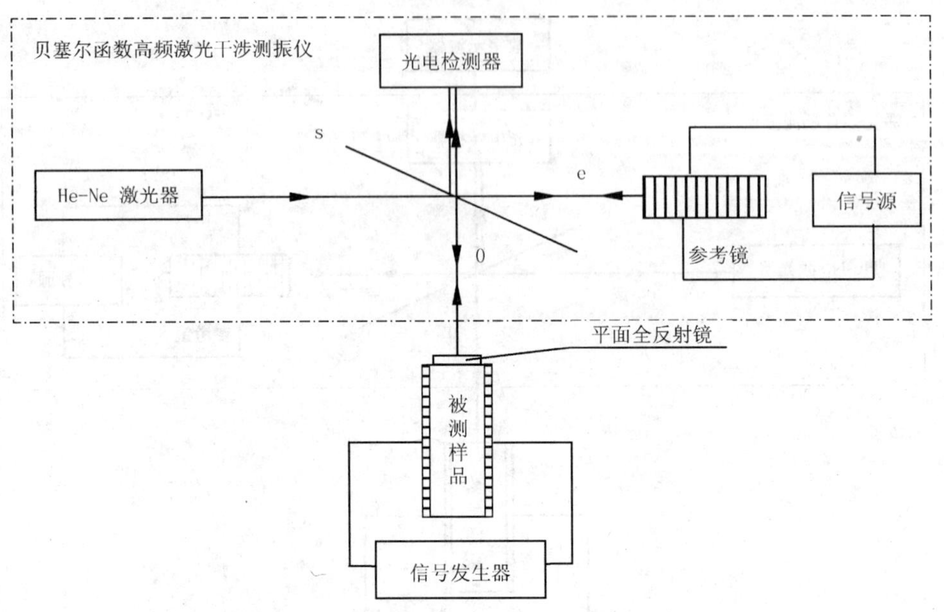

图4 贝塞尔函数高频激光干涉法测试原理图

7.3.2 测试步骤

贝塞尔函数高频激光干涉法按下列步骤进行测量:

a) 将样品牢固地安装于专用测试夹具中,应夹持在样品节点处。在样品被测端面上粘贴一块直径不大于 $\phi 5$ mm、厚度约 1 mm 的平面全反射镜;

b) 按图4所示将夹具上的样品置于贝塞尔函数高频激光干涉测振仪的测量光路中,并连接好仪器设备;

c) 调整光路和测试用仪器,使其处于稳定工作状态;

d) 给样品施加激励电场信号,记录不同阶贝塞尔函数对应的光电压数值 J_0、J_1、J_3 等,在每次测量时,应快速进行。

7.3.3 振幅的计算

估算样品在不同激励电压下产生的振幅值。当振幅值大于等于 0.03 μm 时,采用一阶与三阶的光电压比值法(J_1/J_3);当振幅值小于 0.03 μm 时,采用一阶光电压最大值法,查贝塞尔函数表,得到被测样品的振幅。

7.4 测试结果的表述

根据记录的数据,作出被测样品在谐振状态下 f_r(基频),振幅 A_p 与外加交流电场强度 E_{AC} 之间的关系曲线;结果也可列表表示。

ICS 03.120.30
A 41

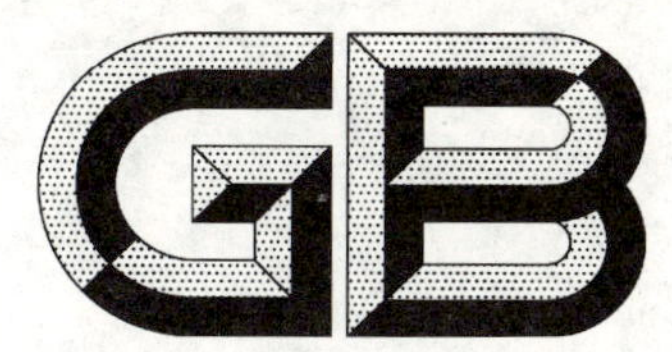

中华人民共和国国家标准

GB/T 16306—2008
代替 GB/T 16306—1996

声称质量水平复检与复验的评定程序

Re-inspection and re-test procedures for assessment of declared quality levels

2008-08-06 发布　　2009-01-01 实施

中华人民共和国国家质量监督检验检疫总局
中国国家标准化管理委员会　发布

前　言

本标准规定了在产品质量评定时，对核查总体的复检和对样本产品的复验的方法。

本标准代替 GB/T 16306—1996《产品质量监督复查程序及抽样方案》。

本标准与 GB/T 16306—1996 之间的主要技术差别如下：

——将监督总体改为核查总体；

——将监督质量水平(p_0、μ_0)改为声称质量水平(DQL_p、DQL_μ)；

——将不通过判定值改为限定值；

——增加了正态性检验的要求；

——增加了用实际质量水平与声称质量水平相比较进行判定的论述；

——在对样本产品进行复验时，增加了有关中间精密度的标准差的内容；

——增加了当复检不能取到本标准规定的样本时，以第一次抽检的结果为最终结果；

——增加了抽样方案表。

本标准的附录 A 为资料性附录。

本标准由中国标准化研究院提出。

本标准由全国统计方法应用标准化技术委员会归口。

本标准起草单位：无锡市产品质量监督检验所、中国标准化研究院、广东省工商行政管理局、中国人民解放军军械工程学院、中国科学院数学与系统科学研究院。

本标准主要起草人：陈华英、于振凡、陈业怀、吴建国、丁文兴、陈敏、张玉柱、冯士雍。

本标准于 1996 年首次发布，本次修订为第一次修订。

引 言

GB/T 16306 规定了在产品质量评定时，对核查总体的复检和对样本产品的复验的方法。本标准包含两部分内容：对核查总体的复检和对检测对象的复验。

对总体的抽样检验，我国已颁布了 3 项用于质量核查的抽样标准，它们分别是 GB/T 2828.4《计数抽样检验程序 第 4 部分：声称质量水平的评定程序》，GB/T 2828.11《计数抽样检验程序 第 11 部分：小总体声称质量水平的评定程序》，GB/T 6378.4《计量抽样检验程序 第 4 部分：对均值的声称质量水平的评定程序》。

质量核查与质量验收的目的是不同的，采用的抽样方案也是不同的。质量验收所规定的验收抽样程序的体系适用于两个相关方（例如供方与使用方）之间的双边协议。验收抽样程序仅用作检验交验批的一个样本后交付产品的实际规则。因此，这些程序不明确涉及任何形式上的声称质量水平。验收抽样中，认为在可接收的批和不可接收的批的质量水平之间没有明显的分界。计数调整型和计量调整型中的转移规则和抽样计划的设计，是为了鼓励供方生产的产品具有比所选取的 AQL 好的过程平均质量水平。

GB/T 2828.4、GB/T 2828.11、GB/T 6378.4 都是为了评价其核查总体的质量水平是否不符合其声称质量水平。以抽样为基础的任何评定，由于抽样的随机性，判定结果会有内在的不确定性。这些标准设计了一些规则，使得当事实上核查总体的实际质量水平符合声称质量水平时，判核查总体不合格的风险控制在 5%。如果还希望当核查总体的实际质量水平不符合声称质量水平时，判核查通过的风险同样很小，必须有更大的样本量。为了尽量减小样本量，允许当实际质量水平事实上不符合声称质量水平时，判核查通过的风险稍高。由于其抽样方案"对事实上核查总体的实际质量水平符合声称质量水平时，有 5%的可能性判核查总体不合格"，为了减小这种风险，就需要复检，本标准中的复检部分正是为了这个目的而设计的。

对检测对象的复验，本标准规定了在多次检测中报出最终结果的方法，只有当相关的检测标准已规定了重复性限、再现性限和中间精密度条件下的标准差，才能使用本标准的方法在多次检测中确定最终报出结果。在 GB/T 6379.2《测量方法与结果的准确度（正确度与精密度） 第 2 部分：确定标准测量方法重复性与再现性的基本方法》及已报批的 GB/T 6379.3《测量方法与结果的准确度（正确度与精密度） 第 3 部分：标准测量方法精密度的中间度量》中已规定了如何得到重复性限、再现性限和中间精密度条件下的标准差的方法。

声称质量水平复检与复验的评定程序

1 范围

本标准规定了产品质量声称质量水平复检与复验的评定程序。

本标准中的复检仅适用于分立个体组成的核查总体，不适用于散料。本标准中的复验适用于样本产品的测试结果的误差服从或近似服从正态分布的情形。

当以不合格品百分数表示核查总体质量水平时，核查总体量 N 应大于 250 且总体量与样本量之比应大于 10，即 $N/n>10$。当核查总体量不超过 250，或总体量与样本量之比不大于 10 时，则由本标准检索出的抽样方案是近似的，应慎重使用，也可按 GB/T 13264 中规定的方法确定抽样方案。

2 规范性引用文件

下列文件中的条款通过本标准的引用而成为本标准的条款。凡是注日期的引用文件，其随后所有的修改单（不包括勘误的内容）或修订版均不适用于本标准，然而，鼓励根据本标准达成协议的各方研究是否可使用这些文件的最新版本。凡是不注日期的引用文件，其最新版本适用于本标准。

GB/T 2828.1—2003 计数抽样检验程序 第 1 部分：按接收质量限（AQL）检索的逐批检验抽样计划（ISO 2859-1：1999，IDT）

GB/T 4882 数据的统计处理和解释 正态性检验（GB/T 4882—2001，idt ISO 5479：1997）

GB/T 19000—2000 质量管理体系 基础和术语（idt ISO 9000：2000）

GB/T 15482 产品质量监督小总体计数一次抽样检验程序及抽样表

GB/T 6379.1 测量方法与结果的准确度（正确度与精密度） 第 1 部分：总则与定义（GB/T 6379.1—2004，ISO 5725-1：1994，IDT）

GB/T 6379.2 测量方法与结果的准确度（正确度与精密度） 第 2 部分：确定标准测量方法的重复性和再现性的基本方法（GB/T 6379.2—2004，ISO 5725-2：1994，IDT）

GB/T 8054 计量标准型一次抽样检验程序及表

GB/T 10111 随机数的产生及其在产品质量抽样检验中的应用程序

GB/T 13264 不合格品百分数的小批计数抽样检验程序及抽样表

ISO 3534-1：2006 统计学词汇及符号 第 1 部分：一般统计术语与用于概率的术语

ISO 3534-2：2006 统计学词汇及符号 第 2 部分：应用统计

ISO 5725-3：1994 测量方法与结果的准确度（正确度与精密度） 第 3 部分：标准测量方法精密度的中间度量

ISO 5725-6：1994 测量方法与结果的准确度（正确度与精密度） 第 6 部分：准确度值的实际应用

3 术语、定义和符号

GB/T 2828.1—2003、ISO 3534-1：2006、ISO 3534-2：2006 和 GB/T 19000—2000 确定的术语、定义和符号以及下列术语、定义和符号适用于本标准。

3.1 术语和定义

3.1.1

复验 re-test

对样本产品进行重复性、再现性或中间精密度条件下进一步测试。

3.1.2

复检　re-inspection

在原核查总体中再次抽取样本进行检验,决定核查总体是否不合格。

3.1.3

观测值　observed value

作为一次观测结果而确定的特性值。

[ISO 3534-2:2006,3.2.8]

3.1.4

测试结果　test result

用规定的测试方法所确定的特性值。

[ISO 3534-2:2006,3.4.1]

3.1.5

重复性条件　repeatability conditions

在同一实验室,由同一操作员使用相同的设备,按相同的测试方法,在短时间内对同一被测对象相互独立进行的测试条件。

3.1.6

中间精密度条件　intermediate measures of the precision conditions

在同一实验室,当因素"同一操作员"、"同一设备"、"不校准"、"在短暂时间内"不全满足时,对同一被测对象相互独立进行的测试条件。

3.1.7

重复性限　repeatability limit

一个数值,在重复性条件下,两个测试结果的绝对差小于或等于此数的概率为95%。

注:重复性限用 r 来表示。

3.1.8

再现性条件　reproducibility conditions

在不同的实验室,由不同的操作员使用不同设备,按相同的测试方法,对同一被测对象相互独立进行的测试条件。

3.1.9

再现性限　reproducibility limit

一个数值,在再现性条件下,两个测试结果的绝对差小于或等于此数的概率为95%。

注:再现性限用符号 R 表示。

3.1.10

重复性临界差　repeatability critical difference

一个数值,在重复性条件下,两个测试结果或两组测试结果计算结果所得的最后结果(例如平均数,中位数等)之差的绝对值以一个确定的概率不超过此数。

3.1.11

重复性临界极差　repeatability critical difference

一个数值,在重复性条件下,m 个测试结果或由 m 组测试结果计算所得的最终值(例如平均数,中位数等)的极差以一个确定的概率不超过此数。

3.1.12

再现性临界差　reproducibility critical difference

一个数值,在再现性条件下,两个测试结果或由两组测试结果计算所得的最后结果(如平均值、中位数等)之差的绝对值以95%的概率不超过此数。

3.1.13

核查总体　audit population

被实施核查的单位产品的全体。

3.1.14

核查总体质量水平　quality level of audit population

核查总体中的质量指标(以不合格品百分数、每百单位产品不合格数表示或以核查总体某质量特性值的均值)。

3.1.15

不合格品限定数　limiting number of nonconforming items

基于声称质量水平,核查总体的样本中允许出现的不合格品数的最大数目。

注:对以每百单位产品不合格数为质量指标的情形,宜用不合格限定数(limiting number of nonconformities)。

3.1.16

限定值　limiting value

基于声称质量水平,质量统计量允许的最小值。

3.2　符号

σ　标准差

σ_r　重复性标准差

s_r　样本重复性标准差

σ_R　再现性标准差

r　重复性限

R　再现性限

$s_{I(\cdot)}$　中间精密度标准差

$CR_{0.95}(m)$　样本量为 m 的重复性临界极差

$f(m)$　样本量为 m 的重复性临界极差系数

$CD_{0.95}$　再现性临界差(概率为 0.95)

$X_1, X_2 \cdots$　测试结果

X_{max}, X_{min}　随机变量测试结果的极端值

N　核查总体中所包含的单位产品的总数,即核查总体量

DQL　声称质量水平

DQL_p　以不合格品百分数(或每百单位产品不合格数)表示的声称质量水平

DQL_μ　以总体均值表示的声称质量水平

L　不合格品限定数

n　样本量

(n,L)　计数复检抽样方案

QR　质量比

LQR　极限质量比

LQL　极限质量水平

N　核查总体量

D　核查总体中的不合格品数

d　样本中的不合格品数

p　核查总体的实际质量水平

p_1　漏判风险质量水平

$P_a(p)$　核查总体的实际质量水平等于 p 时,根据抽样方案将核查总体判核查通过的概率。

α 第一类错误概率(错判风险)

β 第二类错误概率(漏判风险)

4 对样本产品的复验程序及实施

对于非破坏性测试,当对第一次测试的结果有异议时,首先必须查清当时的测试条件。若当时的测试条件有误,则舍去第一次的测试结果,重新进行测试。若当时的测试条件无误,必要时可进行重复性条件下或再现性条件下或中间精密度条件下的测试。

对破坏性测试,仅当有可靠的依据说明第一次测试有误时,才允许对备份样本产品重新测试。否则,应按复检情形处理。

4.1 在重复性条件下所得测试结果可接受性的检验方法和最终报出结果的确定

如果对首次测试结果的准确度有疑问,且有条件在重复性条件下取得第二个或更多个测试结果,可按以下规定报出最终结果。

4.1.1 最终报出结果的确定

4.1.1.1 确定重复性限 *r*

对于各种产品的每一个质量特性,应按 GB/T 6379.2 确定重复性限 r。

4.1.1.2 最终报出结果的确定方法

当两个测试结果之差的绝对值不大于 r 时,即 $|x_1-x_2|\leqslant r$ 时,这两个结果都可以接受,最终报出结果 $\hat{\mu}$ 为两个结果的算术平均值。如果两个结果之差的绝对值大于 r 值,应再取一个测试结果。

如果 3 个结果的极差等于或小于临界极差 $CR_{0.95}(3)$,则最终报出结果 $\hat{\mu}$ 等于 3 个结果的平均值;如果 3 个结果极差大于临界极差 $CR_{0.95}(3)$,则最终报出结果 $\hat{\mu}$ 取 3 个结果的中位数。此过程可用图 1 表示。

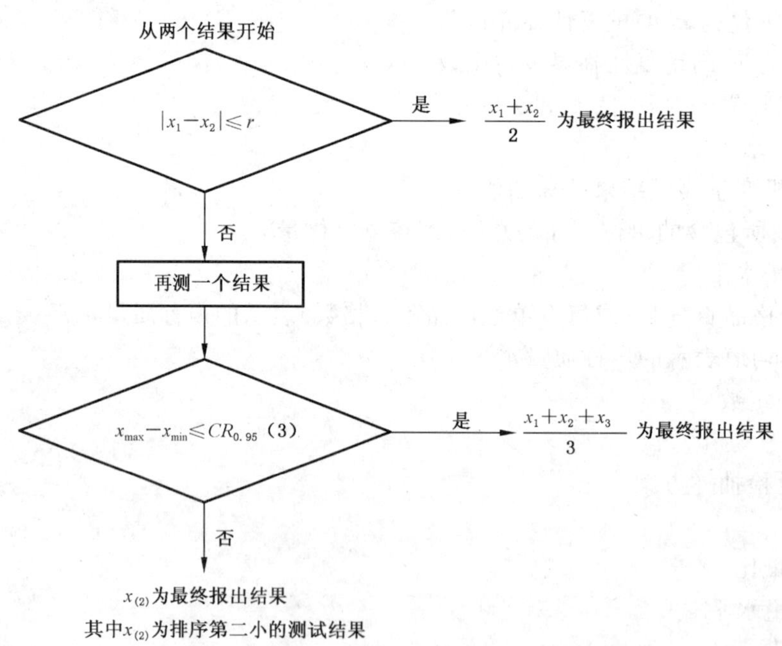

图 1 在重复性条件下所得测试结果的最终报出结果的方法(情形 A)

当追加测试有困难时,也可以同时测试 $m(m>2)$ 个结果,当 m 个结果的极差不大于临界极差时,用 m 个结果的平均值作为最终结果。当 m 个结果的极差大于临界极差时,用 m 个结果的中位数作为最终结果。

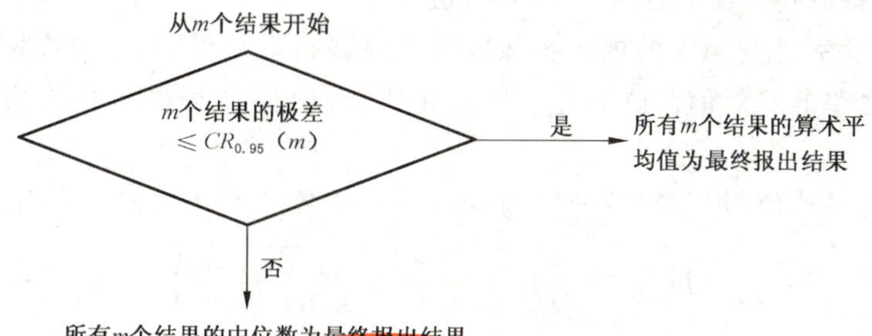

图 2 在重复性条件下所得测试结果的最终报出结果的方法（情形 B）

其中临界极差 $CR_{0.95}(3)$ 的一般表达式为：

$$CR_{0.95}(m) = f(m)\sigma_r = f(m)r/2.77$$

上式中的 $f(m)$ 值见表 1。

表 1 临界极差系数 $f(m)$

m	$f(m)$	m	$f(m)$
2	2.77	12	4.62
3	3.31	13	4.68
4	3.63	14	4.74
5	3.86	15	4.80
6	4.03	16	4.85
7	4.17	17	4.89
8	4.29	18	4.93
9	4.39	19	4.97
10	4.47	20	5.01
11	4.55		

4.1.2 报出最终结果的说明

报出最终结果 $\hat{\mu}$ 时应说明：

a) 测试次数；

b) 取平均值还是中位数。

4.2 在再现性条件下所得测试结果可接受性的检验方法和最终报出结果的确定

本方法应用于两个实验室参加试验，其测试结果或结果的平均值有差异的情形，此时应当像重复性一样，用给定的再现性标准差做统计检验。

各种情况下均应保证有足够的测试样本产品以得到测试结果，包括保存一部分备用样本产品便于在有必要重新测试时使用。备用样本产品的多少取决于测试方法和试验的复杂程度，应妥善保存备用样本产品，防止损坏和变质。

4.2.1 两实验室测试结果一致性统计检验

4.2.1.1 两个实验室各取得一个测试结果的检验

当每个实验室只取得一个测试结果时，两个结果之差的绝对值用再现性限来检验。如果差的绝对值小于或等于 R，两个结果即为一致，取其平均值作为最终报出结果 $\hat{\mu}$。

如果两个结果之差的绝对值大于 R，应尽力找出差异的原因是否由于测试设备有故障、测试方法的精度低和（或）测试样本产品有差别；否定了上述原因后，各实验室应按 4.1 的规定在重复性条件下进行检验。

4.2.1.2 **每个实验室各取得一个以上测试结果的检验**

4.2.1.2.1 假设各实验室已按 4.1 的规定步骤取得了最终报出结果，只要考虑两个最终结果的可接受性即可。用两个结果之差的绝对值与临界差 $CD_{0.95}$ 相比较，以检验两实验室的结果是否一致。检验方法如下：

a) 两个结果均为平均值（重复次数分别为 m_1，m_2），临界差 $CD_{0.95}$ 表达式为：

$$CD_{0.95}=\sqrt{R^2-r^2\left(1-\frac{1}{2m_1}-\frac{1}{2m_2}\right)} \qquad (1)$$

b) 两个结果中一个为平均值，另一个为中位数（重复次数分别为 m_1，m_2），临界差 $CD_{0.95}$ 表达式为：

$$CD_{0.95}=\sqrt{R^2-r^2\left[1-\frac{1}{2m_1}-\frac{(C(m_2))^2}{2m_2}\right]} \qquad (2)$$

$C(m)$ 为中位数标准差与平均值标准差之比，其值见表 2。

c) 两个结果均为中位数（重复次数分别为 m_1，m_2）时，临界差 $CD_{0.95}$ 表达式为：

$$CD_{0.95}=\sqrt{R^2-r^2\left[1-\frac{(C(m_1))^2}{2m_1}-\frac{(C(m_2))^2}{2m_2}\right]} \qquad (3)$$

式中的 $C(m_i)$（$i=1,2\cdots\cdots$）值见表 2。

表 2 $C(m)$ 值

测试结果次数 m	$C(m)$	测试结果次数 m	$C(m)$
1	1	11	1.228 33
2	1	12	1.187 52
3	1.160 18	13	1.232 23
4	1.092 15	14	1.195 97
5	1.197 57	15	1.235 08
6	1.135 10	16	1.202 50
7	1.213 72	17	1.237 25
8	1.159 93	18	1.207 69
9	1.222 67	19	1.238 96
10	1.176 12	20	1.211 92

4.2.1.2.2 如果差的绝对值小于临界差，则两个实验室的最终报出结果均可接受，取两个结果的加权平均值 $\hat{\mu}=(m_1\hat{\mu}_1+m_2\hat{\mu}_2)/(m_1+m_2)$ 作为最终报出结果。如果两个结果之差的绝对值大于临界差，则需采用 4.2.2 规定的步骤。

4.2.2 **两实验室报出结果不一致的解决办法**

两实验室报出结果不一致的原因可能来自系统误差、样本产品不一致或确定 σ_R 和（或）σ_r 过程中的误差（见 GB/T 6379.2 和 ISO 5725-3）。

各实验室都应当用另外的样本产品进行测试，以判断系统误差的存在与否及其偏离程度。可能条件下应采用标定过的基准材料。如无此可能，应当对标准试样（最好是已知值的）加以测试。其优点在于可找出某个实验室或两个实验室的系统误差。如果用这种方法也不能发现系统误差，两实验室应参考第三个实验室的结果达成协议。

当差异来自样本产品不一致时，两实验室应当共同制作试样或委托第三方制作试样。

4.3 **在中间精密度条件下所得测试结果可接受性的检验方法和最终报出结果的确定**

如果对首次测试结果的准确度有疑问，在中间精密度条件下取得第二个或更多个测试结果。

其最终报出结果的确定可仿照 4.1 得出，只需用中间精密度标准差代替重复性标准差。

4.4 应用示例

示例1:用GB/T 223.3中锑磷钼兰光度法测定钢铁中磷的含量。在某实验室第一次测得样本产品的数据为0.017 0,对此测试结果有异议,经查证未发现试验条件有误,经负责部门同意对同一样本产品进行重复性条件下的第二次测试所得结果为0.017 8。由于(0.017 0+0.017 8)/2=0.017 4,由相关标准查得理论磷含量为0.017 4时的重复性限r=0.001 7,求重复性条件下的最终报出结果。

解:极差$|X_1-X_2|=|0.017\,0-0.017\,8|=0.000\,8$

因为$|X_1-X_2|<r$,所以最终报出结果为:

$$\hat{\mu}=(0.017\,0+0.017\,8)/2=0.017\,4$$

示例2:如果在示例1中第一次测得样本产品的数据为0.017 9,对此测试结果有异议,经查证未发现试验条件有误,经负责部门同意对同一样本产品进行重复性条件下的第二次测试所得结果为0.016 1,求重复性条件下的最终报出结果。

解:极差$|X_1-X_2|=|0.017\,9-0.016\,1|=0.001\,8$

由于(0.017 9+0.016 1)/2=0.017 0,由相关标准查得理论磷含量为0.017 0时的重复性限r=0.001 6,因为$|X_1-X_2|>r$,还需再测试一次,得到第三个数据为0.016 4,因此有$X_{max}=0.017\,9$,$X_{min}=0.016\,1$,$|X_{max}-X_{min}|=0.017\,9-0.016\,1=0.001\,8$。

由于(0.017 9+0.016 1+0.016 4)/3=0.016 8,由相关标准查得理论磷含量为0.016 8时重复性标准差$S_r=0.000\,57$,临界极差$CR_{0.95}(3)=f(3)S_r=3.31\times0.000\,57=0.001\,9$。

由于$|X_{max}-X_{min}|<CR_{0.95}(3)$,所以最终报出结果取三个数据的均值为:

$$\hat{\mu}=(0.017\,95+0.016\,1+0.016\,4)/3=0.016\,8$$

示例3:在示例2中,如果测得的第三个数据为0.015 8,因此有$X_{max}=0.017\,9$,$X_{min}=0.015\,8$,$|X_{max}-X_{min}|=0.017\,9-0.015\,8=0.002\,1$,由于(0.017 9+0.016 1+0.015 8)/3=0.016 6,由相关标准查得理论磷含量为0.016 6时的重复性标准差$S_r=0.000\,604$,临界极差$CR_{0.95}(3)=0.002\,0$,由于$|X_{max}-X_{min}|>CR_{0.95}(3)$,所以最终报出结果取这三个数据的中位数为:$\hat{\mu}=0.016\,1$。

示例4:如果在示例1中第一次测得样本产品的数据为0.017 9,对此测试结果有异议,经查证未发现试验条件有误,由于时间间隔的很长,且第一次的测试者不能进行第二次测试,经负责部门同意对同一样本产品进行中间精密度条件下的第二次测试(此处的中间精密度条件是改变了时间且改变了测试者)。中间精密度条件下的第二次测试所得结果为0.015 2,由于(0.017 9+0.015 2)/2=0.016 55,从相关标准查得理论磷含量为0.016 55时的中间精密度标准差为$s_{I(TO)}=0.001\,29$。求中间精密度条件下的最终报出结果。

解:极差$|X_1-X_2|=|0.017\,9-0.015\,2|=0.002\,7$

因为$|X_1-X_2|<0.001\,29\times2.8$ $(0.001\,29\times2.8=0.003\,6)$,$|X_1-X_2|<2.8s_{I(TO)}$,所以最终报出结果为:

$$\hat{\mu}=(0.017\,9+0.015\,2)/2=0.016\,55,\text{修约为}\ 0.016\,5$$

示例5:如果在示例1中第一次测得样本产品的数据为0.017 9,对此测试结果有异议,经查证未发现试验条件有误,由于时间间隔的很长,且第一次的测试者不能进行第二次测试,经负责部门同意对同一样本产品进行中间精密度条件下的第二次测试(此处的中间精密度条件是改变了时间且改变了测试者)。中间精密度条件下的第二次测试所得结果为0.013 6,由于(0.017 9+0.0136)/2=0.015 75,从相关标准查得理论磷含量为0.015 75时的中间精密度标准差为$s_{I(TO)}=0.001\,28$。求中间精密度条件下的最终报出结果。

解:极差$|X_1-X_2|=|0.017\,9-0.013\,6|=0.004\,3$

因为$|X_1-X_2|>0.001\,28\times2.8$ $(0.001\,28\times2.8=0.003\,6)$,还需在第二个实验室再测试一次,得到第三个数据为0.015 4,因此有$X_{max}=0.017\,9$,$X_{min}=0.013\,6$,

$$|X_{max}-X_{min}|=0.017\,9-0.013\,6=0.004\,3$$

由于(0.017 9+0.013 6+0.015 4)/3=0.015 63,从相关标准查得理论磷含量为0.015 63时的中间精密度标准差为$s_{I(TO)}=0.001\ 27$,则临界极差

$$CR_{0.95}(3)=f(3)s_{I(TO)}=3.31\times0.001\ 27=0.004\ 20$$

由于$|X_{max}-X_{min}|>CR_{0.95}(3)$,所以最终报出结果取三个数据的中位值为:

$$\hat{\mu}=0.015\ 4$$

示例6:用GB/T 223.3中锑磷钼兰光度法测定钢铁中磷的含量。第一实验室测得结果为0.058 0,对此结果有异议,经查证未发现测试条件有误,经负责部门同意对同一被测对象由第二实验室再测一次,所得测试结果为0.053 2。由于(0.058 0+0.053 2)/2=0.055 6,从相关标准查得理论磷含量为0.055 6时的再现性限$R=0.003\ 5$。由于0.058 0−0.053 2=0.004 8,此值大于R,分别对两个实验室进行核查,未发现测试条件有误,经负责部门同意由两个实验室分别再做重复性测试。第一实验室测得结果为0.055 9,$|X_1-X_2|=|0.058\ 0-0.055\ 9|=0.002\ 1$,由于(0.058 0+0.055 9)/2=0.056 95,从相关标准查得理论磷含量为0.056 95时的重复性限$r=0.002\ 0$,此时极差大于重复性限所以还需测试一次,得数据为0.055 8,算得极差$|X_{max}-X_{min}|=0.058\ 0-0.055\ 8=0.002\ 2$,由于(0.058 0+0.055 9+0.055 8)/3=0.056 57,从相关标准查得理论磷含量为0.056 57时的重复性标准差$S_r=0.000\ 694$,临界极差$CR_{0.95}(3)=f(3)S_r=3.31\times0.000\ 694=0.002\ 3$,此时极差小于临界极差,故取平均值$\hat{\mu}_1=(0.058\ 0+0.055\ 9+0.055\ 8)/3=0.056\ 6$。第二实验室测得结果为0.056 5,由于$|X_1-X_2|=|0.056\ 5-0.053\ 2|=0.003\ 3$,由于(0.053 2+0.056 5)/2=0.054 85,从相关标准查得理论磷含量为0.054 85时的重复性限$r=0.001\ 9$,由于此极差大于重复性限,所以还需测试一次,得数据为0.053 8,因此有极差$|X_{max}-X_{min}|=0.056\ 5-0.053\ 2=0.003\ 3$,由于(0.053 2+0.056 5+0.053 8)/3=0.054 5,从相关标准查得理论磷含量为0.054 5时的重复性标准差$S_r=0.000\ 692$,临界极差$CR_{0.95}(3)=f(3)S_r=3.31\times0.000\ 692=0.002\ 29$,极差大于临界极差,故取中位数$\hat{\mu}_2=0.053\ 8$。试比较两实验室结果的差异如何,求最终报出结果。

解:两实验室的最终结果之差$|\mu_1-\mu_2|=0.056\ 6-0.053\ 8=0.002\ 8$

由于(0.056 6+0.053 8)/2=0.055 2从相关标准查得理论磷含量为0.055 2时的再现性限$R=0.003\ 45\approx0.003\ 5$;在第一实验室,从相关标准查得理论磷含量为0.056 6时的重复性限$r=0.001\ 97$,在第二实验室,从相关标准查得理论磷含量为0.054 5时重复性限$r=0.001\ 94$,取其中较小的一个$r=\min(r_1,r_2\}=0.001\ 94$。

再现性临界差为:

$$\begin{aligned}CD_{0.95}&=\sqrt{R^2-r^2\left(1-\frac{1}{2m_1}-\frac{(C(m_2))^2}{2m_2}\right)}\\&=\sqrt{0.003\ 5^2-0.001\ 94^2\left[1-\frac{1}{2\times3}-\frac{(1.160\ 18)^2}{2\times3}\right]}\\&=0.003\ 16\end{aligned}$$

由于$|\hat{\mu}_1-\hat{\mu}_2|<CD_{0.95}$,故得最终报出结果为:

$$\begin{aligned}\hat{\mu}&=(3\hat{\mu}_1+3\hat{\mu}_2)/6\\&=(0.056\ 6+0.053\ 8)/2\\&=0.055\ 2\end{aligned}$$

5 对核查总体的复检

5.1 核查总体的复检程序

本标准规定的复检程序如下:

a) 确定核查总体;

b) 确定需核查的单位产品的质量特性;

c) 确定不合格(品)的分类;

d) 规定复检质量水平；

e) 规定漏判风险质量；

f) 检索复检抽样方案；

g) 抽取样本；

h) 检验样本；

i) 判断核查总体是否不合格。

5.2 复检抽样的实施

5.2.1 确定核查总体

复检的核查总体应与初次检验的核查总体相同。

5.2.2 确定单位产品的质量特性

对单位产品的技术性能和指标、安全、卫生指标等质量特性做出明确的规定，这些指标必须与初次检验规定的指标相同。

5.2.3 确定需复检的不合格(品)的类别

对复检的不合格(品)的类别的规定应与初次核查抽样检验不合格(品)的类别相同。

5.2.4 规定核查总体质量水平

复检抽样时的核查总体质量水平应与初次核查抽样检验的核查总体质量水平相同。

5.2.5 规定漏判风险质量

5.2.5.1 计数的情形

5.2.5.1.1 规定极限质量比

极限质量比为漏判风险质量水平与声称质量水平的比值，即

$$\mathrm{LQR}=\frac{p_1}{\mathrm{DQL}_p}=\frac{\text{漏判风险质量水平}}{\text{声称质量水平}}$$

a) 以不合格品百分数为质量指标

其 LQR 的取值范围与 DQL_p 的范围关系如下表：

DQL_p 的范围	LQR 的取值范围
$\mathrm{DQL}_p \leqslant 0.1$	LQR≤10
$0.1<\mathrm{DQL}_p \leqslant 1.0$	LQR≤5
$1.0<\mathrm{DQL}_p \leqslant 4.0$	LQR≤4
$4.0<\mathrm{DQL}_p \leqslant 10.0$	LQR≤3

LQR 的数值应参考上述规定。由核查方与被核查方协商确定或由负责部门指定。

b) 以每百单位产品不合格数为质量指标

其 LQR 的取值范围与 DQL 的范围关系如下表：

DQL_p 的范围	LQR 的取值范围
$\mathrm{DQL}_p \leqslant 0.1$	LQR≤15
$0.1<\mathrm{DQL}_p \leqslant 1.0$	LQR≤10
$1.0<\mathrm{DQL}_p \leqslant 4.0$	LQR≤4
$4.0<\mathrm{DQL}_p \leqslant 15.0$	LQR≤3
$15<\mathrm{DQL}_p \leqslant 100$	LQR≤2.5

LQR 的数值应参考上述规定。由核查方与被核查方协商确定或由负责部门指定。

5.2.5.1.2 检索复检抽样方案

当以不合格品百分数为质量指标时，在表 3 中检索抽样方案。当以每百单位产品不合格数为质量指标时，在表 4 中检索抽样方案。

表 3　以不合格品百分数为质量指标的复检抽样方案(n,L)(表格左部分)

p_1/% DQL$_p$/%	0.75	0.85	0.95	1.05	1.20	1.30	1.50	1.70	1.90	2.10	2.40	2.60	3.00	3.40	3.80	4.20	4.80	p_1/% DQL$_p$/%
0.095	750,2	425,1	395,1	370,1	345,1	315,1	280,1	250,1	225,1	210,1	185,1	160,1	68,0	64,0	58,0	54,0	49,0	0.091～0.100
0.105	730,2	665,2	380,1	355,1	330,1	310,1	275,1	250,1	225,1	200,1	185,1	160,1	150,1	60,0	56,0	52,0	48,0	0.101～0.112
0.120	700,2	650,2	595,2	340,1	320,1	295,1	275,1	245,1	220,1	200,1	180,1	160,1	150,1	130,1	54,0	50,0	46,0	0.113～0.125
0.130	930,3	625,2	580,2	535,2	305,1	285,1	260,1	240,1	220,1	200,1	180,1	160,1	150,1	130,1	115,1	48,0	45,0	0.126～0.140
0.150	900,3	820,3	545,2	520,2	475,2	270,1	250,1	230,1	215,1	195,1	175,1	160,1	140,1	130,1	115,1	100,1	43,0	0.141～0.160
0.170	1105,4	795,3	740,3	495,2	470,2	430,2	240,1	220,1	205,1	190,1	175,1	160,1	140,1	125,1	115,1	100,1	92,1	0.161～0.180
0.190	1295,5	980,4	710,3	665,3	440,2	415,2	370,2	210,1	200,1	185,1	170,1	155,1	140,1	125,1	115,1	100,1	92,1	0.181～0.200
0.210	1445,6	1135,5	875,4	635,3	595,3	395,2	365,2	330,2	190,1	175,1	165,1	155,1	140,1	125,1	115,1	100,1	92,1	0.201～0.224
0.240	1620,7	1305,6	1015,5	785,4	570,3	525,3	350,2	325,2	300,2	170,1	160,1	145,1	135,1	125,1	115,1	100,1	90,1	0.225～0.250
0.260	1750,8	1435,7	1165,6	910,5	705,4	510,3	465,3	310,2	290,2	265,2	150,1	140,1	130,1	120,1	110,1	100,1	90,1	0.251～0.280
0.300	2055,10	1545,8	1275,7	1025,6	810,5	625,4	450,3	410,3	275,2	260,2	240,2	135,1	125,1	115,1	110,1	98,1	88,1	0.281～0.315
0.340		1820,10	1385,8	1145,7	920,6	725,5	555,4	400,3	365,3	250,2	230,2	210,2	120,1	110,1	105,1	96,1	86,1	0.316～0.355
0.380			1630,10	1235,8	1025,7	820,6	640,5	490,4	355,3	330,3	220,2	205,2	190,2	110,1	100,1	92,1	86,1	0.356～0.400
0.420				1450,10	1100,8	910,7	725,6	565,5	440,4	315,3	295,3	195,2	180,2	165,2	95,1	88,1	82,1	0.401～0.450
0.480					1300,10	985,8	810,7	545,5	505,5	390,4	285,3	260,3	175,2	165,2	150,2	84,1	80,1	0.451～0.500
0.530						1165,10	875,8	715,7	495,5	454,5	350,4	255,3	230,3	155,2	145,2	135,2	76,1	0.501～0.560
0.600							1035,10	770,8	640,7	435,5	405,5	310,4	225,3	205,3	140,2	125,2	115,2	0.561～0.630
0.670								910,10	690,8	570,7	390,5	360,5	275,4	200,3	185,3	125,2	115,2	0.631～0.710
0.750									815,10	620,8	510,7	350,5	320,5	250,4	180,3	165,3	110,2	0.711～0.800
0.850										725,10	550,8	455,7	310,5	285,5	220,4	160,3	145,3	0.801～0.900
0.950											650,10	490,8	405,7	275,5	255,5	195,4	140,3	0.901～1.00
1.05												580,10	435,8	360,7	245,5	225,5	175,4	1.01～1.12
1.20												715,13	515,10	390,8	280,6	220,5	165,4	1.13～1.25
1.30													635,13	465,10	350,8	250,6	195,5	1.26～1.40
1.50													825,18	565,13	410,10	310,8	220,6	1.41～1.60
1.70														745,18	505,13	360,10	275,8	1.61～1.80
1.90															660,18	445,13	325,10	1.81～2.00
2.10																585,18	400,13	2.01～2.24
2.40																	520,18	2.25～2.50
2.60																		2.51～2.80
3.00																		2.81～3.15
3.40																		3.16～3.55
3.80																		3.56～4.00
4.20																		4.01～4.50
4.80																		4.51～5.00
5.30																		5.01～5.60
6.00																		5.61～6.30
6.70																		6.31～7.10
7.50																		7.11～8.00
8.50																		8.01～9.00
9.50																		9.01～10.0
10.50																		10.1～11.2
DQL$_p$/% p_1/%	0.71～0.80	0.81～0.90	0.91～1.00	1.01～1.12	1.13～1.25	1.26～1.40	1.41～1.60	1.61～1.80	1.81～2.00	2.01～2.24	2.25～2.50	2.51～2.80	2.81～3.15	3.16～3.55	3.56～4.00	4.01～4.50	4.51～5.00	DQL$_p$/% p_1/%

表 3（续）(表格右部分)

p_1/% DQL_p/%	5.30	6.00	6.70	7.50	8.50	9.50	10.5	12.0	13.0	15.0	17.0	19.0	21.0	24.0	26.0	30.0	34.0	p_1/% DQL_p/%
0.095	45,0	41,0	37,0	33,0	30,0	27,0	24,0	22,0	19,0	17,0	15,0	13,0	11,0	10,0	9,0	8,0	7,0	0.091～0.100
0.105	44,0	40,0	37,0	33,0	29,0	27,0	24,0	21,0	19,0	17,0	15,0	13,0	11,0	10,0	9,0	7,0	7,0	0.101～0.112
0.120	43,0	39,0	36,0	33,0	29,0	26,0	24,0	21,0	19,0	17,0	15,0	13,0	11,0	10,0	9,0	7,0	7,0	0.113～0.125
0.130	41,0	38,0	35,0	32,0	29,0	26,0	23,0	21,0	19,0	17,0	15,0	13,0	11,0	10,0	9,0	7,0	6,0	0.126～0.140
0.150	40,0	37,0	33,0	31,0	28,0	26,0	23,0	21,0	19,0	16,0	15,0	13,0	11,0	10,0	9,0	7,0	6,0	0.141～0.160
0.170	38,0	35,0	33,0	30,0	27,0	25,0	23,0	21,0	18,0	16,0	15,0	13,0	11,0	10,0	9,0	7,0	6,0	0.161～0.180
0.190	82,1	34,0	31,0	29,0	26,0	24,0	22,0	21,0	18,0	16,0	14,0	13,0	11,0	10,0	9,0	7,0	6,0	0.181～0.200
0.210	82,1	72,1	30,0	28,0	25,0	23,0	22,0	20,0	18,0	16,0	14,0	13,0	11,0	10,0	9,0	7,0	6,0	0.201～0.224
0.240	82,1	72,1	64,1	27,0	25,0	23,0	21,0	19,0	18,0	16,0	14,0	12,0	11,0	10,0	9,0	7,0	6,0	0.225～0.250
0.260	80,1	72,1	64,1	56,1	24,0	22,0	20,0	19,0	17,0	16,0	14,0	12,0	11,0	10,0	9,0	7,0	6,0	0.251～0.280
0.300	80,1	70,1	64,1	56,1	50,1	21,0	19,0	18,0	17,0	15,0	14,0	12,0	11,0	10,0	9,0	7,0	6,0	0.281～0.315
0.340	80,1	70,1	62,1	56,1	50,1	45,1	19,0	17,0	16,0	15,0	13,0	12,0	11,0	10,0	9,0	7,0	6,0	0.316～0.355
0.380	78,1	70,1	62,1	56,1	50,1	45,1	40,1	17,0	15,0	14,0	13,0	12,0	11,0	10,0	9,0	7,0	6,0	0.356～0.400
0.420	76,1	68,1	62,1	56,1	49,1	45,1	40,1	35,1	15,0	14,0	12,0	11,0	10,0	9,0	8,0	7,0	6,0	0.401～0.450
0.480	74,1	68,1	62,1	56,1	49,1	44,1	40,1	35,1	31,1	13,0	12,0	11,0	10,0	9,0	8,0	7,0	6,0	0.451～0.500
0.530	70,1	64,1	60,1	54,1	49,1	44,1	39,1	35,1	31,1	28,1	11,0	11,0	10,0	9,0	8,0	7,0	6,0	0.501～0.560
0.600	68,1	62,1	58,1	54,1	48,1	44,1	39,1	35,1	31,1	27,1	24,1	10,0	9,0	9,0	8,0	7,0	6,0	0.561～0.630
0.670	105,2	59,1	56,1	52,1	47,1	43,1	39,1	35,1	31,1	27,1	24,1	21,1	9,0	8,0	8,0	7,0	6,0	0.631～0.710
0.750	105,2	94,2	54,1	49,1	46,1	42,1	38,1	35,1	31,1	27,1	24,1	21,1	19,1	8,0	7,0	7,0	6,0	0.711～0.800
0.850	100,2	90,2	84,2	47,1	44,1	40,1	38,1	34,1	31,1	27,1	24,1	21,1	19,1	17,1	7,0	7,0	6,0	0.801～0.900
0.950	130,3	86,2	82,2	74,2	42,1	39,1	36,1	34,1	30,1	27,1	24,1	21,1	19,1	17,1	15,1	6,0	6,0	0.901～1.00
1.05	125,3	115,3	78,2	72,2	64,2	37,1	35,1	32,1	30,1	27,1	23,1	21,1	19,1	17,1	15,1	6,0	6,0	1.01～1.12
1.20	155,4	115,3	105,3	70,2	64,2	58,2	33,1	31,1	29,1	26,1	23,1	21,1	18,1	17,1	15,1	6,0	6,0	1.13～1.25
1.30	150,4	135,4	100,3	66,2	62,2	58,2	52,2	30,1	28,1	25,1	23,1	21,1	18,1	16,1	15,1	13,1	5,0	1.26～1.40
1.50	175,5	130,4	120,4	90,3	58,2	54,2	50,2	47,1	26,1	24,1	22,1	20,1	18,1	16,1	14,1	13,1	5,0	1.41～1.60
1.70	195,6	155,5	115,4	110,4	78,3	52,2	49,2	45,2	41,2	23,1	21,1	20,1	18,1	16,1	14,1	13,1	11,1	1.61～1.80
1.90	245,8	175,6	140,5	105,4	95,4	73,0	47,2	44,2	41,2	36,2	21,1	19,1	18,1	16,1	14,1	13,1	11,1	1.81～2.00
2.10	290,10	220,8	155,6	125,5	95,4	86,4	62,3	42,2	39,2	36,2	32,2	18,1	17,1	16,1	14,1	13,1	11,1	2.01～2.24
2.40	360,13	260,10	195,8	140,6	110,5	84,4	76,4	56,3	37,2	34,2	31,2	28,2	16,1	15,1	14,1	12,1	11,1	2.25～2.50
2.60	470,18	320,13	230,10	175,8	125,6	100,5	74,4	54,3	50,3	33,2	30,2	28,2	25,2	15,1	13,1	12,1	11,1	2.51～2.80
3.00		415,18	280,13	205,10	155,8	110,6	86,5	66,4	48,3	44,3	29,2	27,2	25,2	22,2	13,1	12,1	11,1	2.81～3.15
3.40			350,17	250,13	180,10	140,8	100,6	78,5	60,4	42,3	39,3	26,2	24,2	22,2	20,2	11,1	10,1	3.16～3.55
3.80				310,17	225,13	165,10	125,8	90,6	70,5	52,4	37,3	35,3	23,2	21,2	20,2	17,2	10,1	3.56～4.00
4.20					275,17	200,13	145,10	110,8	78,6	62,5	46,4	33,3	31,3	20,2	19,2	17,2	10,1	4.01～4.50
4.80						245,17	180,13	130,10	100,8	70,6	54,5	41,4	30,3	28,3	18,2	17,2	15,2	4.51～5.00
5.30							220,17	160,13	115,10	86,8	62,6	48,5	37,4	27,3	25,3	16,2	15,2	5.01～5.60
6.00								195,17	140,13	100,10	68,7	54,6	43,5	33,4	23,3	22,3	14,2	5.61～6.30
6.70									175,17	120,12	82,9	60,7	48,6	38,5	29,4	21,3	14,2	6.31～7.10
7.50										150,16	105,12	74,9	54,7	44,6	34,5	26,4	18,3	7.11～8.00
8.50											130,16	90,12	66,9	48,7	39,6	30,5	23,4	8.01～9.00
9.50												115,16	821,2	58,9	43,7	34,6	27,5	9.01～10.0
10.50													105,16	74,12	52,9	38,7	26,5	10.1～11.2
DQL_p/% p_1/%	5.01～5.60	5.61～6.30	6.31～7.10	7.11～8.00	8.01～9.00	9.01～10.0	10.1～11.2	11.3～12.5	12.6～14.0	14.1～16.0	16.1～18.0	18.1～20.0	20.1～22.4	22.5～25.0	25.1～28.0	28.1～31.5	31.6～35.5	DQL_p/% p_1/%

表 4 以每百单位产品不合格数为质量指标的复检抽样方案(n,L)

p_1/% DQL_p/%	1.5	2.5	4.0	6.5	10	15	25	40	65	100	150	250	400
0.1	280,1	185,1	57,0	35,0	24,0								
0.15	250,1	180,1	105,1	33,0	23,0								
0.25	350,2	160,1	220,2	64,1	21,0								
0.40	640,5	200,2	195,2	62,1	40,1								
0.65		405,4	125,2	56,1	39,1	27,1							
1.0			225,4	82,2	36,1	26,1							
1.5				124,4	54,2	25,1							
2.5					79,4	34,2	15,1						
4.0					150,10	62,5	20,2						
6.5						120,12	31,4	13,2					
10							56,9	20,4					
15								32,8	20,7				
25									20,8	13,7			
40										12,8	8,7		
65											20,21	4,5	
100												13,21	8,14

取 $p_1=DQL_p\times LQR$，在表 3 或表 4 中由 DQL_p 与 p_1 相交处读取抽样方案，表中左侧的数值为样本量 n，右侧的数值为不合格(品)限定数 L。

若得不到复检所需的样本时，则不能复检，以初次检验的结果为最终结果。

注：按上述检索方法，如果复检样本量 n 超过核查总体量，应进行全数检验。

5.2.5.2 计量的情形

5.2.5.2.1 规定极限质量比

根据对判断精度的要求和能够承受的样本量由核查方与被核查方协商确定或由负责部门指定极限质量比。对于上侧极限质量规范限 $\mu_{1U}=\mu_{0U}\times LQR$，$\mu_{0U}$ 为声称质量水平，复检时规定的 μ_{1U} 应小于初检时抽检方案对应的 μ_{1U}；对于下侧极限质量规范限 $\mu_{1L}=\mu_{0L}\times LQR$，$\mu_{0L}$ 为声称质量水平，复检时规定的 μ_{1L} 应大于初检时抽检方案对应的 μ_{1L}；对于双侧极限质量规范限应同时规定上侧极限质量规范限 μ_{1L} 和下侧极限质量规范限 μ_{1U}，复检时规定的 μ_{1L} 应大于初检时抽检方案对应的 μ_{1L}，μ_{1U} 应小于初检时抽检方案对应的 μ_{1U}。

5.2.5.2.2 检索复检抽样方案

根据确定的 $DQL_\mu(\mu_{1L},\mu_{0U})$ 和 $\mu_1(\mu_{1L},\mu_{1U})$ 的值，从 GB/T 8054 中查出复检抽样方案，该抽样方案的样本量应大于初次检验时抽样方案的样本量。

5.2.6 应用示例

示例 1：规定 DQL_p 为 1.05%，p_1 为 3.00%时，求以每百单位产品不合格品数为质量指标的复检抽样方案。

在表 3 中以 DQL_p 为 1.05%，其所在的行和 p_1 为 3.00%所在的列的相交栏中查到$(n,L)=(435,8)$。即样本量为 435，不合格品限定数为 8。

示例 2：规定 DQL_p 为 1.5%，p_1 为 5.5%，求以每百单位产品不合格数为质量指标的复检抽样方案。

在表 4 中以 DQL_p 为 1.5%，其所在的行和 p_1 为 6.5%所在的列相交栏中查到$(n,L)=(124,4)$。即样本量为 124，不合格品限定数为 4。

5.2.7 **判定准则**

根据检索出的抽样方案，若抽检样本符合要求，则判核查通过；若抽检样本不符合要求，则判核查总体不合格。

当可以确定核查总体的实际质量水平时，应用核查总体的实际质量水平与声称质量水平 DQL 比较，以判定该核查总体是否不合格，而不使用抽样方案；此时不存在复检，允许复验。

5.2.8 **功效**

经过复检后，会减小复合抽样检验的第一类错误概率 α，而增大复合抽样检验的第二类错误概率 β。复检抽样方案的功效高于初次抽样方案的功效，但复合抽样方案的功效降低。

5.2.9 **抽样方案表**

附 录 A
（资料性附录）
质量核查抽样检验的综合 OC 曲线

设原核查抽样方案为$(n_1;r_1)$[或$(n_1;k_1)$]，复检抽样方案为$(n_2;r_2)$[或$(n_2;k_2)$]。原核查抽样方案的 OC 函数为 $P_{a_1}(p)$[或 $P_{a_1}(\mu)$]，复检方案的 OC 函数为 $P_{a_2}(p)$[或 $P_{a_2}(\mu)$]。复检抽样方案与原方案结合在一起，实际上是一个特殊的二次抽样方案，我们称它为"综合二次抽样方案"，并用符号$(n_1;r_1)\times(n_2;r_2)$[或$(n_1;k_1)\times(n_2;k_2)$]表示。这一特殊的二次抽样方案的 OC 函数（称它为综合 OC 函数）为：

$$P_a(p) = P_{a_1}(p) + [1 - P_{a_1}(p)]P_{a_2}(p)$$

$$\text{或 } P_a(\mu) = P_{a_1}(\mu) + [1 - P_{a_1}(\mu)]P_{a_2}(\mu)$$

如果核查抽样方案适合当 $p=\mathrm{DQL}_p$ 时，$P_{a_1}(p)=1-\alpha_1$，当 $p=p_1$ 时，$P_{a_1}(p)=\beta_1$；而复检抽样方案适合当 $p=\mathrm{DQL}_p$ 时，$P_{a_2}(p)=1-\alpha_2$，当 $p=p_1$ 时，$P_{a_2}(p)=\beta_2$，则综合接收概率为：

$$\begin{aligned}P_a(\mathrm{DQL}_p) &= 1 - \alpha_1 + \alpha_1(1 - \alpha_2)\\ &= 1 - \alpha_1\alpha_2\\ &> 1 - \alpha_1\end{aligned}$$

$$\begin{aligned}P_a(p_1) &= \beta_1 + (1 - \beta_1)\beta_2\\ &> \beta_1\end{aligned}$$

这表明，采用复检抽样方案再判定后，实际上错判风险由原核查抽样方案的 α_1 降低到 $\alpha_1\alpha_2$；而漏判风险则由原核查抽样方案的 β_1 增大为 $\beta_1+(1-\beta_1)\beta_2$。

示例：设 $\mathrm{DQL}_p=0.65$，核查抽样方案为$(n=8,r=1)$；复检抽样时设 $\mathrm{DQL}_p=0.65$，$p_1=6.5$；其抽样方案为$(n=50,r=2)$

$P_{a_1}(\mathrm{DQL}_p)=1-0.051=0.949$　　$P_{a_1}(p_1)=0.584$

即 $\alpha_1=0.051$　　$\beta_1=0.584$

$P_{a_2}(\mathrm{DQL}_p)=1-0.042=0.958$　　$P_{a_2}(p_1)=0.155$

即 $\alpha_2=0.042$　　$\beta_2=0.155$

$P_a(\mathrm{DQL}_p)=1-0.051\times0.042=1-0.002\ 1=0.997\ 9$

$P_a(p_1)=0.584+(1-0.584)\times0.155=0.648\ 5$

可见，综合二次抽样方案的错判风险由 0.051 降低到 0.002 1，而漏判风险则由 0.584 增大到 0.648 5。

ICS 91.100.30
Q 14

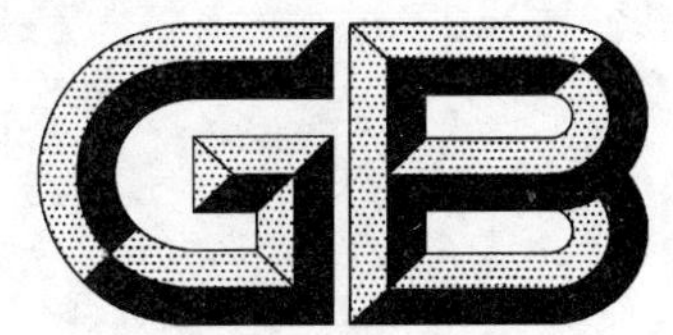

中华人民共和国国家标准

GB/T 16308—2008
代替 GB 16308—1996

钢丝网水泥板

Ferrocement ribbed slab

2008-07-30 发布　　2009-03-01 实施

中华人民共和国国家质量监督检验检疫总局
中国国家标准化管理委员会　发布

前　言

本标准代替 GB 16308—1996《钢丝网水泥板》。

本标准与 GB 16308—1996 相比主要变化如下：

——增补和修改了部分规范性引用文件；

——将代号修改为产品标记；

——修改了原材料部分要求；

——力学性能及试验方法调整为与 GB 50204—2002 一致；

——修改了检验规则要求；

——修改了判定规则和出厂证明书。

本标准由中国建筑材料联合会提出。

本标准由全国水泥制品标准化技术委员会(SAC/TC 197)归口。

本标准负责起草单位:苏州混凝土水泥制品研究院。

本标准主要起草人:钱明、吴楠峰、王希哲。

本标准委托苏州混凝土水泥制品研究院负责解释。

本标准所代替标准的历次版本发布情况为：

——GB 16308—1996。

钢丝网水泥板

1 范围

本标准规定了钢丝网水泥板的产品分类、技术要求、试验方法、检验规则、标志、堆放与运输。

本标准适用于工业和民用建筑用钢丝网水泥板。

2 规范性引用文件

下列文件中的条款通过本标准的引用而成为本标准的条款。凡是注日期的引用文件，其随后所有的修改单(不包括勘误的内容)或修订版均不适用于本标准，然而，鼓励根据本标准达成协议的各方研究是否可使用这些文件的最新版本。凡是不注日期的引用文件，其最新版本适用于本标准。

GB 175 通用硅酸盐水泥

GB 1499.2 钢筋混凝土用钢 第2部分:热轧带肋钢筋

GB/T 7897 钢丝网水泥砂浆力学性能试验方法

GB 8076 混凝土外加剂

GB 13013 钢筋混凝土用热轧光圆钢筋

GB/T 14684 建筑用砂

GB 50010 混凝土结构设计规范

GB 50204 混凝土结构工程施工质量验收规范

GBJ 107 混凝土强度检验评定标准

JGJ 19 冷拔低碳钢丝预应力混凝土中小构件设计与施工规程

JGJ 63 混凝土拌合用水

3 产品分类

3.1 分类

钢丝网水泥板按用途分为钢丝网水泥屋面板(代号:GSWB)和钢丝网水泥楼板(代号:GSLB)两类。

3.2 级别

3.2.1 钢丝网水泥屋面板按可变荷载和永久荷载分为四个级别，见表1。

表1 钢丝网水泥屋面板级别

单位为千牛每平方米

级别	Ⅰ	Ⅱ	Ⅲ	Ⅳ
可变荷载	0.5	0.5	0.5	0.5
永久荷载	1.0	1.5	2.0	2.5

3.2.2 钢丝网水泥楼板按可变荷载分为四个级别。见表2。

表2 钢丝网水泥楼板级别

单位为千牛每平方米

级别	Ⅰ	Ⅱ	Ⅲ	Ⅳ
可变荷载	2.0	2.5	3.0	3.5

3.3 规格

3.3.1 钢丝网水泥板外形见图1。

单位为毫米

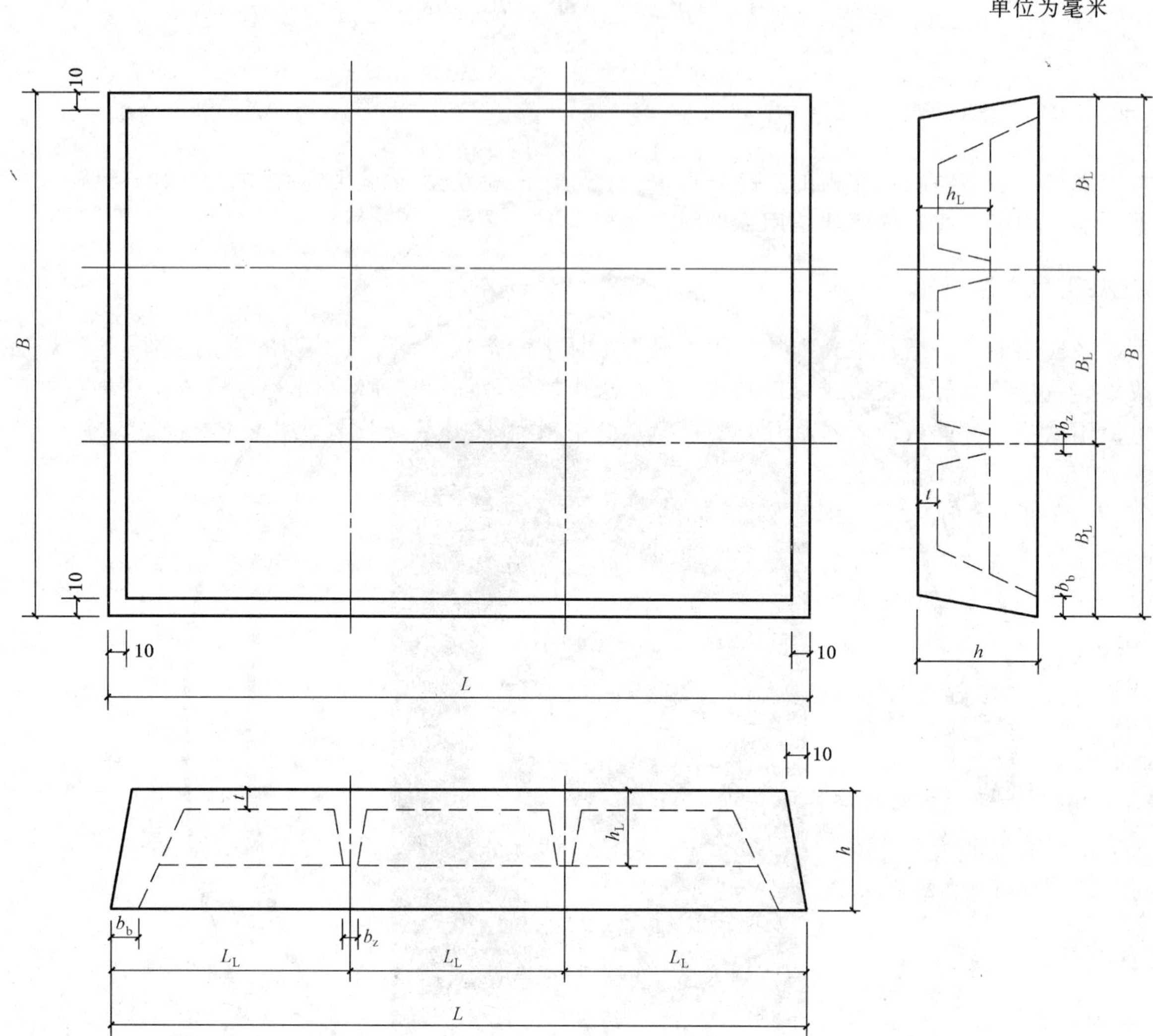

图1 钢丝网水泥板外形

3.3.2 规格尺寸

3.3.2.1 钢丝网水泥屋面板规格尺寸见表3。

表3 钢丝网水泥屋面板规格尺寸

单位为毫米

公称尺寸	长×宽($L\times B$)	高(h)	中肋高(h_L)	肋宽(b)		板厚(t)
				边肋宽(b_b)	中肋(b_z)	
2 000×2 000	1 980×1 980	160、180	120、140	32~35	35~40	16、18
2 121×2 121	2 101×2 101	180、200	140、160	32~35	35~40	18、20
2 500×2 500	2 480×2 480	180、200	140、160	32~35	35~40	18、20
2 828×2 828	2 808×2 808	180、200	140、160	32~35	35~40	18、20
3 000×3 000	2 980×2 980	180、200	140、160	32~35	35~40	18、20
3 500×3 500	3 480×3 480	200、220	160、180	32~35	35~40	18、20
3 536×3 536	3 516×3 516	200、220	160、180	32~35	35~40	18、20
4 000×4 000	3 980×3 980	220、240	180、200	32~35	35~40	18、20
注:根据供需双方协议也可生产其他规格尺寸的屋面板。						

3.3.2.2 钢丝网水泥楼板规格尺寸见表4。

表4 钢丝网水泥楼板规格尺寸

单位为毫米

公称尺寸	长×宽($L\times B$)	高(h)	中肋高(h_L)	肋宽(b)		板厚(t)
				边肋宽(b_b)	中肋(b_z)	
3 300×5 000	3 270×4 970	250、300	160、200	32~35	35~40	18、20、22
3 300×4 800	3 270×4 770	250、300	160、200	32~35	35~40	18、20、22
3 300×1 240	3 270×1 210	200、250	140、180	32~35	35~40	18、20、22
3 580×4 450	3 820×4 420	250、300	160、200	32~35	35~40	18、20、22
注:根据供需双方协议也可生产其他规格尺寸的楼板。						

3.4 产品标记

3.4.1 钢丝网水泥屋面板产品标记由代号、公称长度、公称宽度、高度、级别和标准号组成,示例如下:

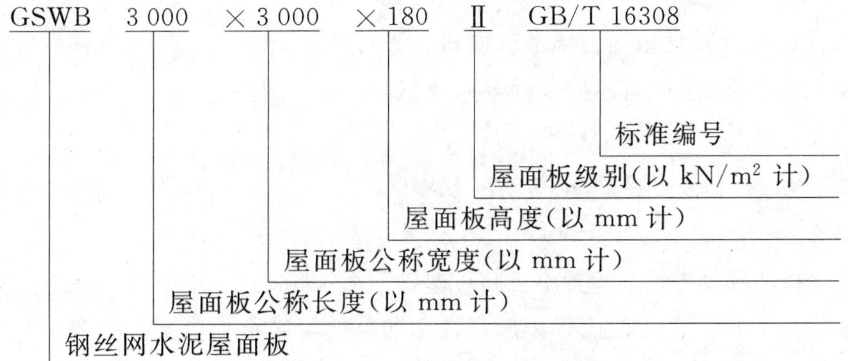

3.4.2 钢丝网水泥楼板产品标记由代号、公称长度、公称宽度、高度、级别和标准号组成，标记示例如下：

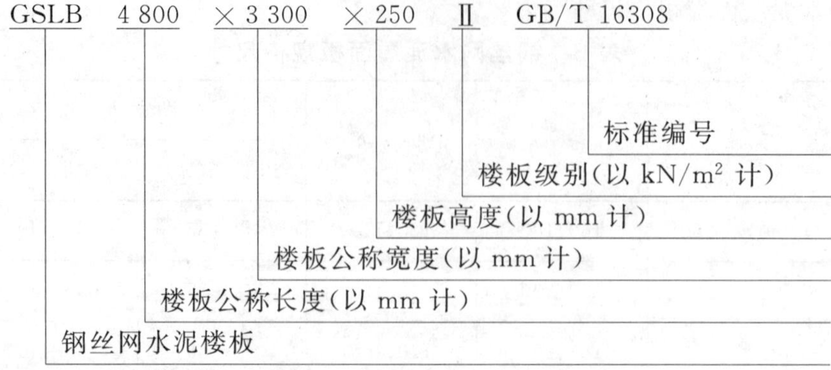

4 技术要求

4.1 原材料

4.1.1 水泥

应采用符合 GB 175 的不低于 42.5 的普通硅酸盐水泥和矿渣硅酸盐水泥。

4.1.2 砂子

宜采用细度模数为 2.3～3.5 的天然或人工砂，最大粒径不超过 4 mm。

砂子含泥量(按质量计)不应大于 1.0%，泥块含量(按质量计)应不大于 0.5%，其他质量要求应符合 GB/T 14684 中有关规定。

4.1.3 拌和水

水泥砂浆拌和用水应符合 JGJ 63 的要求。

4.1.4 外加剂

宜采用低引气型高效减水剂。外加剂技术条件应符合 GB 8076 中的有关规定，不得掺用氯盐作早强和防冻剂。

4.1.5 钢筋、钢丝、钢丝网

肋部钢筋宜采用符合 GB 1499.2 的 HRB335 钢筋和构造筋应采用 GB 13013 的Ⅰ级钢筋。

冷拔低碳钢丝的技术条件应符合 JGJ 19 中的有关规定。

钢丝网一般宜采用直径为 0.9 mm～1.0 mm，网格尺寸为 10 mm×10 mm 的冷拔低碳钢丝编织网或焊接网，也可采用其他规格的钢丝网，但网丝直径不得大于 2 mm。网格尺寸不得大于 50 mm×50 mm，钢丝的抗拉强度不得低于 450 MPa。

4.2 砂浆强度

4.2.1 钢丝网水泥板用砂浆抗压强度标准值应符合设计要求，设计未提出要求时，应不低于 40 MPa。

4.2.2 钢丝网水泥板起吊、出厂时的砂浆强度应不低于砂浆抗压强度标准值的 75%。

4.3 构造要求

4.3.1 钢丝网水泥屋面板和楼板层面的砂浆保护层厚度不小于 3 mm，肋部砂浆保护层厚度不小于 5 mm。

4.3.2 钢丝网搭接长度光边不应少于 50 mm，毛边不应少于 80 mm。

4.3.3 钢丝网水泥板肋部受力钢筋布置不应超过两排钢筋。净距不应小于钢筋直径，且不小于 10 mm。

4.3.4 钢丝网水泥屋面板和楼板的面板配筋直径和肋部的箍筋直径应不小于 2.6 mm。间距应不小于 200 mm。

4.4 外观质量

钢丝网水泥板的外观质量应符合表 5 规定。

表 5 外观质量

项次	项　　目	外观质量要求
1	露筋露网	任何部位不应有
2	孔洞	不应有
3	蜂窝	总面积不超过所在面积的 1%，且每处不大于 100 cm^2
4	裂缝	任何部位均不应有宽度大于 0.05 mm 的裂缝
5	连接部位缺陷	(1) 肋端疏松不应有； (2) 其他缺陷经整修不应有
6	外形缺陷	修整后无缺棱掉角
7	外表缺陷	麻面总面积不超过所在面积的 5%，且每处不大于 300 cm^2
8	外表沾污	经处理后，表面无油污和杂物

4.5 尺寸偏差

钢丝网水泥板的尺寸允许偏差应符合表 6 规定。

表 6 尺寸允许偏差

单位为毫米

项　　次	项　　目	尺寸允许偏差
1	长度	$^{+10}_{-5}$
2	宽度	$^{+10}_{-5}$
3	高度	$^{+5}_{-3}$
4	肋高、肋宽	$^{+5}_{-3}$
5	面板厚度	$^{+3}_{-2}$
6	侧向弯曲	$\leqslant L/750$
7	板面平整	5
8	主筋保护层厚度	$^{+4}_{-2}$
9	对角线差	10
10	翘曲	$\leqslant L/750$

表 6（续） 单位为毫米

项　次	项　　目		尺寸允许偏差
11	预埋件	中心位置偏差	5
		与砂浆面平整	5

4.6 力学性能

4.6.1 钢丝网水泥板承载力

4.6.1.1 要求按混凝土结构设计规范规定进行检验时，应符合公式(1)要求：

$$\gamma_u^0 \geqslant \gamma_0[\gamma_u] \qquad \cdots\cdots(1)$$

式中：

γ_u^0——钢丝网水泥板承载力检验系数实测值。即试件的承载力检验荷载实测值与承载力检验荷载设计值(均包括自重)的比值；

γ_0——结构重要性系数，按设计要求确定。设计未提出要求时取 $\gamma_0=1$；

$[\gamma_u]$——钢丝网水泥板检验系数允许值按表 7 取用。

表 7 检验系数

钢丝网水泥板达到承载力极限的检验标志	$[\gamma_u]$
受拉主筋处的最大裂缝宽度达到 1.5 mm，或挠度达到跨度的 1/50	1.20
受压区砂浆破坏，此时受拉主筋处的最大裂缝宽度小于 1.5 mm 且挠度小于跨度的 1/50	1.25
受拉主筋拉断	1.50
腹部斜裂缝达到 1.5 mm，或斜裂缝末端受压砂浆剪压破坏	1.35
沿斜截面砂浆斜压破坏，受拉主筋在端部滑脱，或其他锚固破坏	1.50

4.6.1.2 当按钢丝网水泥板实配钢筋进行承载力检验时，应符合公式(2)要求：

$$\gamma_u^0 \geqslant \gamma_0\eta[\gamma_u] \qquad \cdots\cdots(2)$$

式中：

η——钢丝网水泥板承载力检验修正系数，根据 GB 50010 按实配钢筋的承载力计算确定。

4.6.2 钢丝网水泥板挠度应符合公式(3)和公式(4)要求：

$$a_s^0 \leqslant [a_s] \qquad \cdots\cdots(3)$$

$$[a_s]=\frac{M_k}{M_q(\theta-1)+M_k}[a_f] \qquad \cdots\cdots(4)$$

式中：

a_s^0——在荷载标准值下，钢丝网水泥板跨中挠度实测值，单位为毫米(mm)；

$[a_s]$——挠度检验允许值。由设计的挠度允许值折算而得。设计未提出要求时，取 $[a_s]=L/300$，L 为钢丝网水泥板的跨度；

M_k——按荷载标准组合计算所得的弯矩值，单位为千牛米(kN·m)；

M_q——按荷载准永久组合计算所得的弯矩值，单位为千牛米(kN·m)；

θ——考虑荷载长期作用对挠度增大的影响系数，按 GB 50010 确定；

$[a_f]$——钢丝网水泥板的挠度限值，按 GB 50010 确定。

4.6.3 钢丝网水泥板裂缝应符合公式(5)要求：

$$W_{s\,max}^0 \leqslant [W_{s\,max}] \qquad \cdots\cdots(5)$$

式中：

$W^{0}_{s\max}$——在荷载标准值下，最大裂缝宽度实测值，单位为毫米(mm)；

$[W_{s\max}]$——钢丝网水泥板检验的最大裂缝宽度允许值。设计未提出要求时，取$[W_{s\max}]=0.05$ mm。

5 试验方法

5.1 砂浆强度

砂浆强度试验按 GB/T 7897 规定进行。

5.2 外观质量

5.2.1 露筋、露网、孔洞和外形缺陷，采用肉眼观察、用量具测量。

5.2.2 蜂窝、外表缺陷、外表沾污，采用肉眼观察，用量具和百格网测量。

5.2.3 裂缝采用肉眼观察和用 20 倍读数显微镜测量。

5.3 尺寸偏差

按 GB 50204 有关规定进行。

5.4 力学性能

按 GB 50204 有关规定进行。

6 检验规则

6.1 检验分类

钢丝网水泥板的检验分为出厂检验和型式检验。

a) 出厂检验包括砂浆强度、外观质量、尺寸偏差，各项目按规定值检验。

b) 型式检验包括砂浆强度、外观质量、尺寸偏差和力学性能检验，各项目按规定值检验。

6.2 出厂检验

6.2.1 批量

按正常生产的且不超过 3 个月的同类型产品 1 000 件作为一个批量，如出厂时不足 1 000 件或不足 3 个月时亦可作为一个批量。

注：“同类型产品”是指同一钢种、同一砂浆强度等级、同一生产工艺和同一结构形式的构件。

6.2.2 抽样方法

6.2.2.1 检验砂浆抗压强度的试块数量应符合下列要求：

a) 检验砂浆设计强度用试块，在同一原材料、配合比及相同工艺条件下，每生产日至少成型一组，按月评定。

b) 检验出厂强度用的试块，每生产日至少成型二组试件用于检验脱模强度和出厂强度。

6.2.2.2 外观质量和尺寸偏差从同一个批量中随即抽取 10 件试件进行检验。

6.3 型式检验

6.3.1 凡符合下列情况之一者，需进行型式检验：

a) 新产品投产时；

b) 正式生产后，如结构、材料、工艺有较大改变，可能影响产品性能时；

c) 正常生产时，一年需进行一次周期性型式检验；

d) 产品长期停产后，恢复生产时；

e) 出厂检验结果与上次型式检验有较大差异时；

f) 国家质量监督机构提出进行型式检验要求时。

6.3.2 型式检验的批量及抽样方法按 6.2 规定进行，力学性能从外观质量和尺寸偏差检验合格的一个批量中抽取一件进行检验，另抽取二件复检备用。

6.4 判定规则

6.4.1 砂浆强度

试块制作频次应符合规定，以标准养护条件下 28 天砂浆抗压强度进行砂浆强度评定。符合 GBJ 107的规定，则判该项合格。

6.4.2 外观质量

每件钢丝网水泥板的外观质量中露筋露网、孔洞、裂缝应符合表 5 的规定，其他项目仅有一项或没有项目不符合表 5 规定时，则判定该件外观质量合格。

6.4.3 尺寸偏差

每件钢丝网水泥板的尺寸偏差中高度、面板厚度、侧向弯曲、主筋保护层厚度应符合表 6 的规定，其他项目仅有二项或二项以下不符合表 6 规定时，则判定该件尺寸偏差合格。

6.4.4 力学性能

钢丝网水泥板的力学性能应符合 4.6 的规定。当该试件承载力达到规定允许值的 0.95 倍、挠度达到规定允许值的 1.10 倍时，可用复检备用的二件试件检验。当第一个复检试件能符合 4.6 的规定时，或二个试件都能达到承载力达到规定允许值的 0.95 倍、挠度达到规定允许值的 1.10 倍时，均可判为合格。

6.5 综合判定

钢丝网水泥板的质量检验结果全部符合下列条件则判该检验批为合格，如有一项不合格则判该检验批为不合格：

a） 砂浆抗压强度合格；

b） 外观质量不符合 6.4.2 中合格品要求的不合格件数不超过 2 件；

c） 几何尺寸不符合 6.4.3 中合格品要求的不合格件数不超过 2 件；

d） 力学性能检验合格。

7 出厂证明书

钢丝网水泥板出厂证明书应包括下列内容：

a） 批量编号；

b） 执行标准；

c） 生产厂名或商标，生产日期(年、月、日)；

d） 标记、数量；

e） 外观质量和尺寸偏差检验结果；

f） 砂浆强度检验结果；

g） 力学性能检验结果；

h） 质量检验部门签章。

8 标志、堆放、运输

8.1 标志

钢丝网水泥板表面应设有标志，标志内容包括厂名、商标、标记、生产日期和检验章。

8.2 堆放

8.2.1 钢丝网水泥板应按分类、规格、等级、生产日期分别垛放。

8.2.2 堆放场地应坚实、平整，堆垛高度应按钢丝网水泥板自重和强度、地面承载力、垫木强度及堆垛的稳定性确定。堆放的层数一般不宜超过六层。

8.2.3 码垛时，每块板之间应用支垫物将四角平稳搁置，严禁扭曲，各层间每角的支垫物应在一条垂直线上。

9 运输

9.1 运输时钢丝网水泥板的支承位置和方法不应引起砂浆的超应力和板的损伤。

9.2 起吊、运输中应轻起、轻放、严禁碰撞。

ICS 75.160.30
P 45

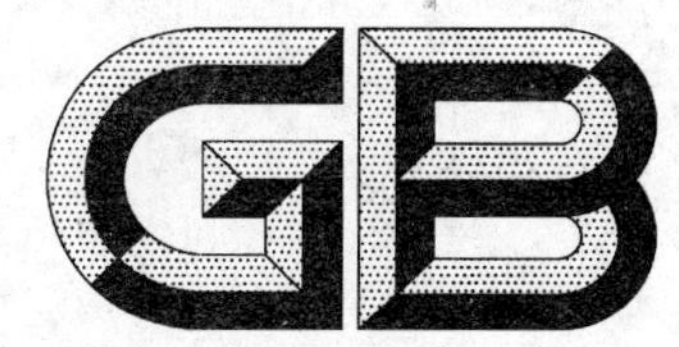

中华人民共和国国家标准

GB/T 16411—2008
代替 GB/T 16411—1996

家用燃气用具通用试验方法

Universal test methods of gas burning appliances for domestic use

2008-08-07 发布　　　　2009-04-01 实施

中华人民共和国国家质量监督检验检疫总局
中国国家标准化管理委员会　发布

前　言

本标准与日本 JIS S 2093—1996《家用燃气用具的试验方法》的一致性程度为非等效。

本标准与 JIS S 2093—1996 相比，主要差异如下：

——试验条件(燃气基准状态、环境温度、电源电压、燃气种类)不同；

——燃气密封垫片、垫圈类材料的耐燃气性能试验方法；

——电气试验内容不同；

——删除了"气密结构部件的气密性"等 9 项非通用性试验内容。

本标准代替 GB/T 16411—1996《家用燃气用具的通用试验方法》。

本标准与 GB/T 16411—1996 相比，主要变化如下：

——适用范围由液化石油气、天然气、人工煤气改为 GB/T 13611 规定的燃气；

——增加了基准状态的要求；

——给出了试验气压力具体数值；

——修改热流量公式为基准状态下的计算公式；

——扩充了干烟气中一氧化碳含量的计算公式；

——干烟气中一氧化碳含量的试验气条件改为"0-2"气；

——修改了燃气密封垫片、垫圈类材料的耐燃气性能试验方法；

——修改电气安全条款使其符合 IEC 标准的要求。

本标准的附录 A 为资料性附录。

本标准由中华人民共和国住房和城乡建设部提出。

本标准由建设部城镇燃气标准技术归口单位中国市政工程华北设计研究院归口。

本标准主要起草单位：国家燃气用具质量监督检验中心、广州迪森家用锅炉制造有限公司、广东万家乐燃气具有限公司、艾欧史密斯(中国)热水器有限公司、广东万和集团有限公司、博西华电器(江苏)有限公司、中国市政工程华北设计研究院。

本标准主要起草人：张金环、余少言、付安涛、鞠平、钟家淞、刘松辉、渠艳红。

本标准所代替标准的历次版本发布情况为：

——GB/T 16411—1996。

家用燃气用具通用试验方法

1 范围

本标准规定了燃气用具的术语和定义、试验条件、试验用燃气及其通用性能的试验方法。

本标准适用于家庭用的各种燃气热水器、采暖器、热水采暖炉、灶具、烤箱、烤箱灶和饭锅等。

本标准所指燃气，是 GB/T 13611 规定的燃气。使用 GB/T 13611 规定以外燃气种类的家用燃气用具可参照使用本标准。

2 规范性引用文件

下列文件中的条款通过本标准的引用而成为本标准的条款。凡是注日期的引用文件，其随后所有的修改单(不包括勘误的内容)或修订版均不适用于本标准，然而，鼓励根据本标准达成协议的各方研究是否可使用这些文件的最新版本。凡是不注日期的引用文件，其最新版本适用于本标准。

GB/T 1690—2006 硫化橡胶或热塑性橡胶耐液体试验方法(ISO 1817:2005,MOD)

GB/T 1740 漆膜耐湿热测定法

GB/T 1765 测定耐湿热、耐盐雾、耐候性(人工加速)的漆膜制备法

GB/T 1771 色漆和清漆 耐中性盐雾性能的测定

GB/T 2421 电工电子产品环境试验 第1部分:总则(GB/T 2421—1999,IEC 68-1:1988,IDT)

GB/T 2903 铜-铜镍(康铜)热电偶丝

GB/T 3772 铂铑 10-铂热电偶丝

GB 4706.1—2005 家用和类似用途电器的安全 第1部分:通用要求(IEC 60335-1:2004(Ed4.1),IDT)

GB/T 12206—2006 城镇燃气热值和相对密度测定方法

GB/T 13611 城镇燃气分类和基本特性

GB/T 17626.4 电磁兼容 试验和测量技术 电快速瞬变脉冲群抗扰度试验(GB/T 17626.4—1998,IEC 61000-4-4:1995,IDT)

GB/T 17626.5 电磁兼容 试验和测量技术 浪涌(冲击)抗扰度试验(GB/T 17626.5—1999,IEC 61000-4-5:1995,IDT)

GB/T 17626.11 电磁兼容 试验和测量技术 电压暂降、短时中断和电压变化的抗扰度试验(GB/T 17626.11—1999,IEC 61000-4-11:1994,IDT)

GB/T 17799.1—1999 电磁兼容 通用标准 居住、商业和轻工业环境中的抗扰度试验(IEC 61000-6-1:1997,IDT)

CJ/T 3075.2 燃气燃烧器具实验室—试验装置和仪器

CJ/T 3085—1999 城镇燃气术语

QB/T 3826 轻工产品金属镀层和化学处理层的耐腐蚀试验方法 中性盐雾试验(NSS)法

QB/T 3832 轻工产品金属镀层腐蚀试验结果的评价

3 术语和定义

下列术语和定义适用于本标准。

3.1

基准状态　reference conditions

温度为15 ℃,绝对压力为101.3 kPa条件下的干燥燃气状态。

3.2

标准状态　standard conditions

温度为0 ℃,绝对压力为101.3 kPa条件下的干燥燃气状态。

3.3

额定热流量　nominal heat flow rate

额定热负荷　rated heat input

在额定燃气压力下,燃具使用基准气在单位时间内放出的热量。

[CJ/T 3085—1999,定义7.2.15]

3.4

实测折算热流量　converted actual heat rate

试验条件下,使用试验气时的燃具热流量折算到基准状态条件下的数值。

4　试验条件

4.1　实验室条件

当本标准各检验项目或各燃具标准没有特别规定实验室条件时,应按以下规定执行:

a)　实验室温度:20 ℃±5 ℃;

b)　大气压力:86 kPa～106 kPa;

c)　实验室内环境空气:一氧化碳含量小于0.002%,二氧化碳含量小于0.2%。不应有影响燃烧的气流。

注1:电气试验时实验室的湿度要求参照GB/T 2421的规定。

注2:室温确定方法:在距燃具正前方,左及右各1 m处,将温度计感温部分固定在与燃具上端大致等高位置,测量上述三点的温度,其平均值即为室温。

4.2　燃具的安装与试验状态

燃具的安装按本标准各检验项目或各燃具标准规定执行;

使用空气量可调节的燃具,试验开始时,应将空气调节器调节到适当开度,并且试验过程中不应再对其进行调整。

4.3　电源条件

试验的电源条件,应符合下列规定:

4.3.1　使用市电的燃具

使用市电的燃具,用额定频率的额定电压做试验。

4.3.2　使用干电池的燃具

使用干电池的燃具,用说明书规定的干电池电压做试验。

4.4　试验用仪器仪表

试验用主要仪器仪表按表A.1所列,或使用同等以上精度的其他仪器仪表。

5　试验用燃气

5.1　试验用燃气应使用GB/T 13611所规定的试验用气。

使用GB/T 13611规定以外的燃气的燃具,试验用燃气可按产品设计时所依据的燃气,波动范围参考GB/T 13611的有关规定。

5.2　本标准及各燃具标准所使用的试验气条件,以试验气种类代号和试验气压力代号表示,见表1。

表 1 试验气条件

试验气种类		试验气压力/Pa					
代号	气 质	代 号	人工煤气	天然气			液化石油气
0	基准气	—	3R,4R,5R,6R,7R	3T,4T	6T	10T,12T	19Y,20Y,22Y
1	黄焰和不完全燃烧界限气	1(最高压力)	1 500	1 500	2 400	3 000	3 300
2	回火界限气	2(额定压力)	1 000	1 000	1 600	2 000	2 800
3	离焰界限气	3(最低压力)	500	500	800	1 000	2 000
注：对特殊气源，如果当地燃气供气压力与本表不符时，使用当地额定燃气供气压力。							

示例 1："2-2"气，表示回火界限气-额定压力条件。

示例 2："0-1"气，表示基准气-最高压力条件。

5.3 配制试验气的华白指数波动应在±2%范围内。

6 燃具热流量试验

6.1 燃具状态：按图 1 或各燃具标准规定的方法连接，在点燃燃具前应使燃具气路上的旋塞、燃气调节装置处于最大通气状态。

6.2 试验气条件：应使用"0-2"气试验，图 1 中压力计 2 的燃气压力，应符合额定燃气压力。

6.3 试验方法：点燃燃具，当热流量达到稳定状态后，开始测定，一次测定时间在燃气表旋转一周以上的整圈数，且时间在 1 min 以上。重复测定 2 次以上，读数误差小于 2%时，按 6.3.1 计算燃具实测折算热流量。

6.3.1 试验燃具按式(1)、式(2)计算实测折算热流量：

$$\phi = \frac{1}{3.6} \times Q_i \times V \times \frac{P_a + P_m}{P_a + P_g} \times \sqrt{\frac{101.3 + P_g}{101.3} \times \frac{P_a + P_g}{101.3} \times \frac{288}{273 + t_g} \times \frac{d}{d_r}} \quad \cdots\cdots\cdots(1)$$

$$d_h = \frac{d(P_a + P_m - P_s) + 0.622P_s}{P_a + P_g} \quad \cdots\cdots\cdots(2)$$

式中：

ϕ——基准状态条件下，燃具前燃气压力为额定压力时干燃气实测折算热流量的数值，单位为千瓦(kW)；

Q_i——基准状态条件下，基准干燃气的低位热值的数值，单位为兆焦每立方米(MJ/m³)；

V——试验时试验气流量的数值，单位为立方米每小时(m³/h)；

P_a——试验时的大气压力的数值，单位为千帕(kPa)；

P_m——试验时通过燃气流量计的试验气压力的数值，单位为千帕(kPa)；

P_g——试验时燃具前试验气压力的数值，单位为千帕(kPa)；

t_g——试验时通过燃气流量计的试验气温度的数值，单位为摄氏度(℃)；

d——干试验气的相对密度的数值；

d_r——基准气的相对密度的数值；

d_h——湿试验气的相对密度的数值(使用湿式流量计时用 d_h 代替式(1)中的 d)；

0.622——理想状态下水蒸汽的相对密度；

P_s——在温度为 t_g 时饱和水蒸气的压力的数值，单位为千帕(kPa)。

注：饱和水蒸气的压力 P_s 与温度 t_g 的对应值见 GB/T 12206—2006 表 B.1。

6.3.2 当燃具的使用地点与检测单位的海拔高度差大于 1 000 m 时，检测单位宜在燃具使用地点试验。

6.4 燃具的热流量偏差

按式(3)计算燃具的热流量偏差

$$\Delta\phi = \frac{\phi - \phi_n}{\phi_n} \times 100 \quad \cdots\cdots(3)$$

式中：

$\Delta\phi$——热流量偏差，%；

ϕ——基准状态条件下，燃具前燃气压力为额定压力时干燃气实测折算热流量的数值，单位为千瓦(kW)；

ϕ_n——在额定燃气压力下，燃具使用基准气在单位时间内放出的热量的数值，单位为千瓦(kW)。

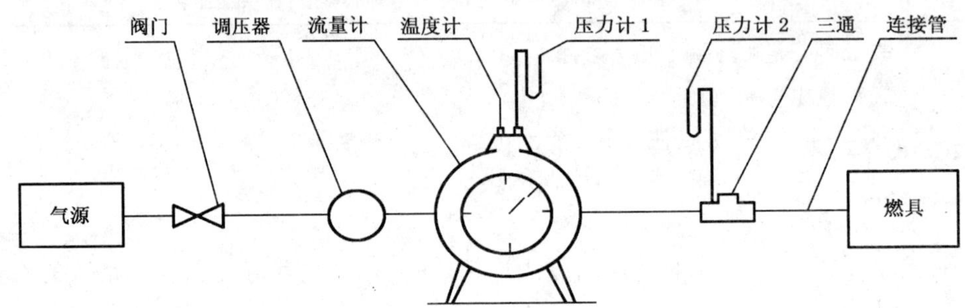

注 1：燃具安装为使用状态。

注 2：接至燃具的连接管使用与燃具接头适用的管子，连接管的长度不大于 100 mm。

注 3：压力计 2 中的数值为额定燃气压力值。

a) 试验装置连接示意图

注 4：测压力用三通试样图见图 1b)

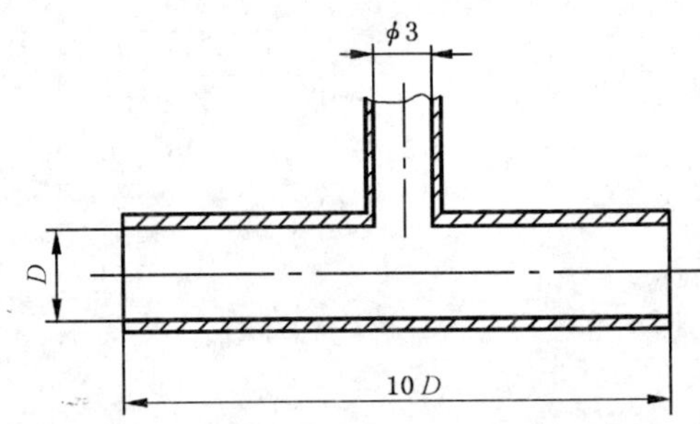

图中：$D=(1\sim1.1)d$，其中 D 为三通的内径，d 为燃具燃气入口燃气管的内径，单位为毫米。

b) 三通式样图

图 1 燃具热流量试验流程示意图

7 燃气管路系统气密性试验

7.1 打开燃具燃气入口处的第二个密封阀门，关闭燃具燃气入口处的第一个密封阀门，在燃具燃气入口处，用 4.2 kPa 的空气，试验燃具第一个密封阀门的气密性。

7.2 打开燃具燃气入口处的第一个密封阀门，关闭燃具燃气入口处的第二个密封阀门，在燃具燃气入口处用 4.2 kPa 的空气，试验燃具中第二个密封阀门的气密性。

7.3 使用“0-1”气，点燃全部燃烧器，从燃具燃气入口处的第一个密封阀门到燃烧器火孔，用检漏液试验外部气密性。

8 燃烧工况试验

8.1 燃具燃烧工况试验时的燃具状态和试验气的条件应符合表 2 的规定。

使用市电的燃具,其电压条件应为 220 V。

8.2 燃烧工况试验方法

8.2.1 火焰传递:点燃主燃烧器一处火孔后,试验火焰传递到全部火孔的时间和有无爆鸣,点火方法按各燃具标准的规定进行。

8.2.2 离焰:在主燃烧器点燃 15 s 后观察。

8.2.3 熄火:在点燃主燃烧器 15 s 后观察。

8.2.4 火焰均匀性:点燃主燃烧器,在火焰稳定后观察。

8.2.5 回火:在主燃烧器点燃 30 min 内观察。

8.2.6 燃烧噪声:点燃全部燃烧器,按本标准 9.2.1 的规定测定最大噪声。

8.2.7 熄火噪声:在主燃烧器点燃 30 min 后进行熄火操作,按本标准 9.2.2 的规定测定熄火噪声,并试验有无爆鸣噪声。

在熄火操作时应迅速关闭燃气阀。对装有自动熄火保护装置的燃具应在其自动关闭时测定其熄火噪声。

8.2.8 干烟气中一氧化碳含量:在主燃烧器点燃 15 min 后,应尽可能均匀地在排烟部位采集烟气样,采样的位置和方法按各燃具标准规定。

测定烟气中的一氧化碳和氧的含量,按式(4)计算:

$$CO_{\alpha=1} = (CO)_m \times \frac{(O_2)_\alpha}{(O_2)_\alpha - (O_2)_m} \qquad \cdots\cdots(4)$$

对于试验中能确定气体组分时,测定烟气中一氧化碳和二氧化碳含量,按式(5)计算:

$$CO_{\alpha=1} = (CO)_m \times \frac{(CO_2)_N}{(CO_2)_m} \qquad \cdots\cdots(5)$$

式中:

$CO_{\alpha=1}$——过剩空气系数 α 等于 1 时,干烟气样中一氧化碳含量的数值,体积分数(%);

$(CO)_m$——干烟气样中一氧化碳含量的数值,体积分数(%);

$(O_2)_\alpha$——供气口周围下空气中的氧含量的数值,体积分数(%);

(新鲜空气中 $(O_2)_\alpha=20.9\%$)

$(O_2)_m$——干烟气中氧含量的数值,体积分数(%);

$(CO_2)_N$——过剩空气系数 α 等于 1 时,干烟气样中的二氧化碳含量计算的数值,体积分数(%);

$(CO_2)_m$——干烟气中的二氧化碳含量测定的数值,体积分数(%)。

注 1:式(4)的使用条件是,烟气中氧的含量小于 14%;

注 2:$(CO_2)_N$ 的数值按实际燃气的理论烟气量计算或参照 GB/T 13611。

8.2.9 黄焰和接触黄焰:点燃主燃烧器,目视有无黄焰,在任意 1 min 内,电极或热交换器连续接触黄焰在 30 s 以上时,为电极或热交换器接触黄焰。

8.2.10 黑烟:点燃主燃烧器,目测是否有黑烟生成,点火时除外。

8.2.11 点火燃烧器试验:点火燃烧器点燃 15 min 后,目测点火燃烧器单独燃烧时有无回火、熄火。用点火燃烧器点燃主燃烧器后,试验在主燃烧器熄火时,点火燃烧器是否回火、熄火。

8.2.12 烟气从防逆风罩处逸出:点燃主燃烧器,根据各燃具规定方法检查。

表 2 燃烧工况试验条件

试验项目		燃具状态		燃气调节方式		试验气条件
器具条件		强制排气式燃具排气筒长度	强制给排气式燃具给排气筒长度	燃气量调节方式	燃气量切换方式	试验气代号
火焰传递		短	短	大、小	全	3-2
离焰		短	短	大	全	3-1
熄火		短	短	大、小	全	3-3
火焰均匀性		短	短	大	大	0-2
回火		短	短	大、小	全	2-3
燃烧噪声		短	短	大	大	2-1
熄火噪声		短	短	大	大	2-1
一氧化碳含量		长	长	大	大	0-2
黄焰和接触黄焰		长	长	大	大	1-1
黑烟		长	长	大	大	1-1
点火燃烧器	熄火	长	短	大	大	3-3
	回火	长	短	大	大	2-3
烟气从防逆风罩处逸出		长	长	大、小	大、小	1-1

注 1:"燃气量调节方式"指在调节燃气旋钮或拨杆时,可调节燃气量。"大"指燃气量最大状态,"小"指燃气量最小状态。如不能确定最小状态,则取其最大燃气流量的 1/3 量为最小状态。

注 2:"燃气量切换方式"指调节燃气旋钮时可改变燃烧器数量的调节方式。其中"大"指点燃全部燃烧器,"小"指点燃最少量燃烧器,"全"指逐个切换点燃每个燃烧器状态。

注 3:"长"和"短"指安装或使用说明书规定的排气筒或给排气筒的最大长度和最短长度的安装状态。

9 噪声试验

9.1 试验气条件:噪声试验应使用表 2 中所规定的试验气。

9.2 试验方法

9.2.1 燃烧噪声试验:使用普通声级计,以 A 档测定。

a) 试验点应放在距燃具外壳中心 1 m 处,正对受测设备噪声源,但不应受到排出烟气的影响;

b) 环境本底噪声应小于 40 dB,或比燃具工作时实测噪声低 10 dB,否则按表 3 修正。

9.2.2 熄火噪声试验

以声级计按上述规定进行试验,应读取噪声变动的最大值。

a) 应用普通声级计快速挡试验;

b) 噪声最大值应加 5 dB 作为试验值。

表 3 噪声修正值

燃具实测噪声与环境噪声之差/Db	修正值/dB
<6	测量无效
6	−1.0
7	−1.0
8	−1.0
9	−0.5
10	−0.5
>10	0

10 温升试验

10.1 燃具状态:把燃具安装在图 2 所示装置上,或安装在各燃具标准所规定的装置上。

10.2 试验气条件:应用"0-1"试验气。

10.3 试验方法:点燃主燃烧器,按各燃具标准规定的时间试验燃具各部位温升,检测燃具周围木壁、木台的温度。

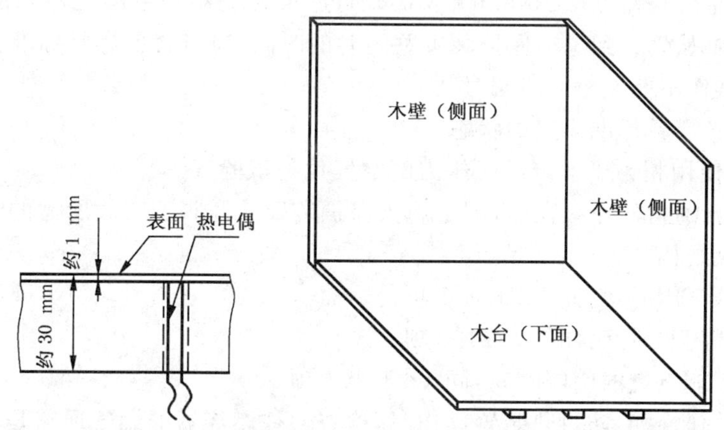

注 1:木壁、木台的材料应使用 5~7 层胶合板,木台表面应涂漆,木壁表面应涂不亮的黑漆。

注 2:木壁、木台的尺寸应比燃具稍大。

注 3:应尽量多埋热电偶(阻),使其成网状。

注 4:热电偶(阻)应埋在木壁、木台深 1 mm 处。

注 5:热电偶(阻)应参照 GB/T 3772 和 GB/T 2903 选用。

图 2 木壁、木台表面温度试验装置

11 点火装置性能试验

11.1 燃具状态:按各燃具标准规定的状态。

使用干电池的点火装置应调节电源电压为额定电压的 70%。使用交流电源的点火装置应调节电压为额定电压的 90%。

11.2 试验气条件:应用"3-1"、"3-3"试验气。

11.3 试验方法:应按各燃具标准规定的操作点火。以下面操作程序,反复点火 10 次,检测着火次数及有无爆鸣现象。操作程序是预先进行数次预备性点火,每次点火应在点火装置大致接近室温时进行。点火操作方式及点火速度,按点火装置不同,规定如下:

a） 单发式压电点火装置一次操作为一回，每次速度控制在0.5 s～1 s时间内。

b） 回转式点火装置以转动一次为一回，其转速与a)相同。

c） 使用交流电或直流电源的连续放电式或加热丝点火装置，以放在“点火”位置上停留2 s时间为一回。

12 熄火保护装置和防过热装置动作性能试验

12.1 熄火保护装置

12.1.1 燃气通路可自动关闭结构

12.1.1.1 点火时的开阀时间

a） 器具状态：按各燃具标准规定的状态。

b） 试验气条件：应用“3-3”试验气。

c） 试验方法：测定从点火操作开始，到熄火保护装置处于开阀状态时的时间，应符合各燃具标准中规定的时间。

12.1.1.2 熄火闭阀时间

a） 燃具状态：按各燃具标准规定状态。

b） 试验气条件：应用“1-1”试验气。

c） 试验方法：在主燃烧器点燃15 min后，立即向点火燃烧器和主燃烧器内通入相同压力的空气强行熄火，记录从熄火到熄火保护装置关闭时的时间，应符合各燃具标准中规定的时间。

12.1.1.3 自动点火操作不能点燃的闭阀时间

a） 器具状态：按各燃具标准规定的状态。

b） 试验气条件：使用相当于额定燃气压力的空气代替试验气。

c） 试验方法：进行通常的点火操作，测定熄火保护装置从开阀到闭阀所需的时间。

12.1.2 可自动再点火结构

12.1.2.1 再点火时的开阀时间：同12.1.1.1项。

12.1.2.2 再点火时的闭阀时间：同12.1.1.2项。

12.1.2.3 再点火时不能点燃的闭阀时间：同12.1.1.3项。

12.2 防过热装置的动作性能：防过热装置动作时，检查通往燃烧器的燃气通路是否关闭。当温度恢复到常温时，检查通往燃烧器的燃气通路是否自动开启。

注1：“燃气通路可自动关闭结构”是指不点火或熄火时，燃气通路能自动关闭的结构。

注2：“可自动再点火结构”是指不点火或熄火时，燃气通路不关闭，只是立即进行再次点火，再点火结束后，在一定时间内，燃气通路即自动关闭的结构。

13 耐用性试验

13.1 燃具旋塞阀及其他燃气手动的阀门

使用额定压力的燃气或相同压力的空气，以5次/min～20次/min的速度开闭阀门，在按各燃具标准规定的次数试验后，检查下列各项：

a） 按本标准第7章要求进行“燃气管路气密性”试验；

b） 检查是否有使用障碍：开关是否灵活、是否有破损之处。

13.2 电点火装置

以5次/min～20次/min的速度作点火、熄火操作，按各燃具标准规定的次数试验后，检查下列各项：

a） 按本标准第11章要求检查“电点火性能”；

b） 目测检查是否有使用障碍。

13.3　燃具调压器

将额定压力的燃气或相同压力的空气以每次 2 s～3 s 的速率通过调压器，按各燃具标准规定的次数试验后，检查下列各项：

a）按本标准第 7 章要求进行“燃气管路气密性”试验；

b）调整气流量为燃具额定流量，测定耐用性试验前后，调压器出口压力（二次压力）变化值。

13.4　熄火保护装置

额定压力的燃气点燃燃烧器，加热传感器 1 min，然后通空气熄火，使传感器冷却 1 mim，这样操作为一次。在按各燃具标准规定的次数试验后，检查下列各项：

a）按本标准第 7 章要求进行“燃气管路气密性”试验；

b）按第 12 章进行熄火保护装置性能试验。

13.5　燃气自动截止阀

使用额定压力的燃气或相同压力的空气，以 10 次/min～30 次/min 速度反复开闭，在按各燃具标准中规定的次数试验后，检查下列各项：

a）按本标准第 7 章要求进行“燃气管路气密性”试验；

b）检查是否有使用障碍：开闭阀动作是否正常、是否有破损之处。

13.6　可回转式软管接头

以 5 次/min～20 次/min 速度，反复以最大回转角转动，在按各燃具标准中规定的次数试验后，检查下列各项：

a）按本标准第 7 章要求进行“燃气管路气密性”试验；

b）检查是否有使用障碍：旋转是否灵活、是否有破损之处。

14　耐热性能试验

耐热性能试验应按耐热等级进行，耐热等级和温度应符合表 4 规定。

表 4　耐热等级和温度

耐热等级	温度/℃
15	150
14	140
13	130
12	120
11	110
10	100
9	90
8	80
7	70
6	60
5	50

14.1　燃气旋塞和其他燃气阀门

试验方法：按各燃具标准中规定的相应耐热等级温度，把样品放入恒温箱中 24 h，取出后自然冷却至室温，应按本标准第 7 章进行气密性试验，并进行开关操作检查有无使用障碍。

14.2　点火装置

试验方法：按各燃具标准中规定的相应耐热等级温度，把样品放入恒温箱中 24 h，取出后自然冷却至室温,应按本标准第 11 章进行点火性能试验。

14.3 燃具调压器

试验方法:按各燃具标准中规定的相应耐热等级温度,把调压器放入恒温箱中 24 h,取出后自然冷却至室温,按 13.3a)和 13.3b)要求试验。

15 结构试验

15.1 振动

试验方法:把燃具按运输状态水平放置在振动机上,以 10 Hz 的频率,全振幅 5 mm 上下、左右各振动 30 min 后,应按本标准第 7 章进行气密性试验。

15.2 倾斜翻倒

试验方法:把燃具水平放置在试验台上,应渐渐倾倒到各燃具标准规定的角度,目测是否翻倒,有引起火灾危险的部件是否产生移动或脱落现象。

16 材料性能试验

16.1 耐热性能

试验方法:把试样放入加热炉中,在 30 min 内缓慢升温到各燃具标准规定的温度,并在该温度下持续 1 h,目测材料是否产生熔融。

16.2 耐腐蚀性能

16.2.1 电镀试样耐盐雾试验

试验方法:把电镀试样放入规定的盐水喷雾设备中,在 35 ℃±2 ℃温度下,以浓度为 5%的氯化钠溶液进行喷雾,氯化钠沉降量为 1 mL/80 cm^2 · h～2 mL/80 cm^2 · h,雾化空气压力为 70 kPa～100 kPa,时间按各燃具标准规定。取出试样后,检测腐蚀程度。试验方法应按 QB/T 3826 执行,质量评定应按 QB/T 3832 执行。

16.2.2 涂漆试样耐盐雾试验

试验方法:按 GB/T 1765 要求制备样板,把样板放入规定的盐水喷雾设备中,在 35 ℃±2 ℃温度下,以浓度为 5%的氯化钠溶液进行喷雾,氯化钠沉降量为 1 mL/80 cm^2 · h～2 mL/80 cm^2 · h,时间按各器具标准规定,试验方法按 GB/T 1771 规定进行,按 GB/T 1740 评定腐蚀程度。

16.3 耐燃气性能

16.3.1 膜片、燃气密封垫片、垫圈类

a) 试验方法:把预先测量出质量的三个试样,放在温度为 5 ℃～25 ℃的正戊烷中浸泡 72 h,取出放空气中 24 h,应按 GB/T 1690—2006 试验其质量变化。人工燃气燃具用品采用 GB/T 1690—2006中规定的"B"溶液试验。

b) 试样制作:膜片类以 10 mm×10 mm 为标准式样,小型密封垫片、垫圈类采用整体浸泡,大型密封垫片、垫圈类参考膜片式样尺寸,厚度不限。

16.3.2 浆状、油脂密封材料

试验方法:称取约 1 g 密封材料涂于铝片上,在室温下放置 24 h 后,放入图 3 所示的试验设备中。打开旋塞 A 和 B,把内部空气用丁烷气置换出来,关闭 B 旋塞,保持 U 型管内燃气压力为 5 kPa,并在 20 ℃±1 ℃和 4 ℃±1 ℃条件下,分别放置 1 h,然后计算密封脂质量变化率,应小于各燃具标准中的规定值。

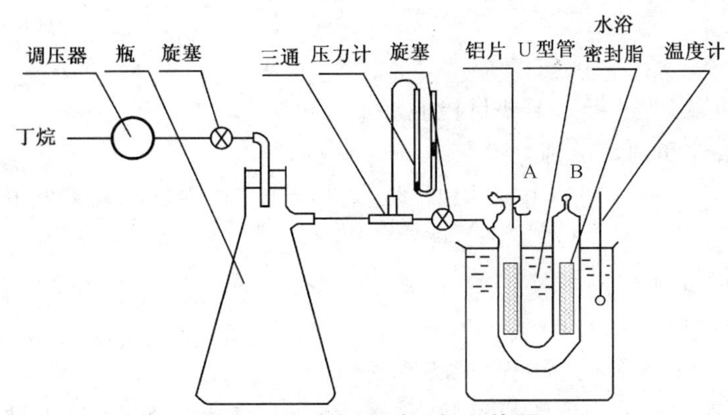

图 3　油脂耐燃气试验装置

16.4　钢球冲击试验

试验方法：把经过搪瓷处理的燃烧器放在相应尺寸的木板上，用直径为 30 mm 钢球从 300 mm 高处自由落下，试验搪瓷有无剥落。

16.5　保温材料和隔热材料燃烧性能

试验方法：在材料均匀的地方，取长 150 mm±1 mm、宽 50 mm±1 mm、厚 13 mm±1 mm 的试样放在图 4 所示的装置上，试样接触火焰 1 min 后，将火焰离开试样 20 cm 以上，目视试样是否燃烧。当试样产生燃烧时，测定从燃烧开始到自行熄火时的时间。

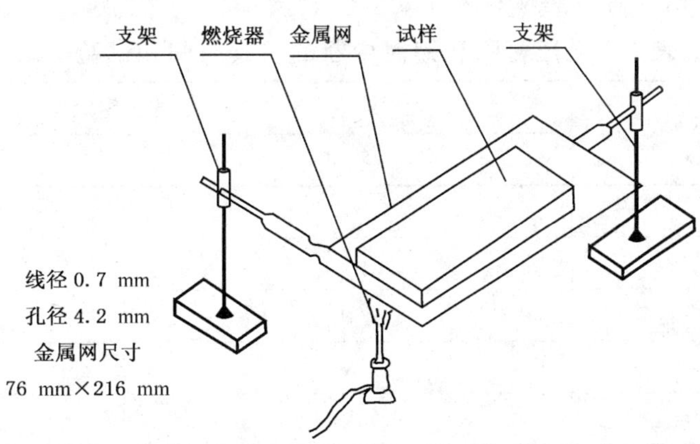

注 1：金属网应水平放置；

注 2：调整燃烧器(可采用本生灯)火焰为约 38 mm 高的蓝色火苗，燃烧器上端与金属网距离为 13 mm；

注 3：试样片紧靠金属网弯折处。

图 4　材料燃烧性能试验装置

17　电气安全性能试验

对于市电类燃具，应按表 5 内容进行电气安全性能试验。

表 5　电气安全性能试验内容

序　号	试验内容	试验方法
1	对触及带电部件的防护	按 GB 4706.1—2005 中第 8 章进行试验
2	泄漏电流和电气强度	按 GB 4706.1—2005 中第 16 章进行试验
3	工作温度下的泄漏电流和电气强度	按 GB 4706.1—2005 中第 13 章进行试验
4	接地措施	按 GB 4706.1—2005 中第 27 章进行试验

18 电源干扰试验

对于单片机控制的燃具，进行以下项目检验。

18.1 电源干扰试验条件和判定准则

试验时按 GB/T 17799.1—1999 中表 4 的规定，进行交流电源输入端口抗扰度检验。

a) 实验室条件：
环境温度：同 4.1.1；
大气压力：同 4.1.2；
相对湿度：25%～75%。

b) 燃具运行状态：燃具分别置于启动状态、运行状态、停止状态，干扰电脉冲加到电源输入端，检查试验燃具是否正常运行或安全关闭。

c) 判定准则：
准则 1：进行下面试验时，燃具应正常运行；
准则 2：进行下面试验时，燃具应处于安全状态。

18.2 电源电压暂降和短时中断的抗扰度试验

a) 试验方法
燃具使用“0-2”试验气，在燃具点燃达到稳定运行状态后，按表 6 给出的持续时间和试验等级组合顺序按 GB/T 17626.11 进行三次电压暂降和中断试验，两次试验之间的最小时间间隔为 10 s。试验后通电检查试验燃具有无异常。

表 6 电压暂降和短时中断的持续时间和试验等级

持续时间/ms	试验等级	
	50%额定电压	0%额定电压
10	—	V
20	—	V
50	V	V
500	V	V
2 000	V	V

b) 试验结果判定：
对电压暂降、短时中断时间小于等于 20 ms 时，燃具应符合判定准则 1 的要求；
对电压暂降、短时中断时间大于 20 ms 时，燃具应符合判定准则 2 的要求。

18.3 浪涌抗扰度试验

a) 试验方法
燃具使用“0-2”试验气，在燃具点燃达到稳定运行状态后，按表 7 给定条件，根据 GB/T 17626.5 进行试验，试验后通电检查试验燃具有无异常。

表 7 浪涌抗扰度的试验等级

试验等级	主电源电压/kV	
	L1-L2(线-线)	L1-G，L2-G(线-地)
2	0.5	1.0
3	1.0	2.0

注 1：浪涌波形为：1.2/50 μs；

注 2：L1、L2 为相线、G 为地线。

b) 试验结果判定：

按试验等级 2 试验时，燃具应符合判定准则 1 的要求。

按试验等级 3 试验时，燃具应符合判定准则 2 的要求。

18.4 电快速瞬变脉冲群抗扰度试验

a) 试验方法

燃具使用“0-2”试验气，在燃具点燃达到稳定运行状态后，按表 8 给定条件，根据 GB/T 17626.4 进行试验，试验后通电检查试验燃具有无异常。

表 8 电快速瞬变脉冲群抗扰度的试验等级

试验等级	主电源电压/kV	重复频率/kHz
2	1.0	5
3	2.0	5

b) 试验结果判定：

按试验等级 2 试验时，燃具应符合判定准则 1 的要求。

按试验等级 3 试验时，燃具应符合判定准则 2 的要求。

附 录 A
（资料性附录）
试验用仪器仪表

试验用主要仪器仪表参照 CJ/T 3075.2 规定如下。

表 A.1 试验用仪器仪表

检验项目	仪器仪表名称示例	规格或范围	最大允许测量误差
室温	温度计	0～50 ℃	0.5 ℃
燃气温度	温度计	0～50 ℃	0.5 ℃
水温	温度计	0～100 ℃	0.2 ℃
表面温度	表面温度计	0～250 ℃	1 ℃
大气压力	气压计	81 kPa～107 kPa	0.1 kPa
燃气压力	U 型压力计或压力表	0 Pa～5 000 Pa	10 Pa
燃气流量	气体流量计	—	0.1 L
燃气热值	热量计	—	—
燃气密度	气体相对密度计	—	—
燃气成分	色谱仪	—	—
氧气	氧气测试仪	0～21%	0.1%
一氧化碳	一氧化碳测试仪	0～0.2%	0.001%
二氧化碳	二氧化碳测试仪	0～15%	0.1%
噪声	声级计	40 dB～120 dB	0.5 dB
时间	秒表	—	0.1 s
防触电保护	试验探棒	—	—
泄漏电流	泄漏电流	—	—
耐电压强度	耐压试验仪	200 mA	—
电压暂降、电压中断	电压暂降、瞬断和电压变化模拟器	符合 GB 17626.11 要求	
浪涌抗扰度	浪涌/冲击模拟试验仪	符合 GB 17626.5 要求	
快速瞬变抗扰度	快速瞬变模拟器	符合 GB 17626.4 要求	
注：以上主要试验仪器仪表仅为试验的最基本条件，应尽量采用试验手段更先进，精度更高的仪器、仪表进行检测。			

ICS 01.040.73
D 04

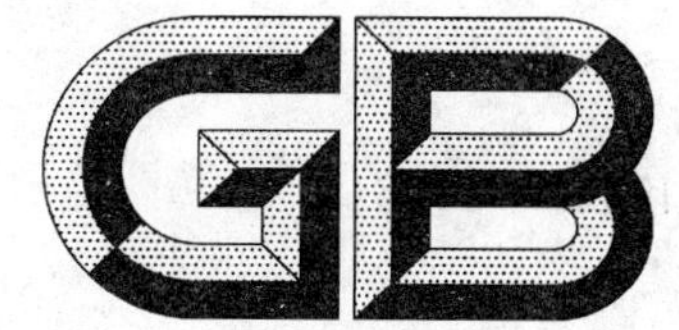

中华人民共和国国家标准

GB/T 16414—2008
代替 GB/T 16414—1996

煤矿科技术语　岩石力学

Terms relating to coal mining—Rock mechanics

2008-07-29 发布　　　　2009-05-01 实施

中华人民共和国国家质量监督检验检疫总局
中国国家标准化管理委员会　发布

前　言

本标准代替 GB/T 16414—1996《煤矿科技术语　岩石力学》。

本标准与 GB/T 16414—1996 相比主要变化如下：

——修改了第 2 章～第 5 章的章标题，删去标题中“部分”两字；

——“基本术语”中增加了“围岩大变形、岩石(体)不均匀性、岩石(体)延性”等术语；

——“采煤工作面”增加了“顶煤、顶煤冒放性、顶煤冒放性分类”等术语；

——“冲击地压” 中增加了“岩石冲击倾向性、构造型冲击地压、重力型冲击地压”等术语；

——“巷道”中删除了“临时支护”，增加了“锚杆轴力、预应力锚固、锚索安全系数”等术语；

——对部分术语的英语对应词进行了修改；

——对部分术语的定义进行了修改；

——对部分术语的位置进行了调整。

本标准由中国煤炭工业协会提出。

本标准由全国煤炭标准化技术委员会归口。

本标准起草单位：煤炭科学研究总院开采设计研究分院、煤炭科学研究总院检测研究分院。

本标准主要起草人：齐庆新、李纪青、彭永伟、傅京昱。

本标准所代替标准的历次版本发布情况为：

——GB/T 16414—1996。

煤矿科技术语　岩石力学

1　范围

本标准规定了煤矿岩石力学有关的基本术语及采煤工作面、冲击地压、巷道等术语。

本标准适用于与岩石力学有关的所有文件、规程、规范、书刊、教材和手册等。

2　基本术语

2.1

煤矿岩石力学　rock mechanics in coal mining

研究煤矿岩石(体)在外力作用下变形和破坏规律及其应用的科学。

2.2

岩层力学　rock strata mechanics

研究层状岩石(体)在外力作用下变形和破坏规律及其应用的科学。

2.3

矿山压力　rock pressure

地压

由矿山采掘工程引起的,在围岩中重新分布的力。

2.4

矿山压力显现　behavior of rock pressure

在矿山压力作用下,围岩或支护物呈现的各种力学现象。

2.5

岩层控制　rock strata control

为保障矿山安全开采,人为地控制和调节岩层变形、破坏和运动的技术措施。

2.6

弹性变形　elastic deformation

岩石(体)在外力除去后能够完全恢复到原状的变形。

2.7

塑性变形　plastic deformation

岩石(体)在外力除去后不能恢复的变形。

2.8

围岩大变形　large deformation of surrounding rocks

与围岩的工程结构几何尺寸相比,不可忽略的变形。

2.9

岩石(体)流变性　rheology of rock(mass)

岩石(体)在外力、温度、湿度等条件下与时间因素相关的变形和流动的性质。

2.10

岩石(体)不均匀性　inhomogeneity of rock(mass)

岩石(体)的物理、力学性质以及成分、组分等随空间位置不同而异的特性。

2.11

岩石(体)非连续性　discontinuity of rock(mass)

岩石(体)内存在着各种裂隙和断裂构造等,随机地分布于不同的方向使其具有不连续的特性。

2.12

岩石(体)各向异性　anisotropy of rock(mass)

岩石(体)在不同方向上具有不同的物理、化学、力学等特性。

2.13

岩石(体)脆性　brittleness of rock(mass)

岩石(体)在外力作用下,残余变形很小即发生破坏的性质。

2.14

岩石(体)延性　ductileness of rock(mass)

岩石(体)韧性

岩石(体)在外力等条件作用下,破坏之前变形很大,表现出显著的塑性变形、流动的性质。

2.15

岩石(体)水理性　hydrophysical properties of rock(mass)

岩石(体)与水相互作用所表现的特性。

2.16

岩石(体)膨胀性　expansion of rock(mass)

岩石(体)在水的作用下具有膨胀的特性。

2.17

岩石(体)孔隙性　porosity of rock(mass)

岩石(体)中包含数量不等、成因各异的孔隙和微裂隙的结构特性。

2.18

岩石(体)渗透性　permeability of rock(mass)

岩石(体)对流体具有渗透的特性。

2.19

岩石(体)碎胀性　rock (mass) bulking;rock(mass) swelling

岩石(体)破碎后体积增大的特性。

2.20

岩石(体)压实性　compactibility of rock(mass)

岩石(体)破碎后,在其自重和外加载荷作用下逐渐密实的特性。

2.21

煤的坚固性系数　coal hardiness coefficient

f

煤块抗破坏能力的综合性指标。

2.22

原岩(体)　in-situ rock

未受采掘影响的天然岩体。

2.23

原岩应力　in-situ rock stress

采掘前原岩(体)内的应力。

2.24

原岩应力场　stress field of in-situ rock

原岩(体)应力在岩体内的分布状态。

2.25

岩重应力　gravity stress

由上覆岩层重力引起的应力。

2.26

构造应力　tectonic stress

由于地壳构造运动在岩体中形成的应力。

2.27

采动应力　redistributed stress; mining-induced stress

再生应力

采掘工程影响下岩体内的应力。

2.28

采动应力场　mining-induced stress field

再生应力场

采动应力的分布。

2.29

围岩　surrounding rocks

矿体或采掘空间周围的岩体。

2.30

围岩应力　stress in surrounding rocks

围岩内的应力。

2.31

有效应力　effective stress

总应力减去孔隙压力的差值,即实际作用于岩石骨架上的应力。

2.32

应力增高区　stress-concentrated zone

高于原岩应力的采动应力分布的区域。

2.33

应力降低区　stress-released zone

低于原岩应力的采动应力分布的区域。

2.34

原岩应力区　initial stress zone; virgin stress zone

岩体内未受采掘工程影响的应力区域。

2.35

应力集中系数　coefficient of stress concentration

应力增高区内的最大应力与原岩应力的比值。

2.36

叠加应力　superimposed stress; superposed stress

采掘工作面相互影响而形成的合成应力。

2.37

构造裂隙　tectonic fractures

岩体受地质构造运动作用而形成的裂隙。

2.38

原生裂隙　pre-existed fractures

岩体生成过程中自然形成的裂隙。

2.39

采动裂隙　mining-induced fractures

岩体受采掘影响而形成的裂隙。

2.40

采动裂隙场　mining-induced fractures field

采动裂隙的分布。

3　采煤工作面

3.1

支架载荷　load of support

支架在和围岩相互作用过程中承受的载荷。

3.2

支架破坏载荷　limited load of support

支架破坏时所承受的极限载荷。

3.3

支架可缩量　permission amount of support yield

支架设计的额定下缩量。

3.4

初撑力　setting load

支架(支柱)支设时施加于顶板的力。

3.5

初撑强度　setting load density,SLD

支架或支柱支撑的单位顶板面积上的初撑力。

3.6

额定工作阻力　yield load

支架(支柱)设计时所规定的支架(支柱)最大工作阻力。

3.7

循环平均阻力　time-weighted mean load per unit cycle

一个采煤循环内支架(支柱)阻力的时间加权平均值。

3.8

支护阻力　supporting load

支架(支柱)在支护区域内阻力的泛称。

3.9

顶板水平作用力　horizontal force of roof

缓倾斜煤层回采时,顶板运动对支护物的水平作用力。

3.10

顶板倾斜作用力　lateral thrust of roof

倾斜、急倾斜煤层回采时,顶板运动对支护物沿倾斜方向的作用力。

3.11

支柱密度　prop density

采煤工作面控顶区内顶板单位面积上支柱的数目。

注:支柱密度用根每平方米(根/m^2)表示。

3.12

支护强度　load density;supporting intensity

采煤工作面控顶区内顶板单位面积上支架承受的载荷。

3.13

沿米支护强度　load density per meter of face

沿采煤工作面推进方向单位长度上支架承受的载荷。

注：沿米支护强度用千牛每米(kN/m)表示。

3.14

支护刚度　support stiffiness

支护物产生单位压缩量所需要的力。

3.15

垮落法　caving method

工作面回采后，使采空区顶板垮落的岩层控制方法。

3.16

局部垮落法　partial caving method

使采空区顶板局部垮落的岩层控制方法。

3.17

全部充填法　full back-filling method

用充填材料充填全部采空区的岩层控制方法。

3.18

局部充填法　partial back-filling method

用充填材料充填局部采空区的岩层控制方法。

3.19

缓慢下沉法　free subsidence method

随采煤工作面推进，使采空区顶、底板缓慢自然合拢的岩层控制方法。

3.20

煤柱支撑法　pillar supporting method

在采空区中留适当宽度煤柱以支撑顶板的岩层控制方法。

3.21

顶煤　top-coal

放顶煤开采中位于支架上方，用于冒放的煤体。

3.22

顶煤冒放性　top-coal caving characteristics

顶煤冒落、放出的特性。

3.23

顶煤冒放性分类　classification of top-coal caving characteristics

顶煤冒落、放出性能的具体评价方法。

3.24

顶煤弱化　top-coal weakening

放顶煤开采中，对冒放性不好的顶煤结构强度采取的弱化处理。

3.25

及时垮落　falling with mining

顶煤、顶板随工作面开采，移架或回柱后能立即自行垮落的现象。

3.26

滞后垮落　falling after mining

顶煤、顶板随工作面开采，移架或回柱后滞后一段时间才垮落的现象。

3.27

伪顶 false roof

位于煤层之上随采随落的极不稳定的薄岩层，厚度一般在 0.5 m 以下。

3.28

直接顶 immediate roof

位于煤层或伪顶之上具有一定的稳定性，移架或回柱后能立即自行垮落，或在采空区内短期悬露而随后垮落的岩层。

3.29

基本顶 main roof

老顶

位于直接顶或煤层之上，厚度大于 2 m，整体性强、坚硬、难垮落的岩层。

3.30

关键层 key strata

对采场上覆岩层局部或直至地表的全部岩层活动起控制作用的岩层。

3.31

主关键层 main key strata

对采场上覆直至地表的全部岩层活动起控制作用的岩层。

3.32

亚关键层 inferior key strata

对采场上覆局部岩层活动起控制作用的岩层。

3.33

松软岩层 weak strata;soft strata

强度低、粘结力差、易风化、一般遇水膨胀、自稳能力差的岩层。

3.34

坚硬岩层 hard strata

强度高、节理裂隙不发育、整体性好、自稳能力强的岩层。

3.35

破碎顶板 fractured roof

节理裂隙十分发育、整体强度差、自稳能力差的顶板。

3.36

顶板强度指数 index of roof strength

根据岩石单轴抗压强度、节理裂隙影响系数、分层厚度影响系数三项指标确定的长壁工作面顶板强度指数。

3.37

不稳定顶板 unstable roof

强度低的直接顶板，一般为泥岩、泥质页岩、页岩。

3.38

中等稳定顶板 medium stable roof

强度中等的直接顶板，一般为页岩、砂质页岩、粉砂岩。

3.39

稳定顶板 stable roof

强度高的直接顶板，一般为砂岩和砂质页岩。

3.40

坚硬顶板　hard roof;strong roof

强度高、节理裂隙不发育、整体性强、自稳能力强的顶板。

3.41

顶板分类　classification of roof

在缓倾斜煤层中，根据顶板强度指数将直接顶分为不稳定、中等稳定、稳定和坚硬顶板4类；根据直接顶厚度和采高的比值与基本顶初次来压步距将基本顶分为Ⅰ、Ⅱ、Ⅲ、Ⅳ共4级。

3.42

底板分类　classification of floor

根据底板允许比压、允许刚度、允许穿透度、允许单轴抗压强度将底板分为极软、松软、较软、中硬、坚硬5类。

3.43

顶板破碎度　roof fracture rate;roof flaking rate

长壁工作面无支护暴露面积顶板冒落高度超过100 mm的面积与总面积的比值。

3.44

顶板破碎指数　index of roof fracture

无支护区宽度为1 m时的顶板破碎度。

3.45

端面距　tip-to-face distance

梁端距

工作面支架顶梁前端到煤壁的距离。

3.46

控顶距　face width

采煤工作面支架切顶线到煤壁的距离。

3.47

工作面端头　face end

长壁工作面与两端巷道交接的地段。

3.48

冒顶　roof fall

采掘工作空间或井下其他工作地点顶板岩石发生坠落的事故。

3.49

顶板垮落　roof caving

在控顶范围以外顶板的正常垮落。

3.50

顶板垮落角　roof caving angle

顶板垮落后其断裂面与顶板层面之间朝采空区方向形成的夹角。

3.51

顶底板移近量　roof-to-floor convergence

回采工作面或巷道顶板下沉量与底板臌起量的总和。

3.52

顶板下沉量　roof subsidence

底臌量可以忽略不计时的顶底板的移近量。

3.53

顶底板移近量指数　index of roof-to-floor convergence

采煤工作面每推进 1 m,每米采高的顶底板移近量。

注：顶底板移近量指数用毫米(mm)表示。

3.54

底板抗压入强度　floor strength against injection

底板抵抗垂直作用力的能力。

3.55

片帮　rib spalling

煤壁产生片状或块状塌落的现象。

3.56

活柱下缩量　yield of inner prop

在顶板作用下,活柱下缩的长度。

注：活柱下缩量用毫米(mm)表示。

3.57

岩体水力压裂　hydraulic fracturing of rock mass

在高压水的作用下,使岩体中的弱面张裂并产生新的裂隙,从而破坏岩体整体性的现象。

3.58

岩体水力软化　water softening of rock mass

在高压水的作用下,降低其强度的现象。

3.59

岩石软化系数　softening factor of rock

岩石水饱和试件与干燥试件的单轴抗压强度之比值。

3.60

顶板来压强度系数　coefficient of roof weighting

动载系数

基本顶来压时,采煤工作面支架平均载荷与平时支架平均载荷的比值。

3.61

冲击载荷　impact load

支架在极短时间内,突然承受大幅度上升的载荷。

3.62

区域性切冒　roof collapse of large area

坚硬顶板大面积瞬时塌落并伴有空气冲击的严重破坏现象。

3.63

初次放顶　first caving

在长壁工作面,从开切眼开始向前推进,通过爆破或其他方法,使直接顶板第一次垮落。

3.64

初次放顶距　first caving distance

初次放顶时,自开切眼到支架后排放顶线的距离。

3.65

初次垮落　first roof fall

在长壁工作面,从开切眼开始向前推进,直接顶板的第一次自然垮落。

3.66

初次垮落步距　distance of first roof fall

初次垮落时，自开切眼到支架后排放顶线的距离。

3.67

基本顶初次来压　first weighting

基本顶初次断裂前后在采煤工作面引起的矿山压力显现。

3.68

基本顶初次来压步距　distance of first weighting

基本顶初次来压时，自开切眼到煤壁的距离。

3.69

周期来压　periodic weighting(of main roof)

基本顶周期垮落前后在采煤工作面引起的矿山压力显现。

3.70

周期来压步距　interval of periodic weighting

基本顶初次来压后，相邻两次周期来压之间的距离。

3.71

强制放顶　forced caving

在顶板不能自行垮落时，采用爆破等手段使顶板垮落的方法。

3.72

再生顶板　regenerated roof

分层开采时，上分层垮落的矸石自然固结或人工胶结而形成的顶板。

3.73

支承压力　abutment pressure

由于应力重新分布，煤(岩)体、煤柱、充填物或冒落岩石上形成的应力增高区的压力。

3.74

前支承压力　front abutment pressure

采煤工作面煤壁前方的支承压力。

3.75

后支承压力　rear abutment pressure

采煤工作面后方采空区内的支承压力。

3.76

顶板稳定性　roof stability

未经人工支护的顶板悬露面在某一段时间内保持不冒落的能力。

3.77

顶板回弹　roof rebound

上覆坚硬岩层断裂时，顶板局部瞬时上弹的现象。

3.78

垮落带　caving zone

采煤工作面推进后，采空区顶板垮落的岩石沿高度方向形成的分带。

3.79

规则垮落带　regular caving zone

顶板岩层垮落后，岩块堆积排列较整齐的垮落带。

3.80

不规则垮落带　irregular caving zone

顶板岩层垮落后，岩块呈杂乱堆积的垮落带。

3.81

裂隙带　fractured zone

位于垮落带之上，产生大量裂隙和离层而不垮落的岩层分带。

3.82

弯曲下沉带　sagging zone

位于裂隙带之上，产生弯曲下沉或少量裂隙的岩层分带。

4　冲击地压

4.1

冲击地压　rock burst

冲击矿压

井巷或工作面周围煤(岩)体，由于弹性变形能的瞬时释放而产生的突然、剧烈破坏的动力现象。

4.2

矿震　mine tremor; mine shock

井巷或工作面周围煤岩体中突然在瞬间发生伴有巨响和冲击波的震动但不发生煤、岩抛出的弹性变形能释放现象。

4.3

煤与瓦斯突出　coal and gas bump; coal and gas outburst

在煤(岩)体内高应力和瓦斯压力的共同作用下，瞬时抛出大量煤和瓦斯的动力现象。

4.4

构造型冲击地压　tectonic stress type of rock burst

构造型冲击矿压

煤(岩)体受构造应力作用产生的冲击地压。

4.5

重力型冲击地压　gravitation type of rock burst

重力型击矿压

煤(岩)体主要受上覆岩层重力作用及采动支承压力作用而引发的冲击地压。

4.6

顶(底)板型冲击地压　roof(floor) type of rock burst

顶(底)板型冲击矿压

坚硬顶(底)板的突然破断和运动而引发的冲击地压。

4.7

综合型冲击地压　comprehensive type of rock burst

综合型冲击矿压

具有构造型、重力型或顶板型两种或两种以上特征的冲击地压。

4.8

冲击地压煤层　coal seam of rock burstprone

具有发生冲击地压危险的煤层。

4.9

动态破坏时间　duration of dynamic fracture

DT

煤试件在单轴压缩状态下，从极限强度到完全破坏所经历的时间。

注：动态破坏时间用毫秒(ms)表示。

4.10

冲击能量指数　bursting energy index

K_E

煤试件在单轴压缩状态下，在应力应变全过程曲线中，峰值前积蓄的变形能与峰值后耗损的变形能之比。

4.11

弹性能量指数　elastic strain energy index

W_{ET}

煤试件在单轴压缩状态下，当受力达到某一值时(破坏前)卸载，其弹性变形能与塑性变形能(耗损变形能)之比。

4.12

煤层冲击倾向性　bursting liability of coal

煤体所具有的积蓄变形能并产生冲击式破坏的性质。

注：煤层冲击倾向性的强弱，可用一个指数或几个指数来衡量。

4.13

岩石冲击倾向性　bursting liability of rock

岩石积蓄变形能并产生冲击式破坏的性质。

4.14

保护层　protective seam

解放层

为了降低邻近煤层冲击地压(煤与瓦斯突出)危险程度而先开采的煤层。

4.15

被保护层　stress-relieved seam; protected seam

由于保护层的开采，冲击地压、瓦斯突出危险程度降低或消除的煤层。

4.16

钻屑法　method of drilling bits

通过在煤体中打小直径(42～50)mm 钻孔，根据排出的煤粉量及其变化规律以及钻孔过程中的动力现象鉴别冲击危险的一种方法。

5　巷道

5.1

巷道两帮移近量　rib sides convergence

巷道水平收敛值

巷道两帮向巷道中心位移量的总和。

5.2

巷道断面缩小率　reduction ratio of roadway section

巷道因变形而缩小的断面积与原断面积的比值。

5.3

巷道断面缩小量　reduction of roadway section

巷道原断面积与变形后断面积的差值。

5.4

底臌　floor heave

由于矿山压力或水的影响底板呈现隆起的现象。

5.5

底臌量　height of floor heave

底板隆起的高度。

5.6

自然平衡拱　natural arch;dome of natural equilibrium

采掘空间上方岩层内形成的相对稳定的拱形结构。

5.7

围岩稳定性　stability of surrounding rocks

在无支护的条件下,巷道围岩依靠自身的强度保持相对稳定的能力。

5.8

巷道围岩稳定性分类　stability classification of roadway surrounding rocks

根据围岩自稳能力和顶底板移近速度,将巷道分为非常稳定、稳定、中等稳定、不稳定和极不稳定5类。

5.9

静压巷道　roadway subject to static pressure

不受回采影响和相邻巷道掘进影响的巷道。

5.10

动压巷道　roadway subject to dynamic pressure

受回采影响和相邻巷道掘进影响的巷道。

5.11

巷道围岩移动量　displacement of surrounding rocks

巷道围岩指向巷道中心的移动量。

5.12

巷道围岩移动速度　displacement velocity of surrounding rocks

单位时间内的巷道围岩移动量。

5.13

塑性变形区　plastic zone

巷道围岩塑性变形的区域。

5.14

弹性变形区　elastic zone

巷道围岩介于塑性变形区与原岩应力区之间的区域。

5.15

巷道一次支护　initial supporting; first supporting

巷道掘进后立即进行的支护。一次支护有时允许巷道产生较大变形。

5.16

巷道二次支护　permanent supporting;second supporting

一次支护使巷道围岩变形速度减缓后再进行的永久性支护,一般应用于不稳定和极不稳定巷道中。

5.17

巷旁充填 **road side packing**

沿空留巷时，巷道采空区一侧进行充填形成条带的护巷方法。

5.18

巷旁支护 **road side supporting**

沿空留巷时，在采空区一侧设置支护物的护巷方法。

5.19

架后充填 **support backfilling**

用充填材料填塞支护物与围岩之间的空隙。

5.20

无煤柱护巷 **non-pillar roadway protection**

采区内不留巷旁煤柱或仅留(2～3)m 小煤柱的巷道保护方法。

5.21

煤岩固化 **coal/rock reinforment**

通过注浆等手段增强煤体或岩体的自稳能力。

5.22

沿空留巷 **gob entry**

前一个工作面采煤后沿采空区边缘维护回采巷道，留下供后一个工作面采煤时复用的作业方法。

5.23

沿空掘巷 **gob entry driving**

完全沿采空区边缘或仅留很窄煤柱掘进巷道的作业方法。

5.24

锚杆轴力 **axial force of bolt**

锚杆与围岩相互作用过程中，锚杆杆体承受的轴向力。

5.25

接触压力 **contact pressure**

巷道围岩与锚杆(索)托盘之间的相互作用力。

5.26

预应力锚固 **prestressed anchoring**

通过锚杆、张拉锚索等对被锚固岩体施加预压应力。

5.27

锚索安全系数 **safety coefficient of anchor cable**

锚索极限承载力与设计载荷的比值。

5.28

锚索极限承载力 **ultimate load holding capacity of anchor cable**

锚索所能承受的最大拉力。

5.29

锚索设计载荷 **designed load of anchor cable**

在整个使用期间锚索允许承受的轴向拉力。

汉语拼音索引

英 文 索 引

A

B

C

D

E

F

G

H

I

K

L

M

N

P

R

S

T

U

ICS 73.040
D 21

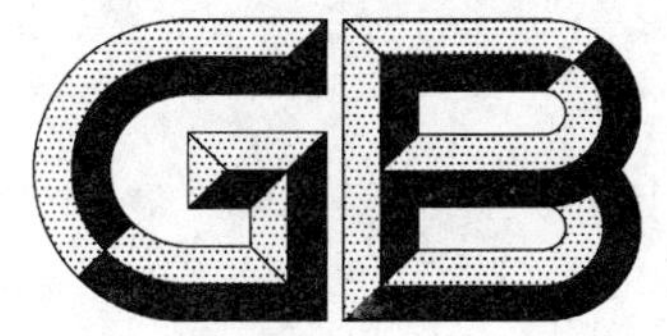

中华人民共和国国家标准

GB/T 16415—2008
代替 GB/T 16415—1996

煤中硒的测定方法 氢化物发生原子吸收法

**Determination of selenium in coal—
Hydride generation-atomic absorption method**

(ISO 11723:2004,Solid mineral fuels—
Determination of arsenic and selenium—
Eschka's mixture and hydride generation method,MOD)

2008-07-29 发布　　2009-05-01 实施

中华人民共和国国家质量监督检验检疫总局
中国国家标准化管理委员会　发布

前　言

本标准修改采用 ISO 11723:2004(E)《固体矿物燃料——砷和硒的测定——艾氏卡混合氢化物发生法》(英文版)。

本标准根据 ISO 11723:2004 重新起草。在附录 A 中列出了本标准章条编号与 ISO 11723:2004 章条编号对照一览表。

考虑到我国国情,在采用 ISO 11723:2004 时,本标准删除了 ISO 11723:2004 中有关砷的内容,同时做了其他一些必要的修改。有关技术性差异已编入正文中并在它们所涉及的条款的页边空白处用垂直单线标识。在附录 B 中给出了这些技术性差异及其原因一览表以供参考。

本标准代替 GB/T 16415—1996《煤中硒的测定方法　氢化物发生原子吸收法》。

本标准与 GB/T 16415—1996 相比,主要变化如下:

——增加了"前言";

——修改了灼烧温度(见第 3 章、5.4、6.1.2、6.2.1);

——增加了"试验报告"一章(见本版第 9 章);

——修改了"工作标准溶液配制"中的错误(见 6.3.2)。

本标准的附录 A 和附录 B 为资料性附录。

本标准由中国煤炭工业协会提出。

本标准由全国煤炭标准化技术委员会归口。

本标准起草单位:煤炭科学研究总院煤炭分析实验室、河北煤田地质研究所。

本标准主要起草人:张克芮、李家铸。

本标准所代替标准的历次版本发布情况为:

——GB/T 16415—1996。

煤中硒的测定方法
氢化物发生原子吸收法

1 范围

本标准规定了煤中硒测定的试剂和材料、仪器设备、分析步骤、结果计算、方法精密度及试验报告。

本标准适用于褐煤、烟煤和无烟煤。

2 规范性引用文件

下列文件中的条款通过本标准的引用而成为本标准的条款。凡是注日期的引用文件，其随后所有的修改单(不包括勘误的内容)或修订版均不适用于本标准，然而，鼓励根据本标准达成协议的各方研究是否可使用这些文件的最新版本。凡是不注日期的引用文件，其最新版本适用于本标准。

GB/T 483 煤炭分析试验方法一般规定(GB/T 483—2007,ISO 1213-2:1992,Solid mineral fuels—Vocabulary—Part 2:Terms relating to sampling, testing and analysis, NEQ)

GB/T 6682 分析实验室用水规格和试验方法(GB/T 6682—2008,ISO 3696:1987,Water for analytical use—Specification and test methods,MOD)

3 方法提要

将煤样与艾氏剂混合，于800 ℃下灼烧，用盐酸溶解，加热使六价硒还原为四价硒，再用硼氢化钠将四价硒还原为氢化硒，以氮气为载气将其导入石英管原子化器，以原子吸收法测定。

4 试剂和材料

本标准中使用的水，应符合GB/T 6682中三级水的要求。

4.1 艾氏剂：2份质量的轻质煅烧氧化镁和1份质量的无水碳酸钠，研细至粒度小于0.2 mm，混合均匀，保存于密闭的容器中。

4.2 盐酸：相对密度1.18。

4.3 硼氢化钠溶液：18 g/L,称取1.8 g硼氢化钠溶于100 mL 5 g/L的氢氧化钠溶液中，用时现配。

4.4 硒标准储备溶液：1 mg/mL,称取高纯硒0.100 0 g于100 mL烧杯中，加硝酸5 mL，低温加热溶解后，继续加热驱尽氮氧化物，冷却，移入100 mL容量瓶中，用水稀释至刻度，摇匀。

硒标准储备溶液也可使用市售的有证标准物质。

4.5 硒标准中间溶液：10 μg/mL,吸取硒标准储备溶液(4.4)1 mL于100 mL容量瓶中，用空白溶液(6.2.2)稀释至刻度，摇匀。

4.6 硒标准工作溶液：0.2 μg/mL,吸取硒标准中间溶液(4.5)1 mL于50 mL容量瓶中，用空白溶液(6.2.2)稀释至刻度，摇匀。

4.7 氮气：纯度99.9%以上。

4.8 乙炔：高纯乙炔。

5 仪器设备

5.1 分析天平：感量0.1 mg。

5.2 瓷坩埚：30 mL。内表面瓷釉完好。

5.3 马弗炉：可控温在800 ℃±20 ℃，通风良好。

5.4 原子吸收分光光度计：具有吸收峰面积积分和峰高测量功能。

5.5 光源：硒空心阴极灯或硒无极放电灯。

5.6 自动氢化物发生器，可自动进行洗涤，量液及加液，精度应达0.5%。

5.7 电热板：能保持温度在60 ℃～90 ℃之间。

6 分析步骤

6.1 样品溶液的制备

6.1.1 准确称取粒度小于0.2 mm的空气干燥煤样1 g（称准至0.000 2 g）（当煤样A_d大于40.00%或$S_{t,d}$大于8.00%，或Se_d大于15 μg/g时，称取0.5 g）放入预先盛有1.5 g艾氏剂的瓷坩埚中，将煤样和艾氏剂混合均匀，再用约1.5 g艾氏剂均匀覆盖其上。

6.1.2 将坩埚放入冷马弗炉中，缓缓升温至500 ℃并在此温度下加热1 h，然后升温到800 ℃，在此温度下再加热3 h，取出坩埚，冷至室温。

6.1.3 将灼烧过的样品捣碎并转移到盛有20 mL～30 mL热水的150 mL烧杯中。向坩埚中加入5 mL盐酸，使坩埚内的残存物溶解后倒入烧杯中。再用15 mL盐酸分三次（每次5 mL）洗涤坩埚，洗液转移到烧杯中。搅拌溶液，待溶液冷却后，全部移入100 mL容量瓶中，用水稀释至刻度，摇匀。

注：有些样品会有固体残渣存在，但不影响测定结果。

6.2 空白溶液的制备

6.2.1 称取15 g艾氏剂放入100 mL蒸发皿中，将之放入冷马弗炉中，慢慢升温到500 ℃，在此温度下加热1 h，升高温度至800 ℃，继续加热3 h，取出蒸发皿，冷却至室温。

6.2.2 将灼烧过的艾氏剂转移到盛有100 mL～150 mL热水的烧杯中，用25 mL盐酸溶解皿内残渣，并转移到烧杯中，用水将残渣全部冲入烧杯，再用75 mL盐酸分三次（每次25 mL）洗涤蒸发皿，将溶液转移到烧杯中。搅拌使艾氏剂全部溶解，冷却到室温，转移到500 mL容量瓶中，用水稀释到刻度，摇匀。移入塑料瓶中储存。

6.3 标准系列溶液的制备

6.3.1 取6个100 mL烧杯，分别加入标准工作溶液（4.6）0 mL，1 mL，2 mL，3 mL，4 mL，5 mL，空白溶液10 mL，9 mL，8 mL，7 mL，6 mL，5 mL，混匀。

6.3.2 于上述溶液中各加入10 mL盐酸，混匀，盖上表面皿，放到电热板上于60 ℃～90 ℃温度下加热1 h。冷却，转移到50 mL容量瓶中，用水稀释到刻度。

6.4 待测样品溶液的制备

吸取10 mL样品溶液（6.1.3）于100 mL烧杯中，按6.3.2所述步骤进行操作。

6.5 氢化物发生-原子吸收测定

6.5.1 仪器准备

按仪器说明书将氢化物发生器的原子化器正确安装到原子吸收分光光度计的燃烧器上，使石英管位于燃烧器狭缝的正上方。调节燃烧器的上下，前后和转角的位置，使石英管的轴心与原子吸收分光光度计的主光轴平行并重合。连接好气路。

6.5.2 原子吸收分光光度计工作参数的选择

参数选择如下：

a) 吸收峰面积积分或峰高；

b) 用空气-乙炔焰加热原子化器；

c) 波长196.0 nm，灯电流及狭缝宽度等参数，根据仪器的具体情况，调到最佳工作状态。

6.5.3 氢化物发生器工作参数的选择

按照仪器说明书合理选定。

6.5.4 测定

按确定的仪器工作条件，分别测定标准系列溶液(6.3.2)及待测样品溶液(6.4)的吸光度。

6.5.5 工作曲线的绘制

以系列标准溶液的硒的量(μg)为横坐标，相应的吸光度为纵坐标，绘制工作曲线。

7 结果计算

空气干燥煤样中硒的质量分数(μg/g)按式(1)计算：

$$Se_{ad} = \frac{m_1 \times 100}{V \times m} \qquad \cdots\cdots (1)$$

式中：

m_1——从工作曲线上查得的硒的质量，单位为微克(μg)；

V——测定时分取溶液的体积，单位为毫升(mL)；

m——样品质量，单位为克(g)；

100——样品溶液的总体积，单位为毫升(mL)。

计算结果按 GB/T 483 数字修约规则，修约至整数。

8 方法精密度

硒测定结果的重复性限按表1规定。

表1 煤中硒测定结果的重复性限

Se_{ad} 含量范围/(μg/g)	重复性限/(μg/g)
<6	1
6～20	2
>20	10%(相对)

9 试验报告

试验报告至少应包括下列信息：

a) 试样标识；

b) 依据标准；

c) 使用的方法；

d) 试验结果；

e) 与标准的任何偏离；

f) 试验中出现的异常现象；

g) 试验日期。

附 录 A
（资料性附录）
本标准章条编号与 ISO 11723:2004 章条编号对照表

表 A.1 给出了本标准章条编号与 ISO 11723:2004 章条编号对照一览表

表 A.1 本标准章条编号与 ISO 11723:2004 章条编号对照

本标准章条编号	ISO 11723:2004 章条编号
1～4	1～4
4.1～4.2	4.1～4.2
—	4.3～4.4
4.3	4.5
—	4.6～4.8
4.4～4.6	4.9～4.11
4.7～4.8	—
5～5.2	5～5.2
—	5.3
5.3	5.4
—	5.5
5.4	5.6
5.5～5.7	—
—	6
6～6.3	7～7.3
—	7.4.1～7.4.2
6.4	7.4.3
6.5	8
7～9	9～11

附 录 B
（资料性附录）
本标准与 ISO 11723:2004 的技术性差异及其原因

表 B.1 给出了本标准与 ISO 11723:2004 的技术性差异及其原因的一览表。

表 B.1 本标准与 ISO 11723:2004 的技术性差异及其原因

本标准章条编号	技术性差异	原 因
1	删除 ISO 11723:2004 范围中的“砷”	适应我国标准体系
2	删除 ISO 11723:2004 中引用的国际标准	以适合我国引入标准的规定
4	删除 ISO 11723:2004 第 4 章中的 4.3，4.6，4.7，4.8	所述条款均对应“砷”的测定
4.7、4.8	增加氮气和乙炔条款	提高标准的可操作性
5.2	用“瓷坩埚”代替“石英坩埚”	适合我国国情
5.5、5.6	增加“光源”和“氢化物发生器”的条款	提高标准的可操作性
6	称样量、加入试剂量及定容体积不同于 ISO11723:2004	适合我国国情

ICS 19.120
A 28

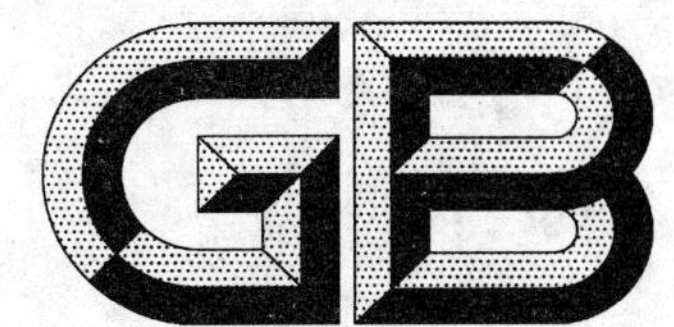

中华人民共和国国家标准

GB/T 16418—2008
代替 GB/T 16418—1996

颗粒系统术语

Particle system—Vocabulary

2008-07-18 发布　　2009-02-01 实施

中华人民共和国国家质量监督检验检疫总局
中国国家标准化管理委员会　发布

前　言

本标准代替 GB/T 16418—1996《颗粒系统术语》。

本标准与 GB/T 16418—1996 相比，主要技术内容差异如下：

——为便于使用将术语按颗粒分检和表征的标准体系进行重新分类；

——对“2　术语和定义”进行了修改、重新排序，并增加了 58 条，删除了 21 条；

——按照汉语习惯对部分文字做了编辑性修改。

本标准由全国筛网筛分和颗粒分检方法标准化技术委员会(SAC/TC 168)提出并归口。

本标准起草单位：北京市理化分析测试中心、中机生产力促进中心。

本标准主要起草人：王啟锋、周素红、邹涛、余方、陈萦、高原、张灵飞。

本标准所代替标准的历次版本发布情况为：

——GB/T 16418—1996。

颗 粒 系 统 术 语

1 范围

本标准规定了颗粒系统采用的专用术语。

本标准适用于任何固体颗粒、液滴、气泡、液固、气固或气液的颗粒系统。

2 术语和定义

2.1 颗粒基本术语 vocabulary of particle

2.1.1

颗粒 particle

不同尺寸任意形状的离散单体,其形态可以是固态、液态或气态。

2.1.2

团块/团聚体 agglomerate

互相粘连在一起的若干颗粒。

2.1.3

粉体 powder

粒度小于1mm的干燥颗粒的集合体,又叫粉末。

2.1.4

微米颗粒 micron particle

粒度为1 μm~100 μm范围的固体颗粒。

2.1.5

亚微米颗粒 sub-micron particle

粒度为0.1 μm~1.0 μm范围的固体颗粒。

2.1.6

纳米颗粒 nanometer particle

粒度为1 nm~100 nm范围的固体颗粒。

2.1.7

晶粒 crystalline particle

原子呈周期性排列并被晶界包围的整个区域。

2.2 颗粒系统的性质和表征 properties and representations of particle system

2.2.1 粒度 particle size

2.2.1.1

粒度 particle size

颗粒物料的尺度。

2.2.1.2

粒度分布 particle size distribution

不同粒度级的颗粒在物料中所占的百分比。

2.2.1.3

频率分布 frequency distribution

落在某个尺寸范围内的颗粒量(个数、体积或质量等)占总量的百分比,又称频度分布、频数分布。

2.2.1.4

体积分布 volume distribution

以颗粒体积为基准的粒度分布。

2.2.1.5

质量分布 mass distribution

以颗粒质量为基准的粒度分布。

2.2.1.6

数量分布 number distribution

以颗粒个数为基准的粒度分布。

2.2.1.7

长度分布 length distribution

以颗粒长度为基准的粒度分布。

2.2.1.8

面积分布 surface or projected area distribution

以颗粒表面积或投影面积为基准的粒度分布。

2.2.1.9

中位粒径/中值粒径 median diameter

累积粒度分布百分数达到50%时所对应的粒径，写作 D_{50}。

2.2.1.10

峰值粒径 mode diameter

在频率分布图中最高点对应的粒径。

2.2.1.11

等效直径 equivalent diameter

与颗粒的几何或物理性质等效的球体直径。

2.2.1.12

等效投影面积直径 equivalent projected area diameter

与颗粒投影面积相等的圆直径。

2.2.1.13

等效表面积直径 equivalent surface diameter

与颗粒表面积相等的球体直径。

2.2.1.14

等效体积直径 equivalent volume diameter

与颗粒体积相等的球体直径。

2.2.1.15

等效斯托克斯直径 equivalent Stockes' diameter

层流时在相同流体里与颗粒自由沉降速度相等的同质球体直径。

2.2.1.16

费里特直径 Feret's diameter

与颗粒投影轮廓的边相切的平行线之间的距离。

2.2.1.17

马丁直径 Martin's diameter

将颗粒投影轮廓分为两个面积相等部分的弦长。

2.2.1.18

颗粒硬度　particle hardness

在一定的外力作用下,颗粒抵抗变形的程度。

2.2.2　**颗粒形状　particle shape**

2.2.2.1

颗粒形状　particle shape

颗粒的外形。

2.2.2.2

球形颗粒　spherical particle

外形为球体的颗粒。

2.2.2.3

非球形颗粒　non-spherical particle

外形为非球体的颗粒。

2.2.2.4

片状颗粒　flaky particle

外形为片状的颗粒。

2.2.2.5

粒状颗粒　granular particle

近似球体但形状不规则的颗粒。

2.2.2.6

针状颗粒　acicular particle

外形为针状的颗粒。

2.2.2.7

纤维状颗粒　fibrous particle

外形为纤维状的颗粒。

2.2.2.8

多角状颗粒　angular particle

边缘分明或大致具有多面体形状的颗粒。

2.2.2.9

树枝状颗粒　dendritic particle

外形具有树枝岔形状的颗粒。

2.2.2.10

形状因子　shape factor

颗粒偏离球体的程度。

2.2.2.11

形状指数　shape index

用颗粒尺寸的各种无因次组合表示其外形。

2.2.2.12

方向比/长径比　aspect ratio

颗粒投影形状中有代表性的两个直径之比。

2.2.2.13

容积系数　bulkiness factor

颗粒投影面积与最小外接矩形的面积之比。

2.2.2.14

体积填充因子 volume filling factor

颗粒体积与颗粒外接矩形体积之比。

2.2.2.15

圆形度 circularity

颗粒投影与圆接近的程度。

2.2.2.16

球形度 degree of sphericity

颗粒接近球体的程度。

2.2.3 **孔 pore**

2.2.3.1

多孔固体 porous solid

具有空腔或具有深大于宽的孔道的固体。

2.2.3.2

空隙 void

颗粒之间的间隙。

2.2.3.3

孔径 pore size

孔宽(比如圆柱形孔的直径或狭缝孔两对壁间的距离)。

2.2.3.4

表面积 surface area

如不说明,应是内外固、气表面积的总和。

2.2.3.5

外表面积 external surface area

包括表面凸出部分和所有宽大于深的裂缝的表面积。

2.2.3.6

内表面积 internal surface area

内孔壁的表面积。

2.2.3.7

比表面积 specific surface area

颗粒的表面积与其质量(或体积)之比。

2.2.3.8

孔容 pore volume

由指定方法测得的孔体积。

2.2.3.9

开孔 open pore

与颗粒表面连通的孔。

2.2.3.10

闭孔 closed pore

与颗粒表面不连通的孔。

2.2.3.11

盲孔 blind pore

末端封闭但与外表面只有一路连接的开孔。

2.2.3.12

墨水瓶孔　ink bottle pore

颈部窄的开孔。

2.2.3.13

内连孔/连通孔　interconnected pore

与一个或多个其他孔相连的孔。

2.2.3.14

贯通孔　through pore

完全穿过样品的孔。

2.2.3.15

大孔　macropore

孔径大于 50 nm 的孔。

2.2.3.16

介孔　mesopore

孔径介于 2 nm 和 50 nm 之间的孔。

2.2.3.17

微孔　micropore

吸附分子可以到达的孔径小于 2 nm 的孔。

2.2.3.18

开孔率　open porosity

多孔体总体积中开孔和空隙所占体积的百分数。

2.2.3.19

孔隙率　porosity

一定量固体中的可测定孔和空隙的体积(开孔体积和空体积)与其占有的总体积之比。

2.2.3.20

颗粒内孔隙率　intraparticle porosity

颗粒内开孔体积与固体所占总体积之比。

2.2.3.21

颗粒间孔隙率　interparticle porosity

颗粒间的空体积与粉体表观体积之比。

2.2.3.22

吸附　adsorption

吸附气体在固体材料的外表面和可达到的内表面上的富集。

2.2.3.23

物理吸附　physisorption

吸附质与吸附剂之间发生的非化学键结合的吸附过程，这个过程是可逆的、非特异性的，可以是多层吸附的。随压力降低或温度升高而出现脱附。

2.2.3.24

化学吸附　chemisorption

吸附质与吸附剂之间发生的以化学键结合的吸附过程，这个过程是不可逆的、特异性的，只能是单层吸附。需要提供较高的温度以打破化学键才会脱附。

2.2.3.25

吸附质 adsorbate

被吸附的物质。

2.2.3.26

吸附剂 adsorbent

发生吸附的固体材料。

2.2.3.27

吸附物质 adsorptive

可被吸附的气体或蒸气。

2.2.3.28

吸附量 adsorbed amount

在给定压力 p 和温度 T 吸附的气体摩尔量。

2.2.3.29

吸附体积 volume adsorbed

标准状态下与吸附量等效的气体体积。

2.2.3.30

吸附等温线 adsorption isotherm

在恒定温度下,气体吸附量与气体平衡压力之间的关系。

2.2.3.31

平衡吸附压力 equilibrium adsorption pressure

与吸附质达到平衡时吸附气体的压力。

2.2.3.32

单层吸附量 monolayer adsorption amount

在吸附剂表面形成单分子层的吸附质摩尔数。

2.2.3.33

单层吸附容量 monolayer adsorption capacity

单层吸附量的等效标准状态气体体积。

2.2.3.34

相对压力 relative pressure

在分析温度下吸附平衡压力 p 与饱和蒸气压 p_0 的比值。

2.2.3.35

饱和蒸气压力 saturation vapour pressure

吸附温度下吸附物质分压力处于饱和时的蒸气压。

2.2.4 **密度 density**

2.2.4.1

真密度 true density

颗粒的质量除以不包括闭、开孔在内的颗粒体积。

2.2.4.2

骨架密度 skeletal density

颗粒质量除以包括闭孔但不包括开孔孔体积在内的样品总体积。

2.2.4.3

表观体积 apparent volume

颗粒的固体材料包括开孔、闭孔以及缝隙的总体积。

2.2.4.4

表观比容　apparent specific volume

颗粒所占体积与其质量之比。

2.2.4.5

表观密度　apparent density

颗粒质量除以表观体积得到的密度。

2.2.4.6

有效密度　effective density

颗粒质量除以包括闭孔以及由指定方法测定不可及孔的孔体积在内的样品总体积。

2.2.4.7

松装密度/堆积密度　bulk density

以自然的方法填满已知体积的容器,其颗粒质量除以该容器的容积。

2.2.4.8

振实密度　tap density

以一定方法将颗粒填充到容器中,让容器按一定规律振动后,容器中颗粒质量除以振动后颗粒的表观体积。

2.2.5　其他性能　other properties

2.2.5.1

流动性　flowability

粉体在外力作用下发生位置移动的性质。

2.2.5.2

流动因子　flow factor

表征粉体流动性的重要参数。

2.2.5.3

Carr 流动性指数　Carr flow index

综合考虑影响粉体流动性的诸因素,用以判断粉体流动性的参数。

2.2.5.4

休止角　angle of repose

粉体堆积层的自由表面在静止平衡状态下与水平面形成的最大角度,也称静止角、安息角。

2.2.5.5

内摩擦角　angle of internal friction

表示颗粒层间摩擦特性的参数。

2.2.5.6

壁摩擦角　angle of wall friction

表示与容器之间的摩擦特征的参数。

2.2.5.7

滑动角　angle of slide

在重力作用下,静止颗粒滑动形成的面与水平面的夹角。

2.2.5.8

接触角　contact angle

液体在固体材料上形成的三角界面。

2.2.5.9

表面张力 surface tension

垂直通过液(固)体表面上单位长度,沿与液(固)面相切方向收缩表面的力。

2.2.5.10

渗透性 permeability

粉体床层允许流体通过的难易程度。

2.2.5.11

压缩比 compression ratio

粉体在松装状态所占体积与压紧状态所占体积之比。

2.2.5.12

压缩性 compressibility

粉体被压缩的能力,采用在一定测试条件下所得的压缩比表示。

2.2.5.13

易碎性 friability

贮存和装卸过程中,在外力影响不大的条件下颗粒破碎变小的程度。

2.2.5.14

可磨性 grindability

在一定条件下用机械方法把颗粒磨碎的难易程度。

2.3 颗粒测试方法 analysis method

2.3.1

光衍射法 diffraction of light method

通过测量颗粒分散体系的衍射光强度分布求得颗粒粒径大小和分布的分析方法,又称光散射法。

2.3.2

光子相关光谱法 photon correlation spectroscopy (PCS)

测量颗粒在液体中布朗运动引起的某一角度下散射光强度随时间的变化,通过相关函数分析求得颗粒的粒径大小及分布。

2.3.3

显微图像法 microscopy-image analysis

利用显微镜成像结合图像分析系统测量粉体的形貌和粒度分布的分析方法,包括静态图像法和动态图像法。

2.3.4

X射线衍射线宽化法 X-ray diffractometry line broadening method (XRD-LB)

根据晶粒细化和/或晶格畸变所引起的衍射线宽化现象来测定晶粒尺寸和晶格畸变程度的分析方法。

2.3.5

X射线小角散射 small angle X-ray scattering (SAXS)

当X光通过超微颗粒时,与其中的电子发生小角(大约$\pm 2^{\circ}$)散射,通过逐角测量光散射强度以求得粒度分布。

2.3.6

光阻法 resistive of light method

颗粒通过检测区时遮挡了部分光线,光电接收器件上接收到的光强减弱,从中求得颗粒的粒径及个数,又称为光遮挡法。

2.3.7

消光法 light extinction

颗粒通过检测区时吸收和散射了部分入射光强，光电接收器件上接收到的光强减弱，根据光散射理论从减弱的光强分布中求得颗粒的粒径及分布。

2.3.8

库尔特法 Coulter method

颗粒通过电阻感应区时会引起感应区电阻的增加，通过依次测量单个颗粒引起的电阻变化测得颗粒的粒径及个数，又称电阻法。

2.3.9

超声法 ultrasonic method

测量超声波通过分散于介质中的颗粒系统后的声速谱或衰减谱，从中求得颗粒的粒径大小和分布。

2.3.10

气体吸附法 gas sorption

在恒定温度下，通过测定样品在一系列分压下对被吸附气体的饱和吸附量获得吸附-脱附等温线，以求得样品比表面和孔径分布的方法。

2.3.11

BET 理论 BET theories

即多孔物质的多分子层吸附理论，建立在 Langmuir 方程之上，并对其修正的一种方法，是用于计算比表面的最普遍的理论。

2.3.12

压汞法 mercury porosimetry

利用汞对固体表面的不浸润特性，将汞压入多孔体的孔隙中，根据汞压入孔隙内的总压力与孔径成反比的关系，求得多孔材料孔径分布及其特性的方法。

2.4 颗粒系统的应用 application of particle system

2.4.1

分级 classification

把颗粒分离成不同粒度级别的过程。

2.4.2

静电分级 static electricity classification

使颗粒带电荷，借助电场将颗粒分级的方法。

2.4.3

分散 dispersion

使粉体尽可能以单一颗粒在其他介质中均匀分布的过程。

2.4.4

分散剂 dispersant/dispersing agent

防止颗粒团聚，使其分散成单个颗粒的添加剂。

2.4.5

分散介质 dispersion medium

分散体系中的连续相，可以是气体、液体和固体。

2.4.6

表面处理 surface treatment

表面整形、表面改性、表面包覆等过程的总称。

2.4.7

淘析　elutriation

利用上升流体有关的运动所引起的分级过程。

2.4.8

沉降　sedimentation

悬浮在流体介质中的固体颗粒受外力作用发生降落的过程，包括重力沉降、离心沉降。

2.4.9

过滤　filtering

让气溶胶或悬浮液通过不同孔径的过滤材料达到颗粒分级的过程。

2.4.10

液相流动色谱　hydrodynamic chromatography

悬浮液通过球状担体的堆积物，即色谱柱，利用迁移率与颗粒粒度关联关系使不同大小颗粒沿色谱柱分离。

2.4.11

混合　mixing

使不同化学成分或不同粒度颗粒系统成为较均匀系统的过程。

2.4.12

混合指数　mixing index

测试混合均匀程度时所得标准偏差与平均值之比。

2.4.13

流态化　fluidization

固体颗粒被流体托起使整个系统呈现流体某些特征的操作。

2.4.14

散式流态化　particulate fluidization

较平稳的流态化，一般液固流态化属散式流态化。

2.4.15

聚式流态化　aggregative fluidization

流态化较剧烈，一般气固流态化属聚式流态化。

2.4.16

干燥　drying

把固体中含有的液体蒸发去除的操作。

2.4.17

除尘　dedusting

减少操作空间的粉尘含量和环境污染的方法。

2.4.18

压制　pressing

在模具中加压使粉体受压缩的过程。

2.4.19

冷压　cold pressing

在室温或以下进行的加压过程。

2.4.20

温压　warm pressing

在高于室温、低于烧结温度范围的加压过程。

2.4.21

热压　hot pressing

与烧结同时进行的加压过程。

2.4.22

坯块　compact

粉体在模具中受压制成的结构紧密的块状物。

2.4.23

生坯块　green compact

准备用来烧结或进行其他处理的坯块。

2.4.24

烧结　sintering

加热将松散粉体或坯块中颗粒结合在一起的过程。

2.4.25

烧结坯块　sintered compact

经烧结后的坯块。

2.4.26

生坯密度　green density

未经烧结处理的生料坯块的表观密度。

2.4.27

压制密度　pressed density

粉体加压所得坯块的表观密度。

2.5　**筛分　sieving**

按 GB/T 5329 的规定

2.6　**制备　preparation**

2.6.1

天然粉体　natural powder

自然形成的粉体。

2.6.2

研磨粉体　milled powder

在磨机中变形或混合所得的粉体。

2.6.3

雾化粉体　atomized powder

在一定条件下，使熔融金属或其他物质雾化后经凝固所得的粉体。

2.6.4

烟雾粉体　fumed powder

由烟雾中得到的粉体。

2.6.5

焙烧粉体　calcined powder

由焙烧生成或改性的粉体。

2.6.6

羰基粉体　carbonyl powder

金属羰基化合物经热分解所得的金属粉体。

2.6.7

电解粉体　electrolytic powder

经电解沉积或将沉积物粉碎所得的粉体。

2.6.8

氢还原粉体　hydrogen reduced powder

金属氧化物或其他化合物经氢还原所得的粉体。

2.6.9

沉积粉体　precipitated powder

由化学沉积所得的粉体。

2.7　**其他　others**

2.7.1

气泡　bubble

由分散在固体、液体中的离散气体所组成。

2.7.2

液滴　droplet

由分散在气体或其他流体中的离散液体所组成。

2.7.3

粉尘　dust

由空气中粒度小于 76 μm 的颗粒物组成。

2.7.4

气溶胶　aerosol

在气体载体中悬浮的由固体和/或液体微粒所组成的稳定体系，颗粒的粒度范围为 0.001 μm～100 μm。

2.7.5

胶体　colloid

由纳米颗粒均匀分散在液体中组成的稳定体系。

2.7.6

泡沫　foam

分散在液体中气泡所组成的体系。

2.7.7

雾　fog

悬浮在空气中的微小液滴。

2.7.8

烟　smoke

悬浮在空气中粒度小于 1 μm 的微小固体颗粒。

2.7.9

霾　haze

悬浮在空气中粒度小于 0.1 μm 的固态或液固混合颗粒。

中 文 索 引

B

C

D

F

G

H

J

K

英 文 索 引

A

B

C

N

O

P

R

S

T

U

V

W

X

ICS 01.140.10
A 22

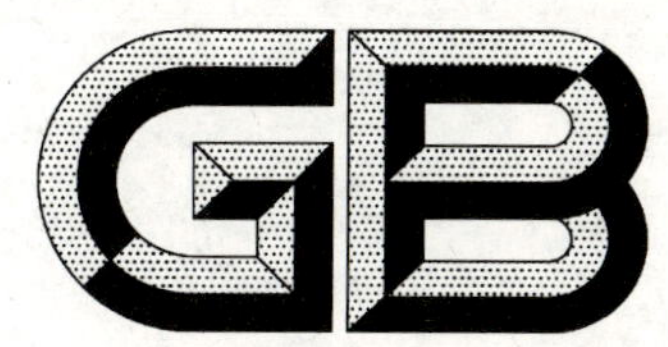

中华人民共和国国家标准

GB/T 16431—2008
代替 GB/T 16431—1996

中国盲文音乐符号

China Braille musical signs

2008-09-19 发布　　　　2009-03-01 实施

中华人民共和国国家质量监督检验检疫总局
中国国家标准化管理委员会　发布

前　　言

本标准代替GB/T 16431—1996。

本标准与原GB/T 16431—1996相比有以下变化：

——修订了术语和定义中的相关内容；

——规范了部分概念的表述；

——修订、补充了音乐符号；

——调整了部分版式，以利于相关内容的对比和阅读。

本标准附录A、附录B为资料性附录。

本标准由中华人民共和国民政部提出。

本标准由全国残疾人康复和专用设备标准化技术委员会(SAC/TC 148)归口。

本标准起草单位：中国盲人协会、国家康复器械质量监督检验中心、中国盲文出版社、北京联合大学特殊教育学院、北京市盲人学校等。

本标准主要起草人：李伟洪、滕伟民、李任炜、贾亚玲、吴亮、韩萍、高旭。

本标准1996年首次发布。本标准为第一次修订。

引　言

中国盲文音乐符号是我国视力残疾人使用的触觉凸点文字的一部分，是以盲文形式记录音乐的符号体系。

本标准中的常用音乐符号、声乐符号和西洋器乐符号是依据国际统一的盲文音乐符号而制定的，目前在我国盲人中已经广泛使用。中国盲文音乐符号标准中的民族器乐符号是在中国残疾人联合会组织制定的《中国盲文民族器乐符号》方案基础上编制的，《中国盲文民族器乐符号》方案于1990年在香港召开的第二届中国点字研讨会上被审定通过。

中国盲文音乐符号

1 范围

本标准规定了盲文常用音乐符号、声乐符号、器乐符号和常用的几种记谱法等。

本标准适用于盲文音乐涉及的教育、出版等各个领域。

2 规范性引用文件

下列文件中的条款通过本标准的引用而成为本标准的条款。凡是注日期的引用文件，其随后所有的修改单(不包括勘误的内容)或修订版均不适用于本标准，然而，鼓励根据本标准达成协议的各方研究是否可使用这些文件的最新版本。凡是不注日期的引用文件，其最新版本适用于本标准。

GB/T 15720 中国盲文

3 术语和定义

下列术语和定义适用于本标准。

3.1

中国盲文音乐符号 china braille musical signs

中国盲文音乐符号是以盲文形式记录音乐的符号体系。

3.2

音符区分号 distinction of values

区分盲文乐谱中，音符写法相同但时值不同的专用符号，又称为分点号。

3.3

小节未完号 hyphen for unfinished measure

盲文乐谱中，表示一小节未写完，需换行或换段书写的符号，又称乐谱连接号。

3.4

音组符号 music group

用于区分不同音组的盲文符号。

3.5

音程号 tone

用于记录合声音程及和弦的盲文符号。

3.6

歌词转音号 relationship of lyrics with note

用在歌词中表示某个字词与歌谱对应关系的符号。

3.7

直线记谱法 linear notation

在记录和弦时，最低音用音符表示、上方各部音用音程号表示的记谱法。

3.8

逐节记谱法 notation of section by section

在同一小节中，先写低音部、后写高音部的逐小节书写的记谱法。

3.9

对节记谱法 notation of alignment section

低音部和高音部上下平行书写的记谱法。

3.10

音符式记谱法　notation of note

最低音用原音符表示，上方各部音写作降位的八分音符的记谱法。

注1：盲符中的实心点为点位上有点，空心圈为点位上无点。

注2：盲符后括号中的阿拉伯数字为实心点的点序号，同一方内盲点的点序号按次序写在一起，不同方的点序号用逗号分开。本文其他处均采用此标法，不另标注。

注3：方位参照符“”是音符的象征性标记。凡写在符号前，即表示该符号用在音符后；凡写在符号后，即表示该符号用在音符之前。

4　盲文音乐符号的结构与参数

盲文音乐符号的结构与参数见 GB/T 15720 中相关章节。

5　常用音乐符号

5.1　基本音乐符号

5.1.1　音符

5.1.1.1　音符的写法

全音符(盲文十六分音符与全音符写法相同)

1———	2———	3———	4———	5———	6———	7———
(13456)	(1356)	(12346)	(123456)	(12356)	(2346)	(23456)

二分音符(盲文三十二分音符与二分音符写法相同)

1 —	2 —	3 —	4 —	5 —	6 —	7 —
(1345)	(135)	(1234)	(12345)	(1235)	(234)	(2345)

四分音符(盲文六十四分音符与四分音符写法相同)

1	2	3	4	5	6	7
(1456)	(156)	(1246)	(12456)	(1256)	(246)	(2456)

八分音符(盲文一百二十八分音符与八分音符写法相同)

$\underline{1}$	$\underline{2}$	$\underline{3}$	$\underline{4}$	$\underline{5}$	$\underline{6}$	$\underline{7}$
(145)	(15)	(124)	(1245)	(125)	(24)	(245)

音名用拉丁字母书写

音名：	C	D	E	F	G	A	B
	(6,14)	(6,145)	(6,15)	(6,124)	(6,1245)	(6,1)	(6,12)
唱名：	do	re	mi	fa	sol	la	si
	1	2	3	4	5	6	7
	(1456)	(156)	(1246)	(12456)	(1256)	(246)	(2456)

5.1.1.2　音符时值区分号(分点号)

a)　写法

音符时值区分号　(126,2)

长时值区分号　(45,126,2)

短时值区分号　(6,126,2)

b)　用法

——在一般情况下，写法相同而时值不同的音符相遇时，为了避免发生混淆，使用音符时值区分号；

——在自由拍乐谱中，写法相同而时值不同的音符相遇时，为了区分不同长短时值的音符，用长时值区分号表示后面音符是长时值音符，用短时值区分号表示后面音符是短时值音符。

5.1.1.3 音符简写法（音符分组记法）

a) 在四分音符为一拍的节拍里，每拍的四个十六分音符，第一个按实际时值书写，其余的三个可简写成八分音符，但在八分音符之前，或者不在一拍里的十六分音符不能简写。

b) 在八分音符为一拍的节拍里，三十二分音符可以使用上述简写法，但一百二十八分音符不能简写，因为它与八分音符写法相同。

c) 在四分附点音符为一拍（复拍子）的节拍里，可以用六个十六分音符为一组简写。如果是三十二分音符，则仍可用四个一组的方法简写。

d) 遇有休止符时不能简写。

5.1.2 休止符

全休止符	0 — — —	⠍(134)	（盲文十六分休止符与全休止符写法相同）
二分休止符	0 —	⠥(136)	（盲文三十二分休止符与二分休止符写法相同）
四分休止符	0	⠧(1236)	（盲文六十四分休止符与四分休止符写法相同）
八分休止符	$\underline{0}$	⠭(1346)	（盲文一百二十八分休止符与八分休止符写法相同）

整小节的休止时，使用全休止符。

注：盲符前面的符号为明眼人使用的音乐符号。

5.1.3 附点

附点 • ⠄(3)

复附点 •• ⠄⠄(3,3)

注：加附点的音符实际时值为延长本音符的 1/2，加复附点的音符实际时值为延长本音符的 3/4。

5.1.4 音组符号

5.1.4.1 音组符号写法

大字二组	⠈⠈(4,4)	示例：6（下加三点）	写作：⠈⠈⠫	(4,4,246)
大字一组	⠈ (4)	示例：1（下加两点）	写作：⠈⠹	(4,1456)
大字组（低低音音组号）	⠘ (45)	示例：2（下加两点）	写作：⠘⠱	(45,156)
小字组（低音音组号）	⠸ (456)	示例：3（下加点）	写作：⠸⠫	(456,1246)
小字一组（中音音组号）	⠐ (5)	示例：4	写作：⠐⠻	(5,12456)
小字二组（高音音组号）	⠨ (46)	示例：5（上加点）	写作：⠨⠳	(46,1256)
小字三组（高高音音组号）	⠰ (56)	示例：6（上加两点）	写作：⠰⠪	(56,246)
小字四组	⠠ (6)	示例：7（上加三点）	写作：⠠⠺	(6,2456)
小字五组	⠠⠠(6,6)	示例：1（上加四点）	写作：⠠⠠⠹	(6,6,1456)

5.1.4.2 音组符号用法

——乐谱或乐段的第一个音符前面必须加音组号；

——音组号和音符之间不能间隔其他符号；

——同音组两个相邻的音符，在五度之内的不加音组号；在六度或六度以上的加音组号；

——不同音组两个相邻的音符，在三度之内的不加音组号；在四度或四度以上的加音组号。

5.1.5 小节号与终止号

5.1.5.1 小节号与终止号的写法

小节线号 | ⠇ (123)

小节未完号(乐谱连接号)　(5)

虚小节线号　┆　(13)

全曲终止号　‖　(126,13)

乐段终止号(半终止号)　‖　(126,13,3)

5.1.5.2　**小节号与终止号的用法**

——盲文乐谱中，一般用空一方表示小节线；在逐节记谱法中，用小节线号表示小节线；在自由拍乐谱中，用虚小节线号表示虚小节线；

——盲文乐谱中，表示一小节未完需换行或换段书写时，要在行末加小节未完号；

——在全曲结束时，使用全曲终止号；在乐段结束时，使用乐段终止号。

5.1.6　**拍号**

拍号一般用盲文的分数表示。如四分之二拍 2/4，用(3456,12,256)表示；八分之六拍 6/8 用(3456,124,236)表示。但四分之四拍 4/4 也可写作 C，用(46,14)表示；二分之二 2/2 也可用(456,14)表示。

5.1.7　**变化音记号(临时记号)**

5.1.7.1　**变化音记号写法**

升号　♯　(146)

重升号　×　(146,146)

降号　b　(126)

重降号　bb　(126,126)

还原号　(16)

5.1.7.2　**变化音记号用法**

升号、降号、还原号写在音符前面，表示临时升、降半音。每个升、降号在一小节内对同音名音有效，当同一小节某音不升、降的时候，要在该音符之前加还原号。

5.1.8　**调号**

调号：通过七个音名以及升降号表示调的主音高度。

示例：

1=C　(1456,2356,6,14)

$1={}^{b}B$　(1456,2356,126,6,12)

在表示五线谱固定调号时，用拍号前加若干升、降号来表示。

5.1.9　**连线**

5.1.9.1　**连线符号的写法**

连线(弧线)　(14)

大连线　(14,14……14)

同音连线(延音线)　(4,14)

复连线　(46,14)

乐句弧线　(56,12……45,23)

5.1.9.2　**连线的用法**

——连接二至四个音符，使用连线；

示例：25 32 1　写作：

——连接五个或五个以上的音符，使用大连线；

——连线、大连线跨两小节的时候，小节之间要空一方；

——连接相同音高音符时，使用同音连线；

——两个或两个以上相同的音程(或和弦)相连时，使用复连线；

——用乐句弧线连起来的音，要求奏唱得圆滑连贯不要断开，多用于器乐曲中。

5.1.10 **连音符**

5.1.10.1 **连音符写法**

二连音 ⌒2⌒ ⠸⠆⠄(456,23,3)

三连音 ⌒3⌒ ⠸⠒⠄(456,25,3) 或 ⠆(23)

五连音 ⌒5⌒ ⠸⠢⠄(456,26,3)

六连音 ⌒6⌒ ⠸⠖⠄(456,235,3)

七连音 ⌒7⌒ ⠸⠶⠄(456,2356,3)

5.1.10.2 **连音符用法**

——连音符有二连音、三连音、五连音等，其写法是在“⠸(456)”后用不加数号的降位数字表示，末尾加“⠄(3)”；

——连音符记号写在每组连音符的前面，最常用的三连音一般写作“⠆(23)”。

5.2 **效果符号**

5.2.1 **顿音、保持音和强音**

5.2.1.1 **顿音、保持音和强音的写法**

顿音 · ⠦ (236)

促顿音 ▼ ⠠⠦ (6,236)

次顿音 ⠐⠦ (5,236)

保持音 — ⠸⠦ (456,236)

强音 > ⠨⠦ (46,236)

特强音 ⠰⠦ (56,236)

5.2.1.2 **顿音、保持音和强音符号用法**

——顿音也叫跳音，特强音也叫重音。顿音、促顿音、次顿音、保持音、特强音这五种符号都写在音符的前面；

——连续四个或更多的顿音、保持音、特强音等出现的时候，使用省略写法，其写法是在第一个音符前面写两个符号，在最后一个音符前面再写一个符号。

5.2.2 **延长号和换气号**

5.2.2.1 **延长号和换气号的写法**

延长号 𝄐 ⠣⠇ (126,123)

换气号 V ⠜⠂ (345,2)

自由延长号 ⠸⠣⠇(456,126,123)

5.2.2.2 **延长号和换气号的用法**

——延长号一般写在音符或休止符后面，表示该音符或休止符可自由延长时值；

——延长号与终止号连用时，表示反复乐段到此结束；

——五线谱延长号写在小节线上时，盲文用自由延长号，记在小节的末尾；

——换气号也叫呼吸号，写在音符后面。

5.2.3 **装饰音**

5.2.3.1 **装饰音符号写法**

倚音 ⠢ (26)

滑行号		(4,1)
顺波音(上颤音)		(5,235)
逆波音(下颤音)		(5,235,123)
颤音		(235)
颤音(乐器用)	tr	(345,2345,1235,3)
长顺波音		(56,235)
长逆波音		(56,235,123)
前上滑音		(46,14)
前下滑音		(456,14)
后上滑音		(14,12)
后下滑音		(14,1)

5.2.3.2 **装饰音符号用法**

——倚音也叫碎音，盲文一般用十六分音符表示。音符前加倚音号，并且和本音用连线连接；

示例：$^{5}6$- 写作：

——颤音、上颤音、下颤音这三个符号都写在音符的前面；

——乐器用的颤音号 tr 相当于颤音(235)；

——前上滑音和前下滑音的符号标在音符前面，后上滑音和后下滑音的符号标在音符后面；

——滑行号写在两音之间。

5.2.4 **力度、速度、表情术语及其简写**

5.2.4.1 **力度**

a) 力度写法

最弱	*ppp*	(345,1234,1234,1234,3)
很弱	*pp*	(345,1234,1234,3)
弱	*p*	(345,1234,3)
中弱	*mp*	(345,134,1234,3)
中强	*mf*	(345,134,124,3)
强	*f*	(345,124,3)
很强	*ff*	(345,124,124,3)
最强	*fff*	(345,124,124,124,3)
特强	*sf*	(345,234,124,3)
特强后弱	*sfp*	(345,234,124,1234,3)
渐强后弱		(16,3)
特别强奏	*fz*	(345,124,1356,3)
突强	*sfz*	(345,234,124,1356,3)
渐强	<	(345,14,3……345,25,3)
渐弱	>	(345,145,3……345,256,3)

b) 力度符号用法

——最弱、很弱、弱、中弱、中强、强、很强、最强、特强、特别强奏、突强、特强后弱、渐强后弱这13个符号标在音符前面；

——渐强符号、渐弱符号写在音符的开始和末尾。

5.2.4.2 速度

壮板(1=40) *Grave* ⠠⠛⠗⠁⠧⠑(6,1245,1235,1,1236,15)⠹⠶⠼⠙⠚(1456,2356,3456,145,245)(以四分音符为一拍,每分钟40拍)表示极慢沉重

广板(1=44) *Largo* ⠠⠇⠁⠗⠛⠕(6,123,1,1235,1245,135)表示缓慢宽广

循板(1=52) *Lento* ⠠⠇⠑⠝⠞⠕(6,123,15,1345,2345,135)表示徐缓

慢板(1=56) *Ldagio* ⠠⠇⠙⠁⠛⠊⠕(6,123,145,1,1245,24,135)表示慢

小广板(1=60) *Larghetto* ⠠⠇⠁⠗⠛⠓⠑⠞⠞⠕(6,123,1,1235,1245,125,15,2345,2345,135)表示稍缓慢

行板(1=66) *Andhnte* ⠠⠝⠙⠓⠝⠎⠑(6,1345,145,125,1345,234,15)表示行速不匆忙

小行板(1=69) *Andantino* ⠠⠁⠝⠙⠁⠝⠞⠊⠝⠕(6,1,1345,145,1,1345,2345,24,1345,135)表示行速

中板(1=88) *Moderato* ⠠⠍⠕⠙⠑⠗⠁⠞⠕(6,134,135,145,15,1235,1,2345,135)表示适中

小快板(1=109) *Allegretto* ⠠⠁⠇⠇⠑⠛⠗⠑⠞⠞⠕(6,1,123,123,15,1245,1235,15,2345,2345,135)表示稍快活泼

快板(1=132) *Allegro* ⠠⠁⠇⠇⠑⠛⠗⠕(6,1,123,123,15,1245,1235,135)表示快速

速板(1=152) *Vivo* ⠠⠧⠊⠧⠕(6,1236,24,1236,135)表示很快有生气

速板(1=160) *Vivace* ⠠⠧⠊⠧⠁⠉⠑(6,1236,24,1236,1,14,15)表示更快有生气

急板(1=189) *Presto* ⠠⠏⠗⠑⠎⠞⠕(6,1234,1235,15,234,2345,135)表示急速

极急板(1=210) *Prestissimo* ⠠⠏⠗⠑⠎⠞⠊⠎⠎⠊⠍⠕(6,1234,1235,15,234,2345,24,234,234,24,134,135)表示非常快

注:括号中推荐的拍数为参考拍数。

5.2.4.3 表情

歌唱般地 *Cantabile* ⠠⠉⠁⠝⠞⠁⠃⠊⠇⠑(6,14,1,1345,2345,1,12,24,123,15)

激烈地 *Agitato* ⠠⠁⠛⠊⠞⠁⠞⠕(6,1,1245,24,2345,1,2345,135)

活泼地 *Animato* ⠠⠁⠝⠊⠍⠁⠞⠕(6,1,1345,24,134,1,2345,135)

光辉灿烂地 *Brillante* [缩写 Brill.] ⠜⠃⠗⠊⠇⠇⠄(345,12,1235,24,123,123,3)

安静地 *Commo* ⠠⠉⠕⠍⠍⠕(6,14,135,134,134,135)

兴奋地 *Con Anima* ⠠⠉⠕⠝⠀⠠⠁⠝⠊⠍⠁(6,14,135,1345,⠀,6,1,1345,24,134,1)

柔情地 *Espressivo* ⠠⠑⠎⠏⠗⠑⠎⠎⠊⠧⠕(6,15,234,1234,1235,15,234,234,24,1236,135)

柔美地 *Dolce* ⠠⠙⠕⠇⠉⠑(6,145,135,123,14,15)

哀痛地 *Dolente* ⠠⠙⠕⠇⠑⠝⠞⠑(6,145,135,123,15,1345,2345,15)

连贯地、圆滑地 *Lagato* [缩写为 L.] ⠜⠇⠄(345,123,3)

不过分地 *Non Troppo* ⠠⠝⠕⠝⠀⠠⠞⠗⠕⠏⠏⠕(6,1345,135,1345,⠀,6,2345,1235,135,1234,1234,135)

5.2.4.4 用法

a) 力度、速度、表情术语用法中的辅助记号

简写字号 ⠜ (345)

略点号　⠄　(3)

文字用括号　⠰⠤……⠤⠰　(56,36……36,56)

b）力度、速度、表情术语的用法

——在简谱乐谱乐曲中，音乐术语通常直接用汉字表示，为了避免混淆，要用括号括起来。由于前奏、间奏以及歌词里的变化部分使用了一般的括号⠰⠄……⠠⠆(56,3……6,23)，这里使用⠰⠤……⠤⠆(56,36……36,23)以示区别；

——外文的音乐术语常用缩写字，缩写字前面要加简写字号“⠜(345)”，其后加略点号“⠄(3)”；音乐术语后面第一个音符前要加音组号；

——有些术语需用延伸线表示开始和结束的范围，盲文用“⠄⠄(3,3)”写在音乐术语后，表示延伸范围的开始，用“⠜⠄(345,3)”写在音乐术语所达到范围的最后一个音符之后，表示延伸范围的结束；

——如果第一个音乐术语延伸范围尚未结束，又出现第二个音乐术语及延伸线，盲文用“⠤⠤(36,36)”记在音乐术语后，表示第二个延伸范围开始；用“⠜⠤(345,36)”记在音乐术语所达到范围的最后一个音符之后，表示第二个延伸范围结束。

5.3 省略记号

5.3.1 重复号

5.3.1.1 重复号写法

重复号　⠶(2356)

5.3.1.2 重复号用法

——重复号写在小节号之后表示重复整个小节；

——整小节两次重复时，仍用重复号表示，其间空方，但三次或三次以上者用重复号后加数字表示；

——如果在其他音组上重复该小节，可在重复号前加音组号；

——重复号也可用在小节内，表示重复前半小节、一拍或半拍，但必须符合拍子的规律，不能乱用；

——如果半小节的重复号与一拍或半拍重复号相遇，它们之间必须加“⠄(3)”，将其隔开。

5.3.2 数字省略记法

——如果后面的几个小节与前几小节完全相同，可把重复的这几个小节用盲文数字表示；

——如果是在其他音组上重复奏、唱前几小节，可在数字前加音组号；

——如果重复时只奏、唱上面若干小节的开始几小节，可用数字省略记法表示，例如：⠼⠙⠼⠃(3456,145,3456,12)，表示重复前面四小节的前两小节；如所重复的需移到其他音组上时，则在重复的数号前加音组号，例如：⠼⠙⠨⠼⠃(3456,145,46,3456,12)，表示高音组上重复前面四小节的前两小节；

——如果按作品小节数重复第几小节，可用降位数字表示，例如：⠼⠔(3456,35)，表示重复第九小节；⠼⠂⠤⠦(3456,2,36,236)，表示重复一至八小节（连号后的数字，省略数号）；

——使用数字省略记法后的第一个音符前要加音组号。

5.3.3 反复号

5.3.3.1 反复号写法

反复起止号	‖: :‖	⠣⠶……⠣⠆	(126,2356……126,23)
任意反复起止号	⌒ ⌒	⠣⠶⠇……⠸⠣⠆	(126,2356,123……456,126,23)

注：⠀在本标准中表示空一方。

5.3.3.2 反复号用法

——各种反复号后的第一个音符都要加音组号；

——反复部分末尾不同时，在不同的部分用降位数字区分，降位数字如与后面的符号混淆时，需加“(3)”隔开。

示例：‖: 1 :‖ 2 ‖ 写作：

5.3.4 隔段反复

5.3.4.1 隔段反复符号写法

从头反复号	*D. C.*	(345,145,14,3)
中途反复号	*D. S.*	(345,145,234,3)
隔段反复起止号	𝄋	(346,……16)
返始号	𝄎	(5,346)
复唱(奏)次序号	1…、2…、3…	(346,1)、(346,12)、(346,14)
曲终号	*Fine*	(6,124,24,1345,15,256)［或(16)］
反复乐段终止号	𝄐‖	(126,13,3,126,123)
反复省略记号	𝄌	(346,123,……345,145,234,3,346,123)

5.3.4.2 隔段反复号用法

——隔段反复号在盲文乐谱里用它来节省篇幅，乐谱里反复作用的部分都用“……”(346……16)标出，下一次使用的时候，用返始号“(5,346)”表示；

——为了区别复唱部分，还可以使用“(346,1)”、“(346,12)”、“(346,14)”和与之相应的“(5,346,1)”、“(5,346,12)”、“(5,346,14)”表示复唱(奏)次序；

——从头反复用(345,145,14,3)表示；

——中途反复用(345,145,234,3)表示。

5.3.5 音的分割记号

5.3.5.1 音的分割记号写法

四分音符时值分割号	(45,1)	双写为……(45,1,1……45,1)
八分音符时值分割号	(45,12)	双写为……(45,12,12……45,12)
十六分音符时值分割号	(45,123)	双写为……(45,123,123……45,123)
三十二分音符时值分割号	(45,2)	双写为……(45,2,2……45,2)
六十四分音符时值分割号	(45,13)	双写为……(45,13,13……45,13)
一百二十八分音符时值分割号	(45,3)	双写为……(45,3,3……45,3)

5.3.5.2 音的分割记号用法

——长时值音符后加分割记号，表示把该音符分割成符号所示的短时值音符；

——连续三个以上的音符分割时，可用双写法，即在第一个音符后用双写起号，在最后一个音符后用双写止号。

5.3.6 震音记号

5.3.6.1 震音记号写法

八分音符时值震音号	/	(46,12)
十六分音符时值震音号	//	(46,123)
三十二分音符时值震音号	///	(46,2)
六十四分音符时值震音号	////	(46,1)
一百二十八分音符时值震音号	/////	(46,3)

5.3.6.2 震音记号用法

符号记在两个音或两个和弦之间，表示这两个音或和弦应按符号所示时值迅速均匀地交替重复演奏（演唱），其总时值相当于原乐谱中两个音或和弦的其中之一。

5.4 节奏时值号

全时值	×———	⠸⠄(456,3)
二分时值	×—	⠸⠅(456,13)
四分时值	×	⠸⠁(456,1)
八分时值	$\underline{\times}$	⠸⠃(456,12)
十六分时值	$\underline{\underline{\times}}$	⠸⠇(456,123)
三十二分时值	$\underline{\underline{\underline{\times}}}$	⠸⠂(456,2)

5.5 音程号

5.5.1 音程号写法

1 度音程号(同度号)	⠇(123)
2 度音程号	⠌(34)
3 度音程号	⠬(346)
4 度音程号	⠼(3456)
5 度音程号	⠔(35)
6 度音程号	⠴(356)
7 度音程号	⠒(25)
8 度音程号	⠤(36)

5.5.2 音程号用法

——音程一般自下向上计算度数。在分声部记谱时，低音部由下向上计算度数；高音部由上向下计算度数；

——音程号写在音符之后。音程号前如果加写音组号，表示 9 度以上的复音程。

6 声乐符号

6.1 歌谱和歌词的表达

6.1.1 歌谱号与歌词号

歌谱号 ⠠⠄(6,3)

歌词号 ⠰⠆(56,23)

6.1.2 歌谱号与歌词号用法

以上两个符号都写在歌谱或歌词的开始处，后面不空方。

6.2 歌词的省略

6.2.1 歌词省略号

歌词省略起号、歌词省略止号 ⠔……⠔(35……35)。

6.2.2 歌词省略号用法

——歌词省略起号与后面歌词连写，歌词省略止号与前面歌词连写，遇标点时，写在标点之前；

——表示符号内括起的歌词反复一次。若反复两次或三次可在反复部分前写两个“⠔(35)”或三个“⠔(35)”；超过四次以上的，在“⠔(35)”前加数字表示；

——歌词也可用隔段反复号“⠬……⠡(346……16)”，但它们后面应空两方写歌词，隔段止号“⠡(16)”应写在标点后。

6.3 歌词转音

6.3.1 歌词转音号

歌词转音号　⠠(6)

6.3.2 歌词转音号用法

歌词转音号写在歌词后面，在配唱歌谱时，即表示多配一个歌谱。歌词转音号超过四个以上者，在转音号后加数字表示。

6.4 变动节奏记法

——在某段歌词中，如果有节奏变化，可在变动节奏的歌词后用节奏时值表示；

——用括号括起来的歌词，即表示将某音符平均分成若干个时值相同的音符。

6.5 前奏、间奏和副歌号

6.5.1 前奏、间奏

用括号括起来的音符，即表示前奏或间奏。

6.5.2 副歌号

副歌号　⠼⠶(3456,2356)

6.6 声部符号

6.6.1 声部符号写法

女高音　*S.*　⠜⠎⠄(345,234,3)

女低音　*A.*　⠜⠁⠄(345,1,3)

男高音　*T.*　⠜⠞⠄(345,2345,3)

男低音　*B.*　⠜⠃⠄(345,12,3)

6.6.2 声部符号用法

——合唱歌曲里同时演唱的四个声部女高、女低、男高、男低用简写号分别加 *S.*、*A.*、*T.*、*B.* 及略点号表示，歌谱和歌词使用统一的声部符号；

——二部合唱歌曲，不论这两部是男声、女声，或是男女声，均用 *S.*、*A.* 表示；

——声部符号与后面的词、谱连写。

6.7 分部符号

6.7.1 分部符号写法

分部号　⠣⠜(126,345) 或⠐⠂(5,2)

分界号　⠨⠅(46,13)

6.7.2 分部符号用法

——分部号表示前后的两部分(包括多声部)的乐谱同时演奏，这两部分(包括多声部)之间不空方；

——如果全小节的分部和小节内一部分的分部同时出现的时候，全小节的分部用"⠣⠜(126,345)"表示，小节内一部分的分部用"⠐⠂(5,2)"表示；

——在一小节内，一部分需分部书写而另一部分不需分部书写时，用分界号将这两部分分开；

——分部号和分界号后的第一个音符前要加音组号，写在行末时，小节未完号可略去。

7 器乐符号

7.1 西洋器乐符号

7.1.1 钢琴专用符号

7.1.1.1 指法记号

a) 写法：

第一指(拇指)　*1*　⠁(1)

第二指(食指)　*2*　⠃(12)
第三指(中指)　*3*　⠇(123)
第四指(无名指)　*4*　⠂(2)
第五指(小指)　*5*　⠅(13)
同音换指号(写在两指之间)　⠉(14)
省去前一套指法的某个指号　⠠(6)
省去后一套指法的某个指号　⠄(3)

b) 用法：

——指号写在符号之后；

——音符之后连写两个指号时，可任选一种指法；

——两个相邻的和声音标有相同指号时，表示用一个手指同时弹奏这两个音。

7.1.1.2 左右手记号

a) 写法：

左手记号　*L. H.*　⠸⠜(456,345)
右手记号　*R. H.*　⠨⠜(46,345)

b) 用法：

——左右手记号记在音符之前；

——左右手记号连写的第一个音符需加音组号；

——左右手记号后面的符号，若含有第一点、第二点、第三点，应加"⠄(3)"隔开。

7.1.1.3 踏板记号

a) 写法：

延音踏板踏下	*Ped*	⠣⠉	(126,14)
延音踏板提起	*	⠡⠉	(16,14)
弱音踏板踏下	*Una Corda*	⠜⠥⠄⠉⠄	(345,136,3,14,3)
弱音踏板提起	*Tre Corda*	⠜⠞⠄⠉⠄	(345,2345,3,14,3)

b) 用法：

——"踏下"写在音符之前，"提起"写在音符之后；

——两个踏板记号连续使用时，前者的提起号可以省略；

——在终止号前的提起号可省略；

——踏板符号一般写在低音部，若低音部是长音或休止时，可写在高音部。

7.1.1.4 琶音记号

短琶音	⠜⠅	(345,13)
反方向短琶音	⠜⠅⠅	(345,13,13)
长琶音	⠐⠜⠅	(5,345,13)
反方向长琶音	⠐⠜⠅⠅	(5,345,13,13)

琶音记号写在音符之前。

7.1.1.5 专用连线记号

集合琶音连线　⠘⠉(45,14)
用于不同声部的连线　⠸⠉(456,14)
用于不同谱表之间的连线　⠐⠉(5,14)

7.1.2 管风琴专用符号

管风琴踏板号　⠘⠜　(45,345)

左脚趾号 (1)

左脚跟号 (12)

右脚趾号 (123)

右脚跟号 (2)

趾与脚跟的交换 (14)

左脚趾换到右脚趾 (1,14,123)

左脚跟换到右脚跟 (12,14,2)

没有指定的脚趾或脚跟的交换号 (6,36,3)

两脚前交叉 (5,25)

两脚后交叉 (25,2)

7.1.3 电子琴专用符号

7.1.3.1 调音杆

a) 上层键盘号

起奏音之长度	*ATTACK LENGTH*	(345,1,123,3)
起奏,触及	*ATTACK*	(345,1,2345,3)
双簧管	*OBOE*	(345,135,12,3)
弦乐器	*STRING*	(345,234,2345,1235,3)
管乐器	*BRASS*	(345,12,1235,3)

b) 下层键盘号

风琴基本音栓,人声	*DIAPASON*	(345,145,24,1,1234,3)
自动节奏	*RHYTHMIC WAH*	(345,1235,2456,3)

c) 脚踏键盘号

低的,低音的	*BASS*	(345,12,1,3)
低音吉他(六弦琴)	*BASS GUITAR*	(345,12,1,1245,136,24,3)

7.1.3.2 特殊域组乐器按键

钢琴	*PIANO*	(345,1234,24,1345,3)
大键琴	*HARPSICHORD*	(345,125,1,1235,3)
吉他	*GUITAR*	(345,1245,136,24,3)
打击乐器(一种舞蹈专用的美国鼓)	*VIBRAPHONE*	(345,1236,24,12,125,3)
班卓琴(五弦琴)	*BANJO*	(345,12,1,1345,3)
振音,颤音	*TREMOLO*	(345,2345,1235,3)

7.1.3.3 特定组合音的调音杆

润音、颤音;轻微的振动音	*VIBRATO*	(345,1236,24,12,3)
滞留,停滞	*DELAY*	(345,145,15,123,3)
延伸,深度	*DEPTH*	(345,145,15,1234,3)
使声音反射,回声	*REVERB*	(345,1235,15,3)
拨上调音杆	*ON LEVER*	(345,135,1345,3)
拨下调音杆	*OFF LEVER*	(345,135,124,3)
音质的调整	*BRILLIANCER*	(345,12,1,3)
下层键盘的声音必须加强	*BOARD LOWER*	(345,12,123,3)

使各键盘的声音保持均衡	*BALANCE*	⠜⠃⠝⠄	(345,12,1345,3)
上层键盘的声音必须加强	*BOARD UPPER*	⠜⠃⠗⠄	(345,12,1235,3)
将平衡器右转,至使上层键盘的声音加强	*BALANCE UPPER*	⠜⠃⠥⠄	(345,12,136,3)
使声音渐渐消失	*FADE OUT*	⠜⠋⠕⠄	(345,124,135,3)
从音域的一端滑奏到另一端	*GLISSANDO*	⠜⠛⠇⠄	(345,1245,123,3)
乐曲终止时的节奏	*LAST*	⠜⠇⠁⠄	(345,123,1,3)
下层键盘的代号	*LOWER KEYBOARD*	⠜⠇⠅⠄	(345,123,13,3)
两手都弹奏下层键盘	*LOWER MANUALE*	⠜⠇⠍⠄	(345,123,134,3)
脚踏键盘代号	*PEDALS KEYBOARD*	⠜⠏⠅⠄	(345,1234,13,3)
上下层键盘都具有反射音(回声)	*REVERB*	⠜⠗⠃⠄	(345,1235,12,3)
反射音(回声)的延长	*REVERB SUSTAIN*	⠜⠗⠎⠄	(345,1235,234,3)
使反射音(回声)得以持续	*REVERB*	⠜⠗⠑⠄	(345,1235,15,3)
当手离键时仍有声音残留(延长)	*SUSTAIN*	⠜⠎⠞⠄	(345,234,2345,3)
无伴奏的	*TACE*	⠜⠞⠁⠄	(345,2345,1,3)
上层键盘的代号	*UPPER KEYBOARD*	⠜⠥⠅⠄	(345,136,13,3)
右手回上层键盘弹奏	*UPPER MANCA*	⠜⠥⠍⠄	(345,136,134,3)
音量,声量	*VOLUME*	⠜⠧⠕⠄	(345,1236,135,3)

7.1.3.4 和弦名称

脚踏键盘和弦	⠘⠜	(45,345)
大调音程	⠽	(13456)
小调音程	⠽⠅	(13456,13)
增音程	⠽⠼⠢⠑	(13456,3456,26,15)
减音程	⠽⠼⠶	(13456,3456,2356)
挂流音	⠽⠼⠙	(13456,3456,145)
六和弦	⠽⠼⠋	(13456,3456,124)
七和弦	⠽⠼⠛	(13456,3456,1245)
减五和弦	⠽⠼⠰⠑	(13456,3456,56,15)
大调减五属七	⠽⠼⠛⠰⠑	(13456,3456,1245,56,15)
小调减五属七	⠽⠅⠼⠛⠰⠑	(13456,13,3456,1245,56,15)

和弦简记法有如下规定:大调不标符号,小调用“⠅(13)”表示,增音程用“⠼⠢⠑(3456,26,15)”表示,减音程以“⠼⠶(3456,2356)”表示,和弦前用“⠠⠤(6,36)”作为标记号。

7.1.4 手风琴专用符号

7.1.4.1 手风琴专用符号写法

高音键盘号		⠨⠜	(46,345)
低音键盘号		⠠⠜	(6,345)
低音贝司独奏号		⠜⠃⠎⠄	(345,12,234,3)
八度齐奏号		⠜⠗⠄	(345,1235,3)
非八度号		⠜⠎⠗⠄	(345,234,1235,3)
辅助低音	(一)	⠈	(4)
基础低音	*B. S.*	⠘	(45)

大三和弦　大或 M　⠸　(456)
小三和弦　小或 m　⠐　(5)
属七和弦　7°　⠨　(46)
减七和弦　7°或 d　⠰　(56)
风箱左推　←　⠣⠃　(126,12)
风箱右推　→　⠣⠄　(126,3)

7.1.4.2　手风琴专用符号用法

——以上各符号均记在音符之前。

——如低音与同音名和弦合奏,可在音符后连写和弦号与八度音程号。如:基础低音 C 音与 C 大三和弦合奏,写作“⠘⠹⠸⠤(45,1456,456,36)”。

——如低音与不同音名和弦合奏,可在音符后连写和弦号再加低音与和弦根音对应的音程号。如:基础低音 E 音与 a 小三和弦合奏,写作“⠘⠫⠐⠼(45,1246,5,3456)”。

——基础低音(第二排)或辅助低音(第一排)如果连续进行,第一个音符前要加排号标记,其余可省写。

——俄罗斯手风琴记谱法见附录 A 资料性附录。

7.1.5　吉他专用符号

7.1.5.1　用于音符前的符号

a)　弦序记号

第一弦　①　⠩⠁　(146,1)
第二弦　②　⠩⠃　(146,12)
第三弦　③　⠩⠇　(146,123)
第四弦　④　⠩⠂　(146,2)
第五弦　⑤　⠩⠅　(146,13)
第六弦　⑥　⠩⠆　(146,23)

如果连续在一根弦上演奏,弦序号可双写,如连用第三弦应写作“⠩⠇⠇ …… ⠩⠇(146,123,123……146,123)”。

b)　把位记号

第一把位　c.1　⠜⠜　(345,345)
第二把位　c.2　⠜⠌　(345,34)
第三把位　c.3　⠜⠬　(345,346)
第四把位　c.4　⠜⠼　(345,3456)
第五把位　c.5　⠜⠔　(345,35)
第六把位　c.6　⠜⠴　(345,356)
第七把位　c.7　⠜⠒　(345,25)
第八把位　c.8　⠜⠤　(345,36)
第九把位　c.9　⠜⠤⠌　(345,36,34)
第十把位　c.10　⠜⠤⠬　(345,36,346)
第十一把位　c.11　⠜⠤⠼　(345,36,3456)
第十二把位　c.12　⠜⠤⠔　(345,36,35)
第十三把位　c.13　⠜⠤⠴　(345,36,356)
第十四把位　c.14　⠜⠤⠒　(345,36,25)
半把位　⠜⠜⠌　(345,345,34)

如果连续在一个把位上演奏，可在第一个音符前写把位号，之后连写“⠄⠄(3,3)”，在最后一个音符号前写“⠜⠄(345,3)”，则可省略中间的把位号。

c) 品位号

品位号 ⠜(345)

后面加数字表示品位。

d) 泛音号

自然泛音 *Harm.* ⠡⠇ (16,123)

人工泛音 *Arm. oct.* ⠈ (4)

连续演奏的自然泛音可双写，人工泛音一般不双写。

e) 拨弦号

上拨号 ⠣⠄ (126,3)

下拨号 ⠣⠃ (126,12)

右手拨弦号 *pizz* ⠜⠏⠊⠵⠵⠄ (345,1234,24,1356,1356,3)

左手拨弦号 ⠸⠜ (456,345)

f) 拇指位置号

拇指在第一弦上 ⠡⠅⠁(16,13,1)

拇指在第二弦上 ⠡⠅⠃(16,13,12)

拇指在第三弦上 ⠡⠅⠇(16,13,123)

7.1.5.2 用于音符后的符号

a) 左手指号

第一指(食指) *1* ⠁ (1)

第二指(中指) *2* ⠃ (12)

第三指(无名指) *3* ⠇ (123)

第四指(小指) *4* ⠂ (2)

空弦号 *0* ⠅ (13)

按指板 ⠄ (3)

放指板 ⠠ (6)

自然泛音也可用空弦号表示，写完指号后写空弦号。

b) 右手指号

第一指 *p* ⠠⠁ (6,1)

第二指 *i* ⠠⠃ (6,12)

第三指 *m* ⠠⠇ (6,123)

第四指 *a* ⠠⠂ (6,2)

第五指 *ch* ⠠⠅ (6,13)

c) 按弦号

左手指全按 ⠸ (456)

左手食指半按 ⠘ (45)

左手食指按小部分 ⠈ (4)

d) 和弦记法符号

1) 写法：

小三和弦 ⠅ (13)

大七和弦 (3456,1245)

增三和弦 (3456,26,15)

增七和弦 (3456,134,1245)

2) 用法：

——音符后不加符号的是大三和弦；

——其他和弦记号见7.1.3.4；

——吉他乐谱记法是：先写一小节音符，再写破折号和该小节的和弦标记，如此逐节书写；

——和弦标记的音符前不加音组号。

7.1.6 弦乐器专用符号

7.1.6.1 用在音符前的符号

a) 弦序号

第一弦 ① (146,1)

第二弦 ② (146,12)

第三弦 ③ (146,123)

第四弦 ④ (146,2)

第五弦 ⑤ (146,13)

第六弦 ⑥ (146,23)

第七弦 (146,3)

b) 把位符号

把位符号与吉他相同，见7.1.5.1b)。

c) 弓法号

下弓 ⊓ (126,12)

上弓 V (126,3)

用弓拉奏 *arco* (345,1,1235,14,135,3)

全弓 *W. B.* (345,2456,12,3)

上半弓 *U. B.* (345,136,12,3)

中弓 *M. B.* (345,134,12,3)

下半弓 *L. B.* (345,123,12,3)

弓根 *N.* (345,1345,3)

弓中 *M.* (345,134,3)

弓尖 *Pt.* (345,1234,2345,3)

d) 综合部分

右手拨弦 *pizz* (345,1234,24,1356,1356,3)

左手拨弦 + (456,345)

人工泛音 ◇ (4)

滑奏号 ⌒ (4,1) 按音阶从一音滑奏到另一音。

隔一音滑奏号 (4,1,2) 以三度跳进的形式从一音滑奏到另一音。

隔二音滑奏号 (4,1,2,2) 以四度跳进的形式从一音滑奏到另一音。

7.1.6.2 用在音符后的符号

空弦或自然泛音号 (13)

指序号与吉他左手符号相同。

7.1.7 鼓和其他打击乐器专用符号

7.1.7.1 鼓和其他打击乐器专用符号写法

鼓的滚奏号 ⠘⠂ (45,2)或 ⠘⠇(45,123)

节奏标号 ⠸ (456)

左手记号 ⠁ (1)

右手记号 ⠇ (123)

7.1.7.2 鼓和其他打击乐器专业符号用法

——低音鼓,用大字组 A 表示;

——大鼓,用小字组 e 表示;

——其他打击乐器,如:镲、三角铁、响板等用小字组 c 和 e 表示。在乐曲开始处,用文字说明它们的代号;

——打击乐器记谱法有两种:一种用对节法记谱,一般是由高向低依次书写,因此,低音鼓排在最后一行;另一种是把所有的打击乐器写在一行内,用分部号把它们连起来,先写低音鼓,然后依次向上写其他打击乐器符号;

——鼓的左右手记号都写在音符后面。遇有滚奏号和连音号时,应先写左右手号,然后写滚奏号和连音线号;

——打击乐器的节奏若全都相同,可用节奏号表示,其写法是:每拍的第一个音符前加写节奏标号,其他可以省略。

示例:4/4 ×× ×××(3) ×××× ×××××(5) | ×---

写作:

7.2 民族乐器符号

7.2.1 拉弦乐器专用符号

包括:高胡、板胡、二胡、京胡等。

7.2.1.1 弦号

空弦号	○		(13)
内弦号	内		(146,12)
外弦号	外		(146,1)

7.2.1.2 弓法符号

拉弓,又称出弓、外弓	⊓		(126,12)	全弓从左向右拉。
拉弓根号(拉右弓)	⊓ N.		(126,12,1)	
拉中弓号	⊓ M.		(126,12,2)	
拉弓尖号(拉左弓)	⊓ Sp.		(126,12,3)	
推弓,又称进弓、里弓	∨		(126,3)	全弓从右向左推。
推弓根号(推右弓)	∨ N		(126,3,1)	
推中弓号	∨ M		(126,3,2)	
推弓尖号(推左弓)	∨ Sp.		(126,3,3)	
连弓	⌒		(14)	

两个以上之间用弧线连起来的音,要一弓奏完。用一弓拉(或推)一音的叫分弓。一弓奏四个音以上的,连弓可双写。

例如:2/4 1234 5432 | 1- 写作:(3456,12,256,⠀,5,13456,14,14,15,124,1245,12356,1245,124,15,14,⠀,1345)

大连弓号	⌒	(56,12,……,45,23) 若某乐句需用两种以上弓法演奏时，可采用大、小连弓号。
顿弓(跳弓)号	·	(236) 音要奏得短促，并富有弹性。
促顿弓(促跳弓)号	▼	(6,236) 音要奏得更加短促，富有弹性。
三十二分音符颤弓号	///	(45,2)双写为：……(45,2,2……45,2)。
抛弓号	九	(345,1234,235,3) 系跳弓一类的弓法。演奏时，将弓提起，趁势向下一抛，利用弓的弹力惯性，奏出几个极短的跳音。
垫弓号，又称小抖弓、甩弓号	弓	(345,145,146,3) 演奏时右手要非常灵活放松，趁第一个音快完时，将手腕轻轻一甩就成垫弓。
击弓号	击	(345,1245,24,3) 用弓毛击琴弦(连击带拉)，发出时值最短的跳音。
断弓号	—	(5,236) 用弓短促、有力。连线以内的断音用一弓演奏，连断弓写作：(14,5,236)
弓杆击琴筒号		(46,16)

民族拉弦乐器中的一些弓法符号也可参照西洋弦乐器的弓法符号书写。

7.2.1.3 **指法符号**

一指(食指)	一	(1)
二指(中指)	二	(12)
三指(无名指)	三	(123)
四指(小指)	四	(2)
弹弦号	十	(5,1) 左手指向外弹弦。
勾弦号	勹	(4,23) 左手指往里拨弦。
泛音号	○	(16,123) 左手指浮按泛音点，同时用弓拉弦。
人工泛音号	◇	(5,16,123)
擞音号	,	(16,1) 左手指尖搔弦得音。
打音号	丁	(4,16) 用中指或无名指在上方二度或三度、四度的音位上急速地在弦上一打，然后立即离弦。
带起音号		(16,12) 左手按指在离弦时，将弦一搔，带起空弦的音；或在较高音位上的按指带起较低音位上的音。
吟音号	◆	(16,2) 按弦并在音位上左右摇动，发出波音效果。
音前上滑音		(46,14) 由低音滑向高音。
音前大上滑音		(6,46,14) 超过三度的上滑音。

音前下滑音		(456,14)	由高音滑向低音。
音前大下滑音		(6,456,14)	超过三度的下滑音。
音后上滑音		(14,12)	
音后大上滑音		(6,14,12)	
音后下滑音		(14,1)	
音后大下滑音		(6,14,1)	
滑行号,又称连线滑音		(4,1)	用同一手指(不换指),在一弓之内由一音滑到另一音。
垫指上滑音		(5,46,14)	用两个或三个手指联合做下滑音的动作。
垫指下滑音		(5,456,14)	用两个或三个手指联合做上滑音的动作。
上回转滑音		(6,235)	由本音向上方音滑奏,再滑回到本音。
下回转滑音		(6,235,123)	由本音向下方音滑奏,再滑回到本音。
上波音		(5,235)	
下波音		(5,235,123)	
压弦		(4,235)	按音指用力压弦,使音升高。
压揉,又称扣揉。		(4,235,2)	手指压揉琴弦。
不揉弦		(45,16,2)	
右手拨弦号	*Pizz*	(46,345)	
	或	(345,1234,24,1356,1356,3)	
右手指滚奏号		(4,12)	
勾拉打号	勹冂丁	(4,16,3)	演奏时,左手勾弦,右手拉音,用弓杆敲打琴筒,三者密切配合。
娃娃腔		(46,146,13)	

7.2.1.4 把位符号

第一把位	一	(345,345)	或	(345,24,3)
第二把位	二	(345,34)	或	(345,24,24,3)
第三把位	三	(345,346)	或	(345,24,24,24,3)
第四把位	四	(345,3456)	或	(345,24,1236,3)
第五把位	五	(345,35)	或	(345,1236,3)
第六把位	六	(345,356)	或	(345,1236,24,3)
第七把位	七	(345,25)	或	(345,1236,24,24,3)
第八把位	八	(345,36)	或	(345,1236,24,24,24,3)
第九把位	九	(345,36,34)	或	(345,24,1346,3)
第十把位	十	(345,36,346)	或	(345,1346,3)
第十一把位	十一	(345,36,3456)	或	(345,1346,24,3)

7.2.2 弹拨乐器专用符号

7.2.2.1 琵琶、柳琴、阮、三弦、月琴等符号

a) 弦序符号

空弦	( )	(13)
一弦(子弦)	一	(146,1)
二弦(中弦)	‖	(146,12,15)
三弦(老弦)	三	(146,123)
四弦(蝉弦)	×	(146,2)

b) 左手指序符号

一指(食指)	一	(1)
二指(中指)	二	(12)
三指(无名指)	三	(123)
四指(小指)	四	(2)
大拇指	五	(16,13)

c) 把位符号

项把位	○	(345,135)
第一把位	Ⅰ	(345,345)
第二把位	Ⅱ	(345,346)
第三把位	Ⅲ	(345,34)
第四把位	Ⅳ	(345,3456)
第五把位	Ⅴ	(345,35)
第六把位	Ⅵ	(345,356)
第七把位	Ⅶ	(6,345,25)
第八把位	Ⅷ	(345,36)
第九把位	Ⅸ	(345,36,34)

d) 右手指法符号

弹	\	(5,1)	食指自右向左弹弦。
双弹	\\	(5,1,12)	食指同时弹相邻两条弦,如一声。
扫		(46,345)	食指自右向左同时弹四条弦,如一声。
小扫		(56,345)	动作同扫,同时弹三条弦,如一声。
大扫		(6,345)	小指、无名指、中指、食指同时自右向左疾速扫四条弦。
抹	)	(56,1)	食指自左向右抹弦得声。
双抹		(56,1,12)	食指、中指同时抹,得双音。
挂		(345,13)	柳琴称划。食指从四弦至一弦依次慢弹,得四声,如琶音。
挑	/	(4,2)	大指自左向右挑弦得声。
双挑	//	(4,2,12)	大指挑相邻两条弦,如一声。
拂		(5,345)	大指自左向右疾速挑四条弦,如一声。

小拂 (56,345) 动作同拂，挑相邻三条弦，如一声。

大拂 (4,345) 食指、中指、无名指、小指四指自左向右疾速撇四条弦。

勾 (4,23) 大指自右向左弦勾得声。

临 (345,13,13) 大指自一弦至四弦依次慢挑，得四声，如琴声。

剔 (5,3) 中指自右向左弹弦得声。

中指抹 (45,3) 中指自左向右抹弦得声。

分 (4,13) 食指弹、大指挑，同时发声，得双音。

摭 (5,13) 食指抹、大指勾，同时发声，得双音。

扣 (4,123) 食指弹、大指勾，同时发声，得双音。

倒分 (45,13) 大指挑外弦，中指剔里弦，得双音。

夹弹 (5,12,2) 食指、大指有节奏地弹挑。

分双 (4,13,12) 大指挑、食指双弹，三条弦同时发声。

扣双 (4,123,12) 大指勾、食指双弹，三条弦同时发声。

弹剔双 (5,123,12) 食指弹、中指剔，得双音。

三分 (4,13,123) 大指挑、食指弹、中指剔，三条弦同时发声。

三摭 (5,13,123) 大指勾、食指抹、中指抹，三条弦同时发声。

三扣 (4,123,123) 大指勾、食指弹、中指剔，三条弦同时发声。

摇指 (6,12) 食指、中指、无名指、小指均可用指尖偏锋或侧锋疾速来回拨弦，如滚奏。

滚 (5,12) 食指、大指连续疾速弹挑，发音密集连贯。

三指轮 (6,123) 又称小轮。食指、中指、大指依次连续循环做轮。

四指轮 (6,2) 又称半轮或代轮。四指轮分上出轮和下出轮。上出轮为食指、中指、无名指、小指依次弹弦，得四声；下出轮为小指、无名指、中指、食指依次弹弦，得四声。

四指长轮 (6,6,2 …… 6,2) 食指、中指、无名指、小指依次弹弦，连续循环做轮。

全轮 (6,3) 食指、中指、无名指、小指依次弹弦，大指挑弦，连得五声为一轮；亦有小指、无名指、中指、食指、大指依次做轮，为下出轮。

长轮 (6,6,3……6,3) 五个手指循环做全轮，连续不断，发音圆满。

轮双 (6,3,12) 同时在两条弦上做全轮。

名称	记号	说明
半轮双		(6,2,12) 同时在两条弦上做四指轮。
满轮		(6,13) 同时轮三条或四条弦。
弹挑轮		(5,16,3) 食指弹、大指挑，紧接全轮共得七声。
挑轮		(4,26,3) 大指先挑里弦，紧接在外弦做轮。
勾轮		(4,236,3) 大指先勾里弦，紧接在外弦做轮。
扣轮		(4,1236,3) 大指、食指先做扣，紧接在外弦做轮。
轮带双		(45,6,3) 起轮时，食指双弹。
轮带扫		(46,345,6,3) 轮前加扫。
轮带拂		(5,345,6,3) 轮前拂。
拍		(46,16) ［三弦称搬(用左手)］将弦勾起即放，重声如断弦，轻声呈乐音。
提		(456,16) 大指、食指将一条弦提起即放，重声如断弦，轻声呈乐音。
摘		(1) (休止符后加第一点)大指抵住近细弦处的弦，食指或中指在下面弹出如“摘”得声音，用于休止符处。如：(1346,1)、(1236,1)。
上	上	(345,156,236,3) ［柳琴专用］ 手指或拨子弹弦时位置上移。
下	下	(345,125,1246,3) ［柳琴专用］ 手指或拨子弹弦时位置下移。
弹面板	卜	(12) 休止符后加第一点、第二点。食指或大指用力弹击面板。
轮板		(123) 休止符后加第一点、第二点、第三点。小指、无名指、中指、食指依次在面板上做轮。
人工泛音		(5,16,123) 左手按音位，右手用小指外侧虚按在有效弦长的二分之一或三分之一处，食指同时弹弦得泛音；也可用大指外侧虚按在泛音上，食指弹弦得声。

注：凡在“轮”前加“长”字的，一律在记号前多加一个第六点。

e) 左手指法符号

名称	记号	说明
泛音	○	(16,123) 左手指虚按泛音位，同时右手弹弦。
吟音		(16,2) 又称揉音。按音指在音位上摇动，发出揉弦效果。
摆音		(16,23) 按音指左手摇动，比“吟音”幅度大。
带音		(16,12) 一个音符奏完后，按音指带起发音。
打音		(4,16) 又称“捺”。左手指尖打击音位发音。
擞音		(16,1) 又称“搔”或“抓”，三弦称“粘”。有两种解释：一是左手指尖搔弦得声，二是带音连续进行。
推拉		(6,235) 又称推挽。按弦向右推进为“推”，按弦向左

拉出为“拉”,使弦音升高,造成滑音。右手须标明指法,不标者为虚音。

绰、注	→	(56,14)	又称进、退。绰,是从低的倚音沿弦急滑到较高和本音,同时右手弹得一个绰音。注,是从较高的倚音沿弦急滑到较低的本音,同时右手弹得一个注音。绰、注符号后须标明右手指法。
虚绰、虚注	---	(45,14)	只绰不弹或只注不弹,得一虚音。
压		(4,235)	手指用力压弦,使音升高,再回复本位音。
撞		(45,235)	手指推或拉弦,使音升高,再回复本位音。
勒		(46,235)	左手两个手指夹弦滑动,右手弹弦得声。
虚按	⌒	(45,236)	左手指虚按琴弦,即不实按音位,同时右手弹奏,发出的不是纯乐音。
煞	⊥	(2)	[三弦称虚垫,休止符后加“(2)”]左手指甲抵弦身,右手弹奏得“煞”声。
绞弦		(45,26)	左手将几条弦相互交绞,右手弹奏非乐音。绞三条弦写作:(45,26,123),绞四条弦写作:(45,26,2)。
并弦		(46,26)	左手将几条弦并在一起,右手弹奏非乐音。并三条弦写作:(46,26,123),并四条弦写作:(46,26,2)。
同轮板		(56,26)	右手做某种弹奏时,左手同时用小指、无名指、中指、食指尖依次弹击音板,如马蹄声。
伏		(456,345)	【月琴称收煞】按音符时值演奏后,用左手将弦身按住,使音戛然而止。

7.2.2.2 **扬琴符号**

左竹		(456,345)	用左手琴竹击弦。
右竹		(46,345)	用右手琴竹击弦。
左竹法		(456,46,345)	先左后右交替演奏。
右竹法		(46,456,345)	先右后左交替演奏。
轮音	//	(6,3)	又称轮竹或颤竹。双竹快速交替演奏产生的碎音。
双轮	=	(46,3)	又称和音轮。
连轮		(6,6,3……6,3)	从起到止全用轮音演奏。
左弹轮		(456,36,3)	用左竹奏弹轮。弹轮是用琴竹在弦上急速颤动,奏出短时值碎音。
右弹轮		(46,36,3)	用右竹奏弹轮。
双弹轮		(46,456,36)	又称滚竹。用双竹同时细密地颤动琴弦,一般常用左竹颤动,右竹单打音头。

名称	符号	点位	说明
长弹轮	丰	(56,36,3)	又称浪竹。用左竹压在琴弦上的柱裤一触一离,使竹头不停地在琴弦上发出连续弹轮的效果。
左单轮		(456,6,3)	左竹单手做轮。
右单轮		(46,6,3)	右竹单手做轮。
双弦音	( )或[ ]	(45,26)	一琴竹同时奏两个音。
齐竹	又	(456,345,36)	又称八度双音。两手琴竹同时击弦,若音符记有该符号,则加奏低八度和音。
连齐竹	又→←又	(456,345,36,36……456,345,36)	从起到止全用齐竹演奏。
上滑弹		(46,14)	由低音滑向高音。
下滑弹		(456,14)	由高音滑向低音。
指套上滑音		(5,46,14)	右竹击弦后,左手戴金属指套在两音间由低音滑向高音。
指套下滑音		(5,456,14)	由高音滑向低音。
指套回滑音		(5,256,3)	在两音间作一次性的来回滑动。
指肚滑音		(16,13,14)	用拇指肚由下向上滑动。
吟音	⊥	(16,2)	又称压音或揉音。在击弦的同时,用另一只手的中指和无名指在该弦码的另一端压弦颤动。
鼓音	▲	(345,1245,136,3)	一手中指按在琴码上,另一手弹奏该弦,发音类似鼓鸣。
木音	△	(345,134,136,3)	一个指头按在琴弦上,另一只手弹奏该弦,类似“木”音。
勾弦	勹	(4,23)	用左手中指(不用指甲)勾弦,发出圆润柔和之音。
反竹	⌴	(6,345,3,3……6,345,3)	从起到止用竹头的背面击弦。
闷竹	▽	(16,236)	击弦后即用竹头闷压琴弦直至余音。双写为: … (16,236,236…16,236)。
击板	×	(12)	休止符后加第一点、第二点。用竹头敲击琴板。
摘音	K	(1)	休止符后加第一点,用左手的拇指和食指捏紧某音琴弦,用右竹尾拨奏该弦。
摇拨		(6,12)	用竹尾或附属物在琴弦上急速摇拨而发出清脆的碎音。

名称	符号	点位	说明
竹尾拨弦	+	(56,1)	用琴竹尾端拨弦。双写为：… (56，1，4…56，1)。
竹尾上滑拨	+↗	(56,14,12)	用竹尾自下而上地滑拨。
竹尾下滑拨	↘+	(56,14,1)	用竹尾自上而下的滑拨。
竹尾上下滑拨	+╳	(56,14,123)	两手用竹尾同时上下交替滑拨。
指甲拨弦	⊓	(5,1)	用指甲拨弦。一般单音用食指，双音用食指和拇指。
指甲上滑拨	⊓↗	(5,14,12)	用指甲自下而上地滑拨。
指甲下滑拨	↘⊓	(5,14,1)	用指甲自上而下地滑拨。
指甲上下滑拨	⊓╳	(5,14,123)	两手用指甲同时上下交替滑拨。
第一位音	|	(345,345)	遇有同音异位时，左码左边的为第一位音。
第二位音	‖	(345,34)	遇有同音异位时，位于第一位音右边的为第二位音。
制音踏板	⏊	(126,16,14)	踩下扬琴制音器的踏板后立即放开。
才音	◺	(126,236)	用反竹在某音上敲挤发出“才”的声音。
抓音		(5,13)	摹仿其他弹拨乐，用手指抓奏。
泛音	○	(16,123)	一手击弦或拨弦后，另一手迅速在琴弦若干分之一处轻触，使之发出虚弱之音。
琶音	≀	(345,13)	依次演奏按和声规律排列起来的音。

7.2.2.3 **筝符号**

a) 右手符号

名称	符号	点位	说明
托	∟	(5,1)	大指向外拨弦。
双托	∟∟	(5,1,12)	大指向外拨两条弦。
劈	¬	(4,2)	大指向里拨弦。
双劈	¬¬	(5,3,12)	大指向里拨两条弦。
抹	\	(56,1)	食指向里拨弦。
双抹	\\	(56,1,12)	食指向里拨两条弦。
挑	/	(4,23)	食指向外拨弦。
双挑	//	(4,23,12)	食指向外拨两条弦。
勾	⌒	(6,2)	中指向里拨弦。
剔	∪	(5,3)	中指向外拨弦。
打	∨	(56,2)	无名指向里拨弦。
摘	∧	(5,23)	无名指向外拨弦。
撮	◡	(4,13)	大指用托、中指用勾，在两根弦上同时拨弦。

反撮 (5,13) 大指用劈、中指用剔,在两根弦上同时拨弦。

剔撮 (45,13) 大指用托、中指用剔,在两根弦上同时拨弦。

劈撮 (56,13) 大指用劈、中指用勾,在两根弦上同时拨弦。

小撮 (6,13) 大指用托、食指用抹,在两根弦上同时拨弦。

反小撮 (26,13) 大指用劈、食指用挑,在两根弦上同时拨弦。

重撮 (4,123) 大指用托、食指用抹、中指用勾,在三根弦上同时拨弦。

反重撮 (5,123) 大指用劈、食指用挑、中指用剔,在三根弦上同时拨弦。

食指摇 (6,12) 食指用抹和挑,连续交替向里向外快速拨弦。

拇指摇 (6,1) 大指用劈和托,连续交替向里向外快速拨弦。

八度摇 (6,1,123) 大指和中指在八度和音的两根弦上,用劈撮和剔撮连续交替快速拨弦。

双指摇 (6,12,123) 食指和中指同时向里向外连续交替快速拨弦。

扫弦 (46,345) 右手或左手手指向外快速拨奏相邻的几根弦。

剔挑 (4,26) 中指用剔、食指用挑,在两根弦上同时拨弦。

勾抹 (46,26) 中指用勾、食指用抹,在两根弦上同时拨弦。

重勾 (6,2,12) 中指向里快速拨奏相邻的两根弦。

重勾劈托 (6,2,123) 重勾和两次劈托的综合拨弦。

上历音 (46,36) 顺着弦序,用右手或左手自下而上连续快速拨弦。

下历音 (456,36) 顺着弦序,用右手或左手自上而下连续快速拨弦。

打圆 (4,13,36) 大指用托、中指用勾,托勾或勾托连续反复拨奏成八度的两个音。

近撮 (4,4,13) 大指用托、中指用勾,先托后勾或先勾后托,托与勾的间隔时间甚短。

滚 (5,23) 食指用挑、大指用劈,在同一根弦上依次快速连续拨奏。

捻 (5,12) 食指用挑、大指用劈,依次快速交替连续拨奏相邻的两根弦。

b) 左手符号

颤音 (16,2) 左手食指、中指在弦段上做轻微的颤动。

揉弦 (16,23) 左手食指、中指在弦段上做轻快而有规则的连续揉动。

按音 (5,26) 左手食指、中指按弦,使音升高小二度、大二度或小三度,如(5,26,5,124,14,1256),"5"音是由"3"音的琴弦经按音而实现。

双按音 (45,26) 左手两个手指在两根弦上同时按音。

扇 (456,345,1) 左手大指以极快的速度顺弦序连续拨弦。

扫 (456,345) 左手食指、中指、无名指向外扫弹相邻的三、四根弦,出音如同一声。

扭 (46,16) 左手的拇指和食指捏紧一根琴弦,用力扭放出声。

柱外刮奏 (345,26,13) 左手在码外弦段上,使用历音的指法拨弦。

连线滑音 (4,1) 表示从第一个音符依次滑奏到最后一个音符。

c) 左右手配合符号

扣摇		(16,6,12)	右手用摇指时，左手拇指紧压在发音弦段上（紧扣弦），并由近码处逐渐向右移动，而后移回（有时仅作向右移动）。
柱	⊕	(16,136)	左手食指轻按在筝柱上端的弦上，右手拨弦使弦发出浑厚、含蓄如鼓鸣之声。
轮抹		(56,16)	左右手用抹的指法快速交替拨弦，拨弦顺序一般是先右后左。
三勾轮抹		(56,16,123)	综合指法：第一，右手用三勾；第二，左手用抹；第三，右手用抹；第四，左手用抹。快速交替拨弦。
轮撮		(6,34,13)	左右手用撮的指法交替拨弦，顺序一般是先右后左。
上滑音		(46,14)	左手拨弦后，左手按弦，使音产生滑动。
下滑音		(456,14)	左手先按弦，然后右手拨弦，随即左手抬起，产生下滑音。
上回转滑音		(6,235)	右手拨弦后，左手将本音按高小二度至小三度，然后再放本音。
下回转滑音		(6,235,123)	左手先将音按高小二度至小三度，然后右手拨弦，随即左手放开再按下，按至原按音音高。
走		(456,16,2)	右手连续拨弦，左手边揉边向后岳山移动。
压		(456,16,23)	右手快速弹奏出级进的散音音阶时，左手手掌边压边揉弦，使音高在整音与半音之间。
双手琶音		(5,345,13)	
双手柱外刮奏		(345,26,35,13)	左右手交替进行柱外刮奏。
点	∨	(16,236)	右手按弦时，左手同时触弦。触弦要轻快而急速地一碰即离。

7.2.3 吹管乐器专用符号

7.2.3.1 笛、箫类符号

第一笛孔	-	(1)	
第二笛孔	‖	(12)	
第三笛孔	≡	(123)	
第四笛孔	×	(2)	
第五笛孔	v	(13)	
第六笛孔	$\underline{\vee}$	(6,13)	
第七笛孔		(5,13)	
第八笛孔		(4,13)	
半孔		(26)	写在笛孔号前，表示按半孔。
堕音		(26,14)	又称诵音、到音。由高音至低音的急速滑音。
颤音	tr	(345,2345,1235,3)	是由原音与其邻近音迅速均匀地交替演奏。
飞指颤音	飞	(345,124,2346,3)	上手或下手在笛子上三孔或下三孔快速左右连续移动所奏出的乐音。
膜孔颤音	tr↓	(256,235)	吹出的声音明暗有规律的交替。

名称	符号	点位	说明
本位虚指颤音		(5,16,2)	又称指振音。手指按在音孔约一半的位置上快速煽动。
泛音	○	(16,123)	使气息控制在平吹和超吹之间,风门更加缩小,口风更为集中,便得泛音。
打音	丁	(4,16)	在后一个同度音刚要吹之前,将本音的按指迅速地在指孔上虚打一下,立即抬起。
叠音	又	(6,16)	在后一个同度音刚要吹之前,将按在上方临孔或上方音位的按指迅速向上一抬立即按下。
顿音	·	(236)	不用舌打,只用气吹奏的短促音。
促顿音	▼	(6,236)	
换气号	∨	(345,2)	又称吸气号。
循环换气号		(345,23)	在鼻吸气的同时,口腔后部收缩将气吹出,使笛音不断。
花舌		(6,3)	又称“嘟噜”。用气冲击舌尖迅速颤动,便发出碎音效果。
喉音	⊗	(46,3)	又称打小花舌。用气冲击小舌,使之快速而均匀地抖动,产生“呼呼”声,与笛声同时发出。
轮指	轮	(6,12)	二指和三指此起彼落,快速交替开按音孔。
腹震音		(16,2)	又称气振音。依靠腹肌有弹性的微微颤动,气流呈波纹状呼出,笛音即产生一种以所奏音的高音为中心的对称性音波。
连奏号		(14)	用弧线连起来的音,要奏得圆润流利。
上历音		(46,36)	从某音起向上快速演奏的级进装饰音。
下历音		(456,36)	从某音起向下快速演奏的级进装饰音。
上波音		(5,235)	
下波音		(5,235,123)	
吐音	*T.*	(345,2345,3)	又称单吐。舌尖顶在上颚上,依靠气息的冲击,发出一个“突”的乐音。
双吐	*TK.*	(345,2345,13,3)	舌尖、舌根交替发出“突库”的乐音。
三吐	*TTK.*	(345,2345,2345,13,3)	舌尖与舌根依次发出“突突库”的字音来。
碎吐	彡	(5,345,2345,3)	用双吐的方法快速吐音,类似二胡的抖弓、三弦的滚奏。
音前上滑音		(46,14)	又称流音。
音前下滑音		(456,14)	又称注音。
下上滑音		(456,14,13)	奏出下滑音后,继而转上滑音。
上下滑音		(46,14,123)	奏出上滑音后,继而转下滑音。
回转小滑音		(6,14,3)	表示笛身略微向内转动,使音的末尾大约降低半音的一种吹法。
下余音		(345,134)	表示在某音末尾,将原来所开放的全部音孔同时急促地按没的一种技法。

名称	符号	点位	说明
上余音		(345,346)	表示在某音的末尾,将原来所按的音孔全部同时地开放的一种技法。
关闭膜孔		(5,23)	将膜孔键按上,关闭膜孔(改革笛装有膜孔键)。
膜孔开放		(56,2)	打开膜孔键。

7.2.3.2 **唢呐管子类符号**

名称	符号	点位	说明
顿音	·	(236)	
吐音	*T.*	(345,2345,3)	又称单吐音。
双吐音	*TK.*	(345,2345,13,3)	
连音	⌒	(14)	连线以内的音,除第一个音用“吐”奏外,其他的音要求奏得连贯。
弹舌	*TL.*	(345,2345,123,3)	用“吐噜”的舌尖动作,使气冲入哨片而得两音。
三弹舌	*TTL.*	(345,2345,2345,123,3)	
五弹舌	*THL.*	(345,2345,125,123,3)	
花舌	⺌	(6,3)	又称“嘟噜”。
唇压音	*N*	(56,16,12)	
唇颤音	=	(56,16,2)	
指颤音	*tr*	(345,2345,1235,3)	
指揉音	〰	(16,23)	用指头在本音上方音孔处作均匀的半空揉动,使本音产生波状似的滑音效果。
指颤音	\ /	(5,16,1)	手指在本音孔上快速地颤动一下,产生双音。
堕音		(26,14)	用多指由上至下快速同时按孔得音。
单打音	丁	(4,16)	在本音的下方音孔打孔得音。
双打音		(45,16)	用双指有弹性地扇打本音孔和下方一音孔。
叠音	又	(6,16)	在本音的上方打孔的音。
借孔音	*借*	(4,16,123)	本音不在原位音孔吹出,而是借用其他音孔用气息控制吹出。
上波音	〰	(5,235)	
下波音		(5,235,123)	
上滑音		(46,14)	由低音滑向高音。
下滑音		(456,14)	由高音滑向低音。
箫音	*箫*	(345,125,345,3,3…,345,3)	从起到至,上唇触哨根,下唇触哨面,吹气而发箫音。
腹震音	〰	(16,2)	气息控制柔音。
气冲音		(46,16,1)	借有弹性的腹部气和口腔气冲击发音。
气拱音	㇆或勹	(46,16,12)	又称气断音。在唢呐上模拟人的笑声或类似笑声的技法。
气顶音		(46,16,3)	在指定的音孔上,主要依靠唇肌和气息

的控制，发出比本音孔高或低半音至一个小三度的音程。

变色音 ◇ (345,12,146,3) 将本音和本音下一音孔开放，其余音孔全关闭，使音色改变。

三弦音 弹 (345,2345,1236,3) 用唢呐模拟弹奏三弦的声音。

循环换气 ∇ (345,23) 是在用鼻吸气的同时，口腔排气，循环往复，使气息不中断。

泛音 ○ (16,123) 筒音和第一孔音的高八度超吹。

臂颤 (45,235) 以小臂的力量带动手指做颤音。

口颤 (46,235) 两唇轻轻颤动哨片，产生颤音，也是吟音的一种。

齿音 止或(〰) (345,12345,3) 上牙轻轻颤动哨片，使之发出颤音。

垫音 ∟ (26,3) 在奏本音的同时，根据指法的方便，急速启放一下本音上方一音孔或第八音孔。

喉音 ⊗ (46,3) 用小腹肌的扩张与收缩，使气息急速地向外冲出，直压喉头，使声带震动发出“吼”声。

水嘟噜 (26,6,3) 舌尖自然放松，在哨口下方急速弹打哨口发出“嘟噜”的乐音。

下把位 (345,345)

上把位 (345,34)

溜音 ♪ (456,14,13) 根据指法方便，结合气息由本音向低音方向至第八音孔急速奏一个回转，从而产生大幅度的气指滑音的效果。

涮音 (6,14) (管子专用)嘴唇放松，用右手拇指带动管身来回运动，使管哨在口中作大幅度吞吐动作，配合气息，奏出滑音效果。

7.2.3.3 笙符号

右手大拇指号 (1)

右手食指号 (12)

右手中指号 (123)

右手小指号 (13)

左手大拇指号 (236,1)

左手食指号 (236,12)

左手中指号 (236,123)

连线 ⌒ (14) 连线以内的音要吹得连贯圆滑。

保持音 — (456,236) 奏出的音要充分保持时值。

强音 > (46,236) 音要特别加强地吹奏。

换气号 V (345,2)

软单舌 ⌒ (345,2345,1,3) 舌尖顶在上颚上，依靠气息的冲击舌尖自然伸开，结合声音发出一个“冷”字音来的快速连续的舌尖运动。

名称	符号	点位	说明
软双舌	⌒⌒	(345,2345,13,1,3)	用舌尖和舌腰的动作,发出“冷根”的乐音。
中单舌	▽	(345,2345,3)	舌尖顶在上牙和上牙床的位置上,依靠气息的冲击,舌尖突然伸开,结合声音发出一个“打”的乐音。
中双舌	▽▽	(345,2345,13,3)	吹奏发出中单舌动作后,随着舌尖离开,紧接着又发出“嘎”的乐音,类似“打嘎”。
硬单舌	▼	(345,2345,12,3)	舌尖用力顶在上牙和下牙中间,将横隔膜提起,用足气,依靠气息的冲击,舌尖突然伸开,结合声音发出“邓”的乐音。
硬双舌	▼▼	(345,2345,13,12,3)	吹奏做出硬单舌动作后,舌腰与上颚贴拢,依靠气流与舌的弹性,发出“更”的乐音来。
呼舌	*呼*	(45,2)	吹奏时用鼻呼吸,舌尽量往回缩,用舌根带动整个舌来回地悬空抽动,使笙发出柔和而均匀的碎声。
花舌	⁄⁄	(6,3)	利用呼出和吸进的气流对舌的冲击,使舌尖、舌边及舌的前半部在口腔内震动,造成某一音的快、慢、轻、重等碎音。
指颤	*tr*	(345,2345,1235,3)	手指在按孔上做快速的开闭,形成颤音。
颤音	〰	(16,2)	利用喉、舌以及腹部的运动激起强弱均匀的气流震动簧片而发出的柔音效果。笙的颤音分喉颤音、舌颤音、腹颤音。
上历音	⌐	(46,36)	从一个音急速地向上连续级进的装饰音。
下历音	⌐	(456,36)	从一个音急速地向下连续级进的装饰音。
上抹音	⤴	(13,14)	靠手指在按孔上的逐渐开放和逐渐闭合的连贯动作,使该音孔的音,由本音逐渐升高,又逐渐返回本音。
下抹音	⤵	(456,14)	
打音	*丁*	(4,16)	在本音出现的同时,根据指法的方便,用其他几个音来衬托本音。
锯气	*锯气*	(345,1245,346,3)	一吹一吸,吹吸交替,发出“嗖”的乐音,其效果近似拉锯声。
钝气	*钝气*	(345,145,25,3)	用下巴的弹动而吹奏的一种技巧,其效果近似“单吐”,但比“单吐”力度要大。
剁气	*剁气*	(345,145,135,3)	演奏效果近似双吐,但比双吐更火暴。
单	*单*	(345,145,1236,3)	单音。
和	*和*	(345,125,26,3)	传统和声。
单和	*单和*	(345,145,125,3)	单音与声结合。

注:在标记笙的指序符号时,应先右手、后左手。

7.2.4 打击乐器专用符号

名称	符号	点位
全音符	×———	(456,3)
二分音符	×—	(456,13)
四分音符	×	(456,1)

八分音符　　$\underline{\times}$　　(456,12)

十六分音符　　$\underline{\underline{\times}}$　　(456,123)

三十二分音符　　$\underline{\underline{\underline{\times}}}$　　(456,2)

一般无固定音高的单件乐器，用节奏号记谱。

我国民族民间音乐和戏曲音乐中的打击乐谱(俗称锣鼓经)，是根据各种打击乐器的多种组合方式以及不同的演奏力度所产生的各种不同音响，采用模拟谐音字加节奏时值记号记谱的。大段谱可采用双写法，以便读谱。

现以京剧锣鼓经口念谱所用谐音字谱及其奏法为例，见附录B(资料性附录)。

8　常见的几种盲文记谱法

8.1　直线记谱法

以最低音作为基础写作原音符，上方各部音用音程号表示。

示例：$\begin{matrix}3\\1\\5\\1\end{matrix}$ 的和弦在直线法中写作：(456,1456,35,36,346)。

8.2　逐节记谱法

先写一小节(或不完全小节)的低音部(左手)的乐谱，再写一小节(或不完全小节)的高音部(右手)乐谱，继而前后空方写小节线“(123)”，接着再继续写下一小节的低、高音部乐谱和小节线。如此逐节地写下去，直到一个乐段或整首乐曲结束。

8.3　对节记谱法

这是一种类似五线谱高、低音谱表(右、左手)上下平行书写记谱的方法。上、下第一个音符号要对齐。高、低音谱表只能写在一页上，不能拆开换页。

8.4　音符式记谱法

低音部和高音部都以最低音为基础，写作原音符，上方各部音都写作降位的“八分音符”。用这种方法记谱有很多符号需要调整，否则就会发生混淆。

调整的符号如下：

倚音：　(34)

音前顺回音：　(456,34)

音前逆回音：　(456,34,123)

音后顺回音：　(56,34)

音后逆回音：　(56,34,123)

重复号：　(346)

连音符标记号：　(3456)

顿音、次顿音、促顿音依次是：　(36)、(6,36)、(56,36)

强音号，特强号、保持音依次是：　(46,36)、(56,36)、(123,36)

颤音、顺波音、逆波音依次是：　(25,5,25)、(5,25)、(5,25,123)

以上调整的符号都写在音符前。

8.5　管弦乐队总谱记法

管弦乐队总谱的记法，一般采用对节法记谱。各种乐器依次逐行、对节记谱，小节数字应写在每页的首行，并与该小节第一个音符的符号对齐。乐器的名称都采用简写。

8.5.1　各种乐器的简符号

短笛　　*Piccolo*　　(345,1234,14,3)

长笛　　*Flute*　　(345,124,123,3)

双簧管	*Oboe*	(345,135,3)
英国管	*English horn*	(345,15,125,3)
单簧管	*Clarinet*	(345,14,123,3)
低音单簧管	*Bass clarinet*	(345,12,14,123,3)
巴松管	*Bassoon*	(345,12,3)
低音巴松管	*Double bassoon*	(345,12,12,3)
法国号管	*Horn*	(345,125,1345,3)
小号	*Trumpet*	(345,2345,1234,3)
长号	*Trumbone*	(345,2345,12,3)
大号	*Tuba*	(345,2345,136,3)
低音大号	*Bass tuba*	(345,12,2345,136,3)
三角铁	*Triangle*	(345,2345,123,24,3)
镲,铙,钹	*Cymbals*	(345,14,13456,134,3)
边鼓	*Side drum*	(345,234,145,1235,3)
低音鼓	*Bass drum*	(345,12,145,1235,3)
定音鼓	*Kettledrum*	(345,145,1235,3)
竖琴	*Harp*	(345,125,3)
第一小提琴	*Violin* Ⅰ	(345,1236,2,3)
第二小提琴	*Violin* Ⅱ	(345,1236,23,3)
中提琴	*Viola*	(345,1236,123,3)
大提琴	*Violoncello*	(345,1236,14,3)
低音提琴	*Doublebass*	(345,145,12,3)

8.5.2 各种乐器简写符号用法

——如果某种乐器的曲谱标有调号,可同乐器的简写字连写,中间不空方;

——每种乐器第一小节的开始音,需加音组号。其他小节的开始音,只需与其他乐器的开始音上下对齐,不必加音组号。

附 录 A
（资料性附录）
俄罗斯手风琴记谱法

A.1 高音键盘号 ⠨⠜ (46,345)

A.2 低音键盘号 ⠸⠜ (456,345)

A.3 八度齐奏号 ⠜⠕⠅⠄ (345,135,13,3)

A.4 非八度奏号 ⠜⠥⠝⠄ (345,136,1345,3)

A.5 低音键盘第一排辅助低音号 ⠈ (4)

A.6 低音键盘第三排大三和弦号 ⠔ (35)

A.7 低音键盘第四排小三和弦号 ⠴ (356)

A.8 低音键盘第五排属七和弦号 ⠒ (25)

A.9 低音键盘第六排减七和弦号 ⠐⠒ (5,25)

A.10 低音与和弦合奏号 ⠤ (36)

附 录 B
（资料性附录）
戏曲锣鼓经记法

B.1 dā 哒　单皮鼓单键重击。

B.2 duō 哆　单皮鼓单键轻击。

B.3 pā 啪　单皮鼓双键同时重击或左手单键重击。

B.4 dū 嘟　单皮鼓双键滚击。

B.5 zhā yì 喳、吃　板单击。

B.6 lóng bù 隆、布　鼓或堂鼓、花盆鼓轻击(隆咚连奏可带两声轻击)。

B.7 dōng 咚　鼓或堂鼓、花盆鼓重击。

B.8 duōluō dōnglóng 哆啰、咚隆　鼓或堂鼓、花盆鼓单键轻滚击。

B.9 cāng 仓　大锣、铙钹、小锣同时重击。

B.10 qìng 磬　大锣、铙钹、小锣同时轻击。

B.11 kuāng 哐　大锣重击，放长音。

B.12 kòng 空　大锣轻击，放长音。

B.13 gōng 宫　大锣、铙钹、小锣同时击闷音。

B.14 zā 咂　大锣、铙钹、小锣同时击哑音。

B.15 cái 才　铙钹、小锣同时重击。

B.16 qì 气　铙钹、单击或铙钹、小锣同时击。

B.17 hé tái 合、台　小锣重击。

B.18 lái 来　小锣稍重击。

B.19 lìng 令　小锣轻击。

B.20 pū 噗　铙钹闷击。

B.21 yì 抑　休止。

ICS 77.180
J 17

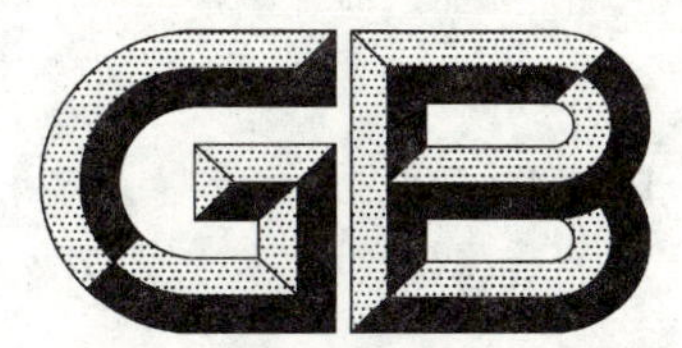

中华人民共和国国家标准

GB/T 16444—2008
代替 GB/T 16444—1996、GB/T 16446—1996

平面二次包络环面蜗杆减速器

Planar double-enveloping worm gearing reducer

2008-05-13 发布　　　　2008-11-01 实施

中华人民共和国国家质量监督检验检疫总局
中国国家标准化管理委员会　发布

前　　言

本标准是将GB/T 16444—1996《平面二次包络环面蜗杆减速器系列、润滑和承载能力》和GB/T 16446—1996《平面二次包络环面蜗杆减速器技术条件》整合修订为一个标准。

本标准代替GB/T 16444—1996和GB/T 16446—1996。

本标准主要修改内容如下：

——标准名称改为《平面二次包络环面蜗杆减速器》；

——规范性引用文件采用最新标准，并删除了正文中未涉及的引用标准；

——对蜗杆上置式减速器和蜗杆下置式减速器的地脚螺栓孔位置尺寸以及蜗杆输入端长度进行了修改；

——对额定输入功率表中的中心距400 mm以上的额定输入功率和额定输出转矩进行了修改。

本标准的附录A是资料性附录。

本标准由中国钢铁工业协会提出。

本标准由中冶集团北京冶金设备研究设计总院归口。

本标准主要起草单位：北京首钢机电有限公司机械厂、北京理工大学、中钢集团西安重机有限公司。

本标准主要起草人：张德华、赵国珊、朱启庄、刘文同、张建刚、王建军。

本标准所代替标准的历次版本发布情况为：

——GB/T 16444—1996；

——GB/T 16446—1996。

平面二次包络环面蜗杆减速器

1 范围

本标准规定了PWU、PWO、PWS三个系列的平面二次包络环面蜗杆减速器(以下简称减速器)的基本参数、润滑与承载能力、技术要求、技术性能、试验方法、验收规则、标志及包装。

本标准适用于冶金、矿山、起重、运输、石油、化工、建筑等行业机械设备的减速传动。

本标准适用的工作条件:

a) 两轴交角90°;

b) 蜗杆转速不超过1 500 r/min;

c) 中心距为80 mm~710 mm、速比为10~63;

d) 工作环境温度为-40℃~40℃(当环境温度低于0℃时,起动前应将润滑油加热到0℃以上);

e) 蜗杆轴可正、反向运转。

2 规范性引用文件

下列文件中的条款通过本标准的引用而成为本标准的条款。凡是注日期的引用文件,其随后所有的修改单(不包括勘误的内容)或修订版均不适用于本标准,然而,鼓励根据本标准达成协议的各方研究是否可使用这些文件的最新版本。凡是不注日期的引用文件,其最新版本适用于本标准。

GB/T 699 优质碳素结构钢

GB/T 1176—1987 铸造铜合金技术条件(neq ISO 1338:1977)

GB/T 3077 合金结构钢(GB/T 3077—1999 neq DIN EN 10083-1:1991)

GB/T 9439 灰铸铁件

GB/T 11352 一般工程用铸造碳钢件(GB/T 11352—2004 确认 NEQ ISO 3755:1991)

GB/T 13384 机电产品包装 通用技术条件

GB/T 16445 平面二次包络环面蜗杆传动 精度

3 型式与基本参数

3.1 型式

本标准包括PWU(蜗杆在蜗轮之下)、PWO(蜗杆在蜗轮之上)、PWS(蜗杆在蜗轮一侧)三个系列。每个系列有三种装配形式,用代号Ⅰ、Ⅱ、Ⅲ表示(见图1~图5)。

3.2 基本参数

3.2.1 减速器中心距 a 见表1。

表1 减速器中心距 a

单位为毫米

第一系列	80	100	125	160	200	250	315	400	500	630
第二系列			140	180	225	280	355	450	560	710
注:优先选用第一系列。										

3.2.2　减速器公称传动比 i 见表 2。

表 2　减速器公称传动比 i

第一系列	10	12.5		16		20		25		31.5		40		50		63
第二系列			14		18		22.4		28		35.5		45		56	
注：优先选用第一系列。																

3.3　型号与标记示例

3.3.1　型号

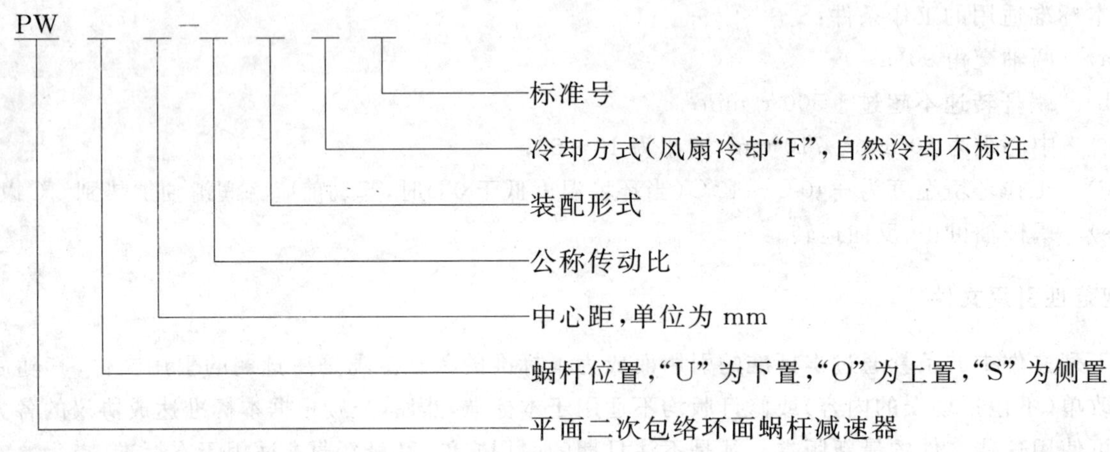

3.3.2　标记示例

中心距 125 mm,公称传动比 20,第一种装配,蜗杆在蜗轮之下,自然冷却(无风扇)的平面二次包络环面减速器标记为：

减速器　PWU 125-20I GB/T 16444—2008

3.4　减速器的外形与结构尺寸

3.4.1　PWU 型减速器的外形结构和尺寸见图 1、图 2,表 3、表 4。

3.4.2　PWO 型减速器的外形结构和尺寸见图 3、图 4,表 5、表 6。

3.4.3　PWS 型减速器的外形结构和尺寸见图 5,表 7。

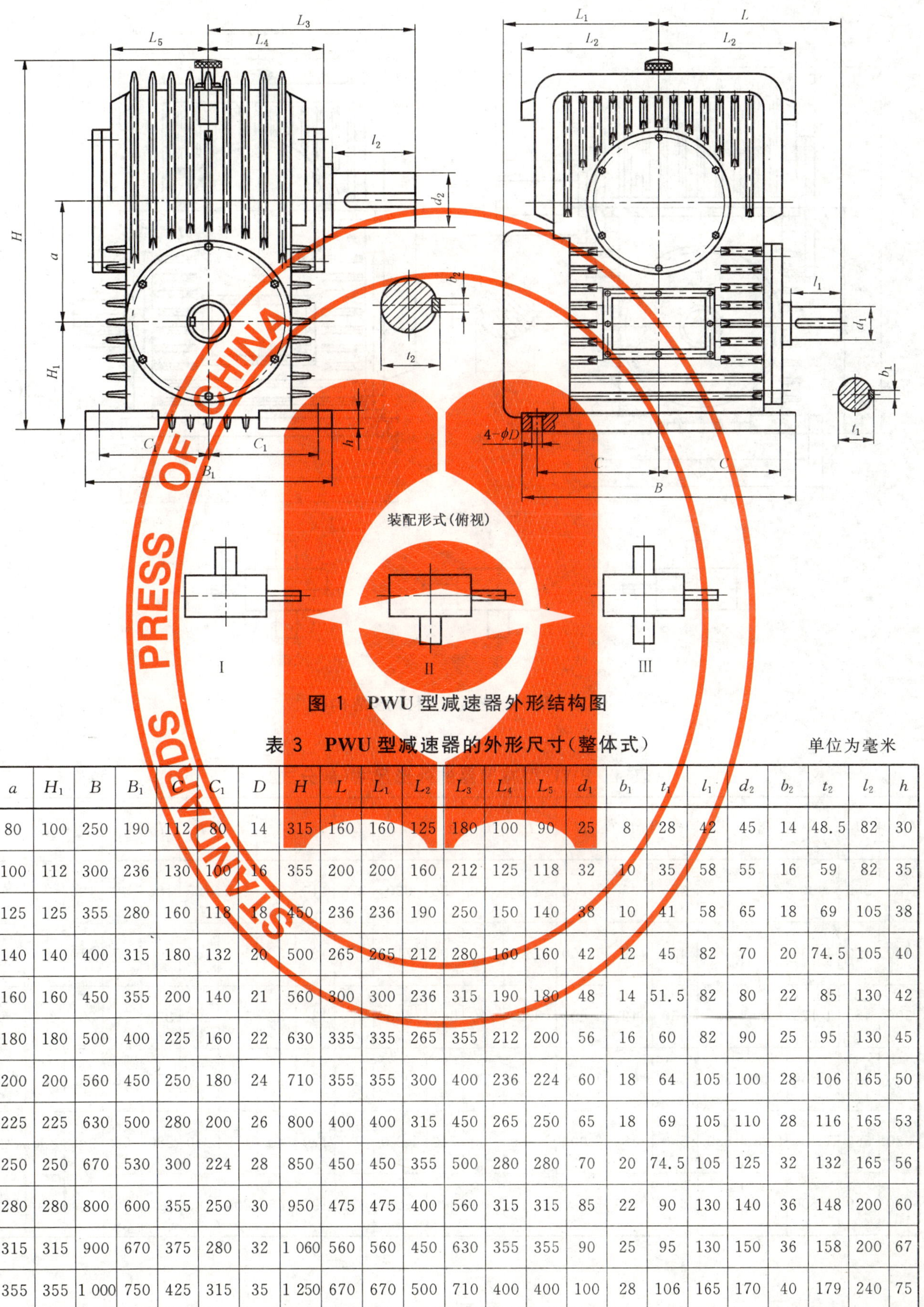

图 1　PWU 型减速器外形结构图

表 3　PWU 型减速器的外形尺寸(整体式)

单位为毫米

a	H_1	B	B_1	C	C_1	D	H	L	L_1	L_2	L_3	L_4	L_5	d_1	b_1	t_1	l_1	d_2	b_2	t_2	l_2	h
80	100	250	190	112	80	14	315	160	160	125	180	100	90	25	8	28	42	45	14	48.5	82	30
100	112	300	236	130	100	16	355	200	200	160	212	125	118	32	10	35	58	55	16	59	82	35
125	125	355	280	160	118	18	450	236	236	190	250	150	140	38	10	41	58	65	18	69	105	38
140	140	400	315	180	132	20	500	265	265	212	280	160	160	42	12	45	82	70	20	74.5	105	40
160	160	450	355	200	140	21	560	300	300	236	315	190	180	48	14	51.5	82	80	22	85	130	42
180	180	500	400	225	160	22	630	335	335	265	355	212	200	56	16	60	82	90	25	95	130	45
200	200	560	450	250	180	24	710	355	355	300	400	236	224	60	18	64	105	100	28	106	165	50
225	225	630	500	280	200	26	800	400	400	315	450	265	250	65	18	69	105	110	28	116	165	53
250	250	670	530	300	224	28	850	450	450	355	500	280	280	70	20	74.5	105	125	32	132	165	56
280	280	800	600	355	250	30	950	475	475	400	560	315	315	85	22	90	130	140	36	148	200	60
315	315	900	670	375	280	32	1 060	560	560	450	630	355	355	90	25	95	130	150	36	158	200	67
355	355	1 000	750	425	315	35	1 250	670	670	500	710	400	400	100	28	106	165	170	40	179	240	75

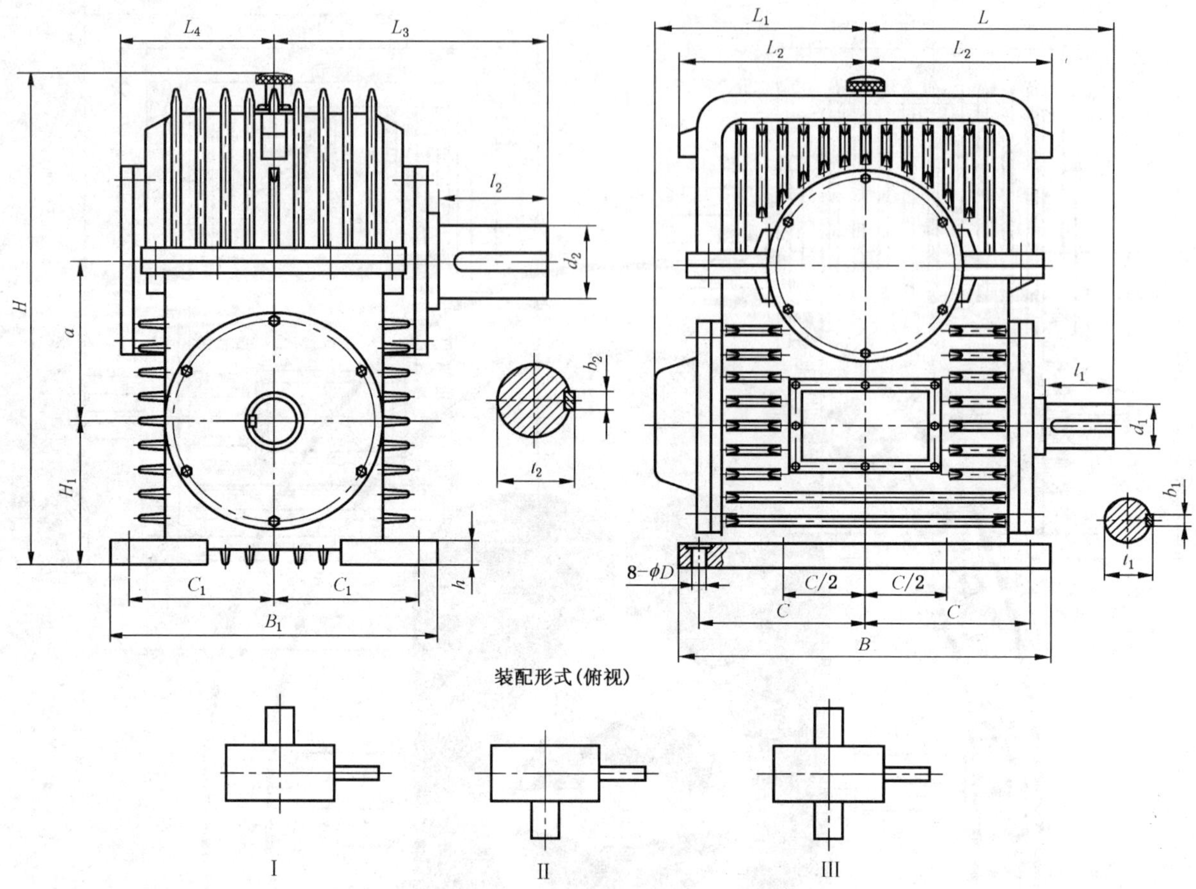

图 2 PWU 型减速器外形结构图

表 4 PWU 型减速器的外形尺寸(剖分式)

单位为毫米

a	H_1	B	B_1	C	C_1	D	H	L	L_1	L_2	L_3	L_4	d_1	b_1	t_1	l_1	d_2	b_2	t_2	l_2	h
400	355	900	800	400	355	35	1 250	670	600	450	630	375	110	28	116	165	180	45	190	240	55
450	400	1 000	900	450	400	39	1 400	750	670	500	710	425	125	32	132	165	200	45	210	280	60
500	450	1 120	1 000	500	450	42	1 600	850	750	560	800	475	130	32	137	200	220	50	231	280	65
560	500	1 250	1 120	560	500	45	1 800	950	850	630	900	530	150	36	158	200	250	56	262	330	72
630	560	1 400	1 250	630	560	48	2 000	1 060	950	710	1 000	600	170	40	179	240	280	63	292	380	80
710	630	1 600	1 400	710	630	52	2 240	1 180	1 060	800	1 250	670	190	45	200	280	320	70	334	380	88

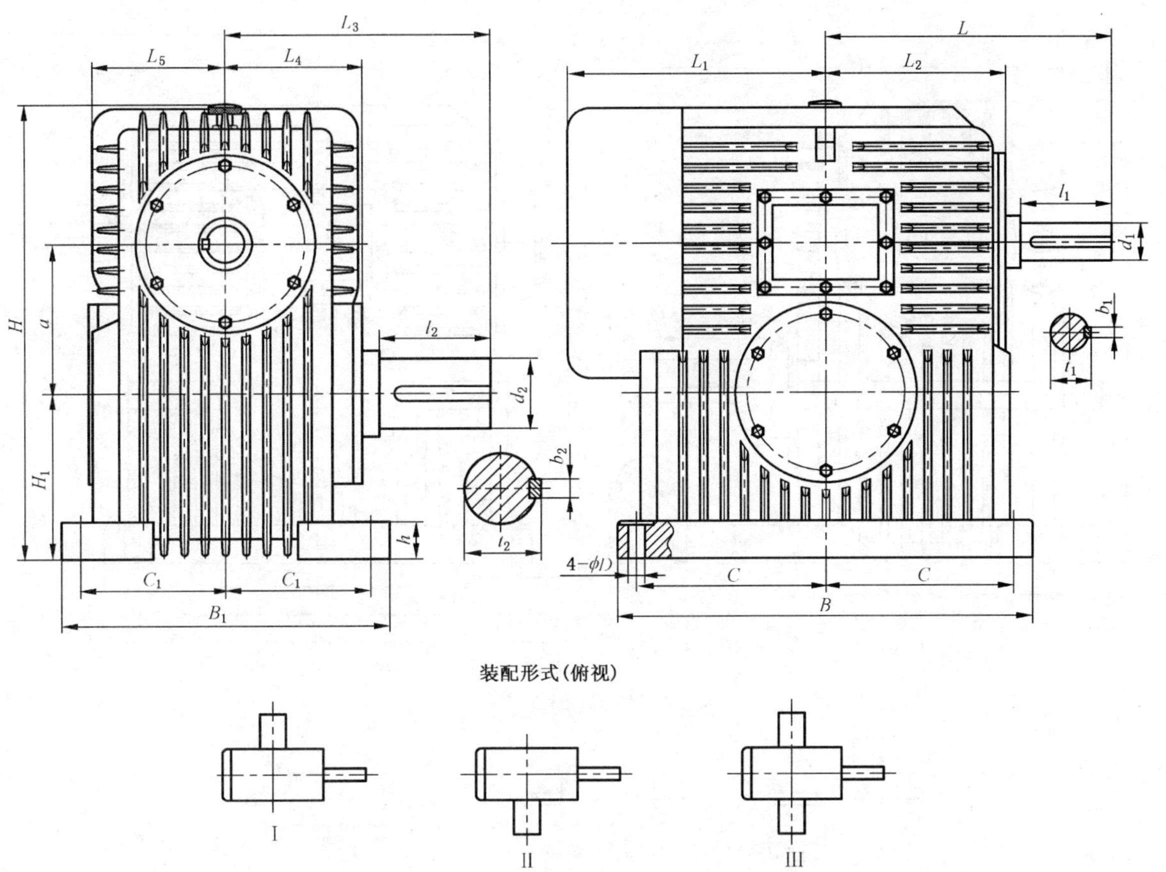

图 3　PWO 型减速器外形结构图

表 5　PWO 型减速器的外形尺寸(整体式)　　　　单位为毫米

a	H_1	B	B_1	C	C_1	D	H	L	L_1	L_2	L_3	L_4	L_5	d_1	b_1	t_1	l_1	d_2	b_2	t_2	l_2	h
80	125	250	190	112	80	14	300	160	160	125	180	100	90	25	8	28	42	45	14	48.5	82	30
100	160	300	236	130	100	16	375	200	200	160	212	125	118	32	10	35	58	55	16	59	82	35
125	180	355	280	160	118	18	425	236	236	190	250	150	140	38	10	41	58	65	18	69	105	38
140	200	400	315	180	132	20	475	265	265	212	280	160	160	42	12	45	82	70	20	74.5	105	40
160	215	450	355	200	140	21	530	300	300	236	315	190	180	48	14	51.5	82	80	22	85	130	42
180	250	500	400	225	160	22	600	335	335	265	355	212	200	56	16	60	82	90	25	95	130	45
200	280	560	450	250	180	24	670	355	355	300	400	236	224	60	18	64	105	100	28	106	165	50
225	315	630	500	280	200	26	750	400	400	315	450	265	250	65	18	69	105	110	28	116	165	53
250	355	670	530	300	224	28	850	450	450	355	500	280	280	70	20	74.5	105	125	32	132	165	57
280	400	800	600	355	250	30	900	475	475	400	560	315	315	85	22	90	130	140	36	148	200	60
315	450	900	670	375	280	32	1 000	560	560	450	630	355	355	90	25	95	130	150	36	158	200	67
355	500	1 000	750	425	315	35	1 180	670	670	500	710	400	400	100	28	106	165	170	40	179	240	75

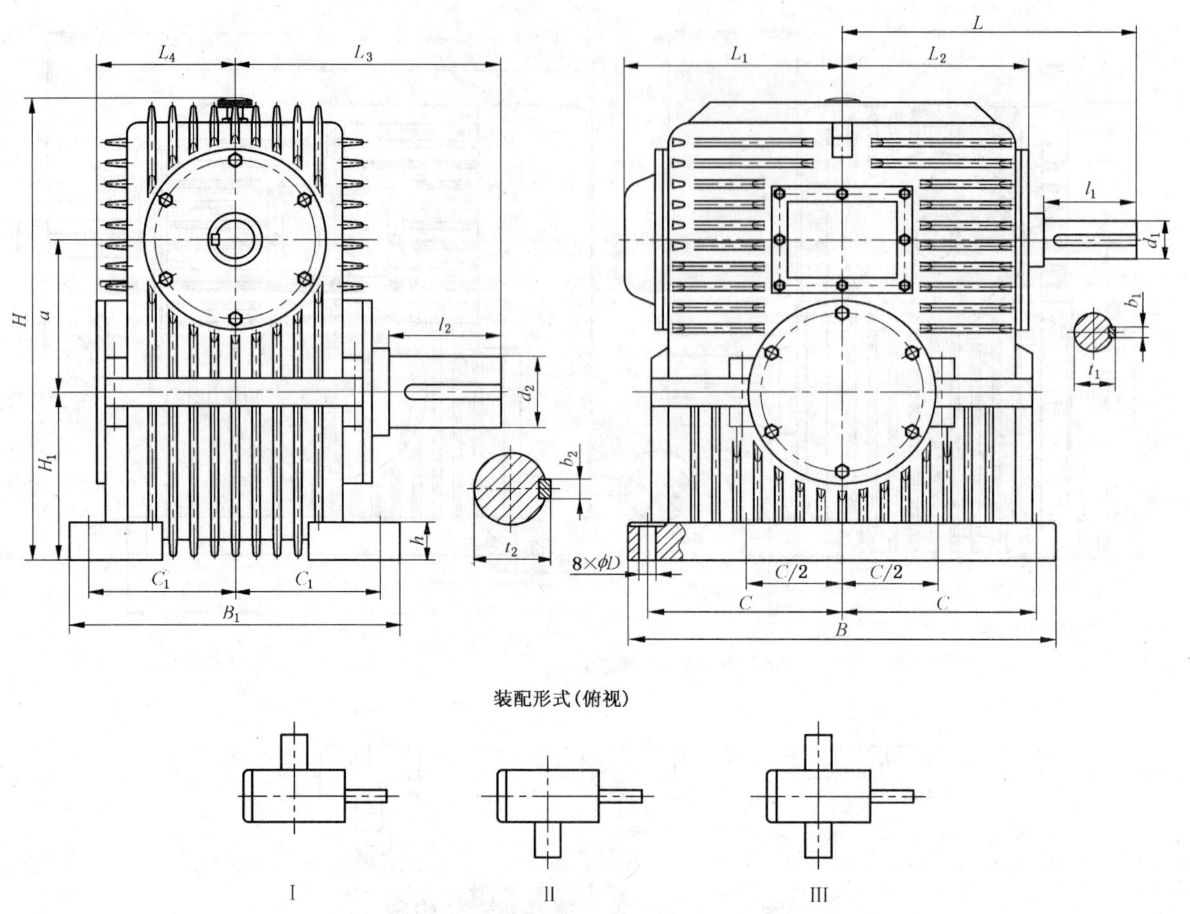

图 4　PWO 型减速器外形结构图

表 6　PWO 型减速器的外形尺寸(剖分式)

单位为毫米

a	H_1	B	B_1	C	C_1	D	H	L	L_1	L_2	L_3	L_4	d_1	b_1	t_1	l_1	d_2	b_2	t_2	l_2	h
400	500	900	800	400	355	35	1 250	670	600	450	630	375	110	28	116	165	180	45	190	240	55
450	560	1 000	900	450	400	39	1 400	750	670	500	710	425	125	32	132	165	200	45	210	280	60
500	630	1 120	1 000	500	450	42	1 600	850	750	560	800	475	130	32	137	200	220	50	231	280	65
560	710	1 250	1 120	560	500	45	1 800	950	850	630	900	530	150	36	158	200	250	56	262	330	72
630	800	1 400	1 250	630	560	48	2 000	1 060	950	710	1 000	600	170	40	179	240	280	63	292	380	80
710	900	1 600	1 400	710	630	52	2 240	1 180	1 060	800	1 250	670	190	45	200	280	320	70	334	380	88

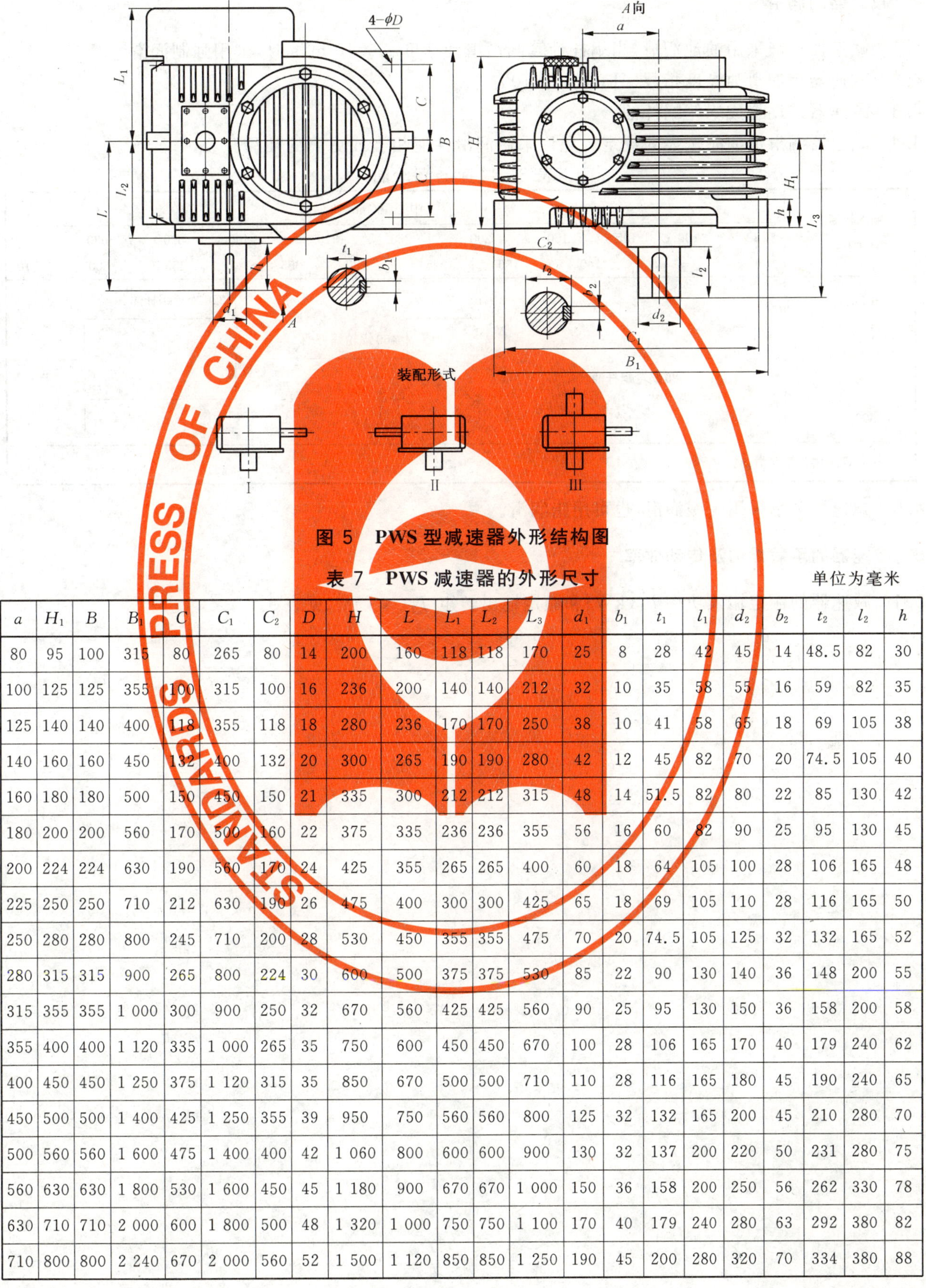

图 5 PWS 型减速器外形结构图

表 7 PWS 减速器的外形尺寸

单位为毫米

a	H_1	B	B_1	C	C_1	C_2	D	H	L	L_1	L_2	L_3	d_1	b_1	t_1	l_1	d_2	b_2	t_2	l_2	h
80	95	100	315	80	265	80	14	200	160	118	118	170	25	8	28	42	45	14	48.5	82	30
100	125	125	355	100	315	100	16	236	200	140	140	212	32	10	35	58	55	16	59	82	35
125	140	140	400	118	355	118	18	280	236	170	170	250	38	10	41	58	65	18	69	105	38
140	160	160	450	132	400	132	20	300	265	190	190	280	42	12	45	82	70	20	74.5	105	40
160	180	180	500	150	450	150	21	335	300	212	212	315	48	14	51.5	82	80	22	85	130	42
180	200	200	560	170	500	160	22	375	335	236	236	355	56	16	60	82	90	25	95	130	45
200	224	224	630	190	560	170	24	425	355	265	265	400	60	18	64	105	100	28	106	165	48
225	250	250	710	212	630	190	26	475	400	300	300	425	65	18	69	105	110	28	116	165	50
250	280	280	800	245	710	200	28	530	450	355	355	475	70	20	74.5	105	125	32	132	165	52
280	315	315	900	265	800	224	30	600	500	375	375	530	85	22	90	130	140	36	148	200	55
315	355	355	1 000	300	900	250	32	670	560	425	425	560	90	25	95	130	150	36	158	200	58
355	400	400	1 120	335	1 000	265	35	750	600	450	450	670	100	28	106	165	170	40	179	240	62
400	450	450	1 250	375	1 120	315	35	850	670	500	500	710	110	28	116	165	180	45	190	240	65
450	500	500	1 400	425	1 250	355	39	950	750	560	560	800	125	32	132	165	200	45	210	280	70
500	560	560	1 600	475	1 400	400	42	1 060	800	600	600	900	130	32	137	200	220	50	231	280	75
560	630	630	1 800	530	1 600	450	45	1 180	900	670	670	1 000	150	36	158	200	250	56	262	330	78
630	710	710	2 000	600	1 800	500	48	1 320	1 000	750	750	1 100	170	40	179	240	280	63	292	380	82
710	800	800	2 240	670	2 000	560	52	1 500	1 120	850	850	1 250	190	45	200	280	320	70	334	380	88

4 减速器的润滑

4.1 减速器一般采用油池润滑，当蜗杆计算圆周滑动速度 v_s>10 m/s 时，采用强制润滑。

4.2 减速器用润滑油黏度指数(Ⅵ)应大于 100。

4.3 减速器采用合成蜗轮蜗杆油。

4.4 减速器润滑油油品按表 8 规定。允许采用润滑性能相当或更高的油品。

表 8 减速器润滑油

输入转速/(r/min)	中心距/mm 80	100	125	140	160	180	200	225	250	280	315	355	400	450	500	560	630	710
1 500	680 蜗轮蜗杆油						460 蜗轮蜗杆油						320 蜗轮蜗杆油[a]					
1 000	680 蜗轮蜗杆油								460 蜗轮蜗杆油								320 蜗轮蜗杆油[a]	
750	680 蜗轮蜗杆油												460 蜗轮蜗杆油					
500	680 蜗轮蜗杆油																460 蜗轮蜗杆油	

a 建议采用强制润滑。

4.5 减速器轴承采用飞溅润滑，也可用脂润滑。

5 减速器的承载能力及传动效率

5.1 减速器的额定输入功率 P_1(kW)和额定输出转矩 T_2(N·m)见表 9。

表 9 减速器的额定输入功率 P_1(kW)和额定输出转矩 T_2(N·m)

公称传动比 i	输入转速 n_1/(r/min)	功率转矩	中心距/mm																	
			80	100	125	140	160	180	200	225	250	280	315	355	400	450	500	560	630	710
			额定输入功率 P_1/kW/额定输出转矩 T_2/(N·m)																	
10	1 500	P_1	6.71	11.5	19.7	25.9	35.7	47.5	61.2	81.4	105	138	183	245	326	434	—	—	—	—
		T_2	384	666	1 141	1 516	2 093	2811	3 626	4 870	6 280	8 343	11 087	14 795	19 716	26 247				
	1 000	P_1	6.20	10.6	18.2	23.9	33.0	43.9	56.6	75.2	97.0	127	169	226	301	401	517	679	902	1 204
		T_2	533	923	1 581	2 102	2 901	3 897	5 025	6 749	8 703	11 563	15 366	20 505	27 305	36 377	46 900	61 596	81 825	10 9221
	750	P_1	5.22	8.94	15.3	20.1	27.8	36.9	47.6	63.3	81.6	107	143	190	254	337	435	572	760	1 014
		T_2	591	1 019	1 755	2 333	3 220	4 326	5 579	7 494	9 664	12 842	17 064	22 772	30 399	40 332	52 061	68 457	90 957	121 356
	500	P_1	4.20	7.20	12.3	16.2	22.4	29.7	38.3	50.9	65.7	86.3	115	153	204	271	350	460	611	816
		T_2	697	1 202	2 071	2 754	3 801	5 107	6 586	8849	11 412	15 167	20 145	26 896	35 843	47 615	61 496	80 822	107 354	143 373
12.5	1 500	P_1	5.88	10.1	17.3	22.7	31.3	41.7	53.7	71.4	92.0	121	161	215	286	380	490	—	—	—
		T_2	417	722	1 237	1 645	2 270	3 066	3 954	5 311	6 849	9 100	12 092	16 137	21 507	28 575	36 847			
	1 000	P_1	5.26	9.00	15.4	20.3	28.0	37.2	48.0	63.8	82.2	108	144	192	256	340	438	576	765	1 012
		T_2	558	968	1 658	2 204	3 042	4 109	5 298	7 117	9 178	12 194	16 204	21 624	28 876	38 351	49 405	64 971	86 290	114 151
	750	P_1	4.31	7.39	12.7	16.7	23.0	30.5	39.4	52.3	67.5	88.7	118	157	210	279	360	473	628	838
		T_2	604	1 041	1 794	2 386	3 293	4 448	5 737	7 665	9 884	13 135	17 454	23 292	31 081	41 295	53 283	70 008	92 950	124 032
	500	P_1	3.29	5.65	9.67	12.7	17.6	23.3	30.1	40.0	51.5	67.8	90.0	120	160	213	275	361	480	640
		T_2	676	1 166	2 009	2 672	3 688	4 956	6 392	8 589	11 076	14 722	19 563	25 819	34 758	46 272	59 741	78 424	104 275	139 033
14	1 500	P_1	5.45	9.34	16.0	21.0	29.0	38.6	49.8	66.1	85.3	112	149	199	265	352	454	597	—	—
		T_2	430	745	1 277	1 688	2 330	3 165	4 082	5 483	7 070	9 395	12 484	16 660	22 201	29 489	38 035	50 015		
	1 000	P_1	4.90	8.40	14.4	18.9	26.1	34.7	44.8	59.5	76.7	101	134	179	239	317	409	537	714	953
		T_2	580	1 005	1 723	2 277	3 143	4 269	5 506	7 396	9 537	12 673	16 840	22 472	30 034	39 836	51 397	67 482	89 725	119 759
	750	P_1	4.00	6.85	11.7	15.4	21.3	28.3	36.5	48.5	62.6	82.3	109	146	195	259	334	438	583	777
		T_2	620	1 075	1 853	2 464	3 401	4 544	5 860	7 917	10 209	13 568	18 029	24 060	24 567	42 704	55 070	72 217	96 125	128 111
	500	P_1	3.06	5.24	8.98	11.8	16.3	21.7	27.9	37.1	47.8	62.9	83.6	112	149	198	255	335	446	595
		T_2	695	1 205	2 078	2 761	3 814	5 097	6 572	8 833	11 391	15 143	20 122	26 852	35 855	47 646	61 362	80 613	107 323	143 178

表 9（续）

公称传动比 i	输入转速 n_1/(r/min)	功率转矩	中心距/mm																	
			80	100	125	140	160	180	200	225	250	280	315	355	400	450	500	560	630	710
			额定输入功率 P_1/kW/额定输出转矩 T_2/(N·m)																	
16	1 500	P_1	4.98	8.54	14.6	19.2	26.5	35.3	45.5	60.4	77.9	102	136	182	242	322	415	546	—	—
		T_2	446	774	1 326	1 763	2 433	3 233	4 169	5 663	7 303	9 706	12 897	17 211	22 924	30 512	39 311	51 720		
	1 000	P_1	4.51	7.73	13.2	17.4	24.0	31.9	41.2	54.7	70.6	92.8	123	165	219	292	376	494	657	877
		T_2	606	1 051	1 801	2 394	3 305	4 391	5 663	7 692	9 920	13 183	17 517	23 377	31 118	41 490	53 426	70 192	93 353	124 612
	750	P_1	3.65	6.25	10.7	14.1	19.4	25.8	33.3	44.3	57.1	75.0	99.7	133	177	236	304	400	531	709
		T_2	643	1 108	1 920	2 553	3 524	4 735	6 106	8 114	10 464	14 062	18 685	24 935	33 172	44 230	56 974	74 966	99 517	132 877
	500	P_1	2.62	4.84	8.29	10.9	15.0	20.0	25.8	34.3	44.2	58.1	77.2	103	137	183	235	309	411	549
		T_2	725	1 250	2 154	2 865	3 954	5 316	6 855	9 214	11 881	15 797	20 991	28 013	37 258	49 768	63 910	84 034	111 774	149 304
18	1 500	P_1	4.59	7.86	13.5	17.7	24.4	32.5	41.9	55.7	71.8	94.4	125	167	223	297	383	503	—	—
		T_2	460	793	1 359	1 817	2 508	3 351	4 321	5 742	7 405	9 951	13 223	17 646	23 509	31 310	40 376	53 027		
	1 000	P_1	3.92	6.72	11.5	15.1	20.9	27.8	35.8	47.6	61.4	80.7	107	143	191	254	327	430	571	762
		T_2	587	1 017	1 742	2 316	3 197	4 296	5 540	7 362	9 493	12 757	16 952	22 623	30 203	40 165	51 708	67 997	90 293	120 496
	750	P_1	3.29	5.65	9.67	12.7	17.6	23.3	30.1	40.0	51.5	67.8	90.0	120	160	213	275	361	480	640
		T_2	646	1 113	1 929	2 565	3 540	4 785	6 170	8 246	10 633	13 978	18 574	24 787	33 368	44 421	57 351	75 287	100 104	133 472
	500	P_1	2.51	4.30	7.37	9.69	13.4	17.8	22.9	30.5	39.3	51.6	68.6	91.6	122	162	209	275	366	488
		T_2	716	1 235	2 128	2 831	3 908	5 254	6 776	9 109	11 746	15 620	20 756	27 698	36 907	49 007	63 225	83 191	110 720	147626
20	1 500	P_1	4.20	7.19	12.3	16.2	22.4	29.7	38.3	50.9	65.7	86.3	115	153	204	271	350	460	—	—
		T_2	462	797	1 365	1 815	2 505	3 386	4 367	5 835	7 524	9 882	13 144	17 541	23 636	31 398	40 551	53 296		
	1 000	P_1	3.61	6.18	10.6	13.9	19.2	25.5	32.9	43.8	56.5	74.2	98.6	132	176	233	301	395	525	701
		T_2	593	1 021	1 761	2 341	3 231	4 367	5 632	7 525	9 704	12 757	16 952	22 623	30 587	40 493	52 311	68 648	91 241	121 828
	750	P_1	2.98	5.11	8.75	11.5	15.9	21.1	27.2	36.2	46.6	61.3	81.5	109	145	193	248	327	434	579
		T_2	641	1 106	1 917	2 549	3 519	4 783	6 168	8 243	10 629	14 052	18 672	24 918	33 231	44 231	56 836	74 941	99 462	132 693
	500	P_1	2.31	3.97	6.79	8.93	12.3	16.4	21.1	28.1	36.2	47.6	63.2	84.4	113	150	193	254	337	450
		T_2	725	1 250	2 154	2 866	3 956	5 320	6 860	9 223	11 894	15 817	21 018	28 049	37 550	49 846	64 135	84 406	111 987	149 537

表 9（续）

公称传动比 i	输入转速 n_1/(r/min)	功率 转矩	80	100	125	140	160	180	200	225	250	280	315	355	400	450	500	560	630	710
			中心距/mm																	
			额定输入功率 P_1/kW/额定输出转矩 T_2/(N·m)																	
22.4	1 500	P_1	3.84	6.59	11.3	14.8	20.5	27.2	35.1	46.6	60.1	79.1	105	140	187	248	320	421	—	—
		T_2	496	808	1 384	1 841	2 541	3 435	4 429	5 919	7 633	10 147	13 483	17 993	23 999	31 827	41 068	54 030		
	1 000	P_1	3.29	5.65	9.67	12.7	17.6	23.3	30.1	40.0	51.5	67.8	90.0	120	160	213	275	361	480	640
		T_2	599	1 039	1 780	2 367	3 267	4 416	5 695	7 610	9 813	13 046	17 336	23 134	30 801	41 004	52 939	69 495	92 404	123 205
	750	P_1	2.75	4.70	8.06	10.6	14.6	19.4	25.1	33.3	43.0	56.5	75.0	100	134	177	229	301	400	534
		T_2	654	1 134	1 943	2 584	3 567	4 851	6 256	8 360	10 781	14 334	19 048	25 419	34 013	44 927	58 126	76 401	101 530	135 543
	500	P_1	2.12	3.63	6.22	8.18	11.3	15.0	19.3	25.7	33.1	43.6	57.9	77.2	103	137	177	232	308	412
		T_2	729	1 258	2 155	2 868	3 959	5 325	6 867	9 234	11 908	15 935	21 174	28 257	37 674	50 110	64 740	84 857	112 656	150 695
25	1 500	P_1	3.45	5.91	10.1	13.3	18.4	24.4	31.5	41.9	54.0	71.0	94.3	126	168	223	288	378	—	—
		T_2	467	810	1 387	1 845	2 546	3 423	4 414	5 898	7 606	10 056	13 363	17 832	23 796	31 586	40 793	53 541		
	1 000	P_1	2.94	5.04	8.64	11.4	15.7	20.8	26.9	35.7	46.0	60.5	80.4	107	143	190	245	322	428	572
		T_2	590	1 023	1 773	2 358	3 255	4 376	5 643	7 541	9 724	12 856	17 083	22 797	30 383	40 368	52 054	68 414	90 935	121 530
	750	P_1	2.51	4.30	7.37	9.69	13.4	17.8	22.9	30.5	39.3	51.6	68.6	91.6	122	162	209	275	366	488
		T_2	663	1 143	1 971	2 622	3 619	4 865	6 274	8 434	10 876	14 463	19 218	25 646	34 173	45 377	58 542	77 029	102 518	136 691
	500	P_1	1.88	3.23	5.53	7.27	10.0	13.3	17.2	22.8	29.5	38.7	51.5	68.7	91.6	122	157	206	274	366
		T_2	710	1 225	2 112	2 811	3 880	5 187	6 689	9 052	14 091	15 716	20 883	27 869	37 174	49 512	63 716	83 601	111 198	148 535
28	1 500	P_1	3.10	5.31	9.10	12.0	16.5	21.9	28.3	37.6	48.7	63.7	84.7	113	151	200	250	340	—	—
		T_2	453	786	1 354	1 791	2 472	3 324	4 287	5 763	7 432	9 940	13 209	17 627	23 551	31 193	38 992	53 029		
	1 000	P_1	2.71	4.64	7.95	10.4	14.4	19.2	24.7	32.8	42.3	55.7	74.0	98.7	132	175	226	297	394	526
		T_2	593	1 023	1 764	2 346	3 239	4 355	5 616	7 550	9 737	13 023	17 306	23 094	30 881	40 941	52 872	69 483	92 176	123 058
	750	P_1	2.27	3.90	6.68	8.78	12.1	16.1	20.8	27.6	35.6	46.8	62.2	83.0	111	147	190	249	331	442
		T_2	657	1 133	1 953	2 589	3 587	4 823	6 220	8 364	10 786	14 346	19 063	25 439	34 031	45 068	58 251	76 340	101 480	135 511
	500	P_1	1.80	3.09	5.30	6.96	9.61	12.8	16.5	21.9	28.2	37.1	49.3	65.8	87.8	117	150	198	263	351
		T_2	743	1 281	2 196	2 905	4 010	5 397	6 959	9 365	12 077	16 174	21 492	28 681	38 265	50 991	65 372	86 292	114 620	152 972

表 9（续）

公称传动比 i	输入转速 n_1/(r/min)	功率转矩	中心距/mm 80	100	125	140	160	180	200	225	250	280	315	355	400	450	500	560	630	710
			额定输入功率 P_1/kW/额定输出转矩 T_2/(N·m)																	
31.5	1 500	P_1	2.78	4.77	8.18	10.7	14.8	19.7	25.4	33.8	43.6	57.3	76.1	102	135	180	232	305	—	—
		T_2	447	770	1 328	1 768	2 440	3 282	4 232	5 691	7 339	9 763	12 974	17 313	23 010	30 681	39 544	51 987		
	1 000	P_1	2.43	4.17	7.14	9.39	13.0	17.2	22.2	29.5	38.0	50.0	66.5	88.7	118	157	203	266	354	473
		T_2	585	1 009	1 740	2 315	3 196	4 299	5 543	7 455	9 614	12 789	16 994	22 678	30 170	40 141	51 902	68 009	90 509	120 934
	750	P_1	1.80	3.09	5.30	6.96	9.61	12.8	16.5	21.9	28.2	37.1	49.3	65.8	87.8	117	150	198	263	351
		T_2	572	986	1 700	2 263	3 123	4 201	5 418	7 287	9 397	12 502	16 613	22 170	29 578	39 416	50 533	66 704	88 602	118 248
	500	P_1	1.57	2.69	4.61	6.06	8.36	11.1	14.3	19.0	24.5	32.3	42.9	57.2	76.3	101	131	172	228	305
		T_2	708	1 221	2 106	2 787	3 847	5 146	6 636	8 932	11 519	15 337	20 380	27 196	36 262	48 001	62 258	81 744	108 358	144 952
35.5	1 500	P_1	2.43	4.17	7.14	9.39	13.0	17.2	22.2	29.5	38.0	50.0	66.5	88.7	118	157	203	266	—	—
		T_2	431	744	1 283	1 697	2 343	3 152	4 065	5 468	7 051	9 439	12 543	16 738	22 267	29 627	38 367	50 195		
	1 000	P_1	2.20	3.76	6.45	8.48	11.7	15.6	20.0	26.6	34.4	45.2	60.0	80.1	107	142	183	241	320	427
		T_2	584	1 008	1 738	2 299	3 174	4 270	5 507	7 408	9 553	12 788	16 993	22 677	30 287	40 194	51 799	68 217	90 578	120 865
	750	P_1	1.88	3.23	5.53	7.27	10.0	13.3	17.2	22.8	29.5	38.7	51.5	68.7	91.6	122	157	206	274	366
		T_2	655	1 130	1 949	2 595	3 582	4 820	6 216	8 363	10 784	14 352	19 072	25 451	33 950	45 217	58 189	76 349	101 552	135 650
	500	P_1	1.49	2.55	4.38	5.75	7.94	10.6	13.6	18.1	23.3	30.6	40.7	54.4	72.5	96.4	124	163	217	290
		T_2	738	1 273	2 196	2 906	4 011	5 402	6 966	9 318	12 016	16 108	21 405	28 565	38 094	50 652	65 154	85 646	114 019	152 376
40	1 500	P_1	2.27	3.90	6.68	8.78	12.1	16.1	20.8	27.6	35.6	46.8	62.2	83.0	111	147	190	249	331	—
		T_2	440	759	1 310	1 744	2 408	3 240	4 178	5 623	7 251	9 651	12 825	17 115	22 895	30 320	39 189	51 358	68 272	
	1 000	P_1	1.88	3.23	5.53	7.27	10.0	13.3	17.2	22.8	29.5	38.7	51.5	68.7	91.6	122	157	206	274	366
		T_2	547	943	1 626	2 165	2 989	4 022	5 187	6 980	9 001	11 981	15 920	21 246	28 340	37 745	48 574	63 734	84 772	113 235
	750	P_1	1.65	2.82	4.84	6.36	8.78	11.7	15.0	20.0	25.8	33.9	45.0	60.1	80.1	106	137	181	240	320
		T_2	629	1 085	1 872	2 494	3 442	4 633	5 975	8 041	10 370	13 805	18 345	24 481	32 635	43 187	55 817	73 744	97 782	130 376
	500	P_1	1.22	2.08	3.57	4.69	6.48	8.61	11.1	14.8	19.0	25.0	33.2	44.3	59.2	78.6	101	133	177	236
		T_2	659	1 138	1 964	2 617	3 613	4 867	6 276	84 52	10 900	14 520	19 295	25 748	34 370	45 634	58 638	77 217	102 763	137 017

表 9（续）

公称传动比 i	输入转速 n_1/(r/min)	功率转矩	中心距/mm																	
			80	100	125	140	160	180	200	225	250	280	315	355	400	450	500	560	630	710
			额定输入功率 P_1/kW/额定输出转矩 T_2/(N·m)																	
45	1 500	P_1	2.04	3.49	5.99	7.87	10.9	14.4	18.6	24.7	31.9	41.9	55.7	74.4	99.2	132	170	224	297	—
		T_2	435	751	1 304	1 737	2 397	3 227	4 161	5 600	7 222	9 614	12 776	17 049	22 734	30 251	38 960	51 335	68 065	
	1 000	P_1	1.76	3.02	5.18	6.81	9.40	12.5	16.1	21.4	27.6	36.3	48.2	64.4	85.9	114	147	193	257	343
		T_2	565	975	1 693	2 293	3 112	4 189	5 401	7 270	9 375	12 480	16 584	22 131	29 259	39 189	50 533	66 346	88 347	117 911
	750	P_1	1.57	2.69	4.61	6.06	8.36	11.1	14.3	19.0	24.5	32.3	42.9	57.2	76.3	101	131	172	228	305
		T_2	661	1 140	1 966	2 602	3 592	4 837	6 238	8 343	10 759	14 237	18 918	25 246	33 661	44 558	43 344	75 880	100 585	134 555
	500	P_1	1.29	2.22	3.80	5.00	6.90	9.16	11.8	15.7	20.2	26.6	35.4	47.2	63.0	83.7	108	142	188	252
		T_2	773	1 334	2 303	3 069	4 238	5 712	7 364	9 852	12 705	17 046	22 651	30 227	40 336	53 590	69 148	90 917	120 369	161 346
50	1 500	P_1	1.84	3.16	5.41	7.12	9.82	13.1	16.8	22.4	28.8	37.9	50.4	87.2	89.7	119	154	202	268	—
		T_2	428	744	1 275	1 699	2 345	3 157	4 072	5 482	7 069	9 414	12 510	16 694	22 270	29 545	38 234	50 151	66 537	
	1 000	P_1	1.61	2.76	4.72	6.21	8.57	11.4	14.7	19.5	25.2	33.1	43.9	58.6	78.2	104	134	176	234	312
		T_2	560	974	1 668	2 223	3 068	4 132	5 328	7 173	9 250	12 318	16 369	21 844	29 123	38 731	49 903	65 544	87 144	116 192
	750	P_1	1.33	2.28	3.92	5.15	7.10	9.44	12.2	16.2	20.9	27.4	36.4	48.6	64.9	86.2	111	146	194	259
		T_2	611	1 055	1 820	2 425	3 347	4 508	5 814	7 828	10 095	13 446	17 867	23 843	31 813	42 254	54 410	71 567	95 095	126 957
	500	P_1	1.02	1.74	2.99	3.94	5.43	7.22	9.31	12.4	16.0	21.0	27.9	37.2	49.6	65.9	85	112	149	198
		T_2	662	1 143	1 973	2 631	3 632	4 895	6 313	8 507	10 970	14 622	19 430	25 929	34 575	45 937	59 252	78 073	103 864	138 021
56	1 500	P_1	1.69	2.89	4.95	6.51	8.99	11.9	15.4	20.5	26.4	34.7	46.1	61.5	82.1	109	141	185	246	—
		T_2	430	747	1 280	1 706	2 355	3 172	4 090	5 471	7 150	9 523	12 654	16 887	22 537	29 921	38 705	50 783	67 527	
	1 000	P_1	1.45	2.49	4.26	5.60	7.73	10.3	13.2	17.6	22.7	29.8	39.7	52.9	70.6	93.8	121	159	211	282
		T_2	555	964	1 652	2 202	3 039	4 094	5 279	7 062	9 228	12 291	16 332	21 795	29 070	38 622	49 822	65 469	86 880	116 114
	750	P_1	1.33	2.28	3.92	5.14	7.10	9.44	12.2	16.2	20.9	27.4	36.4	48.6	64.9	86.2	111	146	194	259
		T_2	670	1 157	1 996	2 661	3 673	4 948	6 381	8 595	11 083	14 766	19 621	24 184	34 936	46 402	59 752	78 593	104 432	139 422
	500	P_1	1.10	1.88	3.22	4.24	5.85	7.78	10.0	13.3	17.2	22.6	30.0	40.1	53.4	71.0	91.6	120	160	213
		T_2	787	1 359	2 345	3 106	4 287	5 780	7 453	10 118	13 048	17 274	22 954	30 631	40 834	54 293	70 045	91 762	122 349	162 878

表 9（续）

公称传动比 i	输入转速 n_1/(r/min)	功率转矩	中心距/mm																	
			80	100	125	140	160	180	200	225	250	280	315	355	400	450	500	560	630	710
			额定输入功率 P_1/kW/额定输出转矩 T_2/(N·m)																	
63	1 500	P_1	1.49	2.55	4.38	5.75	7.94	10.6	13.6	18.1	23.3	30.7	40.7	54.4	72.5	96.4	124	163	217	—
		T_2	418	727	1 246	1 661	2 293	3 090	3 984	5 367	6 921	9 221	12 254	16 352	21 807	28 996	37 298	49 029	65 272	
	1 000	P_1	1.33	2.28	3.92	5.15	7.10	9.44	12.2	16.2	20.9	27.4	36.4	48.6	64.9	86.2	111	146	194	259
		T_2	562	976	1 673	2 230	3 078	4 147	5 347	7 203	9 289	12 376	16 446	21 946	29 282	38 893	50 082	65 874	87 531	116 858
	750	P_1	1.22	2.08	3.57	4.69	6.48	8.61	11.1	14.8	19.0	25.0	33.2	44.3	59.2	78.6	101	133	177	236
		T_2	673	1 162	2 005	2 673	3 690	4 972	6 412	8 638	11 279	14 845	19 726	26 324	35 139	46 654	59 950	78 914	105 061	140 082
	500	P_1	0.82	1.41	2.42	3.18	4.39	5.83	7.52	9.99	12.9	16.9	22.5	30.0	40.1	53.2	68.7	90.3	120	160
		T_2	644	1 112	1 921	2 563	3 538	4 771	6 153	8 297	10 699	14 269	18 961	25 303	33 773	44 806	57 861	76053	101 067	134 755

5.2 减速器输出轴轴端许用径向力 F_r，见图 6 和表 10。

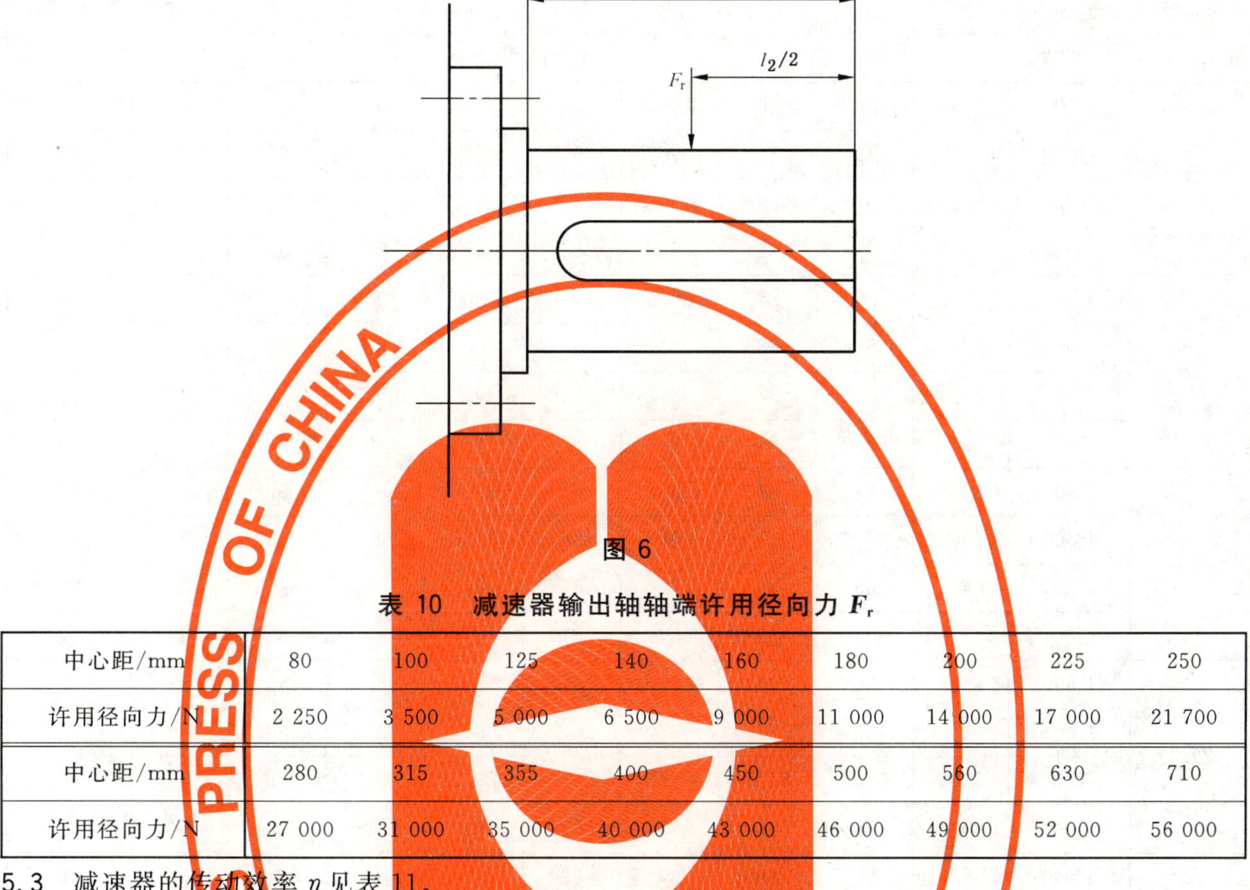

图 6

表 10 减速器输出轴轴端许用径向力 F_r

中心距/mm	80	100	125	140	160	180	200	225	250
许用径向力/N	2 250	3 500	5 000	6 500	9 000	11 000	14 000	17 000	21 700
中心距/mm	280	315	355	400	450	500	560	630	710
许用径向力/N	27 000	31 000	35 000	40 000	43 000	46 000	49 000	52 000	56 000

5.3 减速器的传动效率 η 见表 11。

表 11 减速器的传动效率 η

公称传动比 i	输入转速 n_1 r/min	中心距/mm									
		80	100	125	140	160	180	200	225	250	280～710
		传动效率 η/%									
10	1 500	90	91	91	92	92	93	93	94	94	95
	1 000	90	91	91	92	92	93	93	94	94	95
	750	89	89.5	90	91	91	92	92	93	93	94
	500	87	87.5	88	89	89	90	90	91	91	92
12.5	1 500	89	90	90	91	91	92.5	92.5	93.5	93.5	94.5
	1 000	89	90	90	91	91	92.5	92.5	93.5	93.5	94.5
	750	88	88.5	89	90	90	91.5	91.5	92	92	93
	500	86	86.5	87	88	88	89	89	90	90	91
14	1 500	88.5	89.5	89.5	91	91	92	92	93	93	94
	1 000	88.5	89.5	89.5	91	91	92	92	93	93	94
	750	87	88	88.5	89.5	89.5	91	91	91.5	91.5	92.5
	500	85	86	86.5	87.5	87.5	88	88	89	89	90

表 11（续）

公称传动比 i	输入转速 n_1 r/min	中心距/mm									
		80	100	125	140	160	180	200	225	250	280～710
		传动效率 η/%									
16	1 500	88	89	89	90	90	91	91	92	92	93
	1 000	88	89	89	90	90	91	91	92	92	93
	750	86.5	87	88	89	89	90	90	91	91	92
	500	84	84.5	85	86	86	87	87	88	88	89
18	1 500	87.5	88	88	89.5	89.5	90	90	91	91	92
	1 000	87	88	88	89	89	90	90	91	91	92
	750	85.5	86	87	88	88	89.5	89.5	90	90	91
	500	83	83.5	84	85	85	86	86	87	87	88
20	1 500	86.5	87	87	88	88	89.5	89.5	90	90	91
	1 000	86	86.5	87	88	88	89.5	89.5	90	90	91
	750	84.5	85	86	87	87	89	89	89.5	89.5	90
	500	82	82.5	83	84	84	85	85	86	86	87
22.4	1 500	85.5	86	86	87	87	88.5	88.5	89	89	90
	1 000	85	86	86	87	87	88.5	88.5	89	89	90
	750	83.5	84.5	84.5	85.5	85.5	87.5	87.5	88	88	89
	500	80.5	81	81	82	82	83	83	84	84	85.5
25	1 500	85	86	86	87	87	88	88	88.5	88.5	89
	1 000	84	85	86	87	87	88	88	88.5	88.5	89
	750	83	83.5	84	85	85	86	86	87	87	88
	500	79	79.5	80	81	81	81.5	81.5	83	84	85
28	1 500	82.5	83	83.5	84	84	85	85	86	86	87.5
	1 000	82	82.5	83	84	84	85	85	86	86	87.5
	750	81	81.5	82	83	83	84	84	85	85	86
	500	77	77.5	77.5	78	78	79	79	80	80	81.5
31.5	1 500	80	80.5	81	82	82	83	83	84	84	85
	1 000	80	80.5	81	82	82	83	83	84	84	85
	750	79	79.5	80	81	81	82	82	83	83	84
	500	75	75.5	76	76.5	76.5	77	77	78	78	79
35.5	1 500	78.5	79	79.5	80	80	81	81	82	82	83.5
	1 000	78.5	79	79.5	80	80	81	81	82	82	83.5
	750	77	77.5	78	79	79	80	80	81	81	82
	500	73	73.5	74	74.5	74.5	75.5	75.5	76	76	77.5

表 11（续）

公称传动比 i	输入转速 n_1 r/min	中心距/mm									
		80	100	125	140	160	180	200	225	250	280～710
		传动效率 η/%									
40	1 500	76	76.5	77	78	78	79	79	80	80	81
	1 000	76	76.5	77	78	78	79	79	80	80	81
	750	75	75.5	76	77	77	78	78	79	79	80
	500	71	71.5	72	73	73	74	74	75	75	76
45	1 500	74.5	75	76	77	77	78	78	79	79	80
	1 000	74.5	75	76	77	77	78	78	79	79	80
	750	73.5	74	74.5	75	75	76	76	76.5	76.5	77
	500	69.5	70	70.5	71.5	71.5	72.5	72.5	73	73	74.5
50	1 500	73	74	74	75	75	76	76	77	77	78
	1 000	73	74	74	75	75	76	76	77	77	78
	750	72	72.5	73	74	74	75	75	76	76	77
	500	68	68.5	69	70	70	71	71	72	72	73
56	1 500	71.5	72.5	72.5	73.5	73.5	74.5	74.5	75	76	77
	1 000	71.5	72.5	72.5	73.5	73.5	74.5	74.5	75	76	77
	750	70.5	71	71.5	72.5	72.5	73.5	73.5	74.5	74.5	75.5
	500	67	67.5	68	68.5	68.5	69.5	69.5	71	71	71.5
63	1 500	70	71	71	72	72	73	73	74	74	75
	1 000	70	71	71	72	72	73	73	74	74	75
	750	69	69.5	70	71	71	72	72	73	73	74
	500	65	65.5	66	67	67	68	68	69	69	70

注 1：此表中效率值是按表 8 规定的润滑油黏度下给出的。

注 2：不同润滑油黏度和温度下效率值有所不同。

6 技术要求

6.1 减速器机体

6.1.1 减速器机体可采用整体式或分箱式，材料可根据需要采用铸铁 HT200 和 HT250、铸钢 ZG270-500 和结构钢 Q235 等，其化学成分和力学性能应符合 GB/T 9439、GB/T 11352、GB/T 699 的要求。

6.1.2 机体应清砂和消除应力。

6.1.3 机体不能渗漏，表面应平整、光滑。

6.1.4 分箱式减速器机体的机盖与机座合箱后，边缘应平齐，错边量应符合表 12 的规定，只允许机盖大于机座。

表 12 分箱式减速器机体的机盖与机座合箱后错边量 mm

中心距	≥80～200	>200～450	>450～710
错边量	1	2	3

6.1.5 分箱式机体的机盖与机座合箱后，在未紧固螺栓时，应检查分合面接触的密合性，用 0.05 mm 的塞尺，其塞入长度不得超过分合面宽度的三分之一。

6.1.6 轴承孔

6.1.6.1 轴承孔尺寸公差不低于 H7，粗糙度 $Ra\leqslant 1.6\ \mu m$。

6.1.6.2 轴承孔圆柱度公差应符合表 13 的要求。

表 13 轴承孔圆柱度公差

孔径/mm	≥18～30	>30～50	>50～80	>80～120	>120～180	>180～250	>250～315	>315～400	>400～500
圆柱度公差/μm	9	11	13	15	18	20	23	25	27

6.1.6.3 轴承孔端面与其轴线的垂直度公差应符合表 14 的规定。

表 14 轴承孔端面与其轴线的垂直度公差

端面外径/mm	≥40～63	>63～100	>100～160	>160～250	>250～400	>400～630
垂直度公差/μm	30	40	50	60	80	100

6.1.6.4 轴承孔的同轴度公差应符合表 15 的规定。

表 15 轴承孔的同轴度公差

孔径/mm	≥18～30	>30～50	>50～120	>120～250	>250～500
同轴度公差/μm	15	20	25	30	40

6.2 蜗杆、蜗轮和蜗轮轴

6.2.1 蜗杆采用锻造毛坯时，钢锭锻造比一般不低于 3，轧材锻造比一般不低于 1.5。

6.2.2 蜗杆的材料一般选用 35CrMo 钢。其化学成分、力学性能和硬度要求应符合 GB/T 3077 的规定。允许采用力学性能和硬度不低于 35CrMo 的其他材料，如 42CrMo、38CrMoAl 和渗碳钢种等。

6.2.3 蜗杆齿面精加工前，应进行硬化处理，推荐采用氮化处理，精加工后齿面硬度不低于 HV500。

6.2.4 蜗杆齿面粗糙度 $Ra\leqslant 0.8\ \mu m$。

6.2.5 蜗轮轮缘材料一般采用铸造锡青铜 ZCuSn10P1。铸件采用离心铸造，不允许有偏析、夹杂、缩孔、疏松、裂纹等缺陷，其化学成分、力学性能和硬度应符合 GB/T 1176 的规定。当滑动速度小于 5 m/s 时，可以采用 GB/T 1176—1987 中规定的铸造铝青铜 ZCuAl10Fe3。允许采用性能相当的其他材料。

6.2.6 蜗轮齿面粗糙度 $Ra\leqslant 1.6\ \mu m$。允许齿面有创成的痕迹存在。

6.2.7 蜗轮轴采用 45 钢或力学性能相当的其他材料。其化学成分和力学性能应符合 GB/T 699 和其他相应标准的规定。

6.2.8 蜗杆、蜗轮的制造公差应符合 GB/T 16445 的规定。

6.3 装配与试车

6.3.1 圆锥滚子轴承的轴向间隙应符合表 16 的规定。

表 16 圆锥滚子轴承的轴向间隙

轴承内径 d/mm	轴向间隙/μm	
	蜗杆轴承	蜗轮轴承
≤30	15～30	—
>30～50	20～40	30～50
>50～80	30～50	40～60
>80～120	40～60	50～80
>120～180	50～80	60～100
>180～260	60～100	80～120
>260～400	—	100～140

6.3.2 蜗杆传动的侧隙应符合 GB/T 16445 的规定。

6.3.3 减速器在装配后应进行空载试车。空载试车前应注入较低黏度的润滑油。在额定转速下作正、反方向运转,连续运转时间不少于两小时。运行中不得有冲击、漏油、不正常振动、噪声、温升过高及联接紧固件松动等现象。

6.3.4 空载试车后,蜗轮左右齿面接触斑点应基本对称,蜗杆齿面入口和出口修缘部分不应接触,工作面入口部分的接触斑点可重于工作面的其他部分。

6.3.5 机体及其他零件的未加工内表面和蜗轮轮毂的未加工表面除锈后应涂底漆和耐油油漆。机体及其他零件的未加工外表面涂底漆及面漆,一般不允许抹腻子。

7 减速器的整机技术要求

7.1 减速器外表面应光洁、平整。各联接件、紧固件不得有松动现象。

7.2 减速器输入轴用手转动时,必须轻松平稳,无卡滞现象。

7.3 减速器密封处、结合处不得有漏油现象。

7.4 在额定负载和额定转速下,减速器的噪音应不大于 80 dB(A),温升不超过 65℃,最高油温不超过 95℃。

7.5 蜗杆和蜗轮轴的轴向间隙应符合表 16 的规定。

7.6 蜗杆、蜗轮的齿面接触斑点应符合 6.3.4 及 GB/T 16445 的要求。

7.7 减速器的承载能力和传动效率应符合表 9、表 11 的要求。

8 试验方法

8.1 减速器在空载试车合格后,若减速器的结构、材料和工艺等有较大改变时应进行负载试验。

8.2 减速器在额定转速下,按其额定转矩的 25%、50%、75%、100%、110%、125%逐级进行加载试验。

8.3 负载实验时,每十分钟记录一次时间、油温、转速、转矩。

8.4 对于双向工作或未注明旋转方向的减速器应分别进行正、反向试验。对于单向工作的减速器可单向试验,其旋转方向必须与工作方向相同。

8.5 在热功率负载试验中减速器的油池温度稳定两小时不变。其温度应符合 7.4 条的要求。各密封处、结合处不准有漏油现象。

9 验收规则

9.1 减速器由制造厂质量检验部门负责检查和验收,并出具合格证。

9.2 检验用仪器、仪表必须经计量检定。

9.3 成批生产同一规格的减速器,允许抽检 10%(不足 10 台者应抽检一台)。抽检不合格时应再抽检 20%,仍不合格,应全部进行试验。

9.4 检验项目

9.4.1 蜗杆副的侧隙和接触斑点。

9.4.2 蜗杆、蜗轮的轴向间隙。

9.4.3 传动的平稳性、噪声、温升和密封情况。

9.4.4 油漆和外观质量。

10 标志、包装、运输

10.1 标志

在减速器外表面规定位置上安装一个牢固、清晰的标牌。标牌上应注明制造厂名,产品名称、商标、产品型号、制造日期(或编号)、产品的主要参数等。

10.2 包装及运输

10.2.1 减速器的包装应符合 GB/T 13384 的规定。

10.2.2 产品说明书、产品合格证、装箱单等随机文件用塑料袋封装，置于包装箱内。

10.2.3 运输和贮存时应有防水、防腐蚀措施。

附 录 A
（资料性附录）
减速器的选用方法

A.1 减速器的选用条件

选用减速器应知原动机、工作机类型及载荷性质，每日平均运转时间，启动频率和环境温度。

A.2 减速器的选用方法

A.2.1 表 9 中的额定输入功率 P_1 及额定输出转矩 T_2 适用于减速器工作载荷平稳，每日工作 8 h，每小时启动次数不大于 10 次，启动转矩为额定转矩的 2.5 倍，小时负荷率 $J_c=100\%$，环境温度为 20℃。

其他工作状态的减速器的额定输入功率 P_1 及额定输出转矩 T_2 可按表 9 选取，用工作状况系数（见表 A.1～表 A.5）进行修正。

A.2.2 计算输入功率 P_1 或计算输入转矩 T_2

机械功率 $P_1 \geqslant P_{1w} K_A K_1$

或 $T_2 \geqslant T_{2w} K_A K_1$

热功率 $P_1 \geqslant P_{1w} K_2 K_3 K_4$

或 $T_2 \geqslant T_{2w} K_2 K_3 K_4$

式中：

P_{1w}——减速器实际输入功率，kW；

T_{2w}——减速器实际输出转矩，N·m；

K_A——使用系数，见表 A.1；

K_1——启动频率系数，见表 A.2；

K_2——小时负荷率系数，见表 A.3；

K_3——环境温度系数，见表 A.4；

K_4——冷却方式系数，见表 A.5；

A.2.3 在下列间歇工作中可不校验输入热功率：

a) 在 1 h 内多次启动并且运转时间总和不超过 20 min 的场合。

b) 在一个工作周期内运转时间不超过 40 min 并且间隔 2 h 以上启动一次的场合。

A.2.4 实际输入功率超过许用输入热功率，则须采用强制冷却措施或选用更大规格的减速器。

表 A.1 减速器的使用系数 K_A

原动机	载荷性质（工作机特性）	每日工作时间/h				
		≤0.5	>0.5～1	>1～2	>2～10	>10
		K_A				
电动机，汽轮机燃气轮机（起动转矩小，偶尔作用）	均匀	0.6	0.7	0.9	1	1.2
	轻度冲击	0.8	0.9	1.0	1.2	1.3
	中等冲击	0.9	1.0	1.2	1.3	1.5
	强烈冲击	1.1	1.2	1.3	1.5	1.75

表 A.1（续）

原动机	载荷性质（工作机特性）	每日工作时间/h				
		≤0.5	>0.5～1	>1～2	>2～10	>10
		K_A				
汽轮机，燃气轮机，液动机或电动机（起动转距大，经常作用）	均匀	0.7	0.8	1	1.1	1.3
	轻度冲击	0.9	1	1.1	1.3	1.4
	中等冲击	1	1.1	1.3	1.4	1.6
	强烈冲击	1.1	1.3	1.4	1.6	1.9
多缸内燃机	均匀	0.8	0.9	1.1	1.3	1.4
	轻度冲击	1.0	1.1	1.3	1.4	1.5
	中等冲击	1.1	1.3	1.4	1.5	1.8
	强烈冲击	1.3	1.4	1.5	1.8	2
单缸内燃机	均匀	0.9	1.1	1.3	1.4	1.6
	轻度冲击	1.1	1.3	1.4	1.6	1.8
	中等冲击	1.3	1.4	1.6	1.8	2
	强烈冲击	1.4	1.6	1.8	2	2.3或更大

注：工作机工作情况举例

均匀载荷：发电机、均匀装料的带式或板式输送机，螺旋输送机，轻型卷扬机，包装机械，机床进给装置，通风机，轻型离心机，离心泵，稀液料和密度均匀物料搅拌机和混合机，按最大剪切力矩设计的冲压机。

轻度冲击：不均匀装料的带式或板式输送机，机床主传动装置，重型卷扬机，起重机旋转机构，工矿通风机，重型离心机，离心泵，黏性液料及密度不均匀物料搅拌机和混合机，多缸柱塞泵，给料泵，挤压机，压延机，回转窑，锌、铝带材、线材、型材轧机。

中等冲击：橡胶挤压机，经常起动的橡胶和塑料混合机，轻型球磨机，木材加工机械，单缸活塞泵。

强烈冲击：铲斗链传动，筛传动装置，单斗挖土机，重型球磨机，橡胶混炼机，重型给料泵，钢坯初轧机，旋转式钻探设备，压砖机，除鳞机，冷轧机，压块机。

表 A.2 启动频率系数 K_1

每小时启动次数	≤10	>10～60	>60～400
启动频率系数 K_1	1	1.1	1.2

表 A.3 小时负荷率 J_c 和小时负荷率系数 K_2

小时负荷率 J_c/%	100	80	60	40	20
小时负荷率系数 K_2	1	0.95	0.88	0.77	0.6
注1：$J_c(\%)=\frac{1\ \text{h内负荷作用时间(min)}}{60}\times 100$。 注2：$J_c<20\%$时按$J_c=20\%$计。					

表 A.4 环境温度系数 K_3

环境温度/℃	0～10	>10～20	>20～30	>30～40	>40～50
环境温度系数 K_3	0.89	1	1.14	1.33	1.6

表 A.5 冷却方式系数 K_4

冷却方式	减速器中心距 a/mm	蜗杆转速 n_1/(r/min)			
		1 500	1 000	750	500
		冷却方式系数 K_4			
自然冷却（无风扇）	80	1	1	1	1
	100～225	1.37	1.59	1.59	1.33
	250～710	1.51	1.85	1.89	1.78
风扇冷却	80～710	1			

A.3 选用示例

例：某重型卷扬机选用平面二次包络环面蜗杆减速器（带风扇），电动机功率 $P_{1w}=15$ kW，减速器输入转速 $n_1=1\ 000$ r/min，传动比 $i=40$，每日工作 8 h，每小时启动 15 次，每次工作 3 min，环境温度 30℃。

选用计算：由表 A.1 查得 $K_A=1.3$，由表 A.2 查得 $K_1=1.1$，由 $J_c=\frac{3\times15}{60}\times100=75(\%)$，由表 A.3 得 $K_2=0.93$，由表 A.4 查得 $K_3=1.14$，由表 A.5 查得 $K_4=1$，计算输入功率：

机械功率 $P_1\geqslant P_{1w}K_AK_1=15\times1.3\times1.1=21.45$ kW

热功率 $P_1\geqslant P_{1w}K_2K_3K_4=15\times0.93\times1.14\times1=15.9$ kW

查表 9 选择减速器中心距 $a=225$ mm，$n_1=1\ 000$ r/min，$i=40$，额定输入功率 $P_1=22.8$ kW，可用。

ICS 71.080.60
G 17

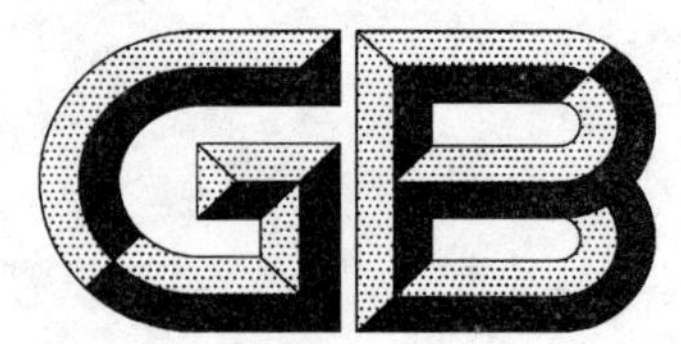

中华人民共和国国家标准

GB/T 16451—2008
代替 GB/T 16451—1996

天然脂肪醇

Natural fatty alcohols

2008-12-30 发布　　2009-09-01 实施

中华人民共和国国家质量监督检验检疫总局
中国国家标准化管理委员会 发布

前　言

本标准代替 GB/T 16451—1996《天然脂肪醇》。

本标准与 GB/T 16451—1996 相比主要变化如下：

——修改了天然脂肪醇的理化指标要求；

——增加了 C_8 醇和 C_{10} 醇的规定；

——增加了脂肪醇水分的指标要求和试验方法；

——增加了羰值的指标要求和试验方法；

——修改了色泽的试验方法；

——完善了气相色谱试验方法。

本标准由中国轻工业联合会提出。

本标准由全国表面活性剂和洗涤用品标准化技术委员会归口。

本标准起草单位：中国日用化学工业研究院、辽宁华兴集团化工股份公司、上海华源制药股份有限公司浙江凤凰化工分公司、武汉市四方行化工有限公司。

本标准主要起草人：樊平、高光江、施小玲、李林、郁建宏。

本标准所代替标准的历次版本发布情况为：

——GB/T 16451—1996。

引　言

本标准规定的天然脂肪醇系列产品，适合于合成各类表面活性剂，也可用于其他相应行业。所谓天然脂肪醇是指由天然油脂经甲酯化、氢化、精制制得的脂肪伯醇，包括主组分为 $C_{8\sim10}$、$C_{12\sim14}$、$C_{14\sim16}$、$C_{16\sim18}$、C_8、C_{10}、C_{12}、C_{14}、C_{16}、C_{18} 的偶数碳链脂肪伯醇。

本标准确定各类脂肪醇特性要求时参考了国内外相应产品的质量规格，如辽宁华兴集团化工股份公司、上海华源制药股份有限公司浙江凤凰化工分公司、日本花王公司、美国宝洁公司等的产品质量规格。

天 然 脂 肪 醇

1 范围

本标准规定了天然脂肪醇的产品分类、要求、试验方法、检验规则和标志、包装、运输、贮存。

本标准适用于以天然油脂为原料，经甲酯化、氢化、分馏制得的脂肪伯醇系列产品。

2 规范性引用文件

下列文件中的条款通过本标准的引用而成为本标准的条款。凡是注日期的引用文件，其随后所有的修改单(不包括勘误的内容)或修改版均不适用于本标准，然而，鼓励根据本标准达成协议的各方研究是否可使用这些文件的最新版本。凡是不注日期的引用文件，其最新版本适用于本标准。

GB/T 617 化学试剂 熔点范围测定通用方法

GB/T 6324.6 有机化工产品中微量羰基化合物含量的测定 光度法

GB/T 9282.1 透明液体 以铂-钴等级评定颜色 第1部分：目视法

GB/T 11275 表面活性剂 含水量的测定

QB/T 2739—2005 洗涤用品常用试验方法 滴定分析(容量分析)用试验溶液的制备

3 产品分类

天然脂肪醇按碳链长度分为$C_{8\sim10}$醇、$C_{12\sim14}$醇、$C_{14\sim16}$醇、$C_{16\sim18}$醇、C_8醇、C_{10}醇、C_{12}醇、C_{14}醇、C_{16}醇、C_{18}醇十类，其分子式和平均相对分子质量如表1。

表1 各类天然脂肪醇的化学式和平均相对分子质量

类别	化学式	平均相对分子质量
$C_{8\sim10}$醇	$C_{8\sim10}H_{17\sim21}OH$	130～158
$C_{12\sim14}$醇	$C_{12\sim14}H_{25\sim29}OH$	186～214
$C_{14\sim16}$醇	$C_{14\sim16}H_{29\sim33}OH$	214～242
$C_{16\sim18}$醇	$C_{16\sim18}H_{33\sim37}OH$	242～270
C_8醇	$C_8H_{17}OH$	130
C_{10}醇	$C_{10}H_{21}OH$	158
C_{12}醇	$C_{12}H_{25}OH$	186
C_{14}醇	$C_{14}H_{29}OH$	214
C_{16}醇	$C_{16}H_{33}OH$	242
C_{18}醇	$C_{18}H_{37}OH$	270

4 要求

天然脂肪醇具有固有的特性气味，其理化指标应符合表2规定。

表 2 天然脂肪醇的理化指标

类型		外观	熔点/℃	色泽/Hazen	酸值（以 KOH 计）/(mg/g)	皂化值（以 KOH 计）/(mg/g)	碘值（以 I_2 计）/(g/100 g)	水分/%（质量分数）	羟值（以 KOH 计）/(mg/g)	烷烃含量/%（质量分数）	主组分含量/%（质量分数）	羰值/(mg/kg)
$C_{8\sim10}$醇	优等品	透明油状液体（30 ℃）	—	≤10	≤0.1	≤0.8	≤0.3	≤0.1	385～410	≤1.0	≥98	≤150
	一等品		—	≤15	≤0.2	≤1.0	≤0.5	≤0.2	380～410	≤1.5	≥97	≤300
	合格品		—	≤20	≤0.3	≤1.5	≤1.0	≤0.3	375～410	≤2.0	≥96	≤600
$C_{12\sim14}$醇	优等品	透明油状液体（30 ℃）	—	≤10	≤0.1	≤0.5	≤0.3	≤0.1	285～295	≤0.5	≥98	≤150
	一等品		—	≤15	≤0.2	≤0.8	≤0.5	≤0.2	280～300	≤1.0	≥97	≤300
	合格品		—	≤20	≤0.3	≤1.0	≤1.0	≤0.3	280～305	≤1.5	≥96	≤600
$C_{14\sim16}$醇	优等品	白色结晶体（30 ℃）	—	≤10	≤0.1	≤0.5	≤0.3	—	240～255	≤0.5	≥98	≤150
	一等品		—	≤15	≤0.2	≤0.8	≤0.5	—	240～260	≤1.0	≥97	≤300
	合格品		—	≤20	≤0.3	≤1.0	≤2.0	—	235～260	≤1.5	≥96	≤1 000
$C_{16\sim18}$醇	优等品	白色固体	47～55	≤10	≤0.1	≤0.5	≤0.5	—	210～220	≤0.5	≥98	≤300
	一等品			≤15	≤0.2	≤0.8	≤1.0	—	210～230	≤1.0	≥97	≤500
	合格品			≤30	≤0.3	≤1.0	≤2.0	—	205～230	≤1.5	≥96	≤1 000
C_8醇	优等品	透明油状液体（30 ℃）	—	≤10	≤0.1	≤0.8	≤0.3	≤0.1	425～432	≤1.0	≥98	≤150
	一等品		—	≤15	≤0.2	≤1.0	≤0.5	≤0.2	420～432	≤1.5	≥97	≤300
	合格品		—	≤20	≤0.3	≤1.5	≤1.0	≤0.3	420～435	≤2.0	≥96	≤600
C_{10}醇	优等品	透明油状液体（30 ℃）	—	≤10	≤0.1	≤0.8	≤0.3	≤0.1	351～357	≤1.0	≥98	≤150
	一等品		—	≤15	≤0.2	≤1.0	≤0.5	≤0.2	350～358	≤1.5	≥97	≤300
	合格品		—	≤20	≤0.3	≤1.5	≤1.0	≤0.3	349～359	≤2.0	≥96	≤600
C_{12}醇	优等品	透明油状液体（30 ℃）	—	≤10	≤0.1	≤0.5	≤0.3	≤0.1	296～303	≤0.5	≥98	≤150
	一等品		—	≤15	≤0.2	≤0.8	≤0.5	≤0.2	295～310	≤1.0	≥97	≤300
	合格品		—	≤20	≤0.3	≤1.0	≤1.0	≤0.3	290～310	≤1.5	≥96	≤600
C_{14}醇	优等品	白色结晶体（30 ℃）	—	≤10	≤0.1	≤0.5	≤0.3	—	255～265	≤0.5	≥98	≤150
	一等品		—	≤15	≤0.2	≤0.8	≤0.5	—	254～266	≤1.0	≥97	≤300
	合格品		—	≤20	≤0.3	≤1.0	≤1.0	—	250～266	≤1.5	≥96	≤600
C_{16}醇	优等品	白色固体	48～51	≤10	≤0.1	≤0.5	≤0.5	—	225～235	≤0.5	≥98	≤300
	一等品		47～51	≤15	≤0.2	≤0.8	≤1.0	—	220～235	≤1.0	≥97	≤500
	合格品		46～52	≤30	≤0.3	≤1.0	≤1.5	—	220～240	≤1.5	≥96	≤1 000
C_{18}醇	优等品	白色固体	57～60	≤10	≤0.1	≤0.5	≤0.5	—	203～210	≤0.5	≥98	≤300
	一等品		56～60	≤15	≤0.2	≤0.8	≤1.0	—	200～215	≤1.0	≥97	≤500
	合格品		55～61	≤30	≤0.3	≤1.0	≤1.5	—	200～220	≤1.5	≥96	≤1 000

注 1：烷烃含量包括烷烃和其他非醇杂质。

注 2：主组分含量系指类型名称所标明组分偶碳伯醇的含量（单一组分或二组分之和）。

5 试验方法

除非另有说明，在分析中仅使用确认为分析纯的试剂和蒸馏水或去离子水或纯度相当的水。

5.1 样品制备

将样品混合后(固态样品应熔融混匀后)方可取样试验。

5.2 外观

将样品盛于烧杯或玻璃瓶中，在 30 ℃目测样品的颜色与状态。

5.3 熔点

按 GB/T 617 规定执行。

测定结果用初熔点和终熔点的平均值表示。

精密度：在重复性条件下获得的两次独立测定结果的绝对差值应不大于 0.4 ℃，以大于 0.4 ℃的情况不超过 5%为前提。

5.4 色泽

5.4.1 试样处理

固态脂肪醇试样需加热至 75 ℃±5 ℃，待全部熔化后，立即倒入预先温热过的比色管中；液态试样也需保持在熔点以上使其呈透明澄清状态，再置于比色管中。

5.4.2 测定

按 GB/T 9282.1 规定进行，结果的铂-钴颜色单位以 Hazen 单位表示。

精密度：在重复性条件下获得的两次独立测定结果的绝对差值应不大于 5Hazen，以大于 5Hazen 的情况不超过 5%为前提。

5.5 酸值

5.5.1 试剂

a) 氢氧化钾(GB/T 2306)，$c(KOH)=0.05$ mol/L 乙醇标准滴定溶液，按 QB/T 2739—2005 中的 4.2 进行配制和标定；

b) 95%乙醇(GB/T 679)，用碱中和至对酚酞呈中性；

c) 酚酞(GB/T 10729)，10 g/L 乙醇溶液。

5.5.2 仪器

a) 无塞滴定管，10 mL，分度 0.02 mL；

b) 锥形瓶，250 mL。

5.5.3 试验程序

称取约 10 g 试样(准确至 0.000 2 g)置于 250 mL 锥形瓶中，加入 50 mL 中性乙醇[5.5.1b)]，加热使试样溶解后，加入 2 滴～3 滴酚酞指示液，用氢氧化钾-乙醇标准滴定溶液[5.5.1a)]滴定至与中性乙醇相同的淡粉红色，并保持 15 s 不褪色为终点。

5.5.4 结果计算

中和 1 g 脂肪醇试样的酸度所需氢氧化钾的毫克数称为酸值。脂肪醇的酸值 X_1 以 KOH 计，按毫克每克(mg/g)表示，按式(1)计算：

$$X_1 = \frac{c_1 \times V_1}{m_1} \times 56.11 \qquad \cdots\cdots(1)$$

式中：

c_1——氢氧化钾-乙醇标准滴定溶液的浓度，单位为摩尔每升(mol/L)；

V_1——滴定耗用的氢氧化钾-乙醇标准滴定溶液的体积，单位为毫升(mL)；

m_1——试样的质量，单位为克(g)；

56.11——氢氧化钾的毫摩尔质量，单位为毫克每毫摩尔(mg/mmol)。

以两次平行测定结果的算术平均值作为试样的酸值。

5.5.5 精密度

在重复性条件下获得的两次独立测定结果的绝对差值应不大于0.10 mg/g(以KOH计),以大于0.10 mg/g(以KOH计)的情况不超过5%为前提。

5.6 皂化值

5.6.1 试剂

a) 氢氧化钾(GB/T 2306),0.5 mol/L乙醇(95%)溶液:称取氢氧化钾33 g溶于30 mL水中,用乙醇[5.6.1b)]稀释至1 000 mL,放置24 h,取清液使用;

b) 95%乙醇(GB 679),用碱中和至对酚酞呈中性;

c) 盐酸(GB/T 622),$c(HCl)=0.5$ mol/L标准滴定溶液,按QB/T 2739—2005中4.3配制和标定;

d) 酚酞,同5.5.1c)。

5.6.2 仪器

a) 锥形瓶,250 mL,磨口,无硼耐碱;

b) 回流冷凝管,具磨砂接头与锥形瓶磨口相配;

c) 具塞滴定管,50 mL,分度0.1 mL;

d) 移液管,50 mL;

e) 水浴或电热板。

5.6.3 试验程序

称取10 g试样(准确至0.000 2 g)置于锥形瓶[5.6.2a)]中,用移液管移入0.5 mol/L氢氧化钾-乙醇溶液50 mL,装上回流冷凝管,置锥形瓶于沸水浴中或相当温度的电热板上加热回流1 h。用少量无二氧化碳蒸馏水冲洗冷凝管壁,取下锥形瓶,加酚酞指示液2滴~3滴,趁热用盐酸标准滴定溶液[5.6.1c)]滴定至红色消失为终点。

同时做空白试验。

5.6.4 结果计算

皂化1 g脂肪醇试样所需氢氧化钾的毫克数称为脂肪醇的皂化值。脂肪醇的皂化值X_2以KOH计,按毫克每克(mg/g)表示,按式(2)计算:

$$X_2 = \frac{c_2 \times (V_0 - V_2) \times 56.11}{m_2} \qquad \cdots\cdots(2)$$

式中:

c_2——盐酸标准滴定溶液的浓度,单位为摩尔每升(mol/L);

V_0——空白试验耗用盐酸标准滴定溶液的体积,单位为毫升(mL);

V_2——试样滴定耗用盐酸标准滴定溶液的体积,单位为毫升(mL);

m_2——试样的质量,单位为克(g);

56.11——氢氧化钾的毫摩尔质量,单位为毫克每毫摩尔(mg/mmol)。

以两次平行测定结果的算术平均值作为试样的皂化值。

5.6.5 精密度

在重复性条件下获得的两次独立测定结果的绝对差值应不大于0.2 mg/g,以大于0.2 mg/g的情况不超过5%为前提。

5.7 碘值

5.7.1 试剂与溶液

a) 四氯化碳(GB/T 688)或三氯甲烷(GB/T 682);

b) 冰乙酸(GB/T 676);

c) 碘(GB/T 675);

d) 碘化钾(GB/T 1272),100 g/L 溶液;

e) 硫代硫酸钠(GB/T 637),$c(Na_2S_2O_3)=0.1$ mol/L 标准滴定溶液,按 QB/T 2739—2005 中 4.12 配制和标定;

f) 淀粉指示液,10 g/L 溶液,按 QB/T 2739—2005 中 5.3 配制;

g) 氯气 98.8%或自制:用密度为 1.19 g/L 的盐酸滴加于高锰酸钾中,生成的氯气通过盛有硫酸试剂(密度为 1.84 g/L)的洗气瓶干燥后方可通入碘溶液中;

h) 氯化碘,$c\left(\frac{1}{2}ICl\right)=0.2$ mol/L 冰乙酸溶液(韦氏溶液)。

溶解 16.2 g 氯化碘于 1 000 mL 冰乙酸中。或按如下方法配制:称取 13 g 碘溶解于 1 000 mL 冰乙酸中(溶解时视需要可微微加热),置于 1 000 mL 棕色试剂瓶内,盖上磨口塞。冷却后,倒出 100 mL~200 mL 于另一棕色瓶中,盖塞置阴暗处供调整韦氏溶液用。在剩余的 800 mL~900 mL 碘溶液中通入经过浓硫酸洗气瓶干燥的氯气,至溶液由深色渐渐变淡直至桔红色透明为止。

检验氯气通入量及校正的方法:通氯气前后各取样 25 mL,分别加入 15%碘化钾溶液[5.7.1d)] 20 mL 和水 100 mL,用硫代硫酸钠标准滴定溶液[5.7.1e)]滴定至溶液呈淡黄色时加入淀粉指示液 1 mL,继续滴定至蓝色消失为终点。通氯气后(韦氏溶液)所消耗的硫代硫酸钠标准滴定溶液体积应是未通氯气时的近两倍,若超过两倍,则应滴加预先留存的碘溶液进行调整。

5.7.2 仪器

a) 碘量瓶,250 mL;

b) 移液管,20 mL;

c) 量筒,10 mL;

d) 无塞滴定管(棕色),50 mL,分度 0.1 mL。

5.7.3 试验程序

准确称取 5 g 试样(准确至 0.000 2 g)于碘量瓶中,用量筒加 20 mL 四氯化碳或三氯甲烷溶解。精确移入 20.0 mL 韦氏溶液。塞紧瓶塞,加少量碘化钾溶液封口,慢慢摇匀后,于室温暗处放置 60 min。取出碘量瓶,加 25 mL 碘化钾溶液及 50 mL 水,用 0.1 mol/L 硫代硫酸钠标准滴定溶液滴定至溶液呈淡黄色时,加入约 1 mL 淀粉指示液,继续滴定至蓝色消失为终点。

同时按相同条件做空白试验。

如试样测定耗用的硫代硫酸钠溶液少于空白试验的一半,应减少称样量重新测定。

5.7.4 结果计算

每 100 g 脂肪醇试样吸收碘的克数,称为碘值。脂肪醇碘值 X_3 以 I_2 计,按克每百克(g/100 g)表示,按式(3)计算:

$$X_3=\frac{c_3\times(V_0-V_3)\times 0.126\,9\times 100}{m_3} \qquad \cdots\cdots(3)$$

式中:

c_3——硫代硫酸钠标准滴定溶液的浓度,单位为摩尔每升(mol/L);

V_0——空白试验耗用硫代硫酸钠标准滴定溶液的体积,单位为毫升(mL);

V_3——试样测定耗用硫代硫酸钠标准滴定溶液的体积,单位为毫升(mL);

0.126 9——碘原子的毫摩尔质量,单位为克每毫摩尔(g/mmol);

m_3——试样的质量,单位为克(g)。

以两次平行测定结果的算术平均值做为试样的碘值。

5.7.5 精密度

在重复性条件下获得的两次独立测定结果的绝对差值不大于 0.2 g/100 g(以 I_2 计),以大于

0.2 g/100 g(以 I_2 计)的情况不超过 5%为前提。

5.8 羟值(化学法)——仲裁法

5.8.1 试剂

a) 氢氧化钾(GB/T 2306),$c(KOH)=0.5$ mol/L 标准滴定溶液,参照 QB/T 2739—2005 中 4.2 配制和标定;

b) 乙酸酐(GB/T 677);

c) 吡啶(GB/T 689),无水;

d) 95%乙醇,同 5.5.1b);

e) 酚酞,同 5.5.1c);

f) 乙酰化试剂,吡啶、乙酸酐混合液(4+1)。

5.8.2 仪器

a) 锥形瓶,250 mL,具有磨口;

b) 空气冷凝管,长度约 1.5 m,带有磨砂玻璃接头,与锥形瓶相配;

c) 甘油浴,控温范围 96 ℃~99 ℃;

d) 无塞滴定管,50 mL,分度 0.1 mL;

e) 移液管,3 mL。

5.8.3 试验程序

称取 0.5 g~1 g 试样(准确至 0.000 2 g)于锥形瓶[5.8.2a)]中,精确移入 3.0 mL 乙酰化试剂[5.8.1f)],将空气冷凝管装于锥形瓶口上,置锥形瓶于温度保持在 96 ℃~99 ℃的甘油浴中,使锥形瓶底部浸入甘油约 1 cm 处,加热 1 h。取出锥形瓶,稍冷,从空气冷凝管上口加入 2 mL 水,摇匀后再放到 96 ℃~99 ℃甘油浴中加热 10 min。取出锥形瓶,冷却至室温,用中性乙醇[5.8.1d)]50 mL 冲洗空气冷凝管壁和磨砂接头及锥形瓶内壁。待内容物溶匀后,加入 2 滴~3 滴酚酞指示液,用氢氧化钾标准滴定溶液[5.8.1a)]滴定至微红色,持续 30 s 为终点。

同时做空白试验。

5.8.4 结果计算

使 1 g 脂肪醇乙酰化的乙酸所相当的氢氧化钾毫克数,称为羟值。脂肪醇的羟值 HV 以氢氧化钾计,按毫克每克(mg/g)表示,按式(4)计算:

$$\mathrm{HV}=\frac{c_4\times(V_0-V_4)\times 56.11}{m_4} \qquad \cdots\cdots(4)$$

式中:

c_4——氢氧化钾标准滴定溶液的浓度,单位为摩尔每升(mol/L);

V_0——空白试验耗用氢氧化钾标准溶液的体积,单位为毫升(mL);

V_4——试样测定耗用氢氧化钾标准溶液的体积,单位为毫升(mL);

56.11——氢氧化钾的毫摩尔质量,单位为毫克每毫摩尔(mg/mmol);

m_4——试样的质量,单位为克(g)。

以两次平行测定结果的算术平均值作为脂肪醇的羟值。

5.8.5 精密度

在重复性条件下获得的两次独立测定结果的绝对差值不大于 3.0 mg/g(以 KOH 计),以大于 3.0 mg/g(以 KOH 计)的情况不超过 5%为前提。

5.9 主组分含量、羟值及烷烃含量(色谱法)

5.9.1 试剂与材料

a) 无水乙醇(GB/T 678);

b) 载气:氦气或氮气,纯度大于 99.99%;

c） 燃气：氢气，纯度大于99.99％；

d） 助燃气：二次净化空气；

e） 担体 Chromosorb T，或 Chromosorb WAW DMCS，或60目～80目101硅烷化白色担体；

f） 正戊烷。

5.9.2 **仪器**

5.9.2.1 色谱仪，具有如下部分：

a） 检测器，氢火焰离子化检测器（FID）检测限：≤1×10^{-10}（n-C_{16}）；

b） 色谱柱，能使脂肪醇中各组分及杂质很好分离的填充柱或毛细管柱：

填充柱：不锈钢或璃璃柱管，内径约2 mm～4 mm，长度2 m，内装有担体[5.9.1e）]涂覆约5％ SE-30或3％～5％ OV-101固定液的固定相，或具有相当效能的其他填充柱；

毛细管柱：具有相当或更佳的分离效能，SE-30或OV-101（长30 m，内径0.2 mm～0.32 mm，膜厚0.2 μm～0.5 μm）；

c） 数据处理器：色谱工作站或记录仪和电子积分仪。

5.9.2.2 微量注射器，1 μL、5 μL。

5.9.3 **色谱分析条件**

根据使用的色谱柱选定色谱条件以获得最佳柱效。

填充柱的参考条件如下：

a） 柱温：程序升温的初始温度为120 ℃，升温速度为4 ℃/min～6 ℃/min，终温为240 ℃，恒温为170 ℃～200 ℃；

b） 汽化室温度250 ℃～300 ℃；

c） 检测器温度250 ℃～300 ℃；

d） 燃气流量30 mL/min～400 mL/min；

e） 助燃气流量300 mL/min～400 mL/min；

f） 载气流量40 mL/min～60 mL/min；

g） 试样稀释：按试样与无水乙醇之比为1∶3（或1∶5）稀释；

h） 进样量1 μL～2 μL。

毛细管柱参考条件：

a） 汽化室温度250 ℃～300 ℃；

b） 柱温：程序升温的初始温度为100 ℃，升温速度为4 ℃/min～6 ℃/min，终温为250 ℃；

c） 检测器温度250 ℃～300 ℃；

d） 燃气流量30 mL/min～40 mL/min；

e） 助燃气流量300 mL/min～400 mL/min；

f） 载气流量：柱内流速1 mL/min～5 mL/min，分流比为20∶1～60∶1；

g） 试样稀释：按样品与正戊烷之比为1∶100稀释；

h） 进样量1 μL～2 μL。

5.9.4 **试验程序**

5.9.4.1 根据选定仪器的使用说明，按色谱分析条件操作。要求使各色谱峰分开，不能重叠。

5.9.4.2 采用修正面积归一化法进行定量分析。

5.9.4.3 可采用色谱工作站或记录仪、电子积分仪处理色谱信号数据，最小峰面积设为0。

典型色谱图见图1。

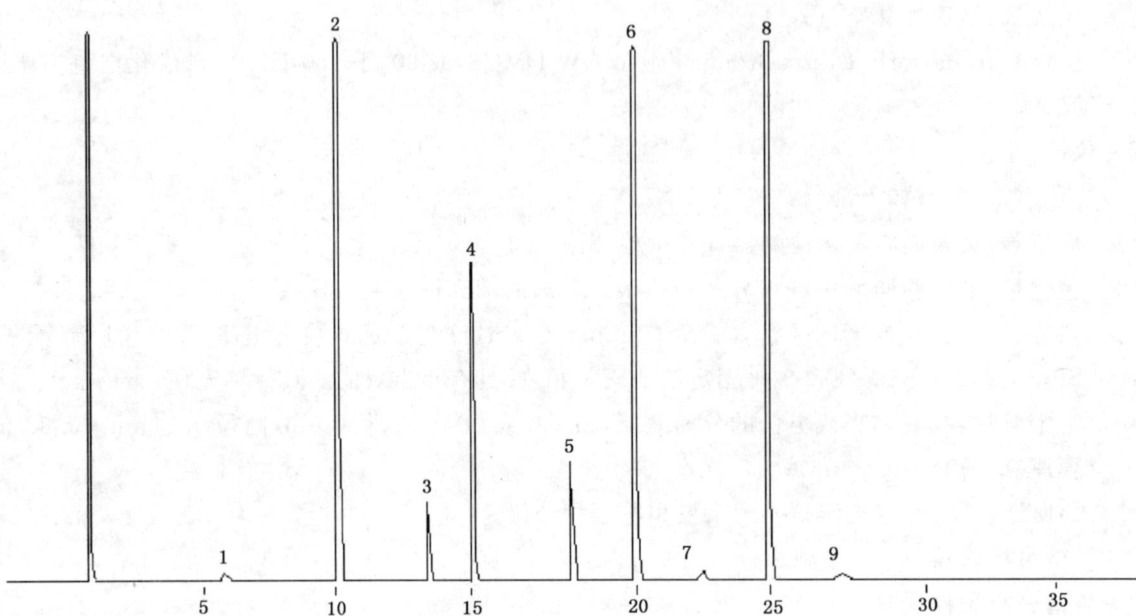

1——C_{10} 醇；
2——C_{12} 醇；
3——C_{16} 烷；
4——C_{14} 醇；
5——C_{18} 烷；
6——C_{16} 醇；
7——C_{17} 醇；
8——C_{18} 醇；
9——C_{20} 醇。

图 1　天然脂肪醇典型色谱图

5.9.5　结果计算

5.9.5.1　脂肪醇主组分含量的计算

脂肪醇 i 组分的质量分数 X_i(%)，按式(5)计算：

$$X_i = \frac{A_{i\mathrm{ROH}}}{\sum_{i=1}^{n} A_{i\mathrm{ROH}} + \frac{\sum_{i=1}^{n} A_{i\mathrm{RH}}}{f} + \sum A_x} \times 100\% \quad \cdots\cdots(5)$$

式中：

$A_{i\mathrm{ROH}}$——脂肪醇 i 组分的色谱峰面积；

$A_{i\mathrm{RH}}$——烷烃 i 组分的色谱峰面积；

f——烷烃的相对响应值；

A_x——其他未定性的非醇和非烷烃的杂组分峰面积。

用色谱标准试剂的醇、烷烃配置标样(各醇、烷烃的称量与试样组分比例相近)，在与试样分析相同操作条件下进行色谱分析。烷烃的相对响应值 f 按式(6)计算：

$$f = \frac{s_{\mathrm{RH}} \times m_{\mathrm{ROH}}}{s_{\mathrm{ROH}} \times m_{\mathrm{RH}}} \quad \cdots\cdots(6)$$

式中：

m_{RH}——标样中各烷烃组分质量的和；

m_{ROH}——标样中各醇组分质量的和；

s_{RH}——标样中各烷烃组分色谱峰面积的和；

s_{ROH}——标样中各醇组分色谱峰面积的和。

脂肪醇主组分含量按表 2 类型名称所标明组分偶碳伯醇的含量加和，分别为：X_8+X_{10}，$X_{12}+X_{14}$，$X_{14}+X_{16}$，$X_{16}+X_{18}$，X_8，X_{10}，X_{12}，X_{14}，X_{16}，X_{18}。

以两次平行测定结果的算术平均值作为脂肪醇的主组分含量。

5.9.5.2 烷烃含量的计算

脂肪醇中烷烃质量分数 RH(%)按式(7)计算：

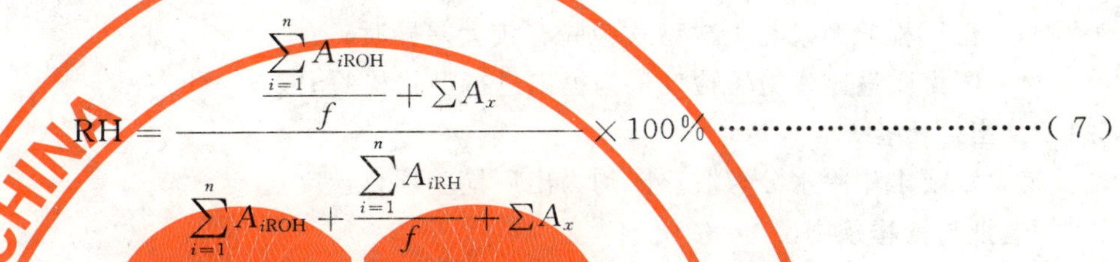

$$RH=\frac{\dfrac{\sum_{i=1}^{n}A_{iROH}}{f}+\sum A_x}{\sum_{i=1}^{n}A_{iROH}+\dfrac{\sum_{i=1}^{n}A_{iRH}}{f}+\sum A_x}\times 100\% \quad\cdots\cdots(7)$$

式中：

A_{iRH}——烷烃 i 组分色谱峰面积；

A_{iROH}——脂肪醇 i 组分色谱峰面积；

f——烷烃的相对响应值；

A_x——其他未定性的非醇、非烷烃的杂组分峰面积。

以两次平行测定结果的算术平均值作为脂肪醇中的烷烃含量。

5.9.5.3 脂肪醇羟值的计算

脂肪醇的羟值 HV 以氢氧化钾计，按毫克每克(mg/g)表示，按式(8)计算：

$$HV=\sum_{i=1}^{n}x_i HV_i \quad\cdots\cdots(8)$$

式中：

x_i——脂肪醇 i 组分的含量，%；

HV_i——脂肪醇 i 组分的理论羟值，以氢氧化钾计，单位为毫克每克(mg/g)。

C_6～C_{20}烷醇的理论羟值如下：

$C_6=550.1$，$C_8=430.9$，$C_{10}=354.5$，$C_{12}=301.1$，$C_{14}=261.7$，$C_{16}=231.4$，$C_{18}=207.4$，$C_{20}=187.9$。

以两次平行测定结果的算术平均值作为脂肪醇的羟值。

5.9.5.4 精密度

在重复性条件下获得的：

脂肪醇主组分两次平行测定结果的绝对差值不大于 0.4%；

烷烃含量两次平行测定结果的绝对差值不大于 1.0%；

羟值两次平行测定结果的相对差值不大于 3%；

以大于上述数值的情况不超过 5%为前提。

5.10 水分

按 GB/T 11275 规定进行。

5.11 羰值的测定

按 GB/T 6324.6 规定进行测定。

羰基化合物标准原液应配制为 1 mL 含 44 μg 羰基化合物(以乙醛计)的溶液。

试样溶液及空白溶液如出现混浊现象，应过滤后再进行测定。C_{16}以上高碳醇如有凝固现象，应加热熔化后再进行测定。

6 检验规则

6.1 检验分类

6.1.1 型式检验

型式检验项目包括第4章的全部项目,在下列情况下应进行型式检验:

a) 当生产原料、工艺、设备、管理等方面(包括人员素质)有较大改变,可能影响产品质量时;

b) 正常生产时,每三个月应进行一次型式检验;

c) 长期停产后,恢复生产时;

d) 出厂检验结果与上次型式检验有较大差异时;

e) 国家质量监督检验检疫机构提出进行型式检验时。

6.1.2 出厂检验

第4章要求中除水分、羰值外,均为出厂检验项目。

6.2 组批与抽样规则

6.2.1 产品按批交付验收,一次交付的同一规格、同一批号的产品为一交付批。

产品应先由生产单位的质量检验部门按本标准检验,符合本标准并出具质量检验合格证书方可出厂。产品质量检验合格证书应包括:生产者名称、产品名称、商标、采用标准编号、批号、批量、等级、质量指标、生产日期等。

收货单位根据质量合格证书,在一个月内按本标准取样验收或仲裁。

6.2.2 取样

收货单位验收、仲裁检验所需的样品应根据产品批量大小,按表3确定样本大小,交收双方会同在交货地点从交付批中随机抽取样本单位。

表3 批量和样本大小

单位为桶、袋、箱

批量	≤15	16～25	26～90	91～150	151～500	501～1 200	≥1 201
样本	2	3	5	8	13	20	32

采集液体样时用液体采样器自包装中心插入三分之二深处采集样品,采集固体样时用采样器自包装中心插入三分之二深处采集样品。从每个样本单位中抽取等量的样品,使总量不少于1.5 kg,混匀后分成三份(固态的脂肪醇应熔融后混匀),分装于三个洁净的样品瓶内,加盖密封,贴上标签,并注明:样品名称、类型、等级、批号、生产单位、生产日期、采样日期、采样人。交收双方各持一份检验,第三份由交货方保存,备作仲裁检验用,保存期为一个月。

6.3 判定规则与复检

理化指标检验结果用修约值比较法判定产品合格或不合格,如有一项不合格时,可重新取两倍样本,对不合格项进行复验。如复验结果符合本标准规定,则判该批产品合格;如仍不合格,则判该批产品不合格。

6.4 仲裁

交收双方如对复验结果仍有争议时,可按本标准商请仲裁检验,仲裁结果为最终依据。

7 标志、包装、运输、贮存

7.1 标志

每件天然脂肪醇包装和所附的质量合格证上应有下列标志:

a) 产品名称、商标、类型、等级和执行标准;

b) 净含量和毛重;

c) 生产批号或生产日期;

d） 有防水、防潮等文字或标识；

e） 生产者名称、地址、邮编和联系电话。

7.2 包装

液态的脂肪醇产品包装一般采用200 L镀锌铁皮桶，并将桶口密封；固态的片状脂肪醇产品包装一般采用内衬塑料袋的编织袋或纸箱。

收货单位有特殊要求时，由供需双方协商解决。

各种包装物应无破损，清洁无污染，包装后应封口良好。

十件包装的平均净含量不应少于标称质量。

7.3 运输

脂肪醇运输时应有遮盖物，避免阳光直射，防雨防潮，轻装轻卸，避免损坏包装。

7.4 贮存

脂肪醇应贮存于通风条件良好的仓库，注意防晒防潮，垛高以不超过支撑物的最大载荷为限。

产品在上述贮运条件且未启封的情况下，自生产之日起保质期为一年。

ICS 13.080
B 11

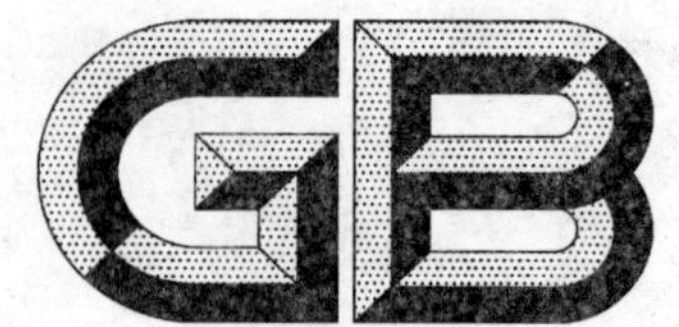

中华人民共和国国家标准

GB/T 16453.1—2008
代替 GB/T 16453.1—1996

水土保持综合治理　技术规范 坡耕地治理技术

Comprehensive control of soil and water conservation—Technical specification—Technique for erosion control of slope land

2008-11-14 发布　　2009-02-01 实施

中华人民共和国国家质量监督检验检疫总局
中国国家标准化管理委员会　发布

前　言

GB/T 16453《水土保持综合治理　技术规范》分为六个部分：

——GB/T 16453.1—2008　水土保持综合治理　技术规范　坡耕地治理技术；

——GB/T 16453.2—2008　水土保持综合治理　技术规范　荒地治理技术；

——GB/T 16453.3—2008　水土保持综合治理　技术规范　沟壑治理技术；

——GB/T 16453.4—2008　水土保持综合治理　技术规范　小型蓄排引水工程；

——GB/T 16453.5—2008　水土保持综合治理　技术规范　风沙治理技术；

——GB/T 16453.6—2008　水土保持综合治理　技术规范　崩岗治理技术。

本部分代替 GB/T 16453.1—1996《水土保持综合治理　技术规范　坡耕地治理技术》。

本部分与 GB/T 16453.1—1996 相比，作如下修改：

a）在保土耕作中增加一条秸杆覆盖；

b）将 1996 年版的 8.4.1 改为“条件适合的地方，可一次性修成水平梯田”[见 3.2.4 中 a)]；

c）石坎外坡坡度改为石坎稳定系数。

本部分的附录 A 为资料性附录。

本部分由水利部提出。

本部分由水利部国际合作与科技司归口。

本部分起草单位：水利部水土保持司、水利部水土保持监测中心、黄河水利委员会黄河上中游管理局、黄河水利委员会农村水利水土保持局、长江水利委员会水土保持局、松辽水利委员会农田水利处、珠江水利委员会农田水利处、海河水利委员会农田水利处、淮河水利委员会农田水利处、北京林业大学水土保持学院。

本部分主要起草人：郭廷辅、刘万铨、廖纯艳、胡玉法、马至尊、鲁胜力、徐传早、佟伟力、宁堆虎、郭索彦、张长印、赵永军、陈法扬、余新晓、丛佩娟、常丹东 冯伟。

本部分所代替标准的历次版本发布情况为：

——GB/T 16453.1—1996。

引　言

GB/T 16453.1—1996 已经实施十余年，在水土保持综合治理方面起到了重要的指导作用。随着我国社会经济的发展和农村产业结构的变化，水土保持工作的内容、性质等方面也发生了深刻的变化。为了适应新形势下的水土保持工作，进一步规范水土保持综合治理技术规范，根据水利部国际合作与科技司、水土保持司的统一安排，进行了修订。

水土保持综合治理　技术规范
坡耕地治理技术

1　范围

GB/T 16453 的本部分规定了坡耕地上采取保水保土耕作及修梯田的分类、适用条件和具体方法。

本部分适用于全国各地水蚀地区和水蚀与风蚀交错地区。

2　规范性引用文件

下列文件中的条款通过 GB/T 16453 的本部分的引用而成为本部分的条款。凡是注日期的引用文件，其随后所有的修改单(不包括勘误的内容)或修订版均不适用于本部分，然而，鼓励根据本部分达成协议的各方研究是否可使用这些文件的最新版本。凡是不注日期的引用文件，其最新版本适用于本部分。

GB/T 16453.4—2008　水土保持综合治理　技术规范　小型蓄排引水工程

3　基本规定

3.1　保水保土耕作

3.1.1　保水保土耕作是一种耕作方法，是在坡耕地上结合每年农事耕作，采取各类改变微地形或增加地面植物被覆，或增加土壤入渗，提高土壤抗蚀性能，以保水保土，减轻土壤侵蚀，提高作物产量为目的。可分为以下 4 类方法：

第一类，改变微地形的保水保土耕作，主要有等高耕作、沟垄种植、掏钵(穴状)种植、抗旱丰产沟、休闲地水平犁沟等。

第二类，增加地面植物被覆的保水保土耕作，主要有草田轮作、间作、套种、带状间作、合理密植、休闲地上种绿肥等。

第三类，增加土壤入渗、提高土壤抗蚀性能的保水保土耕作，主要有深耕、深松、增施有机肥、留茬播种等。

第四类，减少土壤蒸发的保水保土耕作，主要有地膜覆盖、秸秆覆盖等。

3.1.2　在实施保水保土耕作之前，应以小流域为单元，进行坡耕地治理的全面规划。根据不同的地形、土质、降雨等条件，分别设置各类梯田，实行保土耕作和建设坡面小型蓄排水工程。对 25°以下未修梯田的坡耕地，采用保土耕作。

3.1.3　采用保土耕作的同时，在坡耕地内部及其上部外侧，尚需设置坡面小型蓄排工程，防止外水进入。

3.1.4　每一保土耕作的具体作法与有关规格尺寸，各有其不同的适应条件，应根据各地不同的地形、土质、降雨和农事耕作情况，因地制宜，合理确定。

3.2　梯田

3.2.1　根据地面坡度不同，可分为陡坡区梯田与缓坡区梯田。根据田坎建筑材料不同，可分为土坎梯田、石坎梯田和植物坎梯田等。根据梯田的断面形式不同，可分为水平梯田、坡式梯田、隔坡梯田和反坡梯田等，(见图 1)。根据梯田的用途不同，分旱作物梯田、水稻梯田、果园梯田、茶园梯田、橡胶园梯田等。

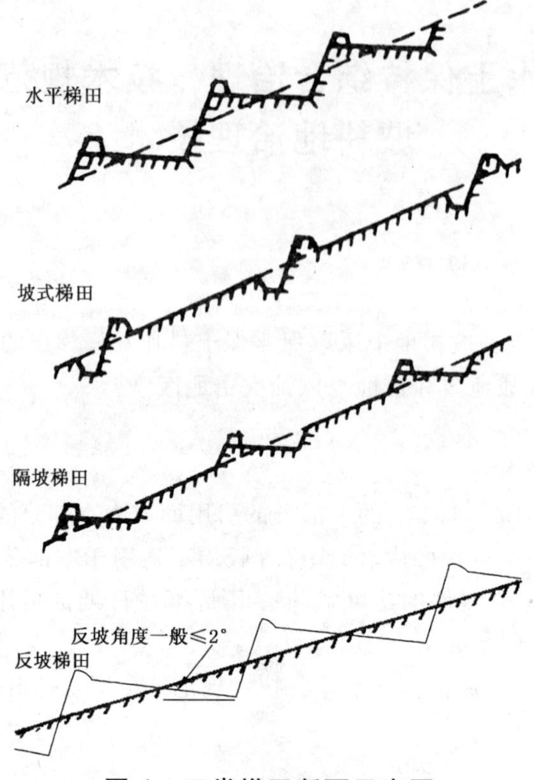

图 1 三类梯田断面示意图

3.2.2 以小流域为单元，进行坡耕地治理的全面规划，根据不同条件，分别确定采取梯田、保土耕作法和坡面小型蓄排水工程。对其中确定为梯田区的地段进行有关梯田的具体规划；在此基础上，再进行相应的设计和施工。

3.2.3 当梯田区以上坡面为坡耕地或荒地时，应部署坡面小型蓄排工程，防止地表径流进入梯田区。我国南方雨多量大地区，梯田区内也应部署小型蓄排工程，以妥善处理梯田不能容蓄的雨水，保证梯田的安全。坡面小型蓄排工程的技术要求按 GB/T 16453.4 执行。

梯田防御暴雨标准，一般采用 10 a 一遇 3 h～6 h 最大降雨，在干旱、半干旱地区，可采用 20 a 一遇 3 h～6 h 最大降雨。根据各地降雨特点，分别采用当地最易产生严重水土流失的短历时、高强度暴雨。

3.2.4 梯田类型的选用应遵循以下原则：

a) 条件适合的地方，可一次性修成水平梯田。

b) 在坡耕地土层较薄，或当地劳力较少的地区，可以先修坡式梯田，经逐年向下方翻土耕作，减缓田面坡度，逐步变成水平梯田。

c) 在地多人少、劳力缺乏，同时年降雨量较少、耕地坡度在 15°～20°的地方，可以采用隔坡梯田。

d) 土质丘陵和塬、台地区修土坎梯田；在土石山区或石质山区、取料方便地区修梯田时，就地取材修成石坎梯田。

e) 丘陵区或山区的坡耕地(坡度一般为 15°～25°)，按陡坡区梯田进行规划、设计。东北黑土漫岗区、西北黄土高原区的塬面，以及零星分布各地河谷川台地上的缓坡耕地(坡度 15°以下)，按缓坡梯田进行规划、设计。

4 第一类保水保土耕作

4.1 等高耕作

4.1.1 我国北方干旱少雨地区，耕作方向应基本沿等高线，有利于保水保土。我国南方多雨且土质粘重地区，耕作方向应与等高线呈 1%～2%的比降，适应排水，并防止冲刷。在横坡耕作基础上采取的沟垄种植、休闲地水平犁沟等措施，其沟垄方向均可按此原则处理。

4.1.2 将原有顺坡沟垄改为横坡沟垄时，应先经过耕翻，再进行横坡耕作，形成新的横坡沟垄。

4.1.3 实施横坡耕作的坡耕地，在坡面从上到下，每隔一定距离，还应沿等高线修筑若干道土埂，种草带、灌木带，或用套二犁作成水平犁沟，截短坡长，减轻水土流失。

4.1.3.1 土埂初修高度宜为 40 cm～50 cm，草带宜宽 1 m 左右。每年耕作时，从上向下翻土，使两埂(或两带)间的地面坡度逐渐减缓，同时每年加高土埂 10 cm～20 cm，逐步形成水平梯田。

4.1.3.2 土埂或草带的距离，随坡度和降雨不同而异：坡度陡、雨量大的地方，间距可小些；坡度缓、雨量小的地方，间距可大些。一般 15°以上陡坡地，埂间距 8 m～15 m，10°以下缓坡地，埂间距 20 m～30 m。

4.1.4 在有风蚀的缓坡地区，改顺坡耕作为横坡耕作时，应使耕作方向与主风向正交，或呈 45°。

4.2 沟垄种植

4.2.1 在坡耕地上应顺等高线(或与等高线呈 1%～2%的比降)耕作，形成沟垄相间的地面，容蓄雨水，减轻水土流失。

4.2.2 播种时起垄。应由牲畜带犁完成，并按以下步骤进行：

4.2.2.1 在地块下边空一犁宽地面不犁，从第二犁位置开始，顺等高线犁出第一条犁沟，向下翻土，形成第一道垄，垄顶至沟底深约 20 cm～30 cm，将种子、肥料撒在犁沟内。

4.2.2.2 在此犁沟上部犁半犁深，虚土覆盖犁沟中的种子、肥料。

4.2.2.3 再空一犁宽地面不犁，在其上部顺等高线犁出第二条犁沟，向下翻土，形成第二道垄沟相间。此后照上述步骤依次进行。

4.2.2.4 在沟中每隔 3 m～5 m 作一小土挡，高 10 cm 左右，相邻两沟间的小土挡呈“品”字形错开。

4.2.3 中耕时起垄。主要用于玉米、高粱等高秆中耕作物。由人工操作，按以下步骤进行：

4.2.3.1 在坡耕地上顺等高线条状播种，播种时不作沟垄。

4.2.3.2 第一次中耕时(苗高 30 m～40 m)，用锄将苗行间的土取起，培在幼苗根部；取土处连续不断形成水平沟，培土处连续不断形成等高垄。

4.2.3.3 取土时在沟中每隔 3 m～5 m 留一高约 10 cm 的小土挡，相邻两沟间的小土挡呈“品”字形错开。

4.2.4 畦状沟垄适于我国南方种红薯等作物，由人工操作，其步骤如下：

4.2.4.1 按照 4.2.2 的步骤将坡地作成沟垄。

4.2.4.2 每隔 5 条～6 条沟垄留一田间小路，兼作排水道，形成坡面长畦；沿排水道每 20 m～30 m 作一横向畦埂，将长畦隔成短畦。

4.3 掏钵种植

4.3.1 一钵一苗法应符合下列要求：

4.3.1.1 在坡耕地上沿等高线用锄挖穴(掏钵)，以作物株距为穴距(一般 30 cm～40 cm)，以作物行距为上下两行穴间行距(一般 60 cm～80 cm)。

4.3.1.2 穴的直径一般为 20 cm～25 cm，深 20 cm～25 cm，上下两行穴的位置呈“品”字形错开。

4.3.1.3 挖穴取出的生土在穴下方作成小土埂，再将穴底挖松，从第二穴位置上取 10 cm 表土置于第一穴内，施入底肥，播下种子。

4.3.1.4 以后各穴，采用同样方法处理，使每穴内都有表土。

4.3.2 一钵数苗法应符合下列要求：

4.3.2.1 在坡耕地上顺等高线挖穴，穴的直径约 50 cm，深 30 cm～40 cm。挖穴取出的生土在穴下方作成小土埂，穴间距离约 50 cm。

4.3.2.2 将穴底挖松，深 15 cm～20 cm，再将穴上方约 50 cm×50 cm 位置上的表土取起 10 cm～15 cm，均匀铺在穴底，施入底肥，播下种子，根据不同作物情况，每穴可种 2 株～3 株。

4.3.2.3 以作物的行距作为穴的行距，相邻上下两行穴的位置呈“品”字形错开。

4.4 抗旱丰产沟

4.4.1 人工操作步骤见图 2：

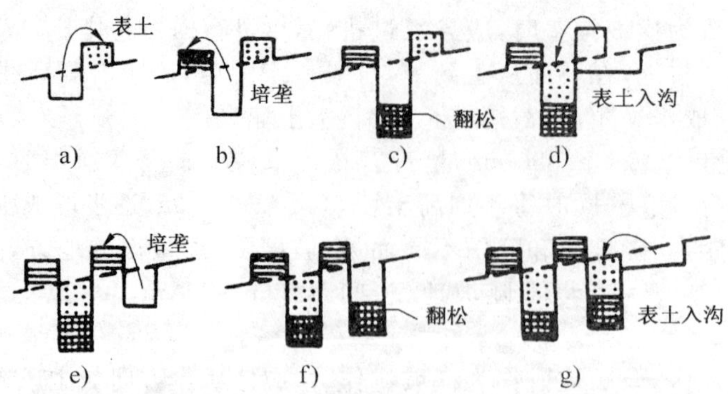

图 2　抗旱丰产沟人工操作步骤

4.4.1.1　从坡耕地下边开始，离地边约 30 cm，顺等高线方向开挖宽约 30 cm 的一条沟，深 20 cm～25 cm，将挖起的表土暂时堆放在沟的上方，见图 2 中 a)。

4.4.1.2　将沟内生土挖出，堆在沟的下方，形成第一条土埂，见图 2 中 b)。

4.4.1.3　将沟底用锹翻松，深 20 cm～25 cm，见图 2 中 c)。

4.4.1.4　将沟上方暂时堆放的表土推入沟中；同时将沟上方宽约 60 cm、深约 20 cm 的原地面上的表土取起，推入沟中，大致将沟填满，(见图 2 中 d)。

4.4.1.5　在 60 cm 宽去掉表土的地面上，将上半部 30 cm 宽位置挖一条沟，深 20 cm～25 cm，挖出的生土堆在下半部 30 cm 宽位置上，作成第二条土埂，见图 2 中 e)。

4.4.1.6　将第二条沟底翻松，深 20 cm～25 cm，见图 2 中 f)。

4.4.1.7　将第二条沟底上方约 60 cm 宽的表土取起约 20 cm 深，推入第二条沟中，见图 2 中 g)。

按此继续操作，直到整个坡面都成生土作埂，表土入沟，沟中表土和松土层厚深 40 cm～50 cm，保水保土保肥，有利作物生长。

4.4.2　人畜结合，其施工步骤与人工操作基本一致。所不同的是：在取表土、取生土、翻松沟底等步骤，都用牲畜带犁，顺等高线翻松地面土层，再用人工以生土作埂，推表土入沟，以提高工效，节省人力。

4.5　休闲地水平犁沟

4.5.1　在坡耕地内，从上到下，每隔 2m～3m，沿等高线或与等高线保持 1%～2% 比降，作一道水平犁沟。犁时向下翻土，使犁沟下方形成一道土垄，以拦蓄雨水。

4.5.2　在同一位置翻犁两次(套二犁)，加大沟深和垄高，加大沟垄容蓄能力。

4.5.3　根据不同坡度和降雨情况，犁沟的间距可加大或缩小。坡度陡、雨量大的地方间距小些；坡度缓、雨量小的地方间距大些。

5　第二类保水保土耕作

5.1　草田轮作。适用于地多人少的农区或半农牧区。特别是对原来有轮歇、撩荒习惯的地区，应采用草田轮作，代替轮歇撩荒，以保持水土，改良土壤。根据不同条件，分别采用不同的草田轮作方式。

5.1.1　短期轮作。主要适用于农区，种 2 a～3 a 农作物后，种 1 a～2 a 草类。草种以毛苕子、箭舌豌豆等短期绿肥、牧草为主。

5.1.2　长期轮作。主要适用于半农半牧区，种 4 a～5 a 农作物后，种 5 a～6 a 草类。草种以苜蓿、沙打旺等多年牧草为主。

5.2　间作与套种，要求两种(或两种以上)不同作物同时或先后种植在同一地块内，增加对地面的覆盖程度和延长对地面的覆盖时间，减轻水土流失。

5.2.1　间作。两种不同作物同时播种。选为间作的两种作物应具备生态群落相互协调、生长环境互补的特点，主要有：高秆作物与低秆作物、深根作物与浅根作物、早熟作物与晚熟作物、密生作物与疏生作物、喜光作物与喜阴作物、禾本科作物与豆科作物等不同作物的合理配置，并等高种植。根据作物的生理特性分别采取以下两种间作方式：

5.2.1.1 行间间作。适当加大第一种作物的行距，在每两行作物之间种植第二种作物，两种作物的株距不变。

5.2.1.2 株间间作。适当加大第一种作物的株距，在每株作物之间种植第二种作物，两种作物的行距不变。也可进行双行间作。

5.2.2 套种。在同一地块内，前季作物生长的后期，在其行间或株间播种或移栽后季作物，两种作物收获时间不同，其作物配置的协调互补与株行距要求与间作相同。根据作物的不同特点，在播种时间上分别采取以下两种作法：

a) 在第一种作物第一次或第二次中耕以后，套种第二种作物。

b) 在第一种作物收获前，套种第二种作物。

5.3 带状间作

5.3.1 作物带状间作

5.3.1.1 间作的作物种类参见5.2.1。

5.3.1.2 间作条带方向，基本上沿等高线，或与等高线保持1%～2%的比降。

5.3.1.3 条带宽度一般5 m～10 m，两种作物可取等宽或分别采取不同的宽度，陡坡地条带宽度小些，缓坡地条带宽度大些。

5.3.1.4 上述条带上的不同作物，每年或每二至三年互换一次，形成带状间作又兼轮作。

5.3.2 草粮带状间作

5.3.2.1 间作的作物和草类可参照5.1.1和5.1.2。

5.3.2.2 条带的方向基本上沿等高线，或与等高线呈1%～2%的比降。

5.3.2.3 条带的宽度一般5 m～10 m。作物带与草带的宽度，不同情况下分别采取不同的比例：一般情况下可取二者等宽；地多人少、坡度较陡地区，草带宽度可比作物带宽度大些；地少人多、坡度较缓地区，草带宽度可比作物带宽度小些。

5.3.2.4 每二至三年或五至六年将草带和作物带互换一次，形成草粮带状间作又兼草粮轮作。但互换后需调整带宽，使草带与作物带保持原来的宽度比例。

5.4 休闲地上种绿肥

5.4.1 作物未收获前10 d～15 d，在作物行间顺等高线地面播种绿肥植物；作物收获后，绿肥植物加快生长，迅速覆盖地面。

5.4.2 暴雨季节过后，将绿肥翻压土中，或收割作为牧草。要求整个暴雨季节地面都有草类覆盖。

5.4.3 如因故不能在作物收获前套种绿肥，则应在作物收获后尽快播种，并配合做好水平犁沟。

5.5 合理密植

适用于原来耕作粗放、作物植株密度偏低的地区。通过选用优良品种、增施肥料、精耕细作、实行集约经营、结合等高耕作、合理调整并增加作物的植株密度，以保水保土保肥，提高作物产量。不同条件下分别采取不同的作法。

5.5.1 水肥条件较好的，较大幅度地提高作物的植株密度，可同时缩小株距与行距，或行距不变只缩小株距，株距不变只缩小行距。

5.5.2 水肥条件较差的，顺等高线适当加大行距而缩小株距，实行宽带密植，保持地中总的植株适量增加，以有利于保水保土，同时能适应较低的水肥条件。

6 第三类保水保土耕作

6.1 深耕深松。耕松的深度，以打破犁底层，提高土壤入渗能力为原则，一般25 cm～30 cm。

6.2 增施有机肥，要求促进土壤形成团粒结构，提高田间持水能力和土壤抗蚀性能。

6.3 留茬播种，主要适用于同一地块中两种作物不能套种的坡耕地或缓坡风蚀地。

7 第四类保水保土耕作

7.1 地膜覆盖，主要适用于半湿润、半干旱地区，结合早春作物播种。

7.2 秸秆覆盖，主要适用于燃料、饲料比较充裕的地方。

8 梯田布局

8.1 陡坡区梯田的布设

8.1.1 选土质较好、坡度(相对)较缓、距村较近、交通较便、位置较低、邻近水源的地方修梯田。有条件的应考虑小型机械耕作和就地蓄水灌溉，并与坡面水系工程相结合。

8.1.2 田块布设需顺山坡地形，大弯就势，小弯取直，田块长度尽可能达到 100 m～200 m，以便利耕作。

8.1.3 梯田区不能全部拦蓄暴雨径流的地方，应布置相应的排、蓄工程；在山丘上部有地表径流进入梯田区处，应布置截水沟等小型蓄排工程，以保证梯田区安全。

8.1.4 需有从坡脚到坡顶、从村庄到田间的道路。路面一般宽 2 m～3 m，比降不超过 15%。在地面坡度超过 15%的地方，道路采用“S”形，盘绕而上，减小路面最大比降。

8.2 缓坡区梯田的布设

8.2.1 以道路为骨架划分耕作区，在耕作区内布置宽面(20 m～30 m 或更宽)、低坎(1 m 左右)地埂的梯田，田面长 200 m～400 m，便利大型机械耕作和自流灌溉。

8.2.2 对少数地形有波状起伏的，耕作区应顺总的地势呈扇形，区内梯田埂线亦随之略有弧度，不要求一律成直线。

8.2.3 一般情况下耕作区为矩形或正方形，四面或三面通路，路面宽 3 m 左右，路旁与渠道、农田防护林网结合；耕作区道路两端与村、乡、县公路相连。

9 梯田设计

9.1 水平梯田的断面设计

9.1.1 不同坡度下梯田的优化断面

9.1.1.1 田面应有适当的宽度(陡坡区一般 5 m～15 m，缓坡区一般 20 m～40 m)。

9.1.1.2 田坎坡度适当，既坚实稳固，又不多占耕地。

9.1.2 水平梯田的断面要素

9.1.2.1 水平梯田断面要素见图 3。

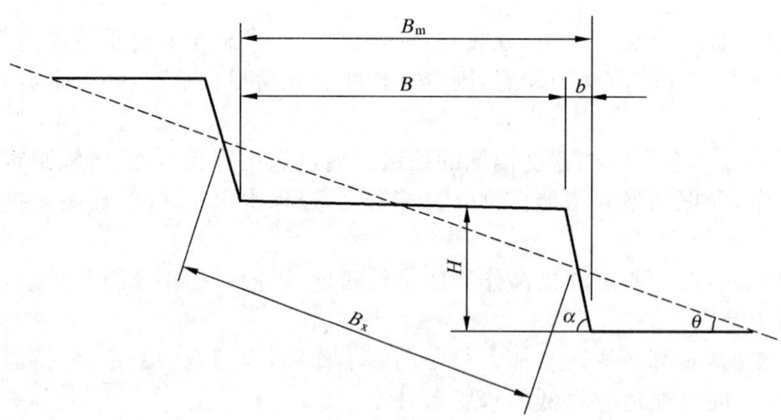

θ——原地面坡度，(°)；
α——梯田田坎坡度，(°)；
H——梯田田坎高度，m；
B_x——原坡面斜宽，m；
B_m——梯田田面毛宽，m；
B——梯田田面净宽，m；
b——梯田田坎占地宽，m。

图 3 水平梯田断面要素

9.1.2.2 各要素间关系[见式(1)~式(6)]:

田坎高度 $H = B_x \sin\theta$ ……………………………(1)

原坡面斜宽 $B_x = H\cos\theta$ ……………………………(2)

田坎占地宽 $b = H\cot\alpha$ ……………………………(3)

田面毛宽 $B_m = H\cot\theta$ ……………………………(4)

田坎高度 $H = B_m\cot\theta$ ……………………………(5)

田面净宽 $B = B_m - b = H(\cot\theta - \cot\alpha)$ ……………………………(6)

9.1.2.3 除上述各要素外,田边应有蓄水埂,高0.3 m~0.5 m,顶宽0.3 m~0.5 m,内外坡比约1:1。我国南方多雨地区,梯田内侧应有排水沟,其具体尺寸根据各地降雨、土质、地表径流情况而定,所需土方量根据断面尺寸量算,不纳入上述各要素设计。

9.1.3 水平梯田断面主要尺寸

参考数值参见附录A。

9.1.4 水平梯田工程量计算

9.1.4.1 单位面积土方量可按式(7)计算:

$$V = \frac{1}{2}\left(\frac{B}{2} \times \frac{H}{2} \times L\right) = \frac{1}{8}BHL \quad \cdots\cdots(7)$$

式中:

V——单位面积(hm^2 或亩)梯田土方量,单位为立方米(m^3);

L——单位面积(hm^2 或亩)梯田长度,单位为米(m);

H——田坎高度,单位为米(m);

B——田面净宽,单位为米(m)。

当梯田面积按 hm^2 计算时,单位面积土方量按式(8)计算:

$$V = \frac{1}{8}H \times 10^4 = 1\,250H \quad \cdots\cdots(8)$$

当梯田面积按亩计算时,单位面积土方量按式(9)计算:

$$V = \frac{1}{8}H \times 666.7 = 83.3H \quad \cdots\cdots(9)$$

9.1.4.2 单位面积土方移运量可按公式(10)计算:

$$W = V \times \frac{2}{3}B = \frac{1}{12}B^2HL \quad \cdots\cdots(10)$$

式中:

W——单位面积(hm^2 或亩)土方移运量,m^3-m。

土方移运量的单位为 m^3-m,是一个复合单位,即需将若干 m^3 的土方量运若干 m 的距离。

当梯田面积按 hm^2 计算时,单位面积土方移运量按式(11)计算:

$$W = \frac{BH}{12} \times 10^4 = 833.3BH \quad \cdots\cdots(11)$$

式中:

W——每公顷土方移运量,m^3-m。

当梯田面积按亩计算时,单位面积土方移运量按式(12)计算:

$$W = \frac{BH}{12} \times 666.7 = 55.6BH \quad \cdots\cdots(12)$$

式中:

W——每亩土方移运量,m^3-m。

9.2 坡式梯田的断面设计

9.2.1 确定等高沟埂间距

9.2.1.1 每两条沟埂之间的田面斜宽 B_x 应有足够大。

9.2.1.2 地面坡度陡，沟埂间距应小；地面坡度缓，沟埂间距应大。

9.2.1.3 雨量和强度大的地区沟埂间距应小些，雨量和强度小的地区沟埂间距应大些。

9.2.1.4 土壤颗粒中含沙粒较多、渗透性较强的，沟埂间距应大些；土质粘重、渗透性较差的，沟埂间距应小些。

9.2.1.5 不同地区根据以上几方面不同条件，经综合分析，确定沟埂间距同时可参考当地水平梯田断面设计的 B_x 值，并考虑坡式梯田经过逐年加高土埂，最终变成水平梯田时的断面，应与一次修成水平梯田的断面相近。

9.2.2 确定等高沟埂断面尺寸

9.2.2.1 沟埂的基本形式应采取埂在上、沟在下，从埂下方开沟取土，在沟上方筑埂，逐年加高土埂，最终变成水平梯田。

9.2.2.2 埂顶宽 30 cm～40 cm，埂高 50 cm～60 cm，外坡 1∶0.5，内坡 1∶1。

9.2.2.3 通过降雨径流泥沙计算，干旱、半干旱地区，土埂上方容量应能拦蓄当地 10 a～20 a 一遇的一次降雨中两埂之间坡面所产生的地表径流与泥沙；多雨地区土埂不能全部拦蓄的，应结合坡面小型蓄排工程，妥善处理多余的径流与泥沙(坡面径流泥沙计算，按 GB/T 16453.4—2008 中 3.3.1 执行。

9.2.2.4 当土埂上方由于泥沙淤积导致容量减小时，应及时从下方取土加高土埂，保持初修的尺寸和容量。

9.2.3 坡式梯田断面

坡式梯田断面见图 4。

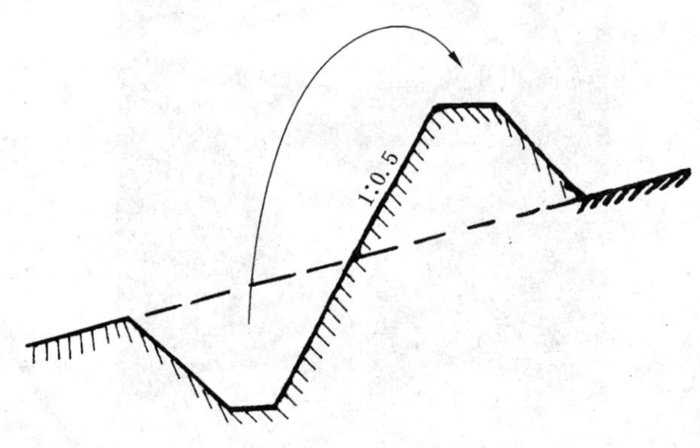

图 4 坡式梯田断面

9.2.4 草带(或灌木带)坡式梯田的断面设计

a) 每两带间的斜坡田面宽度按 9.2.1 的规定确定；

b) 草带(或灌木带)的宽度宜为 3 m～4 m；

c) 在种草带(或灌木带)之前，先修宽浅式软埂(不夯实)，可将草(或灌木)种在埂上(见图 5)。

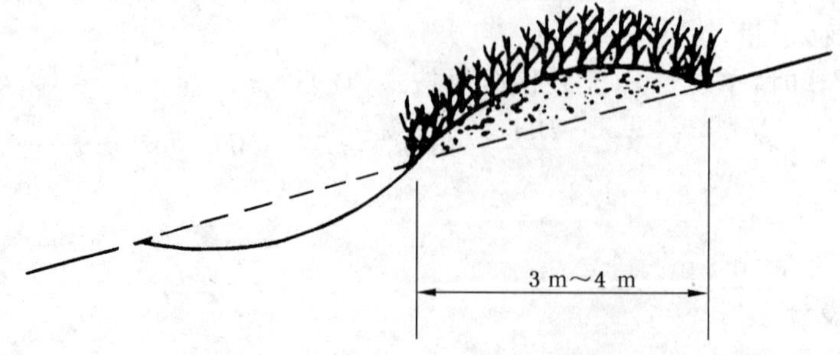

图 5 草带(或灌木带)坡式梯田

9.3 隔坡梯田的断面设计

9.3.1 平台宽度按下列情况确定：

9.3.1.1 根据隔坡梯田地面坡度(15°～25°)，水平田面宽度宜为5m～10m，坡度缓的可宽些，坡度陡的可窄些。

9.3.1.2 平台的宽度应能适应耕作，且能适应斜坡部分的暴雨径流情况，应全部拦蓄斜坡径流，且能有效地提高作物产量。

9.3.2 斜坡宽度按下列情况确定：

9.3.2.1 斜坡宽度(按垂直投影计)以其与水平部分的宽度比例表示。若水平面宽为1，则斜坡部分的宽度比例可为1∶1～1∶3(或者更大)。一般干旱少雨地区斜坡宽度比例可大些，雨量较多地区斜坡宽度比例可小些。

9.3.2.2 根据地面坡度、土质、植被和当地降雨情况(通过小区径流观测)，确定斜坡部分在10 a一遇一次暴雨中，以每平方米产生的径流和泥沙量，作为确定斜坡宽度的主要依据。

9.3.2.3 根据平台部分的宽度、田面土壤的渗透性，考虑暴雨中田面直接受雨后，再能接受斜坡暴雨径流的能力，具体确定斜坡宽度。在设计频率暴雨下，水平田面应能全部拦蓄斜坡的径流，不发生漫溢。

9.3.2.4 应计算斜坡上全年的地表径流，了解其对水平田面提供径流下泄的水量。如水量偏小，则应适当加大斜坡宽度。

10 梯田的施工

10.1 土坎梯田的施工定线、清基、筑埂、保留表土、修平田面等五道工序

10.1.1 梯田定线

10.1.1.1 根据梯田规划确定为梯田区的坡面，在其正中(距左右两端大致相等)从上到下划一中轴线。

10.1.1.2 根据梯田断面设计的田面斜宽 B_x，在中轴线上划出各台梯田的 B_x 基点。

10.1.1.3 从各台梯田的 B_x 基点出发，用手水准向左右两端分别测定其等高点；连各等高点成线，即为各台梯田的施工线。

10.1.1.4 定线过程中，遇局部地形复杂处，应根据大弯就势，小弯取直原则处理。为保持田面等宽，可适当调整埂线位置。

10.1.2 田坎清基

10.1.2.1 以各台梯田的施工线为中心，上下各划出50 cm～60 cm宽，作为清基线。

10.1.2.2 在清基线范围内清除表土厚约20 cm，暂时堆在清基线下方，施工中与整个田面保留表土结合处理。

10.1.2.3 将清基线内的地面翻松约10 cm，清除石砾等杂物(如有洞穴，及时填塞)，整平，夯实。

10.1.3 修筑田坎

10.1.3.1 田坎应用生土填筑，土中不应夹有石砾、树根、草皮等杂物。

10.1.3.2 修筑时应分层夯实，每层虚土厚约20 cm，夯实后厚约15 cm。

10.1.3.3 修筑中每道埂坎应全面均匀地同时升高，不应出现各段参差不齐，影响接茬处质量。

10.1.3.4 田坎升高过程中应根据设计的田坎坡度，逐层向内收缩，并将坎面拍光。

10.1.3.5 随着田坎升高，坎后的田面也相应升高，将坎后填实，使田面与田坎紧密结合在一起。

10.1.4 保留表土

10.1.4.1 表土逐台下移适用于坡度较陡，田面较窄(10 m以下)的梯田。步骤如下(见图6)。

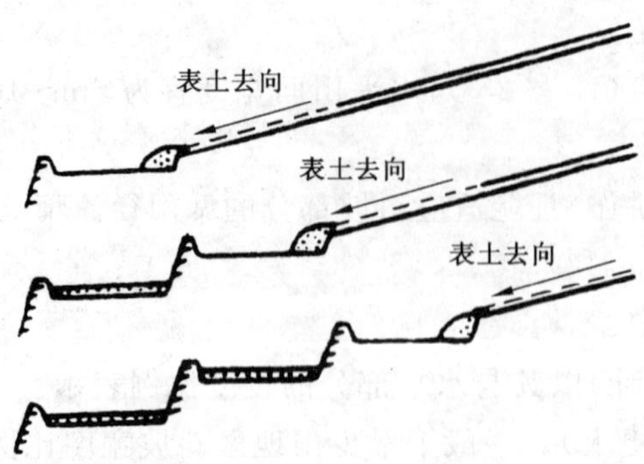

图 6　表土逐台下移法

10.1.4.1.1　整个坡面梯田逐台从下向上修，先将最下面一台梯田修平，不保留表土。

10.1.4.1.2　将第二台拟修梯田田面的表土取起，推到第一台田面上，均匀铺好。

10.1.4.1.3　第二台梯田修平后，将第三台拟修梯田田面的表土取起，推到第二台田面上，均匀铺好。

10.1.4.1.4　如此逐台进行，直到各台修平。

10.1.4.2　表土逐行置换法适用于坡面坡度较缓，梯田田面较宽（20 m～30 m）的情况。步骤如下（见图 7）。

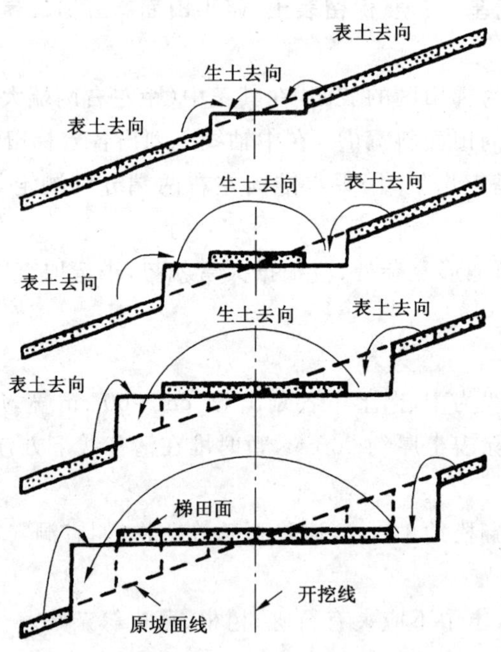

图 7　表土逐行置换法

10.1.4.2.1　先将田面中部约 2 m 宽修平，将其上下两侧各约 1 m 宽表土取来铺上。

10.1.4.2.2　挖上侧 1 m 宽田面，填下侧 1 m 宽田面，将平台扩大为 4 m 宽。

10.1.4.2.3　按前述方法，再向上下两端各展 1 m 宽，将平台扩大为 6 m。

10.1.4.2.4　如此继续进行下去，直到将整个田面修平。

10.1.4.3　表土中间堆置适用于田面宽 10 m～15 m 的情况。步骤如下（见图 8）。

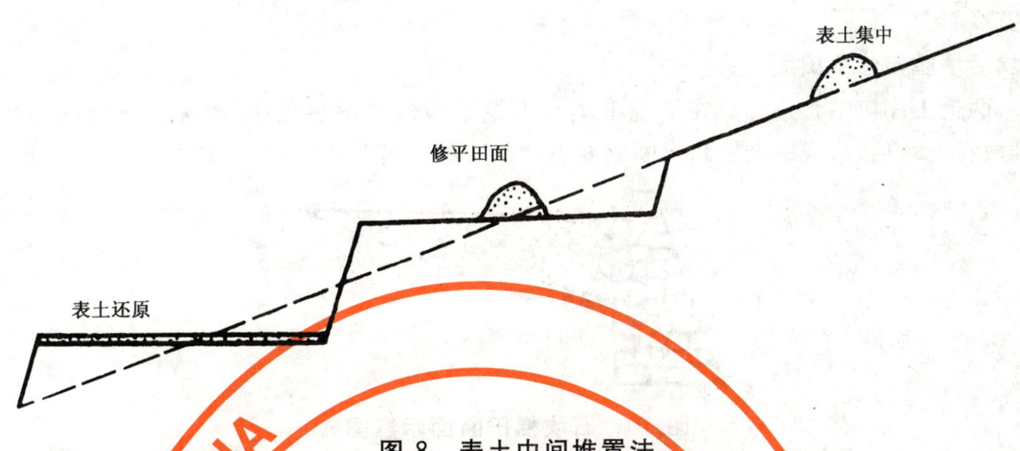

图 8　表土中间堆置法

10.1.4.3.1　将拟修田面的表土全部取起，堆置在田面中心线位置，宽 2 m 左右。

10.1.4.3.2　将中心线上方田面生土取起，填于下方田面。

10.1.4.3.3　将堆置在中心线的表土，均匀铺运到整个田面上。

10.1.5　修平田面

10.1.5.1　将田面分成下挖上填与上挖下填两部分：田坎线以下各 1.5 m 范围，采取下挖上填法，从田坎下方取土，填到田坎上方。其余田面采取上挖下填法，从田面中心线以上取土，填到中心线以下（见图 9）。

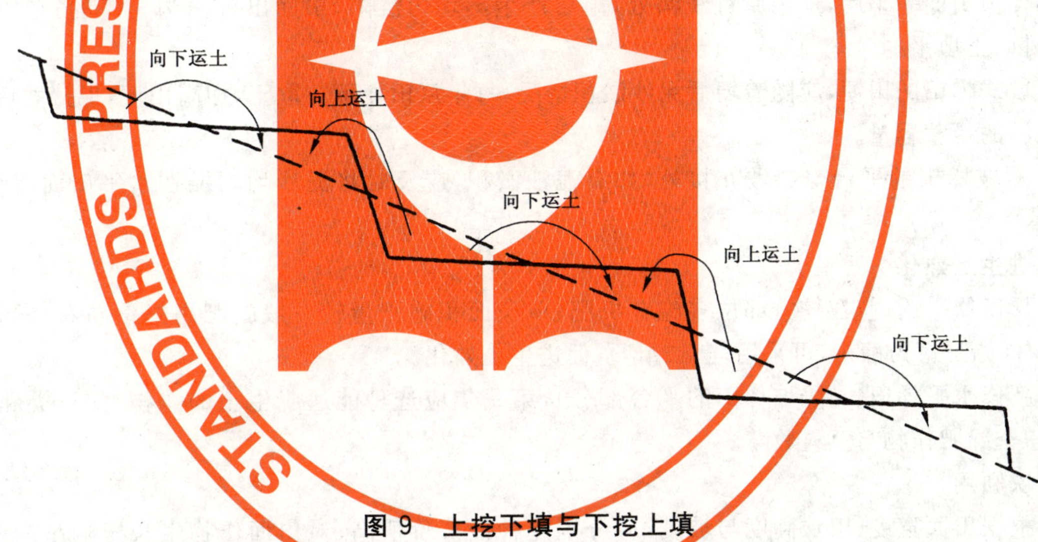

图 9　上挖下填与下挖上填

10.1.5.2　田面挖填任务基本完成后，应用手水准检查是否达到水平（或按设计要求的纵向比降），允许误差为±1%。

10.2　石坎梯田的施工

10.2.1　修砌石坎

10.2.1.1　先应备好石料，大小搭配均匀，堆放田坎线下侧。

10.2.1.2　逐层向上修砌，每层应用比较规整的较大块石（长 40 cm～50 cm，宽 20 cm～30 cm，厚 15 cm～20 cm）砌成田坎外坡，各块之间上下左右都应挤紧，上下两层的中缝要错开呈“品”字形。较长石坎每 10 m～15 m 留一沉陷缝。

10.2.1.3　石坎外坡以内各层，应与外坡相同，但所用石料不必强求规整。修砌过程中整个石坎应均匀地逐层升高，压顶的块石应规整，且具有较大尺寸。

10.2.1.4　石坎稳定系数可取 1.15～1.20，顶宽 0.4 m～0.5 m，根据不同坎高，计算石坎底宽，相应地加大清基宽度。

10.2.2 坎后填膛与修平田面

10.2.2.1 两道工序应结合进行。在下挖上填与上挖下填修平田过程中，将夹在土内的石块、石砾拾起，分层堆放在石坎后，形成一个三角形断面对石坎的支撑(见图10)。

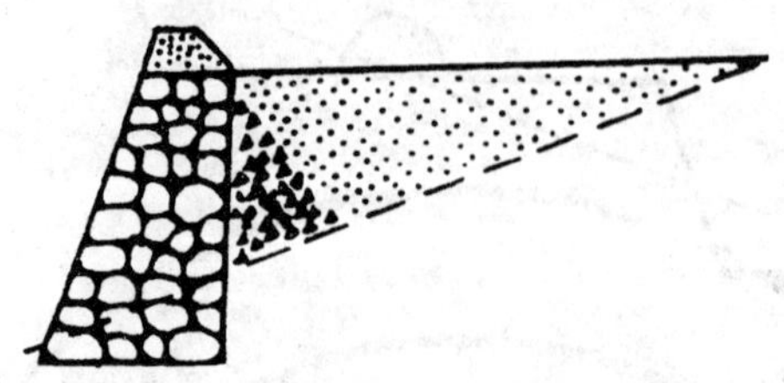

图10 石坎梯田断面示意图

10.2.2.2 堆放石块、石砾的顺序是：从下向上，先堆大块，后堆小块，然后填土进行田面平整。

10.2.2.3 通过坎后填膛，平整后的田面30 cm～50 cm深以内应无石块、石砾，以利耕作。

11 梯田管理

11.1 维修养护

11.1.1 每年汛后和每次较大暴雨后，应对梯田区检查，发现田坎(田埂)有缺口、穿洞等损毁现象，应及时进行补修。

11.1.2 梯田田面平整后，地中原有浅沟处，雨后产生不均匀沉陷，田面出现浅沟集流的，在庄稼收割后，应及时取土填平。

11.1.3 坡式梯田的田埂，应随着埂后泥沙淤积情况，每年从田埂下方取土，加高田埂，保持埂后按原设计应有足够的拦蓄容量。

11.1.4 隔坡梯田的平台与斜坡交接处，如有泥沙淤积，应及时将泥沙均匀摊在水平田面，保持田面水平。

11.2 促进生土熟化

11.2.1 梯田修平后，应在挖方部位多施有机肥(单位面积施肥量较一般施肥高一倍左右)，同时深耕30 cm左右(如是畜力翻耕，可采用"套二犁")，促进生土熟化。

11.2.2 新修水平梯田(与隔坡梯田的平台部分)，第一年应选种能适应生土的作物，如豆类和马铃薯等，或种一季绿肥作物与豆科牧草。

11.3 田坎利用

11.3.1 根据田面宽度、田坎高度与坡度，应分别选种经济价值高、对田面作物生长影响小的树种、草种，发展田坎经济。

11.3.2 根据所选树种、草种的植物生理特性，经过试验研究，确定在田坎上种植的方式(株距、位置)，以及经营管理要求，力争田坎上植物优质、高产。

11.3.3 田坎利用应与搞好田坎的维修养护、保证田坎安全相结合。

附 录 A
（资料性附录）
水平梯田断面尺寸参考数值

表 A.1 水平梯田断面尺寸参考数值

适应地区	地面坡度 θ/(°)	田面净宽 B/m	田坎高度 H/m	田坎坡度 α/(°)
中国北方	1～5	30～40	1.1～2.3	85～70
	5～10	20～30	1.5～4.3	75～55
	10～15	15～20	2.8～4.4	70～50
	15～20	10～15	2.7～4.5	70～50
	20～25	8～10	2.9～4.7	70～50
中国南方	1～5	10～15	0.5～1.2	90～85
	5～10	8～10	0.7～1.8	90～80
	10～15	7～8	1.2～2.2	85～75
	15～20	6～7	1.6～2.6	75～70
	20～25	5～6	1.8～2.8	70～65
注：本表中的田面宽度与田坎坡度适用于土层较厚地区和土质田坎。至于土层较薄地区其田面宽度应根据土层厚度适当减小；对石质田坎的坡度，将结合石坎梯田的施工另作规定。				

ICS 13.080
B 11

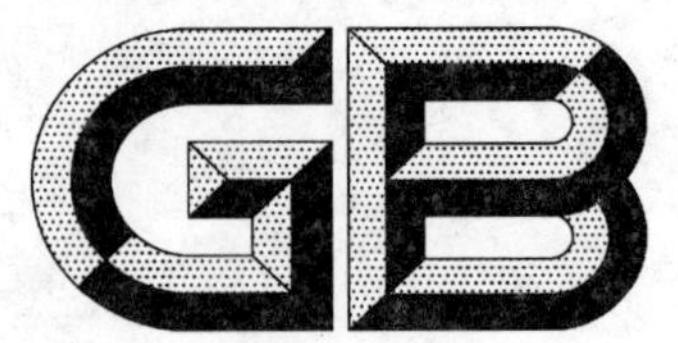

中华人民共和国国家标准

GB/T 16453.2—2008
代替 GB/T 16453.2—1996

水土保持综合治理　技术规范　荒地治理技术

Comprehensive control of soil and water conservation—Technical specification—Technique for erosion control of waste land

2008-11-14 发布　　2009-02-01 实施

中华人民共和国国家质量监督检验检疫总局
中国国家标准化管理委员会　发布

前　言

GB/T 16453《水土保持综合治理　技术规范》共分为六个部分：

——GB/T 16453.1—2008　水土保持综合治理　技术规范　坡耕地治理技术；

——GB/T 16453.2—2008　水土保持综合治理　技术规范　荒地治理技术；

——GB/T 16453.3—2008　水土保持综合治理　技术规范　沟壑治理技术；

——GB/T 16453.4—2008　水土保持综合治理　技术规范　小型蓄排引水工程；

——GB/T 16453.5—2008　水土保持综合治理　技术规范　风沙治理技术；

——GB/T 16453.6—2008　水土保持综合治理　技术规范　崩岗治理技术。

本部分代替 GB/T 16453.2—1996《水土保持综合治理 技术规范　荒地治理技术》。

本部分与 GB/T 16453.2—1996 相比，作如下修改：

——核实了荒地治理技术部分等的有关技术参数。

本部分的附录 A、附录 B、附录 C、附录 D、附录 E 均为资料性附录。

本部分由水利部提出。

本部分由水利部国际合作与科技司归口。

本部分起草单位：水利部水土保持司、水利部水土保持监测中心、黄河水利委员会黄河上中游管理局、黄河水利委员会农村水利水土保持局、长江水利委员会水土保持局、松辽水利委员会农田水利处、珠江水利委员会农田水利处、海河水利委员会农田水利处、淮河水利委员会农田水利处、北京林业大学水土保持学院。

本部分主要起草人：段巧甫、刘万铨、鲁胜力、徐传早、佟伟力、宁堆虎、戚赉棣、郭索彦、张长印、赵永军、陈法扬、陈丽华、丛佩娟、常丹东、冯伟。

本部分所代替标准的历次版本发布情况为：

——GB/T 16453.2—1996。

引　言

GB/T 16453.1—1996 已经实施十余年，在水土保持综合治理方面起到了重要的指导作用。随着我国社会经济的发展和农村产业结构的变化，水土保持工作的内容、性质等方面也发生了深刻的变化。为了适应新形势下的水土保持工作，进一步规范水土保持荒地治理技术规范方法，根据水利部国际合作与科技司、水土保持司的统一安排，进行了修订。

水土保持综合治理　技术规范
荒地治理技术

1　范围

GB/T 16453 的本部分规定了在有水土流失的荒地上采取营造水土保持林措施、人工种草措施以及封山育林或封坡育草措施的规划、设计、施工和管理等技术要求。

本部分适用于全国有水土流失(水蚀)的荒地。

2　规范性引用文件

下列文件中的条款通过 GB/T 16453 的本部分的引用而成为本部分的条款。凡是注日期的引用文件,其随后所有的修改单(不包括勘误的内容)或修订版均不适用于本部分,然而,鼓励根据本部分达成协议的各方研究是否可使用这些文件的最新版本。凡是不注日期的引用文件,其最新版本适用于本部分。

GB 2772　林木种子检验规程

GB 6000　主要造林树种苗木质量分级

GB 7908　林木种子质量分级

GB/T 15162　飞播造林技术规程

LY 1000　容器育苗技术

3　总则

3.1　本部分所称荒地是指除耕地、林地、草地和其他用地(村庄、道路、水域)以外一切可以利用而尚未利用的土地。包括荒山、荒坡、荒沟、荒滩、河岸以及村旁、路旁、宅旁、渠旁地(简称"四旁")等;同时也包括退耕的陡坡地、轮歇地与残林、疏林等需经人为干预才能防治水土流失并获得生态及经济效益的土地。

3.2　上述各类土地的治理和利用,除人工造林外,还有人工种草与封育治理,应根据各类荒地的不同立地条件和当地支柱产业发展的需要,进行总体规划,分别采取上述三种不同的治理措施。

3.3　采取人工造林对各荒地的治理,应同时着眼于开发利用,应能获经济、生态、社会三方面的效益。

3.3.1　减轻或制止水土流失,改善生态环境。

3.3.2　发展以林、果为主导的商品经济,增加经济收入。

3.3.3　建立工、农业原料基地,促进产业化商品经济发展,建设环境与经济协调的小康农村。

3.4　在水土保持范畴内,人工造林应包括利用荒地建成的各类经济林与果园。对有的地方在农地上进行农林间作或粮果间作的,其造林技术要求可参照使用本部分,不另作规定。

4　水土保持造林规划

4.1　林种规划

4.1.1　根据不同用途布设下列林种:

4.1.1.1　经济林。优先选择具有当地特色的干鲜果品及具市场竞争力的品种。

4.1.1.2　薪炭林。在燃料缺乏的地区,根据各地人均年需烧柴数量和每公顷林木可能提供的烧柴数量确定种植面积。

4.1.1.3 我国北方干旱、半干旱饲草不足地区，可结合水土保持营造刺槐、紫穗槐等灌木饲料作为补充。

4.1.1.4 用材林。荒坡上水土保持人工造林作为用材林的，应修好蓄水保土的整地工程，避免用材伐木引起水土流失。干旱少雨的水土流失地区用材林应造在路旁、村旁、宅旁、渠旁、河滩和沟底，以及其他水源较好且伐木不致引起水土流失的地方。

4.1.2 根据不同地形部位布设下列林种：

4.1.2.1 坡面水土保持林。根据荒坡所在位置、坡面坡度、立地条件与水土流失特点，可分别在坡面的上部、中部或下部布设灌木林、乔木林和经济林。

4.1.2.2 沟壑水土保持林。分沟头、沟坡、沟底三个部位，应与沟壑治理措施中的沟头防护、谷坊、淤地坝等紧密结合。

4.1.2.3 岸域水土保持林。主要用以巩固河岸、库岸及渠道，防止塌岸和冲刷渠坡。

4.1.2.4 四旁水土保持林。在平原区和高原区的塬面，一般是道路与渠道结合形成大片方田。路旁、渠旁造林，应按照农田防护林网的要求进行。山区、丘陵区村旁、宅旁造林，应结合农区用材和村镇绿化建设配置树种。

4.2 林相规划

4.2.1 纯林

4.2.1.1 灌木纯林。主要适应于干旱、半干旱地区及水土流失严重，立地条件很差的地方。

4.2.1.2 乔木纯林。主要适应于立地条件较好的地方，同时其树种生物学特点要求为纯林。

4.2.2 混交林

4.2.2.1 混交类型有：针叶树种与阔叶树种混交；乔木与灌木混交；乔木与灌木和草本混交；深根性树种与浅根性树种混交。

4.2.2.2 混交方式

a) 株间混交。适应于瘠薄土地，在乔木株间栽种具有保水保土、改土作用和覆盖能力强的灌木；或在每5株～10株灌木间，稀疏地栽植一株乔木。

b) 行间混交。一般乔木与灌木，阴性树种与阳性树种均适宜采用。

c) 带状混交。适应于初期生长较慢、且两类互有矛盾的树种。带的宽度应根据树种特点具体研究确定。

d) 块状(不规则)混交。适应于树种间竞争较强烈或地形破碎、不同立地条件镶嵌分布的地方。

4.3 树种规划

4.3.1 适地适树

4.3.1.1 小流域内造林应适地适树。小流域内坡面、沟壑等不同地类，不同位置，不同立地条件，应布设不同林种，在同一林种中，还应配置不同树种。

4.3.1.2 根据各地气温、降雨、土质等主要生态因素，可将全国粗略划分为七个不同立地条件的气候带，各气候带适应的树种参见附录A。

4.3.2 优质高产

4.3.2.1 经济林(果园)：要求品种优良，在市场上有较强的竞争能力；同时应是易于运销、存储和加工增值的树种。

4.3.2.2 薪炭林：要求萌芽、萌蘖力强，耐平茬、耐贫瘠、耐干旱、燃烧值高的树种。

4.3.2.3 饲料林：要求耐干旱、耐放牧、耐平茬，同时适口性好的树种。

4.3.2.4 用材林：要求材质好、价值高、速生丰产的树种。

4.3.2.5 水源涵养林：要求树体高大、冠幅大，林内枯枝落叶丰富和枯落物易于分解，具有深根系、根量多和根域广的树种；长寿、生长稳定且抗性强的树种；低耗水、耐旱树种；不对水环境造成污染的树种。

4.3.3 在符合上述原则前提下，宜采用乡土树种；乡土树种不能满足要求时，应通过试验，引进外地优良树种。

4.4 苗圃规划

4.4.1 县、乡、村或小流域，可根据造林的需要，在规划范围内，分级设置苗圃，应避免从外地远距离购置运苗。

4.4.2 苗圃地应选土质较好，管理方便、且有灌溉条件的地方；在规划范围内应大致均匀分布，便于使用。

4.4.3 苗圃面积应使其育苗数量能按计划逐年满足规划范围内全部造林的需要。有条件的在乡、村或小流域内部调剂，必要时可在县的范围内调剂。

4.4.4 应根据造林规划的林种和树种配备齐全，保证按规划要求全部种植所需林种、树种，避免有什么苗栽什么树，收不到应有的效益。对引进外来的新树种，应先经过试验，确认适宜性后再纳入育苗计划。

4.4.5 苗圃的建设和生产，应明确专人专职管理，按苗圃管理技术规范和有关制度严格执行，保证育苗任务和质量。

4.5 其他有关规划

4.5.1 残次林、疏林和低效林、小老树等的改造规划基本要求如下：

4.5.1.1 残林、疏林，应根据不同的残疏程度与立地条件，分别采取封禁或更新、补植的措施进行改造。

4.5.1.2 低效林、小老树，应根据不同树种和形成小老树的原因，分别采取间伐、修枝、嫁接改良、补修整地工程、松土、灌水等措施进行改造。如因树种选择不当，应以适宜树种更替。

4.5.2 林地道路规划

成片林地四周、较大面积林地内部，均应设置道路，宽为 2 m～3 m，架子车或小型机动车应能通行。

4.5.3 林地管护规划

包括管护措施、管护组织、管护设备与管护人员的规划等。

5 水土保持造林设计

5.1 造林密度设计

5.1.1 造林密度的表现形式

5.1.1.1 以行距(m)、株距(m)计，在造林施工时直接采用。

5.1.1.2 以单位面积(hm^2)造林株数计，用以统计需苗数量和造林成果(成活率、保存率、效益等)。

5.1.2 不同林种、树种的造林密度

5.1.2.1 用材林造林密度宜为每公顷 2 000 株～3 000 株，根据树种特点和当地条件每公顷可放宽到 600 株～5 000 株。

5.1.2.2 经济林与果园造林密度宜为每公顷 1 000 株～2 000 株，根据树种和管理水平每公顷可放宽到 500 株～5 000 株。

5.1.2.3 以灌木为主的饲料林和薪炭林，宜为每公顷 10 000 丛～20 000 丛，不同树种可少到每公顷 6 000 丛。

5.1.2.4 水源涵养林乔木密度宜为每公顷 1 000 株～3 000 株，灌木密度宜为每公顷 2 000 株～4 000 株。

5.1.3 不同立地条件的造林密度

5.1.3.1 我国南方水热条件较好地区的造林密度可比北方水热条件较差地区大些。

5.1.3.2 同一地区，立地条件较好地类的造林密度可比立地条件较差地类大些。

5.1.3.3 同样立地条件，计划间伐的造林密度比不计划间伐的大些。

5.1.3.4 农林间作、粮果间作等的造林密度，应采用每公顷 30 株～40 株或 50 株～100 株。

5.1.4 附录 B 列出若干水土保持主要树种的初植密度，供各地设计时参考。应坚持因地制宜原则，对每一地区每一地类的造林密度，在具体分析立地条件的基础上，通过具体设计确定。

5.2 整地工程设计

5.2.1 基本要求

5.2.1.1 水土保持造林，宜采取整地工程，保水保土，促进树木正常生长。

5.2.1.2 不同立地条件、不同林种，应分别采用不同形式的整地工程。

5.2.1.3 整地工程防御标准，可按 1 a～5 a 一遇 3 h～6 h 设计暴雨量计算。根据各地不同降雨情况，分别采用不同的暴雨频率和当地最易产生严重水土流失的短历时、高强度暴雨进行设计。

5.2.2 带状整地工程

5.2.2.1 水平阶整地，适用于 15°～25°的陡坡，阶面宽 1.0 m～1.5 m，具有 3°～5°反坡，上下两阶间的水平距离，以设计的造林行距为准。各水平阶间斜坡径流应在阶面上能全部或大部容纳入渗，以此确定阶面宽度或阶边埂。亦可设计为隔坡形，隔坡距离根据现场确定。树苗植于距阶边 0.3 m～0.5 m(约 1/3 m 阶宽)处。

5.2.2.2 水平沟整地，南方山边沟整地，适用于 15°～25°的陡坡。沟口上宽 0.6 m～1.0 m，沟底宽 0.3 m～0.5 m，沟深 0.4 m～0.6 m，沟由半挖半填作成，内侧挖出的生土用在外侧作埂。树苗植于沟底外侧。根据设计的造林行距和坡面暴雨径流情况，确定上下两沟的间距和沟的具体尺寸。

5.2.2.3 反坡梯田整地，主要用于果树或其他对立地条件要求较高的经济树木。坡度较缓、土层较厚、坡面平整的地方，田面宜向内倾斜 3°～5°反坡，田面宽 2 m～3 m。应根据设计的果树行距，确定上下两台梯田的间距，并基本沿等高线布设，长度不限。隔一定距离可修筑土埂，预防水流汇集；横向比降宜保持在 1%以内。在田面中部挖树穴种植果树。

5.2.2.4 水平犁沟整地，适用于地块较大、5°～10°的缓坡。用机械或畜力沿等高线上下结合翻土，作成水平犁沟，深 0.2 m～0.4 m，上口宽 0.3 m～0.6 m，根据设计的造林行距，确定犁沟间距。树苗应植于沟底中部。

5.2.3 穴状整地

5.2.3.1 鱼鳞坑整地，每坑平面呈半圆形，长径 0.8 m～1.5 m，短径 0.5 m～0.8 m；坑深 0.3 m～0.5 m，坑内取土在下沿作成弧状土埂，高 0.2 m～0.3 m(中部较高，两端较低)。各坑在坡面基本上沿等高线布设，上下两行坑口呈“品”字形错开排列。根据设计造林的行距和株距，确定坑的行距和穴距。树苗栽植在坑内距下沿 0.2 m～0.3 m 位置。坑的两端，开挖宽深各约 0.2 m～0.3 m 倒“八”字形的截水沟。

5.2.3.2 大坑整地，在土层极薄的土石山区或丘陵区种植果树时，应在坡面开挖大型果树坑，深 0.8 m～1.0 m，圆形直径 0.8 m～1.0 m，方形各边长 0.8 m～1.0 m。取出坑内石砾或生土，将附近表土填入坑内。坑的排列形式和行距、坑距，可参照 5.2.3.1 规定执行。

6 水土保持造林施工

6.1 施工时间

6.1.1 整地工程修筑时间

6.1.1.1 宜在前一年秋冬两季整地，第二年春秋两季造林，利于容蓄雨雪，促进生土熟化。易风蚀的沙地，应随整地随造林。

6.1.1.2 秋冬造林，最迟应在当年春季整地；雨季和春季造林，最迟应在前一年秋季整地。

6.1.2 造林季节

6.1.2.1 春季应在苗木萌动前 7 d～10 d 造林；我国北方应在土壤解冻达到栽植深度时抓紧造林。

6.1.2.2 雨季宜在开始后的前半期造林，保证新栽或直播的幼苗在当年有两个月以上的生长期，利于安全越冬。干旱、半干旱地区应结合天气预报，在连阴天墒情好时造林，可采用容器苗造林及飞机播种造林和小粒种子播种造林等。

6.1.2.3 秋冬造林，应在树木停止生长后和土地封冻前抓紧进行。冻害严重的山区不宜秋季造林。大粒种子、带硬壳种子和休眠期较长的种子宜在秋冬直播造林。

6.2 施工质量要求

6.2.1 整地工程施工质量要求

6.2.1.1 各项工程的位置、尺寸应严格按照设计要求施工，不得任意改变，保证能容蓄设计的暴雨径流。

6.2.1.2 各项整地工程的填方土埂，应分层夯实(或踩实)，干密度达 1.3 t/m³，保证蓄水后不坍塌或穿洞。

6.2.1.3 各类带状整地工程，施工前应用手水准测量定线。修成后每 5 m～10 m，修一小土挡，高 0.2 m 左右，防止径流纵向集中。

6.2.2 苗木质量要求

6.2.2.1 裸根苗应使用 GB 6000 规定的Ⅰ、Ⅱ级苗木。用材林应选用 GB 6000 规定的Ⅰ级苗木及优良无性系苗木；经济林选用品种优良、GB 6000 规定的合格苗木；未制定国家标准的树种应选用品种优良、植株健壮、根系发达的苗木。

6.2.2.2 容器苗应执行 LY 1000 的规定。

6.2.2.3 外地远距离、大范围调运苗木，应经过植物检疫。

6.2.2.4 应根据水土保持造林任务，就近育苗，避免长途运输造成的损失。

6.2.2.5 同一地块内栽植的树苗，苗龄和苗木生长状况应基本一致。

6.2.3 植苗造林质量要求

6.2.3.1 在带状整地工程内，应按设计的株距，挖好植树坑，并根据不同树种和树苗情况，以根系舒展为标准。

6.2.3.2 栽植经济林果、珍贵树种和速生丰产林，应将坑底挖松 0.2 m 左右，施入基肥，与底土拌匀，上覆一层虚土；容器苗应拆除根系不易穿透的容器。

6.2.3.3 栽植时应将树苗扶直、栽正，根系应舒展、深浅适宜。

6.2.3.4 填土时应先填表土、湿土，后填生土干土，分层踩实，以利保墒。

6.2.3.5 干旱、半干旱地区具备灌溉条件的造林地，应浇水栽植或采取其他保墒措施。

6.2.4 直播造林质量要求

6.2.4.1 造林种子质量应达到 GB 7908 规定的合格种子标准，并按 GB 2772 规定方法检验种子质量。

6.2.4.2 播种量应根据种子质量、立地条件、树种及造林密度确定。

6.2.4.3 对于穴播，应人工挖穴，穴径 0.2 m～0.3 m，深 0.15 m～0.20 m。穴内应松土，清除草根、石砾，根据树木种子大小，覆土厚度为种子直径的 3 倍～5 倍，用脚踩实。

6.2.4.4 对于条播，应结合水平犁沟整地工程，用畜力或机械在犁沟底部再松土，并根据设计播量，进行条播，播后用犁覆土，覆土厚度同上，随即踩实。

6.2.4.5 对于飞播，在交通不便的大面积荒山、荒坡、疏林地可采用飞播造林，并参照 GB/T 15162 执行。

6.2.5 分殖造林质量要求

6.2.5.1 对于插条造林(或插穗)，应选树皮光滑、一至二年生的健壮枝条作为插条，直径 1.5 cm～2 cm 生根性强的树种(如柳树)，干旱地区应深埋少露；针叶树种的插穗应顶芽完好。插条一般长 30 cm～50 cm，先在水中浸泡 12 h～24 h，利于成活。

6.2.5.2 对于插干造林，插干材料应采用截根树干萌生枝，长 3 m～5 m，干径 3 cm 以上；栽植深度达 50 cm 以上。

6.2.5.3 插条(埋干)时间，宜随采穗随造林。干旱、半干旱或其他土壤水分不足地区，应在秋季雨后土壤水分较好时插条(埋干)造林。

6.2.5.4 插条(埋干)时应按设计要求定好行株距，按照深埋、浅露、踏实的原则，在种植点上先扎一孔，再将插条插入其中，上端稍高于地表。

6.2.5.5 分蔸造林，运用于竹类造林。

7 水土保持造林管理

7.1 幼林管护

7.1.1 新造幼林应实行封育，禁止放牧及其他不利幼林生长和破坏整地工程的活动。

7.1.2 幼林郁闭前，在不影响幼林生长前提下，应在树盘以外可利用的林间空地，种植低秆、簇生的绿肥、蔬菜、药材或其他经济作物。结合耕作管理，兼顾幼林抚育。

7.1.3 松土除草，主要在整地工程内进行，结合对工程进行养护维修，注意防治鼠害。

7.1.4 定株除蘖，直播和丛植的幼苗应结合松土，分次间苗，至第二年秋冬定株。根茎萌蘖力强的树种，应留好主干，及时除蘖。

7.1.5 修枝整形，对经济林果应根据不同树种的具体要求进行。用材林修枝应将主干下部三分之一的枝条剪掉，阔叶林应在第二年秋后进行，针叶林可适当推迟。

7.1.6 平茬复壮，对具有萌芽能力的树种，因干旱、冻害、机械损伤以及病虫兽危害造成生长不良的，应及时进行。

7.1.7 灌水施肥。幼林受旱应及时灌水保苗，经济林、果应根据不同树种适时灌水、施肥，保证优质高产。

7.1.8 成活率调查。每年冬季对去冬今春新造幼林在不同部位进行，抽样比例见表1。

表1 新造幼林成活率调查抽样比例表

造林面积/hm^2	<10	10～50	>50
抽样比例/%	3～5	2～3	1～2

7.1.9 幼林补植适于成活率30%～70%的情况。成活率70%以上且分布均匀的，不需补植；成活率不到30%的，不计其造林面积，重新造林。幼林补植应用同一树种的大苗或同龄苗。

7.2 成林管理

7.2.1 应固定专人管护，防止人畜破坏，防止林地火灾，防治病、虫、鼠害。参见14.2要求执行。

7.2.2 乔木薪炭林修枝与灌木薪炭林平茬，应根据树种和长势，每3 a～5 a一次，在深冬进行。乔木应结合修枝，伐去少数生长不良和互相影响的植株。陡坡上和风蚀严重地区灌木平茬应采用等高带状轮伐式，避免成片全面平茬引起水蚀和风蚀。

7.2.3 用材林成材后的间伐，应根据设计要求，隔株、隔行或隔带间伐，以不加剧水土流失为原则。陡坡和风沙区，不得成片砍伐。间伐后应根据设计，及时补植新苗。

7.2.4 经济林与果园，应根据不同树种的具体要求，实施集约经营，定期进行灌水、施肥、修枝，并采取防治病虫害等措施，保证优质高产。

7.2.5 对由于各种原因导致林木成片生长不良或形成小老树等情况，应及时调查原因，进行更新改造。

7.2.6 对某些经济林与果树，如原来品种不良，经济效益不高，应采取换头嫁接优良品种，力争短期内获得优质高产，提高经济效益。

7.2.7 对各类整地工程，应长期保持完好。每年汛后应进行检查，发现损毁及时补修。

8 水土保持种草规划

8.1 确定人工种草地的位置

8.1.1 特种经济草生产基地。包括药用、蜜源、编织、造纸、沤肥、观赏等草类，应根据各种草类的生物生态学特点与适应性，分别选用相应立地条件安排种植。

8.1.2 饲草基地，应以饲养牧畜为主，有以下两种情况：

8.1.2.1 刈割型草地，主要选距村较近和立地条件相对较好的退耕地或荒坡。

8.1.2.2 放牧型草地，主要选离村较远和立地条件相对较差的荒坡或沟壑地。

8.1.3 种子基地。应选用地面坡度较缓、水分条件较好、通风透光、距村较近、便于田间管理的土地。

8.2 确定人工种草地的面积

8.2.1 特种经济草地面积，应根据以草为原料的工、副业发展规划，以及所需草类的单位面积产草量确定。如产品在市场适销对路并有竞争能力，规划中应满足其种草面积需要。

8.2.2 饲草基地面积，应根据畜牧业发展规划和天然草场与人工草地的单位面积产草量及载畜量，用天然草场与人工草地二者共同满足牧畜饲草需要确定。

8.2.3 种子基地面积，应根据各类草籽的需用量和单位面积产籽量确定。力争就地解决草籽，除特殊优良草种外，一般不从外地调运。

8.3 人工种草防治水土流失的重点位置包括以下方面：

a) 陡坡退耕地，撩荒、轮荒地；

b) 过度放牧引起草场退化的牧地；

c) 沟头、沟边、沟坡；

d) 土坝、土堤的背水坡，梯田田坎；

e) 资源开发、基本建设工地的弃土斜坡；

f) 河岸、渠岸、水库周围及海滩、湖滨等地。

9 水土保持种草设计

9.1 草种

9.1.1 选作水土保持草种应抗逆性强，保土性好，生长迅速，经济价值高。

9.1.2 适地适草，应符合以下要求：

9.1.2.1 根据地面水分情况，可分别选种以下草类：

9.1.2.1.1 干旱、半干旱地区选种旱生草类，其特点是根系发达，抗旱耐干，如沙蒿、冰草等。

9.1.2.1.2 一般地区选种中生草类，其特点是对水分要求中等，草质较好，如苜蓿、鸭茅等。

9.1.2.1.3 水域岸边、沟底等低湿地选种湿生草类，其特点是需水量大，不耐干旱，如田菁、芦苇等。

9.1.2.1.4 水面、浅滩地选种水生草类，其特点是能在静水中生长繁殖，如水浮莲、茭白等。

9.1.2.2 根据地面温度情况，可分别选种以下草类：

9.1.2.2.1 低温地区选种喜温凉草类，如披碱草等。其特点是耐寒、怕热，高温则停止生长，甚至死亡。

9.1.2.2.2 高温地区选种喜温热草类，如象草等。其特点是在高温下能生长繁茂，低温下停止生长，甚至死亡。

9.1.2.3 根据土壤酸碱度，可分别选种以下草类：

9.1.2.3.1 酸性土壤，pH 在 6.5 以下，可选种耐酸草类，如百喜草、糖密草等。

9.1.2.3.2 碱性土壤，pH 在 7.5 以上，可选种耐碱草类，如芨芨草、芦苇等。

9.1.2.3.3 中性土壤，pH 在 6.5～7.5 之间，可选种中性草类，如小冠花等。

9.1.2.4 根据其他生态环境，可分别选种以下草类：

9.1.2.4.1 在林地、果园内阴蔽地面，选种耐阴草类，如三叶草等。

9.1.2.4.2 风沙地选种耐沙草类，如沙蒿、沙打旺等。

9.1.3 不同气候带、不同生态环境的主要水土保持草种参见附录 C。

9.2 种草方式

9.2.1 直播。是种草的主要方式，分条播、穴播、撒播、飞播几种。

9.2.1.1 条播，适应地面比较完整，坡度在 25°以下，一般用牧畜带犁沿等高线开沟，或牧畜带耧完成。南方多雨地区，犁沟可与等高线呈 1%左右的比降。根据不同的草冠情况和种草的目的，可分别采取不同行距，以最大草冠能全部覆盖地面为原则，放牧草地应采取宽行距(1.0 m～1.5 m)条播。

9.2.1.2 穴播，适应于地面比较破碎，坡度较陡(有的达25°以上)，以及坝坡、堤坡、田坎等部位，或播种植株较大的草类时采用。沿等高线人工开穴，行距与穴距大致相等。相邻上下两行穴位呈“品”字形排列。

9.2.1.3 撒播，对退化草场进行人工改良时采用。一般应选抗逆性较强的草种，特别注重选用当地草场中的优良草种，并在雨季或土壤墒情较好时进行。

9.2.1.4 飞播，地广人稀种草面积较大时采用，可参照GB/T 15162执行。

9.2.2 混播。是直播中的特殊形式，在直播的几种方式中采取两种以上的草类进行混播，加速覆盖，增强保土；并促进草类生长，提高品质。

一般以禾本科牧草与豆科牧草混播、根茎型草类与疏丛型草类混播较好，其配合比例见表2。

表2 混播比例分配表

草地年限	第一类混播		第二类混播	
	禾本科牧草类	豆科牧草类	根茎型草类	疏丛型草类
短期(2 a～3 a)	25～35	65～75	0	100
中期(4 a～5 a)	75～80	20～25	10～25	75～90
长期(8 a～10 a)	80～90	10～20	50～75	25～50

9.2.3 其他种植方式

9.2.3.1 移栽，主要用于补植。一般可利用定苗时分株移栽；有条件的先覆膜育苗，然后移栽。

9.2.3.2 插条，有的草类(如葛藤、小冠花等)可插条繁殖。

9.2.3.3 埋植，有的草类(如芦苇、象草、小冠花等)宜埋植繁育。

9.3 播种量设计

9.3.1 在选用国家或省级牧草种子标准规定的一、二、三级种子基础上，进行下述播种量设计。

9.3.2 理论播种量设计。当种子的纯净度和发芽率均为100%时，所需播种量为理论播种量，以kg/hm^2计。

9.3.2.1 理论播种量可按式(1)进行计算：

$$R = (N \times Z)/10^6 \quad \cdots\cdots(1)$$

式中：

R——理论播种量，单位为千克每公顷(kg/hm^2)；

N——单位面积播种子数，单位为粒每公顷(粒/hm^2)；

Z——种子千粒重，单位为克(g)。

9.3.2.2 种子千粒重，可取有代表性的种子1000粒，称其重量测定。如是大粒种子，可改为百粒重，并将式(1)相应地修改为式(2)：

$$R = (N \times Z')/10^5 \quad \cdots\cdots(2)$$

式中：

Z'——种子百粒重，单位为克(g)。

9.3.3 实际播种量的设计

9.3.3.1 实际播种量可按式(3)计算：

$$A = R/CF \quad \cdots\cdots(3)$$

式中：

A——实际播种量，单位为千克每公顷(kg/hm^2)；

R——理论播种量，单位为千克每公顷(kg/hm^2)；

C——种子的纯净度，%；

F——种子的发芽率，%。

9.3.3.2 种子纯净度可取有代表性的种子样品，在除去杂质和其他种子前后分别称量确定，并按式(4)计算：

$$C = \frac{W_C}{W_y} \times 100 \qquad \cdots\cdots(4)$$

式中：

C——种子纯净度，%；

W_C——纯净种子重量，单位为克(g)；

W_y——样品重量，单位为克(g)。

9.4 种子发芽率可取100粒种子，放在有滤纸或沙的培养皿中，加少许清水，保持20℃～25℃温度和充足的光照，进行发芽试验，在规定时间内检查发芽籽数，并按式(5)计算：

$$F = \frac{Q_F}{Q_X} \times 100 \qquad \cdots\cdots(5)$$

式中：

F——种子发芽率，%；

Q_F——发芽种子数，单位为粒。

Q_X——试验种子数，单位为百粒。

10 水土保持种草施工

10.1 耕前土壤及表面处理

10.1.1 酸性、碱性及盐渍化严重的土壤，均应进行相应处理，满足牧草及饲料作物生长的需要。一般盐碱地可采用灌水洗盐碱、排盐碱；酸性土壤施石灰改良；碱性土壤施石膏、磷石膏、明矾、绿矾、硫磺粉改良。

10.1.2 有地表积水的应开沟排水。

10.1.3 耕作及基肥施用应符合以下要求：

10.1.3.1 在耕作前或耕作过程中，有条件的应施基肥，有机肥施加量为20 000 kg/ hm^2～30 000kg/hm^2。

10.1.3.2 土壤耕作视具体立地条件及有关技术要求，应采用常规耕作或少耕。

要求土块细碎，地面平整。

10.2 种子处理

10.2.1 破除休眠应符合以下要求：

a) 对豆科牧草的硬实种子，通过机械处理、温水处理或化学处理，可有效破除休眠，提高种子发芽率。

b) 对禾本科牧草种子，通过晒种处理、热温处理或沙藏处理，可有效地缩短休眠期，促进萌发。

10.2.2 清选去杂应符合以下要求：

a) 采用过筛、风选、水漂、清选机破碎附属物等对杂质多、净度低的播种材料在播前应进行必要的清选，提高播种质量。

b) 对有长芒和长绵毛的种子，将种子铺于晒场上，厚度5 cm～7 cm，用环行镇压器进行压切，而后过筛去除；也可选用去芒机去除芒和长绵毛。

10.2.3 有条件时可采适量肥料拌种进行播种，有利幼苗生长。

10.3 播期

10.3.1 不同草类在不同立地条件下，各有不同的最佳播种期，一般可根据当地实践经验确定。在干旱、半干旱地区应通过试验(在春夏之间2个～3个月时期内，每5 d～10 d播种一次)，分别观察出苗和生长情况，确定最佳播期。

10.3.2　春播地面温度回升至 12 ℃以上，土壤墒情较好时进行。地下根茎埋植应在春季解冻后、植物萌芽前进行。

10.3.3　春旱不宜播种时，可以夏播，并选在雨季来临和透雨后进行。地下根茎插播应在抽穗以前进行。

10.3.4　北方秋播不宜太晚，出苗后应有一个月左右的生长期，利于越冬。

10.4　包衣拌种及根瘤菌接种

10.4.1　可将粘合剂与根瘤菌剂(禾本科牧草无需根瘤菌)充分混合，用包衣机将混合液均匀喷在所需包衣的种子上；也可用手工混合均匀，手工包衣。常见豆科牧草的互接根瘤菌，参见表 D.1。

10.4.2　可喷入细粉状的干燥剂、肥料、灭菌剂和杀虫剂等材料(豆科牧草接种根瘤菌后就不加杀菌剂)，迅速而均匀地混合，直到有初步包衣的种子均匀分散开为止。豆科牧草种子根瘤菌接种包衣配方，参见表 E.1。

10.4.3　低温鼓风快速干燥，温度宜在 40 ℃以下；手工包衣的种子宜随包随播，不得进行干燥，也不能保存，且不用于飞机播种。

10.5　播种深度

10.5.1　大粒种子应深些(3 cm～4 cm)，小粒种子可浅些(1 cm～2 cm)。

10.5.2　禾本科草类种子应深些，豆科草类种子可浅些。

10.5.3　土壤墒情差的应深些，土壤墒情好的可浅些。

10.5.4　土质沙性大的可深些，土质粘重的可浅些。

10.5.5　无论哪种情况，播后都应镇压。

11　水土保持种草管理

11.1　田间管理

11.1.1　松土、补种，播种后地面板结的，应及时松土，利于出苗；齐苗后，对缺苗断垄地方应及时补种或移栽。

11.1.2　中耕除草，齐苗后一月左右，宜中耕松土，抗旱保墒，结合除去杂草，利于主苗生长。

11.1.3　二龄以上草地，每年春季萌生前，应清理田间留茬，进行耙地保墒；秋季最后一次性茬割后，应进行中耕松土。

11.1.4　种子田和经济价值高的草类，有条件时可适时灌水、施肥，促进生长。

11.1.5　应有专人看管，防止人畜践踏。发现病虫兽害时，应及时防治，勿使蔓延。

11.1.6　每年汛后和每次较大暴雨后，应派专人检查。发现整地工程损毁或其他问题，应及时采取补救措施。

11.1.7　应根据不同多年生草类的生理特点，每 4 a～5 a 或 7 a～8 a，进行草地更新，重新翻耕、整地、播种。

11.2　收割利用

11.2.1　收割时间应符合下列规定：

11.2.1.1　应根据不同草类的生长特点和经济目的，分别确定其收割时间，划分收割区，各区分期进行轮收。

11.2.1.2　立地条件较好、管理水平较高、草类再生能力较强的，每年可收割 2 次～3 次；立地条件较差、管理水平较低、草类再生能力较弱的，每年只收割 1 次～2 次。

11.2.1.3　豆科牧草应在开花期收割，禾本科牧草应在抽穗期收割。收割时期最晚应在初霜来临 25 d～30 d 以前。

11.2.1.4　以收籽为目的的应在种子成熟后收割，以收草为目的的应在秋后收割。

11.2.1.5 雨后不宜收割。

11.2.2 留茬高度应根据不同草类、不同条件分别采取以下不同的留茬高度：

11.2.2.1 高大型草类留茬高 10 cm～15 cm，稠密低草留茬高 3 cm～4 cm。一般草类的留茬高 5 cm～6 cm。

11.2.2.2 第二次刈割留茬高度应比第一次高 1 cm～2 cm。

11.3 种子采收

11.3.1 采收时间

11.3.1.1 一年生草类在当年秋末种子成熟后，二年生草类在次年种子成熟后，多年生草类可在 2 a～5 a 内随不同结籽期在种子成熟后采收。

11.3.1.2 草籽成熟后容易脱落的应及时采收。采种应在种子蜡熟期和完熟期进行，不得在乳熟期采青。

11.3.1.3 对于豆荚易爆裂的豆科草类，应避开在雨天收采。

11.3.2 采后工作

11.3.2.1 种子采回后，应及时脱粒，晒干，含水量应小于 13%。

11.3.2.2 清选、分级、贮藏，应严防种子混杂，确保种子的纯净和质量。

11.4 合理放牧利用

11.4.1 应制定合理放牧强度，以不破坏牧草再生能力为原则。

11.4.2 宜实行划区轮牧。

11.4.3 放牧时间，以秋冬为宜。

12 封育治理的组织措施

12.1 确定封育治理的范围

12.1.1 在荒地治理规划中，确定人工林草面积、位置的同时，应按 13.1 与 14.1 规定的条件，分别确定封山育林与封坡育草的面积和位置。

12.1.2 应明文规定封育制度并采取适当措施进行公示；封育治理范围应有明显的标志，并能有效地防止人畜任意进入(如设置铅丝网围栏、生物围栏，设界桩、作标志等)。

12.2 设置管护组织机构

12.2.1 专职或兼职护林护草人员应由乡村经联社选派或群众推选，要求办事公道、责任心强、身体健康，能胜任工作。

12.2.2 护林员管护面积应根据当地社会经济及自然条件确定：一般为 100 hm^2/人～300 hm^2/人。

12.2.3 管护困难的封育区可在山口、沟口及交通要塞设哨卡加强封育区管护。

12.3 制定护林护草的乡规民约

12.3.1 应根据国家和地方政府的有关法规，制定乡规民约，其内容主要有：封禁制度(时间、办法)、开放条件(轮封轮放)，管护人员和村民的责、权、利，奖励、处罚办法等，并进行明示。严禁毁林、毁草、陡坡垦荒等违法行为。

12.3.2 乡规民约的制定，应依靠群众，发动群众，充分听取群众意见，同时加强宣传教育，做到家喻户晓，人人明白，个个自觉遵守。

12.3.3 乡规民约制定后，应严格执行，纳入乡、村行政管理职责范围，维护乡规民约的权威性，保证真正起到护林护草作用。

12.3.4 应积极开发利用沼气池、节柴灶、太阳能等节能措施，协助群众解决燃料困难，促进乡规民约的顺利实施。

13 封山育林的技术措施

13.1 封禁方式

13.1.1 全年封禁。边远山区、江河上游、水库集水区、水土流失严重地区以及恢复植被比较困难地区，实行全年封禁，严禁人畜进入，以利植被恢复。

13.1.2 季节封禁。当地水热条件较好，原有树木破坏较轻，植被恢复较快地区，实行季节封禁。一般春、夏、秋生长季节封禁，晚秋和冬季可以开放，允许村民到林间割草、修枝。

13.1.3 轮封轮放。封禁面积较大，保存林木较多，植被恢复较快，当地燃料、饲料较缺乏地区，将封禁范围划分几个区，实行轮封轮放。每个区封禁 3 a～5 a 后，可开放一年。合理安排封禁与开放的面积，做到既能有利林木生长，又能满足群众需要。

13.2 抚育管理

13.2.1 结合封禁，在残林、疏林中进行补种补植，平茬复壮，断根复壮，修枝疏伐，择优选育，促进树木生长，加快植被恢复。

13.2.2 按照预防为主、因害设防、结合综合治理原则，实施火、病、虫、鼠等灾害的防治措施，避免环境污染，保护生物多样性。

13.2.3 在不影响林木生长和水土保持前提下，可利用林间空地进行种植、养殖，种植饲草，药材，培养食用菌类，养殖经济动物，发展商品经济。

13.2.4 建立封山育林技术档案。除记载有关基本情况外，着重记载封育效果、植被演替，林木生长、野生动物繁衍变化等情况。

13.2.5 及时组织进行封育成效调查并进行封育效果评定。

14 封坡育草的技术措施

14.1 封育区划分

14.1.1 封育割草区。立地条件较好，草类生长较快，距村较近的地方，作为封育割草区，只许定期割草，不许放牧牲畜。

14.1.2 轮封轮放区。立地条件较差，草类生长较慢、距村较远的地方，作为轮封轮放区。根据封育面积、牲畜数量、草被的再生能力与恢复情况，将轮封轮放区分为几个小区。草被再生能力强的小区，可以半年封半年放，或一年封一年放；草被再生能力差的小区应每封禁 2 a～3 a 开放一年，并规定放牧强度，以不破坏草被再生能力为原则，纠正过牧、滥牧现象。

14.2 对严重退化、产草量低、品质差的天然草场，在封禁的基础上，采取以下改良措施：

14.2.1 对 5°左右大面积缓坡天然草场，用拖拉机带缺口圆盘耙将草地普遍耙松一次，撒播营养丰富、适口性较好的牧草种子，更新草种。有条件的可引水灌溉，促进生长。在草场四周，密植灌木护牧林，防止破坏。

14.2.2 15°以上陡坡，沿等高线分成条带，带宽 10 m 左右；用牲畜带耙隔带耙松地面，撒播更新草种。每次更新时应隔带进行，不要整个坡面同时耙松，以免加剧水土流失。同时在每一条带下部，用牲畜带犁，作成水平犁沟，蓄水保土。第一批条带草类生长 10 cm～20 cm，能覆盖地面时，再隔带进行第二批条带更新。

14.2.3 陡坡草场更新，可在上述措施基础上，每隔 2 条～3 条带，增设一条灌木饲料林带，提高载畜量和保水保土能力。

14.2.4 积极防治病、虫、鼠害，保护草地正常生产。

附 录 A
（资料性附录）
不同气候带主要水土保持树种和灌木

表 A.1 不同气候带主要水土保持树种和灌木

气候带	主要水土保持树种和灌木
热带 南亚热带	马尾松、海南五针松、华南五针松、火炬松、思矛松、木麻黄、台湾杉、杉木、水杉、巨尾桉、柠檬桉、窿缘桉、大叶桉、大叶相思、金毛相思、肯氏相思、毛卷相思、苦楝、木荷、火力楠、格木、合欢、樟黄牛木、厚皮香、春花木、筋竹、麻竹、黄竹、青皮竹、笋竹、黑荆树、肉桂、八角、千年桐、木棉、蔡蒲、柑桔、龙眼、荔枝、余甘、芒果、三华李、猕猴桃、木菠萝、番石榴、油梨[a]、橡胶树[a]、胡椒[a]、椰子[a]、金鸡纳树[a]、腰果[a]、咖啡树[a]、白藤
中亚热带	马尾松、杉木、柏木、水杉、柳杉、秃杉、湿地松、火炬松、云南松、华南五针松、黄山松、麻栎、栓皮栎、青冈栎、大叶桉、窿缘桉、檫、樟、川楝、苦楝、枫杨、桤木、木荷、刺槐、楸、紫楠、泡桐、合欢、马桑、紫穗槐、胡枝子、南酸枣、黄荆、六月雪、毛竹、淡竹、青皮竹、慈竹茶、桑、黑荆树、香椿、漆树、油茶、油桐、杜仲、猕猴桃、刺梨、银杏、山苍子、板栗、柑桔、桃、李、枇杷、杨梅、梨、柿、葡萄、泰国石榴
北亚热带	马尾松、杉木、油松、火炬松、湿地松、秃杉、华山松、柏木、水杉、柳杉、池杉、麻栎、栓皮栎、青冈栎、椴、木荷、枫杨、刺槐、檫、樟、紫花泡桐、枫杨桤木、皂荚、檀木、柳、榆、合欢、苦楝、紫穗槐、胡枝子、栀子、马桑、黄荆、毛竹、箭竹、刚竹、淡竹、斑竹、笋竹、漆树、杜仲、辛夷、山茱萸、香榧、猕猴桃、刺梨、拐枣、山苍子、杨梅、桃、李、苹果、枇杷、葡萄、樱桃、石榴、梨、杏
南温带	油松、樟子松、红松、黑松、华北落叶松、日本落叶松、水杉、中山杉、华山松、侧柏、柏木、刺槐、泡桐、麻栎、栓皮栎、臭椿、白腊、复叶槭、黄连木、紫椴、楸、皂荚、桑、白榆、日本桤子、枫杨、旱柳、杨类、紫穗槐、胡枝子、杞柳、黄荆、杜梨、酸枣、柽柳、马桑、杠柳、黄刺玫、刚竹、淡竹、板栗、核桃、桑、柿、枣、花椒、香椿、忍冬、枸杞、辛夷、山杏、杜仲、漆、猕猴桃、拐枣、茱萸、班竹、苹果、梨、桃、杏、李、山楂、葡萄、樱桃、玫瑰
中温带(一) 东北 半湿润区	樟子松、长白落叶松、兴安落叶松、红松、白榆、椴、水曲柳、黄波罗、槭类、蒙古栎、胡桃、楸、旱柳、杨树、山杏、白桦、胡枝子、沙棘、柠条、花棒、杞柳、沙柳、黄柳、树柳、胡颓子、酸枣、丁香、苹果、山楂、葡萄、梨、海棠、沙果、黑豆、李、刺槐[b]、紫穗槐[b]、红皮云杉[b]
中温带(二) 西北华北 半干旱区	油松、华北落叶松、樟子松、侧柏、白皮松、槭类、椴、白桦、白榆、栓皮栎、辽东栎、核桃、楸、杨树、臭椿、沙枣、杠柳、苦参、柠条、沙棘、柽柳、杞柳、黄柳、沙柳、旱柳、花棒、胡枝子、紫穗槐、酸枣、火炬树、杜梨、狼牙刺、花椒、枸杞、桑、山杏、文冠果、杜仲[c]、黄芪、苹果、梨、杏、桃、李、山楂、葡萄、刺槐[c]、玫瑰
中温带(三) 西北 干旱地区	风沙区：沙柳、黄柳、花棒、踏郎、沙棘、杞柳、柠条、紫穗槐、胡枝子、柽柳、樟子松、油松、沙枣、山杏、旱柳、白榆、小叶杨、小青杨、河北杨、海红子、槟果。 荒漠、半荒漠区：梭梭、白梭梭、柠条、柽柳、花棒、沙拐枣、胡杨、沙枣、骆驼刺。 绿洲、灌溉区：新疆杨、银白杨、箭杆杨、旱柳、白榆、沙枣、梭梭、白梭梭、骆驼刺、灌木柳、紫穗槐、葡萄、核桃、杏、苹果、沙果、巴旦杏、桃石榴、樱桃、李、桃

a 为热带树种。

b 只适宜于南部低地。

c 只适于南部、低谷。

表 A.2 各气候带分布地区与主要特征

气候带	分布地区	主要特征			
		土壤	≥10 ℃天数/d	积温/℃	物候
热带 南亚热带	五岭山麓以南、台湾、海南等地	红壤、赤红壤、砖红壤	>300	6 500～8 000	龙眼能正常生长
中亚热带	浙、赣、湘、川的南部和滇、桂、黔的丘陵低地	红壤、黄壤、紫色土	240～300	5 300～6 500	柑桔能正常生长
北亚热带	淮河、秦岭以南	黄壤、黄棕壤	200～300	4 500～5 300	茶能正常生长
南温带	秦岭、淮河以北，西起天水，北至延安、太原、丹东	褐土、黑垆土、棕壤、黄绵土	160～220	3 500～4 500	枣能正常生长
中温带(一) 东北半湿润区	南温带以北，东北大部，内蒙东部	黑土、栗钙土、森林土	<160	3 400	
中温带(二) 西北华北半干旱区	黄土高原北部及毗邻地区	黄绵土、栗钙土、灰钙土	100～160	1 600～3 400	
中温带(三) 西北干旱区	新疆大部，蒙、甘西北部，宁、陕、青的北部	荒漠土、风沙土、栗钙土	100～160	1 600～4 000	

附　录　B
（资料性附录）
主要水土保持树种和灌木初植密度

表 B.1　主要水土保持经济树种初植密度

经济树种	初植密度
爪哇木棉、油梨	10 株/0.1 hm^2～20 株/0.1 hm^2
银杏、香榧	20 株/0.1 hm^2～30 株/0.1 hm^2
柿、核桃、椰子	20 株/0.1 hm^2～40 株/0.1 hm^2
橡胶树、拐枣	50 株/0.1 hm^2～60 株/0.1 hm^2
荔枝、龙眼、枇杷	50 株/0.1 hm^2～100 株/0.1 hm^2
漆树、辛夷	50 株/0.1 hm^2～100 株/0.1 hm^2
枣、香椿、苟竹	50 株/0.1 hm^2～100 株/0.1 hm^2
余甘、木波萝、芒果	60 株/0.1 hm^2～100 株/0.1 hm^2
苹果、山楂、杏	80 株/0.1 hm^2～160 株/0.1 hm^2
板栗、乌桕、千年桐	80 株/0.1 hm^2～160 株/0.1 hm^2
棕榈、蒲葵、咖啡	100 株/0.1 hm^2～120 株/0.1 hm^2
杜仲、山茱萸	100 株/0.1 hm^2～150 株/0.1 hm^2
斑竹、笋竹	100 株/0.1 hm^2～150 株/0.1 hm^2
油茶、三年桐	100 株/0.1 hm^2～180 株/0.1 hm^2
樱桃、石榴	100 株/0.1 hm^2～200 株/0.1 hm^2
柑桔、杨梅、猕猴桃	100 株/0.1 hm^2～250 株/0.1 hm^2
梨	100 株/0.1 hm^2～300 株/0.1 hm^2
李、桃	150 株/0.1 hm^2～200 株/0.1 hm^2
胡椒、黑豆果、黑荆树	200 株/0.1 hm^2～250 株/0.1 hm^2
葡萄	300 株/0.1 hm^2～500 株/0.1 hm^2
金鸡纳树、花椒、栀子	400 株/0.1 hm^2～500 株/0.1 hm^2
金银花、蔓荆	400 穴/0.1 hm^2～800 穴/0.1 hm^2
玫瑰、枸杞、桑	500 株/0.1 hm^2～1 000 株/0.1 hm^2
茶（直播、密植）	80 kg 籽

表 B.2　主要水土保持乔木树种初植密度

乔木树种	初植密度/（株/0.1 hm^2）
泡桐、意杨、毛竹	50～100
旱柳、杨树	60～100
檫树、巨尾桉	80～100
火炬松、湿地松、木麻黄	100～200

表 B.2（续）

乔木树种	初植密度/(株/0.1 hm^2)
柠檬桉、大叶桉、窿缘桉	150～200
枫杨、樟树、楸	150～250
水杉、池杉、柳杉	150～250
苦楝、臭椿、复叶槭	150～300
杉木、柏木、侧柏	200～400
木荷、桢楠、沙枣	250～300
榆树、白腊	250～500
大叶相思、青氏相思、金毛相思	250～500
刺槐	250～1 000
樟子松、华山松、红松	300～400
水曲柳、黄波罗	300～400
马尾松、油松、云南松	350～500
云杉、冷杉	400～500
麻栎、栓皮栎、青冈栎、辽东栎	600～800

表 B.3　主要水土保持灌木树种初植密度

灌木树种	初植密度/(株/0.1 hm^2)
紫穗槐、花棒、马桑	600～1 000
沙棘、柠条、胡枝子	1 000～2 000
杞柳、黄柳、沙柳、柽柳	2 000

附 录 C
（资料性附录）
不同生态环境主要水土保持草种

表 C.1 不同生态环境主要水土保持草种(一)

气候带	荒山、牧坡	退耕地、轮歇地	堤防坝坡、梯田坎、路肩	低湿地、河滩、库区
热带 南亚热带	葛藤、毛花雀稗、剑麻、百喜草，知风草、山毛豆、糖蜜草、象草、坚尼草、芭茅、大结豆、桂花草	柱花草、香茅草、无刺含羞草、山毛豆、宽叶雀稗、印尼豇豆、紫花扁豆、百喜草、大翼豆	百喜草、香根草、凤梨、葛藤、柱花草、黄花菜、紫黍、非洲狗尾草、岸杂狗牙根	香根草、双穗雀稗、杂交狼尾草、小米草、稗草、毛花雀稗、非洲狗尾草
中亚热带 北亚热带	龙须草、弯叶画眉草、葛藤、坚尼草、知风草、菅草、芭茅、毛花雀稗	苇状羊茅、牛尾草、鸡脚草、象草、三叶草、无芒雀麦、印尼豇豆	岸杂狗牙根、串叶松香草、香根草、黄花菜、芒竹、弯叶画眉草、药菊、白三叶草、牛尾草、小冠花细叶结缕草	小米草、稗草、五节芒、杂交狼尾草、双穗雀稗、香根草、水烛、芦竹、杂三叶草
南温带	菅草、芭茅、沙打旺、龙须草、半茎冰草、弯叶画眉草、葛藤、多年生黑麦草、狗牙根	草木栖、苇状羊茅、沙打旺、红豆草、苜蓿、红三叶草、杂三叶草、葛藤、冬棱草、牛尾草、无芒雀麦	小冠花、药菊、黄花菜、冰草、龙须草、结缕草、菅草、地毯草、狗牙根、早熟禾、小糠草	芦苇、荻草、田菁、黄花菜、小米草、芭茅、冬牧70黑麦、双穗雀稗
中温带	草木栖、沙打旺、苜蓿、野豌豆、羊草、红豆草、披碱草、野牛草、狗牙根、扁穗冰草、伏地肤、多年生黑麦草	苜蓿、白草、苏丹草、沙打旺、马兰、无芒雀麦、鹅冠草、黄芪、披碱草	野牛草、鹅冠草、紫羊草、马兰、白草、黄花、芨芨草、沙生冰草、草地早熟禾	芦苇、芭茅、黄花、扁穗冰草、水烛、马兰

表 C.2 不同生态环境主要水土保持草种(二)

气候带	幼林间作	果园间作	饲料基地	绿化、草坪
热带 南亚热带	鸡脚草、柱花草、大绿豆、糖密草、山毛豆、木豆、印尼豇豆、无刺含羞草、猪屎豆、竹豆	印尼豇豆、紫花扁豆；山毛豆、百喜草、猪屎豆、竹豆、大翼豆	象草、菊苣、岸杂狗牙根、籽粒苋、墨西哥玉米、宽叶雀稗、非洲狗尾草	百喜草、地毯草、岸杂狗牙根、台湾草、黄花菜
中亚热带 北亚热带	鸡脚草、三叶草、印尼豇豆、大绿豆、龙须草、弯叶画眉草、黑麦草	猪屎豆、黑麦草、大绿豆、印尼豇豆、中巴豇豆、鸡脚草、白三叶草	墨西哥玉米、象草、菊苣、杂交狼尾草、苏丹草、苦荬、瑞蕾苜蓿、籽粒苋、黑麦草、红胡萝卜	岸杂狗牙根、黄花菜、早熟禾、小冠花、白三叶草、翦股颖、结缕草
南温带	沙打旺、龙须草、红豆草、鸡脚草、草木栖、三叶草、冬棱草、小冠花	三叶草、毛叶茄子、黄花菜、小冠花、鸡脚草、红豆草、大绿豆	籽粒苋、菊苣、三叶草、苏丹草、野豌豆、苜蓿、串叶松香草、冬牧70黑麦、甜高粱	结缕草、细叶苔、紫羊茅、白三叶草、地毯草、早熟禾、狗牙根、野牛草、异穗苔、小糠草、披针叶苔草
中温带	沙打旺、红豆草、野豌豆、鸡脚草、毛叶苕子、黄芪、黄花菜	毛叶苕子、鸡脚草、野豌豆、红三叶草、红豆草	苜蓿、无芒雀麦、冬牧70黑麦、饲料甜菜、野豌豆、甜高粱、多年生黑麦草	冰草、红狐芽、狗牙根、地肤紫羊茅、马兰、野牛草、早熟禾

表 C.3 不同生态环境主要水土保持草种(三)

气候带	沙荒、沙地	盐碱地(含盐量/%)		
		0.1～0.2	0.2～0.4	0.4～0.8
热带 南亚热带	香根草、大绿豆、印尼豇豆、中巴豇豆、大翼豆、仙人掌、蝴蝶豆	盖氏虎尾草、葛藤、俯仰马唐	苏丹草	大米草
中亚热带 北亚热带	香根草、大绿豆、沙引草、印尼豇豆、蔓荆、瑞蕾苜蓿、黄花菜	无芒雀麦、冬牧70黑麦、黄花菜、葛藤、野大豆	杂交狼尾草、苇状羊茅草、五节芒、茵陈蒿	芦苇、大米草、田菁、芦竹、碱茅
南温带	苜蓿、沙打旺、白草、小冠花、鸡脚草、沙毛叶茹子、草木栖、芨芨草	野大豆、小冠花、冬牧70黑麦、白草、无芒雀麦、黄花菜	苏丹草、苜蓿、草木栖、沙打旺、苇状羊茅	芦苇、大米草、盐蒿、小腊、田菁
中温带	沙打旺、沙蒿、芨芨草、沙竹、沙米、绵蓬、苜蓿、毛叶苕子、无芒雀麦、白草、披碱草	无芒雀麦、偃麦草、鹅冠草、野豌豆、冰草、芨芨草	草木栖、苜蓿、苏丹草、羊草、毛叶苕子、弯穗鹅冠草	田菁、芨芨草、芦苇、盐蒿、碱茅、地肤

附 录 D
（资料性附录）
常见豆科牧草的互接根瘤菌剂

表 D.1 常见豆科牧草的互接根瘤菌剂

根瘤菌接种剂名称	适宜接种的豆科植物
黄芪根瘤菌剂	沙打旺、达乌里黄芪、膜荚黄芪、草木樨状黄芪、紫云英等黄芪属
苜蓿根瘤菌剂	苜蓿属、胡芦巴属、草木樨属
三叶草根瘤菌剂	白三叶草、红三叶草等三叶草属
岩黄芪根瘤菌剂	蒙古岩黄芪、细枝岩黄芪等岩黄芪属
锦鸡儿根瘤菌剂	锦鸡儿属
百脉根根瘤菌剂	百脉根属
红豆草根瘤菌剂	红豆草属
小冠花根瘤菌剂	小冠花属
豌豆根瘤菌剂	豌豆属、野豌豆属、山黧豆属、兵豆属
豇豆根瘤菌剂	柱花草属、胡枝子属、葛藤属、花生属、猪屎豆属、链荚豆属、刺桐属、合欢属、木兰属、豇豆属
紫穗槐根瘤菌剂	紫穗槐属

附　录　E
（资料性附录）
豆科牧草种子根瘤菌接种包衣参考配方(ks)

表 E.1　豆科牧草种子根瘤菌接种包衣参考配方(ks)　　单位为千克

接种方法	种子用量	菌剂用量	钙镁磷肥	羧甲基纤维素钠	固体菌剂加水（液菌剂加水）
手工	1 000	100	300	4～6.4[a]	100～160 (20～30)
机械	1 000	100	300	3[b]	150 (20～30)

[a] 包衣时使用的羧甲基纤维素钠溶液的浓度为4%。

[b] 包衣时使用的羧甲基纤维素钠溶液的浓度为2%。